Proceedings in Operations Research 8

Herausgegeben

von

K.-W. Gaede, D.B. Pressmar, Ch. Schneeweiß, K.-P. Schuster, O. Seifert

Vorträge der Jahrestagung 1978

DGOR

Papers of the Annual Meeting 1978

Springer-Verlag Berlin Heidelberg GmbH 1979

Ursprünglich erschienen bei Physica-Verlag, Rudolf Liebing GmbH + Co., Würzburg 1979

ISBN 978-3-7908-0212-2 ISBN 978-3-642-99749-5 (eBook)
DOI 10.1007/978-3-642-99749-5

VORWORT

Die Jahrestagung 1978 der Deutschen Gesellschaft für Operations Research fand in der Zeit vom 4. bis 6. Oktober in den Räumen der Freien Universität Berlin statt. Mit über 400 Teilnehmern und 125 Vorträgen war sie eine der größten Tagungen der Gesellschaft. Zahlreiche ausländische Gastreferenten bereicherten durch Fach- und Übersichtsvorträge das weitgespannte Tagungsprogramm.
In Berlin wurde mit Erfolg ein neuer Tagungsstil verwirklicht, der i.w. darin bestand, daß frühzeitig die derzeit wichtigsten Gebiete des Operations Research zu Sektionen zusammengefaßt wurden. Die wissenschaftliche Betreuung dieser Sektionen geschah durch Sektionsleiter, denen es insbesondere zu verdanken ist, daß den Fachbeiträgen vieler Sektionen ein einführendes Übersichtsreferat vorangestellt werden konnte. Eine weitere Besonderheit der Tagung bestand in einer Verlängerung der Rede- und Diskussionszeit, was zusammen mit der großen Anzahl von Vorträgen dazu führte, daß vergleichsweise viele Parallelsitzungen stattfanden.
Die Proceedings sollen nun einen Überblick über das wissenschaftliche Tagungsprogramm geben. Dabei wurde besonderer Wert darauf gelegt, wenigstens den Übersichtsvorträgen breiten Raum zu gewähren. Die Fachbeiträge mußten häufig gedrängter dargestellt werden, jedoch wurde darauf geachtet, daß - abgesehen von wenigen Ausnahmen - dem interessierten Leser eine ausführliche Fassung zugänglich ist.

Besondere Anerkennung gebührt der örtlichen Tagungsorganisation unter Leitung von Prof. Dr. P. Stahlknecht, der es ganz wesentlich zu verdanken ist, daß in der angenehmen und anregenden Tagungsatmosphäre eine Fülle wissenschaftlicher Kontakte geknüpft werden konnte.
Unser Dank gilt auch den Referenten und nicht zuletzt den Sektions- und Sitzungleitern, die einen wesentlichen Anteil an der Gestaltung dieses Tagungsbandes haben.

Gaede, Pressmar, Schneeweiß, Schuster, Seifert

Sektionsleiter	Sektion
J. Dathe	OR in der Öffentlichen Verwaltung
L. v. Dobschütz	Umweltschutz
W. Domschke	Logistik
K.-W. Gaede	Zuverlässigkeitstheorie und Statistik
P. Hammann	Marketing
H. Hax	Investition und Finanzierung
D. Hochstädter	Lagerhaltung
H. Kossbiel	Personalplanung
P. Mevert	Mathematische Optimierungstheorie
M. Meyer	Gesundheitswesen
P. Naeve	Simulation
U. Pape	Implementierung von Algorithmen
D. B. Pressmar	Produktionsplanung
H. Schellhaas	Stochastische Entscheidungsprozesse
Ch. Schneeweiß	Entscheidungstheorie
H. Späth	Clusteranalyse
H. Steckhan	Netzplantheorie
P. Th. Wilrich	Qualitätskontrolle

Inhaltsverzeichnis

Eröffnungsvortrag

Mathematische Optimierungstheorie

Netzplantheorie

Implementierung von Algorithmen

Stochastische Entscheidungsprozesse

Zuverlässigkeit, Statistik und Prognose

Cluster Analyse

Qualitätskontrolle

Simulation

Logistik

Lagerhaltung

Produktionsplanung

Entscheidungstheorie

Investition und Finanzierung

Marketing

Personalplanung

Öffentliche Verwaltung

Umweltschutz

Gesundheitswesen

Eröffnungsvortrag

Operations Research aus der Sicht der Unternehmensleitung

E. Elsässer, Hamburg

Sehr gern bin ich der Bitte von Herrn Prof. Dr. Pressmar nachgekommen, den Eröffnungsvortrag der 7. Jahrestagung der Deutschen Gesellschaft für Operations Research zu halten. Das Thema "OR aus der Sicht der Unternehmensleitung" würde ich allerdings etwas erweitern wollen und die Anwender in der operierenden Linie mit hinzunehmen. Sonst könnte der Vortrag etwas kurz werden, da - wie gehässige Stimmen meinen - die meisten Vorstände zu diesem Thema noch keinerlei echte Beziehung haben. Dies allerdings ist - das muß gesagt werden - nicht so sehr das Problem dieser Vorstände, sondern vielmehr der Experten, denen es noch nicht gelungen ist, ihre wesentlichen Anliegen und Möglichkeiten der Unternehmensspitze transparent zu machen.

Diese Grundproblematik, die ich in zahlreichen Diskussionen zu diesem Thema mit Unternehmensvorständen bestätigt finde, veranlaßt mich, hier eher das kritische denn das Hohelied dieser Wissenschaft zu singen. Ich möchte den Versuch unternehmen, Ihre Aufmerksamkeit auf einige grundsätzliche Schwierigkeiten zu lenken, die einem erfolgreichen Durchbruch des OR immer noch im Wege stehen. Hierzu gehört ganz sicherlich auch die noch kümmerliche Symbiose der Methodenforschung an Hochschulen und Instituten mit den praxisorientierten Erfordernissen. Auch dieser Kongress zeigt deutlich, daß noch ein starkes Ungleichgewicht zugunsten der wissenschaftlichen Orientierung besteht. Wenige Zahlen untermauern diese Tatsache eindrucksvoll:-

Von 48 Sitzungsleitern kommen sage und schreibe ganze vier aus der freien Wirtschaft, 44 sind Professoren und Institutsangehörige. Ähnlich sieht es mit den Referenten aus:- von 150 aufgebotenen stammen nur 30 aus der freien Wirtschaft.

Ich halte dies für nicht gut und sehe darin tatsächlich ein weiteres Indiz, daß die Verankerung des Operations Research im unternehmerischen Alltag noch sehr zu wünschen übrig läßt.

Einer der Hauptgründe dieser Enthaltsamkeit liegt in einem fatalen "Overselling" der Wunderwaffe OR, das in den frühen 60er Jahren mit dem Aufkommen der ersten leistungsstarken Rechenanlagen begann. So manche dieser Anlagen wurde mit dem Argument verkauft, daß der Vorstand damit den Schlüssel zur optimalen Lösung seiner Planungs- und Steuerungsprobleme in Händen hielte. Welche Ernüchterung, wenn man dann ein Jahr später zum Zeitpunkt der Installation sich schon freuen durfte, wenn wenigstens die Lohnabrechnung einigermaßen zum Laufen gekommen war.

Diese schmerzliche Konfrontation mit der Wirklichkeit hat eine gründliche Abkühlung der allerdings nicht ganz berechtigten OR-Euphorie mit sich gebracht, die bis zum heutigen Tage mehr oder weniger anhält. So ist auch zu erklären, daß das Interesse der Fachleute mehr der mathematisch-methodischen Weiterentwicklung des Operations Research gegolten hat. Was ist die Folge? Ein eklatantes Mißverhältnis zwischen dem Vorhandensein zahlreicher ausgefeilter und intelligenter Methoden einerseits und ihrer praktischen Nutzbarmachung andererseits. Eine Tatsache, die übrigens gleichermaßen heute für den Entwicklungsstand der DV-Anlagen und ihrer wirklichen Nutzung gilt.

Es bedarf daher großer Anstrengungen, diese immer stärker klaffende Lücke wieder kleiner zu machen. Wir sind hier alle aufgerufen, unser Hauptaugenmerk auf dieses Phänomen zu richten. Sonst gilt tatsächlich eines Tages die Aussage:-

> "Die Lösungen sind hervorragend und mathematisch völlig abgesichert, allerdings müssen die dazu passenden praktischen Probleme erst noch geschaffen werden."

Was ist zu tun, um den Einsatz von Methoden und Verfahren des OR erfolgreicher zu gestalten - nicht aus der Sicht des OR-Spezialisten, sondern aus der Sicht des verantwortlich operierenden Linien-Managements?

Ich selbst bin Mathematiker und kenne den Glanz in den Augen dieser Spezies Mensch beim Anblick eines ε. Ich bin aber auch Leiter eines Unternehmens, das sich mit einer ganzen Reihe umfänglicher OR-Projekte im Auftrag Dritter beschäftigt. Die Tatsache, daß wir von der freudig erregten Bereitschaft unserer Kunden, uns dafür auch noch zu bezahlen, leben müssen, zwingt uns ständig dazu, über das Machbare nachzudenken. Aus diesem, daraus resultierenden reichhaltigen Erfahrungsschatz möchte ich gern fünf erfolgsverbessernde Thesen herausgreifen.

THESE 1: MUT ZUR PRAKTIKABLEN PROBLEMORIENTIERUNG

Wie ich zuvor schon sagte, ist niemand an einem Lösungsverfahren interessiert, zu dem ein geeignetes Problem erst noch gefunden werden muß. Auch will der Anwender nicht, daß sein Problem so lange zurechtverbogen wird, bis es einem vorhandenen Lösungsverfahren entspricht. Gemeinsam mit dem Anwender muß man daran gehen, dessen Entscheidungssituation zu analysieren, um die eigentliche Problematik deutlich zu machen. Dabei muß man so geschickt vorgehen, daß der Anwender förmlich darauf brennt, daß ihm geholfen wird. Wenn er es nicht will, kann kein auch noch so nobellpreisverdächtiger OR-Fachmann etwas sinnvolles für ihn tun. Die Kunst des OR-Spezialisten ist es also, Interesse beim Anwender zu wekken und sich selbst in den Dienst der Sache zu stellen und nicht umgekehrt. Dabei ist es dem Anwender egal, ob zur Lösung seines Problems große oder kleine methodische Geschütze aufgefahren werden. Auch heuristische Verfahren sind in vielen Fällen nach meinen Erfahrungen schon voll ausreichend. Es ist immer besser, ein Problem mit simplen Mitteln teilweise gelöst zu haben, als wissenschaftlich interessante Methodendiskussionen vom Zaun zu brechen, die zu nichts führen und letztlich den Anwender nur verunsichern. Mit anderen Worten, OR darf kein Selbstzweck sein, sondern ein gewolltes und praktikables Hilfsmittel. Nur wenn dies gelingt, kann man die in vielen Unternehmen immer noch gültige Einstellung abbauen:-

> "In den sieben fetten Jahren ist OR nicht nötig,
> in den sieben mageren Jahren hat man weder Zeit
> noch Geld dafür."

THESE 2: DATENVERFÜGBARKEIT NUTZEN

Die immer noch etwas klinische Einstellung vieler OR-Spezialisten zum Thema Daten läßt sich - sicher etwas überspitzt - zusammenfassen in der Aussage:-

"Ohne Daten sind OR-Modelle erst schön."

Man könnte so den Faden weiterspinnen und sagen, der Verzicht auf aktuelle Daten eröffnet weitere Freiheitsgrade für die Formulierung von Modellen und Modellvarianten. Er bedeutet auch Befreiung von lästigen Definitionen und von Messvorschriften für Variable und Parameter. Diese Haltung kann nur in teurer Isolierung enden.

In vielen Unternehmen hat die Datenverarbeitung in den letzten Jahren enorme Fortschritte gemacht. Dies hat auch zur Folge, daß immer mehr verwendbare Daten vorhanden sind. Ich weiß aus eigener Erfahrung, wieviele Chancen hier noch ungenutzt bleiben. Machen Sie Gebrauch davon und fassen Sie keine Probleme an, für die keine Daten vorhanden sind oder nur mit wirtschaftlich nicht mehr vertretbarem Aufwand beschafft werden können.

Darüber hinaus eröffnen die modernen Möglichkeiten der Datenerfassung und Datenspeicherung eine neue Dimension der Datenverfügbarkeit. Ich denke hier beispielsweise an on-line Betriebsdatenerfassung einerseits und an den Einsatz wirkungsvoller Datenbanksysteme andererseits. Man kann davon ausgehen, daß durch den sinnvollen Einsatz solcher Hilfsmittel Daten bereitgestellt werden können, die

- vollständig,
- aktuell,
- geprüft und
- plausibel

sind. In dieser besseren Datenverfügbarkeit, vor allem in einer erhöhten Aktualität, liegen die Chancen einer besseren Planungs- und Steuerungsunterstützung der operierenden Abteilungen. Sie gezielt nutzen heißt, daß OR-Projekte wesentlich wirklichkeitsnäher und dadurch für den Anwender interessanter werden können.

THESE 3: DER ANWENDER IST KÖNIG

Die Zeiten müssen vorbei sein, in denen der Anwender in einem Wust unleserlicher und für ihn unverständlicher Listen und Aussagen untergeht. Wir alle kennen solche lebenden OR-Leichen,die nur deshalb nicht endgültig sterben können, weil sie Teil einer resignierend akzeptierten Routine geworden sind und die Sekretärin des Chefs alle vier Wochen die Ergebnisse zur Komplettierung ihrer Ablage anfordert.

Wie gesagt, es muß der Anwender von Anfang an ins Boot geholt werden. Dazu ist es allerdings nötig, daß sich der OR-Spezialist gelegentlich in die Niederungen der Allgemeinverständlichkeit begibt und dem Anwender die zu verwendenden Methoden erläutert und transparent macht. Doch nicht nur Transparenz der angewandten Algorithmen ist entscheidend. Eine starke DV-Unterstützung bei der Aufbereitung der Daten und ein ausgefeiltes Berichtssystem zur Umsetzung von Plänen in Aktionen ist erforderlich.

Darüber hinaus eröffnet sich mit der zunehmenden Dialogfähigkeit der DV-Anlagen eine weitere attraktive Möglichkeit, den Anwender noch stärker zu integrieren. Begehrt werden solche OR-Ansätze sein, die dem Anwender eine dialogorientierte Modifizierbarkeit seines Entscheidungsproblems eröffnen, beispielsweise durch

- ° Variation von Zielfunktionen und Entscheidungsregeln oder durch
- ° Variation der Nebenbedingungen.

Dies bedeutet, daß die angestrebte Lösung nicht in einem Schritt erreicht wird, sondern der Anwender diese über mehrere Planungsstufen hinweg im Dialog erarbeitet. In letzter Konsequenz heißt dies, daß die interessanten OR-Projekte mehr und mehr zu umfangreichen DV-Projekten werden, in die ein oder auch mehrere OR-Verfahren - sozusagen als harter OR-Kern - eingebettet sind. Der Aufwand für die OR-Teilproblematik wird dabei im Vergleich zum Gesamtaufwand solcher Projekte mehr und mehr in den Hintergrund treten. Unsere Erfahrung ist hierbei ein Verhältnis von etwa 20 zu 80.

THESE 4: STRAFFE PROJEKTORGANISATION

Umfangreiche OR-Projekte verlangen die Integration des Know-hows unterschiedlicher Fachbereiche. Dies bedeutet, daß zur Bewältigung der gestellten Aufgabe ein Team von mehreren Mitarbeitern aus unterschiedlichen Abteilungen zusammengestellt werden muß. Leider fehlt es in vielen Unternehmen an der Bereitschaft, hierfür eine straffe und erfolgsorientierte Projektorganisation zu etablieren. Man verschleißt sich vielmehr an bestehenden Organisationsstrukturen mit dem Ergebnis eines langen Siechtums des OR-Projektes. Häufig wird am Ende das Thema in aller Stille beigesetzt, und alle Beteiligten sind erleichtert. Was bleibt, ist die Erinnerung an teure Maschinenläufe und stapelweise nicht mehr brauchbare Ausdrucke.

Um dies zu verhindern muß sichergestellt sein, daß die erforderlichen Mitarbeiter für das jeweilige Projekt voll zur Verfügung stehen. Der Berichtsweg erfolgt während der Dauer des Projektes über einen ernannten Projektleiter zu einem Steuerungsgremium, das im Unternehmen hoch genug verankert ist, um nicht nur die Zielsetzung des Projektes verabschieden, sondern auch seinen Fortgang steuern und kontrollieren zu können. Im Rahmen einer solchen Projektorganisation ist sichergestellt, daß sich alle Mitarbeiter des Projektes voll und ganz auf die Projektarbeit konzentrieren können und sich nicht in permanenten Existenzberechtigungsnachweisen zermürben müssen.

Hier wird am allermeisten gesündigt, obwohl das Thema Projektmanagement in aller Munde ist.

THESE 5: VERTRAUEN SCHAFFEN

All das, was zuvor gesagt wurde, dient letztlich dem allerwichtigsten Ziel, Vertrauen in die erarbeitete Problemlösung zu schaffen. Dies ist nur erreichbar durch saubere und solide fachliche Arbeit, begonnen bei der vollständigen Analyse der Ausgangssituation des Anwenders bis hin zur straffen und erfolgsorientierten Projektorganisation. Dabei muß der Anwender durch die Integration in den Projektablauf das Vertrauen gewinnen, das erforderlich ist, um am Ende die ausgesprochenen Empfehlungen auch in Entscheidungen umzumünzen. Dies erfordert allerdings nicht nur Mut vom Anwender, sondern auch vom OR-Spezialisten, der klar und eindeutig zu der Qualität und den Aussagen seiner Arbeit stehen muß. Er darf nicht im Nachhinein durch Wenns und Aber alles wieder in Frage stellen.

Leider verschwinden noch viel zu viele gute Studien in irgendwelchen Schubladen, weil darin empfohlene, unbequeme, aber erforderliche Entscheidungen mangels Mut vom Vorstand nicht gefällt werden. Zu häufig noch werden als Ausrede langjährige Erfahrung, Spürnase oder irgendwelche anderen Gründe strapaziert. Ein klares Indiz, daß hier das notwendige Vertrauen noch nicht vorhanden ist und das Geld für die Studie besser gespart worden wäre.

Vertrauen aufzubauen ist ein langwieriger Prozess. Erfolgreich abgeschlossene Projekte sind die geeignetsten Mittel, ihn zu beschleunigen.

Bewußt habe ich an der einen oder anderen Stelle die Schattenseiten des OR-Daseins etwas überspitzt beim Namen genannt. Ich wollte provozieren, da ich meine, daß man nicht länger die Augen vor diesen von mir genannten Thesen schließen kann. OR könnte und müßte der Unternehmensspitze weit mehr Entscheidungshilfen anbieten, als dies heute der Fall ist. Dabei kann es sogar sehr wohl sein, daß die deutschen Unternehmen aufgrund der sich stetig verschlechternden internationalen Konkurrenzfähigkeit dringender denn je auf solche Entscheidungshilfen angewiesen sein werden, und zwar nicht nur im kurzfristig operationellen, sondern auch im längerfristig strategischen Bereich.

Nur wenn es gelingt, unter Bekämpfung der aufgezeigten Todsünden OR auch zur Sache des TOP-Managements zu machen, werden wir diese Herausforderung meistern. Sie kann sogar für viele von uns zur Existenzfrage werden.

Lassen Sie mich vor diesem Hintergrund mit einer letzten kleinen Provokation enden, die ich mir als Mathematiker erlauben kann und die ich selber sehr, sehr ernst nehme:-

> "OR ist eine viel zu wichtige Angelegenheit, als daß
> man sie allein den Mathematikern überlassen dürfte."

Mathematische Optimierungstheorie

Ein enumerativer Algorithmus zur Lösung des Set-Partitioning-Problems mit Randbedingungen

M. Rohde, Berlin

1. Einführung

Das Set-Partitioning-Problem (SPP) ist wie folgt definiert:

$$(\text{SPP}) \quad \min \{ \sum_{j\varepsilon N} c_j x_j \mid \sum_{j\varepsilon N} a_{ij} x_j = 1, \forall i \varepsilon M_i, x_j \varepsilon \{0,1\}, \forall j \varepsilon N\}, \text{wobei}$$

$$M = \{1,\ldots,m\},\ N = \{1,\ldots,n\} \text{ und } a_{ij}=0 \text{ od. } 1, \forall i\varepsilon M, \forall j \varepsilon N.$$

Das Set-Partitioning-Problem mit Randbedingungen (SPPC) ist gegeben durch (SPP) und

$$(1a) \quad \sum_{j\varepsilon N} d_{ij} x_j = b_i \ , \forall i \ \varepsilon\ C^{=} \ , \quad (1b) \quad \sum_{j\varepsilon N} d_{ij} x_j \geq b_i \ , \forall i \ \varepsilon\ C^{\geq}$$

wobei $C = C^{=} \cup C^{\geq}$ die Indexmenge beliebiger linearer Nebenbedingungen bezeichnet.

Zahlreiche Planungsprobleme wie Crew Scheduling, Tourenplanung, Tanker Routing, Personaleinsatzplanung im Rahmen der Projektplanung, Fließbandaustaktung, Wahlkreisbildung können als (SPPC) formuliert werden. Anwendungen des Set-Partitioning Problems sowie Methoden zu seiner Lösung findet man in /1/. Der hier vorgestellte, detailliert in /2/ beschriebene Algorithmus ist vom Typ der Impliziten Enumeration.

2. Vorbehandlung

Die Effizienz von Algorithmen der Impliziten Enumeration zur Lösung von (SPPC) läßt sich durch eine geschickte Vorbehandlung des Problems erheblich beeinflussen. So ziehen alle Algorithmen Nutzen aus der Tatsache, daß die Menge der Variablen in Blöcke zerlegt werden kann, wobei jeder Block k = 1,...,m wie folgt definiert ist:

$$B_k = \{j \ \varepsilon\ N \mid a_{kj} = 1,\ a_{ij} = 0, \text{ für } i = 1,\ldots,k-1\}.$$

Die Koeffizientenmatrix von (SPP) kann durch entsprechende Spaltenpermutation in Treppenhausform gebracht werden (s.Abb.).

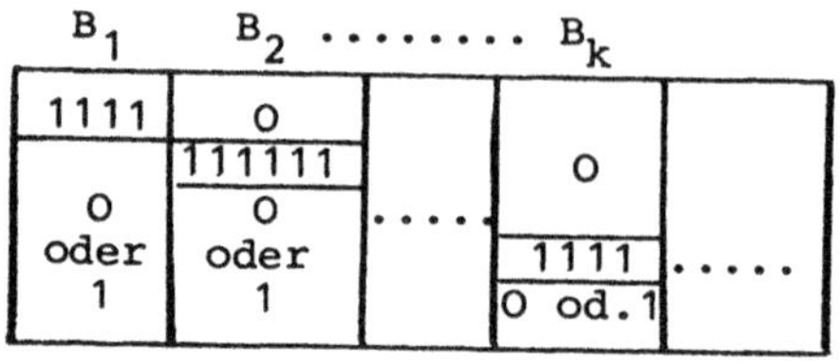

Die Anordnung der Zeilen beeinflußt die Struktur der Treppenhaus-Matrix.

In /2/ wird die folgende Methode der Zeilenpermutation vorgeschlagen: Es sei angenommen, den Zeilen $i_1,\dots,i_{k-1}$ seien bereits die Blöcke $B_1,\dots,B_{k-1}$ zugeordnet. Sei i_k die Zeile, für die gilt:

$$(2) \quad \sum_{j\in U_k} a_{i_k j} = \min \{ \sum_{j\in U_k} a_{ij} \mid i \notin \{i_1,\dots,i_{k-1}\}\},$$

$$\text{wobei } U_k = N \setminus \bigcup_{t=0}^{k-1} B_t \text{ und } B_o = \emptyset.$$

Hierdurch werden für kleine $i \in M$ tendenziell Blöcke geringer Kardinalität erzeugt, was oftmals frühzeitige Backtracks in der Enumerationsphase ermöglicht.
Eine erhebliche Verbesserung der Enumerationszeiten läßt sich erreichen, wenn die Kosten c_j in der Zielfunktion durch

$$(3) \quad \bar{c}_j = c_j - \sum_{i\in M} u_i a_{ij} \;, \forall j \in N$$

ersetzt werden, wobei die u_i die optimalen Lösungswerte des Duals der LP-Relaxation von (SPP) sind /3/. In vielen Fällen ist dieses LP primal sowie dual stark degeneriert, so daß die Lösung mittels Simplex-Methode in vertretbarer Zeit nicht möglich ist (s. /4/). Daher wird ein Subgradientenverfahren zur Bestimmung einer nahoptimalen Lösung seines Duals eingesetzt.
Für algorithmische Details des Verfahrens sei auf /2/ verwiesen. Numerische Ergebnisse bringt Abschnitt 6.

3. Tests

Sei $S = S_o \cup S_1$ die Indexmenge einer partiellen Lösung von (SPPC), wobei $S_1 = \{j \in N \mid x_j = 1\}$ die Menge der auf "1" gesetzten und $S_o = \{j \in N \mid x_j = 0\}$ die Menge der auf "0" fixierten Variablen bezeichnet. Man definiere $M_j = \{j \in N \mid a_{ij} = 1\}$. Weiterhin seien

$\overline{V}(S) = \bigcup_{j \varepsilon S_1} M_j$ die Menge der erfüllten und $V(S) = M \setminus \overline{V}(S)$ die Menge der verletzten Restriktionen. Schließlich sei $G(S) = \{j \; \varepsilon \; (N \setminus S) \mid M_j \wedge \overline{V}(S) = \emptyset\}$ die Menge der erlaubten Variablen, $t_k(S) = b_k - \sum_{j \varepsilon S_1} d_{kj}$ bezeichne den gegenwärtigen Schlupf der Randbedingung $k \; \varepsilon \; C$, $c(S) = \sum_{j \varepsilon S_1} \overline{c}_j$ den Zielfunktionswert von S und z^* den Zielfunktionswert der bisher besten Lösung von (SPPC).
S definiert das folgende Unterproblem von (SPPC).

$$
\text{(SPPC)(S)} \qquad
\begin{aligned}
&\min \sum_{j \varepsilon G(S)} \overline{c}_j x_j + c(S) \\
&\sum_{j \varepsilon G(S)} a_{ij} x_j = 1, \forall i \; \varepsilon \; V(S) \\
&\sum_{j \varepsilon G(S)} d_{kj} x_j = t_k(S) \quad, \forall k \; \varepsilon \; C^= \\
&\sum_{j \varepsilon G(S)} d_{kj} x_j \geq t_k(S) \quad, \forall k \; \varepsilon \; C^\geq \\
&\qquad x_j \; \varepsilon \; \{0,1\} \quad, \forall j \; \varepsilon \; G(S).
\end{aligned}
$$

(SPPC)(S) ist untersucht (fathomed), wenn

a) gezeigt werden kann, daß für (SPPC)(S) keine Lösung existiert, deren Zielfunktionswert kleiner als z^* ist,

b) SPPC)(S) optimal gelöst wird.

Eine hinreichende Bedingung für Kritierum a) läßt sich mittels der folgenden unteren Schranke des Zielfunktionswertes von (SPPC)(S) angeben.

$LB = c(S) + \min \{\overline{c}_j \mid j \; \varepsilon \; G(S)\}$

Falls $LB \geq z^*$, dann ist SPPC(S) untersucht.

Weitere untere Schranken lassen sich durch Berechnung der Knapsack-Relaxation bzw. der LP-Relaxation von (SPPC)(S) gewinnen (s./2/).

Eine hinreichende Bedingung für b) gibt der folgende
<u>Optimalitätstest:</u> Sei $\overline{c}_{j*} = \min \{\overline{c}_j \mid j \; \varepsilon \; G(S)\}$. Falls $M_{j*} = V(S)$ und $t_k(S) - d_{kj*} = 0, \forall k \; \varepsilon \; C^=$ und $t_k(S) - d_{kj*} \leq 0, \forall k \; \varepsilon \; C^\geq$, dann ist $x_j = 1$ für $j \; \varepsilon \; S_1 \cup \{j^*\}$ und $x_j = 0$ für $j \notin S_1 \cup \{j^*\}$ eine optimale Lösung von SPPC(S).

Basierend auf den Randbedingungen (1)(a) und (b) kann ein Test zur Fixierung erlaubter Variablen auf den Wert "O" entwickelt werden. Seien

(4) $g_{ki} = \max \{0, \max \{d_{kj} \mid j \in B_i\}\}$, für $\forall k \in C, \forall i \in M$ und

(5) $\sup_k(S) = \sum_{i \in V(S)} g_{ki}$, für $k \in C$.

<u>O-Fixierungs-Test:</u> Sei $j \in G(S)$. Falls $t_k(S) - d_{kj} > 0$ und $\sup_k(S) - \sum_{i \in V(S)} a_{ij} g_{ki} < t_k(S) - d_{kj}$ für ein $k \in C$, dann kann x_j auf "O" fixiert werden.

5. <u>Algorithmus und Implementation</u>

Der Algorithmus zur Lösung von (SPPC) benutzt das Enumerationsschema, das von Pierce /3/ sowie Garfinkel und Nemhauser /5/ für (SPP) entwickelt wurde.

1. Ordne Zeilen von (SPP) entsprechend Vorschrift (2), überführe die Koeffizientenmatrix in Treppenhausform. Bestimme reduzierte Kosten mit Subgradientenverfahren. Ordne Variablen in jedem Block aufsteigend nach $\bar{c}_j$.
2. Initialisiere $S_1 = \emptyset$; $V(S) = M$; $c(S) = 0$; $t_k(S) = b_k, \forall k \in C$; $z^* := +\infty$. Bestimme $\sup_k(S)$; $\forall k \in M$.
3. Bestimme nächste verletzte Zeile $i^* = \min \{i \mid i \in V(S)\}$. Falls $B_{i^*} = \emptyset$, gehe nach 9. Andernfalls markiere das erste Element von B_{i^*} und gehe nach 4.
4. Beginnend mit dem markierten Element suche erstes erlaubtes Element $j^* = \min \{j \in B_{i^*} \mid j \in G(S)\}$. Falls keines existiert, gehe nach 9., andernfalls nach 5.
5. Falls $LB = c(S) + \bar{c}_{j^*} \geq z^*$, gehe nach 9., andernfalls nach 6.
6. Führe O-Fixierungstest durch. Falls j^* auf "O" fixiert werden kann, markiere $j = j^* + 1$ und gehe nach 4. Andernfalls gehe nach 7.
7. Führe Optimalitätstest durch. Ist $S_1 \cup \{j^*\}$ Lösung für (SPPC) speichere diese Lösung, sowie $z^* = c(S) + \bar{c}_{j^*}$ und gehe nach 9., andernfalls nach 8.
8. Vorwärtsschritt. Setze $S_1 = S_1 \cup \{j^*\}$; $V(S) = V(S) \setminus M_{j^*}$;

$c(S) = c(S) + \bar{c}_{j*}$; $t_k(S) = t_k(S) - d_{kj*}$,

$sup_k(S) = sup_k(S) - \sum_{i \in M_j} a_{ij} g_{ki}, \forall k \in C$. Gehe nach 3.

9. Backtracking. Falls $S_1 = \emptyset$, terminiere. Die Lösung mit Zielfunktionswert z^* ist optimal für (SPPC) ($z^* = +\infty$ bedeutet: (SPPC) hat keine zulässige Lösung). Falls $S_1 \neq \emptyset$, sei j^* das letzte Element in S_1 und B_{i*} der zugehörige Block. Setze $S_1 = S_1 \setminus \{j^*\}$; $V(S) = V(S) \cup M_{j*}$; $c(S) = c(S) - \bar{c}_{j*}$; $t_k(S) = t_k(S) + d_{kj*}$, $sup_k(S) = sup_k(S) + \sum_{i \in M_{j*}} a_{ij*} g_{ki}, \forall k \in C$. Markiere $j = j^* + 1$ und gehe nach 4.

Der Algorithmus wurde auf den Rechnern CDC CYBER 172 und 175 und auf der SIEMENS 7.748j in FORTRAN implementiert. Zur Speicherung der Nicht-Nullelemente der Koeffizientenmatrix von (SPP) und der Randbedingungen werden Listentechniken verwendet. Die Zeilenindizes $a_{ij} \neq 0, \forall i \in M, \forall j \in N$ sind spaltenweise in dem Array AROW(k), k = 1,...NZA + 1 gespeichert (NZA = Anzahl der Nicht-Nullelemente der Koeffizientenmatrix von (SPP)). Der Pointer-Array ACOL(j), j = 1,...,n + 1 zeigt auf die Adresse des ersten Zeilenindex der Spalte j, j = 1,...,n + 1 in AROW (n + 1 ist eine Dummy-Spalte). Ein weiterer Pointer-Array BLOCK(i) = 1,...,m + 1 enthält den Index der ersten Spalte j in Block i bzw. -1, falls $B_i = \emptyset$. Die Indexmenge der auf "1" gesetzten Variablen S_1 enthält der Stack SX. Stack-Pointer PSX zeigt auf die letzte in S_1 enthaltene Variable. Der Array RHS(i), i = 1,...,m + 1 zeigt den Status der Zeilen $i \in M$ und der Dummy-Zeile m + 1, wobei RHS(i) = 0, falls $i \in V(S) \cup \{m + 1\}$ und RHS(i) = 1, falls $i \in \bar{V}(S)$. Die Datenorganisation zur Speicherung der $d_{kj} \neq 0, \forall k \in C, \forall j \in N$ ist analog der zur Speicherung der $a_{ij} \neq 0$, nur daß hier auch noch ein Array zur Speicherung der Werte d_{kj} notwendig ist.

Die verwendete Listenstruktur erlaubt die effiziente Durchführung algorithmischer Komponenten auf dem Computer. Als ein Beispiel diene die Realisierung der Schritte 3. und 4. Die erste verletzte Restriktion i^* findet man durch sequentielle Suche nach der ersten Null in RHS(i), beginnend mit dem Zeilen-Pointer ROWP, der in der letzten Iteration gesetzt wurde. Die erste Variable in B_{i*} ist $j^* = BLOCK(i^*)$. Über $F = ACOL(j^*)$ und $L = ACOL(j^* + 1) - 1$ findet man in AROW(k), k = F, F + 1,...,L die Elemente von M_{j*}. Variable j^* ist erlaubt, d.h. $j^* \in G(S)$, falls $\sum_{k=F}^{L} RHS(AROW(k)) = 0$. Als ein weiteres Beispiel betrachte man das Backtracking in Schritt 9: Letztes Element von S_1 ist $j^* = SX(PLX)$. V(S) wird neu bestimmt durch RHS(AROW(k)) = 0, k = F,...,L und Zeilen-Pointer ROWP wird neu gesetzt auf AROW(F).

6. Numerische Ergebnisse

Der implementierte Computer Code wurde an zahlreichen Set-Partitioning-Problemen, von denen hier nur einige aufgeführt sind, numerisch getestet. Die Probleme T1-T3 sind Tourenplanungsprobleme mit 50, 75, 100 Kunden resp. Die Lieferungen erfolgen per LKW von einem zentralen Depot aus; die LKW-Touren wurden mittels eines Sweep-Algorithmus erzeugt. P1-P7 sind Projektplanungs-Probleme, bei denen Arbeitskräfte unter Beachtung verschiedener Restriktionen den Arbeitsgängen des Projekts zugeordnet werden sollen. Die Probleme R1-R5 sind zufallserzeugt mit gleichverteilten Zielfunktionskoeffizienten im Intervall [1,200].

Tabelle 1 vergleicht für eine Teilmenge dieser Probleme Lösungswerte und Rechenzeit des Subgradientenverfahrens für die LP-Relaxation von (SPP) mit den entsprechenden Werten des kommerziellen Software-Systems APEX III von CDC. Hierbei bedeuten:

m = Anzahl der Restriktionen von (SPP)

n = Anzahl der Variablen

DA = Dichte der Matrix der $a_{ij}, \forall i, \forall j$

L = Iterationen-Limit

w^S = Zielfunktionswert bei Subgradienten-Optimierung

t^S = CPU-sec (CYBER 172) für Subgradienten-Verfahren

w^{LP} = Zielfunktionswert der exakten LP-Lösung

t^{LP} = CPU-sec (CYBER 172) für LP-Lösung durch APEX III

Probl	m	n	DA	L	w^S	t^S	$\frac{w^S}{w}$	$\frac{t^S}{t^{LP}}$
T1	50	471	11.6	167	525.9	5.4	.999	.59
T2	75	506	5.5	158	899.4	4.8	.988	.48
T3	100	999	8.3	266	824.8	22.2	.999	.71
P1	26	985	16	110	689.4	5.5	.73	.33
P2	26	1487	18	120	149.9	9.4	.999	.36
P3	26	1683	18.7	124	141.4	11.2	.94	.41
R1	30	400	5.4	63	284.3	1.0	.999	.26
R4	50	400	4.7	101	444.9	2.0	.99	.13
R5	70	400	8.5	189	346.8	5.7	.965	.07

Tabelle 1: Subgradientenverfahren

Probl	m	n	DA	t^{IP}
T1	50	471	11.6	15.1
T2	75	506	5.5	14.8
T3	100	999	8.3	48.5
P1	26	985	16	35.0
P2	26	1487	18	37.3
P3	26	1683	18.7	43.2
R1	30	400	5.4	1.5
R2	30	400	18.7	7.1
R3	40	400	18.2	41.2
R4	50	400	4.7	3.2
R5	70	400	8.5	190.0

Tabelle 2: Reine Set-Partitioning-Probleme

Tabelle 2 zeigt die Gesamtlösungszeiten in CPU-sec(t^{IP}) für die Rechnung reiner Set-Partitioning-Probleme. T1-T3 und P1-P3 wurden auf der CYBER 172, R1-R5 auf der CYBER 175 (ca. 5mal schneller als die CYBER 172) gerechnet.

Tabelle 3 zeigt numerische Ergebnisse für die Projektplanungsprobleme P4-P7. P4 und P6 sind reine Set-Partitioning-Probleme mit jeweils 11 Zeilen und 53 Variablen. P5 ist P4 plus 3 Randbedingungen und P7 ist P6 plus 6 Randbedingungen. t^{IP} = Gesamtlösungszeit in CPU-sec auf der SIEMENS 7.748j (ca. 5-6mal langsamer als die CYBER 172); q = Anzahl der Randbedingungen.

Probl	m	n	q	t^{IP}
P4	11	53	0	1.9
P5	11	53	3	1.7
P6	11	53	0	2.1
P7	11	53	6	1.6

Tabelle 3: Set-Partitioning-Probleme mit Randbedingungen

Die relativ kleine Stichprobe von Testbeispielen erlaubt keine endgültigen Schlüsse über die Güte des implementierten Algorithmus. Es erscheint jedoch, daß Set-Partitioning-Probleme größerer

Dimension in vertretbarer Rechenzeit mittels Impliziter Enumeration gelöst werden können. Das Vorliegen von Randbedingungen erhöht die Rechenzeiten i.a. nicht, wie bereits die Ergebnisse in Tabelle 3 andeuten, da Möglichkeiten zur 0-Fixierung von Variablen eröffnet werden. Der höhere Rechenaufwand pro Knoten des Lösungsbaumes wird durch die entsprechende Reduktion des Baumes zumeist mehr als ausgeglichen.

Literatur

/1/ BALAS, E. und M.W.PADBERG: "Set Partitioning: A Survey", Siam Review 18, 1976, S.710-760.
/2/ ROHDE, M.:"Das Set-Partitioning-Problem - Wirtschaftliche Anwendungen und Algorithmen", Dissertation Freie Universität Berlin, 1978.
/3/ PIERCE, J.F. und J.S. LASKY:"Improved Combinatorial Programming to a Class of All-Zero-One Integer Programming Problems", Management Science 19, 1973, S.528-543.
/4/ MARSTEN, R.E.:"An Algorithm for Large Set-Partitioning Problems", Management Science 20, 1974, S.779-787.
/5/ GARFINKEL, R.S. und G.L.NEMHAUSER:"The Set-Partitioning-Problem - Set Covering with Equality Constraints",Operations Research 17, 1969, S. 848-856.

Lösung gemischt-ganzzahliger Probleme mit Netzwerkstruktur

P. Ammon, Bonn und W. Peemöller, Berlin

1. EINLEITUNG

Eine bedeutende Klasse der Linearen Probleme besitzt eine sogenannte Netzwerkstruktur. Dies bedeutet, daß die Nebenbedingungen des Problems nicht nur durch Ungleichungen der Form A $\underline{x} \leq \underline{b}$ beschrieben werden können, sondern auch durch die Knotenbilanzgleichungen eines Netzwerks. Unter einem Netzwerkflußproblem versteht man die Aufgabe, den Kanten eines zusammenhängenden gerichteten Graphen derartige Flüsse zuzuweisen, daß die Summe aller Flußkosten (aus der Zielfunktion!) minimiert oder maximiert wird. Zusätzlich können für die Flüsse Ober- und Untergrenzen vorgegeben werden. Äquivalent dazu ist das Lineare Programm, dessen Restriktionen die Knotenbilanzgleichungen des Netzwerks sind (sog. Inzidenz-Matrix).

Diese Darstellung [1] weist gegenüber der herkömmlichen LP-Formulierung erhebliche Vorteile auf. Da die Inzidenzmatrix eines Netzwerks mit p Knoten und q Kanten q Spalten und p-1 Zeilen aufweist, stößt man bei der Lösung derartiger Probleme mit herkömmlicher LP-Software sehr schnell an Grenzen (ca. 10.000 Variable und Restriktionen). Hingegen gelang es Glover und Klingman [2] unter Ausnutzung der speziellen Struktur derartige Lineare Probleme mit 62 Millionen Variablen und 50.000 Restriktionen zu lösen.

2. ANWENDUNGSBEISPIEL

2.1. BESCHREIBUNG DES MODELLS

Ein Anwendungsbeispiel, das besonders im Vordergrund des Interesses stand, ist ein Nichtlineares Netzwerkflußproblem. Dabei sollte eine optimale Standortverteilung in der Brauereiindustrie berechnet werden [4], [5], [6]. Mit steigender Ausbringungsmenge sind, wie diese Untersuchungen gezeigt haben, die Produktionskosten stark degressiv, bei zunehmender Konzentration der Produktion auf wenige Standorte nehmen die Transportkosten jedoch stark zu.

Modellhaft wurde der süddeutsche Biermarkt untersucht, wo vorübergehend von 10 möglichen Produktionsstandorten und 11 Absatzmärkten ausgegangen wurde.

Gesucht wurde eine kostenminimale Verteilung der Produktionskapazität und Belieferung der einzelnen Märkte.

Bei den Produktionskosten wurde unterschieden zwischen den betriebsspezifischen Kosten, die bei der Herstellung jedes der vier Produkte jeder Brauerei anfallen, und den produktspezifischen Kosten (Produktionskosten für Pils, Altbier, Limonade u.ä.).

2.2. DARSTELLUNG DES MODELLS ALS NETZWERK

Bei diesem Problemtyp treten im Modell nichtlineare Kosten auf. Es wurde angenommen, daß die Linearisierung dieses Kostenverlaufs durch zwei Streckenzüge hinreichend genau sei:

Beispiel: Betriebsspezifische Kosten

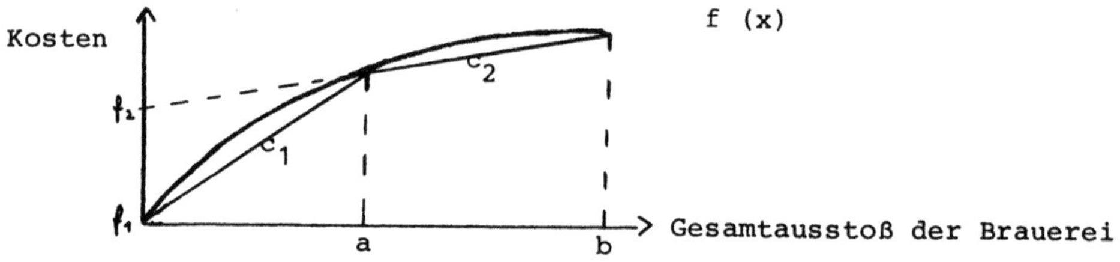

Die bisher mit den Kosten f (x) belastete Kante wird nun durch zwei parallele Kanten mit den Kostenkoeffizienten c_1 und c_2 ersetzt, die durch zwei 0-1-Variable y_1 und y_2 gesteuert werden:

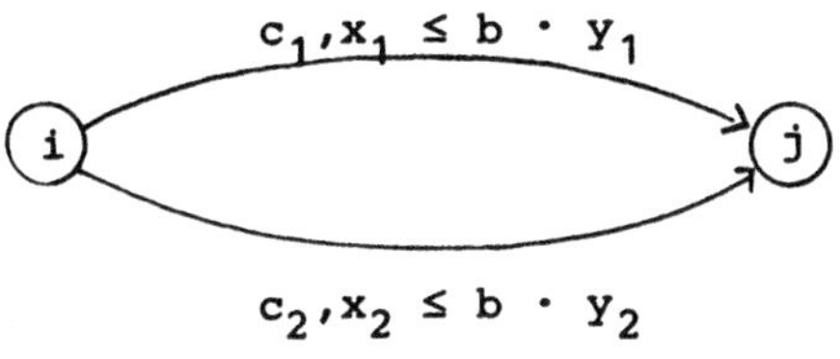

Durch die Konvexitätsbedingung $y_1 + y_2 = 1$, $y_1, y_2 \in \{0,1\}$ wird erreicht, daß immer nur eine Kante geöffnet sein kann.

3. DAS LÖSUNGSVERFAHREN

3.1. DEKOMPOSITIONSVERFAHREN VON BENDERS

Stellt man die Inzidenzmatrix dieses Problems auf, so erhält man ein herkömmliches Gemischt-Ganzzahliges Programm. Versuche, Probleme dieser Struktur mit Hilfe der herkömmlichen Software zu lösen (APEX III, CDC) schlugen jedoch fehl.

Bei der Konzeption eines Lösungsverfahrens traten besonders zwei Gesichtspunkte in den Vordergrund:

Zum einen weist ein Teil des Modells Netzwerkstruktur auf, die sich besonders vorteilhaft in einem Algorithmus verwenden läßt. Der andere Teil des Modells ist ein rein ganzzahliges Problem. Auch für diese Problemklasse wurden in der letzten Zeit besonders effiziente Algorithmen entwickelt, die auf dem Verfahren der impliziten Enumeration unter Verwendung einer speziellen Datenstruktur beruhen [3], [7]. Es lag daher nahe, das Gesamtproblem mit Hilfe des Bendersverfahrens in zwei Teilprobleme zu zerlegen, die jeweils algorithmisch vorteilhafte Struktur aufweisen.

Die Verbindung dieser beiden Teilprobleme geschieht durch die sogenannten Benderscuts. Beschreibt man das Netzwerk durch seine Inzidenzmatrix A, so lautet das zu lösende Problem:

$$\begin{aligned} \min \quad & \underline{c}^T \underline{x} + \underline{f}^T \underline{y} \\ & A\underline{x} = \underline{b} \\ & x_i \leq u_i\, y_i, \; i \varepsilon S \\ & B\underline{y} \leq \underline{d} \\ & x \varepsilon \mathbb{R}_+^m, \; y \varepsilon \{0,1\}^n \end{aligned}$$

Hält man den Vektor $\underline{y}$ fest, so erhält man folgendes (primales) Subproblem:

$$\text{(SP)} \qquad \begin{aligned} & \underline{f}^T \underline{y}^k + \min_{\underline{x}} \underline{c}^T \underline{x} \\ & A\, \underline{x} = \underline{b} \\ & x_i \leq u_i\, y_i^k, \; i \varepsilon S \end{aligned}$$

Durch Einführung künstlicher Variablen sei sichergestellt, daß dieses Problem für jedes $\underline{y}$ zulässig bleibt. Standardmäßig erhält man den zugehörigen Benderscut aus dem dazu dualen Problem:

$$\text{(DSP)} \qquad \begin{aligned} & \underline{f}^T \underline{y}^k + \max \quad \underline{b}^T \underline{\Pi}^1 + \sum_{i \varepsilon S} u_i\, y_i^k\, \Pi_i^2 \\ & A\, \underline{\Pi}^1 + \sum_{i \varepsilon S} \underline{e}_i\, \Pi_i^2 \geq \underline{c} \\ & \underline{\Pi}^1 \varepsilon \mathbb{R}_+^m, \; \underline{\Pi}^2 \varepsilon \mathbb{R}_+^n \end{aligned}$$

Dabei sei $\underline{e}_i$ der i-te Einheitsvektor. Aus der Lösung $({}^k\underline{\Pi}^1, {}^k\underline{\Pi}^2)$ erhält man folgende Bedingungen für die $\underline{y}$, die zu einer besseren Lösung des Gesamtproblems als der besten bisher gefundenen $\bar{z}$ gehören:

$$\text{(MP)} \qquad \begin{aligned} & \underline{f}^T \underline{y} + \underline{b}^T\, {}^k\underline{\Pi}^1 + \sum_{i \varepsilon S} u_i\, y_i\, {}^k\Pi_i^2 < \bar{z} \\ & B\, \underline{y} \leq \underline{d} \end{aligned}$$

Für dieses Masterproblem (MP) wird ein zulässiges $\underline{y}^{k+1}$ bestimmt, welches in das Subproblem (SP) eingesetzt wird. Aus den neuen Dualvariablen $({}^{k+1}\underline{\Pi}^1, {}^{k+1}\underline{\Pi}^2)$ wird ein neuer Benderscut bestimmt, der zu dem Problem (MP) hinzugefügt wird. Ist der Zielfunktionswert des Subproblems kleiner als $\bar{z}$, so erhält $\bar{z}$ diesen neuen Wert. Das Verfahren bricht ab, wenn in einem Masterproblem keine neue zulässige Lösung gefunden werden kann.

Das Subproblem (SP) ist ein reines Netzwerkflußproblem, das mit Hilfe des erwähnten effizienten Verfahrens gelöst werden kann. Problematisch erscheint nur, daß bei erneuter Lösung von (SP) mit $\underline{y}^{k+1}$ die zuletzt erreichte optimale Basis unzulässig geworden ist. Da das verwendete Verfahren duale Schritte nicht zuläßt und die zuletzt erreichte Basis lediglich postoptimiert werden soll, wird (SP) durch (SP') ersetzt:

$$\text{(SP')} \qquad \underline{f}^T \underline{y}^k + \min_{\underline{x}} \; \underline{\hat{c}}^T \underline{x}$$

$$A \underline{x} = \underline{b}$$

$$x_i \leq u_i, \; i \in S$$

wobei

$$\hat{c}_i := c_i \quad \text{falls } i \notin S$$

$$\hat{c}_i := c_i + \text{BIGM} \quad \Big| \; y_i^k = 0$$

$$\hat{c}_i := c_i \quad \Big| \; y_i^k = 1$$

Dabei sei BIGM eine sehr große Zahl.

Aus der optimalen Lösung von (SP') kann man unter der Voraussetzung, daß (SP) für jedes $\underline{y}$ zulässig ist, eine optimale Lösung von (SP) konstruieren und die für den Benderscut benötigte $(\underline{\Pi}^1, \underline{\Pi}^2)$ ablesen.

3.2. DIE KOMPONENTEN DES LÖSUNGSVERFAHRENS

Zur Lösung des Subproblems wurde das Programmsystem PNET verwendet, ein Simplexverfahren, das die folgenden Eigenschaften von Netzwerkflußproblemen ausnutzt:

(1) Die Kanten, die in der Basis sind, bilden einen spannenden Baum im Netzwerk. Die Speicherung der Basis erfolgt über die Augmented Threaded Index-Methode und benötigt das doppelte der Knotenzahl an Kernspeicher.

(2) Die Basisinverse ist triangulär und wird nicht gespeichert. Zur Berechnung der Flüsse und der Dualwerte wird das Gleichungssystem durch Einsetzen aufgelöst.

Zur Lösung des Masterproblems wird das Verfahren der impliziten Enumeration verwendet. Dieses erhält seine besondere Effizienz durch die Verwendung von Listenstrukturen zur Abspeicherung der Lösung und besonderen Techniken zur Abspeicherung der dünn besetzten Matrix B (4-Row-Representation) [3], [7].

4. IMPLEMENTATION DES VERFAHRENS

Da schon die beiden Teilprobleme sehr groß sind und zusätzlich bei jeder Iteration ein weiterer Benderscut gespeichert werden muß, wurde bei der Implementation des Verfahrens besonderer Wert auf die Einsparung von Speicherplatz gelegt. Da die Lösung vom Master- und Subproblem abwechselnd erfolgt, kann die Information, die bei der Lösung des jeweils anderen Teilproblems im Kernspeicher nicht benötigt wird, auf den Plattenspeicher geschrieben werden. Ebenso befinden sich die Informationen über die Kanten des Netzwerks ausschließlich auf dem Plattenspeicher, so daß der benötigte Kernspeicherplatz nur von der Zahl der Knoten, nicht aber von der (häufig sehr großen) Zahl der Kanten abhängt. Das Verfahren wurde auf einer CD 175 implementiert und so ausgelegt, daß Probleme mit maximal 402 Knoten und 300 0-1-Variablen und beliebig vielen Kanten gelöst werden können. Obwohl der zur Verfügung stehende Kernspeicherplatz von 64K Worten nahezu ganz ausgeschöpft wurde, verblieb Platz nur für maximal 30 Benderscuts. Diese Zahl wurde häufig überschritten, wobei es sich zeigte, daß das Verfahren sehr schlecht konvergiert, wenn man sich dazu entschließt, früher erzeugte Cuts wegzulassen. Besondere Bedeutung kam dabei der Beobachtung zu, daß häufig identische Cuts erzeugt wurden. Die Identifizierung derartiger Cuts erlaubte eine erhöhte Zahl von Iterationen. Versuche, redundante Cuts mit Hilfe der Lösung eines LP's über die Cuts zu identifizieren, blieben wegen des hohen Aufwands unbefriedigend. Die Konvergenz des Verfahrens wurde durch die Verwendung einer ε-Schranke stark beschleunigt.

Ebenso erwies es sich als sehr vorteilhaft, zunächst eine gute Lösung mit Hilfe eines großen ε zu bestimmen und anschließend von dieser Lösung aus im Restart mit einer verkleinerten ε-Schranke weiterzusuchen.

Eine gute Ausgangslösung, die die Zahl der benötigten Iterationen und damit der zu speichernden Cuts reduziert, konnte auch aus der LP-Relaxation des Gesamtproblems gewonnen werden, indem man genau die y_i auf 1 setzt, die die Kanten steuern, die in der LP-Lösung einen Fluß >0 erhielten.

5. ERGEBNISSE

Es wurde eine große Zahl von Problemen gelöst und die Konvergenz mit der eines kommerziellen Softwaresystems (APEX III) verglichen.

Tabelle I zeigt einige typische Lösungszeiten (das zugrunde gelegte Netzwerk hat 102 Knoten und 306 Kanten). Vergleichsweise wurden diese Probleme auch mit dem Programmsystem APEX III von CDC gelöst.

Tabelle I

Problemdaten			APEX III		PNET/INTOP	
N	S	Restriktionen	CP-Zeit	IO-Zeit	CP-Zeit	IO-Zeit
50	0,5	50	25,2	17	2,2	21
100	0,9	100	171,7	44	2,3	14
150	-	-	239,2	18	2,5	17
200	0,5	200	430,9	417	3,3	52

Der Schärfefaktor S dient der Berechnung von $\underline{d}$. In den betrachteten Fällen war die Zahl der Restriktionen des Typs $B\underline{y} + \underline{d} \geq 0$ gleich N.

Es zeigten sich deutliche Vorteile für den vorgestellten Ansatz.

Ebenso wurde deutlich, daß sehr häufig identische Cuts erzeugt wurden.

Tabelle II

N	Zahl der Knoten	Kanten	(%)	Zahl der Iterationen	Cuts
70	302	1308	20	16	11
80	202	1207	10	17	4
95	202	705	20	15	9
100	202	705	20	8	2
150	302	1308	10	10	3
150	302	1308	10	16	3
150	302	1308	5	33	3
150	302	905	5	46	15

Dabei wurde stets von der Ausgangslösung $\underline{y}^o = (1,1,\ldots,1)$ ausgegangen. Die Differenz aus der Zahl der gespeicherten Cuts und der Zahl der Iterationen gibt an, wie viele Benderscuts als redundant erkannt worden sind.
Weitere Ergebnisse entnehme man [1].

Abschließend sei noch auf einen weiteren Vorteil des vorgestellten Verfahrens hingewiesen:
Während bei sehr schwierigen Problemen Algorithmen vom Typ Dakin häufig überhaupt keine Lösung finden konnten, liefert das Bendersverfahren immer zulässige Lösungen, auch wenn der Beweis der Optimalität zu viele Iterationen benötigt. Häufig ist man aber allein an einer guten Lösung interessiert, so daß man das Verfahren jederzeit einfach abbrechen kann.

6. LITERATUR

1. Ammon, Peter, Bendersdekomposition Gemischt-Ganzzahliger Programme mit Netzwerkstruktur, Beiträge zur Unternehmensforschung Hrsg.: Institut für Unternehmungsführung, Fachrichtung Unternehmensforschung der Freien Universität Berlin, Garystr. 21, D-1000 Berlin 33
2. Glover, F., Klingman, D., Charnes, A., Past, Present and Future of Large Scale Transshipment Computer Codes and Applications, International Institute of Management, Griegstr. 5,

D-1000 Berlin 33, I/75-11, 1975

3. Mevert, P., Suhl, U., Implicit Enumeration with Special Ordered Sets, Institut für Unternehmungsführung, Freie Universität Berlin, Garystr. 21, D-1000 Berlin 33
4. Müller, J., Schwalbach, J., Kostendegression, Sortenvielzahl und Strukturwandel bei Brauereien, Proceedings in Operations Research 7, Hrsg.: DGOR, Würzburg, 1977
5. Müller, J., Schwalbach, J., Untersuchungen zur langfristigen effizienten Struktur der Brauereiindustrie, Discussion Paper Series, International Institute of Management, Griegstr. 5, D-1000 Berlin 33
6. Seeringer, W., Ein Modell zur optimalen Betriebsgrößen- und Standortplanung am Beispiel der Brauindustrie in der BRD, Report series, International Institute of Management, Griegstraße 5, D-1000 Berlin 33, IV/75-1
7. Suhl, U., Entwicklung von Algorithmen für ganzzahlige Optimierungsmodelle. Beiträge zur Unternehmensforschung, Hrsg.: Institut für Unternehmungsführung, Fachrichtung Unternehmensforschung der Freien Universität Berlin, Garystr. 21, D-1000 Berlin 33

Die Konstruktion der Lösungsmenge eines allgemeinen linearen Restriktionssystems

H.-M. Winkels, Bochum

1. Lineare Restriktionssysteme

Viele ökonomische Probleme laufen darauf hinaus, die Lösungsmenge eines linearen Restriktionssystems nach irgendwelchen Gesichtspunkten zu analysieren. Oftmals ist es dabei sinnvoll oder gar notwendig, nicht sofort eine einzige Lösung auszuwählen, sondern sich erst einmal einen Überblick über die Gesamtheit aller Möglichkeiten mit ihren speziellen Eigenschaften zu verschaffen. Probleme dieser Art findet man insbesondere bei Sensitivitätsanalysen, parametrischer linearer Optimierung, Extrempunktmethoden und Gleichgewichtsproblemen in der Spieltheorie. (Vergleiche Abschnitt 4.) In dieser Arbeit soll kurz beschrieben werden, wie man die Lösungsmenge eines allgemeinen linearen Restriktionssystems konstruieren kann. Eine ausführliche Darstellung findet man in [Winkels, 1978 b].

Im folgenden sei A eine reelle (MxN)-Matrix; b ein reeller M-Vektor, x ein N-Vektor von Unbestimmten und $\trianglelefteq$ ein M-Tupel von Restriktionsrelationen der Form "$\leqq$" oder "=". Unter einem <u>linearen Restriktionssystem</u> (in Standardform) verstehen wir dann das System

$$Ax \trianglelefteq b, \qquad (S)$$

wobei die einzelnen Ungleichungen/Gleichungen im Sinne der Matrizenmultiplikation komponentenweise zu lesen sind.

2. Die Darstellung der Lösungsmenge

Bekanntlich besitzt eine nichtleere Lösungsmenge $\mathfrak{L}(Ax \trianglelefteq b)$ des Systems (S) eine (nicht notwendig eindeutige) Darstellung der Form

$$\mathfrak{L}(Ax \trianglelefteq b) = KK(z^1,\dots,z^q) + PK(x^1,\dots,x^p) + LK(y^1,\dots,y^l)$$

mit $KK(z^1,\dots,z^q) := \{ \sum_{h=1}^{q} \eta_h z^h : \sum_{h=1}^{q} \eta_h = 1;\ \eta_h \geqq 0\ \forall h\}$

$$PK(x^1,\dots,x^p) := \{ \sum_{i=1}^{p} \mu_i x^i : \mu_i \geqq 0\ \forall i\}$$

$$LK(y^1,\dots,y^l) := \{ \sum_{j=1}^{l} \lambda_j y^j : \lambda_j \in \mathbb{R}\quad \forall j\},$$

vergl. z. B. [Stoer/Witzgall; 1970]. Hierbei sei $\sum_{i=1}^{0} \dots := 0$.

Ein System $(z^1,\dots,z^q \| x^1,\dots,x^p \| y^1,\dots,y^l)$ von Vektoren des $\mathbb{R}^N$ mit der obigen Eigenschaft heiße Erzeugendensystem von (S). Erzeugendensysteme mit minimaler Anzahl der Vektoren sollen als Basen bezeichnet werden. Wenn man den Basisbegriff in dieser Weise benutzt und nicht etwa so wie bei [Stoer/ Witzgall; 1970] oder bei [Tschernikow; 1971], kann man die Theorie der linearen Gleichungssysteme einfach in die Theorie der linearen Restriktionssysteme integrieren, $(x^1,\dots,x^p \| y^1,\dots,y^l)$ erweist sich als Basis von $\mathfrak{L}(Ax \leqq 0)$ und $(y^1,\dots,y^l)$ als (Vektorraum-)Basis von $\mathfrak{L}(Ax = 0)$. Man kann zeigen, daß Extremalsysteme und Basen übereinstimmen, insbesondere sind im Falle Rang A = Spaltenanzahl $z^1,\dots,z^q$ die Extrempunkte (Eckpunkte) von $\mathfrak{L}(Ax \leqq b)$ und $x^1,\dots,x^p$ die Erzeuger der Extremstrahlen von $\mathfrak{L}(Ax \leqq 0)$. (vergl. [Winkels; 1978 b]).

In der folgenden Übersicht sind die wichtigsten Typen linearer Restriktionssysteme und ihre Beziehungen angegeben. In jedem Kästchen steht dabei der Typ des Restriktionssystems, seine geometrische Charakterisierung und die Basisgestalt (mit eventueller Abkürzung bei Redundanz).

Kasten A → Kasten B bedeutet, daß das System in Kasten A ein Spezialfall des Systems aus Kasten B ist. $\mathfrak{L}(Ax \leqq b) \leftrightarrow \mathfrak{L}(A(x-z) \leqq 0)$ soll angeben, daß sich das System $Ax \leqq b$ mittels einer Unbestimmtentransformation $x \mapsto \bar{x} = x - z$ in das System $A\bar{x} \leqq 0$ überführen läßt.

3. Die Ermittlung einer Basis der Lösungsmenge

Es gibt einige Algorithmen, die eine Basis der Lösungsmenge liefern, sofern diese eine spezielle Gestalt aufweist, vergl. [Balinski; 1961], [Chernikova; 1964; 1965], [Dyer/Proll; 1977], [Greenberg; 1975], [Manas/

Typen linearer Restriktionssysteme und ihre Beziehungen

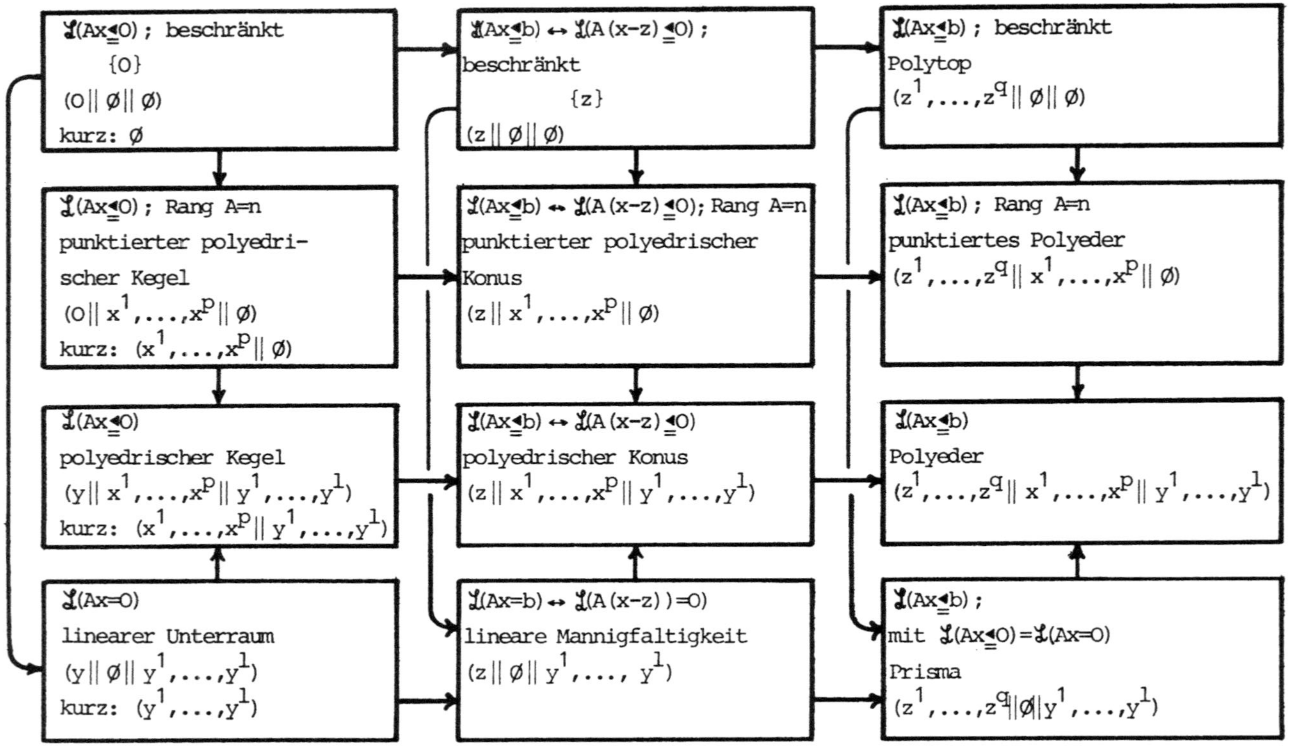

Nedoma; 1968], [Mattheiss; 1973], [Tschernikow; 1971] und [Walker; 1973].
1956 zeigte E. BURGER, wie man durch sukzessives Hinzufügen von Ungleichungen eine Basis für ein System der Form $Ax \leqq 0$ berechnet. Das Verfahren ist dabei die algebraische Fassung der geometrischen "Double Description Method" aus [Motzkin et al.; 1953]. 1976 verallgemeinerte GALPERIN den BURGER-Algorithmus für Systeme der Gestalt $Ax \leqq b$, wobei in wesentlichen Rechenschritten jedoch verallgemeinerte inverse Matrizen benutzt werden. Es soll nun beschrieben werden, wie man eine Basis des Systems (S) nur mit Hilfe des BURGER-Algorithmus bestimmten kann, also ohne verallgemeinerte inverse Matrizen. In [Winkels; 1978 b] ist ausführlich dargestellt, wie man dieses Verfahren rechentechnisch einfach praktizieren kann.

a. Durch eine minimale Abänderung des BURGER-Verfahrens kann man nicht nur homogene lineare Ungleichungen sondern auch homogene lineare Gleichungen einem Restriktionssystem sukzessive hinzufügen. Auf diese Weise kann man direkt eine Basis des homogenen Systems $Ax \trianglelefteq 0$ berechnen, ohne daß zuvor Gleichungen in Ungleichungen überführt wurden.

b. Mit Hilfe des (so modifizierten) BURGER-Algorithmus kann man eine Basis des Systems

$$(A|-b)\binom{x}{t} \trianglelefteq 0 \;; \qquad t \geqq 0 \qquad (\bar{S})$$

bestimmen. Bei diesem Verfahren kann man während der Rechnung feststellen, ob (S) eine Lösung besitzt oder nicht. Ferner besteht die Möglichkeit, den Algorithmus sinnvoll mit anderen existierenden Verfahren zu koppeln.

c. Zwischen den Basen bezüglich (S) und denjenigen bezüglich $(\bar{S})$ bestehen eineindeutige Beziehungen. Ist
$((z^1, \eta_1),\dots,(z^q, \eta_q);\ (x^1, 0),\dots,(x^p, 0) \,\|\, (y^1, 0),\dots,(y^l, 0))$
eine Basis von $(\bar{S})$ mit $q \geqq 1$ und $\eta_h > 0\ \forall h$, so ist
$(1/\eta_1 z^1,\dots, 1/\eta_q z^q \| x^1,\dots,x^p \| y^1,\dots, y^l)$ eine Basis von (S). Im Falle $q = 0$ besitzt (S) keine Lösung.

d. Das obige Verfahren führt im Gegensatz zum GALPERIN-Algorithmus im allgemeinen nicht zu einer Orthobasis, d. h. zu einer Basis
$(z^1,\dots,z^q \| x^1,\dots,x^p \| y^1,\dots,y^l)$ mit $z^1,\dots,z^q;\ x^1,\dots,x^p \in \mathcal{L}(Ax = 0)^{\perp}$
(Orthogonalraum!). Diese erhält man aus einer beliebigen Basis aber sofort, wenn man das SCHMIDTsche Orthonormalisierungsverfahren (vergl. [Kowalski;

1969]) auf die y^j anwendet und von den z^h und x^i die zugehörigen orthogonalen Projektionen subtrahiert.

Als Fazit kann man feststellen, daß der BURGER-Algorithmus in rechentechnisch einfacher Weise auf jedes Restriktionssystem (in der beschriebenen modifizierten Form) anwendbar ist und alles das leistet, was den GALPERIN-Algorithmus auszeichnet.

4. Anwendungsbeispiele

a. Sensitivitätsanalysen und parametrische lineare Optimierung:

Sei
$$\bar{c}x \to \max$$
$$Ax = \bar{b}$$
$$x \geqq 0$$

ein lineares Optimierungssystem, wobei der Rang von A gleich der Anzahl der Zeilen sei. Oftmals ist es interessant zu wissen, inwieweit die Optimalität einer Basislösung x^* anfällig bezüglich der Gestalt von $\bar{c}$ und $\bar{b}$ ist. Das führt zur Betrachtung eines linearen Restriktionssystems der Form:

$$c_B A_B^{-1} A - c \geqq 0 \quad \text{(Optimalitätsbedingung von } x^*\text{)}$$
$$A_B^{-1} b \geqq 0 \quad \text{(Zulässigkeitsbedingung von } x^*\text{)}$$
$$H\left(\frac{c}{b}\right) \leqq h \quad \text{(lineare Beziehung zwischen c und b)}$$

in den Unbestimmten c und b. Dabei ist B die Menge der Basisindizes von x^* und der tiefgestellte Index B deutet die Beschränkung der (Spalten-)Indizes auf die Menge B an.

Im Falle der parametrischen linearen Optimierung haben $\bar{c}$ und $\bar{b}$ die Gestalt $c + \lambda G$ bzw. $b + F\lambda$ mit einer (LxN)-Matrix G, einer (MxL)-Matrix F und einem L-Vektor λ von Parametern. Hier erhält man das Restriktionssystem

$$(c_B + \lambda G_B)\, A_B^{-1} A - (c + \lambda G) \geqq 0 \quad \text{(Optimalitätsbedingung von } x^*\text{)}$$
$$A_B^{-1} (b + F\lambda) \geqq 0 \quad \text{(Zulässigkeit von } x^*\text{)}$$
$$H\lambda \leqq h \quad \text{(lineare Parameterbeziehungen)}$$

mit dem Unbestimmtenvektor λ. Vergleiche hierzu [Gal/Nedoma; 1972], [Gal; 1975], [van de Panne; 1975].

b. Andere Probleme, in denen Basen von linearen Restriktionssystemen eine Rolle spielen, sind die Fragen nach allen Lösungen linearer Optimierungssysteme oder solchen, die bestimmte Anspruchsniveaus erfüllen, die Bestimmung aller Gleichgewichtspunkte bei Matrix- oder Bimatrixspielen, lineare

Komplementärprobleme und Extrempunktverfahren. Vergleiche hierzu [Dyer/Proll; 1977] mit der dort angegebenen Literatur und [Winkels; 1978 a; 1978 b].

Literaturverzeichnis:

Balinski, M. L.; 1961; An Algorithm for Finding All Vertices of Convex Polyhedral Sets. SIAM Journal on Applied Mathematics 9, 72 - 88.

Burger, E.; 1956; Über homogene lineare Ungleichungssysteme. Zeitschrift für angewandte Mathematik und Mechanik, Bd. 36, 135 - 139.

Chernikova, N. V. (Tschernikowa, N. W.); 1964; Algorithm for Finding a General Formula for the Nonnegative Solutions of a System of Linear Equations. USSR Computational Mathematics and Mathematical Physics, IV, No. 4, 151 - 158.

Chernikova, N. V. (Tschernikowa, N. W.); 1965; Algorithm for Finding a General Formula for the Nonnegative Solutions of a System of Linear Inequalities. USSR Computational Mathematics and Mathematical Physics, V, No. 2, 228 - 233.

Dyer, M. E.; and L. G. Proll; 1977; An Algorithm for Determining all Extreme Points of a Convex Polytope. Mathematical Programming, Vol. 12, 81 - 96.

Gal, T.; 1975; Rim Multiparametric Linear Programming. Management Science, Vol. 21, No. 5, 567 - 575.

Gal, T.; J. Nedoma; 1972; Multiparametric Linear Programming. Management Science, Vol. 18, No. 7, 406 - 422.

Galperin, A. M.; 1976; The General Solution of a Finite System of Linear Inequalities. Mathematics of Operations Research, Vol. 1, 185 - 196.

Greenberg, H.; 1975; An Algorithm for Determining Redundant Inequalities and all Solutions to Convex Polyhedra. Numerische Mathematik, Band 24, 19 - 26.

Kowalsky, H.-J.; 1969; Lineare Algebra. de Gruyter & Co., Berlin.

Manas, M.; J. Nedoma; 1968; Finding all Vertices of a Convex Polyhedron. Numerische Mathematik 12, 226 - 229.

Mattheiss, T. H.; 1973; An Algorithm for Determining Irrelevant Constraints and all Vertices in Systems of Linear Inequalities. Operations Research, Vol. 21, No. 21, 247 - 260.

Motzkin, T. S.; H. Raiffa; G. L. Thompson; R. M. Thrall; 1953; The Double Description Method. In: Contributions to the Theory of Games, Vol. II. Princeton; Princeton University Press.

Van de Panne, C.; 1975; A Node Method for Multiparametric Linear Programming. Management Science, Vol. 21 (9), 1014 - 1020.

Stoer, J.; Ch. Witzgall; 1970; Convexity and Optimization in Finite Dimensions I. Springer-Verlag, Berlin-Heidelberg-New York.

Tschernikow, S. N.; 1971; Lineare Ungleichungen. VEB Deutscher Verlag der Wissenschaften, Berlin.

Walker, M.R.; 1973; Determination of the Convex Hull of a Finite Set of Points. Expository Paper; University of North Carolina at Chapal Hill.

Winkels, H.-M.; 1978 a; Die Menge aller Gleichgewichtspunkte eines Bimatrixspieles - Ihre Struktur und ihre Berechnung. Arbeitsbericht Nr. 14 des Institutes für Unternehmeungsführung und Unternehmensforschung, Ruhr-Universität Bochum, D 4630 Bochum, Juli 1978.

Winkels, H.-M.; 1978 b; Die Bestimmung aller Lösungen eines linearen Restriktionssystems. Arbeitsbericht Nr. 15 des Institutes für Unternehmungsführung und Unternehmensforschung, Ruhr-Universität Bochum, D 4630 Bochum, November 1978.

Netzplantheorie

Konsistenztest für Basisdaten von Projektnetzen

H. Steckhan, Regensburg

ZUSAMMENFASSUNG:

In den Vorgänger-Nachfolger-Beziehungen von Projekten können neben zyklischen Widersprüchen auch andere Inkonsistenzen vorkommen. Dieses Referat zeigt Literaturbeispiele für ungewollte azyklische Widersprüche und ein Testverfahren, das nicht nur die bloße Existenz von azyklischen Inkonsistenzen zu klären vermag: Gegebenenfalls wird ein azyklischer Widerspruch - sozusagen zur Sicherung von Beweismaterial - auch lokalisiert.

......

Basisdaten für Netzplan-Techniken, nämlich Vorgänger-Nachfolger-Beziehungen zwischen den Teilen des Projektes, werden immer noch ohne ausreichende Skepsis in die Planung hineingenommen. In der CPM und der PERT etwa fahndet man zwar stets akribisch nach zyklischen Inkonsistenzen. Man hält es also durchaus für möglich, daß sich die Datenlieferanten in einem solch plumpen Widerspruch wie den zyklischen verstricken können, der ja letztlich besagt, ein Teil des Projekts könne erst nach seinem eigenen Ende beginnen. In merkwürdigem Kontrast zu dieser Skepsis steht aber die Nonchalance, mit der eine Oberprüfung anderer Formen von Inkonsistenz übergangen wird. Vielleicht erklärt sich dieser Gegensatz daraus, daß selbst der Test auf zyklischen Widerspruch möglicherweise gar nicht so sehr der Sorge um die Konsistenz der Daten entspringt, sondern hauptsächlich und viel vordergründiger die Anwendbarkeit gewisser Graphen-Algorithmen absichern soll, die zyklenfreie Netze verlangen. Wie dem auch sei, neben zyklischen Widersprüchen existieren andere Formen der Inkonsistenz, die zwar den glatten Ablauf der Rechenverfahren nicht weiter stören, aber eine falsche (weil logisch inkonsistente) Netz-Struktur bewirken können. Daraus kann leicht eine irreale Zeitplanung entstehen, die vielleicht zu Terminüberschreitungen und möglicherweise sogar zu Konventionalstrafen führt.

Deshalb sollten die Vorgänger-Nachfolger-Relationen einem verschärften Test auf

Konsistenz unterzogen werden.

Wir folgen dabei der einschlägigen DIN-Norm sowie den Empfehlungen der DGOR-Arbeitsgruppe zur Vereinheitlichung der Bezeichnungen in der Netzplantechnik und gehen davon aus, daß u n m i t t e l b a r e Vorgänger-Nachfolger-Beziehungen erhoben werden. Außerdem nehmen wir noch an, das Projekt sei (etwa durch iterative Spaltung von ehemals provisorisch definierten Vorgängen) bereits derart in Vorgänge zergliedert, daß für jedes geordnete Paar (x,y) zweier Vorgänge gilt: Entweder ist x kein unmittelbarer Vorgänger von y oder x ist gänzlich und nicht nur zu einem echten Teil ein unmittelbarer Vorgänger von y.

Unter diesen Bedingungen ist die Vorgänger-Nachfolger-Relation offensichtlich intransitiv: Wenn x unmittelbarer Vorgänger von y ist und y seinerseits unmittelbarer Vorgänger von z, dann kann x nicht zugleich unmittelbarer Vorgänger von z sein; denn zwischen x und z liegt y. Das gilt trivialerweise ebenso für Vorgänge wie für Ereignisse x,y,z.
Widersprüche gegen diese Intransitivität finden sich aber inzwischen schon in der Lehrbuch-Literatur. Das soll mit drei ausgewählten Beispielen belegt werden:

1. In der Beschreibung eines Projekts "Einführung der EDV in einem Unternehmen", das *K. Neumann* modifiziert von Stires/Murphy in seine *Operations Research Verfahren, Bd. III, S. 223 ff* übernommen hat, unterläuft in der ersten Tabelle auf Seite 225 (wie schon im Original) ein Widerspruch: Angeblich folgt Ereignis 3 (Computer ausgewählt) unmittelbar auf Ereignis 2 (Durchführbarkeitsstudie fertig),und Ereignis 6 (Betriebsabläufe grob festgelegt) folgt sowohl unmittelbar auf Ereignis 2 als auch unmittelbar auf Ereignis 3. Wenn aber 3 tatsächlich zwischen 2 und 6 liegen sollte, könnte 6 nur mittelbarer Nachfolger von 2 sein.
2. In der Beschreibung eines Bauprojekts, das *H.-J. Zimmermann* von Bubeck in seine *Netzplantechnik S. 27* aufgenommen hat, sollen folgen
   Ereignis 4 (Rohbau - Obergeschoß fertig) auf Ereignis 2 (Kellergeschoß fertig) und Ereignis 6 (Installationen verlegt) sowohl auf Ereignis 2 als auch auf Ereignis 4.
   Das wird dadurch zum Widerspruch, daß auf S. 27 vermerkt wird, für Ereignis-Knoten-Netze gälten analoge Darstellungsregeln wie für Vorgangs-Pfeil-Netze, und für diese wird auf Seite 16 explizit von der unmittelbaren Vorgängerschaft ausgegangen.

3. *W. Zimmermann* vermerkt in seiner *Planungsrechnung und Entscheidungstechnik S. 252* (Fußnote 3), daß er stets unmittelbare Vorgänger-Nachfolger-Beziehungen verwendet. Im Projekt "Herstellung eines Funktionsmusters 'Druckwerk für EDV-Anlage'" auf Seite 258 im gleichen Kapitel findet man in Tabelle 9.5 den Widerspruch, Vorgang D sei unmittelbarer Vorgänger von Vorgang O, O gehe unmittelbar M voran, und N folge unmittelbar auf M. Zugleich sei aber Vorgang N unmittelbarer Nachfolger von Vorgang D.

Daß man sich, wie an drei ausgewählten Beispielen gezeigt, tatsächlich in Widersprüche nichtzyklischer Art verstrickt, rechtfertigt wohl einen verschärften Konsistenz-Test. Er soll dem üblichen Test auf zyklische Widersprüche nachgeschaltet werden. Genauer gehen wir von einem Vorgangs-Knoten-Netz aus und nehmen im Gefolge der Nichtexistenz von Zyklen an, daß die Knoten-Nummern entlang eines Weges von Projektanfang nach Projektende monoton steigen. Der neue Test selbst ist zweiphasig gestaltet: Erstens wird die bloße Existenz eines Widerspruchs gegen die Intransitivität unmittelbarer Vorgängerschaft geklärt. Nur falls diese erste Phase mit positivem Befund beendet ist, wird ein besagter Widerspruch in der zweiten Phase - sozusagen zur Sicherung von Beweismaterial - auch lokalisiert.

Dabei bezeichnen:

V die Menge aller Vorgänge des Projekts,

N die Menge aller unmittelbaren Vorgänger-Nachfolger-Beziehungen, so daß $(x,y) \in N$ genau dann gilt, wenn Vorgang y angeblich unmittelbarer Nachfolger des Vorgangs x ist,

D(y) die Menge aller angeblich unmittelbaren (direkten) Vorgänger des Vorgangs y,

I(y) die Menge aller mittelbaren (indirekten) Vorgänger des Vorgangs y und

$A(y) = D(y) \cup I(y)$ die Menge aller (allgemeinen) Vorgänger des Vorgangs y.

Analog kann man natürlich Ereignisse anstelle von Vorgängen verwenden.

Erste Phase des Tests:

1. Ermittle $D(y)\ \forall\ y \in V$. Setze $A(y) := \emptyset\ \forall\ y : D(y) = \emptyset$.
   Markiere alle $y : D(y) = \emptyset$.
2. Sind alle $y : y \in V$ markiert?
   Ja: Ende 1. Nein: 3.

3. Wähle ein unmarkiertes y, so daß alle x : x ∈ D(y) markiert sind.
   Bilde $I(y) := \bigcup_{x \in D(y)} A(x)$.
4. Gilt $D(y) \cap I(y) = \emptyset$?
   Ja: 5. Nein: Ende 2.
5. Bilde $A(y) := D(y) \cup I(y)$. Markiere y.
   Es folgt 2.

Der Algorithmus endet spätestens mit der Markierung des letzten Ereignisses. Das Verfahren kann übrigens (auf Kosten einer etwas verlängerten Darstellung) vereinfacht werden, weil kein Widerspruch auftreten kann, solange $I(y) = \emptyset$ gilt.
Am Ende 1 liegt kein Widerspruch gegen die Intransitivität der unmittelbaren Nachfolgerschaft vor.
Am Ende 2 ist klar, daß y angeblich mindestens einen Vorgänger hat, der zugleich unmittelbarer und nur mittelbarer Vorgänger von y sein soll. In diesem Fall folgt Phase 2.

Zweite Phase des Tests:

Sobald die Frage "$D(y) \cap I(y) = \emptyset$?" verneint worden ist, wird y mit t bezeichnet. s sei ein beliebiges Element der Menge $D(t) \cap I(t)$. Es geht jetzt darum, einen mindestens zweielementigen Weg W(s,t) zu finden, der von s nach t führt. Erst danach ist ein Widerspruch gegen die Intransitivität lokalisiert.

1. Setze $A(t) := D(t) \cup I(t)$. Lösche alle Markierungen der ersten Phase. Markiere s. Finde ein $y : y \in A(t) \wedge (s,y) \in N$. Markiere diesen Knoten y. (t kann jetzt noch nicht markiert sein). Bilde den einelementigen Vektor $v(y) := (s)$.
2. Existiert (x,t), so daß $(x,t) \in N$, $x \neq s$ und x markiert ist?
   Ja: 4. Nein: 3.
3. Finde $(x,y) \in N$ mit markiertem x, unmarkiertem y und $y \in A(t)$. Markiere y.
   Bilde den Vektor $v(y) := (v(x),x)$.
   Es folgt 2.
4. Wähle das in 2. erfragte Paar (x,t). Es sei
   $v(x) := (x_1,x_2, \ldots,x_m)$. (Es gilt $x_1 = s$.)
   Bilde den Weg
   $W(s,t) := \{(x_1,x_2),(x_2,x_3),\ldots,(x_{m-1},x_m),(x_m,x),(x,t)\}$.
   Ende

Welche der Wartebezeichnungen in W (s,t) ∪ {(s,t)} falsch sind, läßt sich ohne zusätzliche Informationen natürlich nicht sagen. Es muß nicht unbedingt (s,t) sein. Eine Oberprüfung aller Paare
(x,y) ∈ W(s,t) ∪ {(s,t)} wird empfohlen.

Bislang waren wir der einschlägigen DIN-Norm gefolgt und hatten die unmittelbare Nachfolgerschaft zwischen Vorgängen oder Ereignissen gewählt. Man kann stattdessen natürlich auch nach der allgemeinen Nachfolgerschaft fragen und folglich zunächst noch offenlassen, ob es sich dabei um unmittelbare oder nur mittelbare Nachfolger handelt. Diese allgemeine Vorgänger-Nachfolger-Relation ist im Gegensatz zur direkten offensichtlich transitiv. Widersprüche erscheinen beispielsweise dann in Vorgangs-Knoten-Netzen in der Form, daß ein mindestens zweigliedriger Weg von s nach t führt, der Pfeil (s,t) aber nicht im Netz enthalten ist. Aus Gründen der Konsistenz müßte also (s,t) ∈ N gelten, wenn W(s,t) ⊂ N. Daß (s,t) anschließend eliminiert werden kann, weil dieser Pfeil redundant ist, steht auf einem anderen Blatt. Ein analoges Testverfahren läßt sich leicht formulieren.

Es ist offengeblieben, ob noch weitere Formen der Widersprüchlichkeit existieren. Aber selbst wenn es keine weiteren gäbe, könnten die Vorgänger-Nachfolger-Beziehungen auch nach Durchlaufen des verschärften Tests noch falsch sein, dann allerdings nur in konsistenter Weise.

LITERATUR:

Neumann, K.: Operations Research Verfahren, Band III; München, Wien 1975.

Zimmermann, H.-J.: Netzplantechnik; Berlin, New York 1971.

Zimmermann, W.: Planungsrechnung und Entscheidungstechnik, Operations Research Verfahren; Braunschweig 1977.

Bedingungen einer allgemeinen Netzplanstruktur

G. Altrogge, Hamburg

Die bestehende Vielfalt von Netzplan-Methoden (z.B. CPM, MPM, HMN, PDM, PPS) und die weit darüber hinausgehende Vielfalt entsprechender EDV-Programmsysteme sind gekennzeichnet durch sehr unterschiedliche Darstellungen des Projektes im Netzplan und auch durch stark differierende Möglichkeiten in der zeitlichen Projektanalyse. Eine Einbeziehung von Kapazitäts- und Kostengesichtspunkten in die Projektplanung wird hingegen relativ methodenunabhängig gehandhabt. Gründe für die genannten Unterschiede sind in der Entwicklung der Netzplantechnik zu suchen und insbesondere in der starken Ausrichtung der graphischen Netzpläne an Rechenverfahren der Zeitanalyse.

Ein Netzplan stellt die Vorgänge des Projekts mit notwendigen vorgangsbezogenen Informationen dar und wesentlich die zeitlichen Beziehungen zwischen den Vorgängen. Diese Beziehungen sind zeitliche Mindest- oder Höchstabstände beliebiger Bewertung zwischen den Vorgangsereignissen Anfang, Ende und zumindest theoretisch auch inneren Vorgangsereignissen. Jeder Höchstabstand läßt sich formal in einen Mindestabstand umformen und umgekehrt. Es ist üblich, in den Graphen alle zeitlichen Abstandsbeziehungen als Mindestabstände darzustellen. Weiterhin lassen sich Mindest- oder Höchstabstände zwischen Vorgangsereignissen immer in Abstandsbeziehungen zwischen anderen Ereignissen der betroffenen Vorgänge umformen. Somit bedeutet es prinzipiell keine Einschränkung der Allgemeinheit einer Netzplan-Methode oder eines Netzplanverfahrens, wenn nur bestimmte Abstandsbeziehungen zwischen Vorgängen zugelassen werden, beispielsweise nur Mindestabstände zwischen Vorgangsenden und Vorgangsanfängen (Ende-Anfang-Beziehungen).

Die als allgemeiner angesehenen Netzplan-Methoden PDM und PPS gestatten eine direkte Darstellung von Mindest- und Höchstabständen im Netzplan als Anfang-Anfang-, Anfang-Ende-, Ende-Anfang- oder Ende-Ende-Beziehungen. Diese Netzpläne sind insofern keine direkt berechenbaren Graphen, als die Knoten mit den durch sie dargestellten Vorgängen eine zeitliche Ausdehnung haben. Für die Zeitanalyse werden die Beziehungen ohnehin zur Rechenzeitersparnis umgewandelt, etwa generell in Mindestabstände zwischen Vorgangsanfängen. Diese Umwandlungsarbeit wird bei den ebenfalls mit Vorgangsknotennetzen arbeitenden Methoden MPM und HMN dem Planer auferlegt, denn es sind bei MPM nur Mindestabstände zwischen Vorgangsanfängen im Netzplan zugelassen und bei HMN nur Mindestabstände zwischen Vorgangsenden. Damit wird schon vom Netzplan die direkte Berechenbarkeit als Graph gefordert, es genügt aber, wenn diese Berechenbarkeit im Computer herstellbar ist. Im allgemeinen wird nur den genannten Vorgangsknotennetzen die Fähigkeit zugeschrieben, auch Höchstabstände zwischen Vorgängen darzustellen und zu verarbeiten, nicht hingegen den Vorgangspfeilnetzen. In Vorgangspfeilnetzen, wie sie etwa von CPM benutzt werden, sind nur Mindestabstände zwischen Vorgangsende und Vorgangsanfang, d.h. Ende-Anfang-Beziehungen, zugelassen. Da sich jeder Höchstabstand formal in einen solchen Mindestabstand zwischen Ende eines Vorgangs und Anfang eines anderen Vorgangs umformen läßt, ist er auch im Vorgangspfeilnetz darstellbar, allerdings oft wegen der Ereignisse im Netzplan mit einigem Aufwand.

Ergebnis: Im Prinzip ist jede zeitliche Beziehung zwischen zwei Vorgängen bei jeder Netzplan-Methode bzw. bei jedem Netzplanverfahren darstellbar.

Für die Zeitanalyse wird aus dem Netzplan computerintern ein Graph abgeleitet, dessen Knoten Vorgangsereignisse oder Ereignisse im Sinne der Vorgangspfeilnetze darstellen, und dessen gerichtete Kanten zeitliche Mindestabstände zwischen den Knoten sind. Eine Zeitanalyse berechnet generell für jeden Knoten des Graphen den längsten zu diesem Knoten führenden Weg und den längsten von diesem Knoten wegführenden Weg. Aus den Ergebnissen lassen sich Projektdauer sowie früheste und späteste Anfangs- und Endzeitpunkte aller Vorgänge leicht herleiten. Die Ermittlung der längsten Wege bereitet algorithmisch keine Schwierigkeiten. Die verfügbaren Algorithmen sind einfach und sehr schnell.

Längste Wege existieren nur dann in einem gerichteten Graphen, wenn dieser keine Zyklen positiver Gesamtlänge aufweist. Solche Zyklen sind also im Graphen der Zeitanalyse verboten. Für einen Netzplan irgendwelcher Konventionen folgt daraus, daß eine Ablaufstruktur genau dann widersinnig ist, wenn sie zu einer Schleife positiver Länge im genannten Graphen führt. Bei verschiedenen Netzplan-Methoden werden Überlegungen angestellt, welchen Bedingungen der Netzplan gehorchen muß, damit diese Schleifen im Graphen nicht auftreten. Die Vermeidung unzulässiger Ablaufstrukturen ist allein eine Frage der Projektdarstellung, nicht der Darstellungsmittel. Das Auffinden unzulässiger Strukturen sollte man dem Computer überlassen. Vom Programm ist dann zu fordern, daß es unzulässige Schleifen und die entsprechenden Teile des Netzplans gut trassiert. Viele praktische Problemstellungen weisen einfache Ablaufstrukturen auf derart, daß für die Vorgänge nur Reihenfolgen gefordert werden und insbesondere keine Höchstabstände auftreten können. Bei einer solchen, nicht als allgemein zu bezeichnenden Struktur widersprechen Schleifen generell der Ablauflogik; Zulässigkeit ist dann im Netzplan durch einfache Markierungen darstellbar. Die nach den DIN-Normen über ein eindeutiges Vor- und Nacheinander definierten Begriffe "Vorgänger" und "Nachfolger" sind nur bei reinen Reihenfolgen sinnvoll anwendbar. Man sollte diese Begriffe bei allgemeinen Ablaufstrukturen, die mehr als ein zeitliches Nacheinander von gegenseitig abhängigen Vorgängen gestatten, nicht benutzen. Insbesondere sollte man bei allgemeinen Strukturen nicht dadurch eine generelle Schleifenfreiheit künstlich erzeugen, daß Paare gegenläufiger Pfeile zu einem einzigen Pfeil zusammengefaßt werden. Eine so erzeugte künstliche Schleifenfreiheit ist unnötig aufwendig, engt die Möglichkeiten der Darstellung im Netzplan ohne Zwang ein und verringert die Aussagekraft des Netzplans.

Ergebnis: Die Ermittlung der minimal möglichen Projektdauer und die Ableitung frühester und spätester Anfangs- und Endzeitpunkte für die Vorgänge stellen keine speziellen Anforderungen an die Darstellung des Projektes im Netzplan.

Die Aufgabe der Algorithmen in der Netzplantechnik besteht nicht nur darin, längste Wege und damit die minimal mögliche Projektdauer zu ermitteln. Zumindest genau so wichtig ist die Darstellung der im Rahmen dieser Projektdauer verbleibenden Dispositionsmöglichkeiten für die Vorgänge, sei es nach Einbeziehung von Kapazitäts- und Kostengesichtspunkten oder sei es als Ausgangspunkt für eine folgende Kapazitäts- und Kostenplanung. Die Größe solcher Dispositionszeiträume wird durch verschiedene Pufferzeiten für Vorgänge beschrieben. Dispositionsräume werden nicht nur durch ihre Größe, sondern ebenso wichtig durch ihre zeitliche Lage beschrieben, sinnvollerweise durch den Anfangszeitpunkt des Dispositionszeitraumes. Da die Anfänge der Vorgänge die eigentlichen Dispositionsobjekte sind, empfiehlt sich die Ermittlung verschiedener ausgezeichneter Vorgangsanfangszeitpunkte.

Zeitliche Bewegungsmöglichkeiten eines Vorgangs sind darstellbar in Abhängigkeit von der potentiellen zeitlichen Lage umgebender Vorgänge. Diese sind zu zerlegen in zwei Mengen, deren Durchschnitt nicht leer sein muß. Als strukturelle Vorgänger eines Vorgangs werden alle Vorgänge bezeichnet, die den betrachteten Vorgang bezüglich seiner zeitlich frühesten Lage begrenzen, von denen aus ein irgendwie gearteter Mindestabstand zum betrachteten Vorgang verläuft. Analog gehören zu den strukturellen Nachfolgern eines Vorgangs alle Vorgänge, die den betrachteten Vorgang bezüglich seiner zeitlich spätesten Lage begrenzen, zu denen ein irgendwie gearteter Mindestabstand vom betrachteten Vorgang aus verläuft. Es ist durchaus möglich, daß Identität besteht zwischen einem strukturellen Vorgänger und einem strukturellen Nachfolger. Über die zeitliche Lage von strukturellen Vorgängern und Nachfolgern zum Bezugsvorgang läßt sich allgemein nichts aussagen; ein struktureller Vorgänger kann zeitlich durchaus nach, ein struktureller Nachfolger zeitlich durchaus vor dem Bezugsvorgang liegen.

Aus der Lage umgebender Vorgänge lassen sich vier ausgezeichnete Anfangszeitpunkte für einen Vorgang bestimmen:

- ZAFV als Anfangszeitpunkt des Vorgangs, begrenzt durch die früheste Lage aller seiner strukturellen Vorgänger (= frühester Anfangszeitpunkt FAZ)

- ZASV als Anfangszeitpunkt des Vorgangs, begrenzt durch die späteste Lage aller seiner strukturellen Vorgänger

- ZAFN als Anfangszeitpunkt des Vorgangs, begrenzt durch die früheste Lage aller seiner strukturellen Nachfolger

- ZASN als Anfangszeitpunkt des Vorgangs, begrenzt durch die späteste Lage aller seiner strukturellen Nachfolger (= spätester Anfangszeitpunkt SAZ)

Die Zeitspannen zwischen diesen vier ausgezeichneten Vorgangsanfangszeitpunkten werden als (Vorgangs-) Pufferzeiten bezeichnet, wobei von den sechs möglichen nur vier üblich und in den DIN-Normen genannt sind:

- Gesamte Pufferzeit GP = ZASN - ZAFV
- Unabhängige Pufferzeit UP = ZAFN - ZASV
- Freie Pufferzeit FP = ZAFN - ZAFV
- Freie Rückwärtspufferzeit SP = ZASN - ZASV

Entgegen den DIN-Normen sind nur zwei dieser vier Pufferzeiten über die zeitliche Lage aller umgebenden Vorgänge definierbar und interpretierbar, nämlich FP und SP. Die freie Pufferzeit gibt mit den Grenzen ZAFV und ZAFN den zeitlichen Bewegungsspielraum für den Vorgangsanfang an bei frühester Lage der Umgebung, d.h. bei frühester Lage sowohl der strukturellen Vorgänger, als auch der strukturellen Nachfolger. Die freie Rückwärtspufferzeit beschreibt mit den Grenzen ZASV und ZASN analog den zeitlichen Bewegungsspielraum für den Vorgangsanfang bei spätester Lage der Umgebung. Entsprechende Randbedingungen lassen sich für die gesamte und die unabhängige Pufferzeit nicht angeben, denn sowohl eine Bedingung der Gleichzeitigkeit von frühester Lage der strukturellen Vorgänger und spätester Lage der strukturellen Nachfolger, als auch eine Bedingung der Gleichzeitigkeit von spätester Lage der strukturellen Vorgänger und frühester Lage der strukturellen Nachfolger lassen sich nicht generell herstellen. Dies liegt nicht nur in der möglichen Identität von strukturellem Vorgänger und strukturellem Nachfolger begründet. Strukturelle Vorgänger und strukturelle Nachfolger können auch durch andere Vorgänge und Beziehungen derart zeitlich verknüpft sein, daß die genannten extremen Bedingungen nicht herstellbar sind. Die gesamte Pufferzeit mit den Grenzen ZAFV und ZASN gibt den maximal möglichen Bewegungsspielraum des Vorgangsanfangs an. Die unabhängige Pufferzeit gibt einen durch ZASV und ZAFN begrenzten Dispositionszeitraum für den Vorgangsanfang an, bei dessen Ausnutzung keiner der umgebenden Vorgänge in seinen ansonsten gegebenen zeitlichen Bewegungsmöglichkeiten eingeschränkt wird. Die unabhängige Pufferzeit kann als einzige negativ werden. Dann ist eine zeitliche Lage ohne die genannte Umgebungsbeeinflussung nicht realisierbar; bei Einplanung des Vorgangsanfangs zwischen ZAFN und ZASV werden dann sowohl die strukturellen Vorgänger, als auch die strukturellen Nachfolger in ihrem sonstigen Spielraum beeinflußt.

Ausgezeichnete Anfangszeitpunkte und Pufferzeiten von Vorgängen werden ausschließlich bestimmt durch umgebende Vorgänge. Die Ermittlung ist unabhängig davon, ob die eine oder andere Netzplan-Methode benutzt wird. Insbesondere sind keine Ereigniszeitpunkte erforderlich zur Berechnung der Pufferzeiten, im Gegenteil: Viele der für Vorgangspfeilnetze angegebenen Beziehungen zur Ermittlung der Pufferzeiten über Ereigniszeitpunkte können zu falschen Ergebnissen führen.

Ergebnis: Pufferzeiten beschreiben Dispositionsmöglichkeiten für Vorgänge und sind auf potentielle zeitliche Lagen umgebender Vorgänge bezogen. Die Ermittlung von Pufferzeiten stellt keine speziellen Anforderungen an die Darstellung des Projektes im Netzplan.

Aus den Betrachtungen zur Projektstrukturierung und zur zeitlichen Projektanalyse folgt, daß insbesondere die Algorithmen keine Anforderungen an eine allgemeine Netzplanstruktur stellen. Alle gängigen Netzplan-Methoden setzen hingegen einschränkende Bedingungen aus der Zielsetzung einer leichteren Berechenbarkeit in der Zeitanalyse. Dabei leidet die Anschaulichkeit des Netzplans regelmäßig. Solche Beschränkungen sind zu vermeiden, da die eingesetzten Elektronenrechner leicht in der Lage sind, notwendige Umformungen rechnerintern durchzuführen.

Die essentielle Forderung an eine allgemeine Netzplanstruktur ist hohe optische Aussagekraft, große Anschaulichkeit der angebotenen Mittel zur Darstellung aller möglichen zeitlichen Abhängigkeiten zwischen Vorgängen.

Verboten sind nur Darstellungen, die zu positiven Schleifen im Graphen führen. Dies ist aber kein Problem der Darstellungselemente, sondern ein Problem ihrer Anwendung. Der Wert der Anschaulichkeit eines Netzplans kann eigentlich nicht hoch genug angesetzt werden. Die Projektstrukturierung vor der Zeitanalyse macht wie in ähnlicher Weise die Problemdurchdringung bei vielen anderen Planungsverfahren einen erheblichen Teil des Erfolges der Netzplantechnik aus.

In einem Netzplan sind einmal die Vorgänge darzustellen und zum anderen die zeitlichen Beziehungen zwischen den Vorgängen. Unter Anschaulichkeitsgesichtspunkten muß die zeitliche Ausdehnung des Vorgangs auch im Netzplan sichtbar werden. Knotendarstellungen sind zumindest dann ungünstig, wenn den Knoten entsprechend der Definition in der Graphentheorie keine Ausdehnung beigemessen wird. Bei einigen Netzplan-Methoden ist die Darstellung des Vorgangs als Rechteck üblich, wobei die linke Kante den Vorgangsanfang darstellt und die rechte Kante das Vorgangsende. Die in Abb. 1 vorgenommene optische Hervorhebung dieser Kanten ist zu empfehlen. Die zweite der folgenden Darstellungen ist anschaulicher, da die Vorgangsereignisse Anfang (a) und Ende (e) durch Kreise besser hervorgehoben werden und der Zeitablauf eingängiger ist.

Abb. 1: Darstellungen eines Vorgangs

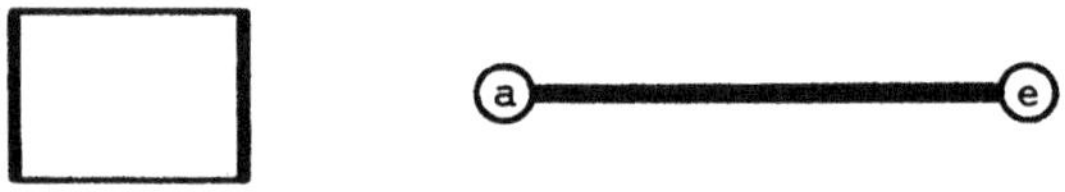

Für die Darstellung als Rechteck spricht, daß bei genügender Größe sehr viele Informationen über den Vorgang im Netzplan untergebracht werden können. Es ist aber zu fragen, ob alle Informationen zum Vorgang in den Netzplan einzutragen sind und ob der Platz bei der zweiten vorgeschlagenen Darstellung nicht ausreicht. Diese ist unter dem Aspekt der Anschaulichkeit auf jeden Fall die bessere.

Zeitliche Beziehungen zwischen Vorgängen beziehen sich immer auf die relevanten Vorgangsereignisse und sind als Mindestabstände, Höchstabstände oder Kombinationen daraus zwischen den beiden jeweils betroffenen Vorgangsereignissen darstellbar. Unter dem Aspekt der Anschaulichkeit und des Darstellungskomforts erscheinen die DIN-Normen nicht ausreichend, die einen Mindestabstand "auf dem Pfeil" und einen Höchstabstand "unter dem Pfeil" anordnen.

Die wichtigste Beziehung ist der Mindestabstand zwischen einem Ereignis des strukturellen Vorgängers und einem solchen des betrachteten Vorgangs bzw. zwischen einem Ereignis des betrachteten Vorgangs und einem solchen des strukturellen Nachfolgers. Im graphischen Netzplan sollte ein Mindestabstand wegen der Interpretationsprobleme auf keinen Fall einen negativen Wert haben. Terminologisch wird festgelegt, daß der Pfeil von einem bedingenden Vorgangsereignis zu einem bedingten verläuft.

Abb. 2: Beispiel eines Mindestabstands zwischen bedingendem Vorgangsereignis 1 und bedingtem Ereignis 2 eines anderen Vorgangs

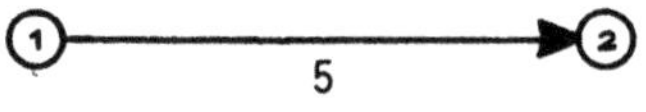

Für einen zeitlichen Höchstabstand wird die Darstellung mit einer umgekehrten Pfeilspitze am bedingten Ereignis vorgeschlagen. Damit wird die Aussage eines

Höchstabstandes zwischen bedingendem und bedingtem Ereignis optisch sehr deutlich, die Bewertung dieses "Pfeiles" im weiten Sinn ist nichtnegativ.

Abb. 3: Beispiel eines Höchstabstands zwischen bedingendem Vorgangsereignis 1 und bedingtem Ereignis 2 eines anderen Vorgangs

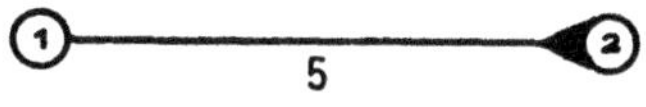

Es gibt weiterhin Abhängigkeiten zwischen zwei Vorgangsereignissen, die zwar durch eine Kombination von Mindest- und Höchstabstand darstellbar sind, die aber unter Anschaulichkeitsgesichtspunkten besser durch neue Elemente beschrieben werden. Ein exakter Abstand zwischen einem bedingenden und einem bedingten Ereignis ist selbsterklärend.

Abb. 4: Beispiel eines exakten Abstands zwischen bedingendem Vorgangsereignis 1 und bedingtem Ereignis 2 eines anderen Vorgangs

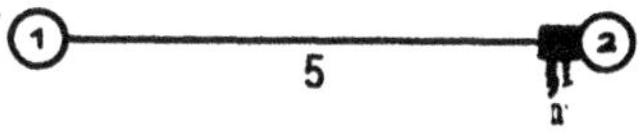

Unter einem begrenzten Abstand wird eine Beziehung verstanden, die das bedingte Ereignis zwischen einen Mindest- und einen darüber liegenden Höchstabstand zum bedingenden Ereignis festlegt.

Abb. 5: Beispiel eines begrenzten Abstands zwischen bedingendem Vorgangsereignis 1 und bedingtem Ereignis 2 eines anderen Vorgangs

Die letzte notwendige Darstellungsform wird als beidseitiger Abstand bezeichnet. Sie beschreibt die zeitlichen Grenzen für den Fall, daß das bedingte Ereignis sowohl vor, als auch nach dem bedingenden Ereignis liegen kann. Bei dieser Abstandsbeziehung sind bedingendes und bedingtes Ereignis austauschbar, natürlich bei Umkehrung der Beziehung und Änderung der Zeitwerte. In der folgenden Abbildung sind zwei insofern gleichwertige Abstandsbeziehungen angegeben.

Abb. 6: Beispiel zweier gleichwertiger beidseitigen Abstände zwischen den Ereignissen 1 und 2 verschiedener Vorgänge, oben mit 1 als bedingendem Ereignis, unten mit 2 als bedingendem Ereignis

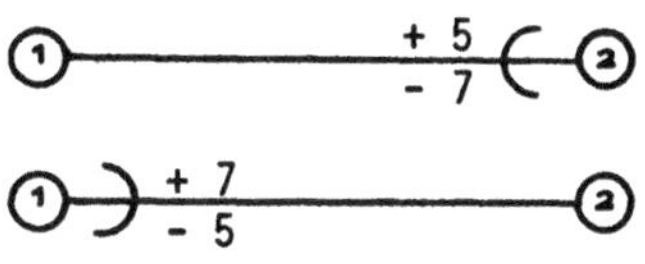

Der beidseitige Abstand ist die einzige Beziehung, die unter den zugeordneten Zeitwerten einen negativen ausweist und ausweisen kann. Die negative Zeit bezeichnet die maximale Vorziehzeit des bedingten Ereignisses gegenüber dem bedingenden Ereignis. Der beidseitige Abstand ist ebenso wie der begrenzte Abstand eine zweiwertige Abstandsbeziehung.

Da bei praktischen Problemen häufig Reihenfolgebeziehungen vorkommen und damit Mindestabstände von Null, ist zu überlegen, ob Zeitwerte Null generell gesondert dargestellt werden sollen. Natürlich kann man bei allen genannten Abstandsbeziehungen auch Werte Null angeben. Dies ist bei den beiden zweiwertigen Beziehungen zu empfehlen. Bei einwertigen Beziehungen ist es z.T. üblich, einen Zeitwert Null garnicht anzugeben. Es ist aber anschaulicher, einen einwertigen Abstand von Null optisch hervorzuheben und ihn gestrichelt darzustellen.

Projektgraphen – Ein Ansatz zu einem allgemeinen Netzplanmodell

J. Schwarze, Braunschweig

Zusammenfassung: Auf der Basis der Graphentheorie wird ein allgemeines deterministisches Netzplanmodell entwickelt, welches die bekannten "Verfahren" (Vorgangspfeilnetze/CPM, Vorgangsknotennetze/MPM, Ereignisknotennetze/PERT) enthält.
Summary: A generalized deterministic network model is described, containing the wellknown techniques (activity-on-arrow, activity-on-node, event-on-node networks) as special cases.

In der Literatur werden verschiedene "Methoden" der Netzplantechnik meist nebeneinander behandelt und häufig werden auch Programme für die Verarbeitung von Netzen auf EDV-Anlagen als eigene Verfahren deklariert. Da die "Methoden" der Netzplantechnik sich im wesentlichen nur in der graphischen Darstellung unterscheiden und auf die Strukturunterschiede der Modelle kaum hingewiesen wird, erscheint die Forderung nach einem allgemeinen deterministischen Netzplanmodell berechtigt, das die bekannten Varianten als Spezialfälle enthält.

Die Ablauflogik eines Projektes wird durch folgende Strukturelemente bzw. Struktureigenschaften beschrieben:

- Menge der Ereignisse K;
- Menge der Vorgänge W, wobei jeder Vorgang als Paar zweier Ereignisse dargestellt werden kann und mehrfach bewertet wird (minimale und maximale Dauer ($\underline{D}$, $\bar{D}$), Kapazitäten, Verbrauchsgüter, Kosten usw.);
- Menge der Anordnungsbeziehungen B, wobei jede Anordnungsbeziehung ebenfalls als Paar zweier Ereignisse dargestellt werden kann und mit einem minimalen und/oder maximalen Zeitabstand ($\underline{Z}$, $\bar{Z}$) bewertet wird.

Das Tripel $P' = (K,W,B)$ heißt reiner Strukturgraph des Projektes und beschreibt den strukturellen Projektablauf.

Die Beschreibung des reinen Strukturgraphen kann erfolgen durch Aufzählung der Elemente, Angabe der Vorgänge mit Vorgängern und/oder Nachfolgern, Zeichnung, Matrix.

$P = (K,W,B;\underline{D},\bar{D},\underline{Z},\bar{Z})$ heißt Strukturgraph des Projektes.

Der Strukturgraph bildet die Grundlage für die Zeitplanung.

Reduziert man die einem Vorgang zugehörigen Elemente "Anfangsereignis/Vorgang/ Endereignis" zu einem einzigen Strukturelement, dem Vorgangsknoten, dann erhält man durch diese Vorgangsreduktion den üblichen anschaulichen Vorgangsknotennetzplan. Der sogenannte Vorgangsknoten ist nur eine anschauliche Verdichtung der tatsächlichen Strukturelemente.

Läßt man nur Normalfolgen mit einem minimalen Zeitabstand von 0 zu und verlangt, daß möglichst wenig Anordnungsbeziehungen (Scheinvorgänge) explizit im Modell berücksichtigt werden, dann erhält man das übliche Vorgangspfeilnetz (CPM).

Betrachtet man nur Ereignisse (Meilensteine) und Anordnungsbeziehungen, so erhält man als Spezialfall das übliche Ereignisknotennetz.

Ausführliche Darstellung mit Einzelheiten und Literaturhinweisen siehe:

SCHWARZE, J.: Ein verallgemeinertes deterministisches Netzplanmodell. In: ZOR Serie A 22 (1978), Heft 5.

SCHWARZE, J.: Netzplantechnik als allgemeines Prinzip der Projektablaufplanung - VPN, VKN und EKN als Sonderfälle eines allgemeinen Ablaufmodells. In: SCHELLE, H. u.a. (Hrsg.): Projektmanagement - Konzepte, Verfahren, Anwendungen. München/Wien (erscheint demnächst).

SCHWARZE, J.: Projektgraphen - Ein allgemeines Netzplanmodell. Arbeitspapier, Braunschweig 1978.

Risiken und Abbruchkriterien bei Großprojekten

D. Oesterer, Ulm

Die Abwicklung großer Projekte stellt sowohl hinsichtlich ihres finanziellen als auch ihres zeitlichen Umfangs für den Generalunternehmer ein erhebliches Risiko dar. Schon die Entscheidung über Durchführung oder Ablehnung muß zu einem Zeitpunkt getroffen werden, wo die gewinnbringenden Phasen des Vorhabens am weitesten entfernt sind (nämlich der Zeitraum der Auslieferung der Geräte auf den Markt). Die Entscheidung muß also unter Risiko getroffen werden, d.h. unter Inkaufnahme der Möglichkeit eines Fehlschlages des Vorhabens.

Üblicherweise wird das Risiko eines Großprojektes ausschließlich oder vorwiegend unter wirtschaftlichen Aspekten gesehen, weshalb hier gut eingeführte Methoden Verwendung finden. Häufig wird die aus der Investitionsrechnung bekannte Methode des internen Zinsfußes (Abzinsungsmethode) verwendet. Der interne Zinsfuß ergibt sich dabei als derjenige Zinssatz, der die Summe aller dem Projekt zurechenbaren Aus- und Einzahlungsströme(Summe aus abgezinstem Kapitalbedarf und abgezinstem Kapitalrückfluß) über der Gesamtlaufzeit zum Verschwinden bringt.

Ziel der vorliegenden Untersuchung ist, neben die rein wirtschaftlichen Aspekte noch die Technik als weitere Eingangsgröße für das Risiko zu stellen und eine Quantifizierung des durch die Technik bedingten Risikos zu versuchen.

Das errechnete technische und wirtschaftliche Risiko dienen zur Entscheidung über Beginn und Fortführung oder späteren Abbruch des Projekts.

Risikoberechnung und daraus folgende Entscheidungen verlaufen nach folgendem Schema:

Zunächst wird der interne Zinsfuß des Vorhabens ermittelt. Liegt er über einer vorgegebenen unteren Schranke, so könnte das Vorhaben unter wirtschaftlichen Aspekten begonnen werden. Sodann wird das Entwicklungsrisiko berechnet. Liegt es unter einer oberen Schranke, so kann das Vorhaben sowohl unter wirtschaftlichen als auch unter technischen Aspekten begonnen werden. Ist jedoch das Entwicklungsrisiko zu hoch, so muß geprüft werden, ob es durch geeignete Umstellungen in der Entwicklung auf einen tragbaren Wert gesenkt werden kann. Erst dann darf das Vorhaben begonnen werden.

Proceedings in Operations Research 8, ©Physica-Verlag, Würzburg–Wien, 1979

Der gesamte Vorgang wird sodann planmäßig und bei Änderung wichtiger Vorhabensparameter außerplanmäßig wiederholt, um die tatsächliche Risikoentwicklung laufend verfolgen und mit der geplanten Risikoentwicklung vergleichen zu können. Die Überschreitung vorgegebener Risikoabweichungen kann zum Abbruch des Vorhabens führen.

Das Verfahren wird in mathematisch einfach formulierten Ergebnissen und 2 Flußdiagrammen vorgeführt, die das wirtschaftliche und Entwicklungsrisiko als Entscheidungsgrundlagen vor Beginn des Vorhabens sowie das Abbruchkriterium als solche während des Vorhabens zeigen.

Grundlagen und detaillierte Ableitungen, insbesondere Auswahl und Beschreibung technischer Parameter, sind in [1] zu finden.

[1] Dieter Oesterer
Die Bewertung von Großprojekten nach ihrem technischen und wirtschaftlichen Risiko.
Wissenschaftliche Berichte AEG-TELEFUNKEN 50 (1977) 4/5, S. 146-151

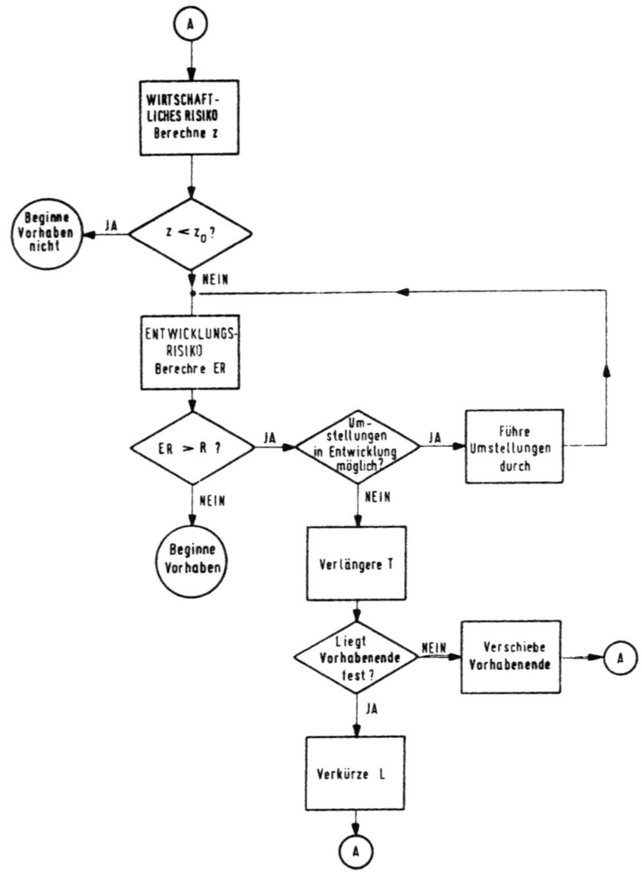

Wirtschaftliches und Entwicklungsrisiko als Entscheidungsgrundlagen vor Beginn des Vorhabens

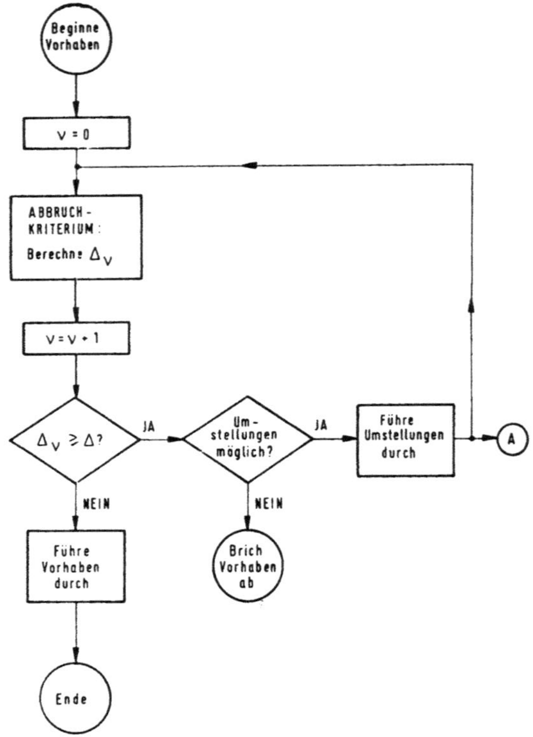

Abbruchkriterium als Entscheidungsgrundlage während des Vorhabens

Implementierung von Algorithmen

Primale versus duale Verfahren und ihre Realisierung – Ein Überblick über neuere Entwicklungen bei der Implementation von Netzwerkfluß-Algorithmen

G. Dehnert, Hamburg

0. Vorbemerkungen

In diesem Beitrag soll ein Überblick über die Forschungsergebnisse der vergangenen fünf bis sechs Jahre bei der Implementierung von Algorithmen zur Lösung von Netzwerkfluß-Problemen (NFP) gegeben werden.
Dabei wird auf die Implementationstechniken für verschiedene methodische Ansätze eingegangen, wobei der Schwerpunkt auf der exemplarischen Darstellung der primalen Ansätze liegt. Auf eine detaillierte Darstellung der Literatur wird verzichtet (s. dazu [4], [5], [6], [16]). Aus Platzgründen werden außerdem nur die wichtigsten, ab 1974 erschienenen, Publikationen in wissenschaftlichen Zeitschriften zitiert. Die manchen Artikeln zugrunde liegenden Research Reports, die meistens tiefer gehende Darstellungen der Methoden, Programme und Rechenerfahrungen enthalten, sind in den entsprechenden Aufsätzen verzeichnet.

1. Problemstellung

Gegeben sei ein gerichteter Graph mit NO Knoten aus der Knotenmenge N und AR Pfeilen aus der Pfeilmenge A. Die Menge der Vorgänger (Nachfolger) eines Knotens $i \varepsilon N$ werde mit P(i) (S(i)) bezeichnet. Jedem Pfeil $(i,j) \varepsilon A$ werden

die Kosten c_{ij} pro Einheit eines Flusses x_{ij},

die untere Kapazität l_{ij} und

die obere Kapazität u_{ij} zugeordnet.

Das Problem, für jeden Pfeil einen Fluß x_{ij} zu bestimmen, der minimale Gesamtkosten ergibt, lautet:

$$\min \sum_{(i,j) \varepsilon A} c_{ij} x_{ij}$$

unter den Nebenbedingungen

$$\sum_{j\varepsilon S(i)} x_{ij} - \sum_{j\varepsilon P(i)} x_{ji} = b_i \qquad i\varepsilon N \qquad (1)$$

$$l_{ij} \leqq x_{ij} \leqq u_{ij} \qquad (i,j)\varepsilon A.$$

Dabei gilt für die b_i:

$$b_i \begin{cases} > 0 \text{ , falls in Knoten i die Menge } b_i \text{ angeboten wird} \\ < 0 \text{ , falls in Knoten i die Menge } -b_i \text{ benötigt wird} \\ = 0 \quad \text{sonst} \end{cases}$$

und wir setzen o.B.d.A. voraus, daß $\sum_{i\varepsilon N} b_i = 0$ gilt.

Diese Problemformulierung für ein NFP enthält u.a. die Spezialfälle

a) Transport-Probleme

b) Zuordnungs-Probleme

c) Bestimmung kürzester Wege in bewerteten Graphen.

Modifikationen in der Zielfunktion und/oder den Nebenbedingungen führen u.a. zum verallgemeinerten NFP und dem Fixkosten-NFP.

Das duale Problem zu (1) lautet:

$$\max \sum_{i\varepsilon N} b_i w_i + \sum_{(i,j)\varepsilon A} l_{ij} s_{ij} - \sum_{(i,j)\varepsilon A} u_{ij} t_{ij}$$

unter den Nebenbedingungen

$$w_i - w_j + s_{ij} - t_{ij} \leqq c_{ij} \qquad (i,j)\varepsilon A \qquad (2)$$

$$s_{ij}, t_{ij} \geqq 0, \; w_i \text{ nicht vorzeichenbeschränkt.}$$

Da die Annahme $\sum_i b_i = 0$ gemacht wird, hat man in (1) unter vorläufiger Nichtbeachtung der Kapazitätsrestriktionen nur NO-1 linear unabhängige Nebenbedinungen und damit NO-1 Basisvariable. Die algebraische Struktur der Restriktionen-Matrix eines NFP wurde bereits von DANTZIG ausführlich behandelt. Die entscheidenden Anstöße zur effizienten Ausnutzung der Eigenschaften von Basislösungen solcher Probleme kamen später von JOHNSON, von SRINIVASAN & THOMPSON und von GLOVER & KLINGMAN.

Das Grundprinzip aller auf der Simplex-Methode beruhenden Verfahren besteht bekanntlich darin, eine Basislösung zu bestimmen, die primal und dual zulässig und damit optimal ist. Dieses Vorgehen liegt auch allen Ansätzen zugrunde, auf die hier eingegangen werden soll. Die Wahl des methodischen Ansatzes (z.B. primal-simplex oder out-of-kilter) sagt noch wenig über die Effizienz des Verfahrens aus. Erst die Umsetzung in ein Computer-Programm und die Wahl der Daten-Organisation ergeben ein aussagefähiges Bild.

2. Baumstruktur von Basislösungen

Am folgenden Beispiel soll die Baumstruktur von Basislösungen deutlich gemacht werden:
Gegeben sei folgender Graph NO = 7 und AR = 12, den Kosten c_{ij} an den entsprechenden Pfeilen und ohne untere bzw. obere Kapazitäten

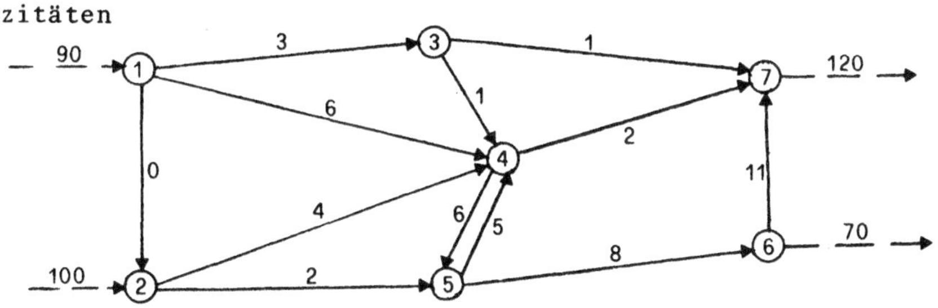

Die Nebenbedingungen für (1) sind

i	x_{12}	x_{13}	x_{14}	x_{24}	x_{25}	x_{34}	x_{37}	x_{45}	x_{47}	x_{54}	x_{56}	x_{67}	b_i
1	1	1	1										= 90
2	-1			1	1								= 100
3		-1				1	1						= 0
4			-1	-1		-1		1	1	-1			= 0
5					-1			-1		1	1		= 0
6											-1	1	= -70
7							-1		-1			-1	= -120

Eine zulässige Anfangslösung mit künstlichen Variablen x_{18}, x_{28} bis x_{78}, die als Pfeile zu einem fiktiven Knoten 8 interpretiert werden können, läßt sich sofort mit $x_{18}=90, x_{28}=100, x_{68}=70, x_{78}=120$ und $x_{38}=x_{48}=x_{58}=0$ angeben. Mit der M-Methode könnte man nun diese künstlichen Variablen aus der Basis entfernen.

Wir wollen die folgende wichtige Eigenschaft jeder Basislösung ausnutzen.

Satz (DANTZIG): Der zu einer Basis gehörende Teil der Koeffizientenmatrix mit vollem Zeilenrang läßt sich durch Umordnen der Zeilen und Spalten in Dreiecksgestalt bringen. (Beweis s.z.B. [5]).

Für die oben angegebene Anfangslösung gilt dies offensichtlich. Wir betrachten nun die Basis $x_{18}, x_{13}, x_{37}, x_{47}, x_{54}, x_{56}, x_{25}$ und ordnen die Zeilen in der Reihenfolge 1,3,7,4,5,6,2:

i ↓	x_{18}	x_{13}	x_{37}	x_{47}	x_{54}	x_{56}	x_{25}		
1	1	1						=	90
3		-1	1					=	0
7			-1	-1				=	-120
4				1	-1			=	0
5					1	1	-1	=	0
6						-1		=	-70
2							1	=	100

Diese Basislösung ist einem Wurzelbaum äquivalent, der in Anlehnung an die übliche Terminologie als PREDECESSOR-Graph (PRE-Graph) bezeichnet wird.

Eine Darstellung des PRE-Graphen ist dann:

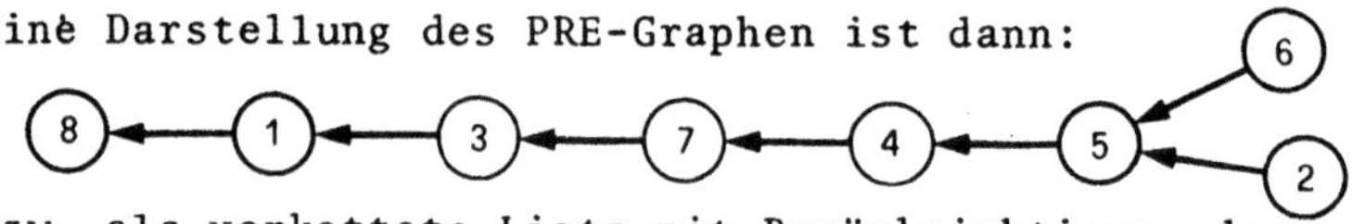

bzw. als verkettete Liste mit Berücksichtigung der negativen Vorzeichen:

i	1	2	3	4	5	6	7	8
PRE(i)	8	5	-1	7	4	-5	-3	0

Der entsprechende Fluß im eigentlichen Graphen ist:

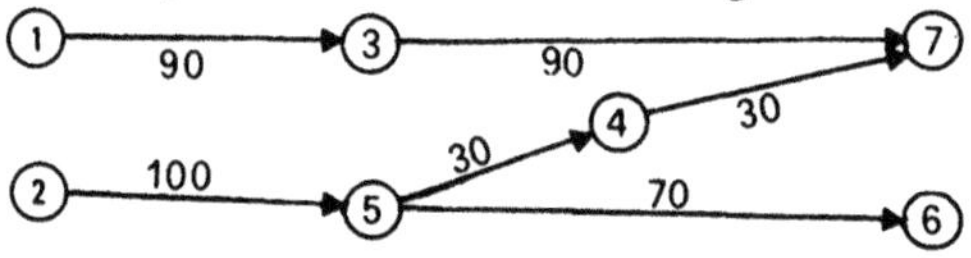

Bevor eine Basis-Transformation mit Hilfe des PRE-Graphen durchgeführt wird, soll kurz auf die eventuell einzuhaltenden unteren und oberen Kapazitäten l_{ij} und u_{ij} eingegangen werden. Die Restriktionen für die unteren Kapazitäten kann man durch die Einführung von neuen Variablen $x'_{ij} = x_{ij} - l_{ij} \geq 0$ eliminieren. In den entsprechenden Programmen realisiert man das dadurch, daß die unteren Schranken während der Rechnung unberücksichtigt

bleiben und erst zuletzt zu den erhaltenen Flußwerten addiert werden.
Die oberen Kapazitäten müssen zu Abfragezwecken bei den Basis-Transformationen in einem CAP-Vektor zur Verfügung stehen. Stößt eine in die Basis kommende oder bereits befindliche Variable an ihre obere Schranke und muß sie deshalb die Basis verlassen, so wird dies z.B. in der entsprechenden Komponente des CAP-Vektors durch ein negatives Vorzeichen vermerkt.
Zur Prüfung der Optimalität der oben angegebenen Lösung sind die dualen Variablen w_i zu ermitteln. Da man dazu den PRE-Graphen in umgekehrter Richtung durchlaufen muß, empfiehlt sich die Verwendung der THREAD-Liste [11], die für unser Beispiel folgende Gestalt hat:

i	1	2	3	4	5	6	7	8
THR(i)	3	8	7	5	6	2	4	1

Unter Berücksichtigung der Beziehungen $w_i - w_j = c_{ij}$ für die Basisvariablen erhält man sukzessive:
$w_1=0$, $w_3=-3$, $w_7=-4$, $w_4=-2$, $w_5=3$, $w_6=-5$ und $w_2=5$.
Wegen $w_2-w_4 = 7 > 4$ ist die obige Lösung nicht dual zulässig und damit nicht optimal. Die Aufnahme von x_{24} in die Basis und die zugehörigen Korrekturen im PRE-Graphen liefern:

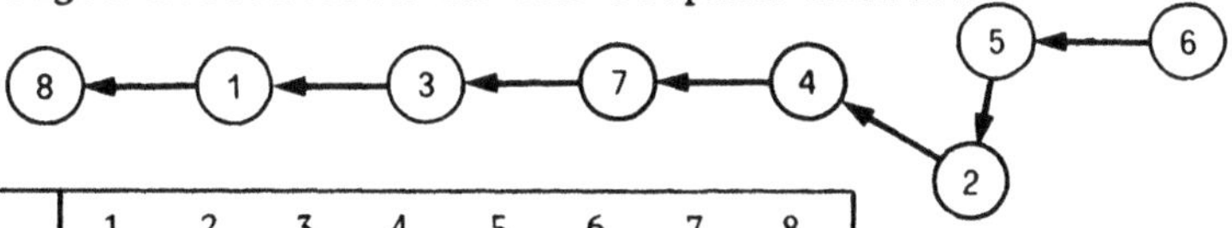

i	1	2	3	4	5	6	7	8
PRE(i)	8	4	-1	7	-2	-5	-3	0
THR(i)	3	5	7	2	6	8	4	1

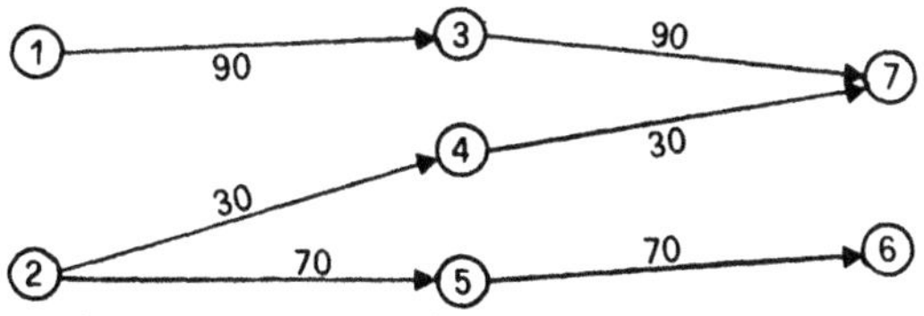

Dieser Fluß im eigentlichen Graphen ist optimal.

Ohne daß auf alle Einzelheiten (s. dazu z.B. [5]) bei diesen Basistransformationen eingegangen werden kann, ist das grundlegende Prinzip erkennbar:

Alle Operationen werden in einem Wurzelbaum durchgeführt. Über verkettete Listen versucht man, auf die jeweils benötigten Größen mit möglichst geringem Suchaufwand zuzugreifen. Die eigentlich arithmetischen Simplex-Berechnungen werden durch einfache, äquivalente logische Tests ersetzt. Die wesentliche Frage dabei ist: Wie kann im Wurzelbaum mit möglichst geringem Aufwand gearbeitet werden?
Durch den Pfeil, der die Basis verläßt, zerfällt der Wurzelbaum in zwei Teilbäume. Die Änderungen zur Basistransformation müssen in genau einem Teilbaum vorgenommen werden. Daher ist es z.B. nützlich, herauszufinden, welcher der kleinere Teilbaum ist.

Es bleibt das Problem der Bestimmung einer primal zulässigen Anfangslösung. In verschiedenen Arbeiten (z.B.[1], [5], [9]) werden dazu Start-Prozeduren untersucht. Zusammenfassend ergibt sich, daß man einen Kompromiß schließen muß zwischen der einen Forderung, möglichst schnell eine primal zulässige Lösung zu erhalten und der anderen Forderung, daß diese Lösung einen guten Zielfunktionswert liefern soll.
Interessant dürfte in diesem Zusammenhang sein, daß in [8] zur Bestimmung einer primal zulässigen Anfangslösung für Transshipment-Probleme, bei denen nicht alle Transportverbindungen zulässig sind, stets eine Umformulierung in ein äquivalentes Transport-Problem erfolgt, wie sie von ORDEN bereits 1956 angegeben wurde. Aufgrund der Tatsache, daß sogenannte one-pass Algorithmen (analog zur NWE-Regel bei klassischen Transportproblemen) für Probleme mit unzulässigen Zellen nicht bekannt sind, hat sich dieser scheinbare Umweg trotzdem als lohnend erwiesen.
Im folgenden Abschnitt wird auf die grundlegenden Gedanken und Daten-Organisationen der Implementierungen eingegangen und einiges zu den in der Literatur genannten und teilweise zugänglichen Codes gesagt.

3. Implementierungstechniken

3.1 Primal-simplex Codes

Als bekannteste Implementierungen dieses Ansatzes seien hier

PNET-I von GLOVER et al. [8], ARC-II von BARR et al. [3] und GNET von BRADLEY et al. [5] erwähnt.

Das Vorgehen bei diesen Codes kann man algorithmisch wie folgt beschreiben:

Schritt 0: Bestimmung einer primal zulässigen Anfangslösung (z.B. mit künstlichen Variablen); Aufstellen der Listen die den PRE-Graphen beschreiben; Ermittlung der Werte für die dualen Variablen

Schritt 1: Bestimmung einer Nichtbasisvariablen, die die duale Zulässigkeit verletzt; falls keine existiert, STOP

Schritt 2: Bestimmung des Teils im PRE-Graphen, in dem die Flußwerte (primale Variable) geändert werden; Ermittlung des Pfeils, der die Basis verläßt

Schritt 3: Änderung des PRE-Graphen und der dualen Variablen

weiter mit Schritt 1

Die Programme, durchweg in FORTRAN geschrieben und auf Anlagen verschiedener Hersteller getestet, sind sich teilweise sehr ähnlich. Unterschiede sind vor allem in den benutzten Feldern zu finden, die die Informationen über den PRE-Graphen speichern und eine möglichst wenig Aufwand erfordernde Durchführung der Schritte 1 bis 3 gestatten.

Die in PNET-I und GNET benutzten Felder sollen hier gegenüber gestellt werden.

Bei PNET-I wird vorausgesetzt, daß die Pfeile nach steigenden Anfangs- und Endknotennummern sortiert sind.

Die insgesamt 6NO + 3AR langen Felder sind

a) ICOL(1:AR) ≙ END(ij), mit ICOL(ij)<0, falls ij der letzte Pfeil vom jeweiligen Anfangsknoten ist

b) COST(1:AR) ≙ COST(ij)

c) CAP(1:AR) ≙ CAP(ij)

d) IPRED(1:NO) ≙ PRE-Vektor für den Wurzelbaum

e) ISUC(1:NO) ≙ THR-Vektor für den Wurzelbaum

f) IDIST(1:NO) ≙ Distanz-Vektor für die Angabe des Abstands von i von der Wurzel

g) LPATH(1:NO) ≙ Vektor, der die zur Basisvariablen i gehörige Pfeilnummer enthält

h) X(1:NO) ≙ Fluß-Vektor; die Bestimmung des tatsächlichen Flusses erfolgt mit Hilfe von CAP und LPATH

i) POT(1:NO) ≙ Vektor der dualen Variablen

Zu erwähnen ist dabei noch, daß eigentlich die Eingabe eines Zirkulationsfluß-Problems (also mit $b_i=0 \; \forall i \in N$) und die Charakterisierung der Anfangs- und Endknoten eines Pfeils durch ihre Namen (mit 4 bzw. 8 Zeichen) erfolgen muß. Die deshalb nur zeitweilig nötigen Felder SUP(1:NO) und NAME(1:NO) werden im Optimierungsteil durch entsprechende EQUIVALENCE-Vereinbarungen anderweitig benutzt. In der Knotenzahl NO und der Pfeilzahl AR sind ein zusätzlicher Knoten und die fiktiven Pfeile für die künstlichen Variablen bereits berücksichtigt. Als Wurzel im PRE-Graphen wird stets der zusätzliche Knoten, der hier die Nummer 1 erhält, benutzt.
Eine ausführliche Beschreibung der Logik in PNET-I und eine Zusammenstellung der Rechenzeiten für Probleme[1)] unterschiedlicher Struktur und Größe findet man in [8] und [9].

Das Programm GNET benötigt ebenfalls etwa 6NO + 3AR Speicherplätze. Etwa deshalb, weil verschiedene Versionen existieren, in denen, um Rechenzeit zu sparen, zusätzliche Informationen über den PRE-Graphen auf Kosten des Speicherplatzes mitgeführt werden.
Folgende Felder werden benutzt, wobei vorausgesetzt wird, daß die Pfeile nur nach steigenden Endknotennummern geordnet sind:

a) T(1:AR) ≙ ANF(ij)

b) C(1:AR) ≙ COST(ij)

c) CP(1:AR) ≙ CAP(ij)

d) H(1:NO) ≙ Pfeilnummern-Vektor, d.h. die Nummer des ersten Pfeils mit dem Endknoten i steht in H(i)

e) P(1:NO) ≙ PRE-Vektor für den Wurzelbaum

f) X(1:NO)
g) CPX(1:NO) } ≙ Fluß-Vektoren, wobei { falls P(i)<0, so ist der Fluß der Basisvariablen X(i), sonst CPX(i) }

h) U(1:NO) ≙ Vektor der dualen Variablen

außerdem wurden in verschiedenen Versionen folgende Listen benutzt:

---

1) Sämtliche Zitate, die Rechenerfahrungen betreffen, beziehen sich auf Probleme, die mit dem NFP-Generator NETGEN (s.[20]) erzeugt wurden.

i) IT(1:NO) ≙ THR-Vektor für den Wurzelbaum

j) D(1:NO) ≙ Distanz-Vektor für die Angabe des Abstands von i von der Wurzel

k) NS(1:NO) ≙ Anzahl der (nicht notwendig direkten) Nachfolger von i im Wurzelbaum

l) PD(1:NO) ≙ sogenannter PREORDER-Vektor, der die Knoten des Wurzelbaums in ihrer Hauptreihenfolge angibt

Sehr anschauliche Beispiele für die Verwendung dieser Felder und für die elegante Ausführung von Basis-Transformationen sind in [5] angegeben.

3.2 Dual-simplex Codes

Ein solches Programm arbeitet prinzipiell nach folgendem Schema:

Schritt 0: Bestimmung einer dual zulässigen Anfangslösung; Aufstellen der Listen, die den PRE-Graphen beschreiben; Ermittlung der Flußwerte für die primalen Variablen

Schritt 1: Bestimmung einer Basisvariablen, die die primale Zulässigkeit (Kapazitätsschranken) verletzt;
falls keine existiert, STOP

Schritt 2: Ermittlung der in die Basis aufzunehmenden Variablen so, daß die duale Zulässigkeit erhalten bleibt

Schritt 3: Bestimmung des Teils im PRE-Graphen, in dem die Flußwerte (primale Variable) geändert werden

Schritt 4: Änderung des PRE-Graphen und der dualen Variablen weiter mit Schritt 1

Ein Programm DNET wurde von GLOVER et al. [8] angegeben und getestet. Es benutzt eine ähnliche Daten-Organisation wie PNET-I und erfordert dafür 9NO + 3AR Speicherplätze für kapazitierte Probleme. Die Rechenzeiten lagen deutlich über denjenigen für PNET-I. Die kritischen Punkte sind:

a) Bestimmung einer möglichst guten dual zulässigen Lösung
b) großer Aufwand zur Ermittlung der Variablen, die in die Basis aufgenommen wird

Dieses rein duale Vorgehen scheint nur dann angebracht, wenn in einer bereits bekannten optimalen Lösung nachträglich Kapazitätsschranken berücksichtigt werden sollen.

3.3 Primal-dual (out-of-kilter) Codes

Seit Mitte der sechziger Jahre bis etwa 1973 galt der auf den Arbeiten von FORD & FULKERSON basierende out-of-kilter Algorithmus (OKA) als unbestritten effizientestes Verfahren zur Lösung eines NFP. Eine algorithmische Beschreibung käme ohne die Definition der in- bzw. out-of-kilter Zustände nicht aus und würde deshalb den Rahmen dieses Überblicks sprengen. In verschiedenen Lehrbüchern (z.B. NEUMANN oder NOLTEMEIER) kann dies ausführlich nachvollzogen werden. Um auch die hier kurz angesprochene Modifikation mit zu erarbeiten, empfiehlt sich die Lektüre der Arbeit von BARR et al.[2]

Die Grundidee des OKA besteht darin, stets in einem Zirkulationsfluß-Netzwerk zu arbeiten, mit einer primal <u>und</u> dual unzulässigen Lösung zu beginnen und, abhängig von gewissen Zuständen der Pfeile, sukzessive Änderungen an den primalen oder dualen Variablen vorzunehmen. Der Vorteil besteht vor allem darin, daß man mit einer beliebigen Anfangslösung beginnen kann und die Korrekturen sich sofort an den Optimalitätsbedingungen orientieren.
Die in der Literatur am häufigsten genannte und auch heute noch oft für Rechenzeitvergleiche benutzte Implementierung stammt von CLASEN und wird seit 1967 von der SHARE Distribution Agency vertrieben[1]. Als GLOVER & KLINGMAN nach umfangreichen Tests um 1973 feststellten, daß ihre sehr guten Rechenerfahrungen mit primal-simplex Codes der "Folklore" über die Effizienz des OKA widersprachen, zogen sie den Schluß, daß man zuerst an einer PNET-ähnlichen, die Markierungsvorschriften weniger aufwendig ausführenden Implementierung für den primal-dualen Ansatz arbeiten müsse.

Sie nahmen in [2] eine Umformulierung des OKA vor und verringerten die Zahl der out-of-kilter Zustände und damit die Zahl der Markierungsmöglichkeiten. Dies geschah deutlich zu Lasten des Speicherplatzes, denn der gesamte Problem-Graph wurde praktisch verdoppelt, indem Rückwärts- (mirror) Pfeile mit negativen Kostenbewertungen eingeführt wurden.

---

1) out-of-kilter Network Routine, SHARE Distribution 3536

Das resultierende Programm SUPERK mit einem Speicherplatzbedarf von 4NO + 9AR für die Speicherung des Graphen und der OKA-Marken stellt nach Ansicht seiner Verfasser die schnellste Version eines FORTRAN-OKA dar. Rechenzeitvergleiche ergaben aber immer noch eine klare Unterlegenheit gegenüber PNET-I.
Von HATCH [14] wurde an der Effizienz dieser Implementierung gezweifelt und er gab für einige NETGEN-Beispiele Rechenzeiten seines ebenfalls primal-dual arbeitenden Codes PD-AAL an, die teilweise sogar besser als die PNET-I-Zeiten waren. Er schloß daraus auf die immer noch bestehende Überlegenheit des primal-dualen Ansatzes. In einer nicht ohne Polemik formulierten Entgegnung von GLOVER & KLINGMAN [10] mußte sich HATCH allerdings in wesentlichen Punkten Kritik gefallen lassen:

Zum einen ist nämlich der PD-AAL Code stark auf die benutzte Anlage (CDC 6600) zugeschnitten und verwendet in FORTRAN aufrufbare ASSEMBLER-Makrobefehle, die eine Übertragbarkeit des Programms auf Anlagen anderer Hersteller verhindern und zum anderen ist er auch auf die speziell strukturierten Transport- und Zuordnungs-Probleme ausgerichtet, während PNET-I (wie auch die allgemeine Version von GNET) für eine wesentlich breitere Problemklasse einsetzbar ist.

Schließlich werden bei HATCH jegliche Angaben über den benötigten Speicherplatz vermißt, denn erst konkrete Aussagen darüber lassen erkennen, ob ein Programm für große praktische Probleme tatsächlich geeignet ist.

Nimmt man die Erkenntnisse von BRADLEY et al. [5] über die Rechenzeiten von GNET für ausgewählte NETGEN-Beispiele auf einer IBM 360/67 hinzu, dürften die primal-simplex Codes den OKA Codes eindeutig dann überlegen sein, wenn eine einmalige Optimierung eines NFP durchgeführt werden soll und man nicht von einer bereits vorliegenden primal oder dual zulässigen Lösung ausgehen kann.
Für eine Gesamtbeurteilung muß man noch anmerken, daß der relativ große Speicherplatzbedarf für alle in der Literatur angegebenen OKA Codes (s.[8]) um einiges verringert werden kann, indem man sich die meist sehr geringe Größenordnung der in den Marken-Listen unterzubringenden Zahlen zunutze macht und z.B. mit einer HALF-WORD-VERSION arbeitet. Dies ist bei den meisten großen Wortma-

schinen möglich, da dort auch im FORTRAN auf Teile eines Wortes zugegriffen werden kann.
Für die von KLINGMAN et al.[20] angegebenen NETGEN-Beispiele, die von 100x100-Transport-Problemen bis zu einem NFP mit NO=3000 und AR=35000 (das allerdings mit SUPERK nicht mehr lösbar war) reichten, stellte sich heraus, daß PNET-I etwa doppelt so schnell wie SUPERK ist[1]. Die CPU-Zeiten für solche Probleme bleiben auf großen Anlagen meist noch im Sekundenbereich und liegen für das zuletzt genannte Beispiel auf einer CDC 6600 knapp über 2 Minuten. Das Programm SUPERK war übrigens im Mittel etwa hundertmal schneller als das LP-Software-Paket OPHELIE/LP von CDC. Ähnliche Erfahrungen wurden bei Vergleichen zwischen PNET-I und dem UNIVAC-Paket FMPS gemacht.

3.4 Non-simplex Codes

Unter diesem Begriff sollen Verfahren zusammengefaßt werden, die sich, zumindest auf den ersten Anschein hin, nicht unter die simplex-orientierten Ansätze einreihen lassen. Arbeiten dazu wurden u.a. von KLEIN, von BENNINGTON und von DOMSCHKE veröffentlicht. Die Grundidee besteht in der Erweiterung des eigentlichen Graphen zu einem Inkrement-Graphen mit Rückwärts-Pfeilen und negativen Pfeilbewertungen. Die Bestimmung eines kostenminimalen Flusses wird dann auf die Entfernung von negativen Zyklen im Inkrement-Graphen zurückgeführt. Von HÄSSIG et al. wurden dazu Überlegungen angestellt, auch diese Verfahren unter die primal-dualen Ansätze einzuordnen. Wie bereits im vorangehenden Abschnitt angedeutet, läßt sich tatsächlich bei der in [2] ausführlich dargestellten Reformulierung des out-of-kilter Algorithmus kaum noch ein Unterschied zu diesen Inkrement-Graphen-Algorithmen ausmachen.
Das Hauptproblem bei diesem Vorgehen ist die mehrfach vorzunehmende Bestimmung negativer Zyklen oder, bei bestimmten Eigenschaften des Graphen, die Ermittlung kürzester Wege.

---

[1] Diese Aussage kann, wie die unter Abschnitt 6 angegebenen Rechenzeitvergleiche für die dem Verfasser dieser Übersicht zugänglichen Programm-Versionen zeigen, nicht für alle Problemtypen aufrechterhalten werden.

Von BENNINGTON wurde dazu ein Programm BENN entwickelt, das einen Speicherplatzbedarf von 6NO + 11AR hat und für das in [2] Rechenzeitvergleiche mit anderen Codes angegeben werden. Es erwies sich durchweg als langsamer gegenüber PNET-I und SUPERK. Probleme großer Dimension konnten wegen der 11 Felder der Länge AR nicht gelöst werden.

4. Spezielle Flußprobleme

4.1 Transport-Probleme

Für die gegenüber einem gewöhnlichen NFP noch spezieller strukturierten Transport-Probleme existieren Implementierungen, die eben diese Struktur ausnutzen und hinsichtlich Rechenzeiten und Speicherplatz kaum noch verbesserbar scheinen.
Von AHRENS [1] wurde ein Programm LTP angegeben, das für dicht besetzte Probleme sehr geringe Rechenzeiten und wenig Speicherplatz benötigt. Das Verfahren, auf der DGOR-Tagung 1977 vorgestellt, stellt eine Basislösung nicht als allgemeinen Wurzelbaum dar, sondern der Wurzelbaum besteht aus sogenannten Zeilenknoten und Spaltenknoten, die abwechselnd durch Pfeile verbunden sind. Ein Spaltenknoten ist jeweils die Wurzel des Baums, die sich im Verlauf des Verfahrens durchaus ändern kann.
Das Programm LTP berücksichtigt keine Kapazitätsschranken und benötigt für ein Transport-Problem mit m Zeilen und n Spalten ohne unzulässige Verbindungen 4(m+n) + mn Speicherplätze für die Felder

a) X(1:m) , Y(1:n) ≙ Werte der Basisvariablen
b) A(1:m) , B(1:n) ≙ Parameter des Transport-Problems
c) U(1:m) , V(1:n) ≙ Werte der dualen Variablen
d) C(1:m) , R(1:n) ≙ verkettete Listen für den PRE-Graphen
e) COST(1:mn) ≙ Transportkosten des Problems

Der PRE-Graph wird hier also durch die Felder C und R, die insgesamt nur die Länge NO = m + n haben, repräsentiert.

Weitere, aus der Literatur bekannte Implementierungen sind:

1) SUPERT-2 von BARR [3]; es benötigt Felder der Länge 4(m+n) + 2dmn, wobei d (≤ 1) der Dichte der zulässigen Verbindungen entspricht. Da nur unkapazitierte Probleme

bearbeitet werden können, dürfte das zweite Feld der Länge dmn zur Speicherung von Informationen über den PRE-Graphen dienen.

2) TNET als Spezialisierung von GNET für kapazitierte Transport-Probleme; ausführliche Angaben darüber finden sich in der Arbeit von BRADLEY et al. [5].

3) NETWRK, eine Routine von LANGLEY et al. [21], die kapazitierte Probleme bearbeiten kann und vor allem für den mehrmaligen Aufruf in einem branch-and-bound Verfahren zur Lösung von Fixkosten-Transport-Problemen eingesetzt wurde. Der benötigte Speicherplatz beträgt 10(m+n) + 2mn.

4) Ein Programm von HARRIS [13], das speziell für extrem rechteckige (m<<n) Transport-Probleme zugeschnitten ist, für das aber keine Angaben über Speicherplatz und nur wenige Angaben über die den genannten Rechenzeiten zugrunde liegenden Beispiele zu finden waren.

4.2 Zuordnungs-Probleme

Bei der Lösung von Zuordnungs-Problemen als speziellen Transport-Problemen mit m=n und A(i)=B(j)=1 ist zu beobachten, daß mit einem gewöhnlichen primal-simplex Code bei mehr als 90 % aller Basistransformationen nur degenerierte Lösungen ohne Änderung der Zielfunktion entstehen.

Von BARR et al. [3] wurde versucht, einen Ansatz zu finden, der die hochgradige Degeneration (von 2n-1 Basisvariablen haben nur n den Wert 1 und n-1 den Wert 0) berücksichtigt. Ähnlich wie bei dem Programm LTP wird eine Basislösung durch einen Wurzelbaum mit abwechselnd verbundenen Zeilen- und Spaltenknoten repräsentiert. Zusätzlich werden aber gewisse Forderungen an die Pfeile gestellt, die ein ständiges Arbeiten in einer sogenannten alternating path (AP)-Basis mit stets abwechselnden Werten 0 und 1 auf den Pfeilen sichern. Das resultierende Programm AP-AB dürfte als einer der schnellsten Codes für Zuordnungs-Probleme gelten. Einzelheiten darüber sind in [3] zu finden. Der benötigte Speicherplatz wird mit $6n + 2n^2$ für dichte Probleme angegeben.

5. Ausblick

Nach Ansicht verschiedener Autoren ([10], [5], [14]), deren Auffassungen in Detailfragen durchaus differieren, sind die Implementierungen für Netzwerkfluß-Probleme (und deren Spezialfälle) bezüglich der Effizienz in der Nähe des maximal Möglichen angelangt. Es scheint so, als seien wesentliche Fortschritte bei der Bearbeitung großer praktischer Probleme in erster Linie von der Hardware der Anlagen (schnellere Rechenzeiten, höhere Speicherkapazitäten und auch bessere Nutzung externer Speicher) zu erwarten. Die Schwerpunkte künftiger Arbeiten dürften

erstens in der Bewältigung großer praktischer Probleme mit mehreren tausend Knoten und mehreren hunderttausend Pfeilen liegen. Dazu werden in-core, out-of-core Programme nötig sein. Das erste derartige Programm I/O PNET-I stammt von KARNEY & KLINGMAN [18] und benutzt die bereits von PNET-I bekannten Listentechniken. Die in [18] angegebenen Testergebnisse zeigen, daß dieses Programm nur etwa 10 % langsamer als PNET-I und durchweg schneller als die bekannten out-of-kilter Implementierungen ist. Es ermöglicht zudem die Bearbeitung auch großer Probleme auf Anlagen mittlerer Größenordnungen (z.B. auf der 32 K Worte Maschine CDC 3100 oder der 50 K Byte Maschine BURROUGHS 4700).

Ein weiteres Gebiet der Forschung ist die Nutzung der effizienten Implementierungen für Probleme mit komplexerer Struktur, bei denen reine NFP nur Teilaufgaben sind, die unter Umständen aber im Verlauf des gesamten Verfahrens sehr oft und mit nur gering geänderten Daten zu lösen sind. Beispiele dafür sind Fixkosten-Probleme, Probleme mit Kanten-Gewinnen oder -Verlusten, Mehrgüter-Probleme und NFP mit anderen zusätzlichen linearen oder nichtlinearen Bedingungen. Neuere Arbeiten dazu findet man in [7], [15], [17] und [19]. Ein wesentliches Ergebnis der bisherigen Forschung dürfte dabei sein, daß es durchaus sinnvoll sein kann, im Verlauf eines umfangreichen Verfahrens (z.B. branch-and-bound zur Standort-Optimierung) die Methode für die Lösung des Teilproblems zu wechseln. Wird also beispielsweise bei Fixierung eines Pfeils die primale Zulässigkeit erhalten bleiben und nur die duale Zulässigkeit

wegen einer (oder mehreren) Kostenänderungen verletzt, so liegt es nahe, für dieses Teilproblem ein Programmteil zu verwenden, das auf einem primalen Ansatz beruht.
Schließlich steht mit Sicherheit die Entwicklung weiterer benutzerfreundlicher Software-Pakete zur Lösung von NFP von seiten der Computer-Hersteller bevor. Analog zu den Paketen auf dem LP-Sektor dürfte dabei die komfortable Handhabung (meist sehr starrer Input/Output!) und die Benutzbarkeit in eigenen Hauptprogrammen für den Anwender am Wichtigsten sein. Die ersten derartigen Programmsysteme sind UKILT 1100[1] von UNIVAC und NETFLOW-II[2] von CDC.

Für den in der Praxis arbeitenden OR-ler, der mit den ihm zur Verfügung stehenden Computer-Ressourcen haushalten muß, ist es auf jeden Fall lohnend, sich von der bisher noch weitverbreiteten Lösung von Problemen mit Netzwerkfluß-Struktur, nach [6] etwa 70 % aller praktischen Optimierungsprobleme, mit Hilfe der LP-Standard-Software zu trennen. Auch die GUB-Technik in diesen Paketen erreicht nicht Effizienz der Verfahren, die die spezielle Problemstruktur implizit enthalten und die hier beschriebenen Listentechniken benutzen.

---

1) UKILT 1100 Programmer Reference UP.8276

2) NETFLOW Routine User Information Manual, Publ.-Nr.86604900A

6. Zusammenstellung der Programme und Rechenzeitvergleiche

Soweit bekannt, sind alle Codes in FORTRAN geschrieben und erlauben eine fast mühelose Übertragung auf Anlagen verschiedener Hersteller. Der von HATCH entwickelte PD-AAL Code nutzt allerdings einige CDC-spezifische Eigenschaften aus.

Autoren	Name des Programms	Problem-Typ & Methode	Quelle
Glover, Karney Klingman, Stutz	PNET-I	NFP, primal-simplex	[8]
Karney, Klingman	I/O PNET-I	NFP, primal-simpl. in-core, out-of-core	[18]
Barr, Glover, Klingman	ARC-II	NFP, primal-simplex	[3]
Bradley, Brown Graves	GNET	NFP, primal-simplex	[5]
Glover, Karney Klingman	DNET	NFP,dual-simplex	[8]
Barr, Glover Klingman	SUPERK	NFP, out-of-kilter	[2]
Langley, Kenning-ton, Shetty	NETWRK	Kapaz.Transp.-Pr. primal-simplex	[21]
Barr	SUPERT-2	Unkap.Transp.-Pr. primal-simplex	[3]
Ahrens	LTP	Transp.u.Zuordn.-Pr. primal-simplex	[1]
Hatch	PD-AAL	Transp.-u.Zuord.-Pr. out-of-kilter	[14]
Barr, Glover Klingman	AP-AB	Zuordn.-Probl. primal-simplex	[3]

Die nachfolgenden Rechenzeitvergleiche wurden auf einer UNIVAC 1100/21 an der Hochschule der Bundeswehr Hamburg durchgeführt. Die Übersetzung der Programme erfolgt mit dem ASCII-FORTRAN-Compiler (Z-Option). Die Probleme NG 1 bis NG 27 entsprechen den in [20] angegebenen, T1 bis T3 sind ebenfalls mit NETGEN erzeugte rechteckige Transportprobleme.
Alle Rechenzeitangaben sind in CPU-Sekunden (Mittelwerte aus 6 bis 10 Läufen), dabei steht unter LOES die Rechenzeit für die eigentliche Optimierung und unter GES die gesamte CPU-Zeit für das Abarbeiten des Hauptprogramms.

Es fällt vor allem auf, daß die vorliegende PNET-I-Version dem UKILT nicht durchweg überlegen ist. Besonders bei den Zuordnungsproblemen schneidet letzterer sehr gut ab. Zu der LTP-Version ist zu bemerken, daß stets mit vollbesetzter Kostenmatrix gerechnet wird und dadurch bei wachsender Dichte der zulässigen Zellen sogar bessere Zeiten erreicht werden.

			PNET-I		GNET		UKILT		LTP	KOMMENTAR
PROBLEM	NO	AR	GES	LOES	GES	LOES	GES	LOES	LOES	
NG1	202	1512	15.6	6.1	7.5	2.8	17.7	7.6	4.4	100 x 100
NG3	202	2208	20.9	8.7	11.0	4.6	23.9	9.5	4.3	Transport-
NG5	202	3101	28.9	12.3	14.7	5.6	28.9	7.7	4.2	Probleme
NG11	402	1901	35.0	18.8	15.7	9.4	24.6	8.8	31.8	200 x 200
NG12	402	2651	46.0	26.2	19.2	10.5	27.3	7.7	25.0	
NG13	402	3401	67.0	39.5	23.4	12.3	33.8	8.4	28.0	Zuordnungs-
NG14	402	4151	69.7	38.6	28.5	14.6	43.8	8.3	31.5	Probleme
NG15	402	4901	97.2	55.5	32.6	13.1	47.1	8.6	20.0	
NG16	402	1375	14.5	3.3	6.6	2.8	15.6	6.1		kapazitierte
NG18	402	1375	13.5	2.6	6.4	2.6	15.1	5.6		NFP mit
NG27	402	2693	23.0	2.8	9.8	2.3	25.6	6.6		NO = 400
T1	312	1632	18.8	7.0	13.0	8.4	22.6	9.9	13.4	10 x 300
T2	312	2319	23.0	8.1	17.0	10.6	34.9	14.8	11.6	Transport-
T3	312	2911	23.0	6.5	19.8	11.7	35.6	11.7	8.6	Probleme

7. Literatur

1. Ahrens, J.H.: A code for the transportation problem; Proceedings in Operations Research 7 (1977), S. 483

2. Barr, R.S., Glover, F. & Klingman, D.: An improved version of the out-of-kilter-method and a comparative study of computer codes; Mathematical Programming 7 (1974), S. 60-86

3. Barr, R.S., Glover, F. & Klingman, D.: The alternating basis algorithm for assignment problems; Mathematical Programming 13 (1977), S. 1-13

4. Bradley, G.H.: Survey of deterministic networks; AIIE Transactions 7 (1975), S. 222-234

5. Bradley, G.H., Brown, G.G. & Graves, G.W.: Design and implementation of large scale primal transshipment algorithms; Management Science 24 (1977), S. 1-34

6. Charnes, A., Karney, D., Klingman, D., Stutz, J. & Glover, F.: Past, present and future of large scale transshipment computer codes and applications; Computer and Operations Research 2 (1975), S. 71-81

7. Collins, M., Cooper, L., Helgason, R., Kennington, J. & Leblanc, L.: Solving the pipe network analysis problem using optimization techniques; Management Science 24 (1978), S. 747-760

8. Glover, F., Karney, D.& Klingman, D.: Implementation and computational comparisons of primal, dual and primal-dual computer codes for minimum cost network flow problems; Networks 4 (1974), S. 191-212

9. Glover, F., Karney, D., Klingman, D. & Napier, A.: A computational study on start procedures, basis change criteria and solution algorithms for transportation problems; Management Science 20 (1974), S. 793-813

10. Glover, F. & Klingman, D.: Comments on a note by Hatch on network algorithms; Operations Research 26 (1978),S.370-374

11. Glover, F., Klingman, D. & Stutz, J.: Augmented threaded index method for network optimization; Infor 12 (1974), S.293-298

12. Graves, G.W. & McBride, R.D.: The factorization approach to large scale linear programming; Mathematical Programming 10 (1976), S. 91-110

13. Harris, B.: A code for the transportation problem of linear programming; Journal of the ACM 23 (1976), S. 155-157

14. Hatch, R.S.: Bench marks comparing transportation codes based on primal simplex and primal-dual algorithms; Operations Research 23 (1975), S. 1167-1172

15. Hultz, J., Klingman, D. & Russell, R.: An advanced dual basic feasible solution for a class of capacitated generalized networks; Operation Research 24 (1976), S. 301-313

16. Jacobsen, S.K.: On the use of tree-indexing methods in transportation algorithms; European Journal of Operations Research 2 (1978), S.54-65

17. Jensen, P.A. & Bhaumik, G.: A flow augmentation approach to the networks with gains minimum cost flow problem; Management Science 23 (1977), S. 631-643

18. Karney, D. & Klingman, D.: Implementation and computational study on an in-core, out-of-core primal network code; Operations Research 24 (1976), S. 1056-1077

19. Kennington, J.: A survey of linear cost multicommodity network flows; Operations Research 26 (1978), S. 209-236

20. Klingman, D., Napier, A. & Stutz, D.: NETGEN - A program for generating large scale (un)capacitated assignment, transportation and minimum cost flow network problems; Management Science 20 (1974), S. 814-821

21. Langley, R.W., Kennington, J. & Shetty, C.M.: Efficient devices for the capacitated transportation problem; Naval Research Logistics Quarterly 21 (1974), S. 637-647

The implementation of hybrid algorithms in MPSX/370 using its extended control language

U. Suhl, Yorktown Heights

A hybrid algorithm to solve large scale pure and mixed zero one integer programs has been developed. The algorithm combines branch-and-bound, enumeration and cutting plane techniques in a flexible manner. In the initialization a specified number of GOMORY's mixed-integer cuts are generated and substituted into the LP problem which corresponds to the original pure or mixed zero one problem. In the iterative phase of the algorithm branch-and-bound and enumeration are executed simultaneously via a variant of BENDERS' partitioning procedure. Except for the BENDERS' cut of the initial LP all intermediate BENDERS' cuts are not stored but used implicitly. The hybrid algorithm has been implemented on an experimental basis in MPSX/370 using its extended control language and algorithmic tools. Due to these unique features of MPSX/370 the effort of the implementation was greatly reduced. Most of the routines were coded in high level languages (PL1, FORTRAN). A computational study based on four well known difficult test problems and on two practical problems with up to 2000 zero one variables showed that the hybrid code compares favourably with MIP/370 and with results published for other codes.

Algorithmen zur Berechnung minimaler disjunkter Wege in Netzen

K.-D. Hackbarth, Darmstadt

1 Einleitung

Algorithmen zur Berechnung kürzester Wege in Netzen sind für die wirtschaftliche Planung von Fernmelde- und Datennetzen der Deutschen Bundespost (DBP) von grundlegender Bedeutung. Neben wirtschaftlichen Gesichtspunkten sind aber bei der Netzplanung auch Sicherheitsforderungen zu berücksichtigen. Eine wichtige Sicherheitsmaßnahme ist z. B., den Leitungsbedarf zwischen zwei Vermittlungsstellen (Knoten) auf mehrere voneinander unabhängige Wege aufzuteilen. Dabei kann es notwendig sein, daß die Wege entweder keine gemeinsame Kante (kantendisjunkte Wege) oder sogar keinen gemeinsamen Zwischenknoten (knotendisjunkte Wege) besitzen dürfen.

In diesem Beitrag werden Algorithmen entwickelt, die kanten- bzw. knotendisjunkte Wege mit minimaler Gesamtlänge berechnen. Hierzu wird ein Verfahren von Busacker (1965) modifiziert, das sonst zur Berechnung minimaler Kostenflüsse verwendet wird. Dadurch wird die Berechnung von p kanten- bzw. knotendisjunkten Wegen mit minimaler Gesamtlänge auf die Berechnung von p kürzesten Wegen zurückgeführt. Der hierfür entwickelte Algorithmus wird nochmals modifiziert, um ihn für ungerichtete Graphen anzuwenden. Zuletzt wird das Rechenzeitverhalten für verschiedene Implementierungsvarianten untersucht, wobei Algorithmen zur Berechnung kürzester Wege von Yen (1973, 1975) und von Pape (1973) verwendet werden.

2 Problemformulierung

Gegeben sei ein Netz $\mathcal{N}(D(V, B),\mathcal{L})$, worin $D(V,B)$ ein gerichteter Graph mit der Knotenmenge V und der Kantenmenge B ist, und $\mathcal{L}$ eine Bewertung, die jeder Kante $(i,j)\in B$ eine reele (meist positive)

Zahl l_{ij}, genannt die Länge, zuordnet. Es gelte weiterhin, daß das Netz keinen negativen Zyklus enthält. Dann kann das Problem 'berechne in $\mathcal{N}(D,\mathcal{L})$ p kantendisjunkte Wege vom Knoten s zum Knoten t mit minimaler Gesamtlänge' durch folgendes 0-1-Programm beschrieben werden:

$$\min \sum_{(i,j)\in B} l_{ij} \cdot x_{ij} \qquad \text{unter der Bedingung}$$

$\underline{A}\,\underline{x} = \underline{b}$ und $x_{ij} \in \{0,1\}$ für alle Kanten $(i,j)\in B$, wobei

$\underline{A}$ die Inzidenzmatrix des Graphen D ist, für $b_i = \begin{cases} p & i = s \\ -p & i = t \\ 0 & \text{sonst} \end{cases}$ gilt

und $x_{ij} = \begin{cases} 1 & \text{wenn Kante } (i,j) \text{ in einem der p Wege enthalten ist} \\ 0 & \text{sonst} \end{cases}$

Aus der Eigenschaft, daß die Inzidenzmatrix unimodular ist und p ganzzahlig folgt, daß die Optimallösung (sofern sie existiert) immer ganzzahlig ist (vergl. Hu (1970)). Die Bedingung $x_{ij}\in\{0,1\}$ kann daher durch die Bedingung $x_{ij}\in[0,1]$ ersetzt werden. Das dadurch gewonnene Modell beschreibt aber das Problem des minimalen Kostenflusses in einem Netz mit oberer Kapazitätsschranke c_{ij}. Damit kann die Berechnung von kantendisjunkten Wegen mit minimaler Gesamtlänge prinzipiell mit Lösungsverfahren für minimale Kostenflußprobleme erfolgen. Busacker (1965) hat hierzu einen Algorithmus angegeben, der in iterativer Weise Flußzuwächse auf kürzesten Wegen berechnet. Dieser Algorithmus ist allerdings nur für Netze gültig in denen gilt:

(*) aus $(i,j)\in B \Rightarrow (j,i)\notin B$

Die Bedingung (*) kann durch Einführung von zusätzlichen Knoten immer eingehalten werden.

Wegen (*) kann der Algorithmus nicht unmittelbar auf Probleme mit ungerichteten Graphen angewendet werden. Entsprechende Modifikationen werden im nächsten Kapitel dargestellt.

3 Lösungsverfahren

Der Algorithmus von Busacker kann für die Berechnung p kantendisjunkter Wege noch vereinfacht werden, weil die Kapazitätsschranke für alle Kanten $c_{ij} = 1$ ist. Dazu müssen beim Übergang vom (k-1)-ten zum k-ten Iterationsschritt ausnahmslos alle Kanten (i,j) (Länge l_{ij}^{k-1}) des kürzesten Weges durch die in ihrer Richtung umgekehrten Kanten (j,i) mit der Länge $l_{ji}^{k} := -l_{ij}^{k-1}$ ersetzt werden.

Dann lautet der Algorithmus:

Algorithmus 1: Gegeben sei ein Netz $\mathcal{N}(D(V,B),\mathcal{L})$, die Knoten s und t; gesucht werden p kantendisjunkte Wege von s nach t mit minimaler Gesamtlänge

(i) Iterationsindex $k := 0$; iterative Kantenmenge $B^k := B$;
iterative Kantenbewertung $\mathcal{L}^k := \mathcal{L}$

(ii) berechne kürzesten Weg w_{st} in $\mathcal{N}^k(D(V,B^k),\mathcal{L}^k)$

(iii) wenn kürzester Weg nicht existiert ENDE (Fehler),
sonst erhöhe Iterationsindex $k := k + 1$

(iv) lege iterative Kantenmenge B^k und Kantenbewertung $\mathcal{L}^k$ neu fest:

$$B^k := \left\{B^{k-1} \setminus \left\{(i,j) \;/\; (i,j) \in w_{st}\right\}\right\} \cup \left\{(j,i) \;/\; (i,j) \in w_{st}\right\}$$

$$l_{ji}^k := -l_{ij}^{k-1} \quad \text{für alle Kanten } (j,i) \text{ mit } (i,j) \in w_{st}$$

$$l_{ij}^k := l_{ij}^{k-1} \quad \text{für alle anderen Kanten aus } B^k$$

(v) wenn $k = p$ ENDE, sonst gehe nach Schritt (ii)

Durch Modifikationen im Schritt (iv) ist der Algorithmus 1 auf Probleme mit ungerichteten Graphen G übertragbar. Hierzu wird das symmetrische Netz $\mathcal{N}'(D(V,B'),\mathcal{L}')$ gebildet, indem jede ungerichtete Kante $\{i,j\}$ aus G mit der Länge l_{ij} durch die beiden gerichteten Kanten (i,j) und (j,i) mit jeweils gleicher Länge $l'_{ij} := l'_{ji} := l_{ij}$ ersetzt wird. Um bei der Berechnung der kantendisjunkten Wege zu verhindern, daß zwei Kanten (i,j) und (j,i) gleichzeitig in die Lösungsmenge aufgenommen werden, muß zusätzlich für die Kantenkapazitäten die Bedingung $c_{ij} + c_{ji} = 1$ eingehalten werden.

Dann lautet der Algorithmus:

<u>Algorithmus 2:</u> Gegeben sei ein symmetrisches Netz $\mathcal{N}'(D(V,B'),\mathcal{L}')$, die Knoten s und t; gesucht werden p kantendisjunkte Wege zwischen s und t mit minimaler Gesamtlänge

(i) Iterationsindex $k := 0$; iterative Kantenmenge $B^k := B$; iterative Kantenbewertung $\mathcal{L}^k := \mathcal{L}'$

(ii) berechne kürzesten Weg w_{st} in $\mathcal{N}^k(D(V,B^k),\mathcal{L}^k)$

(iii) wenn kürzester Weg nicht existiert ENDE (Fehler), sonst erhöhe Iterationsindex $k := k + 1$

(iv) lege iterative Kantenmenge B^k und Kantenbewertung $\mathcal{L}^k$ neu fest:

$B^k := \{B^{k-1} \setminus [(i,j) \,/\, (i,j) \in w_{st} \text{ und } (j,i) \in B^{k-1}]\} \cup \{(i,j) \,/\, (i,j) \in w_{st}\}$

$l^k_{ji} := -l^{k-1}_{ij}$ für alle Kanten (j,i) mit $(i,j) \in w_{st}$

$l^k_{ij} := -l^{k-1}_{ij}$ für alle Kanten $(i,j) \in w_{st}$ mit $(j,i) \notin B^{k-1}$

$l^k_{ij} := l^{k-1}_{ij}$ für alle anderen Kanten aus B^k

(v) wenn $k = p$ ENDE, sonst gehe nach Schritt (ii)

Nach dem (k-1)-ten Iterationsschritt sind (k-1) disjunkte Wege zwischen s und t berechnet, deren Kanten sich zu einer Kantenmenge W^{k-1} zusammenfassen lassen. Alle Kanten $(i,j) \in B'$ befinden sich dann genau in einem der folgenden Zustände:

(Z 1) $(i,j) \in B^{k-1}$, $(j,i) \in B^{k-1}$ und $l^{k-1}_{ij} = l^{k-1}_{ij} = l_{ij}$ d. h. $(i,j) \notin W^{k-1}$ und $(j,i) \notin W^{k-1}$

(Z 2) $(i,j) \notin B^{k-1}$, $(j,i) \in B^{k-1}$ und $l_{ji} = -l_{ij}$ d. h. $(i,j) \in W^{k-1}$

Dann müssen nach Berechnung des k-ten Weges w_{st} alle Kanten $(i,j) \in w_{st}$ mit $(j,i) \notin W^{k-1}$ in Z 2 und alle Kanten $(i,j) \in w_{st}$ mit $(j,i) \in W^{k-1}$ in Z 1 überführt werden, was durch Schritt (iv) im Algorithmus 2 bewirkt wird.

Es ist zu beachten, daß für den Algorithmus 2 alle Kanten eine positive Länge haben müssen, da sonst durch die Bedingung $l'_{ij} = l'_{ji} = l_{ij}$ sofort negative Zyklen entstehen würden.
Für den Fall positiver Kantenlängen ergeben sich negative Bewertungen nur während des Iterationsprozesses durch Schritt (iv) im Algorithmus 1 bzw. 2. Edmonds und Karp (1972) haben gezeigt,

daß durch eine zusätzliche Längentransformation mittels Knotenlabels diese negativen Bewertungen vermieden werden können.
Wird diese Transformation bei der Implementierung des Algorithmus 1 bzw. 2 verwendet, so kann die Berechnung der kürzesten Wege in Schritt (ii) erheblich vereinfacht werden.
Das im Algorithmus 1 beschriebene Lösungsprinzip kann auch zur Berechnung von p knotendisjunkten Wegen herangezogen werden. Hierzu muß aus dem ursprünglichen Netz ein Transformationsnetz gebildet werden, indem alle Knoten (außer dem Ursprungs- und Zielknoten s und t) gedoppelt werden (vgl. Ford/Fulkerson (1962)). Im Bild 3.1a und 3.1b ist das Prinzip an einem Beispiel dargestellt. Eine Unterscheidung zwischen Problemen in gerichteten und ungerichteten Graphen ist dann nicht mehr erforderlich, weil die ursprünglich symmetrischen Kanten (i,j) und (j,i) im transformierten Netz nicht mehr symmetrisch sind. Auf dieser Grundlage hat Suurballe (1974) einen Algorithmus entwickelt, der mit dem ursprünglichen Netz arbeitet und das Transformationsprinzip beim Wegesuchprozeß interpretiert.

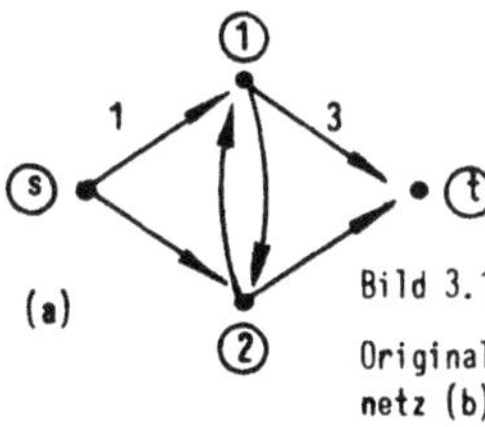

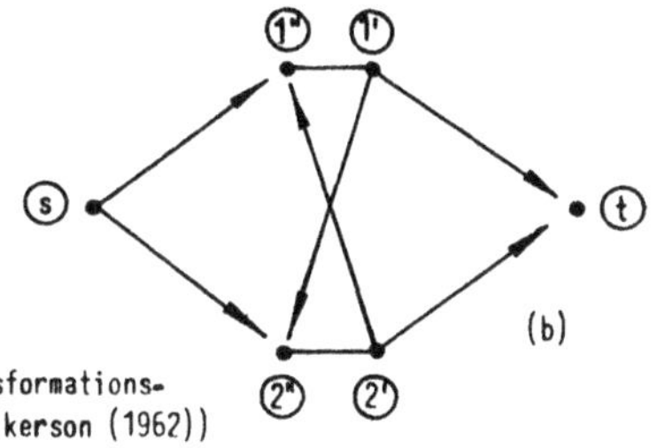

Bild 3.1
Original- (a) und Transformationsnetz (b) (nach Ford/Fulkerson (1962))

4 Implementierung

Bei der Implementierung der Algorithmen 1 bzw. 2 muß von den besonderen Merkmalen des zu untersuchenden Netzes ausgegangen werden. Von besonderer Bedeutung sind dabei:

- die Netzdichte Q ($Q = M/(N(N-1))$ mit M Anzahl der Kanten und N Anzahl der Knoten im Netz
- die Art der Abspeicherung des Netzes
- die Längenbewertung (ob negative Kanten zugelassen sind)

Zwischen der Netzdichte und der Abspeicherungsform eines Graphen besteht ein enger Zusammenhang. So wird ein Netz mit großer Dichte (nahe Eins) günstig durch die Inzidenzmatrix $\underline{D}$ des Graphen dargestellt (mit $d_{ij} := l_{ij}$ für alle $(i,j)\in B$ und $d_{ij} := \infty$ für alle $(i,j)\notin B$). Probleme mit geringer Netzdichte werden dagegen schon aus Gründen der Speicherplatzökonomie durch Kantenlisten repräsentiert werden. Sowohl die Netzdichte als auch die Längenabbildung bestimmen die Auswahl der Algorithmen zur kurzen Wegesuche.

Für folgende Implementierungsvarianten wurden die FORTRAN V Programme PR 1 - PR 4 erstellt und auf einer UNIVAC 1108 auf ihr Rechenzeitverhalten untersucht:

PR 1 Abspeicherung des Netzes durch die Inzidenzmatrix und kurze Wegesuche mit einem Algorithmus für Netze mit positiver und negativer Länge von Yen (1975)

PR 2 Abspeicherung des Netzes durch die Inzidenzmatrix und kurze Wegesuche mit einem Algorithmus für Netze mit nur positiver Länge von Yen (1973) unter Anwendung der Längentransformation von Edmonds und Karp (1972)

PR 3 Abspeicherung des Netzes durch Kantenliste und kurze Wegesuche mit einem Algorithmus für Netze mit positiver und negativer Länge von Pape (1973)

PR 4 wie PR 2 mit zusätzlicher Anwendung des Interpretationsprinzips von Suurballe (1974)

5 Ergebnisse

Die FORTRAN Programme PR 1 - PR 4 wurden an einigen hundert Netzen, die mittels Zufallszahlen erzeugt wurden, untersucht. Dabei zeigte sich, daß die Rechenzeit aller Programme näherungsweise durch die Funktion $t(N) = p \cdot \gamma \cdot N^2$ beschreibbar ist (für disjunkte Wege zwischen einem Knotenpaar). Die Ergebnisse sind auszugsweise in Tabelle 5.1 dargestellt. Eine ausführliche Beschreibung der gesamten Arbeit ist in einem Forschungsbericht des Autors (Hackbarth (1978)) enthalten.

Literaturverzeichnis

Busacker, R. G.; Saaty, T. L. (1965): Finite graphs and networks. Mc Graw-Hill New York.

Edmonds, J.; Karp, R. M. (1972): Theoretical improvements in algorithmic efficiency for network flow problems. Journal of the ACM Vol. 19.

Ford, L. R.; Fulkerson, D. R. (1962): Flows in networks. Princeton University Press New Jersey.

Hackbarth, K.-D. (1978): Algorithmen zur Mehrwegeführung in Netzen. Forschungsinstitut der DBP, Technischer Bericht Nr. 44 TBr 70.

Hu, J. C. (1970): Integer programming and network flow. Addison-Wesley Publishing Company.

Pape, U. (1973): Zur Implementierung und Wirtschaftlichkeit von MOORE-Algorithmen zur Bestimmung kürzester Weglängen in einem Netzwerk. Technische Universität Berlin, Fachbereich 20 (Kybernetik), Bericht Nr. 73-06.

Suurballe, J. W. (1974): Disjoint paths in a network. Networks Vol. 4.

Yen, I. Y. (1973): Finding the length of alle shortest paths in n-node nonnegative-distance complete networks. Journal of the ACM Vol. 20.

Yen, I. Y. (1975): Shortest path network problems. Verlag Anton Hain Meisenheim.

Programm-Nr. / Anzahl disjunkter Wege p / Netzdichte	PR 1		PR 2		PR 3				PR 4	
	1,0	0,2	1.0	0,2	0,4	0,3	0,2	0,1	1.0	0,2
mittlere CPU-Konstante γ für die Funktion $t(N) = \gamma \cdot p \cdot N^2$ msec. p = 1	0,0324	0,0351	0,0103	0,0102	0,0183	0,0139	0,0099	0,0049	0,0105	0,0108
2	0,0328	0,0363	0,0117	0,0119	0,0195	0,0149	0,0105	0,0051	0,0152	0,0132
3	0,0328	0,0378	0,0126	0,0129	0,0206	0,0149	0,0111	0,0053	0,0170	0,0146
4	0,0335	0,0391	0,0129	0,0133	0,0211	0,0155	0,0113	0,0055	0,0177	0,0152
5	0,0339	0,0392	0,0133	0,0135	0,0219	0,0159	0,0118	0,0058	0,0184	0,0157
Verwendung	Berechnung kantendisjunkter Wege in Netzen mit großer Netzdichte		Berechnung kantendisjunkter Wege in Netzen mit großer Netzdichte mit ausschließlich positiver Kantenlänge		Berechnung kantendisjunkter Wege in Netzen mit geringer Netzdichte				Berechnung knotendisjunkter Wege in Netzen mit ausschließlich positiver Kantenlänge	

Tabelle 5,1

Zusammenfassung der Untersuchung aller Algorithmen auf der UNIVAC 1108

Nachfrageorientierte Netzberechnung

W.-D. Klemt, Berlin

1. Problembeschreibung

Dieser Problembereich war bislang methodisch ungelöst, d.h. eine geschlossene nachfrageorientierte Netzplanung mit Hilfe quantitativer Verfahren gab es bisher nicht. Die bestehenden Verkehrswegenetze sind im allgemeinen historisch gewachsen und wurden durch einzelne Linien erweitert. Grundlage für die Berechnung attraktiver Netze muß aber eine Gesamtbetrachtung aller relevanten Nachfrageströme in einer Planungsregion sein.

Das Ziel einer nachfrageorientierten Netzberechnung, z.B. für fein strukturierte Bussysteme, kann nur erreicht werden, wenn die benötigten Daten mit hinreichender Genauigkeit lokalisiert werden können. Dies wird geleistet durch Planungsinformationssysteme, die sowohl die entsprechende Datenbasis zur Verfügung stellen als auch eine Lokalisierung der Daten durch Adresskoordinaten in einem 100 m x 100 m Gitternetz (Rasterdatei) zulassen.

Das Gesamtprojekt ist in die Hauptkomponenten "Nachfrageabschätzung" und "Netzberechnung" untergliedert. Im folgenden soll das eigentliche Programm zur Netzberechnung vorgestellt werden. Methodisches Ziel der Netzberechnung ist es, das ÖPNV-Netz unmittelbar aus der Nachfragestruktur abzuleiten.

2. Ablauf der Netzberechnung

Die Komplexität einer "Nachfrageorientierten Netzberechnung" erfordert einen mehrstufigen Planungsprozess. Die Komplexität ergibt sich aus der kombinatorischen Struktur des Problems und der Vielzahl konkurrierender Zielkriterien, die bei der "Nachfrageorientierung" zu berücksichtigen sind. Beispielsweise sind dies:

Proceedings in Operations Research 8, ©Physica-Verlag, Würzburg–Wien, 1979

- schnelle Erreichbarkeit des Streckennetzes,
- kurze Reisezeit,
- geringe Umsteigehäufigkeit

So stehen kurze Zuwegzeiten aller Fahrgäste zum Streckennetz im Widerspruch zu kurzen Gesamtfahrzeigen und den Randbedingungen einer beschränkten Flottengröße sowie Linienzahl.

Aufgrund der unterschiedlichen Zielsetzungen wurde eine Dreiteilung des Gesamtproblems der Netzberechnung vorgenommen in:

1. die Verkehrswegeplanung,
2. die Haltestellenpositionierung,
3. die Linienplanung.

Bei der Verkehrswegeplanung steht im Vordergrund die schnelle Erreichbarkeit des Wegenetzes, das der Richtung nach großen Verkehrsströmen angepaßt ist. Verkehrsströme als gebündelte individuelle Fahrtwünsche sind die Grundlage zur nachfrageorientierten Führung von Massenverkehrsmitteln. Weiterhin sind hier Restriktionen der Umweltbelastung (Lärm, Abgas) und baulicher Gegebenheiten zu beachten. Auf dem Graphen des Verkehrswegenetzes wird die Haltestellenpositionierung so vorgenommen, daß ein maximales ÖPNV-Verkehrsaufkommen bei minimalen Zuwegzeiten zum Verkehrsangebot angesprochen wird. Ziel der Linienplanung ist es schließlich, die Gesamtfahrzeit und Umsteigehäufigkeit aller Fahrgäste zu minimieren.

Die algorithmische Vorgehensweise in der Stufe "Verkehrswegeplanung" soll genauer erläutert werden.

Aufgrund der speziellen Datenbasis, wie sie das Planungsinformationssystem bereitstellt, wurde die Bündelung zunächst als Reihenfolgeproblem untersucht. Über das Untersuchungsgebiet ist ein Gitternetz gelegt. Die individuellen Fahrtwünsche sind den Mittelpunkten der quadratischen Raster - das sind die Flächenelemente des Gitters - zugeordnet. Wegen der somit erfolgten Diskretisierung boten sich die Konzeptionen der Entscheidungsbaumverfahren an (dynamische Programmierung und Branch and Bound). Denn bei dem Problem der Wegführung durch ein Gitternetz, wobei eine Punktfolge als nutzenmaximale Route zwischen einer Quelle und einem Ziel gesucht ist, handelt es sich um ein Rei henfolgeproblem. Die Untersuchungen zeigten die Grenzen der Anwendung exakter Verfahren zur Verkehrsstrombündelung. Wegen des hohen Berechnungsaufwandes und der Tatsache, daß durch diese Verfahren bestimmte Aspekte nicht einbezogen werden können, z.B. die Nachbarschaftsbetrachtung, wurde ein heuristischer Ansatz - das erweiterte Sektorenmodell - entwickelt.

Die Definitionsabgrenzung des Begriffs "Bündelung" bestimmt die Vorgehensweise. "Bündelung" wird als planmäßige Zusammenfassung disaggregierter Nachfrage zu Verkehrsströmen

- unter Aufgabe der Individualität
- nach dem Richtungskriterium und
- nach dem Kriterium der Nachbarschaft

definiert.

Das Verfahren beginnt mit der Zuordnung der Fahrtwünsche auf den Mittelpunkt eines Rasters, d.h. eines Flächenelements des Gitters, das über das Untersuchungsgebiet gelegt wird. Es folgt als Grundlage zur Berechnung der Verkehrsströme die Ermittlung der Verkehrsbelastungen aller Raster. Dazu werden die Fahrtwünsche entlang der Luftlinienverbindungen ihrer Quell- und Zielraster verfolgt. Im Ergebnis steht die Flächenverkehrsdichte pro Raster als Maß zur Erfassung der Fließvorgänge zwischen einzelnen Quellen und Zielen. Mit diesem Schritt ist es unter Aufgabe der Individualität der Fahrtwünsche möglich, mit vergleichsweise geringem Aufwand und ohne Verlust an Information über lokale Verkehrsbelastungen zwischen beliebigen Quell- und Zielpunkten Nachfrage nach Richtung und Nachbarschaft zusammenzufassen.

Um zur Bündelung die Richtung der Verkehrsnachfrage berücksichtigen zu können, wird die Modellvorstellung der traditionellen Verkehrsplanung aufgegriffen, den Fahrtwünschen und entsprechend den Flächenverkehrsdichtewerten Richtungssektoren zuzuordnen.

Für jeden Richtungssektor wird die Rasterbelegung berechnet. Die hieraus sich ergebende Rasterbelegungskarte ist Grundlage für die anschließende Ableitung der Verkehrsströme. Diese Ableitung wird als Prozeß der Addition von Kanten verstanden. Für eine Sequenz von Einzugsbereichen werden optimale Sammelpunkte ermittelt (Schwerpunktproblem). Der Verkehrsstrom bezüglich eines Richtungssektors ergibt sich dann als Polygonzug durch die berechneten Sammelpunkte.

In der Abbildung 1 sind die interaktiven Eingriffsmöglichkeiten und die Darstellungsform der Ergebnisse des Programmablaufs aufgeführt.

Das Programm zur Berechnung des Wegenetzes (a) eines Transportsystems erlaubt eine interaktive Variation der Parameter:

a1. Richtungssektoren zur Fein- bzw. Grobbündelung von individuellen Nachfragebeziehungen (Sektorbreite, Steigungswinkel),
a2. Fixpunkte, d.h. Ausgangsknoten des ideellen Netzes oder festgeplante Buswendepunkte etc.,
a3. zulässiger Umwegfaktor bei der Anpassung von ideellen an reale Wegenetzkanten,
a4. Breite des zulässigen fußläufigen Bereichs sowie
a5. Straßennetz, das für den Transportmitteltyp geeignet ist.

Bei den Programmmodulen Haltestellenpositionierung (b) und Linienplanung (c) sind interaktive Eingriffe möglich bezüglich der Parameter:

b1. Haltestellenzahl innerhalb der Planungsregion,
b2. Mindestabstand zweier aufeinander folgender Haltestellen,
b3. Vorgabe einer Anfangslösung.

c1. Gesamtlinienlänge des Liniennetzes als die relevante Kapazitätsbezugsgröße,
c2. Menge der betriebstechnisch geeigneten Linienendknoten,
c3. der Betrag einer Umsteigemißgunstzeit als Faktor der Unbequemlichkeit des Umsteigevorgangs,
c4. die zulässige maximale Einzellinienlänge, die sich an den betriebstechnischen Bedingungen orientiert.

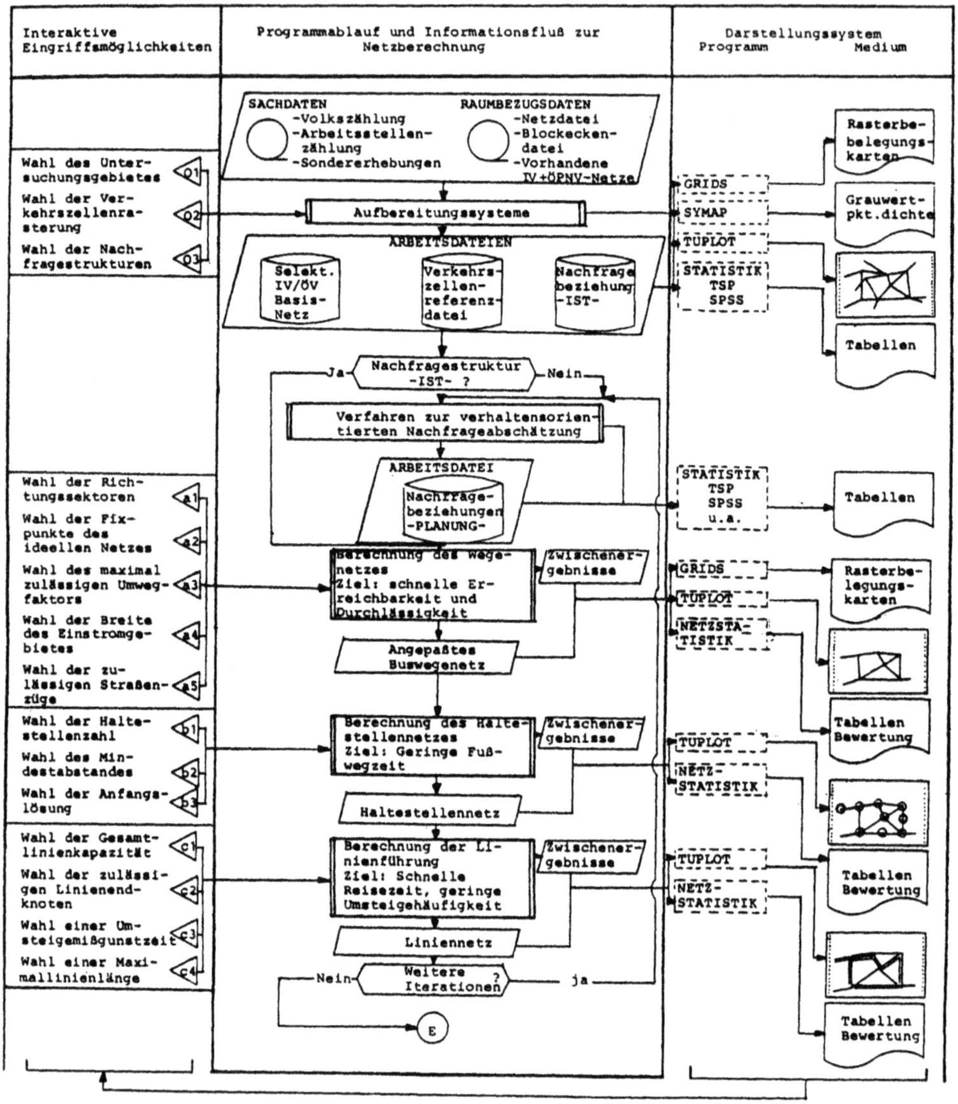

Abb. 1: Programmablauf zur nachfrageorientierten Netzberechnung mit interaktiven Steuerungs- und Darstellungsmöglichkeiten

3. Anwendungsbeispiel

Die Erprobung des Programmablaufs wurde exemplarisch für die Planungsregion TIERGARTEN in Berlin-West zur Überprüfung des bestehenden Buswege- und Liniennetzes durchgeführt. Die Ergebnisse einzelner Problemlösungsschritte sind im folgenden erläutert und dargestellt.

Die ausgewählte Planungsregion mit dem für Busse befahrbaren Straßennetz wird in Abb. 2 gezeigt. Das Ergebnis der Anwendung des erweiterten Sektorenmodells läßt sich durch die unterschiedlichen Flächenverkehrsdichtewerte in Grauwertestufen in einer Rasterbelegungskarte darstellen. Es ergibt sich aus diesen gebündelten Verkehrsströmen das ideelle Wegenetz. Dem ermittelten ideellen Netz wird das nach verkehrstechnischen Restriktionen und Umweltbedingungen (z.B. Lärm, Emission) selektierte, reale Straßenverkehrsnetz aus der Straßendatenbank gegenübergestellt. Mit Methoden des Operations Research erfolgt die Ableitung des endgültigen nachfrageorientierten Verkehrswegenetzes. Auf dem Verkehrswegenetz wird in den folgenden Programmstufen die Haltestellenpositionierung und anschließend der Entwurf der Linienführung vorgenommen.

Der Vergleich zwischen dem berechneten und dem vorhandenen Netz zeigte, daß mit dem Programmablauf eine bessere Ausrichtung der Netzstruktur an den Nachfrageströmen erreicht werden kann:

- Im berechneten Wege-Netz steht den wesentlich kürzeren mittleren Fußwegen zu den Netzkanten eine nur geringfügig höhere mittlere Fahrweglänge gegenüber.
- Im ermittelten Linien-Netz sind die Maßzahlen durchgängig günstiger als im vorhandenen Linien-Netz, wobei der Verbesserung des Direktfahreranteils von 49% auf 59% ein besonderes Gewicht zukommt.

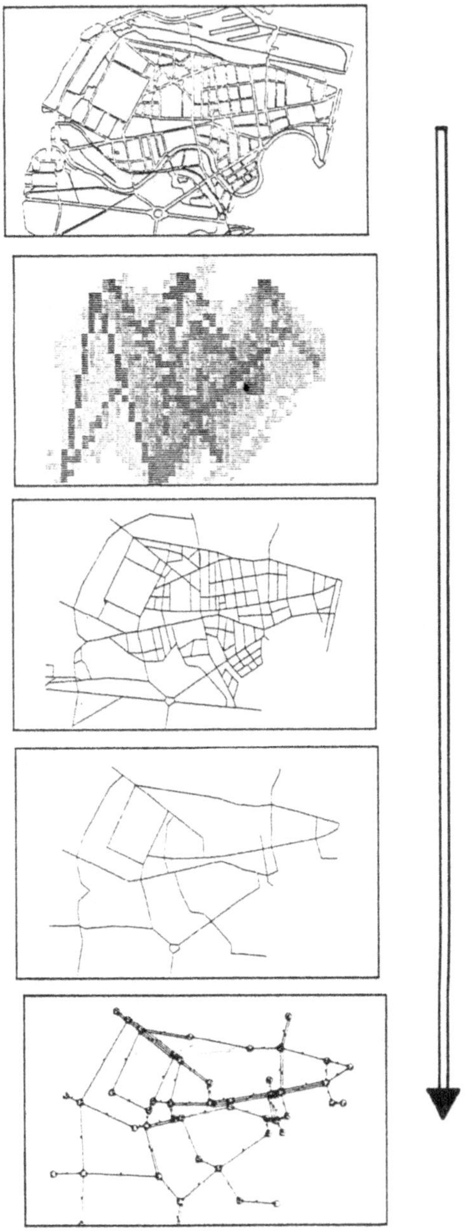

Planungsregion mit dem realen Straßenverkehrsnetz

Zusammenfassung der Fahrtwünsche in Richtungssektoren

Selektiertes, für Busse befahrbares Straßenverkehrsnetz

Zusammenfassung der Fahrtwünsche nach Nachbarschaft; Anpassung an das selektierte Straßenverkehrsnetz

Haltestellenpositionierung und Organisation der Linienführung auf dem Wegenetz

Abb.2: Ergebnisse der Planungsstufen

Stochastische Entscheidungsprozesse

A survey of algorithms for some restricted classes of Markov decision problems

D.J. White, Manchester

1. INTRODUCTION

This paper will give a survey of some standard infinite stage Markov decision process equations and algorithms for solving these. The paper will restrict itself to finite state sets, finite action sets, and bounded rewards. The reader will find Schweitzer [80] of some relevance for a more general, but now out-of-date, reference list to Markov decision processes. Although we restrict ourselves to conventional Markov decision processes, we refer the reader to more general formulations such as those of Koehler [48], [49] who considers Leontief and essentially Leontief type extensions, and the method of successive approximations, and that of Rothblum [75].

For the finite state set, finite action set, bounded reward problems, the basic infinite horizon equations we will consider will be as follows, where: r_i^k is the immediate reward if we are in state $i\epsilon I = \{1,2,\ldots,m\}$ and action $k\epsilon K_i$ is taken; $p_{ij\ell}^k$ is the probability that if we are in state i and take action k, we will move to state j after ℓ moves, with $1 \leqslant \ell \leqslant L < \infty$; $p_{ij1}^k = p_{ij}$; ρ is a discount factor, which is generally <1 but may, on occasions, be equal to 1 (we exclude the $\rho > 1$, although some of the results will apply when $\rho > 1$, providing certain contraction properties hold). Summations are always assumed to be over the whole range, unless otherwise specified.

DISCOUNTED PROBLEMS ($\rho < 1$)

$$\underline{i\epsilon I} \quad v(i) = \min_{k\epsilon K_i} [r_i^k + \sum_j\sum_\ell \rho^\ell p_{ij\ell}^k v(j)]. \tag{1}$$

NON-DISCOUNTED PROBLEMS ($\rho = 1$, ergodic transition matrices)

$$\underline{i\epsilon I} \quad g = \min_{k\epsilon K_i} [(r_i^k + \sum_j\sum_\ell p_{ij\ell}^k v(j) - v(i))/(\sum_j\sum_\ell \ell p_{ij\ell}^k)] \tag{2}$$

$$v(m) = 0. \tag{2)'$$

DISCOUNTED/NON-DISCOUNTED PROBLEMS, RELATIVE VALUE FORM ($\rho \leqslant 1$, $L = 1$)

$$\underline{i\epsilon I} \quad w(i) + g = \min_{k\epsilon K_i} [r_i^k + \rho\sum_j p_{ij}^k w(j)] \tag{3}$$

$$w(m) = 0 \qquad (3)'$$

$$\underline{i \in I} \quad v(i) = w(i) + g/(1-\rho) \quad \text{if } \rho < 1 \qquad (3)''$$

$$v(i) = w(i) \quad \text{if } \rho = 1. \qquad (3)'''$$

TERMINAL PROBLEMS, DISCOUNTED/NON-DISCOUNTED ($\rho \leq 1$, $L = 1$)

$$\underline{i \in I} \quad v(i) = \min_{k \in K_i} [r_i^k + \rho \sum_j p_{ij}^k v(j)] \qquad (4)$$

$$v(m) = 0. \qquad (4)'$$

The algorithms now covered come under the general headings of:

I: Successive Approximation Algorithms

II: Policy Space Algorithms

III: Linear Programming Algorithms

IV: Fixed Point Algorithms (Simplex)

V: Ordered State Transition Algorithms

VI: Special Transformation Algorithms

VII: Laurent Expansion Algorithms.

2. DISCOUNTED PROBLEMS

I: SUCCESSIVE APPROXIMATION ALGORITHMS

The standard method is as follows (see White [91]).

$$\underline{i \in I} \quad \underline{n \geq L} \quad v_n(i) = \min_{k \in K_i} [r_i^k + \sum_{j\ell} \rho^\ell p_{ij\ell}^k v_{n-\ell}(j)] \qquad (5)$$

$$\underline{0 \leq n \leq L-1} \quad v_n(i) \text{ arbitrary.} \qquad (5)'$$

The commonly treated case is that of $L = 1$ (see Denardo [14], Howard [42]). The sequence $v_n(.)$ will converge to the unique bounded solution of (1), but there is the question of producing an algorithm which will terminate at a policy which is within a specified error ε of an optimal policy. Shapiro [83] ($L = 1$) gives a priori bounds so that the number of steps may be determined in advance to give a maximal error ε, and this has been generalised by White [90], [91] to the general L case. The bounds take the form, where M^+ is an identifiable constant,

$$\underline{i \in I} \quad \underline{n \geq L} \quad v_n(i) - \rho^{n-L+1}M^+ \leq v(i) \leq v_n(i) + \rho^{n-L+1}M^+. \qquad (6)$$

As it is, this does not give us a policy $k(.)$, with $v(.,k(.))$ within a specified error distance of $v(.)$, but it is easy to see that if we choose $k_n(i)$ to minimise the right hand side of (5), for n large enough, $v(.,k_n(.))$ will be within some specified error range of $v(.)$ (see White [95]). Thus if $v'(.) \in \ell_\infty$ is within an ε distance of $v(.)$, and $k(.)$ is chosen to minimise the right hand side of (5) with $v_{n-\ell}(.)$ replaced by $v'(.)$, the resulting policy $k(.)$ is such that $v(.,k(.))$ is within a distance $2\rho\varepsilon/(1-\rho)$ of $v(.)$ when $L = 1$.

Some algorithms do not give a priori bounds as in (6), but give bounds in terms of the information gained to date, and the calculations may then be stopped when we have a close enough approximation. Morton [63] ($L = 1$), Hastings [23] ($L = 1$), Hordijk and Tijms [38] ($L = 1$), give such bounds. White [90], [91] extends these to the general L case. One result is as follows.

$$\underline{i\in I} \quad \underline{n\geq L} \quad v_n(i) + \min[\min_{\ell=1}^{L} \frac{\rho^\ell \nabla_{n\ell}}{(1-\rho)}, \ \min_{\ell=1}^{L}[\frac{\rho^\ell \nabla_{n\ell}}{(1-\rho^L)}]] \leq v(i) \leq v(i,k_n(.))$$
$$\leq v_n(i) + \max[\max_{\ell=1}^{L} \frac{\rho^\ell \Delta_{n\ell}}{(1-\rho)}, \ \max_{\ell=1}^{L}[\frac{\rho^\ell \Delta_{n\ell}}{(1-\rho^L)}]] \tag{7}$$

where $k_n(i)$ is a minimiser for the right hand side of (5) and

$$\Delta_{n\ell} = \max_i[v_n(i)-v_{n-\ell}(i)], \ \nabla_{n\ell} = \min_i[v_n(i)-v_{n-\ell}(i)].$$

Porteus [67], [68] has a different approach which begins with some selected function $\hat{v}(.)$, and constants a,b and derives inequalities between $\hat{v}(.)$, and $v(.)$, which can be used as a starting point in some algorithm. White [90], [91] generalises these results.

Considerable work has been done to produce algorithms for eliminating non-optimal actions for the infinite horizon problem (1) using the bounds obtained in previous papers for $v(.)$. Essentially if $\bar{v}(.)$ and $\underline{v}(.)$ are upper and lower bounds respectively for $v(.)$, we may eliminate k as being non-optimal for i in (1) if, for example, $\underline{v}(i,k) > \bar{v}(i)$, where $\underline{v}(i,k) = r_i^k + \sum_{j\ell}\rho^\ell p_{ij\ell}^k \underline{v}(j)$. Slight modifications of this procedure are possible (see White [90], [91]). It can be shown that, if the $v_n(.)$ are replaced by $\tilde{v}_n(.)$ and K_i by $N_n(i)$, in (5), where $N_n(i)$ are the non-eliminated actions for (1), then, after a finite number of steps, n_o, $N_n(i)$ is contained in the optimal action set for (1) for $n \geq n_o$. Bounds for $v(.)$ in terms of $\{\tilde{v}_n(.)\}$ may be computed as was the case for $\{v_n(.)\}$.

When using (5),(5)' to determine an approximating policy it might be useful to be able to reduce the calculations when computing $\{v_n(.)\}$. Hinderer [30], Hastings [24], [29], Hübner [44], [45], Bestwick and Sadjadi [4], Hastings and van Nunen [26], all considering $L = 1$ only, and White [90], [91] considering the general L case, show how information on $v_t(.)$, $m \geq t \geq 0$, may be used to give upper and lower bounds on $v_n(.)$, and $v_n(.,k)$ respectively (where $v_n(i,k) = r_i^k + \sum_{j\ell}\sum \rho^\ell p_{ij\ell}^k v_{n-\ell}(j))$ for $n > m$ and hence k may be eliminated as being non-optimal at stage m for state i if $\underline{v}_n(i,k)$ (lower bound) $> \bar{v}_n(i)$ (upper bound). Some of the bounds are a priori bounds and some depend wholely upon results of calculations up to stage m. Hinderer [31], Hinderer and Hübner [32], [33], Hinderer and Whitt [34] also discuss how approximation techniques may be used to determine $\{v_n(.)\}$ (and associated policies), which may then be used to get appropriate bounds for v(.) as just discussed.

Kushner [51] introduces the Gauss-Seidel variant of (5), L = 1. Further relevant references are Reider [72], Totten [84], van Nunen [85], [86], Wessels and van Nunen [87], Porteus [70], Federgruen and Schweitzer [19].

II. POLICY SPACE ALGORITHMS

The standard policy space algorithm for solving (1) is as follows.

(i) Choose an initial policy $k^o(.)$.

(ii) Solve (1) for $k^o(.)$ (dropping the "min" operator) to obtain $v^o(.)$.

(iii) Find a new policy $k^1(.)$, such that $k^1(i)$ minimises the right hand side of (1) with v(.) replaced by $v^o(.)$.

(iv) Go back to step (ii) and repeat until, at stage (n+1), the right hand side of (1) for any i cannot be improved upon using $k^n(.)$, or $v^n(.) = v^{n+1}(.)$.

Howard [42] initially discussed this algorithm, and its convergence in a finite number of steps to a solution of (1), for L = 1. Mine and Osaki [58], [62], Howard [41], [43], Jewell [46], White [91], De Cani [8] give consideration to the general L case.

Although the method converges in a finite number of moves, it may be appropriate to terminate the process at a stage when an approximately optimal policy is obtained. In order to do this bounds are needed for the errors involved. Grinold [22], for the case L = 1, and White [90], [91] for the general L, provide such bounds in terms of the information acquired to date at any stage of the calculation. No prior bound results are available. The bounds may be used to eliminate non-optimal actions for (1) (see Grinold [22] and White [90], [91]) and the elimination procedure can be used as part of the algorithm, giving rise to different bounds (see White [90], [91]).

In step (iii) of the algorithm, a policy is determined which is at least as good as the previous policy. Hastings [27] uses a Gauss-Seidel type procedure, introducing a state at a time. Thus if k(.) is a policy obtained at some stage and v(.,k(.)) is the associated value function his scheme for step (iii) is as follows.

$$\underline{i\in I} \quad \hat{v}(i) = \min_{k\in K_i} [r_i^k + \sum_{j<i} \sum_{\ell} \rho^{\ell} p_{ij\ell}^k \hat{v}(j) + \sum_{j\geq i} \sum_{\ell} \rho^{\ell} p_{ij\ell}^k v(j,k(.))]. \quad (8)$$

(8) is used merely to obtain a new policy $\hat{k}(.)$, which will be at least as good as k(.), and we then proceed to step (ii) as before. Porteus and Totten [69] mention four ways of obtaining v(.,k(.)) in step (ii) for any k(.). The first is what they call the pre-Jacobi method given by, in the case of L = 1, the iterative procedures, over n,

$$\underline{i\in I} \quad v(n,i,k(.)) = r_i^{k(i)} + \rho\sum_j p_{ij}^{k(i)} v(n-1,j,k(.)). \quad (8)'$$

The second is the Jacobi method.

$$\underline{i\in I} \quad v(n,i,k(.)) = (r_i^{k(i)} + \rho \sum_{j\neq i} p_{ij}^{k(i)} v(n-1,j,k(.)))/(1-\rho p_{ii}^{k(i)}). \quad (8)''$$

The third is the Gauss-Seidel method.

$$\underline{i\in I} \quad v(n,i,k(.)) = (r_i^{k(i)} + \rho \sum_{j<i} p_{ij}^{k(i)} v(n,j,k(.))$$

$$+ \rho \sum_{j>i} p_{ij}^{k(i)} v(n-1,j,k(.)))/(1-\rho p_{ii}^{k(i)}). \quad (8)'''$$

The fourth is successive over relaxation (S.O.R.).

$$\underline{i\in I} \quad v(n,i,k(.)) = (r_i^{k(i)} + w\rho \sum_{j<i} p_{ij}^{k(i)} v(n,j,k(.))$$

$$+ (1-w)\rho \sum_{j>i} p_{ij}^{k(i)} v(n-1,j,k(.)))/(1-\rho p_{ii}^{k(i)}). \quad (8)''''$$

These methods may be used to evaluate v(.,k(.)) to within a specified error level. Fox [20] (Jacobi), Hitchcock and MacQueen [36] (pre-Jacobi), and Krasnosel'skii, Vainikko, Zabreicko, Rutitiskii [50] contain relevant material.

Norman and White [65], L = 1, study the problem of how a good initial $k^o(.)$ in step (i), or a good $v^o(.)$ may be obtained in step (ii), by approximation techniques. Reetz [71], L = 1, studies the difference between solutions to (1) when parameters are close so that again an approximating $v^o(.)$ may be found to commence step (ii).

III. LINEAR PROGRAMMING ALGORITHMS

The standard linear programming algorithm, and its dual, is as follows.

PRIMAL

$$\underline{i\in I} \quad \underline{k\in K_i} \quad v(i) \leq r_i^k + \sum_j\sum_{\ell} \rho^{\ell} p_{ij\ell}^k v(j) \quad (9)$$

$$\text{maximise } [\sum_i \lambda_i v(i)] \quad (9)'$$

where

$\lambda_i > 0, \; i \in I.$

DUAL

$$\underline{i \in I} \quad \sum_{k \in K_i} x_i^k - \sum_{k \in K_j} \sum_{j\ell} \sum \rho^{\ell} p_{ji\ell}^k x_j^k = \lambda_i \tag{10}$$

$$\underline{i \in I} \quad \underline{k \in K_i} \quad x_i^k \geq 0 \tag{10'}$$

$$\text{minimise } [\sum_i \sum_{k \in K_i} x_i^k r_i^k]. \tag{10''}$$

The primal and dual given above are covered by Yamada [96], L = 1, Howard [41], [43], and White [91] for the general L. Mine and Osaki [62], L = 1, and [58], for general L, Mine and Tabata [59], L = 1 (using a special decomposition method) begin with the above dual as their primal. De Ghellinck and Eppen [9] consider a special separable case for the r_i^k, L = 1, with special conditions on the p_{ij}^k. Hordijk and Kallenberg [40] study linear programming algorithms for L = 1.

The dual basic feasible optimal solutions correspond exactly to the solutions of (1), and also correspond to the optimal solutions for which equalities occur in the primal.

IV. FIXED POINT ALGORITHMS (SIMPLEX)

Shapiro [82] and Scarf [76] discuss the application of Brouwer's fixed point theorem (see Lefschetz [53]) to (1) considering the right hand side of (1) as a mapping from a compact subset of R^m into itself, and seeking the unique fixed point of the mapping. This also comes from Denardo's [14] contraction mapping theory. However, Scarf proposes using a simplicial method to produce an ε approximate fixed point, and makes use of an alternative approach to Sperner's lemma (see Lefschetz [53]) to produce a monotone sequence of $\{v_t\}$ which converge in a finite number of steps to the required ε approximate fixed point. Eaves [18] also discusses fixed point determination for Markov Decision Processes, which is related to the primal linear programming problem.

VII. LAURENT EXPANSION ALGORITHMS

Miller and Veinott [57], L = 1, and Denardo [11], general L, consider the Laurent expansion of the value function, for a given policy, in terms of $(1-\rho)$ and, using lexicographic orderings of the coefficients of the expansion, show how a particular policy may be shown to be optimal for large enough ρ.

3. NON-DISCOUNTED PROBLEMS

We refer the reader to Schweitzer [81] for a general coverage of non-discounted problems.

I. SUCCESSIVE APPROXIMATION ALGORITHMS

The successive approximation algorithm is given by (5),(5)' with $\rho = 1$.

With no discounting $\{v_n(.)\}$ will, in general, be unbounded in n. Its behaviour is better examined, in some circumstances, by the relative value procedure, with the equivalent equations (3)-(3)"'. We mention here, briefly, the work of Odoni [66], L = 1, and White [90], [91], general L, who under the conditions that $v_n(i) \to ng + v(i)$ as $n \to \infty$ (see Federgruen and Schweitzer [19], White [91], [92], Bellman [3], Hordijk, Schweitzer and Tijms [39], Denardo [15], L = 1, Schweitzer [79], general L) give bounds on g in terms of the information obtained to date on $\{v_n(.)\}$.

With $\Delta_n = \Delta_{n1}$, $\nabla_n = \nabla_{n1}$ (see discounted section) the result in White [90], [91] is

$$\underline{n \geq L} \quad \min_{\ell=1}^{L}[\nabla_{n-\ell+1}] \leq g \leq \max_{\ell=1}^{L}[\Delta_{n-\ell+1}]. \qquad (11)$$

It is possible (see White [90], [91])to use the elimination ideas used in the discounted case, but these are incomplete because of the absence of bounds on v(.) in (2).

Brown [6], L = 1, (another approach is given by Lanery [52]), and Bather [2] generalise the asymptotic form given above, but again no algorithm results from this. Hordijk and Tijms, [37], L = 1, generalise (5),(5)' by replacing ρ by ρ_n, with certain conditions on the ρ_n, and assuming that g is independent of i, produce similar asymptotic results which are identical with those given initially when $\rho_n = 1$.

If the successive approximation method is used we may use some results to eliminate non-optimal actions for stage n > m, dependent on information acquired to date, and hence reduce the problem of calculating $v_n(.)$ at each stage (see Hastings [24], [29], Morton [64], Hübner [44], Bestwick and Sadjadi [4], Hastings and van Nunen [26], White [90], [91]).

II. POLICY SPACE ALGORITHMS

There are two policy space algorithms.

(1) (i) Choose an initial policy $k^o(.)$.

(ii) Solve equations (2),(2)' (dropping the "min" operator) to obtain $g^o, v^o(.)$).

(iii) Replacing v(.) on the right hand side of (2) by $v^o(.)$, find $k^1(i)$ to minimise the right hand side, $i \in I$.

(iv) Go back to step (ii), and repeat until, at stage (n+1), the right hand side of (2), for any i, cannot be improved upon using $k^n(.)$, or $g^{n+1} = g^n$ for non-transient state problems (see White [91]).

(2) As for (1), but in step (iii) the right hand side of (2) is replaced by $r_i^k + \sum_{j\ell}\sum p_{ij\ell}^k v^o(j) - g^o \sum_{j\ell}\sum \ell p_{ij\ell}^k$.

Both algorithms will converge to the solution of (2),(2)' in a finite number of moves, with the exception that if any transient states exist we must remove all previous policies, except that of the immediate last stage, at step (iii). References to the policy space method may be found in Derman [17], Howard [42], L = 1, and in De Cani [8], Howard [41], [43], Jewell [46], Mine and Osaki [62], White [89], [91], general L.

One may wish to terminate the algorithm before actually getting an optimal policy and accept an approximately optimal policy. In order to do this we need bounds on the errors. Hastings [15], and White [90], [91] provide bounds, for the general L case, in terms of calculations to date. These bounds may also be incorporated in an action elimination procedure.

Hastings [28], general L, considers an extension of the Gauss-Seidel form (8) to

$$\underline{i\epsilon I} \quad \hat{v}(i) = \min_{k\epsilon K_i} [r_i^k + \sum_{j<i} \sum_{\ell} p_{ij\ell}^k \hat{v}(j) + \sum_{j\geq i} \sum_{\ell} p_{ij\ell}^k v(j,k(.)) - g(k(.)) \sum_{j\ell}\sum \ell p_{ij\ell}^k] \tag{12}$$

Hastings also gives bounds on g in terms of calculations to date, but no prior bounds are available. Schweitzer [78] generalises (12) to allow for any number of complete cycles of (12). Norman and White [65] study the problem of how a good approximating $k^o(.)$, or $v^o(.)$, might be found.

III. LINEAR PROGRAMMING ALGORITHMS

The standard linear programming algorithm and its dual is as follows (see White [91]).

PRIMAL

$$\underline{i\epsilon I} \quad \underline{k\epsilon K_i} \quad g \leq (r_i^k + \sum_{j\ell}\sum p_{ij\ell}^k v(j) - v(i))/(\sum_{j\ell}\sum \ell p_{ij\ell}^k) \tag{13}$$

$$v(m) = 0 \qquad (13)'$$

$$\text{maximise } [g]. \qquad (13)''$$

DUAL

$$\underline{i\epsilon I-m} \quad \sum_{k\epsilon K_i} x_i^k/(\sum_{j\ell}\sum \ell p_{ij\ell}^k) - \sum_j \sum_{k\epsilon K_j} \sum_{\ell} p_{ji\ell}^k x_j^k/(\sum_{s\ell}\sum \ell p_{js\ell}^k) = 0 \tag{14}$$

$$x_m + \sum_{k \in K_m} x_m^k / (\sum_j \sum_\ell \ell p_{mj\ell}^k) - \sum_j \sum_{k \in K_j} \sum_\ell p_{jm\ell}^k x_j^k / (\sum_s \sum_\ell \ell p_{js\ell}^k) = 0 \quad (14)'$$

$$\sum_i \sum_{k \in K_i} x_i^k = 1 \quad (14)''$$

$$x_i^k \geq 0, \ i \in I, \ k \in K_i, \ x_m \text{ unsigned} \quad (14)'''$$

$$\text{minimise}[\sum_i \sum_{k \in K_i} x_i^k r_i^k]. \quad (14)''''$$

(14)' is redundant.

The original linear programming work was done by Manne [56], L = 1, and extended by Dantzig and Wolfe [7], again L = 1, to allow for more general $\{K_i\}$, and using the revised simplex method and column generation methods to obtain a solution. Denardo [12] considers an extension of the work of De Ghellinck and Eppen [9] to non-discounted problems where certain separability conditions hold plus conditions on the $\{p_{ij}^k\}$, again for L = 1. Derman [18], L = 1, considers a terminal state problem as a non-discounted long run problem by introducing an artificial state and generating cycles. Extensions to the general L case are given by Denardo [13], Mine and Osaki [58], [61], [62], Denardo and Fox [10], Hinomoto [35], Fox [21], Howard [43]. Not all of these approaches are identical. Some begin with a problem similar to the dual defining, a priori, y_i^k to be the probability of being in state i and taking action k, when an action is called for, putting down the usual steady state equations and expressing the objective function in a form similar to (14)'''' but using a fractional programming format (see Derman [16], Mine and Osaki [58], [62], Hinomoto [35], Fox [21]) which is converted to linear programming form in the usual manner (see Wagner [88]). The objective function becomes $(\sum_{ik}\sum y_i^k r_i^k)/(\sum_{ijk\ell}\sum\sum\sum \ell y_i^k p_{ij\ell}^k)$ before converting to the usual linear programming form. Some formulations begin with a primal similar, or identical, to (13),(13)',(13)'' (e.g. Denardo and Fox [10], Denardo [12], Howard [41], [43]). Howard uses a slightly different form to (13) noting that the denominator on the right hand side of (13) may be transferred as a coefficient of g on the left hand side. Hordijk and Kallenberg [40] give a general discussion of linear programming algorithms when L = 1.

Providing there are no transient states there is a one-one correspondence between the optimal basic feasible solutions of the dual and the policy solutions to (2),(2)' (see Denardo [15]).

VII. LAURENT EXPANSION ALGORITHMS

In Mine and Osaki [62] and White [91], and implicit in Blackwell [5], using results of Rothblum [75], it may be shown that there exists a $\rho^* < 1$ and a policy $k^*(.)$ which is optimal for the discounted problem for $\rho^* \leqslant \rho < 1$, and is optimal for the non-discounted problem. Hence if the Laurent expansion approaches of Miller and Veinott [57], L = 1, and Denardo [11], general L, can be developed into efficient algorithms, this approach would be relevant.

4. DISCOUNTED/NON-DISCOUNTED PROBLEMS: RELATIVE VALUE FORM (L = 1)

The essential work done on this form relates to L = 1. We will, however, refer to a transformation of Schweitzer [77] from the general L case to L = 1, and to an attempt by Morton [64] to produce a corresponding general L form, in the non-discounted case, but with no proof that the method will work.

For the discounted case (3)-(3)' are essentially equivalent to (1) without any special conditions. For the non-discounted case special conditions need to be added relating to the transition matrices (see White [92], Bellman [3], Schweitzer [79], Federgruen and Schweitzer [19], Anthonisse and Tijms [1], Bather [2], Hordijk, Schweitzer and Tijms [39]).

I. SUCESSIVE APPROXIMATION ALGORITHMS

The method is as follows (see White [90], [91], [92]).

$$\underline{n\geq 1} \quad \underline{i\in I} \quad w_n(i) + g_n = \min_{k\in K_i} [r_i^k + \rho\sum_j p_{ij}^k w_{n-1}(j)] \tag{15}$$

$$g_n = \min_{k\in K_m} [r_m^k + \rho\sum_j p_{mj}^k w_{n-1}(j)] \tag{15'}$$

$$\underline{n=0} \quad \underline{i\in I} \quad w_o(i) = 0. \tag{15''}$$

Morton's [64] approach is as follows. Let $k_n(i)$ minimise $[r_i^k + \sum_{j\ell}\sum p_{ij\ell}^k w_{n-1}(j)]$.

$$\underline{n\geq 1} \quad \underline{i\in I} \quad w_n(i) + \ell_n(i)g_n = \min_{k\in K_i} [r_i^k + \sum_{j\ell}\sum p_{ij\ell}^k w_{n-1}(j)] \tag{16}$$

$$\ell_n(i) = \sum_{j\ell}\sum \ell p_{ij\ell}^{k_n(i)} + \sum_{j\ell}\sum p_{ij\ell}^{k_n(i)} \ell_{n-1}(j) \tag{16'}$$

$$g_n = \min_{k\in K_m} [r_m^k + \sum_{j\ell}\sum p_{ij\ell}^k w_{n-1}(j)]/\ell_n(m) \tag{16''}$$

$$\underline{n=0} \quad \underline{i\in I} \quad w_o(i) = 0,\ \ell_o(i) = 0. \tag{16'''}$$

For (15)-(15)" White [90], [91], [92] gives prior error bounds for w(.),g in terms of $w_n(.),g_n$ at stage n of the calculations, which include the discounted and non-discounted cases, and, in [90], [91] gives the errors associated with the policy $k_n(.)$ obtained at stage n. MacQueen [54], [55] gives, for the discounted case, error bounds for v(.) in terms of the calculations to date at any stage, but does not give a policy for which the bounds hold. Morton [63] gives error bounds for w(.),g, in terms of the information to date at any stage, for the discounted and non-discounted cases, but using the calculations to date to estimate certain unknown parameters. It is easy to show that when an approximating policy is not known, the approximating w(.) and g may be used to determine one.

It is possible to consider the elimination of non-optimal actions using the bounds obtained and this is discussed in MacQueen [54], [55], and White [90], [91], where, in the latter, the elimination may be incorporated into the calculations, thus influencing the bounds.

II. POLICY SPACE ALGORITHMS

Given the same starting policy $k^o(.)$, the policy space method applied to the standard problems (1) and (2),(2)' and to the relative value problem (3),(3)', will give exactly equivalent sequences of calculations.

III. LINEAR PROGRAMMING ALGORITHMS

It is easily seen that the following linear programming problem will represent {(3),(3)'}, for the discounted case.

PRIMAL

$$\underline{i\epsilon I}\quad \underline{k\epsilon K_i}\qquad w(i) + g \leq r_i^k + \rho\sum_j p_{ij}^k w(j) \tag{17}$$

$$\text{maximise } [\sum_i \lambda_i (w(i) + g)] \tag{17)'$$

where

$\lambda_i > 0,\ i\epsilon I.$

This is exactly equivalent to (9),(9)'. The dual is identical with (10)-(10)''', with the initial exception of an additional equation $\sum_i \sum_{k\epsilon K_i} x_i^k = \sum_i \lambda_i$, but this can be obtained from (10) if we change λ_i to $(1-\rho)\lambda_i$, with no loss of generality. Hence the linear programming forms are equivalent. This is trivially true for the non-discounted case.

IV. TRANSFORMATION ALGORITHMS

Schweitzer [77] (see also White [91] for a discussion of this) considers the general L problem, in undiscounted form, and uses the transformation $\tilde{p}_{ij}^k = \delta_{ij} + \tau(p_{ij}^k - \delta_{ij})/(\sum_{j\ell}\sum \ell p_{ij}^k)$, $\tilde{r}_i^k = r_i^k/(\sum_{j\ell}\sum \ell p_{ij\ell}^k)$, where $\tau(1-p_{ii}^k) < \sum_{j\ell}\sum \ell p_{ij\ell}^k$, and $p_{ij}^k = \sum_\ell p_{ij\ell}^k$. If we now use (2) for L = 1, with $\tilde{g}$, $\tilde{v}(.)$, $\tilde{r}_i^k$, $\tilde{p}_{ij}^k$ in place of g, v(.), p_{ij}^k, and then express $\tilde{r}_i^k(.)$, $\tilde{p}_{ij}^k$ in terms of r_i^k, p_{ij}^k, τ, δ_{ij}, we obtain

$$\underline{i\in I} \quad \tilde{g} = \min_k[(r_i^k + \sum_j p_{ij}^k(\tau\tilde{v}(j)-\tau\tilde{v}(i)))/(\sum_{j\ell}\sum \ell p_{ij\ell}^k)]. \tag{18}$$

Equation (18) is identical with (2) with $\tau\tilde{v}(.)$ in place of v(.), and it is easily demonstrated that the two problems are equivalent. Hence we may solve (2) for the general L by using Schweitzer's transformation, and can hence, given the appropriate conditions on $[\tilde{p}_{ij}^k]$, use the relative value approach.

Even in the case of L = 1, this transformation has its uses, since it can be shown that if the first of the conditions of Anthonisse and Tijms [1] holds, the second will always hold if τ is close enough to one, with respect to $\tilde{p}_{ij}^k$. Also if $\{p_{ij}^{k(i)}\}$ is ergodic for all policies k(.), $\{\tilde{p}_{ij}^{k(.)}\}$ is completely ergodic for $\tau < 1$, and hence (see Schweitzer [79]) the asymptotic form for $v_n(.) \to ng + v(.)$ applies.

Ross [74] gives a way of transforming, under certain state recurrency conditions, an average cost non-discounted problem into a discounted problem. The conditions are that there exists an $\alpha > 0$, and an m such that $p_{im}^k > \alpha$, $\forall\ i\in I$, $k\in K_i$. He defines a new problem with transition probabilities $\tilde{p}_{ij}^k = p_{ij}^k/(1-\alpha)$, $j \neq m$, $\tilde{p}_{im}^k = (p_{im}^k-\alpha)/(1-\alpha)$. This is equivalent to a discounted problem with discount factor $1-\alpha$ in which at each stage we have a chance mechanism which sends us to m with probability α, or we move to j with probability $(1-\alpha)p_{ij}^k$. He shows that, for any k(.), $g(k(.)) = \alpha v(m,k(.),1-\alpha)$.

5. TERMINAL PROBLEMS. DISCOUNTED/NON-DISCOUNTED ($\rho \leqslant 1$, L = 1)

This section is restricted to the case L = 1, although it is possible to generalise to the general L case, e.g. see Mine and Osaki [60]. The difference between the discounted and non-discounted case, for terminal problems, is not great, and hence we treat them together. It is assumed that $r_i^k \geqslant 0$, $i\in I$, $k\in K_i$, although this is not strictly necessary.

I. SUCCESSIVE APPROXIMATIONS

The successive approximations scheme is as follows.

$$\underline{i\in I-m} \quad \underline{n\geq 2} \quad v_n(i) = \min_{k\in K_i}[r_i^k + \rho\sum_j p_{ij}^k v_{n-1}(j)] \tag{19}$$

$$\underline{i=m} \quad \underline{n\geq 1} \quad v_n(m) = 0 \tag{19'}$$

$$\underline{i\in I-m} \quad \underline{n=1} \quad v_1(i) = \min_{k\in K_i}[r_i^k]. \tag{19''}$$

If $\{v_n(.)\}$ is bounded (which it will be if $\rho < 1$, and which requires other conditions when $\rho = 1$ such as those in Romananskii [73], Mine and Osaki [60], [62], Kushner [51], Kleinman and Kushner [47], White [91], [93], which relate to the reachability of the terminal state m), then $\{v_n(.)\}$ will converge monotonic increasing to some v(.), which, given conditions such as above, when $\rho = 1$, will be the unique bounded solution to (4),(4)'. This however does not give us error bounds. Bounds on v(.) are implicit in the papers by Romananskii [73], and White [91], [93], the first two references dealing with $\rho \leq 1$ and the last with $\rho = 1$. These bounds would then be used to produce a policy whose value function was within specified error bounds on v(.) (see White [95]). Elimination methods may be developed as for the previous sections.

Kushner [51] deals with the Gauss-Seidel variant (19), which takes the form

$$\underline{i\epsilon I-m} \quad v_n(i) = \min_{k\epsilon K_i} [r_i^k + \rho \sum_{j<i} p_{ij}^k v_n(j) + \rho \sum_{j\geq i} p_{ij}^k v_{n-1}(j)] \tag{20}$$

and he shows that (20) converges at least as fast as (19).

Kleinman and Kushner [47] consider a variant of (20) in which the summation over j < i on the right hand side has a weighting factor w, and the other summation has a weighting factor 1-w, with w appropriately chosen, which he calls accelerated Gauss-Seidel.

II. POLICY SPACE ALGORITHMS

These are essentially the same as those in Section 2, with the added requirement that v(m) = 0, and the supplementary remarks also apply. Mine and Osaki [60], [62], White [91], [93], and Kushner [51] discuss this algorithm.

In White [93], [94] a modification of the algorithm is used which replaces (4) by, when $p_{ii}^k > 0$, $i\epsilon I$, $k\epsilon K_i$, $\rho = 1$,

$$\underline{i\epsilon I-m} \quad v(i) = \min_{k\epsilon K_i} [(r_i^k + \sum_{j\neq i} p_{ij}^k v(j))/(1-p_{ii}^k)]. \tag{21}$$

Equation (21) is clearly also valid for $\rho < 1$, with appropriate modifications.

III. LINEAR PROGRAMMING ALGORITHMS

The primal and dual forms take a slightly different form to (9),(9)', viz.

PRIMAL

$$\underline{i\epsilon I-m} \quad \underline{k\epsilon K_i} \quad v(i) \leq r_i^k + \rho \sum_j p_{ij}^k v(j) \tag{22}$$

$$\underline{i=m} \qquad v(m) = 0 \qquad (22)'$$

$$\text{maximise } [\sum_i \lambda_i v(i)] \qquad (22)''$$

where

$\lambda_i > 0, \forall\, i.$

DUAL

$$\underline{i \in I\text{-}m} \quad \sum_{k \in K_i} x_i^k - \rho \sum_j \sum_{k \in K_j} p_{ji}^k x_j^k = \lambda_i \qquad (23)$$

$$x_m - \sum_j \sum_{k \in K_j} p_{jm}^k x_j^k = \lambda_m \qquad (23)'$$

$$\underline{i \in I\text{-}m} \quad \underline{k \in K_i} \quad x_i^k \geq 0 \qquad (23)''$$

$$\underline{i=m} \quad x_m \text{ unsigned} \qquad (23)''$$

$$\text{minimise } [\sum_{i \neq m} \sum_{k \in K_i} x_i^k r_i^k]. \qquad (23)'''$$

Equation (23)' is redundant.

An optimal policy is given by those k for which equality arises in (22) fo each $i \in I\text{-}m$. When $\rho < 1$, all optimal basic feasible solutions to the dual solve (4),(4)'. It seems clear that such an equivalence does exist.

V. ORDERED STATE TRANSITION ALGORITHMS

In White [89], [93], [94], a class of problems was discussed in which p_{ij}^k 0 if $j < i$, $k \in K_i$. In this case (4) is replaced by, if $p_{ii}^k \neq 1$, $i \in I\text{-}m$, $k \in K_i$,

$$\underline{i \in I\text{-}m} \quad v(i) = \min_{k \in K_i} [(r_i^k + \rho \sum_{j>i} p_{ij}^k v(j))/(1-p_{ii}^k)]. \qquad (24)$$

The solution to this problem commences with $v(m) = 0$ and works backward to v(1)

VI. TRANSFORMATION ALGORITHMS

Derman [16] shows how a terminal value problem may be converted to a problem of type (2),(2)' by putting in an artificial state, 0, with no rewards obtained in moving from this state, and $p_{mo} = 1$, $p_{oi} = \frac{1}{m}$, $i = 1,2,\ldots,m$.

REFERENCES

1. J. Anthonisse, H.C. Tijms, On White's Condition in Dynamic Programming, Mathematische Centrum, Report B.W. 46/75, Amsterdam, 1975.
2. J. Bather, Optimal Decision Procedures for Finite Markov Chains, Pt.II: Communicating Systems, Adv. Appl. Prob. 5, 1975, pp. 521-540.
3. R. Bellman, A Markovian Decision Process, J. Math. Mech., 6, 1957, pp. 679-684.
4. P.F. Bestwick, D. Sadjadi, An Action Elimination Algorithm for the Discounted Semi-Markov Problem, University of Bradford Management Centre, 1978.
5. D. Blackwell, Discrete Dynamic Programming, Ann. Math. Stat. 33, 1962, pp. 719-726.
6. B.W. Brown, On The Iterative Method of Dynamic Programming on a Finite Space Discrete Time Markov Process, Ann. Math. Stat. 36, 1965, pp. 1279-1285.

7. G. Dantzig, P. Wolfe, Linear Programming in a Markov Chain, Opns. Res., X, 1962, pp. 702-710.

8. J. De Cani, A Dynamic Programming Algorithm for Imbedded Markov Chains When the Planning Horizon is at Infinity, Man. Sci. 10, 1964, pp. 716-733.

9. G.T. De Ghellinck, G.D. Eppen, Linear Programming Solutions for Separable Markovian Decision Problems, Man. Sci. 13, 1967, pp. 371-394.

10. E.V. Denardo, B. Fox, Multichain Markov Renewal Programs, SIAM J. Appl. Math. 16, 1968, pp. 468-487.

11. E.V. Denardo, Markov Renewal Programs with Small Interest Rates, Ann. Math. Stat. 42, 1971, pp. 477-496.

12. E.V. Denardo, Separable Markov Decision Problems, Man. Sci. 14, 1968, pp. 451-462.

13. E.V. Denardo, On Linear Programming in a Markov Decision Problem, Man. Sci. 16, 1970A, pp. 281-288.

14. E.V. Denardo, Contraction Mappings in the Theory Underlying Dynamic Programming, SIAM Rev. 9, 1967, pp. 165-177.

15. E.V. Denardo, A Markov Decision Problem, in T.C. Hu, S.M. Robinson (Eds.), Mathematical Programming, Academic Press, New York, 1973.

16. C. Derman, On Sequential Decisions and Markov Chains, Man. Sci. IX, 1962, pp. 16-24.

17. C. Derman, Markovian Decision Processes, Ann. Math. Stat., 37, 1966, pp. 1545-1553.

18. B. Curtis Eaves, Complementary Pivot Theory and Markov Decision Chains, in S. Karamordiou, C.B. Garcia (Eds.), Fixed Points, Algorithms and Applications, First International Conference on Computing Fixed Points with Applications, Clemson University, South Carolina, June 1974.

19. A. Federgruen, P.J. Schweitzer, Discounted and Undiscounted Value Iteration in Markov Decision Problems: A Survey, Math. Centrum Report B.W. 78/77, August 1978, Amsterdam.

20. B.L. Fox, Numerical Computation; Transient Behaviour of a Markov Renewal Process, Paper No.119, Département d'Informatique, University of Montreal, 1973.

21. B.L. Fox, Markov Renewal Programming by Linear Fractional Programming, SIAM J. Appl. Math. 14, 1966, pp. 1418-1432.

22. R. Grinold, Elimination of Suboptimal Actions in Markov Decision Problems, Opns. Res. 21, 1973, pp. 848-851.

23. N.A.J. Hastings, J.M.C. Mello, Tests for Suboptimal Actions in Discounted Markov Programming, Man. Sci. 19, 1973, pp. 1019-1022.

24. N.A.J. Hastings, A Test for Non-Optimal Actions in Undiscoutned Markov Decision Chains, Man. Sci. 23, 1976, pp. 87-92.

25. N.A.J. Hastings, Bounds on the Gain of a Markov Decision Process, Opns. Res. 19, 1971, pp. 240-243.

26. N.A.J. Hastings, J.A.E.E. van Nunen, The Action Elimination Algorithms for Markov Decision Processes, Memorandum COSOR 76-20, Department of Mathematics, Eindhoven University of Technology, 1976.

27. N.A.J. Hastings, Optimisation of Discounted Markov Decision Problems, Opl. Res. Q. 20, 1969, pp. 499-500.

28. N.A.J. Hastings, Some Notes on Dynamic Programming and Replacement, Opl. Res. Q. 19, 1968, pp. 453-457.

29. N.A.J. Hastings, J.M.C. Mello, Decision Networks, Wiley, 1978.

30. K. Hinderer, Estimates for Finite-Stage Dynamic Programs, J.M.A.A., 55, 1976, pp. 205-238.

31. K. Hinderer, On Approximate Solutions of Finite-Stage Dynamic Programs, International Conference on Dynamic Programming, University of British Columbia, Vancouver, 1977.

32. K. Hinderer, G. Hübner, On Exact and Approximate Solutions of Unstructured Finite Stage Dynamic Programs, Proceedings of the Advanced Seminar on Markov Decision Theory, Mathematical Centre, Amsterdam, 1976.

33. K. Hinderer, G. Hübner, Recent Results on Finite Stage Stochastic Dynamic Programs, Proceedings of the 41st Session of the International Statistical Institute, New Delhi, December 1977.

34. K. Hinderer, W. Whitt, On Approximate Solutions of Finite-Stage Dynamic Programs, Proceedings of International Conference on Dynamic Programming, University of British Columbia, Vancouver, 1977.

35. H. Hinomoto, Linear Programming of Markovian Decisions, Man. Sci. Th., 18, 1971, pp. 88-96.

36. D. Hitchcock, J. MacQueen, On Computing the Expected Discounted Return in a Markov Chain, Naval Res. Log. Quart. 17, 1970, pp. 237-241.

37. A. Hordijk, H. Tijms, A Modified Form of the Iterative Method of Dynamic Programming, Ann. Math. Stat. 3, 1975, pp. 203-208.

38. A. Hordijk, H. Tijms, The Method of Successive Approximations and Markovian Decision Problems, Opns. Res. 22, 1974, pp. 519-521.

39. A. Hordijk, P.J. Schweitzer, H. Tijms, The Asymptotic Behaviour of the Minimal Total Expected Cost for the Denumerable State Markov Decision Model, J. Appl. Prob. 12, 1975, pp. 298-305.

40. A. Hordijk, L.C.M. Kallenberg, On Solving Markov Decision Problems by Linear Programming, International Conference on Markov Decision Processes, Manchester, July 1978.

41. R.A. Howard, Semi-Markovian Control Systems, in: Semi-Markovian Decision Processes, Proc. 34 Session Bull. Internat. Stat. Inst. 40, Book 2, 1964, pp. 625-652.

42. R.A. Howard, Dynamic Programming and Markov Processes, 1960.

43. R.A. Howard, Research in Semi-Markovian Decision Structures, J. Opns. Res. Soc. of Japan, 6, 1964, pp. 163-199.

44. G. Hübner, Extrapolation and Exclusion of Suboptimal Actions in Finite-Stage Markov Decision Models, Doctoral Dissertation, University of Hamburg, Germany, 1977.

45. G. Hübner, Improved Procedures for Eliminating Suboptimal Actions in Markov Programming by Use of Contraction Properties, in: Information Theory, Statistical Decision Functions, Random Processes, Transactions of the

Seventh Prague Conference and the European Meeting of Statisticians, D. Reidel, 1977.

46. W. Jewell, Markov Renewal Programming, Opns. Res. 11, 1963, pp. 938-971.

47. A.J. Kleinman, H.J. Kushner, Accelerated Procedures for the Solution of Discrete Markov Control Problems, I.E.E.E. Trans. Aut. Cont. A.C.-16, 1971, pp. 147-152.

48. G. Koehler, Generalised Markov Decision Processes, Dept. of Management, University of Florida, Feb. 1978.

49. G. Koehler, Value Convergence in a Generalised Markov Decision Process, Dept. of Management, University of Florida, Jan. 1978.

50. M. Krasnosel'skii, G. Vainikko, P. Zabreicko, Ya. Rutitiskii, and V. Stetsenko, Approximate Solution of Operator Equations, Wolters-Naardkoff Pub., Groningen, 1972.

51. H. Kushner, Introduction to Stochastic Control, Holt, Rinehart and Winston, 1971.

52. E. Lanery, Étude asymptotique des systèmes Markoviens a commande, Revue d'Informatique et Recherche Opérationelle, 1, 1967, pp. 3-56.

53. S. Lefschetz, Introduction to Topology, Princeton University Press, 1949.

54. J. MacQueen, A Modified Dynamic Programming Method for Markovian Decision Problems, J.M.A.A. 14, 1966, pp. 38-43.

55. J. MacQueen, A Test for Sub-Optimal Actions in Markovian Decision Problems, Opns. Res. 15, 1967, pp. 559-561.

56. A. Manne, Linear Programming and Sequential Decisions, Man. Sci. 6, 1960, pp. 259-267.

57. B. Miller, A. Veinott, Dynamic Programming with a Small Interest Rate, Ann. Math. Stat. 40, 1969, pp. 366-370.

58. H. Mine, S. Osaki, Linear Programming Algorithms for Semi-Markovian Decision Processes, J. Math. Ann. App. 22, 1968, pp. 356-381.

59. H. Mine, Y. Tabata, On the Direct Sums of Markovian Decision Processes, J.M.A.A., 28, 1969, pp. 284-293.

60. H. Mine, S. Osaki, Some Remarks on a Markov Decision Process with an Absorbing State, J.M.A.A., 23, 1968, pp. 327-334.

61. H. Mine, S. Osaki, Linear Programming Considerations on Markovian Decision Processes with No Discounting, J. Math. Anal. Appl. 26, 1969, pp. 221-230.

62. H. Mine, S. Osaki, Markovian Decision Processes, Elsevier, 1970.

63. T.E. Morton, Using Strong Convergence to Accelerate Value Iteration, Graduate School of Industrial Administration, Carnegie-Mellon University, 1976.

64. T.E. Morton, Undiscounted Markov Renewal Programming via Modified Successive Approximations, Opns. Res. Vol. 19, pp. 1081-1089, 1971.

65. J.M. Norman, D.J. White, A Method for Approximate Solutions to Stochastic Dynamic Programming Problems Using Expectations, Opns. Res. 16, 1968, pp. 296-306.

66. A.R. Odoni, On Finding The Maximal Gain For Markov Decision Processes, Opns. Res. 17, 1969, pp. 857-860.

67. E. Porteus, Some Bounds for Discounted Sequential Decision Processes, Man. Sci. 18, 1971, pp. 7-11.

68. E. Porteus, Bounds and Transformations for Discounted Finite Markov Decision Chains, Opns. Res. 23, 1975, pp. 761-765.

69. E.L. Porteus, J.C. Totten, Accelerated Computations of the Expected Discounted Return in a Markov Chain, Opns. Res. 26, 1978, pp. 350-357.

70. E.L. Porteus, Overview of Iterative Methods for Discounted Markov Decision Chains, International Conference on Markov Decision Processes, Manchester, July 1978.

71. D. Reetz, Approximate Solutions of Discounted Markovian Decision Processes, Institut für Gesellschafts- und Wirtschaftswissenschaften, Wirtschaftstheoretische Abteilung, University of Bonn, 1971.

72. U. Rieder, Estimates for Dynamic Programs with Lower and Upper Bounding Functions, Institut für Mathematische Statistik, University of Karlsruhe, Germany, 1977.

73. I.V. Romananskii, On The Solvability of Bellman's Functional Equations for a Markovian Decision Process, J.M.A.A. 42, 1973, pp. 485-498.

74. S.M. Ross, Non-Discounted Denumerable Markovian Decision Models, Ann. Math. Stat. 39, pp. 412-423, 1968.

75. U.G. Rothblum, Normalised Markov Decision Chains, Opns. Res. 23, 1975, pp. 785-795.

76. H.E. Scarf, The Approximation of Fixed Points of a Continuous Mapping, SIAM J. Appl. Maths. 15, 1967, pp. 1328-1343.

77. P.J. Schweitzer, Iterative Solution of the Functional Equations of Undiscounted Markov Renewal Programming, J.M.A.A. 34, 1971, pp. 495-501.

78. P.J. Schweitzer, Multiple Policy Improvements in Undiscounted Markov Renewal Programming, Opns. Res. 19, 1971, pp. 784-793.

79. P.J. Schweitzer, Perturbation Theory and Undiscounted Markov Renewal Programming, Opns. Res. 17, 1969, pp. 716-727.

80. P.J. Schweitzer, Annotated Bibliograpny on Markov Decision Processes, IBM Watson Research Center, P.O. Box 218, Yorktown Heights, New York.

81. P.J. Schweitzer, An Overview of Undiscounted Markovian Decision Processes, International Conference on Markov Decision Processes, Manchester, July, 1978.

82. J.F. Shapiro, Brouwer's Fixed Point Theorem and Finite State Space Markovian Decision Theory, J. Math. Ann. Appl., 49, 1975, pp. 710-712.

83. J.F. Shapiro, Turnpike Planning Horizons for a Markovian Decision Model, Man. Sci. 14, 1968, pp. 292-300.

84. J.C. Totten, Computational Methods for Finite State Finite Valued Markovian Decision Problems, Report ORC 71-9, Operations Research Center, University of California, Berkeley, 1971.

85. J.A.E.E. Van Nunen, A Set of Successive Approximation Methods for Discounted Markovian Decision Problems, Zeitschr. f. Ops. Res. 20, 1976, pp. 203-209.

86. J.A.E.E. Van Nunen, Improved Successive Approximation Methods for Discounted Markov Decision Processes, in Colloquia Mathematica Societatis Janos Bolyai 12, pp. 667-682, (A. Prekopa Ed.), North-Holland, 1976.

87. J.A.E.E. Van Nunen, J. Wessels, A Principle for Generating Optimisation Procedures for Discounted Markov Decision Processes, in: Colloquia Mathematica Societatis Janos Bolyai 12, pp. 683-695, (A. Prekopa Ed.), North-Holland, 1976.

88. H. Wagner, Principles of Operations Research, Prentice Hall, 1969.

89. D.J. White, Dynamic Programming, Oliver and Boyd, 1969.

90. D.J. White, Elimination of Non-Optimal Actions in Markov Decision Processes, Notes in Decision Theory, No.31, Department of Decision Theory, Manchester University, April 1977.

91. D.J. White, Finite Dynamic Programming, Wiley - forthcoming.

92. D.J. White, Dynamic Programming, Markov Chains and the Method of Successive Approximations, J.M.A.A. 6, 1963, pp. 373-376.

93. D.J. White, Dynamic Programming and Systems of Uncertain Duration, J.M.A.A. 29, 1970, pp. 419-423.

94. D.J. White, Dynamic Programming and Systems of Uncertain Duration, Man. Sci. 12, 1965, pp. 37-67.

95. D.J. White, Approximating Bounds and Policies in Markov Decision Processes, Notes in Decision Theory, No.54, Department of Decision Theory, Manchester University, June 1978.

96. D. Yamada, Duality Theorem in Markov Decision Problems, J.M.A.A. 50, 1975, pp. 579-595.

ADDITIONAL REFERENCES

97. L.C. Thomas, Connectedness Conditions Used in Finite State Markov Decision Processes, to appear in J.M.A.A.

98. L.C. Thomas, Connectedness Conditions Used in Denumerable State Markov Decision Processes, International Conference on Markov Decision Processes, Manchester, July, 1978.

99. M.L. Puterman, S. Brumelli, On the Convergence of Policy Iteration in Stationary Dynamic Programming, Working Paper No.392, September 1977, Faculty of Commerce, University of British Columbia.

100. M.L. Puterman, M.C. Shiu, Modified Policy Iteration Algorithms for Discounted Markov Decision Problems, Working Paper No.481, November 1977, Faculty of Commerce, University of British Columbia.

101. H.C. Tijms, An Overview of Non-Finite State Semi-Markov Decision Problems with the Average Cost Criterion, International Conference on Markov Decision Processes, Manchester, July, 1978.

102. H.W. Kuhn, A Simplicial Approximation of Fixed Points, Proc. Nat. Acad. Sci., U.S.A., 61, 1968, 1238-1242.

Über Semi-Markoffsche Entscheidungsprozesse mit endlichem Horizont*

H. Schellhaas, Darmstadt

1. Einleitung

Ein Markoffsches Entscheidungsmodell hat äquidistante, feste Entscheidungszeitpunkte. Ist ihre Anzahl endlich, so liegt ein Modell mit endlichem Horizont vor. Dieses Modell blieb - im Gegensatz zu dem Modell mit unbeschränktem Horizont - in der Literatur lange Zeit vernachlässigt. Erst ab 1975 fand es verstärktes Interesse, Hinderer und Hübner gaben grundlegende Ergebnisse und Verbesserungen "klassischer" Resultate, wie Extrapolationen, Ausschließung nichtoptimaler Aktionen, Approximationen, Turnpike-Aussagen. Wir verweisen dazu auf die Originalarbeiten (Zitate in Hinderer und Hübner (1977)). Neben weiteren Argumenten für das Modell mit endlichem Horizont heben Hinderer und Hübner hervor, daß die Prozesse der realen Welt endliche Laufzeit haben und daher auch Entscheidungsmodelle mit endlichem Horizont das natürliche Untersuchungsobjekt sein sollten. Analoge Argumente gelten für das von Jewell (1963) eingeführte Semi-Markoffsche Entscheidungsmodell. Die Entscheidungszeitpunkte sind jetzt zufällig, der endliche Horizont T (Laufzeit des Prozesses) hingegen ist fest. Es ist charakteristisch, daß i.a. das Prozeßende nicht mit einem Entscheidungszeitpunkt zusammenfällt und auch die Anzahl der Entscheidungszeitpunkte bis T zufällig ist. Trotz seiner praktischen Bedeutung scheint dieses Modell mit endlichem Horizont in

*) Gekürzte Fassung des Vortrages. Eine ausführliche Darstellung einschließlich der hier nicht wiedergegebenen Beweise ist als Preprint des Fachbereichs Mathematik der Technischen Hochschule Darmstadt in Vorbereitung.

der Literatur kaum behandelt. Jewell (1963) betrachtete dieses Modell und gab die Optimalitätsgleichung. Er bemerkte, daß es unglücklicherweise keinen allgemeinen Weg für eine vollständige Lösung gebe; er empfahl eine Diskretisierung, ging aber auf Detailfragen nicht ein. Unsere Untersuchungen betreffen Existenz- und Eindeutigkeitsaussagen, sowie Lösungsansätze.

2. Modell, Existenz- und Eindeutigkeitsaussagen

Der Semi-Markoffsche Entscheidungsprozeß wird beschrieben durch die Größen $(J,A,D,q_o,Q,T,\alpha,\kappa,c,e)$ mit folgender Bedeutung:

(1) J ist eine endliche Menge, der Zustandsraum

(2) A ist eine endliche Menge, der Aktionenraum

(3) D ist eine Teilmenge von $J\times A$ mit dem für alle $j\in J$ nichtleeren j-Schnitt D(j). Es ist D(j) die Menge der in j zulässigen Aktionen.

(4) q_o ist ein Wahrscheinlichkeitsmaß auf $\mathfrak{P}(J)\times\mathcal{L}_+$, die Startverteilung

(5) Q ist ein Übergangswahrscheinlichkeitsmaß von D nach $J\times\mathbb{R}_+$, das Übergangsgesetz

(6) $T\in\mathbb{R}_+$ ist der endliche, feste Planungshorizont

(7) $\alpha\in\mathbb{R}$ ist der Diskontierungsfaktor

(8) $\kappa: D\times J\to\mathbb{R}$, $c: D\times J\to\mathbb{R}$, $e: D\times J\times\mathbb{R}_+\times\mathbb{R}_+\to\mathbb{R}$ sind Ertragsfunktionen.

Verbal läßt sich der Prozeß wie folgt beschreiben: Zur Zeit t_o startet ein System im Zustand $i\in J$, dabei werden (i,t_o) gemäß der Startverteilung q_o ausgewürfelt (i.a. ist $t_o=0$). Danach wird eine Aktion $a_o\in D(i)$ gewählt und das System geht über in den Zustand j zur Zeit t_1 gemäß dem Übergangsgesetz Q; es gibt $Q(i,a_o,j,[0,\tau])$ die Wahrscheinlichkeit für einen Übergang in den Zustand $j\in J$ nach höchstens einer Zeitspanne τ nach t_o. Dabei fällt im Zeitpunkt t_o der Ertrag $\kappa(i,a_o,j)$ an und während der Zeit zwischen t_o und t_1 wird ein Ertrag kumuliert mit der Ertragsrate $c(i,a_o,j)$. Erträge werden diskontiert auf den Zeitpunkt Null, ein Ertrag b zur Zeit t hat den Barwert $be^{-\alpha t}$. Der weitere Systemablauf ist analog. In j wird Aktion a_1 gewählt ... usw. Die Wahrscheinlichkeit für einen Übergang vom Zustand i_n im n-ten Entscheidungspunkt t_n nach i_{n+1}

nach höchstens der Zeitspanne τ bei Wahl der Aktion a_n ist $Q(i_n,a_n,i_{n+1},[0,\tau])$, unabhängig von i_k,t_k,a_k, $k<n$. Betrachtet wird der bis zur Zeit T anfallende Gesamtertrag, wobei zusätzlich in T eine Auszahlung erfolgt. Ist $t_n \leq T < t_{n+1}$, so fällt der Ertrag $e(i_n,a_n,i_{n+1},T-t_n,t_{n+1}-t_n)$ an. Der Ertrag aus der Ertragsrate $c(i_n,a_n,i_{n+1})$ wird nur bis T kumuliert. Das Ziel ist, die Aktionen so zu wählen, daß der erwartete Gesamtertrag maximal wird.

Sei $\pi = (\pi_n)$ eine randomisierte Politik (zur Definition s. Schäl (1975)), so daß bei Vorliegen der Vorgeschichte $h_n = (i_o,t_o,a_o;i_1,t_1,a_1;\ldots;i_n,t_n)$ in (i_n,t_n) die Aktion $a_{n+1} \in D(i_n)$ gewählt wird mit der Wahrscheinlichkeit $\pi_n(h_n;a_{n+1})$. Sei $\mathfrak{F}$ die Menge aller randomisierten Politiken. Durch die Startverteilung, das Übergangsgesetz und die Politik π ist definiert ein Wahrscheinlichkeitsmaß P_π auf dem Produktraum $(J\times \mathbb{R}_+ \times A)^{\mathbb{N}}$ versehen mit der Produkt-σ-Algebra und damit ein stochastischer Prozeß $\{(X_n,T_n,\Delta_n),\ n\in \mathbb{N}_o\}$ (s. Hinderer (1970), S. 80), wobei X_n den n-ten Zustand, T_n den n-ten Entscheidungspunkt (Übergangspunkt), Δ_n die n-te Aktion beschreiben mit

$$P_\pi(X_{n+1}=i_{n+1},T_{n+1}\leq t\,|\,X_o=i_o,T_o=t_o,\Delta_o=a_o,\ldots,X_n=i_n,T_n=t_n,\Delta_n=a_n) =$$

$$= Q(i_n,a_n,i_{n+1},[0,t-t_n]),\quad n\in\mathbb{N}_o. \tag{2.1}$$

Für eine Politik π sei $u_\pi(i,t)$ der (bedingte) Erwartungswert des Gesamtertrags in $[0,T]$, falls der Prozeß im Zustand $X_o=i\in J$ zur Zeit $T_o=t\in\mathbb{R}_+$ startet. Es ist

$$u_\pi(i,t) = E_\pi\{\sum_{n=0}^{\infty}\Big[\kappa(X_n,\Delta_n,X_{n+1})e^{-\alpha T_n} + \int_{[T_n,\min(T,T_{n+1})]} c(X_n,\Delta_n,X_{n+1})e^{-\alpha u}du$$

$$+e(X_n,\Delta_n,X_{n+1},T-T_n,T_{n+1}-T_n)e^{-\alpha T}\cdot 1_{(T,\infty)}(T_{n+1})\Big]\cdot 1_{[0,T]}(T_n)\,|\,X_o=i,T_o=t\}$$

$$=: E_\pi\{\sum_{n=0}^{\infty} r(X_n,T_n,\Delta_n,X_{n+1},T_{n+1},T)\,|\,X_o=i,T_o=t\}$$

Wir stellen für den Rest der Arbeit die Voraussetzung

<u>V1:</u> Für alle $(i,a)\in D$ ist $\sum_{j\in J} Q(i,a,j,\{0\})<1$.

Unter VI existieren u_π und

(2.3) $$u^* = \sup_{\pi\in\mathfrak{P}} u_\pi .$$

Aus (2.2)(2.3) ist ersichtlich (da T konstant), daß ein allgemeines dynamisches Entscheidungsmodell im Sinne von Hinderer (1970), Schäl (1975) vorliegt mit dem verallgemeinerten Zustandsraum $S = J\times\mathbb{R}_+$, $D(s) = D(i)$ für $s = (i,t)\in S$. Da $u_\pi(i,t) = u^*(i,t)=0$ für $t>T$, reicht es, im folgenden $S = J\times[0,T]$ anzunehmen. Damit lassen sich die allgemeinen Ergebnisse von Schäl (1975) nutzbar machen. Aus den Schäl'schen Resultaten gewinnen wir die Sätze 2.1/2.2/2.4. Statt u^* betrachten wir die Funktion v^* mit

$$v^*(i,t) = u^*(i,T-t)e^{\alpha(T-t)}, \quad i\in J, \quad t\in[0,T]$$

Es läßt sich $v^*(i,t)$ interpretieren als optimaler erwarteter Ertrag bei Start des Prozesses in $i\in J$ zur Zeit Null, Ertragskumulierung während $[0,t]$ (Laufzeit t) und Diskontierung der Erträge auf den Zeitpunkt Null.

Satz 2.1: v^* ist Lösung der Optimalitätsgleichung (OG)

(2.6) $$v(i,t) = \max_{a\in D(i)} \{g(i,t,a) + \sum_{j\in J}\int_0^t Q(i,a,j,du)e^{-\alpha u}v(j,t-u)\}, \quad i\in J, \quad t\in[0,T]$$

mit

$$g(i,t,a) = \sum_{j\in J} Q(i,a,j,\mathbb{R}_+)\kappa(i,a,j) + \sum_{j\in J}\int_0^t Q(i,a,j,dx)\int_0^x c(i,a,j)e^{-\alpha u}du$$

$$+ \sum_{j\in J}\int_{t+}^{\infty} Q(i,a,j,dx)\int_0^t c(i,a,j)e^{-\alpha u}du + \sum_{j\in J}\int_{t+}^{\infty} Q(i,a,j,dx)e(i,a,j,t,x)e^{-\alpha t}$$

Auf anderem Wege wurde die Optimalitätsgleichung von Jewell (1963) hergeleitet. Mit der Menge $\mathfrak{M}$ der meßbaren beschränkten Funktionen auf $J\times[0,T]$ schreiben wir die OG: $v=Uv$, $v\in\mathfrak{M}$.

Im Entscheidungsmodell sind randomisierte Politiken in (i_n,t_n) zugelassen, basierend auf den bis dahin realisierten Zuständen, Entscheidungszeitpunkten und Entscheidungen. Satz 2.2(i) zeigt, daß man sich auf nichtrandomisierte Politiken beschränken kann, bei der die Entscheidung in (i_n,t_n) aufgrund der Kenntnis von (i_n,t_n) allein getroffen wird, m.a.W. bei der die zu wählende

Aktion nur abhängt vom Zustand i_n und der Restlaufzeit $\tau = T-t_n$. Zur Definition einer Markoff-Politik s. Schäl (1975).

Satz 2.2:

(i) Es existiert eine optimale (stationäre) Markoff-Politik $f^* = (f_n^*)$ mit

$$f_n^* \epsilon \{f: f: J \times [0,T] \to A, f(i,t) \epsilon D(i)\}$$

(ii) Eine (stationäre) Markoff-Politik $f = (f_n)$ ist genau dann optimal, falls $f_n(i,t)$ Maximisator ist in $v(i,\tau) = Uv(i,\tau)$ für $\tau = T-t$, $i \epsilon J$, $t \epsilon [0,T]$.

Die folgende Aussage gilt auch für $\alpha < 0$ (Inflation).

Satz 2.3: Die OG (2.6) hat in $\mathfrak{M}$ genau eine Lösung.

Anders als im Markoffschen Entscheidungsmodell fehlt in Satz 2.4 eine anschauliche Interpretation der Iterierten v_n.

Satz 2.4: Für $v_n = Uv_{n-1}$, $n \epsilon \mathbb{N}$, $v_o \epsilon \mathfrak{M}$ gilt

$$\lim_{n \to \infty} v_n = v^*.$$

3. Lösungsansätze

Zur Lösung des Entscheidungsproblems streben wir an, Extrapolationsverfahren zu gewinnen basierend auf der Iteration gemäß Satz 2.4. Wir nutzen dazu - die allgemeine Theorie verlassend - die spezielle Struktur der OG aus. Da die "verallgemeinerten Zeilensummen"

$$(3.1) \quad \gamma(i,t,a) := \sum_{j \epsilon J} \int_o^t Q(i,a,j,du) e^{-\alpha u}, \quad (i,a) \epsilon D, \; t \epsilon [0,T]$$

nicht identisch sind, geben wir zunächst eine äquivalente OG mit identischen Zeilensummen für jedes $t \epsilon [0,T]$ und knüpfen daran eine Extrapolation an (identische Zeilensummen scheinen erstrebenswert nach Erfahrungen beim diskreten Markoff-Modell, s. Schellhaas (1974). Im Sonderfall eines Markoff-Modells ergibt sich eine Transformation von Porteus (1975)).

Satz 3.1: Sei $\gamma(i,T,a)<1$, $(i,a)\varepsilon D$. Seien für $t\varepsilon[0,T]$

$$(3.2)\qquad \beta(t) := \max_{(i,a)\varepsilon D} \frac{\gamma(i,t,a)-Q(i,a,i,\{0\})}{1-Q(i,a,i,\{0\})} .$$

$$(3.3)\qquad k(i,t,a) := \frac{\gamma(i,t,a)-\beta(t)}{1-\beta(t)}, \qquad (i,a)\varepsilon D.$$

Dann ist v^* eindeutige Lösung der Optimalitätsgleichung $(\widetilde{OG})$

$$w(i,t) = \max_{a\varepsilon D(i)} \{ \frac{1}{1-k(i,t,a)} \Big[g(i,t,a)+ \sum_{j\varepsilon J} \int_0^t Q(i,a,j,du)e^{-\alpha u}w(j,t-u)$$

$$(3.4)\qquad -k(i,t,a)w(i,t)\Big] \}, \quad i\varepsilon J, \quad t\varepsilon[0,T] .$$

Wir schreiben für (3.4) $w = \tilde{U}w$, $w\varepsilon\mathfrak{M}$. Es ist leicht nachzuprüfen, daß sich (3.4) schreiben läßt als

$$(3.5)\qquad w(i,t) = \max_{a\varepsilon D(i)} \{\tilde{g}(i,t,a) + \sum_{j\varepsilon J} \int_0^t \tilde{q}(i,t,a,j,du)w(j,t-u)\}$$

mit einem Übergangsmaß $\tilde{q}$ von $D\times\mathbb{R}_+$ nach $J\times\mathbb{R}_+$ und identischen "verallgemeinerten Zeilensummen"

$$(3.6)\qquad \sum_{j\varepsilon J} \tilde{q}(i,t,a,j,[0,t]) = \beta(t), \quad (i,a)\varepsilon D, \quad t\varepsilon[0,T].$$

Satz 3.2.: Seien $w_n = \tilde{U}w_{n-1}$, $n\varepsilon\mathbb{N}$, $w_o\varepsilon\mathfrak{M}$,

$$(3.7)\qquad w_n^{\pm}(i,t) := w_n(i,t) + c_n^{\pm}(t)$$

$$(3.8)\qquad c_n^+(t) := \sup_{\substack{0\leq u\leq t\\ i\varepsilon J}} \frac{w_{n+1}(i,u)-w_n(i,u)}{1-\beta(u)}, \quad c_n^-(t) = \inf_{\substack{0\leq u\leq t\\ i\varepsilon J}} \frac{w_{n+1}(i,u)-w_n(i,u)}{1-\beta(u)}$$

Dann gilt für $i\varepsilon J$, $t\varepsilon[0,T]$

$$(3.9)\qquad w_n^-(i,t)\leq v^*(i,t)\leq w_n^+(i,t).$$

Die Schrankeneigenschaft von $w_n^{\pm}$ folgt aus $w_n^- \leq \tilde{U} w_n^-$, $\tilde{U} w_n^+ \leq w_n^+$. Durch feinere Abschätzung der in diesen Ungleichungen auftretenden Integrale (oder durch Verwendung allgemeiner Ergebnisse von Waldmann (1978)) gewinnt man

<u>Satz 3.3:</u> Seien $w_n = \tilde{U} w_{n-1}$, $n \in \mathbb{N}$, $w_0 \in \mathcal{W}$, $w_{n+1} - w_n =: h_n \geq 0$,
$h_n^+(t) := \sup_{i \in J, 0 \leq u \leq t} \{h_n(i,u)\}$, $h_n^-(t) := \inf_{i \in J, t \leq u \leq T} \{h_n(i,u)\}$.

Ist c_n^+ bzw. c_n^- Lösung von

$$(3.11) \qquad z^+(t) = h_n^+(t) + \sup_{(i,a) \in D} \sum_{j \in J} \{\int_0^t \tilde{q}(i,t,a,j,du) z^+(t-u)\}$$

bzw.

$$(3.12) \qquad z^-(t) = h_n^-(t) + \inf_{(i,a) \in D} \{ \sum_{j \in J} \int_0^t \tilde{q}(i,t,a,j,du) z^-(t-u)\}$$

so gilt für $i \in J$, $t \in [0,T]$

$$(3.13) \qquad w_n(i,t) + c_n^-(t) \leq v^*(i,t) \leq w_n(i,t) + c_n^+(t).$$

Vorteilhaft ist, daß bei Ersatz von $h_n^+(.)$, $\tilde{q}(i,t,a,j,.)$ in (3.11) (bzw. $-h_n^-(.)$, $-q(i,t,a,j,.)$ in (3.12)) durch majorisierende Treppenfunktionen eine lösbare diskrete Funktionalgleichung entsteht, mit deren Lösung Schrankeneigenschaft (3.13) gilt.

4. Ausblicke

Diskretisierungen, wie am Ende von Abschnitt 3 erwähnt, kann man auf die OG (2.6) direkt anwenden. Ist $g \geq 0$ und isoton in t, so liefert das diskrete - mit Standardverfahren lösbare Problem - Einschließungen von v^*. Mit den Schranken für v^* lassen sich Tests auf suboptimale Aktionen durchführen. Analog Shapiro (1968) für das diskrete Markoff Modell läßt sich zeigen, daß ein endlicher Turnpike-Horizont T^* existiert, so daß für (Rest)laufzeiten größer T^* die optimale Aktion in i auch optimale Aktion in i für das Modell mit unbeschränktem Horizont ist.

Literatur

Hinderer, K. (1970): Foundations of non-stationary dynamic programming with discrete time parameter. Springer Verlag, Berlin.

Hinderer, K., Hübner, G. (1977): Recent results on finite-stage stochastic dynamic programs.
Proc. 41st Session Int. Statistical Institute, New Delhi.

Jewell, W.S. (1963): Markov-renewal programming.
I: Formulation, finite return models.
II: Infinite return models, example.
Operat.Res. 11, 938-971.

MacQueen, J. (1966): A modified dynamic programming method for Markovian decision problems.
J.Math.Anal.Appl. 14, 38-43.

Porteus, E. (1975): Bounds and transformations for discounted finite Markov decision chains.
Operat.Res. 23. 761-784.

Quelle, G. (1973): Dynamische Optimierung semi-Markoffscher Entscheidungsmodelle: Stationaritätseigenschaften, Varianzen, Präventive Aktionen.
Dissertation, Hamburg.

Schäl, M. (1975): Conditions for optimality in dynamic programming and for the limit of n-stage optimal policies to be optimal.
Zeitschr. Wahrsch.-theorie verw. Geb. 32, 179-196.

Schellhaas, H. (1974): Zur Extrapolation in Markoffschen Entscheidungsmodellen mit Diskontierung.
Zeitschr. Operat. Res. 18, 91-104.

Shapiro, J.F. (1968): Turnpike planning horizons for a Markovian decision model.
Management Sci. 14, 292-300.

Waldmann, K.H. (1978): A natural extension of the MacQueen extrapolation.
Preprint Nr. 436, Fachbereich Mathematik, Technische Hochschule Darmstadt.

An extrapolation method for Bayesian control of Markov chains

K.-H. Waldmann, Darmstadt

1. Introduction

We consider a system with state space S and action space A(s), $s \in S$, in which state $s_{n+1} \in S$ at stage n+1, $n \in \mathbb{N} := \{1,2,\dots\}$ is partially determined by the outcome of an i.i.d. random variable X_n not controllable by the decision maker. Let X_n have a distribution $q_\vartheta(.)$ depending on an unknown parameter $\vartheta \in \Theta$. Let X denote the state space of the so-called external process X_n.

Given $s \in S$, $a \in A(s)$, $x \in X$, there is a bounded one-stage cost r(s,a,x) and the system moves to the next state according to a transition probability q(s,a,x,.). Future costs we discount to period 1 with discount factor $\beta \in (0,1)$.

Examples of such a model arise in inventory control, where X_n is the demand in period $[n,n+1)$ or in queuing models where X_n is the number of a arrivals in period $[n,n+1)$.

Questions of measurability are of no primary interest in the following. We therefore assume all quantities to be well-defined and refer to the cited literature.

Let μ denote a probability measure on Θ, containing the information of the decision maker about the unknown parameter ϑ.

We are interested in $V_\mu(s)$, $s \in S$, defined as the minimal total expected Bayesian cost.

Let W denote the set of all probability measures on Θ. As shown in Rieder (1975), Van Hee (1978) our Bayesian decision model may be reduced to a stationary decision model under risk essentially by extension of the state space from S to $S \times W$.

Let V(s,t), $(s,t) \in S \times W$ denote the minimal total expected cost in the reduced decision model under risk DM as defined in section 2 below. Then

$$V_\mu(s) = V(s,\mu), \quad s\in S$$

Moreover, each optimal policy in the reduced decision model under risk may be used to define an optimal policy in the Bayesian decision model (cp. Rieder (1975), Van Hee (1978)). Thus we only concentrate our attention to the model DM.
Using the special structure of DM we shall derive an extrapolation method improving the well-known bounds of MacQueen (1966), Porteus (1971). To demonstrate the efficiency of the procedure we present a numerical example arising in Bayesian inventory control.

2. The extrapolation method

To derive upper and lower bounds of V and to construct "good" policies we shall reduce the Bayesian decision model to a stationary decision model under risk obtained as a special case in the following decision model.
Let $T\subset W$, $Y_x^T: T\to T$, $x\in X$ arbitrary in order to define a decision model under risk DM_T (S×T, A, h) with state space S×T, action space A(s) in state $(s,t)\in S\times T$, and local income function

$$h(s,t,a,v) := \int t(d\vartheta)\int q_\vartheta(dx)\left[r(s,a,x)+\beta\int q(s,a,x,d\tilde{s})v(\tilde{s},Y_x^T(t))\right], \quad v\in B(S\times T)$$

where for any set E B(E) denotes the set of all bounded real-valued functions on E.
Denote with $F^T := \underset{(s,t)\in S\times T}{\times} A(s)$ the set of all (one-stage) decision rules. Each $f\in F^T$ is thought of as a stationary policy specifying action f(s,t) to be taken in state (s,t). Each decision rule $f\in F^T$ determines the one-stage cost operator

$$U_f^T v(s,t) := h(s,t,f(s,t),v), \quad (s,t)\in S\times T, \quad v\in B(S\times T)$$

with unique fixed point $V_f^T = U_f^T V_f^T \in B(S\times T)$, the so-called total expected cost associated with policy f. Define

$$U^T v := \inf_{f \in F^T} U_f^T v, \quad v \in B(S \times T)$$

Note that the minimal total expected cost $V^T := \inf_{f \in F^T} V_f^T$ is the unique solution of $v = U^T v$ in $B(S \times T)$. Let $\varepsilon(s,t) \geq 0$, $(s,t) \in S \times T$. We call a policy $f \in F^T$ ε-optimal if $V_f^T \leq V^T + \varepsilon$, and optimal if $\varepsilon \equiv 0$.

Let L^T: $B(T) \to B(T)$ be defined by

$$L^T w(t) := \beta \int t(d\mu) \int q_\mu(dx) w(Y_x^T(t)), \quad w \in B(T), \quad t \in T$$

For any $v \in B(S \times T)$, and $w \in B(T)$ define $v \oplus w$ in $B(S \times T)$ by

$$(v \oplus w)(s,t) = v(s,t) + w(t)$$

in order to obtain

$$(2.1) \qquad U_f^T(v \oplus w) = U_f^T v \oplus L^T w \quad , f \in F^T$$

being the key structure of the following analysis. Finally, given $v \in B(S \times T)$, define $w^{\pm}(.,v)$, $w_f^{\pm}(.,v) \in B(T)$, $f \in F^T$ by

$$w^{\pm}(t,v) = \begin{matrix} \sup \\ \inf \\ s \end{matrix} \{U^T v(s,t) - v(s,t)\} + L^T w^{\pm}(t,v)$$

$$w_f^{\pm}(t,v) = \begin{matrix} \sup \\ \inf \\ s \end{matrix} \{U_f^T v(s,t) - v(s,t)\} + L^T w_f^{\pm}(t,v), \qquad t \in T$$

Then we obtain

<u>Theorem 2.1.</u> For each $v \in B(S \times T)$

(2.2) (i) $v \oplus w^-(.,v) \leq U^T v \oplus L^T w^-(.,v) \leq V^T \leq U^T v \oplus L^T w^+(.,v) \leq v \oplus w^+(.,v)$

(ii) $v \oplus w_f^-(.,v) \leq U_f^T v \oplus L^T w_f^-(.,v) \leq V_f^T \leq U_f^T v \oplus L^T w^+(.,v) \leq v \oplus w_f^+(.,v)$

(iii) Let $T \subset \tilde{T} \subset W$, p: $S \times \tilde{T} \to S \times T$. If f is ε-optimal in DM_T, then $\tilde{f}$ is $\tilde{\varepsilon}$-optimal in $DM_{\tilde{T}}$, where

$$\tilde{\varepsilon}(s,t) := (\varepsilon o p)(s,t) - w^-(t, V^T o p) + w_f^+(t, V_f^T o p), \quad (s,t) \in S \times T$$

Proof. (i). It is well-known from the monotonicity of U^T that $\underline{+} U^T v \underline{\leq} \underline{+} V^T$ whenever $\underline{+} v \underline{\leq} \underline{+} U^T v$. Fix $v \in B(S \times T)$. Let $w^{\pm} \equiv w^{\pm}(.,v)$. Then

(i) follows from

$$\pm(U^T(v\oplus w^{\pm})(s,t)-(v\oplus w^{\pm})(s,t)) = \pm\ ((U^T v\oplus L^T w^{\pm})(s,t)\ -(v\oplus w^{\pm})(s,t))$$

$$\geq \inf_s\{\pm U^T v(s,t)-v(s,t)\}\pm L^T w^{\pm}(t)\mp w^{\pm}(t)$$

$$= 0$$

(ii) may be shown analoguously. (iii) follows from (i) and (ii), applied to

$$V_{\tilde{f}}^{\tilde{T}} - V^{\tilde{T}} = (V_{\tilde{f}}^{\tilde{T}}-V_f^T op)+(V_f^T op-V^T op)+(V^T op-V^{\tilde{T}})$$

Let Y_x^W, $x\epsilon X$ be defined by the a-posteriori distribution about ϑ, i.e. the information about ϑ transformed - from the Bayesian point of view - according to the a-priori distribution $t\epsilon W$ and the observation $x\epsilon X$ (cp. Rieder (1975), or Van Hee (1978) for the explicit formula). Then $V_\mu(s) = V_\mu^W(s,\mu)$, $s\epsilon S$. Moreover each ϵ-optimal policy in DM_W may be used to define an (in the same sense) ϵ-optimal policy in the Bayesian decision model (cp. Rieder (1975), Van Hee (1978) for details).
This equivalence enables us to concentrate our attention to DM_W. Thus, from now on we drop for $T\equiv W$ the supscript [superscript] T in all quantities, e.g. we write V instead of V^W.
Problems arising with the approximation of the state space S we discuss in a more general setting in Waldmann (1978a). In the next section we shall discuss the computational applicability of Theorem 2.1 only in connection with the not finite set W.

3. On the computational applicability of Theorem 2.1

Let $v\epsilon B(S\times W)$. It is easy to see that the extrapolation method suggested by (2.2) tightens the bounds

$$(3.1)\qquad \pm V(s,t) \underline{\underline{<}}\pm\ Uv(s,t)\pm\beta(1-\beta)^{-1}\begin{matrix}\sup\\ \inf\\ s,t\end{matrix}\{Uv(s,t)-v(s,t)\}$$

$$\underline{\underline{<}}\pm\ v(s,t)\ \pm\ (1-\beta)^{-1}\begin{matrix}\sup\\ \inf\\ s,t\end{matrix}\{Uv(s,t)-v(s,t)\}\ ,\quad (s,t)\epsilon S\times W$$

of MacQueen (1966), and Porteus (1971).

Although (2.2) requires more work than (3.1), it seems to be much more effective. Let $v_o \in B(S\times T)$, $v_n := U^T v_{n-1}$, $n\in \mathbb{N}$. As motivated in Waldmann (1978), example 4.4, the error of the MacQueen extrapolation behaves - in Bayesian dynamic programming - as $\beta^n c$ as $n\to\infty$ for a suitable constant $c\in\mathbb{R}$ increasing with $\sup_{\vartheta,\vartheta'} |V(.,\vartheta)-V(.,\vartheta')|$, where $V(s,\vartheta)$, $s\in S$ denotes the minimal total expected cost with respect to (known) $\vartheta\in\Theta$ (cp. also table 4.1 below).

Since W is not finite it seems to be difficult to compute $w^{\pm}$ exactly. We therefore try to compute an approximation $\tilde{v}\in B(S\times W)$ of V making the right side of

$$\pm w^{\pm}(t,\tilde{v}) \leq (1-\beta)^{-1} \sup_{s,t}\{\pm(U\tilde{v}(s,t)-\tilde{v}(s,t))\},\quad t\in W,\ \tilde{v}\in B(S\times W)$$

as small as possible in order to approximate $w^+(\mu,\tilde{v})$ $[w^-(\mu,\tilde{v})]$ from above [below].

To obtain such an approximation $\tilde{v}\in B(S\times W)$ we suggest to choose $T\subset W$, T finite, to compute V^T exactly by use of (2.2), and then to extend V^T from $S\times T$ to $S\times W$. To obtain a "good" policy for DM we suggest to extend an ε-optimal policy obtained for DM_T.

The suggested procedure we shall apply to an inventory model in the next section.

It is to expect that under suitable continuity and compactness assumptions extensions of V^T will converge to V as T becomes "bigger and bigger".

Assume Θ to be compact. Then W is metrizable as a compact metric space. Thus for all $\varepsilon>0$ define a finite disjoint partition $(W_t)_{t\in T(\varepsilon)}$ of W with diameter $\rho(W_t)\leq\varepsilon$, where $t\in T(\varepsilon)$, marking W_t, is assumed to be a fixed but arbitrary element of W_t. Then, if V is uniformly continuous, $V^{T(\varepsilon)} o p^{T(\varepsilon)}$ converges uniformly to V as $\varepsilon\to 0$ and thus $U(V^{T(\varepsilon)} o p^{T(\varepsilon)}) - V^{T(\varepsilon)} o p^{T(\varepsilon)}$ converges uniformly to 0, where $p^{T(\varepsilon)}(s,t') = (s,t)$, whenever $t'\in W_t$, $(s,t)\in S\times T(\varepsilon)$.

For details of the last remark the reader is referèd to Waldmann (1976), Theorem 11.3.

4. An application to Bayesian inventory control

We consider a single product inventory model in which the demand X_n, $n\in\mathbb{N}$ of the product is given by

$$q_{\vartheta}(x) := \frac{\vartheta^x}{x!} \Big/ \sum_{i=0}^{15} \frac{\vartheta^i}{i!}, \quad x\in X := \{0,\dots,15\}, \quad \vartheta\in\Theta := \{2,10\}$$

Let Z_{20} denote the set of integers not greater than 20. Define $S := Z_{20}$, $A(s) := \{a\in Z_{20}, a\geq s\}$, $s\in S$ in order to interprete $s_n\in S$ $[a_n\in A(s_n)]$ as the stock prior to [after] placing an order at the beginning of period n, $n\in\mathbb{N}$. An order placed is delivered instantaneously. s_n and a_n may be negative indicating a backlog. Let $s_{n+1} = a_n - X_n$. Thus $q(.,a,x,s') = 1$, whenever $s'=a-x$ and 0 otherwise. We consider

$$r(s,a,x) := \delta(a-s)+c(1-\beta)a+c\beta x+l(a-x)$$

where $c=0.25$, $\delta(0)=0, \delta(t)=1$, $t>0$, $l(t)=0.05t$, $t\geq 0$, $l(t)=-2t$, $t<0$. Further let $\beta=0.9$, $\mu(\vartheta)=0.5$, $\vartheta\in\Theta$.

From Waldmann (1976), Theorem 14.12 we infer the existence of an $s_o\in S$ such that for all $s<s_o$ $A(s)$ may be replaced by $A(s_o)$. Thus r may be assumed to be bounded. Note, however, that we only obtain

$$V_\mu(s) = V(s,\mu)-cs, \quad s\in S$$

resulting from the formal transformation to an inventory model with $c=0$ as used in inventory models under risk.

As shown in Waldmann (1977) we may restrict our attention to so-called (z,Z)-order-policies. A policy $f\in F$ is called (z,Z)-policy, if there are $z,Z: W\to S$ with $z(t)\leq Z(t)$, $t\in W$ and

$$(4.3) \qquad f(s,t) = \begin{cases} Z(t) & s<z(t) \\ s & s\geq z(t) \end{cases}$$

We are now going to apply the procedure described in section 3. Since $\Theta = \{2,10\}$ consists of two points, W is homeomorphic to $[0,1]$, and all information about ϑ is given by $t(2)\in[0,1]$.

For $d=0.05$, and $d=0.005$ let $t(2)=0,d,2d,\dots,1$ define $T=T(d)$. Fix $x\in X$, $t\in T$. Define $Y_x^T(t) = t'$, whenever $t'(2)\leq Y_x(t)(2)$ $[t'(2)\geq Y_x(t)(2)]$ and there is no greater [smaller] one, called situation (4.1) [(4.2)]. As we shall see later both partitions of W have a contrary effect.

In order to compute V^T we compare MacQueen (1966) extrapolation (cp. (3.1)) with the extrapolation method suggested by theorem 2.1. The results are presented in table 4.1. There UB [LB] denotes the upper [lower] bound of $V^T(0,\mu)$.

n	d=0.05, (4.2)				d=0.005, (4.2)			
	(3.1) MacQueen		theorem 2.1		(3.1) MacQueen		theorem 2.1	
	LB	UB	LB	UB	LB	UB	LB	UB
1	17.71	31.49	18.91	28.36	17.77	31.52	19.26	28.61
5	21.51	27.99	23.45	24.50	21.59	28.07	24.65	25.48
10	23.24	26.59	24.00	24.14	23.55	26.91	25.09	25.21
14	23.76	25.83	24.14	24.14	24.27	26.34	25.21	25.21
20	23.99	25.10			24.73	25.83		
30	24.11	24.49			25.05	25.42		
40	24.13	24.27			25.15	25.29		
50	24.14	24.19			25.19	25.24		
60	24.14	24.16			25.20	25.22		
66					25.21	25.21		
70	24.14	24.15						
76	24.14	24.14						

table 4.1. Computation of $V^T(0,\mu)$ for $T=T(d)$

We extend $V^T \in B(S\times T)$ to $\tilde{v} \in B(S\times W)$, where in situation (4.1) [(4.2)]

$$\tilde{v}(s,t') := V^T(s,t),\ s\in S,\ t(2)\leq t'(2)<t(2)+d\ \left[t(2)-d<t'(2)\leq t(2)\right]$$

To avoid additional work we use the crude bounds

$$w^-(\mu,\tilde{v}) \geq \inf_s\{U\tilde{v}(s,\mu)-\tilde{v}(s,\mu)\}+\beta(1-\beta)^{-1}\inf_{s,t}\{U\tilde{v}(s,t)-\tilde{v}(s,t)\}$$

(4.4)

$$w^+_{e(f)}(\mu,\tilde{v}) \leq \sup_s\{U_{e(f)}\tilde{v}(s,\mu)-\tilde{v}(s,\mu)\}+\beta(1-\beta)^{-1}\sup_{s,t}\{U_{e(f)}\tilde{v}(s,t)-\tilde{v}(s,t)\}$$

where $e(f)\in F$ is the extension of an optimal policy $f\in F^T$, defined by

(4.5) $e(f)(s,t') := f(s,t)$, $s \in S$, $t(2) \leq t'(2) < t(2)+d$ $[t(2)-d < t'(2) \leq t(2)]$

We then obtain

d=0.05. (4.1). $17.73 \leq V(0,\mu) \leq V_{e(f)}(0,\mu) \leq 27.32$

(4.2). $23.46 \leq V(0,\mu) \leq V_{e(f)}(0,\mu) \leq 32.80$

d=0.005. (4.1). $24.46 \leq V(0,\mu) \leq V_{e(f)}(0,\mu) \leq 25.68$

(4.2). $25.14 \leq V(0,\mu) \leq V_{e(f)}(0,\mu) \leq 26.19$

The results illustrate the opposite effect of both partitions. (4.1) is appropriate to define a "good" policy, but not to verify the efficiency. (4.2) is appropriate to obtain a "good" lower bond, but not to obtain a "good" upper bound. Putting more work in the approximation of $w^-(\mu,\tilde{v})$ $[w^+_{e(f)}(\mu,\tilde{v})]$ the lower [upper] bounds of V may be increased considerably in situation (4.1) [(4.2)].

Finally, applied to situation (4.1), table 4.2 contains the extension $e(f) \in F$ of an optimal policy $f \in F^T$, being of the form (4.3).

≤ t(2) <		d=0.05,(4.1)		d=0.005,(4.1)	
		z(t)	Z(t)	z(t)	Z(t)
0.000	0.085	11	15	11	15
0.085	0.150	11	15	11	14
0.150	0.310	11	14	11	14
0.310	0.400	11	14	10	14
0.400	0.475	10	14	10	14
0.475	0.545	10	14	10	13
0.545	0.600	10	14	9	13
0.600	0.685	9	14	9	13
0.685	0.700	9	14	8	13
0.700	0.705	9	13	8	13
0.705	0.750	9	13	8	12
0.750	0.780	8	13	8	12
0.780	0.850	8	13	7	12
0.850	0.865	7	13	6	12
0.865	0.900	7	13	6	11
0.900	0.935	6	12	5	11
0.935	0.950	6	12	4	10
0.950	0.975	3	12	4	10
0.975	0.980	3	12	3	10
0.980	1.000	3	12	3	9
1.000		3	9	3	9

table 4.2. Critical numbers z(t),Z(t) of e(f),(cp.(4.3))

References.

van Hee, K.M. (1978) Bayesian Control of Markov Chains, dissertation, Eindhoven University of Technology

MacQueen, J. (1966) A modified dynamic programming method for Markovian decision processes, J.Math.Anal.Appl.14, 38-43

Porteus, E.L. (1971) Some bounds for discounted sequential decision processes, Management Science 18, 7-11

Rieder, U. (1975) Bayesian dynamic programming. Adv.Appl.Prob. 7, 330-348

Waldmann, K.-H. (1976) Stationäre Bayessche Entscheidungsmodelle mit Anwendungen in der Lagerhaltungstheorie, Dissertation TH Darmstadt, Germany

Waldmann, K.-H. (1977) On the optimality of (z,Z)-policies in Bayesian dynamic inventory models. TH Darmstadt, Preprint 327, Germany

Waldmann, K.-H. (1978) A natural extension of the MacQueen extrapolation. TH Darmstadt, Preprint 436, Germany

Waldmann, K.-H. (1978a) On approximations of dynamic programs, TH Darmstadt, Preprint 439, Germany

Über monotone Optimalpolitiken in einem M/G/1-Modell mit Steuerung der Bedienungszeit

E. Gallisch, Bonn

Der Betrachtung zugrundegelegt ist ein M/G/1-Warteschlangen-Modell mit unendlichem Warteraum. Der Ankunftsstrom der Kunden bildet einen Poissonprozeß mit Rate λ. Zum Zeitpunkt der n-ten Bedienungsbeendigung S_n wird Aktion a aus der endlichen Menge A gewählt, sodaß die Bedienungszeit des an der Spitze der Warteschlange stehenden Kunden die Verteilungsfunktion $B_a(t)$ besitzt. Bezeichnet Z_t den Zustand des Systems zur Zeit t, d.h. die Länge der Warteschlange, so stellt $(Z_t, t\geq 0)$ für jede stationäre Politik einen semi-regenerativen Prozeß mit eingebettetem Markoffschen Erneuerungsprozeß (Y_n, S_n) dar. Die Kosten des Systems setzen sich aus Warte- und Bedienungskosten zusammen derart, daß die Kostenrate c(i,a) solange wirksam ist, wie sich das System in Zustand i befindet, vorausgestzt Aktion a wurde bei der letzten Bedienungsbeendigung ergriffen. Gesucht sind Bedingungen an c(i,a) und $B_a(t)$, sodaß eine stationäre, isotone Politik existiert mit minimalen Durchschnittskosten.

Falls $a \longmapsto B_a(t)$ isoton ist, und $\lambda \int t \, dB_{\underline{a}} < 1$ mit $\underline{a} = \min A$, so existiert die stationäre Verteilung (π_j) von (Y_n). Ein Ergodensatz liefert dann eine Darstellung der Durchschnittskosten unter einer stationären Politik f^∞, nämlich $\lambda \sum_j \pi_j \sum_k c(k,f(j)) \cdot \eta_{jk}$, wobei η_{jk} die mittler in k verbrachte Zeit bis zur nächsten Bedienungsbeendigung bei Start in j bedeutet.

Wegen dieser Darstellung stimmen die Durchschnittskosten des Warteschlangenmodells mit denen eines Markoffschen Ent-

scheidungsmodells mit geeigneter Kostenfunktion K(i,a) überein. Eine Politik, optimal bezüglich diskontierter Kosten, für eine geeignete Folge von Diskontierungsfaktoren, die gegen 1 konvergieren, liefert eine isotone, Durchschnittskosten-optimale, stationäre Politik unter folgenden Bedingungen: $i \longmapsto K(i,a)$ ist streng isoton, und K(i,a) ist subseparabel, i.e.
$K(i,a) - K(i-1,a) \geq K(i,a') - K(i-1.a')$ für $a < a'$. Ersetzen von K durch c liefert die hinreichenden Bediengungen im Warteschlangen-Modell.

Die isotone Optimalpolitik hat die Eigenschaft, ab einem Zustand nur noch die größte Aktion zu ergreifen. Durch Änderung der Übergangswahrscheinlichkeit und der Kostenfunktion des Markoff-Modells läßt sich ein Markoff-Modell mit endlichem Zustandsraum gewinnen, sodaß in beiden Modellen die Durchschnittskosten übereinstimmen. Daher läßt sich das Howard-Verfahren zur Berechnung einer Optimalpolitik verwenden. Es liegen numerische Erfahrungen vor.

Literatur

Gallisch, E., On monotone optimal policies in a queueing model of M/G/1-type with controllable service time distribution. Erscheint in Adv. Appl. Prob.

Schäl, M., On the M/G/1-queue with controllable service rate, Optimization and Operation Research, edited by R. Henn and B. Korte Springer, Berlin 1978

Zuverlässigkeit, Statistik und Prognose

Elemente einer Theorie der Betriebsstörungen

K.-P. Kistner, Bielefeld

A. Einleitung

Unter Betriebsstörungen versteht man technisch bedingte Abweichungen von vorgegebenen Normen des Produktionsprozesses, die korrektive Eingriffe bedingen und zu Stillstandszeiten führen. Betriebsstörungen sind insbesondere der Ausfall von Maschinen, die Verringerung der Arbeitsgeschwindigkeit oder das Absinken der Produktionsqualität ([33, S. 18]).

Die Unternehmensforschung und verwandte Gebiete der mathematischen Statistik haben sich schon relativ früh mit Betriebsstörungen befaßt und folgende, auf der Theorie der stochastischen Prozesse beruhende Ansätze entwickelt:

1. Zuverlässigkeitstheorie
2. Instandhaltungstheorie
3. Warteschlangentheoretische Ansätze, die sich mit störungsbedingten Stauungsproblemen befassen.

Diese Ansätze zur Lösung einzelner Teilaspekte sind recht weit entwickelt; eine geschlossene Theorie der Betriebsstörungen, die diese Einzelaspekte zusammenfaßt, existiert hingegen noch nicht. Eine solche Theorie der Betriebsstörungen müßte folgende Struktur aufweisen:

1. Gegeben ist ein Aggregat, das Bearbeitungen an Werkstücken vornehmen soll.
2. Das Aggregat setzt sich aus mehreren störanfälligen Komponenten zusammen, deren Lebensdauern zufälligen Schwankungen unterworfen sind.
3. Fällt eine Komponente oder das Aggregat aus, dann werden diese repariert; es besteht jedoch die Alternative, bereits vor einem Ausfall vorbeugende Wartungen durchzuführen.
4. Die Reparaturkapazitäten sind beschränkt, so daß die Wartungszeitpunkte mit denen anderer Aggregate abzustimmen sind.
5. Reparaturen und Wartungen führen zu Ausfallzeiten des Aggregates, die Auswirkungen auf den Produktionsfluß haben.

Gesucht ist ein Deskriptionsmodell, das diese Aspekte erfaßt und

ein Optimierungsmodell, das Anhaltspunkte für die optimale Reparatur und Wartungspolitik gibt.
In dieser Arbeit werden die Voraussetzungen und die wichtigsten Ergebnisse der Einzelansätze zusammengestellt und die Möglichkeiten und Grenzen der Integration zu einer Theorie der Betriebsstörungen aufgezeigt. Hierbei beschränken wir uns auf Beschreibungs- und Optimierungsmodelle der Unternehmensforschung; die mit diesen verbundenen statistischen Probleme werden hingegen nicht behandelt.

B. Einzelansätze der Theorie der Betriebsstörungen

I. Zuverlässigkeitstheorie

1) Problemstellung und Annahmen

Die Zuverlässigkeitstheorie befaßt sich mit dem Ausfallverhalten komplexer Systeme, die sich aus mehreren komplementären und substitutionalen Elementen zusammensetzen (Vgl. hierzu: [4], [21], [24], [27], [30], [48], [49]; für bibliographische Hinweise siehe [45]).
Sie geht von folgender Problemstruktur aus:

1. Ein System besteht aus n Komponenten, die in einem gegebenen Funktionszusammenhang stehen.
2. Die Lebensdauern L_i der einzelnen Komponenten sind nicht-negative unabhängige, identisch verteilte Zufallsgrößen mit bekannter Verteilungsfunktion Φ_{Li}.

Die Zuverlässigkeit untersucht insbesondere folgende Fragen:

1. Das statische Problem

   Gegeben sei die Struktur des Systems und die Intaktwahrscheinlichkeiten

   p_i = Prob {Komponente i intakt} $= 1 - \Phi_{Li}(t)$ $(i=1,2,\dots,n)$

   Gesucht die Wahrscheinlichkeit

   P_S = Prob {System intakt}

2. Das dynamische Problem

   Gegeben die Verteilung der Lebensdauern der Komponenten Φ_{Li}

   Gesucht die Zuverlässigkeitsfunktion

   $Z(t)$ = Prob {Kein Systemausfall in $[0,t)$}

   und die Verfügbarkeit des Systems

   $V(t)$ = Prob {System arbeitet in t ungestört}

2) Ergebnisse für das statische Problem

Die funktionalen Beziehungen zwischen den Elementen des Systems erfaßt man durch Systemfunktionen (Vgl. hierzu [9]; [4, S. 202],

[5, S. 5]; [21, S. 22]; [27, S. 63]; [30, S. 567], [48, S. 10], [49, S. 106]). Hierzu ordnet man jeder Komponente eine binäre Zustandsvariable

$$z_i = \begin{cases} 0 \text{ falls Komponente i defekt} \\ 1 \text{ falls Komponente i intakt} \end{cases} \qquad (i=1,2,\ldots,n)$$

zu. Eine Abbildung

$$\psi : \mathbb{B}^n \rightarrow \mathbb{B}$$

mit der Eigenschaft

$$\psi(z_1,z_2,\ldots,z_n) = \begin{cases} 0 \text{ für alle } \underline{z} \in \mathbb{B}^n \text{ für die System defekt} \\ 1 \text{ für alle } \underline{z} \in \mathbb{B} \text{ für die System intakt} \end{cases}$$

heißt Systemfunktion.

Bei der Konstruktion von Systemfunktionen geht man von zwei Grundstrukturen aus:

1. Bei Serienschaltung von n Komponenten ist ein System genau dann funktionsfähig, wenn alle Komponenten funktionsfähig sind. Die Systemfunktion bei Serienschaltung ist gegeben durc

$$\psi(z_1,z_2,\ldots,z_n) = z_1 \cdot z_2 \cdot \ldots \cdot z_n \qquad (1)$$

2. Bei Parallelschaltung von n Komponenten ist ein System funktionsfähig, wenn mindestens eine Komponente funktionsfähig ist. Die Systemfunktion bei Parallelschaltung ist gleich

$$\psi(z_1,z_2,\ldots,z_n) = 1 - (1-z_1)(1-z_2)\ldots(1-z_n) \qquad (2)$$

Man kann dann die Systemfunktion sukzessive durch die Ermittlung der Systemfunktion von Bauteilen herleiten, die jeweils nur aus parallel- oder seriellgeschalteten Komponenten bestehen. Für kompliziertere Systeme verwendet man Verfahren der Netzplantechnik.

Durch Ausmultiplikation erhält man wegen der Idempotenzeigenschaft binärer Variabler $z^k=z$ für alle $k=1,2,\ldots$ die <u>Linearform</u>

$$\psi(z_1,z_2,\ldots,z_n) = \Sigma\, a_{k_1,k_2,\ldots,k_n} \; z_1^{k_1} \; z_2^{k_2} \ldots z_n^{k_n}$$

wobei über alle n-Tupel $(k_1,k_2,\ldots,k_n)$ mit $k_i=0$ oder 1 zu summieren ist. Die ganzzahligen Koeffizienten $a_{k_1,k_2,\ldots,k_n}$ sind eindeutig.

Die Zustandsvariablen z_i sind Zufallsgrößen mit dem Erwartungswert

$$E(Z_i) = \text{Prob}\,\{Z_i=1\} = \text{Prob}\,\{\text{Komponente i intakt}\} = p_i \qquad (3)$$

Hat das System die Systemfunktion ψ, so erhält man die Intaktwahrscheinlichkeit des Systems

$$P_S = \text{Prob}\,\{\psi(z_1,\ldots,z_n)=1\} = E\{\psi(Z_1,Z_2,\ldots,Z_n)\} \qquad (4)$$

Liegt die Systemfunktion in der Linearform vor, dann gilt weiter

$$P_S = \psi(p_1,p_2,\ldots,p_n) \qquad (5)$$

Das statische Problem kann als weitgehend gelöst angesehen werden, falls die einzelnen Komponenten stochastisch unabhängig sind. Die für praktische Anwendungen bedeutsame stochastische Abhängigkeit bereitet hingegen Schwierigkeiten, die hauptsächlich mit der Datenbeschaffung für die Schätzung der gemeinsamen Verteilung der Lebensdauern der Komponenten zusammenhängen.

3) Dynamische Probleme

Dynamische Probleme treten dann auf, wenn nicht alle Komponenten gleichmäßig im Zeitablauf belastet werden oder wenn Reparaturen ausgefallener Komponenten möglich sind. Die Zuverlässigkeitstheorie untersucht insbesondere folgende dynamischen Probleme:

1. Redundanz: Erhöhung der Zuverlässigkeit durch parallel geschaltete Reserveeinheiten (Vgl. [21, S. 69]; [24, S. 180]; [30, S. 167]).
   a. Heiße Redundanz: Alle Einheiten werden gleichmäßig belastet und unterliegen dem gleichen Ausfallverhalten.
   b. Kalte Redundanz: Es ist immer nur eine Einheit tätig; die restlichen Einheiten werden in Reserve gehalten. Bei Ausfall der tätigen Einheit wird eine Reserveeinheit eingeschaltet. Das System fällt aus, wenn die tätige Einheit ausfällt und keine Reserveeinheit mehr verfügbar ist.

      Besondere Probleme treten auf, wenn die Umschaltung auf Reserveeinheiten unvollkommen funktioniert, weil der Schalter ebenfalls störanfällig ist oder beim Umschalten eine besondere Belastung der Einheiten eintritt.
   c. Warme Redundanz: Auch die Reserveeinheiten unterliegen einer gewissen Grundbelastung oder können aufgrund exogener Einflüsse ausfallen.
2. Reparaturmöglichkeiten: (Vgl. [5, S. 161]; [15]; [21, S.172]; [23]; [44]; [49, S. 165]).
   a. Reparatur nach Ausfall: Fällt eine tätige Einheit oder eine Reserveeinheit aus, dann kann diese repariert werden und nach einer bestimmten Reparaturzeit wieder in Betrieb genommen werden.
   b. Vorbeugende Wartung: Unterliegt eine Komponente dem Verschleiß, dann kann es sinnvoll sein, sie zu ersetzen oder zu reparieren, bevor sie ausfällt.

Weitere Probleme treten auf, wenn die Reparaturkapazität beschränkt ist (Vgl. [37], [38], [39], [43], [50]).

Zur Bestimmung der Zuverlässigkeit und der Verfügbarkeit kann auf eine Reihe von Methoden der Theorie der stochastischen Prozesse zurückgegriffen werden, die von speziellen Eigenschaften des Systems Gebrauch machen:

Sind die Lebensdauern aller Komponenten eines Systems und eventuelle Reparaturzeiten exponentialverteilte Zufallsgrößen, dann sind bekanntlich die Übergangsraten zwischen den Zuständen des Systems konstant. Dann kann man ein lineares System von Differentialgleichungen zwischen den Zustandswahrscheinlichkeiten aufstellen und daraus die gesuchten Kennzahlen bestimmen ([24, S. 143]; [43]).
Eine fruchtbare Strategie zur Analyse allgemeinerer Modelle besteht darin, den Zustandsraum des Prozesses so zu transformieren, daß das modifizierte Modell die Markoff-Eigenschaft besitzt und mit elementaren Methoden untersucht werden kann.
Die Phasenmethoden erreichen dies durch eine Erweiterung des Zustandsraumes: Die diskrete Phasenmethode zerlegt die Prozesse in eine endliche Zahl aufeinander folgender Phasen mit exponentialverteilten Verweilzeiten und übernimmt die Phase mit in die Zustandsbeschreibung. Dann sind die Übergangsraten zwischen den Zuständen des modifizierten Modells konstant.
Die kontinuierliche Phasenmethode erweitert den Zustandsraum, indem sie die seit dem letzten Ereignis vergangene Zeit mit in die Zustandsbeschreibung aufnimmt. Sie erreicht dadurch, daß die momentanen Übergangsraten konstant sind.
In der Zuverlässigkeitstheorie genügt es meist zu wissen, in welchem Zustand sich das System im Zeitpunkt des Ausfalls der tätigen Einheit befindet, weil sich allein dann entscheidet, ob das ganze System ausfällt. Sind nun diese Zeitpunkte Erneuerungszeitpunkte, d.h. hängt die weitere Entwicklung des Systems ausschließlich von dem in diesem Zeitpunkt erreichten Zustand ab, dann läßt sich die Folge der Zeitpunkte und Zustände durch einen Markoff-Erneuerungsprozeß abbilden ([10]; [35]). Bei der Anwendung der Markoff-Erneuerungstheorie auf Zuverlässigkeitsprobleme geht man wie folgt vor:

1. Man identifiziert geeignete Erneuerungspunkte
2. Man betrachtet die durch den Zustand des Systems in diesen Erneuerungspunkten gebildete "eingebettete Markoff-Kette" und leitet Beziehungen zwischen den Zustandswahrscheinlichkeiten ab, aus denen die interessierenden Systemcharakteristiken bestimmt werden können.
3. Man bestimmt die Übergangswahrscheinlichkeiten zwischen den Zuständen in den Erneuerungspunkten.

II. Instandhaltungstheorie

1) Problemstellung und Annahmen

Die Instandhaltungstheorie untersucht die Möglichkeiten, das Ausfallverhalten eines Systems durch vorbeugende Wartungsmaßnahmen z beeinflussen und bestimmt Bedingungen für die optimale Planung vo Wartungsmaßnahmen (Vgl. [9], [4], [7], [8], [13], [29], [54]).

Das Grundmodell der Instandhaltungstheorie geht von der folgenden Situation aus:

1. Gegeben eine störanfällige Einheit mit gegebener Verteilung der Lebensdauer Φ_L.
2. In jedem Zeitpunkt ist bekannt, ob die Einheit funktionsfäh oder defekt ist.
3. Nach einem Ausfall wird die Einheit unverzüglich repariert oder ersetzt; die Reparaturzeiten sind unabhängige, identisch verteilte Zufallsgrößen mit bekannter Verteilung Φ_B.
4. In bestimmten, vorgegebenen Zeitpunkten werden vorbeugende Wartungen vorgenommen, d.h. die Einheit wird bereits vor de Ausfall ersetzt oder repariert. Die Wartungszeiten sind una hängige, identisch verteilte Zufallsgrößen mit bekannter Ve teilung Φ_W.
5. Nach Abschluß einer Reparatur oder Wartung ist die Einheit wieder voll funktionsfähig.

Aufgabe der Instandhaltungstheorie ist es, die Wartungszeitpunkte optimal zu bestimmen. Neben Zeitkriterien, wie die gesamte Laufze oder der Laufzeitanteil, werden der Optimierung die relevanten Kc sten, die sich aus Reparaturkosten, Wartungskosten und Stillstand kosten zusammensetzen, zugrundegelegt.

2) Instandhaltungspolitiken bei einzelnen Bauteilen

Vorbeugende Wartungen setzen immer die durchschnittliche Nutzungs dauer einer Einheit herab; sie werden deshalb nur dann vorteilhaf sein, wenn dies durch niedrigere Wartungszeiten oder Wartungskost kompensiert wird.

Es ist sinnvoll, die Instandhaltungsstrategie für einzelne Bautei an dem Alter der Einheit zu orientieren. Eine solche <u>altersabhänc ge Politik</u> hat die Form ([4, S. 85]; [8,S.52]; [41, S. 160]; [54, S. 49]):

Ein Bauteil wird

(1) gewartet, sobald es das Alter τ erreicht hat

(2) repariert, wenn es früher ausfällt.

Eine altersabhängige Politik heißt zufällig, wenn τ eine Zufallsgröße ist; sie heißt periodisch, wenn τ eine feste Größe ist. Man kann nun zeigen, daß es zu jeder zufälligen Politik eine periodische Politik gibt, die zu keinem schlechteren Ergebnis führt ([3, S. 78]). Im allgemeinen hängt die optimale periodische Politik von der Restlaufzeit des Prozesses ab, so daß sie sequentiell bestimmt werden muß. Da diese jedoch schnell gegen eine stationäre Politik konvergiert, wird man den mit der Bestimmung einer sequentiellen Politik verbundenen Rechenaufwand meist vermeiden und sich mit der Bestimmung einer optimalen stationären Politik begnügen.

Aus organisatorischen Gründen wird man vielfach eine an festen Wartungszeitpunkten orientierte Politik anwenden. Eine solche Politik der Blockerneuerung hat die Gestalt (Vgl. [4, S. 95]; [7, S. 57]; [47]; [54, S. 78]):

Ein Bauteil wird

(1) bei Ausfällen sofort repariert
(2) unabhängig vom Alter in den Zeitpunkten $\tau_1, \tau_2, \ldots$ gewartet.

Die Zahl der Wartungen ist bei blockweiser Wartung immer höher als bei altersabhängiger Wartung, da auch solche Bauteile gewartet werden, die erst kurz vorher repariert wurden.
Wegen der Unabhängigkeit der Lebensdauern und der Reparatur- und Wartungszeiten läßt sich das Verhalten des Systems durch einen bewerteten alternierenden Erneuerungsprozeß beschreiben. Dann ermöglicht es das Erneuerungstheorem, die Zielfunktion im stationären Fall explizit anzugeben und den optimalen Wartungsabstand zu bestimmen.
Besitzt die Verteilung der Lebensdauer eine Dichtefunktion, dann ist der optimale Wartungsabstand τ^o Lösung der folgenden Gleichung ([54, S. 49 ff]):

$$\lambda(\tau) \left[\int_0^{\tau} (1-\Phi_L(t))\, dt + g \right] - \Phi_L(\tau) = d \qquad (6)$$

wobei $\lambda(t)$ die momentane Ausfallrate ist; die systemspezifischen Parameter d und g hängen von der erwarteten Reparaturzeit, der erwarteten Wartungsdauer und von den Kostenparametern ab. Besitzt die Verteilung der Lebensdauern eine stetige Dichte und sind die Kosten unabhängig vom Alter der Einheit, dann gilt:

1. Wächst λ streng monoton und unbeschränkt, dnn gibt es für bestimmte Werte der systemspezifischen Parameter eine eindeutige Lösung τ^o.

2. Wächst λ streng monoton aber beschränkt oder lediglich monoton, dann existiert u.U. keine endliche Lösung von (6). Besitzt (6) eine Lösung, dann ist diese eindeutig.

Existiert eine Lösung von (6), dann gibt diese den optimalen Wartungsabstand an; existiert hingegen keine Lösung, dann ist die Basispolitik optimal, d.h. es werden keine vorbeugenden Erneuerungen vorgenommen. Steigende Ausfallraten sind allerdings nur dann notwendige Bedingung für vorbeugende Wartungen, wenn die Reparatur- und Wartungskosten unabhängig vom Alter sind. Steigen diese hingegen mit der Nutzungsdauer der Einheiten, dann können vorbeugende Wartungen auch bei konstanter oder sinkender Ausfallrate sinnvoll sein.

Für den Fall blockweiser Wartungen muß der optimale Wartungsabstand $\bar{\tau}$ der folgenden Gleichung genügen ([54, S. 94 f]).

$$\int_0^{\tau} (h(\tau) - h(t))dt = \tau h(\tau) - H(\tau) = d \qquad (7)$$

Dabei ist H die zur Lebensdauerverteilung Φ_L gehörende Erneuerungsfunktion, d.z. der Erwartungswert der Zahl der Ausfälle im Intervall (O,t) und h die Erneuerungsdichte.

Besitzt (7) keine Lösung, dann ist die Basispolitik optimal. Aber auch in den Fällen, in denen eine Lösung existiert, kann die Basispolitik der blockweisen Wartung überlegen sein. Es ist daher im Einzelfall zu prüfen, ob die Kosten der optimalen blockweisen Wartung niedriger sind als die Kosten der Basispolitik.

3) Instandhaltung von Systemen

Bei komplexen Systemen, die sich aus mehreren Komponenten zusammensetzen, muß die Instandhaltungspolitik im allgemeinen simultan bestimmt werden. Der Zustandsraum des zur Abbildung eines solchen Systems dienenden Prozesses ist so groß, die Beziehungen zwischen den Zustandswahrscheinlichkeiten werden meist so verwickelt, daß eine Lösung nur noch für einfache Spezialfälle möglich ist ([8, S. 107 f]).Man beschränkt sich daher im allgemeinen darauf, die Parameter heuristischer Politiken wie der Blockerneuerung bei minimaler Reparatur und der opportunistischen Instandhaltungsstrategien zu bestimmen.

Eine einfache Instandhaltungsstrategie für komplexe Systeme hat folgende Gestalt ([2, S. 91]; [4, S. 96]; [54, S. 95]):

Im Abstand von τ Zeiteinheiten wird eine planmäßige Wartung durchgeführt, die das System wieder in seinen ursprünglichen Zustand versetzt. Störungen, die zwischen zwei Wartungen auftreten, werden durch "minimale Reparaturen" der betroffenen Komponenten beseitigt. Vereinfachend geht man davon aus, daß durch eine minimale Reparatur das Ausfallverhalten des Gesamtsystems nicht verändert wird. Dann kann das Ausfallverhalten des Systems durch einen inhomogenen Poisson-Prozeß mit zeitabhängiger Ausfallrate $\lambda=\lambda(t)$ abgebildet werden. Ist λ differenzierbar, dann muß der optimale Abstand der Wartungsmaßnahmen $\tilde{\tau}$ der Gleichung (8) genügen:

$$\int_0^{\tau} t\,\lambda'(t)dt = d \qquad (8)$$

Opportunistische Instandhaltungspolitiken ([29, S. 107]) nutzen die Tatsache aus, daß bei Reparatur- und Wartungsmaßnahmen ein Teil der Ausfallzeiten und der Kosten unabhängig von der Zahl der reparierten oder gewarteten Komponenten anfallen und prüfen bei Ausfall einer Komponente, ob mit der Reparatur dieses Bauteils gleichzeitig eine Wartung des Systems durchgeführt werden soll. Eine solche Politik hat beispielsweise die Form:

(1) Tritt im Intervall $(0, \tau_1)$ eine Störung auf, dann wird nur die ausgefallene Komponente repariert.

(2) Tritt eine Störung im Intervall (τ_1, τ_2) auf, dann wird die ausgefallene Komponente repariert und das System gewartet.

(3) Tritt bis zum Zeitpunkt τ_2 keine Störung auf, dann wird das System in diesem Zeitpunkt gewartet.

4) Modifikationen des Grundmodells

a) Inspektionsmodelle

Läßt man die Annahme fallen, daß der Zustand des Systems jederzeit bekannt ist, behält aber die Annahme bei, daß das System immer in einem der beiden Zustände "intakt" oder "defekt" ist, dann ergeben sich Instandhaltungsprobleme mit Inspektion. Diese gehen von folgender Grundsituation aus ([4, S. 107]; [7, S. 73] ; [11]):

1. Die Lebensdauer der Einheit ist eine Zufallsgröße mit bekannter Verteilung.
2. Der Ausfall einer Einheit kann nur durch Inspektionen, die mit Kosten verbunden sind, festgestellt werden. Meist wird vereinfachend angenommen, daß die Zeitdauer der Inspektionen vernachlässigt werden kann und der Zustand der Einheit durch die Inspektionen nicht beeinträchtigt wird.

3. Wird ein Fehler entdeckt, dann wird eine Reparatur eingeleitet; die Dauer der Reparatur ist eine Zufallsgröße mit bekannter Verteilung.

Gesucht wird eine Folge von Inspektionszeitpunkten $\tau_1<\tau_2< \ldots$, die die erwarteten Kosten/Zeiteinheit minimiert.

b) Justierungsmodelle

Läßt man die Annahme falen, daß das System in jedem Zeitpunkt nur in einem der beiden Zustände "intakt" oder "defekt" sein kann und nimmt man stattdessen an, daß der Zustand durch einen rellwertigen Index x gekennzeichnet werden kann, der als "Leistungsqualität" interpretiert werden kann, dann erhält man Justierungsmodelle, die durch folgende Grundsitutation gekennzeichnet sind ([18] ; [25]):

1. Die Leistungsqualität eines Systems wird durch eine reelle Zahl x gemessen. Durch die Nutzung verschiebt sich diese systematisch. Die Leistungsqualität ist eine Zufallsgröße X(t) mit der Verteilung $\Phi_X(x;t)$.
2. Die Leistungsqualität soll ein vorgegebenes Intervall nicht verlassen; liegt die Qualität außerhalb dieses Intervalls, dann entstehen Kosten für Garantieleistungen oder Nachbesserungen.
3. Durch Justierungsmaßnahmen kann das System auf eine Normalqualität x_0 zurückgeführt werden. Mit Justierungen sind Ausfallzeiten und Kosten verbunden.

Gesucht wird der optimale Abstand τ^0 der Justierungsmaßnahmen und die Normalqualität x_0 .

c) Unbekannte Verteilung der Lebensdauern

Wir lassen nun die Annahme fallen, daß die Verteilung der Lebensdauern bekannt ist. Sind zwar der Verteilungstyp, nicht aber die Parameter der Verteilung bekannt, dann ist ein adaptives Verfahren angebracht: Ausgehend von a priori-Annahmen über diese Parameterwerte bestimmt man zunächst eine Ausgangspolitik τ^1. Nach den ersten Ausfällen korrigiert man diese Paprameterwerte entsprechend dem Baysianischen Vorgehen und paßt dann die Wartungszeitpunkte an die veränderten Parameterwerte an ([29, S. 48]).

Liegen auch keine Informationen über den Verteilungstyp vor, dann ist man auf die allgemeinen Verfahren der Theorie der Entscheidungen unter Unsicherheit angewiesen. Es läßt sich zeigen, daß unter einer Minimax-Strategie vorbeugende Wartungen selbst dann nicht optimal sind, wenn man weiß, daß die Ausfallrate monoton steigt. [1], [54, S. 77] Im Gegensatz dazu lassen sich für Inspektionszeitmodelle optimale Politiken auf der Grundlage einer Minimax-Strategie herleiten.

III. Warteschlangentheoretische Ansätze

1) Problemstellung

Ein wesentliches Merkmal von Betriebsstörungen sind die mit Wartung und Reparatur verbundenen Ausfallzeiten. Mit Hilfe warteschlangentheoretischer Ansätze lassen sich zwei Aspekte dieser störungsbedingten Ausfallzeiten untersuchen:

1. Sind für Reparatur- und Wartungsmaßnahmen verfügbaren Kapazitäten beschränkt, dann erhöhen sich möglicherweise die Stillstandszeiten um Wartezeiten auf freie Kapazitäten.
2. Störungsbedingte Ausfallzeiten verringern die Kapazität des Systems und führen daher zu Stauungen bei der Abwicklung der Aufgaben des Systems.

2) Maschinenwartungsmodelle

Die Maschinenwartungsmodelle gehen von folgender Grundstruktur aus ([6]; [14, S. 91] ; [33, S. 305]; [41, S. 167]; [42]; [46]):

1. Gegeben sind n störanfällige Einheiten; die Abstände der Störungen sind unabhängige Zufallsgrößen mit bekannter Verteilung.
2. Zur Reparatur ausgefallener Einheiten stehen m Reparaturstellen zur Verfügung; die Reparaturzeiten sind unabhängige Zufallsgrößen mit bekannter Verteilung.
3. Ist beim Ausfall einer Einheit eine Reparaturstelle frei, so beginnt diese sofort mit der Reparatur; ist keine Stelle frei, so wartet die Einheit, bis eine Stelle frei wird.
4. Wird die Reparatur einer Einheit beendet, dann beginnt sie ihre Tätigkeit; die Zeit bis zum nächsten Ausfall gehorcht der ursprünglichen Verteilung der Störabstände.

Unter der Voraussetzung exponentialverteilter Störabstände lassen sich die wichtigsten Operationscharakteristiken, wie die mittlere Zahl der gestörten Einheiten, die durchschnittliche Kapazitätsauslastung des Reparatursystems und die ersten Momente der Verteilung der Ausfallzeiten herleiten. Wichtig ist, daß ebenfalls die zeitabhängige Verteilung der Zahl der gestörten Einheiten angegeben werden kann.

Für den Fall allgemeiner Verteilungen liegen hingegen nur wenige Ergebnisse vor: Lediglich bei exponentialverteilten Lebensdauern und unabhängigen, identisch-verteilten Reparaturzeiten kann man einen eingebetteten Semi-Markoff-Prozeß identifizieren und die stationäre Verteilung der Zahl der gestörten Einheiten bestimmen ([51, S. 189]; [4, S. 146]).

Für Markoff-Modelle wurde schon relativ früh die optimale Zahl von Reparaturstellen ermittelt ([46]). Neuere Untersuchungen bestimmen neben der optimalen Zahl der Reparaturstellen auch eine optimale Aufteilung der Einheiten auf Wartungsbereiche ([33, S. 316]; [34]). Schließlich wird die optimale Steuerung von Maschinenwartungsmodellen mit Hilfe der dynamischen Optimierung untersucht([16]; [17]).

3) Wartesysteme mit Betriebsstörungen

Störungen und Stillstandszeiten von Maschinen führen zu einer Unterbrechung des Produktionsablaufes und rufen möglicherweise Stauungen hervor. Diese störungsbedingten Stauungen lassen sich durch folgendes Modell erfassen([22]; [26]; [33]; [40]; [52]; [53]):

1. Werkstücke werden einzeln vor einer Maschine angeliefert. Die Abstände der Lieferungen sind unabhängige, identisch verteilte Zufallsgrößen.
2. Ist die Maschine belegt, dann werden die angelieferten Werkstücke in einem Pufferlager zwischengelagert, bis die Maschine frei wird.
3. Die Bearbeitungszeiten der Werkstücke sind unabhängige, identisch verteilte Zufallsgrößen mit bekannter Verteilung.

Insoweit entspricht die Situation dem Grundmodell der Warteschlangentheorie. Um die Auswirkungen störungsbedingter Ausfallzeiten zu erfassen, wird das Modell um folgende Elemente erweitert:

4. Zeitweilig wird die Bearbeitung der Werkstücke unterbrochen, weil die Maschine gestört ist. Die störungsfreien Arbeitszeiten sind unabhängige, identisch-verteilte Zufallsgrößen mit bekannter Verteilung.
5. Die Reparatur gestörter Maschinen führt zu Stillstandszeiten, die durch unabhängige, identisch-verteilte Zufallsgrößen mit bekannter Verteilung beschrieben werden.

Sind die Liefer- und Störabstände exponentialverteilt, dann kann man die wichtigsten Operationscharakteristiken wie die mittlere Zahl der noch nicht bearbeiteten Werkstücke, die Verfügbarkeit und die Kapazitätsauslastung der Maschine explizit angeben. Wichtig ist, daß diese Kennzahlen allein von den beiden ersten Momenten der Verteilung der Bearbeitungs- und Reparaturzeiten, nicht aber von dem Verteilungstyp abhängen.

Eine Verallgemeinerung der Annahmen über den Liefer- oder Störprozeß stößt hingegen auf so große Schwierigkeiten, daß bisher keine

Lösungen gefunden werden konnten.
Ebenso konnte bisher für mehrere hintereinander arbeitende Maschinen lediglich für den Fall eines Fließbandes ohne Pufferläger eine Lösung gefunden werden ([32]). Sobald Pufferläger zugelassen werden, ergeben sich aus der Möglichkeit des Blockierens und Austrocknens einzelner Maschinen bei überfüllten oder leeren Pufferlägern erhebliche Schwierigkeiten. Eine Dekomposition des Systems in unabhängig voneinander arbeitende Wartesysteme scheidet aus, weil selbst dann, wenn Lieferungen, Bearbeitungen, Störungen und Reparaturen durch Markoff-Prozesse beschrieben werden können, die Zeitpunkte, in denen eine Bearbeitung abgeschlossen wird, keinen Erneuerungsprozeß bilden ([33, S. 375]). Die simultane Analyse eines Wartesystems mit mehreren in Serie arbeitenden, störanfälligen Maschinen scheitert aber selbst in einfachen Fällen am Umfang der zur Systembeschreibung erforderlichen Gleichungssysteme. Daher sind lediglich einige Ansätze bekannt geworden, die die Kapazität und die Verfügbarkeit solcher Systeme näherungsweise bestimmen und versuchen, den Einfluß von Pufferlägern auf den Produktionsfluß in solchen Systemen abzuschätzen ([12]; [20]; [28]).

C. Integration der Einzelansätze

I. Grenzen der Integration

Obgleich relativ weit entwickelte Ansätze vorliegen, die einzelne Aspekte des Störungsphänomens erfassen, erscheint eine Integration zu einem geschlossenen Modell der Betriebsstörungen beim gegenwärtigen Stand der Theorie nicht möglich. Dies liegt weitgehend daran, daß die für eine Lösung der Teilmodelle notwendigen Annahmen sich gegenseitig widersprechen:

1. Voraussetzung für die Lösbarkeit der warteschlangentheoretischen Ansätze ist die Exponentialverteilung der Störabstände. Bei exponentialverteilten Lebensdauern sind aber vorbeugende Wartungen meist sinnlos.
2. Ebenso setzen die Ansätze der Maschinenwartungstheorie meist exponentialverteilte Störabstände voraus. Konstante bzw. beliebig verteilte Störabstände, die sich bei vorbeugender Wartung ergeben, können nicht behandelt werden.

   Weiter geht die Maschinenwartungstheorie von zufälligen Ausfällen aus; die sich bei blockweiser Wartung ergebende Möglichkeit, die Wartungszeitpunkte mehrerer Maschinen zu koordinieren, lassen sich nicht im Rahmen der Maschinenwartungsmodelle erfassen.

3. Der Schwerpunkt der Zuverlässigkeitstheorie liegt bei der Analyse komplexer Systeme. Optimale Lösungen für das Instan haltungsproblem sind aber bisher nur für relativ einfache Systeme entwickelt worden.

Die Möglichkeiten einer expliziten Lösung für das Gesamtmodell sin daher zur Zeit nicht abzusehen; es bestehen allenfalls Möglichkeit das Verhalten des Systems mit Hilfe der Simulation zu untersuchen oder geeignete Näherungsverfahren zu entwickeln.
Allerdings konnten zumindest einige Ansätze zu einer partiellen Integration wichtiger Teilaspekte erreicht werden.

II. Ansätze zur partiellen Integration der Einzelmodelle

1) Zuverlässigkeitstheorie und Maschinenwartungsmodelle

So konnte im Rahmen der Zuverlässigkeitstheorie die Begrenzung der Reparaturkapazität durch Einbeziehung von Ergebnissen der Maschine wartungstheorie berücksichtigt werden. Das Vorgehen läßt sich am Beispiel eines Systems mit n redundanten Einheiten und $m<n$ Reparaturstellen verdeutlichen ([50]).

1. Eine Einheit sei tätig und unterliege dem Verschleiß; ihre Lebensdauer sei eine nicht-negative Zufallsgröße.
2. Die restlichen Einheiten dienen als Reserve und werden bei Ausfall der tätigen Einheit ohne Zeitverzug eingeschaltet. Ihre Lebensdauern seien exponentialverteilte Zufallsgrößen.
3. Die Reparaturzeiten seien ebenfalls exponentialverteilt.

Dann läßt sich ein Markoff-Erneuerungsprozeß mit Erneuerungspunkten in den Zeitpunkten des Ausfalls der tätigen Einheit identifizieren. Zwischen den Zustandswahrscheinlichkeiten in diesen Erneuerungspunkten läßt sich ein System von Integralgleichungen angeben, die von den Übergangswahrscheinlichkeiten zwischen den Zuständen al hängen. Diese Übergangswahrscheinlichkeiten sind aber gerade gleic der zeitabhängigen Lösung des klassischen Maschinenwartungsmodells Unter den angegebenen Voraussetzungen läßt sich die mittlere Zeit bis zum Ausfall des Systems und die stationäre Verfügbarkeit angeb

2) Zuverlässigkeit und Instandhaltung

Die neueren Ergebnisse der Zuverlässigkeitstheorie ermöglichen es, beliebige Verteilungen der Lebensdauern zu berücksichtigen. Insbesondere können modifizierte Lebensdauern untersucht werden, die sich ergeben, wenn die Einheiten nach einer fest vorgegebenen Zeit τ gewartet werden:

$$X = \begin{cases} L & \text{falls } L \leq \tau \\ \tau & \text{sonst} \end{cases} \quad \text{bzw.} \quad \Phi_X(t) = \begin{cases} \Phi_L(t) & \text{falls } t \leq \tau \\ 1 & \text{sonst} \end{cases}$$

X ist dann die effektive Nutzungsdauer der Einheit. Diese Überlegung ermöglicht es, Zuverlässigkeit und Verfügbarkeit von regelmässig gewarteten Systemen zu bestimmen ([36]).

3) Wartesysteme mit Betriebsstörungen und Maschinenwartung

Schließlich ist auf eine Verbindung von Wartesystemen mit Betriebsstörungen und Maschinenwartungsmodellen hinzuweisen ([34]). Betrachtet wird ein System von n unabhängig voneinander arbeitenden, störanfälligen Maschinen, die von m<n Maschinen gewartet werden. Die Warteschlangentheorie bestimmt den Umfang der störungsbedingten Pufferläger in Abhängigkeit von den beiden ersten Momenten der Verteilung der Ausfallzeiten; diese können mit Hilfe der Maschinenwartungsmodelle bestimmt werden. Dieses Erklärungsmodell bildet dann die Grundlage für die Bestimmung der optimalen Zahl von Reparaturstellen.

Literatur

[1] BARLOW, R.E., Maintenance and Replacement Policies, in: Zelen, (Hrsg.), Statistical Theory of Reliability, Madison 1963, S.75

[2] BARLOW, R.E. u. L.C. Hunter, Optimum Maintenance Policies, OR 8 (1960), S.90.

[3] BARLOW, R.E. u. F. PROSCHAN, Planned Replacement, in: Arrow,K. u.a. (Hrsg.), Studies in Applied Probability and Management Science, Stanford 1962, S. 63.

[4] diess., Mathematical Theory of Reliability, New York 1965

[5] diess., Statistical Theory of Reliability and Life-Testing, New York 1975, dt. Übs. Statistische Theorie der Zuverlässigkeit, Berlin(Ost) 1978.

[6] BENSON, F. u. D.R. COX, The Productivity of Machines Requiring Attention at Random Intervals, J.Roy.Stat.Soc. B13(1951), S.6[illegible]

[7] BEICHELT, F., Optimale Instandhaltung, Berlin(Ost) 1974.

[8] ders., Prophylaktische Erneuerung von Systemen, Braunschweig 1976.

[9] BIRNBAUM, Z.W., J.A. ASARY u. S.C. SAUNDERS, Multi-component Systems and Structures and Their Reliability, Technometrics 3(1961), S. 55.

[10] BIROLINI, A., Some Applications of Regenerative Stochastic Processes to Reliablility Theory. IEEE Trans. Rel. R23(1974), S. 186.

[11] BOSCH, K. u. U. Jensen, Deterministische Inspektionsstrategie[illegible] ZOR 22(1978), S. 151.

[12] BUZACOTT, J.A., The Effect of Station Breakdown and Random Pr[illegible]cessing Times on the Capacity of Flow Lines with In-Process Storage, AIIE Trans. 4(1972), S. 308.

[13] COX, D.R., Renewal Theory, London 1962.

[14] COX, D.R. u. W.L. SMITH, Queues, London 1961.

[15] DOWNTOWN, F., The Reliability of Multiplex Systems with Repair, J.Roy.Stat.Soc. B28(1966), S. 459.
[16] FEINDOR, R., Steuerung von Warteschlangen durch die Abfertigungsrate, Proceedings in Operations Research 3, Würzburg 1973, S. 299.
[17] ders., Optimale Steuerung allgemeiner Warteprozesse, Diss. Karlsruhe 1975.
[18] FÖRSTNER, K., Über Justierungen bei Produktionsverfahren mit zeitabhängiger Qualität der Ausbringung, Ufo 7(1963), S. 37.
[19] FOX, R.J. u. D.R. ZERBE, Some Practical System Availability Calculations, AIIE Trans. 6(1974), S. 228.
[20] FREEMAN, M.C., The Effects of Breakdown and Interstage Storage on Production Line Capacity, J.Ind.Eng. 15(1964), S. 154.
[21] GAEDE, K.-W., Zuverlässigkeit - Mathematische Methoden, München-Wien 1977.
[22] GAVER, D.P. jr., A Waiting Line with Interrupted Services, Including Priorities, J.Roy.Stat.Soc. B24(1962), S. 73.
[23] ders., Time to Failure and Availability of Parallel Systems with Repair, IEEE Trans.Rel. R12(1963), S. 30.
[24] GNEDENKOW, B.W., J.K. BELJAJEW u. A.D. SOLOWJEW, Mathematische Methoden der Zuverlässigkeitstheorie, Bd.I, Berlin(Ost) 1968.
[25] HALL, R.I. u. S. Eilon, Controlling Production Processes which are Subject to Linear Trends ORQuart. 14(1963), S. 279.
[26] HEATHCOTE, C.D., On Priority Queues, Biometrika 8(1960),S.630.
[27] HÖFLE-ISPHORDING,U., Zuverlässigkeitsrechnung, Berlin 1978.
[28] IGNALL, E. u. A. SILVER, The Output of A Two-Stage System with Unreliable Machines and Limited Storage, AIIE Trans. 9(1977), S. 183.
[29] JORGENSEN, D.W., J.J.McCALL u. R. RADNER, Optimal Replacement Policy, Amsterdam 1967.
[30] KAUFMAN, A., D. GROUCHK u. R. CRUON, Mathematical Models for the Study of the Reliability of Systems, New York 1977.
[31] KHINTCHINE, A.J.D., Über die mittlere Dauer des Stillstandes von Maschinen, Math. Sbornik 40(1933), S. 119.
[32] KISTNER, K.-P., Betriebsstörungen bei Fließbändern, ZOR 17 (1973), S. B. 47.
[33] ders., Betriebsstörungen und Warteschlangen, Opladen 1974.
[34] ders., Optimization Problems in a Queueing System with Breakdowns, in: Albach, H. u. G. Bergendahl (Hrsg.), Production Theory and Its Applications, Berlin 1977, S. 14.
[35] ders., Regenerative Eigenschaften von Modellen der Zuverlässigkeitstheorie, in: Operations Research Verfahren XXIX, Meisenheim 1978: Second Symposium on Operations Research Teil 2, S. 713.
[36] KISTNER, K.P. u. Y.M.I. DIRICKX, Reliability of a Repairable System with Redundant Units, Discussion Paper No. 38, Faculty of Economics, University of Bielefeld, Feb. 1978.
[37] KISTNER, K.-P. u. R. SUBRAMANIAN, Die Zuverlässigkeit eines Systems mit redundanten störanfälligen Komponenten und Reparaturmöglichkeiten, ZOR 18(1974), S. 117.
[38] KUMAGAI, M., Reliablility Analysis for Systems with Repair, OPSEARCH 14(1971), S. 53.
[39] LIE, C.H., C.L. HWANG und F.A. TILLMAN, Availability of Maintained Systems: A State-of-the Art Survey, AIIE Trans. 9(1977), S. 247.

[40] MITRANY, I.L. u. B. AVI-ITZHAK, A Many Server Queue with Service Interruptions, OR 16(1968), S. 628.
[41] MORSE, Ph., Queues, Inventories, and Maintenance, New York 1958.
[42] NAOR, P., Some Problems of Machine Interference, Proc.1st.International Conference on OR, Balitimore 1957, S. 147.
[43] NATARAJAN, R. u. S. Subba RAO, Reliability of Repairable Systems with Spare Deteriorating in Storage, Canadian Journ. OR 8(1970), S. 154.
[44] OSAKI, S., Reliability Analysis for a Two-Unit Standby Redundant System with Standby Failure, OPSEARCH (India) 7(1970), S. 13.
[45] OSAKI, S. u. T. NAKAWAGA, Bibliography for Reliability and Availability of Stochastic Systems, IEEE Trans.Rel. R25(1976), S. 284
[46] PALM, C., The Distribution of Repairmen in Servicing Automatic Machines, Industritidningen Norder 75(1947). Engl. Übs. in: J. Ind. Eng. 9(1958), S. 28.
[47] SAVAGE, I.R., Cycling, Nav.Res.Log.Quart. 3(1956), S. 175.
[48] SCHNEEWEISS, W., Zuverlässigkeitstheorie, Berlin 1973.
[49] STÖRMER, H., Mathematische Theorie der Zuverlässgikeit, München 1970.
[50] SUBRAMANIAN, R., K.S. VENKATAKRISHNAN u. K.-P. KISTNER, Reliability of a Repairable System with Standby Failure, OR 24 (1976), S. 169.
[51] TAKAČS, L., Introduction to the Theory of Queues, Oxford 1962.
[52] THIRUVENGADAM, K., Queueing with Breakdowns, OR 11(1963), S. 62.
[53] WHITE, H. u. L.S. CHRISTIE, Queueing with Preemptive Priorities, or with Breakdowns, OR 6(1958), S. 79.
[54] WOLFF, M., Optimale Instandhaltungspolitiken in einfachen Systemen, Berlin 1970.

Inspektionsmodelle

K. Bosch und **U. Jensen**, Stuttgart

Es wird folgendes Grundmodell eines Inspektionsprozesses betrachtet:
Ein Element wird zur Zeit $t_0 = 0$ in Betrieb genommen.
Zu den Zeitpunkten $t_1, t_2, \dots; t_n \leq t_{n+1}, n = 0,1,2,\dots$ finden Inspektionen statt. Wird bei einer Inspektion festgestellt, dass das Element ausgefallen ist, so wird es ohne zeitlichen Verlust erneuert. Die Zufallsvariable X_i, $i=1,2,\dots$, gibt die Lebensdauer des i-ten eingesetzten Elementes an. Die Zufallsvariablen X_i seien unabhängig und identisch verteilt mit der Verteilungsfunktion $F(t) = P(X_i \leq t)$, für die $F(0) = 0$ gilt.

Zur Aufstellung eines Inspektionsplanes, der in diesem Grundmodell die Inspektionszeitpunkte festlegt, können bei bekannter Lebensdauerverteilung F verschiedene Strategien gewählt werden. Für einige Modellstrategien werden folgende charakteristische Grössen untersucht

- Die Wahrscheinlichkeit p_n, dass zum Inspektionszeitpunkt t_n ein Ausfall vorliegt und das asymptotische Verhalten dieser Wahrscheinlichkeiten
- Die mittlere Anzahl $H(t_n)$ der Erneuerungen bis zur Zeit t_n
- Die Kostenfunktion und deren asymptotisches Verhalten bei Vorgabe der Inspektions- und Erneuerungskosten I und R sowie der Leerlaufkostenfunktion V(x), welche die Kosten für eine Leerlaufperiode der Länge x angibt.

Eine Übersicht über Inspektionsmodelle und weitere Literaturhinweise sind in [1] und [2] zu finden.

Proceedings in Operations Research 8, ©Physica-Verlag, Würzburg–Wien, 1979

Die Herleitungen und Beweise der in den folgenden Modellen aufgeführten Formeln sind in [3] und [5] angegeben.

Modell 1

Werden die Inspektionen zu äquidistanten Zeitpunkten $t_n = nt_1$, $n = 1,2,\ldots$, $t_1 > 0$, vorgenommen, so gilt für die Wahrscheinlichkeiten p_n die Rekursionsgleichung

$$p_n = \sum_{k=1}^{n} \Delta_k p_{n-k}, \quad n=1,2,\ldots \quad \text{mit } \Delta_k = F(kt_1) - F((k-1)t_1), \quad p_o = 1$$

und es folgt nach [3] der Grenzwertsatz

$$\lim_{n\to\infty} p_n = \frac{1}{\sum_{k=1}^{\infty} k\Delta_k}, \quad \text{falls } \Delta_1 > 0.$$

Die mittlere Anzahl von Erneuerungen bis zur Zeit nt_1 ist gegeben durch

$$H(nt_1) = \sum_{k=1}^{n} p_k.$$

Für den Grenzwert der mittleren Kosten je Zeiteinheit $k(t_1)$ gilt

$$k(t_1) = \frac{1}{t_1} \{I + p(R + \int_o^{t_1} V(t_1-x)dG(x))\}$$

$$\text{mit } G(x) = \sum_{k=o}^{\infty} [F(kt_1+x) - F(kt_1)]$$

Modell 2

Die Inspektionszeitpunkte werden so gewählt, dass die absolute Wahrscheinlichkeit p_n für alle $n \in \mathbb{N}$ konstant ist,

$p_n = p$ für $n = 1,2,\ldots$

Ist $F(x)$ stetig und streng monoton wachsend für $F(x) < 1$ und $0 < p < 1$, so lassen sich die Inspektionszeitpunkte für dieses Modell eindeutig berechnen aus

$$p = F(t_n) - F(t_{n-1}) + p\sum_{k=1}^{n-1} [F(t_n-t_k) - F(t_{n-1}-t_k)],\ n=2,3,\ldots$$

$$F(t_1) = p$$

Modell 3

Die Inspektionszeitpunkte werden in Abhängigkeit vom Alter der eingesetzten Elemente so festgelegt, dass die bedingten Ausfallwahrscheinlichkeiten $q_n = P(X_1 \leq t_{n+1} \mid X_1 > t_n)$ für alle n konstant sind, $q_n = q$ für $n = 1,2,\ldots$

In diesem Modell beschränkt sich die Betrachtung auf den Zeitraum bis zur Entdeckung des ersten Ausfalls. Die Inspektionszeitpunkte lassen sich eindeutig aus

$$F(t_n) = 1 - (1-q)^n$$

bestimmen, falls $0<q<1$ und $F(x)$ stetig und streng monoton für $F(x)<1$ ist.

Modell 4

Inspektionen werden in zufälligen Abständen Y_n, $n=1,2,\ldots$ vorgenommen. Dabei seien die Zufallsvariablen Y_n unabhängig und identisch verteilt mit der Verteilungsfunktion $G(t) = P(Y_1 \leq t)$.

Die Inspektionszeitpunkte t_1, t_2, ... sind Realisierungen eines Erneuerungsprozesses.

Sei $G^{(n)}(x)$, $n=1,2,\ldots$, die n-fache Faltung von $G(x)$. Dann lässt sich mit Hilfe der Erneuerungsfunktion

$H_G(x) = \sum_{n=1}^{\infty} G^{(n)}(x)$ der Grenzwert der Wahrscheinlichkeiten p_n berechnen.

$$\lim_{n\to\infty} p_n = \frac{1}{1 + \int_0^{\infty} H_G(x)\,dF(x)},\ \text{falls } P(X_1<Y_1)>0.$$

Literatur

[1] Barlow, R., F. Proschan:
Mathematical Theory of Reliability.
New York 1965

[2] Beichelt, F.: Optimale Instandhaltung
Berlin 1974

[3] Bosch, K., U. Jensen:
Deterministische Inspektionsstrategien.
Zeitschrift für Operations Research,
22, 1978, 151-168.

[4] Feller, W.: An Introduction to Probability Theory and
Its Applications. Vol. I, 3rd. ed.,
New York, 1968

[5] Jensen, U., K. Bosch:
Ein stochastisches Inspektionsmodell,
zur Veröffentlichung eingereicht.

Verschleißende Instandhaltungssysteme mit Überholungen und minimaler Reparatur

M.-R. Wolff, Heidelberg

Die betriebswirtschaftliche Instandhaltungstheorie systematisiert und analysiert die vielfältigen Wartungsprobleme von Produktions- und Sicherheitseinrichtungen mit der Zielsetzung, optimale Wartungspläne bereitzustellen. In diesem Beitrag sollen Wartungspläne für industrielle Produktionseinrichtungen entwickelt werden, die eine Maximierung der Verfügbarkeit bzw. eine Minimierung der Instandhaltungs- und Betriebskosten komplexer Anlagen gestatten. Solche Anlagen - exemplarisch seien NC-Mehrspindelbohrwerke, automatisierte Honmaschinen und Fördereinrichtungen genannt - zeichnen sich unter Instandhaltungsaspekten durch (1) mehrere störanfällige Komponenten und (2) infolge allmählichen Verschleisses wachsende Betriebskosten aus. Mit der Laufzeit dieser sog. Instandhaltungssysteme (IS) steigen jedoch nicht nur ihre Betriebskosten an - neben vermehrtem Betriebsstoffaufwand vor allem durch zunehmenden Ausschuß bedingt -, typischerweise wächst auch die zu erwartende Anzahl von Komponentenausfällen in einem Intervall gegebener Länge laufend an. Somit ist eine gelegentliche zeitaufwendige und kostspielige Überholung der Anlage unumgänglich Ein optimaler Wartungsplan hat die (akkumulierten) Laufzeitintervalle zwischen den Überholungen aufzuzeigen.

Im Folgenden werden Wartungspläne für IS nachstehender Charakteristik analysiert:

- Die störungsfreie Laufzeit einer ersetzten Komponente ist eine Zufallsvariable. Die Komponenten sind entweder lauffähig oder ausgefallen.
- Der Ausfall einer Komponente zieht den des IS nach sich.
- Ausgefallene Komponenten werden unverzüglich einer "minimalen Reparatur" unterworfen, d.h. danach ist die Ausfallsrate des IS

reetabliert.

- Alle Kosten und Stillstandszeiten können von der Laufzeit und der Anzahl der Störungen bis zur nächsten Überholung abhängen.

1. OPERATIONSCHARAKTERISTIK KOMPLEXER INSTANDHALTUNGSSYSTEME

1.1 MINIMALE REPARATUR

Das IS besteht aus einer Vielzahl nicht notwendig identischer, zufällig gestörter Komponenten mit folgenden Eigenschaften:

C_1: Die Komponenten sind voneinander stochastisch unabhängig.

C_2: Eine gestörte Komponente wird unverzüglich durch eine funktionsgleiche mit identischer Ausfallsverteilung ersetzt.

C_3: Die Komponenten unterliegen keinem ruhenden Verschleiß.

Unter diesen Voraussetzungen - nebst einigen Regularitätsbedingungen an die involvierten Ausfallsverteilungen - ist aus der Zuverlässigkeitstheorie bekannt, daß die Systemausfälle für $\ell \to \infty$ Komponenten im stationären Zustand einen POISSON-Prozeß bilden [DRENICK (1960)]. Diese Aussage gilt auch für IS mit endlich vielen Komponenten im nicht-stationären Zustand, falls eine "minimale Reparatur" erfolgt [BARLOW-PROSCHAN-HUNTER (1965), pp. 18-22] :

C_2': Eine gestörte Komponente wird unverzüglich durch eine funktionsbereite in der Weise ersetzt, daß die Ausfallsrate $\phi(.)$ des Instandhaltungssystems reetabliert wird.

BARLOW-HUNTER (1960) wiesen darauf hin, daß sich diese Forderung in komplexen IS über den Austausch mit neuwertigen Teilen realisieren läßt.

Für die Ausfallsverteilung F(.) des IS gelte $F: \overline{\mathbb{R}}^+ \to [0,1]$ mit $F(0+) < 1$ und $F \in C_2(\mathbb{R}^+)$. Somit existiert die Ausfallsdichte f, $f(t)dt = dF(t)$ und die Ausfallsrate $\phi(t) := f(t)/(1 - F(t))$ des IS.

C_4: Mit Abschluß einer Überholung befindet sich das IS in einem neuwertigen Zustand (Regenerationspunkt des stoch. Prozesses).

Die Zahl der Komponentenausfälle im überholungsfreien Laufzeitintervall [0,s] einer Anlage mit C_1 - C_4 gehorcht einem POISSON-Prozeß $\{N(s),\ s \geq 0\}$ mit

$$\text{Prob}\,\{N(s) = n\} = \Psi(s)^n e^{-\Psi(s)}/n! \qquad (n = 0,1,..) \tag{1.1}$$

wobei

$$\Psi(s) = \int_0^s \phi(t)\, dt \tag{1.2}$$

die Erneuerungsfunktion $H(s) := E[N(s)] = \Psi(s)$ des eingebetteten reinen Laufzeitprozesses bildet.

1.2 BEWERTUNGSFUNKTIONEN DES INSTANDHALTUNGSPROZESSES

Hinsichtlich der Zielsetzung die Verfügbarkeit bzw. die Durchschnittskosten des IS zu optimieren sind die folgenden, i.a. stochastischen Bewertungsfunktionen relevant:

- Zeiten bzw. Kosten des Betriebs der Anlage,
- Zeiten bzw. Kosten für minimale Reparaturen und Überholungen,
- Opportunitätskosten während des wartungsbedingten Stillstandes.

Die aufeinanderfolgenden Regenerationspunkte des IS legen die Zyklen des stochastischen Prozesses $\{Z_n,\ n \in \mathbb{N}\}$, $Z_n = X_n + W_n$, fest. Sieht man von einer Diskontierung ab, so können die Betriebs- und Stillstandszeiten des n. Zyklus in den stochastischen Variablen X_n und W_n zusammengefaßt werden. W_n setzt sich aus reparatur- und überholungsbedingten Stillstandszeiten ($\hat{T}_{m,n}(X_n)$ und $\hat{T}_{p,n}(X_n)$) zusammen, die jeweils vom Wartungstyp, wie auch vom vorausgehenden Laufzeitintervall X_n und den darin erforderlichen minimalen Reparaturen abhängen können:

$$\hat{T}_{\cdot,n}(X_n) = T_{\cdot,n} + t_{\cdot}(X_n) + \tau_{\cdot}[N(X_n)] \quad . \tag{1.3}$$

$\{\hat{T}_{\cdot,n},\ n \in \mathbb{N}\}$ seien Erneuerungsprozesse. Durch (1.3) lassen sich insbesondere die i.a. mit der Laufzeit ansteigenden Überholungsperioden erfassen. Sinngemäß gilt dies für die Kosten des Betriebes $\hat{K}_{r,n}(X_n)$, die aggregierten Kosten minimaler Reparaturen $\hat{K}_{m,n}(X_n)$ und die Kosten der Überholung $\hat{K}_{p,n}(X_n)$ des IS im n. Zyklus:

$$\hat{K}_{\cdot,n}(X_n) = K_{\cdot,n} + k_{\cdot}(X_n) + \kappa_{\cdot}[N(X_n)] \quad . \tag{1.4}$$

Der Produktionsausfall der Anlage während der Wartungszeiten wird zu konstanten Opportunitätskosten, $q \geq 0$, bewertet:

$$\hat{K}_{s,n}(X_n) = q \cdot W_n(X_n) \quad . \tag{1.5}$$

Die Annahme konstanter Opportunitätskosten wird etwa bei der Güterproduktion für einen polypolistischen Markt gerechtfertigt.

C_5: $\{T_{m,n}\}$, $\{T_{p,n}\}$, $\{K_{m,n}\}$, $\{K_{p,n}\}$ und $\{K_{r,n}\}$ seien voneinander stochastisch unabhängige Erneuerungsprozesse, deren gemeinsame Erwartungswerte T_m, T_p, K_m, K_p und K_r endlich sind.

C_6: Die Bewertungsfunktionen $k_.$, $\kappa_.$, $t_.$ und $\tau_.$ sind nicht fallend und entstammen $C_2(\bar{\mathbb{R}}^+)$; sie verschwinden im Nullpunkt.

1.3 KONTROLLE KUMULATIVER PROZESSE

Um den alternierenden Erneuerungsprozeß $\{Z_n\}$ bei unbegrenztem Planungshorizont im CESÀRO-Limit optimal zu steuern, genügt es, optimale, streng periodische Wartungspläne $X_n = x^*$ zu behandeln; sie werden von keinem sequentiellen, stochastischen Wartungsplan $\{X_n\}$ dominiert [vgl. WOLFF (1976)]. Zusammen mit den obigen Regularitätsvoraussetzungen kann dann das Theorem von SMITH über kumulative Prozesse herangezogen werden: Bei Anwendung eines periodischen Wartungsplanes $x > 0$ ist der Bewertungsprozeß $\{R(t),\ t \geq 0\}$ ein zu $\{Z_n\}$ assoziierter kumulativer Prozeß. Bei endlichem, gemeinsamem Erwartungswert der Bewertungen pro Zyklus, $E[P_n] = E[P]$, gilt dann

$$\lim_{t\to\infty} \frac{E[R(t)]}{t} = \frac{E[P]}{E[Z]} \quad . \tag{1.6}$$

2. VERFÜGBARKEIT

Vielfach sind Anlagen zu warten bei denen die Vermeidung von Engpässen vorrangig ist oder für die keine aussagefähigen (Folge-) Kostenschätzungen infolge ihres Teilsystemcharakters möglich sind. Es bietet sich dann die Maximierung der zu erwartenden Verfügbarkeit des IS an. Mittels (1.6) reduziert sich die Zielfunktion auf

$$\Lambda(x) := E[X_n]/\ E[Z] = x\ /\ \{x + E[W(x)]\} \quad , \quad x > 0 \ . \tag{2.1}$$

2.1 LINEARER FALL

Faßt man die Stillstandszeiten (1.3) zusammen, so ergibt sich aufgrund der Stetigkeitsvoraussetzungen C_6

$$E[W(x)] = T + E[t(x)] + E[\tau[N(x)]] = T + t(x) + \tau[H(x)] \tag{2.2}$$

und bei linearen Bewertungsfunktionen

$$E[W(x)] = T + \bar{t}\cdot x + \bar{\tau}\cdot \int_0^x \phi(s)\ ds \quad , \tag{2.3}$$

worin $T_p + T_m := T > 0$ und $\bar{\tau} > 0$ zu fordern ist. Ein optimaler Wartungsplan $x^* \in \mathbb{R}^+$ muß die folgende Bedingungsgleichung erfüllen:

$$T/\bar{\tau} = x \cdot \phi(x) - H(x) = \int_0^x \{\phi(x) - \phi(s)\} ds \quad . \tag{2.4}$$

Da diese Integralgleichung i.a. nicht analytisch auflösbar ist, wird man nach Bedingungen für die eindeutige Existenz eines $x \in \mathbb{R}^+$ suchen. Da dann (2.4) invertierbar ist, lassen sich Tabellen oder Graphiken für Verteilungsfamilien erstellen, anhand derer parametrisch in $T/\bar{\tau}$ der optimale Wartungsplan x^* abzulesen ist.

LEMMA 1: Falls in einem komplexen IS $C_1 - C_6$ mit linearer Bewertung (1) $T, \bar{\tau} > 0$ und (2) ϕ streng monoton und unbeschränkt wächst, dann existiert ein eindeutiger, optimaler Wartungsplan $x^* \in \mathbb{R}^+$, der die zu erwartende Verfügbarkeit maximiert und die Zielfunktion besitzt im Optimum den Wert $\Lambda(x^*) = \{1 + \bar{t} + \bar{\tau} \cdot \phi(x^*)\}^{-1}$.

ANWENDUNG: Gehört die Ausfallsverteilung des IS der Familie der WEIBULL-Verteilungen an, so wächst die Ausfallsrate $\phi(t) = \lambda \alpha t^{\alpha - 1}$ $(t = 0;\ \lambda, \alpha > 0)$ bei Kurvenparametern $\alpha > 1$ streng monoton und unbeschränkt. Die Bedingungsgleichung für optimale Wartungspläne

$$\lambda t^{\alpha}(\alpha - 1) = \text{const.} \tag{2.5}$$

gestattet es in einfacher Weise numerische Werte für die verfügbarkeitsmaximale Steuerung des IS zu gewinnen (vgl. Abbildung I).

2.2 VERFÜGBARKEITSMAXIMIERUNG BEI NICHT-LINEAREN WARTUNGSZEITEN

In der Zielfunktion (2.1) findet jetzt für die zu erwartende Stillstandszeit pro Zyklus der Ausdruck (2.2) Verwendung. Darin erfaßt $\tau[H(x)]$ die durch $H(x)$ zu erwartende Komponentenstörungen während einer Laufzeit von x erforderliche Reparaturzeit. Nunmehr lautet die Bedingungsgleichung, die ein verfügbarkeitsmaximaler Wartungsplan $x^* \in \mathbb{R}^+$ erfüllen muß,

$$x \cdot t'(x) - t(x) + x \cdot \tau'[H(x)]\phi(x) - \tau[H(x)] = T \quad . \tag{2.6}$$

Sofern die laufzeitabhängige Stillstandsfunktion $t(.) = t_p(.) + t_m(.)$ und die reparaturabhängige Stillstandsfunktion $\tau(.) = \tau_p(.) + \tau_m(.)$ die Voraussetzungen des folgenden Lemmas erfüllen, lassen sich mittels (2.6) in der oben skizzierten Weise verfügbarkeitsmaximale Wartungspläne erstellen.

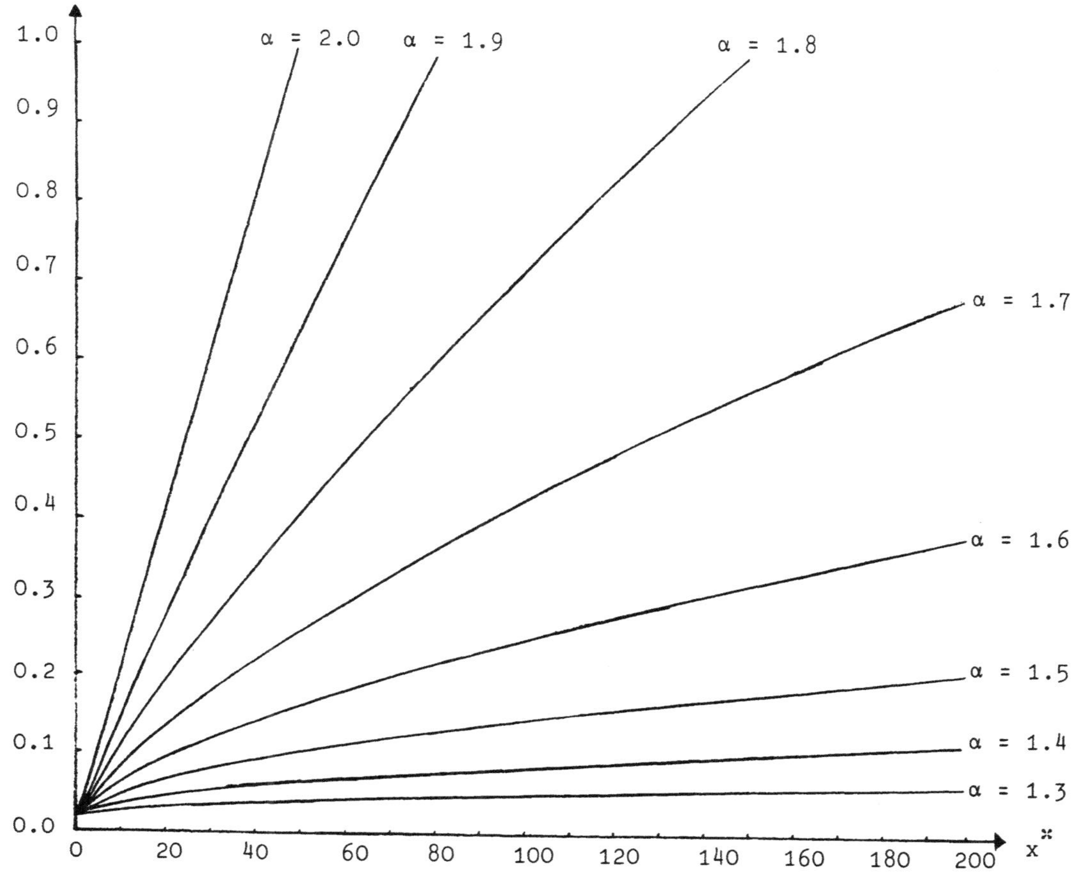

Abb. I : Optimale Länge x^* der gesamten Laufzeit bei einem Kostenfaktor von $T/\bar{\tau}$ für WEIBULL-Verteilungen mit $\lambda = 0.01$.

LEMMA 2: In einem komplexen IS C_1 - C_6 gelte

(i) ϕ wächst monoton und unbeschränkt; $T > 0$ UND

(ii) τ ist streng konvex und t ist konvex

ODER (iii) τ ist konvex und t ist streng konvex

ODER (iv) $\phi' > 0$, τ wächst streng monoton und t ist konvex,

dann existiert ein eindeutiger, optimaler Wartungsplan $x^* \in \mathbb{R}^+$, der die zu erwartende Verfügbarkeit maximiert.

Der Fall linearer Bewertung wird durch die Spezialisierung der Alternative (iv) zu τ = id. und t = const. abgedeckt. Eine weitere Verallgemeinerung linearer Bewertungsfunktionen, die von Lemma 2 nicht erfaßt wird, liefert

LEMMA 3: In dem komplexen Instandhaltungssystem gelte τ = id. Falls t streng konvex und $\phi' = 0$ ist, existiert ein eindeutiger verfügbarkeitsmaximaler Wartungsplan $x^* \in \mathbb{R}^+$.

Demzufolge kann - entgegen den traditionellen Aussagen der Instandhaltungstheorie für komplexe IS mit minimaler Reparatur - selbst im Grenzfall negativer-exponentialverteilter Ausfallsverteilung durch planmäßige Überholungen die Verfügbarkeit erhöht werden, sofern laufzeitabhängige Stillstandszeiten involviert sind.

Den Wert der Zielfunktion (2.1) bei Anwendung der optimalen Wartungsstrategie ermittelt man als

$$\Lambda(x^*) = \{1 + t'(x^*) + \tau'[H(x^*)]\cdot\phi(x\ )\}^{-1} \quad . \tag{2.7}$$

3. KOSTENMINIMIERUNG

In diesem Abschnitt werden hinreichende Kriterien für die Existenz periodischer Wartungspläne aufgestellt, die es erlauben, die zu erwartenden Kosten pro Laufzeiteinheit des IS zu minimieren. Die Bezugsgröße Laufzeit erfordert die Einbeziehung von Opportunitätskosten der während der Wartungszeiten entgangenen Produktion. Andernfalls würden bei relativ niedrigen Wartungs- oder Betriebskosten zu Lasten erheblicher Produktionsausfälle vermehrt Instandhaltungsaktionen eingeplant. Im Anschluß an Abschnitt 1.3 lautet die Zielfunktion zur Optimierung des mit $\{Z_n\}$ assoziierten kumulativen Prozesses der auftretenden Kosten

$$C(x) := \{E[K(x)] + E[K_s(x)]\} \,/\, x \quad , \; x > 0 \quad . \tag{3.1}$$

Hierin erfaßt $E[K_s(x)] = q \cdot E[W(x)]$ die in (1.5) und (2.2) definierten, zu erwartenden Stillstandszeiten pro Zyklus. Im ersten Term von (3.1) wurden die reinen Wartungs- und Betriebskosten (1.4) wiederum aggregiert. Anhand C_5 und C_6 läßt sich ableiten, daß

$$E[K(x)] = K + k(x) + \kappa[H(x)] \tag{3.2}$$

geschrieben werden kann und ein optimaler Wartungsplan $x^* \in \mathbb{R}^+$

$$q\{(x \cdot t'(x) - t(x)) + (x \cdot \tau'[H(x)]\phi(x) - \tau[H(x)])\} \; +$$
$$+ \; \{(x \cdot k'(x) - k(x)) + (x \cdot \kappa'[H(x)]\phi(x) - \kappa[H(x)])\} = K + qT \tag{3.3}$$

zu genügen hat. Hinreichende Kriterien für optimale Pläne liefert

LEMMA 4: Für das komplexe IS C_1 - C_6 mit $q > 0$, $K + qT > 0$ gelte

(A) ϕ wächst unbeschränkt, t und τ sind konvex UND

(i) κ ist streng konvex und k ist konvex,

ODER (ii) κ ist konvex und k ist streng konvex,

ODER (iii) ϕ, κ wachsen streng monoton,

ODER (B) ϕ wächst unbeschränkt, k und κ sind konvex UND

(i) τ ist streng konvex und t ist konvex,

ODER (ii) τ ist konvex und t ist streng konvex,

ODER (iii) ϕ, τ wachsen streng monoton,

dann existiert ein eindeutiger Wartungsplan $x^* \in \mathbb{R}^+$, der die zu erwartenden Kosten pro Laufzeiteinheit minimiert.

LEMMA 5: In dem komplexen IS C_1 - C_6 sei $\kappa, \tau = id.$. Falls ϕ' 0, t (k) streng konvex und k (t) nicht fallend sind, dann existiert ein eindeutiger, kostenminimierender Wartungsplan $x^* \in \mathbb{R}^+$.

LITERATUR

BARLOW, R., HUNTER, L.; Optimum Preventive Maintenenance Policies; ORSA 8(1960), pp. 90 - 100.

BARLOW, R., PROSCHAN, F., HUNTER, L.C.; Mathematical Theory of Reliability, (Wiley) 1965.

DRENICK, R.F.; The Failure Law of Complex Equipment; SIAM 1(1960), pp. 680 - 690.

WOLFF, M.-R.; Zur Instandhaltungstheorie einfacher Verschleiß-Systeme; Zeitschrift für Betriebswirtschaft 46(1976), pp. 885-898.

Implementationsprobleme beim Einsatz von Stichprobenverfahren für die Lagerinventur

V. Steinecke und P. Wienhold, Dortmund

1. Handelsrechtliche Vorschrift der Inventur

Die handelsrechtlichen Vorschriften verpflichten den Kaufmann zur jährlichen Aufstellung des Inventars. Mit der Erweiterung von § 39 HGB um Absatz 2a am 01.01.1977 ist nunmehr durch den Einsatz von Stichprobenverfahren die Möglichkeit für eine durchgreifende Rationalisierung bei der Inventur gegeben.

Das Vorgehen wird zwar weder im Handels- noch im Steuerrecht konkretisiert, doch sind nur anerkannte statistische Methoden zugelassen, die wissenschaftlich begründet sind. Voraussetzungen dafür sind eine Zufallsauswahl der Stichprobenelemente und eine geordnete Lagerbestandsführung und -fortschreibung der Mengen und Preise. Man sagt: das Verfahren muß den "Grundsätzen ordnungsgemäßer Buchführung" entsprechen. Der Aussagewert des stichprobenmäßig aufgestellten Inventars muß dem Aussagewert eines aufgrund einer vollständigen körperlichen Bestandsaufnahme aufgestellten Inventars gleichkommen. Daraus folgt nicht nur die Forderung nach sachlicher Richtigkeit, Genauigkeit und Vollständigkeit, sondern auch nach Reproduzierbarkeit, Revisionsfähigkeit und Handhabbarkeit. Von besonderer Bedeutung sind dabei die festzulegende Aussagewahrscheinlichkeit und der tolerierte Stichprobenfehler.

In der Praxis lieferte die bisher übliche vollständige körperliche Bestandsaufnahme nicht nur den Inventarwert für die Bilanz, sondern diente zugleich zur Kontrolle der Lagerbestände. Das Stichprobenverfahren kann nur die erste Aufgabe erfüllen und ersetzt keine Überwachung, die durch andere Maßnahmen wie Nullkontrolle, Kontrolle beim Wareneingang usw. sichergestellt werden kann.

2. Das Stichprobenverfahren

Unbestritten sind die bekannten Vorteile der Stichprobeninventur: Kosten- und Zeitersparnis, höhere Genauigkeit und bessere Nachprüfbarkeit.

Teilt man die Grundgesamtheit zum Zwecke der Varianzreduktion nach bestimmten Kriterien in verschiedene Schichten auf, für die jeweils eine Teilstichprobe zu ziehen ist, kann die Aussagegenauigkeit der Gesamtstichprobe erheblich verbessert oder der erforderliche Stichprobenumfang deutlich reduziert werden.

In der Praxis stellt man immer wieder das Auftreten von Ausreißern fest, die die Schichthomogenität stören und daher durch geeignete Maßnahmen auszuschließen und ebenso wie besonders wertvolle Güter für sich voll aufzunehmen sind.

Aus dem bekannten Instrumentarium der Stichprobentheorie gilt es, ein geeignetes Verfahren zur Schätzung des Inventarwertes auszuwählen, das den gesetzlichen Bestimmungen genügt und unter besonderer Berücksichtigung der EDV leicht implementierbar und wirtschaftlich durchführbar ist.

3. Abgrenzung der Grundgesamtheit

Bei der Abgrenzung des Inventurkollektivs sollten örtlich getrennte, inhaltlich aber gleiche Läger, soweit sinnvoll, zusammengefaßt werden, weil ein möglichst großer Gesamtumfang N vorteilhaft ist. Die Untersuchungs- bzw. Auswahleinheiten sind Lagerpositionen identischer Warenart mit gleichem Einzelpreis pro Mengeneinheit (Stückpreis). Güter unterschiedlicher Mengeneinheiten lassen sich nur über ihren Wert in DM als gemeinsamen Nenner zusammenfassen; folglich stellt der Wert in DM einer Lagerposition das Untersuchungsmerkmal dar.

4. Festlegung der konkreten Aufgabenstellung

Für die Inventur sind nur die Preise der Stichprobenpositionen zu bestimmen, während für die Buchhaltung eine Neubewertung aller Positionen zum Geschäftsjahresanfang erforderlich ist. Um beide Aufgaben gemeinsam zu lösen, kann man z. B. einen vorgezogenen Inventurwert zunächst mit Hilfe der Buchpreise hochrechnen, legt zum Bilanzstichtag mit einigem Aufwand alle Preise neu fest und korrigiert damit den fortgeschriebenen Inventurwert. Es bietet sich an, neben der Inventur zugleich eine Prüfung auf ordnungsgemäße Lagerbuchführung und damit des Funktionierens des betrieblichen Kontrollinstruments vorzunehmen. Die benötigten Informationen über Buch- und Istbestand für die Stichprobenpositionen sind verfügbar.

5. Analyse der Lagerstruktur

Die Voraussetzung einer Zufallsverteilung der Positionen wird durch Eintragen der Häufigkeitssummen in das logarithmische Wahrscheinlichkeitsnetz geprüft. Sowohl die Verteilungsfunktion der Positions-Stückpreise als auch der Positionswerte ergeben nahezu ideale gerade Punktfolgen.

Bei der statistischen Auswertung einer Lagerdatei treten Positionen mit der Menge Null auf. Falls es sich um sogenannte "Platzhalter" handelt, also z. B. noch nicht gelöschte Nummern ausgelaufener Artikel, sind sie für das Weitere auszusondern. Es können auch negative Buchmengen als Ergebnis von Fehlbuchungen auftauchen, die jedoch in die Hochrechnung miteinzubeziehen sind.

Eine anschauliche Darstellungsform der Lagerstruktur bieten Lorenz'sche Konzentrationskurven. Dabei sind die "teuersten" Positionen von der Stelle an, wo die Kurve steil nach oben abbiegt, als "Oberschicht" voll aufzunehmen. In der Praxis werden zwischen 80 % und 95 % der Positionen stichprobenmäßig erfaßt, entsprechend einem Lagerwert von höchstens 50 %. Die Konzentration der Positionswerte ist erheblich größer als die der Positionspreise.

6. Schichtenbildung

Bei der Grundgesamtheit der Lagerpositionen existieren zwei Größenmerkmale, nach denen geschichtet werden kann: Preis und Wert einer Position. Bei der Wertschichtung muß die Ziehung unmittelbar vor dem Inventurtermin nach der letzten Lagerbewegung und deren Buchung unter Zeitdruck erfolgen. Anderenfalls könnten die inzwischen veränderten Positionswerte aus der Schicht fallen und die ursprünglich angesetzten Standardabweichungen vergrößern, womit eine Ungenauigkeit des Verfahrens bereits vorprogrammiert wäre. Bildet man dagegen Preisschichten, so bleibt die Schichtzuordnung kurzfristig erhalten und die Vorbereitung kann in Ruhe erfolgen, was insbesondere bei rund um die Uhr beanspruchten Lägern vorteilhaft ist. Allerdings muß man mit einem höheren Stichprobenumfang als bei der Wertschichtung rechnen, entsprechend der geringeren Konzentration.

Für das Referenzlager wurde eine Einteilung in 10 Preisschichten vorgenommen zuzüglich einer voll aufzunehmenden Oberschicht, für Positionen ab einem bestimmten Stückpreis und/oder ab einem bestimmten Buchwert.

7. Der erforderliche Stichprobenumfang

Läßt man die nur unscharf bestimmbaren Aufnahmekosten unberücksichtigt, so liegt ein wichtiger Sonderfall der Allokation vor: die optimale Aufteilung bei vorgegebenen Mitteln ist dann mit derjenigen bei vorgegebenem Stichprobenumfang identisch und wird nach Neyman, der den Beweis 1934 führte, "Neyman-optimale Aufteilung" genannt.

Den Stichprobenumfang n insgesamt und n_h pro Schicht (h) erhält man mit Hilfe der entsprechenden und hinreichend bekannten Formeln, wobei in Ermangelung der wahren Größen die Ergebnisse der Voruntersuchung herangezogen werden dürfen, wenn die Grundgesamtheit bis zum Stichtag als stabil anzunehmen ist.
Um die Normalverteilungsapproximation zu gewährleisten, muß gelten:
$n > 50$; $n_h > 30$.

8. Zufallsauswahl

Besonders geeignet für EDV ist das systematische Auswahlverfahren mit Zufallsstart. Alle Positionen der zum Inventurtermin weitestmöglich aktualisierten Lagerdatei werden nach Schichten und innerhalb jeder Schicht nach Positionsnummern geordnet und gedanklich mit einem Laufindex versehen. Eine gleichverteilte Start-Zufallszahl kann man aus der momentanen Computersekunde erzeugen. Die weiteren Stichprobenpositionen der betreffenden Schicht folgen hierauf im festen Abstand $m_h = N_h/n_h$. Die gezogenen Positionen sowie alle Positionen der Oberschicht werden schichtweise gespeichert und nach Erfassungsmerkmalen (z. B. Lagerort, Positionsnr.) sortiert in geeigneter Form als Aufnahmebeleg ausgedruckt.

9. Hochrechnung

Die aufgenommenen Istdaten sind mit dem aktuellen, schichtweise geordneten Buchbestand zusammenzuführen und für Revisionszwecke zu archivieren, wobei die Stichprobenpositionen in ihrer ursprünglichen Schicht bleiben müssen.

Für die Lagerinventur auf Stichprobenbasis bietet sich der Proportionalität zwischen Buch- und Istwerten entsprechend die Verhältnisschätzung zur Hochrechnung an, wobei die kombinierte Verhältnisschätzung in bezug auf Verzerrungen wesentlich gesicherter als die separate ist.

10. Dokumentation

Um der gesetzlichen Vorschrift zu genügen, ist es erforderlich, das gesamte Verfahren der Stichprobeninventur in Form einer Richtlinie zu dokumentieren, die eine Nachprüfung des Aussagewertes gestattet und zugleich als Arbeitsanweisung für die Fachabteilung dient.

11. Vergleich mit einer Vollerhebung

Da die vorliegende Stichprobeninventur als Pilotstudie parallel zur vollständigen körperlichen Bestandsaufnahme durchgeführt wurde, ließen sich die jeweiligen Ergebnisse numerisch direkt miteinander vergleichen. Der summarische relative Stichprobenfehler über die stichprobenmäßig erfaßten Schichten liegt mit 1,2 % sehr deutlich unterhalb der vorher vereinbarten tolerierten Ungenauigkeit von 2 %. Bezieht man die Oberschicht mit ein, beträgt die Abweichung lediglich 0,6 %. Das Verfahren ist also im Sinne des Gesetzes von gleichem Aussagewert wie die Vollerhebung, deren Ungenauigkeit gegenüber dem wahren Lagerwert wegen allfälliger Irrtümer und Flüchtigkeitsfehler in der Größenordnung von 1 % anzunehmen ist.

12. Vergleich von Hochrechnungsverfahren

Von den betrachteten Verfahrenskombinationen ergab die geschichtete Stichprobe mit Neyman-optimaler Aufteilung in Verbindung mit Verhältnisschätzung die höchste Genauigkeit. Ob separater oder kombinierter Verhältnisschätzung der Vorzug zu geben ist, scheint auf den ersten Blick irrelevant. Berechnet man jedoch die jeweilige Höchstgrenze für das Verhältnis von Verzerrung zu Standardabweichung, erhält man für den separaten Verhältnisschätzer 0,126, für den kombinierten nur 0,013. Die maximale Verzerrung selbst beträgt 3780 bzw. 384. Diese Zahlen dokumentieren den wesentlichen Unterschied zwischen beiden Arten der Verhältnisschätzung und sprechen eindeutig für das kombinierte Verfahren.

13. Organisatorische Implementation

Hinweise zur organisatorischen Implementation, auf einschlägiges Schrifttum und auf statistische Aspekte der Pilotstudie sind in dem unten angegebenen Schrifttum enthalten.

Vorteilhaft ist ein Team, das von den tangierten Fachabteilungen (Lagerwesen, Rechnungswesen, Revision, Systemplanung) gebildet wird und einen statistischen Fachmann einschließt. Dabei kommt es auch hier in erster Linie auf die Überwindung psychologischer Barrieren an, denn Statistik ist für viele nicht nur eine BLACK BOX, sondern ein ROTES TUCH!

Obschon die statistische Theorie hochentwickelt ist, haben viele Statistiker noch kaum Berührung mit diesem durch den Gesetzgeber freigemachten neuen Anwendungsgebiet. Der Statistiker muß aber ggf. durch Gutachten oder Unterschrift bescheinigen, daß das eingesetzte Stichprobenverfahren der gesetzmäßigen Bestimmung genügt. Diese Situation gilt es zu meistern.

14. Anhang: Literatur und Formeln

Steinecke, V.: Einsatz von Stichprobenverfahren bei Inventur und Revision, zfbf-Kontaktstudium 30 (1978), Heft 4, S.71-79

Wienhold, P.: Lagerinventur auf Stichprobenbasis, Diplomarbeit, Abt. f. Statistik Univ. Dortmund (Prof. F. Hering), 1978

Tabelle: Bezeichnungen für geschichtete Stichproben

N : Anzahl der Auswahleinheiten in der Grundgesamtheit n : Anzahl der Auswahleinheiten in der Stichprobe L : Anzahl der Schichten N_h: Anzahl der Auswahleinheiten in der h-ten Schicht der Grundgesamtheit $(h = 1,\dots,L)$ n_h: Anzahl der Auswahleinheiten in der h-ten Schicht der Stichprobe $(h = 1,\dots,L)$	
Nachstehende Bezeichnungen beziehen sich jeweils auf die h-te Schicht $(h = 1,\dots,L)$:	
y_{hi} : Merkmalswert der i-ten Auswahleinheit (wird sowohl für Stichprobenelemente als auch für Elemente der Grundgesamtheit verwendet)	
$G_h := N_h/N$: Schichtgewicht	$f_h := n_h/N_h$: Auswahlsatz
$\overline{Y}_h := \frac{1}{N_h} \sum_{i=1}^{N_h} y_{hi}$: wahrer Mittelwert	$\overline{y}_h := \frac{1}{n_h} \sum_{i=1}^{n_h} y_{hi}$: Stichprobenmittelwert
$Y := \sum_{h=1}^{L} \sum_{i=1}^{N_h} y_{hi}$: wahrer Gesamtwert	$\overline{Y} := \frac{1}{N} \sum_{h=1}^{L} \sum_{i=1}^{N_h} y_{hi}$: wahrer Mittelwert
$\overline{y}_{st} := \sum_{h=1}^{L} G_h \overline{y}_h$: mit den Schichtumfängen gewichteter Stichprobenmittelwert	
$\hat{Y}_{st} := \sum_{h=1}^{L} N_h \overline{y}_h = N\overline{y}_{st}$: Schätzer für den Gesamtwert durch freie Hochrechnung	
$\hat{Y}_s := \sum_{h=1}^{L} \frac{\overline{y}_h}{\overline{x}_h} X_h$: separater Verhältnisschätzer für den Gesamtwert	
$\hat{Y}_c := \frac{\overline{y}_{st}}{\overline{x}_{st}} X$: kombinierter Verhältnisschätzer für den Gesamtwert	

Anmerkung:

Die Definitionen bzgl. der y-Größen gelten für die x-Größen analog. Die y-Größen beziehen sich auf den Istbestand, die x-Größen auf den Buchbestand.

Neuere Entwicklungen auf dem Gebiet der univariablen Prognosetheorie

H.-J. Lenz, Berlin

In der einschlägigen deutschsprachigen Literatur stehen sich zahlreiche Prognoseformeln recht beziehungslos gegenüber, so beispielsweise die Verfahren von HOLT (1957), MUTH (1960), BROWN & MEYER (1961), D'ESOPO (1961), BOX & JENKINS (1962), NERLOVE & WAGE (1964) und HARRISON (1967).

Neben diesen polynomialen Trendprognose-Verfahren existieren zahlreiche Verfahren, die geeignet sind, saisonale Zeitreihen zu prognostizieren, wie beispielsweise die von WINTERS (1960), BROWN (1962), HARRISON (1965), BOX & JENKINS (1970) und HARRISON (1976).

Man kann all diese Verfahren bis auf die multiplikative Version des WINTERS-Verfahrens in die sogenannte quadratische Theorie mit linearem System einordnen und erhält damit erstens eine geschlossene Darstellung und zweitens einen theoretischen Überbau. Als Darstellungsform bieten sich Zustandsraummodelle (ZRM) an, die wie folgt formuliert werden können:

$$\text{ZRM}: \quad \begin{aligned} \underline{x}_k &= \underline{\Phi}_{k,k-1}\underline{x}_{k-1} + \underline{w}_{k-1} \\ \underline{z}_k &= \underline{H}_k\underline{x}_k + \underline{v}_k \end{aligned} \quad .$$

Je nachdem welches Prognosemodell in die Zustandsraumform überführt werden soll, sind die Matrizen $\underline{\Phi}_{k,k-1}$ und $\underline{H}_k$ geeignet zu dimensionieren und zu spezifizieren, der nicht beobachtbare Zustandsvektor $\underline{x}_k$ zu definieren und die Zufallsvektoren $\underline{w}_{k-1}, \underline{v}_k$ verteilungsmäßig festzulegen, vgl. LENZ (1976).

Bekanntlich lautet die Lösung, die den Mean-Square-Error

$E[(\underline{x}_k - \hat{\underline{x}}_k)^T(\underline{x}_k - \hat{\underline{x}}_k)]$ minimiert $\hat{\underline{x}}_k = E(\underline{x}_k | \underline{z}_{k-1}, \underline{z}_{k-2}, \ldots)$. Als quadratminimale Prognose folgt $\hat{\underline{z}}_k = E(\underline{z}_k | \underline{z}_{k-1}, \underline{z}_{k-2}, \ldots) = \underline{H}_k \hat{\underline{x}}_k$. Mit Hilfe der KALMAN-Filtertheorie läßt sich $\hat{\underline{x}}_{k+1}$ rekursiv berechnen, sobald sich ein neuer Zeitreihenvektor $\underline{z}_{k+1}$ realisiert hat, vgl. SÖRENSEN (1966).

Ganz speziell gilt die quadratische Theorie für skalare Prozesse vom ARIMA-Typ. Es ist hinlänglich bekannt, daß die oben erwähnten polynomialen Trendmodelle wiederum Spezialfälle der (l+m+1)-parametrigen BOX-JENKINS-Prognosefunktionen $\nabla \hat{z}_k(1) = \sum_{\tau=-l}^{m} \gamma_\tau S^\tau e_k$ sind, vgl. z.B. WARD (1963). Diese Prognosefunktionen sind quadratminimal (MMSE), falls die (m+1) Differenz des zugrundliegenden Prozesses z_k sich durch einen MA_{l+m+1} darstellen läßt. Das Prädiktor-Äquivalenz-Theorem von HARRISON & GODOLPHIN (1975) verknüpft diesen Tatbestand nun mit dem von BROWN (1961) vorgeschlagenen mehrfachen exponentiellen Glätten (MES). Es besagt daß $\hat{z}_k(\tau)$ dann und nur dann die quadratminimale (MMSE) Prognosefunktion eines $I_n MA_n$ Prozesses mit der mehrfachen Wurzel $1/\theta$ ist, falls $\hat{z}_k(\tau)$ identisch ist mit dem Prädiktor, der sich aus n-facher exponentieller Glättung von z_k ergibt. Dabei ist die Glättungskonstante gleich θ mit $|\theta| \in (0,1)$ zu setzen.

Im Falle von Zeitreihen mit saisonalem Verlauf liegt der Unterschied der Verfahren erstens in der Konstruktion der Saisonfilter in Verbindung mit dem Trendfilter und zweitens im Typ des zugrundeliegenden stochastischen Prozesses. Insbesondere für das in der Praxis wohl häufig verwendete HOLT-WINTERS-Prognoseverfahren zeigte SMITH (1967), daß die Prognosen der additiven Modellversion nur dann quadratminimal sein können, falls der gefilterte Prozeß $\nabla_1 \nabla_P z_k$ sich als ein Moving-Average-Prozeß der Ordnung P darstellen läßt, wobei P die Länge eines Saisonzyklus darstellt. Ein ebenso "überraschend eigentümlicher" Prozeß liegt dem saisonalen Prognosemodell von HARRISON & SCOTT (1965) zugrunde, wie MCKENZIE (1976) für die Version "Seatrend" gezeigt hat. "Seatrend" ist nur dann quadratminimal, falls z_k durch einen Prozeß des Typs $AR_{2+H}I_2MA_{2(H+1)}$ erzeugt wird, wobei H die Anzahl der in Seatrend berücksichtigten Oberwellen zur Kreisfrequenz $2\pi/P$ ist.

Als Resumee läßt sich folgende Schlußfolgerung ziehen, falls man quadratminimale Prognosefunktion heranziehen will, was sich selbstverständlich als ausschließliche Zielsetzung in Frage stellen läßt. So häufig können die letztlich "primitiven" I_1MA_1-Prozesse nicht auftreten wie exponentielles Glätten praktisch benutzt wird. Andererseits fällt es schwer, sich ohne Vorinformation stochastische Prozesse so kompliziert vorzustellen, die saisonale Zeitreihen realisieren, wie sie die Verfahren von WINTERS und HARRISON stillschweigend unterstellen. Folglich ist der Gültigkeit der Arbeitshypothesen der verwendeten Prognoseformeln mehr Aufmerksamkeit zu schenken als gemeinhin angenommen. Eine ordentliche Datenanalyse zur Überprüfung der Arbeitshypothesen erscheint unabdingbar.

Literaturangaben

Holt, C., Muth, F. et.al : Planning Production, Inventories and Work Force, Prentice Hall, Englewood Cliffs, 1960

Brown, R. G., Meyer, R. F. : The Fundamental Theorem of Exponential Smoothing, OR, vol. 9 (1961), 673 ff

D'Esopo, D.A. : A Note on Forecasting by the Exponential Smoothing Operator, OR, vol. 9 (1961), 686-687

Box, G. E. P., Jenkins, G. M. : Time Series Analysis, Forecasting and Control, Holden-Day, San Francisco, 1970

Nerlove, M, Wage, S. : On the Optimality of Adaptive Forecasting, M.S., vol. 10 (1964), 207-224

Harrison, P. J. : Exponential Smoothing and Short-Term Sales Forecasting, MS, vol. 13 (1967), 821-842

Winters, P. R. : Forecasting Sales by Exponentially Weighted Moving Averages,
MS, vol. 6 (1960), 324 ff

Brown, R. G. : Smoothing, Forecasting and Prediction of Discrete Time Series,
Prentice Hall, Englewood Cliffs, 1962

Harrison, P. J. (Scott, F. A.) : Short-Term Sales Forecasting,
Appl. Statistics, vol. 14 (1965), 102 ff.

Harrison, P. J., Stevens, C. F. : Bayesian Forecasting,
JRSS, B, vol. 38 (1976), 205-247

Lenz, H.-J. : Dualitäten in linearen Modellen: Parameterschätzung versus Kalman'sche Zustandsschätzung, in: Beiträge zur Zeitreihenanalyse, K.-A. Schäffer (Hrsg.), Vandenhoeck & Ruprecht, Göttingen, 1976

Sörensen, H. W. : Kalman Filter Theory, in: Advances in Control Systems 3, C. T. Leondes (Hrsg.)

Ward, D. H. : Comparison of Different Systems of Exponentially Weighted Prediction,
The Statistician, vol. 13 (1963), 173 ff

Harrison, P. J., Godolphin, E. J. : Equivalence Theorems for Polynomialprojecting Predictors,
JRSS, B, vol. 37 (1975), 205-215

Smith, T. M. F. : A Comparison of Different Systems of Exponentially Weighted Prediction,
The Statistician, vol. 13 (1963), 173-185

McKenzie, Ed : A Comparison of Some Standard Seasonal Forecasting Systems,
The Statistician, vol. 25 (1976), 3-14

Cluster Analyse

Mathematisch-statistische Modelle in der Clusteranalyse

H.H. Bock, Aachen

1. Einführung

Bei der Lösung vieler theoretischer und praktischer Probleme aus Forschung und Technik erweist es sich als zweckmäßig, die betrachtete Menge von Objekten (Personen, Dingen, ...) anhand ihrer Eigenschaften in kleinere, homogene Teilmengen (Klassen, Gruppen, *"Cluster"*) zu zerlegen derart, daß Objekte innerhalb derselben Gruppe weitgehend *"ähnliche"* Eigenschaften aufweisen und Objekte verschiedener Gruppen möglichst unterschiedlich, *"unähnlich"* sind. Der Nutzen einer solchen Gruppenbildung (Klassifikation) liegt darin, daß die Objekte jeder Gruppe einheitlich behandelt bzw. gruppenspezifisch untersucht werden können oder daß man die Gruppe als repräsentativ für einen "Objekttyp" ansehen kann. Als Beispiel sei die Einrichtung von Lohngruppen, Leistungsklassen, Sachgruppen (bei Bibliotheken), Qualitätsklassen, Warengruppen o.a. genannt; weitere Anwendungsbeispiele findet man bei SPÄTH 1977. Wichtig ist insbesondere die Erkennung "natürlicher" Objektklassen zum Zweck der Datenanalyse, Hypothesenbildung und Informationsverdichtung.

"Clusteranalyse" (syn.: *"automatische"* oder *"numerische Klassifikation"*) ist ein Sammelbegriff für eine Reihe mathematisch-statistischer Verfahren, mit deren Hilfe innerhalb einer (i.a. großen) Objektmenge homogene Objektgruppen oder -cluster entdeckt und konstruiert werden können (ANDERBERG 1973, BOCK 1974, HARTIGAN 1975, SPÄTH 1975). Die vorliegende Arbeit stellt überblickartig einige dieser Verfahren vor. Dabei wird sich zeigen, daß der Begriff "Cluster" auf sehr unterschiedliche Art präzisiert werden kann und daß die einzelnen Klassifikationsverfahren ganz verschiedene mathematische Hilfsmittel benutzen.

Die typische Ausgangssituation ist folgende: Es liegt eine Menge von N Objekten $O_1, \dots, O_N$ vor. Die Eigenschaften der Objekte werden durch p Merkmale $M_1, \dots, M_p$ beschrieben (z.B. durch Höhe/Breite/Preis/Farbe/Werkstoff), und für jedes Objekt O_k bezeichne x_{kj} eine Größe, die angibt, wie sich O_k bezgl.

des Merkmals M_j verhält. So ergibt sich eine *N×p-Datenmatrix* (x_{kj}), deren k-te Zeile $x_k = (x_{k1},\dots,x_{kp})'$ das Objekt O_k beschreibt. Bei rein quantitativen Merkmalen stellt man sich x_k als Punkt (Vektor) im p-dimensionalen Raum $\mathbb{R}^p$ vor, der O_k repräsentiert. Anhand der $x_1, \dots ,x_N$ soll die Klassifikation der Objekte konstuiert werden.

2. Optimale Klassifikationen; entscheidungstheoretische Herleitung von Gütekriterien

Es sei vorausgesetzt, daß die gesuchten Objektklassen $A_1,A_2, \dots ,A_m$ disjunkt sein sollen und die entsprechende Klassifikation $\mathfrak{A} = (A_1, \dots ,A_m)$ eine *Zerlegung (Partition)* der Objektmenge $S = \{O_1, \dots ,O_N\}$ bzw. von $\{x_1, \dots,x_N\}$ darstellt. Eine erste Mogiichkeit, das Klassifikationsproblem mathematisch zu präzisieren, besteht darin, zunächst ein numerisches *Gütekriterium* $g(\mathfrak{A})$ anzugeben, das mißt, wie gut eine(beliebig vorgegebene) Partition $\mathfrak{A}$ die (evtl. vorhandene) Gruppenstruktur der Daten (x_{kj}) wiedergibt. Anschließend wird unter allen möglichen Partitionen $\mathfrak{A}$ jene herausgesucht, welche für $g(\mathfrak{A})$ einen Extremalwert (hier: Minimalwert) liefert; sie wird als Lösung des Klassifikationsproblems betrachtet.

Ein übliches Gütekriterium bei *quantitativen* Daten ist z.B. das *Varianzkriterium* (= Fehlerquadratsumme):

$$g(\mathfrak{A}) := \sum_{i=1}^{m} \sum_{k \in A_i} ||x_k - \bar{x}_{A_i}||^2 . \tag{1}$$

Dabei bedeutet $||\dots||$ die euklidische Norm im $\mathbb{R}^p$, $\bar{x}_{A_i}$ ist der Mittelwert ("Centroid") aller Vektoren x_k aus Klasse A_i, und $k \in A_i$ ist die Kurzform für $O_k \in A_i$ bzw. $x_k \in A_i$. — Allgemein fragt sich, welches Gütekriterium zu wählen ist.

Es wird im folgenden skizziert, wie man mit Hilfe der *statistischen Entscheidungstheorie* solche Gütekriterien $g(\cdot)$ entwickeln und die Voraussetzungen beschreiben kann, unter denen sie verläßliche Resultate liefern (BOCK 1974, BINDER 1978). Hierzu wird die Gruppenstruktur der Objektmenge durch ein stochastisches Modell beschrieben: a) Wir betrachten die beobachteten N Datenvektoren x_k als Realisierung von N stochastisch unabhängigen, p-dimensionalen Zufallsvektoren X_k. b) Es existiere eine Partition $\mathfrak{A}^* = (A_1^*, \dots ,A_m^*)$ der Objektmenge $S = \{O_1, \dots ,O_N\}$ mit m unbekannten Klassen $A_1^*, \dots ,A_m^*$ und m zugehörigen, aber unbekannten Klassenzentren $\mu_1, \ldots, \mu_m \in \mathbb{R}^p$; die Klassenanzahl m sei bekannt. c) Die Klassen seien dadurch charakterisiert, daß für jedes Objekt O_k aus A_i^* der zugehörige Zufallsvektor X_k eine p-dimensionale Normalverteilung $\mathcal{N}(\mu_i, \sigma^2 \cdot I_p)$ mit dem klassentypischen Erwartungswert $E[X_k] = \mu_i$ und der (allen Klassen gemeinsamen) Kovarianzmatrix $Kov(X_k) = \sigma^2 I_p$ besitzt (anschaulich: p unabhängige Komponenten gleicher, unbekannter Varianz σ^2; die m "Punktwolken" der zu den A_i^* gehörigen X_k erscheinen im $\mathbb{R}^p$ ungefähr als m gleichgroße Kugeln mit den Zentren μ_i).

Gesucht wird ein statistisches Verfahren zur Rekonstruktion ("Schätzung") der unbekannten Partition $\mathfrak{A}^*$. Die statistische Entscheidungstheorie zeigt, wie man vorgehen kann, um in gewisser Weise optimale Verfahren zu erhalten. Wir wollen speziell ein Bayes-Verfahren herleiten, d.h. ein Verfahren, das einen mittleren Verlust minimiert. Dazu muß man angeben:

1. Eine Verlustfunktion $L(\mathfrak{A}^*, \mathfrak{A})$, die sagt, wie groß der Schaden ist, den der Statistiker erleidet, wenn er sich für eine Partition $\mathfrak{A}$ entscheidet, während $\mathfrak{A}^*$ die richtige Partition ist. Man könnte z.B. wählen

$$L_1(\mathfrak{A}^*, \mathfrak{A}) = \begin{cases} 1 & \text{falls } \mathfrak{A} \neq \mathfrak{A}^* \\ 0 & \text{falls } \mathfrak{A} = \mathfrak{A}^* \end{cases} \tag{2}$$

oder, wenn die Verschiedenheit der Zentren μ_i berücksichtigt werden soll:

$$L_2(\mathfrak{A}^*, \mu_1, \ldots, \mu_m; \mathfrak{A}) = L_1(\mathfrak{A}^*, \mathfrak{A}) \cdot \sum_{i=1}^{m} n_i^* \, ||\mu_i - \bar{\mu}_{\mathfrak{A}^*}||^2 , \tag{3}$$

wo $\bar{\mu}_{\mathfrak{A}^*} = \sum_{i=1}^{m} n_i^* \mu_i / N$ der (mit den Elementanzahlen $n_i^* = |A_i^*|$) gewichtete Mittelwert der μ_i ist.

2. Eine a-priori-Verteilung für die unbekannten Größen $\mathfrak{A}^*, \mu_1, \ldots, \mu_m$ des Modells. Diese soll das Vorwissen des Statistikers über die Gruppenstruktur der Objekte bzw. deren Plausibilität wiedergeben. Wir legen sie fest:
a) Durch die a-priori-Wahrscheinlichkeit $q_{\mathfrak{A}^*}$, mit der eine Parition $\mathfrak{A}^*$ auftritt; z.B.:

$$q_{\mathfrak{A}^*} = \text{const} \qquad \text{für alle } \mathfrak{A}^* \tag{4}$$

(alle $\mathfrak{A}^*$ gleich wahrscheinlich) oder

$$q_{\mathfrak{A}^*} = \text{const} \cdot \prod_{i=1}^{m} (n_i^*)^{p/2} \tag{5}$$

(Partitionen mit gleichgroßen Klassen am wahrscheinlichsten); b) ferner durch eine a-priori-Verteilung der Zentren $\mu_1, \ldots, \mu_m$ (bei gegebenem $\mathfrak{A}^*$); z.B.: alle μ_i unabhängig und normalverteilt gemäß

$$\mu_i \sim \mathcal{N}(\vartheta_0, c \cdot \sigma^2/n_i^* \cdot I_p) \tag{6}$$

mit einer Konstanten $c > 0$ (d.h. alle Zentren μ_i um ϑ_0 herum liegend, größere Klassen näher als kleinere) oder

$$\mu_i \sim \mathcal{N}(\vartheta_0, \sigma^2 \cdot (c - 1/n_i) \cdot I_p \tag{7}$$

mit einer bekannten Konstanten $c > 1$ (d.h. Zentren μ_i in etwa gleichem Abstand um ϑ_0 liegend).

Unter diesen und ähnlichen Annahmen läßt sich das zugehörige Bayes-optimale Klassifikationsverfahren angeben; es besteht jeweils in der Minimierung eines a-posteriori-Verlusts (= Gütekriterium). In Spezialfällen läßt es sich besonders einfach formulieren:

Satz 1:

a) Bei den Verlustfunktionen L_1 oder L_2 und der a-priori-Verteilung (4), (6) ergibt sich als Bayes-Verfahren die Minimierung des Varianzkriteriums (1).

b) Bei der Verlustfunktion L_1 und der a-priori-Verteilung (5), (7) ergibt sich das Kriterium:

$$g(\mathfrak{A}) = - \sum_{i=1}^{m} (n_i - \frac{1}{c}) \cdot ||\bar{x}_{A_i}||^2 \to \min_{\mathfrak{A}} \tag{8}$$

das für $c \to \infty$ (schwindendes Vorwissen!) zum Varianzkriterium (1) äquivalent ist.

Das Varianzkriterium (1) sowie das Kriterium (8) sind auf den Fall einer für alle Klassen gleichen Kovarianzmatrix $\sigma^2 \cdot I_p$ zugeschnitten. Unter analogen Voraussetzungen wie oben lassen sich Bayes'sche Verfahren aber auch für allgemeinere Modelle herleiten (BOCK 1974). Die a-priori-Verteilungen beeinflussen die Eigenschaften des Verfahrens. — Entscheidungstheoretische Überlegungen sind nur anwendbar, wenn die Merkmalvektoren x_k stochastisches (also: nicht-deterministisches) Verhalten zeigen und die Existenz einer a-priori-Verteilung annehmbar ist.

3. Numerische Bestimmung optimaler Partitionen

Nach Festlegung eines Gütekriteriums $g(\mathfrak{A})$ ergibt sich für den Praktiker das Problem, numerisch die optimale, minimierende Partition $\mathfrak{A}$ zu bestimmen. Das einfachste Verfahren, alle möglichen Partitionen durchzuprobieren, scheitert daran, daß es zuviele Partitionen gibt. Man kann deshalb die optimale Partition i.a. nicht exakt, sondern nur approximativ bestimmen. Man verfährt dabei so, daß man eine gegebene Anfangspartition schrittweise verbessert. Es gibt hier zwei Typen von Verfahren:

1. Austauschverfahren: Bei diesen wird sukzessiv für jedes Objekt geprüft, ob es bzgl. $g(\cdot)$ vielleicht besser wäre, dieses Objekt aus seiner bisherigen Klasse in eine andere Klasse zu transferieren; wenn ja, so wird dies getan und das Verfahren solange iteriert, bis keine Änderung mehr nötig ist: Man hat dann zwar i.a. nicht das exakte Minimum von $g(\mathfrak{A})$ gefunden, aber immerhin ein (bzgl. dieser Vorgehensweise) *lokales* Minimum.

2. Minimal-Distanz-Verfahren (k-means-Verfahren): Man kann zeigen, daß bei einer bzgl. des Varianzkriteriums (1) optimalen Partition $\mathfrak{A} = (A_1, \dots, A_m)$ jedes x_k notwendig jener Klasse A_i zugeordnet ist, deren Zentrum (Mittelwert) $\overline{x}_{A_i}$ am nächsten bei x_k liegt:

$$k \in A_i \iff ||x_k - \overline{x}_{A_i}|| = \min_{j=1,\dots,m} \{||x_k - \overline{x}_{A_j}||\}. \tag{9}$$

Es liegt deshalb (bei bekanntem m) folgendes Verfahren nahe:

1. Beginne mit einer Anfangsklassifikation $\mathfrak{A}^0 = (A_1^0, \dots, A_m^0)$.
2. Bilde das zugehörige Zentrensystem $\mathfrak{z}^0$: $z_i^0 := \overline{x}_{A_i^0}$ für $i = 1, \dots, m$.
3. Man bilde die sog. Minimal-Distanz-Partition $\mathfrak{A}^1 = (A_1^1, \dots, A_m^1)$ zu $\mathfrak{z}^0 = (z_1^0, \dots, z_m^0)$, d.h. man ordne jedes Objekt O_k jenem Zentrm z_i^0 zu, das am nächsten bei x_k liegt:

$$A_i^1 := \{k | D_i(x_k, z_i^0) = \min_{j=1,\dots,m} D_j(x_k, z_j^0)\} \tag{10}$$

   $(i = 1, \dots, m)$.*) D_i ist hier die euklidische Distanz $D_i(x,z) = ||x - z||$; der Index i bei D_i ist erst später nützlich (Abschnitt 4.).

---

*) Gelegentlich verschwindet hierbei eine Klasse: $A_i^1 = \emptyset$.

4. Man iteriert die Schritte 2. und 3. und erhält sukzessive eine Folge von Zentrensystemen bzw. Partitionen $\mathfrak{A}^0, \mathfrak{z}^0, \mathfrak{A}^1, \mathfrak{z}^1, \mathfrak{A}^2, \ldots$.

— Man kann zeigen:

Satz 2:

Die Partitionen $\mathfrak{A}^\nu$ werden hinsichtlich des Varianzkriteriums immer besser: $g(\mathfrak{A}^0) \geq g(\mathfrak{A}^1) \geq \ldots$, und es gibt eine Zahl n mit $g(\mathfrak{A}^n) = g(\mathfrak{A}^{n+r})$ für alle $r = 1,2, \ldots$. Dies entspricht i.a. einer stationären Partition $\mathfrak{A} := \mathfrak{A}^n = \mathfrak{A}^{n+1} = \ldots$, welche die Minimal-Distanz-Bedingung (9) erfüllt (bzw. in Ausnahmefällen einer sich zyklisch reproduzierenden, endlichen Folge von Partitionen).

Austauschverfahren sind prinzipiell auf jedes Gütekriterium anwendbar. Numerische Erfahrung zeigt, daß sie oft schneller arbeiten und gelegentlich einen kleineren Wert für $g(\cdot)$ erreichen als das Minimal-Distanz-Verfahren. Der Vorteil des letzteren liegt darin, daß es sich bequem an allgemeinere Situationen anpassen läßt: Man kann z.B. jede Klasse durch eine klassentypische Hyperebene oder Regressionsgerade (anstelle des Mittelpunkts) charakterisieren (BOCK 1974) oder als Zentrum den "Kern" der "innersten" Punkte jeder Klasse wählen (DIDAY 1973). Weitere Modifikationen in 4. und 5.

4. Methode der adaptiven Distanzen

Das Varianzkriterium (1) und die dort benutzte euklidische Distanz $||\ldots||$ sind auf runde Klassen mit Kugelform zugeschnitten. Wenn die in der Objektmenge vorhandenen Cluster jedoch ellipsoidale "Ei"-Form besitzen, u.U. mit verschiedener Orientierung, so müssen andere Kriterien bzw. Distanzmaße verwendet werden. Geeignet erweist sich z.B. ein Kriterium der Art:

$$g(\mathfrak{A}, \mathfrak{z}, D) := \sum_{i=1}^{m} \sum_{k \in A_i} D_i(x_k, z_i) \rightarrow \text{Min} . \qquad (11)$$

Hierbei ist D_i ein auf die Klasse A_i zugeschnittenes Distanzmaß, und die Minimierung erfolgt bezüglich aller Partitionen $\mathfrak{A} = (A_1, \ldots, A_m)$, aller Zentrensysteme $\mathfrak{z} = (z_1, \ldots, z_m)$ *und* aller Distanzmaß-Systeme $D = (D_1, \ldots, D_m)$. Letztere schränkt man zweckmäßig ein, etwa auf quadratische Distanzen der Form $D_i(x,z) = (x - z)' M_i(x - z)$, wo M_i eine geeignet zu bestimmende positiv definite p×p-Matrix mit $\det(M_i) = 1$ ist.

Dieses recht allgemeine Extremalproblem kann mit einer einfachen Modifikation des obigen Minimal-Distanz-Algorithmus behandelt werden: Nach Schritt 2. ist dort lediglich als Schritt 2.* die Bestimmung einer zu A_i^0, z_i^0 gehörigen, optimalen Metrik D_i^0 (bzw. der zugehörigen Matrix M_i^0) gemäß der Forderung

$$\sum_{k \in A_i^0} D_i(x_k, z_i^0) = \sum_{k \in A_i^0} (x_k - z_i^0)' M_i (x_k - z_i^0) \to \underset{M_i}{\mathrm{Min}}$$

einzufügen. Als Lösung ergibt sich: Wähle in A_i^0 das durch die Matrix $M_i^0 := W(A_i^0)^{-1}/\det(W(A_i^0))^{1/p}$ bestimmte Distanzmaß D_i^0. Dabei ist $W(A_i^0) = \sum_{k \in A_i^0} (x_k - \overline{x}_{A_i^0})(x_k - \overline{x}_{A_i^0})'$ die Streuungsmatrix in der Klasse A_i^0, und D_i^0 wird eine Art MAHALANOBIS-Distanz.

Wie oben führt die Iteration der Schritte 1./2./2.*/3./4. auf eine Folge $\mathfrak{A}^\nu$, $\mathfrak{z}^\nu, D^\nu$ ($\nu = 0,1,2, \ldots$) mit immer kleineren Werten des Kriteriums $g(\mathfrak{A}^\nu, \mathfrak{z}^\nu, D^\nu)$, also auf immer "bessere" Klassifikationen. (Bzgl. singulärer Matrix $W(A_i^0)$ sowie nichtquadratischer Distanzmaße vergleiche man DIDAY/GOVAERT 1977.)

5. Unscharfe Partitionen

Ein bei der Clusteranalyse immer wieder auftretendes Problem betrifft die Frage, wie die zwischen ansonsten getrennten Gruppen liegenden Zwischenpunkte ("Brücken") zu erkennen und zu behandeln sind. Es ist häufig wenig sinnvoll, einen solchen Zwischenpunkt x_k ganz der einen oder der anderen Gruppe zuzuschlagen. Vernünftiger erschiene es, ihn jeder der beteiligten Klassen A_i zu einem gewissen *Anteil* (etwa: jeweils zur Hälfte) zuzuordnen. Dies führt dazu, daß man für *jedes* Objekt O_k und *jede* Klasse A_i eine nichtnegative Zahl u_{ik} (= Anteil, mit dem O_k zur Klasse A_i gehört) einführt, wobei die Bedingung

$$u_{ik} \geq 0, \quad \sum_{i=1}^{m} u_{ik} = 1 \qquad \begin{matrix} i = 1, \ldots, m \\ k = 1, \ldots, N \end{matrix} \tag{12}$$

gelte. Die "Klasse A_i" ist dann nicht mehr als Teil einer Partition interpretierbar, sondern als ein Gebilde, das durch den Anteilsvektor $v_i := (u_{i1}, u_{i2}, \ldots, u_{iN})$ beschrieben wird; man nennt dies eine *unscharfe Menge (Klasse)*. In diesem Sinn bildet $(A_1, \ldots, A_m)$ bzw. die m×N-Matrix (u_{ik}) eine *unscharfe m-Partition* $\mathfrak{A}$.

Natürlich suchen wir eine möglichst "gute" unscharfe Partition. In Analogie zum Varianzkriterium wollen wir dies dahingehend präzisieren, daß das *verallgemeinerte Varianzkriterium*

$$g_r(\mathfrak{A}) := \sum_{i=1}^{m} \sum_{k=1}^{N} u_{ik}^r \cdot \|x_k - z_i\|^2 \tag{13}$$

bzgl. aller unscharfen m-Partitionen $\mathfrak{A}$ bzw. (u_{ik}) minimiert werden soll. Dabei ist der gewichtete Mittelwert

$$z_i := \tilde{x}_{A_i} := \sum_{k=1}^{N} u_{ik}^r x_k / \sum_{k=1}^{N} u_{ik}^r \tag{14}$$

als Zentrum von A_i zu interpretieren; die Potenz $r \geq 1$ wird vorgegeben (meist $r = 2$). Für $r = 1$ reduziert sich das Problem auf das frühere Varianzkriterium (BOCK 1974, § 15.g.1). BEZDEK und DUNN (1974) haben gezeigt, daß bei $r > 1$ die optimale, unscharfe m-Partition notwendig die Bedingung

$$u_{ik} = \frac{1/\|x_k - z_i\|^{2/(r-1)}}{\sum_i 1/\|x_k - z_i\|^{2/(r-1)}} \qquad \begin{array}{l} i = 1, \dots, m \\ k = 1, \dots, N \end{array} \tag{15}$$

erfüllen muß. Dies ist ein Ansatzpunkt für folgendes Iterationsverfahren ("fuzzy ISODATA"):

1. Man beginne mit einer m-Partition $\mathfrak{A}^{(0)}$ bzw. $(u_{ik}^{(0)})$.
2. Man bilde die m Zentren $z_i^{(0)}$ gemäß (14), wobei rechts $u_{ik} = u_{ik}^{(0)}$ einzusetzen ist.
3. Man berechne die unscharfe Partition $\mathfrak{A}^{(1)}$ bzw. $(u_{ik}^{(1)})$ gemäß (15), wobei rechts $z_i = z_i^{(0)}$ einzusetzen ist.
4. Man iteriere die Schritte 2. und 3. und erhält eine Folge $\mathfrak{A}^{(0)}$, $\mathfrak{z}^{(0)}$, $\mathfrak{A}^{(1)}$, $\mathfrak{z}^{(1)}$, ... von Zentrensystemen bzw. unscharfen Partitionen.

Man kann zeigen, daß bei diesem Verfahren die Werte $g_r(\mathfrak{A}^\nu)$ des Gütekriteriums (13) monoton abnehmen und somit immer "bessere", unscharfe Partitionen erhalten werden. Der praktische Nutzen des Verfahrens ergibt sich aus der empirischen Erfahrung, daß die bei fortschreitender Iteration gefundenen Anteile u_{ik} genau das Verhalten der Zwischenpunkte widerspiegeln: Es ist $u_{ik} \approx 0$ oder

$u_{ik} \approx 1$ für Objekte O_k, die eindeutig im "Kern" einer Klasse liegen; die Werte u_{ik} nehmen ab, je mehr O_k zum "Rand" einer Klasse A_i wandert; für Zwischenpunkte zwischen zwei Klassen A_i, A_j ist $u_{ik} \approx 1/2$, $u_{jk} \approx 1/2$ (entsprechend bei mehr als zwei Klassen). Das erlaubt die Unterscheidung zwischen Kernpunkten, Randpunkten und Zwischenpunkten. Dieses empirische Ergebnis wird durch mathematische Überlegungen bei kompakten, gut separierten Gruppen untermauert (DUNN 1974 b, BEZDEK 1974). Ein Zusammenhang mit der Maximum-Likelihood-Schätzung bei Mischungsmodellen wird bei BEZDEK/DUNN 1975 angegeben.

6. Ähnlichkeits- und Unähnlichkeitsmaße; graphentheoretische Methoden

Bislang war vorausgesetzt, daß die Eigenschaften der Objekte durch p quantitative Merkmale beschrieben werden, so daß die p-Tupel x_k als Punkte im Raum gedeutet werden können. Das ist nicht mehr möglich, wenn *qualitative* (klassifikatorische) Merkmale vorliegen wie Farbe, Religion, Partei, die nicht mit reellen Zahlen gemessen werden können (speziell: binäre Merkmale). Man kann die obigen Verfahren auch für solche Fälle anpassen. Eine andere, für die Clusteranalyse typische Vorgehensweise spaltet den Clusterprozeß in zwei Schritte auf:

1. In einem ersten Schritt versucht man, aus der Datenmatrix (x_{ki}) herauszufinden, wie "ähnlich" bzw. "unähnlich" sich zwei Objekte O_j, O_k sind, und hierfür ein numerisches Maß anzugeben. Sei im folgenden d_{jk} ein Maß für die *Unähnlichkeit* zwischen O_j und O_k (mit $d_{jk} = d_{kj} \geq 0$, $d_{jj} = 0$ für alle k,j), das wir auch *Distanz* von O_j, O_k nennen. Es gibt viele Möglichkeiten zur Festlegung solcher Maße (BOCK 1974, SPÄTH 1977), z.B.

$$d_{jk} = \frac{1}{p} \cdot \left\{ \begin{array}{l} \text{Anzahl der bei } x_j \text{ und } x_k \textit{ nicht} \\ \text{übereinstimmenden Komponenten} \end{array} \right\}$$

$$d_{jk} = ||x_j - x_k||^2 .$$

2. Im zweiten Schritt konstruiert man die gesuchte Klassifikation der Objekte, wobei man nur noch die N(N-1)/2 Distanzen d_{kj} berücksichtigt.

Im folgenden soll gezeigt werden, daß beim zweiten Schritt Begriffe und Methoden der Graphentheorie anwendbar sind. Man kann nämlich die Ähnlichkeitsbeziehungen der Objekte $O_1, \ldots ,O_N$ durch einen Graphen G(d) mit N Ecken darstellen: Die N Ecken entsprechen den N Objekten; $d > 0$ ist eine Distanzschranke, und zwei Objekte O_j, O_k werden in G(d) genau dann durch eine Kante verbunden, wenn

$d_{jk} \leq d$ gilt. O_j und O_k heißen dann "ähnlich" oder "Nachbarn".

Will man definieren, was man unter einem "Cluster" verstehen soll, liegt die folgende Forderung nahe: Wenn ein Objekt O_j in einem "Cluster" A liegt, so sollen auch alle Nachbarn von O_j zu A gehören. Man erkennt leicht, daß A dann notwendig aus allen Objekten besteht, die sich mit einem einzigen Objekt $O_j \in A$ durch einen Weg in G(d) verbinden lassen. Dies führt auf die

Def. 1 *(Single-Linkage-Methode):*

Ein Cluster A (der Stufe d) ist eine Zusammenhangskomponente A des Graphen G(d), d.h. eine maximale, in G(d) zusammenhängende Objektmenge.

Die Zusammenhangskomponenten $A_1, \dots, A_m$ von G(d) bilden dann die gesuchte Klassifikation $\mathfrak{A}(d) = (A_1, \dots, A_m)$ der Objekte. Dieser Clusterbegriff ist zur Analyse langgestreckter, gekrümmter oder verzweigter Gruppen geeignet. Er besitzt jedoch die sog. *Verkettungseigenschaft*, d.h. er hat die Tendenz, ansonsten gut separierte Cluster über eine Kette von isolierten Zwischenpunkten zu vereinen. Man kann dies vermeiden, indem man die störenden Zwischenpunkte, die ja in Bereichen "niedriger Punktdichte" liegen, zu Beginn entfernt (z.B. alle jene O_k, die weniger als r Nachbarpunkte haben ($r \geq 1$ eine vorgegebene Anzahl); vgl. WISHART 1969). Alternativ könnte man einen modifizierten Clusterbegriff benutzen (LING 1972):

Def. 2 *(Schwache r-Linkage-Methode):*

Ein Cluster (genauer: (r,d)-Cluster) A ist eine maximale, in G(d) zusammenhängende Teilmenge von Objekten, bei der jedes Objekt aus A mindestens r Nachbarpunkte in A hat ($r \geq 1$ eine gegebene Zahl).

Für r = 1 ergibt sich wieder die Single-Linkage-Methode, jedoch ohne die einelementigen Klassen. — Die Def. 2 berücksichtigt mehr die Punktdichte als den Zusammenhang zwischen den Objekten eines (r,d)-Clusters. Der folgende Clusterbegriff berücksichtigt beides:

Def. 3 *(Starke r-Linkage-Methode):*

Ein Cluster (genauer: (r,d)-Komponente) A ist eine maximale Objektmenge A derart, daß bei jeder Aufspaltung $A = B_1 + B_2$ von A in zwei disjunkte Teilmengen B_1, B_2 zwischen B_1 und B_2 mindestens

r Kanten von G(d) verlaufen.

Nach einem kombinatorischen Satz von MENGER (vgl. HARARY 1969) sind dann zwei Objekte O_k, $O_j \in A$ in G(d) durch mindestens r verschiedene (d.h. kantendisjunkte) Wege miteinander verbunden. Dies zeigt, daß (r,d)-Komponenten stärker zusammenhängen als die obigen (r,d)-Cluster. — Auch Definitionen mit überschneidenden Clustern sind möglich (JARDINE/SIBSON 1971, MATULA 1977).

Wenn man die Distanzschranke d auf einen Wert d' > d erhöht, so werden zum Graphen G(d) noch die Kanten jk mit $d < d_{kj} \leq d'$ hinzugefügt. Was für die Single-Linkage-Cluster offensichtlich ist, gilt auch für die beiden anderen Definitionen:

Satz 3:

Bei Erhöhung von d entstehen die Cluster von G(d') jeweils durch Fusion von Clustern von G(d).

Läßt man d stetig von 0 nach ∞ wachsen, so bilden die gefundenen Cluster also eine *Hierarchie* $\mathcal{H}$ mit Gruppen, Untergruppen, Unteruntergruppen etc. Wenn man die zu jeder Fusion gehörige Schranke d (allg.: ein Heterogenitätsmaß h(A)) auf der Ordinate abträgt, nennt man die Darstellung ein *Dendrogramm* $(\mathcal{H}, d)$ bzw. $(\mathcal{H}, h)$. Aus einem solchen Dendrogramm ersieht man meist mehr über die Struktur der Objektmenge als aus einer einzigen Partition.

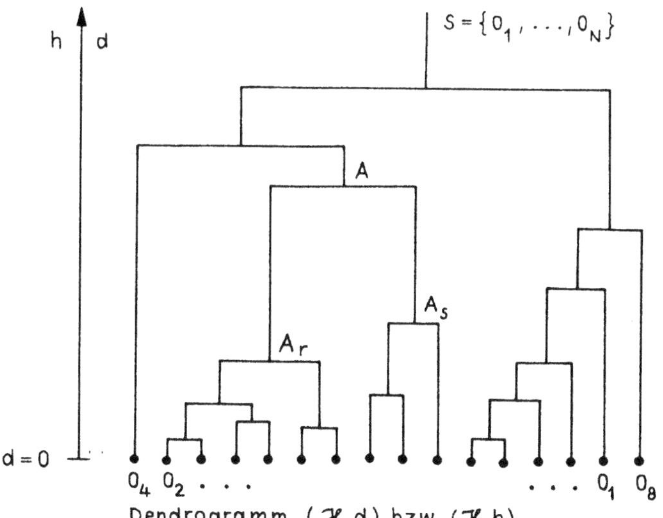

Dendrogramm $(\mathcal{H}, d)$ bzw. $(\mathcal{H}, h)$

7. Hierarchische Klassifikationsverfahren

Zur Konstruktion eines Dendrogramms liegt das folgende *agglomerative* Verfahren nahe:

1. Man betrachte zunächst jedes der N Objekte als eine eigene, einelementige Klasse, hat also zu Beginn m = N Klassen.
2. Man suche unter den bereits bekannten m Klassen jene zwei, die sich "am ähnlichsten" sind, und fasse sie zu einer einzigen Klasse zusammen. Man erhält dann eine Partition mit m-1 Klassen.
3. Man iteriere den Schritt 2. für m = N, N-1, N-2, ... , bis nach N-1 Fusionsschritten alle Objekte in der Gesamtmenge S vereinigt sind.

Zur Präzisierung von Schritt 2. betrachtet man i.a. ein Distanzmaß $D(A_r,A_s) \geq 0$, das für zwei beliebige, disjunkte Objektmengen A_r, A_s definiert ist und das mißt, wie unähnlich sich die beiden Objektmengen A_r, A_s sind. Im Schritt 2. werden dann von den vorhandenen Klassen $A_1, \ldots, A_m$ jene beiden Klassen A_r, A_s fusioniert, für die

$$D(A_r,A_s) = \min_{i \neq j} \{D(A_i,A_j)\} \tag{16}$$

gilt. Die neue Klasse $A = A_r + A_s$ wird im Dendrogramm auf dem Niveau $D(A_r,A_s)$ aufgetragen, das insofern die Heterogenität der Klasse A charakterisiert.

Für D ist eine Reihe von Distanzmaßen üblich, deren wichtigste (mit dem Namen des betreffenden Verfahrens) im folgenden aufgeführt sind:

Methode	Distanz $D(A_r,A_s)$
Single-Linkage	$\underset{k\in A_r, j\in A_s}{\text{Minimum}} \{d_{kj}\}$
Complete-Linkage	$\underset{k\in A_r, j\in A_s}{\text{Maximum}} \{d_{kj}\}$
Average-Linkage	$\frac{1}{n_r n_s} \sum_{k\in A_r} \sum_{j\in A_s} d_{kj}$
WARD'sche Methode	$\frac{n_r n_s}{n_r+n_s} \cdot \lVert \bar{x}_{A_r} - \bar{x}_{A_s} \rVert^2$

Gewisse Eigenschaften dieser Verfahren sind aus der betreffenden Distanzdefinition ersichtlich; bei der Single-Linkage- und der Complete-Linkage-Methode kennt man auch gewisse Optimalitätsaussagen(BOCK 1974, JARDINE/SIBSON 1971). Die für den Praktiker entscheidende Frage, wie denn nun ein bestimmtes Verfahren bei einer gegebenen, evtl. atypischen Datenstruktur arbeitet, läßt sich indessen meist nur durch empirische Rechenstudien an realen oder simulierten Daten untersuchen. Es fehlt insbesondere eine Analyse der statistischen Eigenschaften dieser Verfahren, z.B. beim Vorliegen einer Mischung von Normalverteilungen o.ä. So existiert z.B. eine Vermutung von HARTIGAN 1977, daß bei der Average-Linkage-Methode und der Methode von WARD die im "oberen"Teil des Dendrogramms gefundenen Klassen weitgehend unabhängig von der Verteilung der Beobachtungsvektoren $x_1, \dots, x_N$ sind.

Dem Praktiker muß man deshalb raten, einerseits zu prüfen, welche Art von Clustern er in seinen Daten vermutet bzw. sucht, und ein entsprechendes Klassifikationsverfahren anzuwenden. Zum anderen sollte er, da er die Struktur seiner Daten ja nicht vollständig kennt, zwei bis drei verschiedene Clusterverfahren ausführen und die jeweils gefundenen Objektklassen auf ihre Zweckmäßigkeit bzw. Relevanz prüfen.

LITERATURVERZEICHNIS

ANDERBERG, M.R.: Cluster analysis for applications. Academic Press, New York, 1973

BEZDEK, J.C.: Cluster validity with fuzzy sets. Journal of Cybernetics 3 (1974) Heft 3, 58 - 73

BEZDEK, J.C., DUNN, J.C.: Optimal fuzzy partitions: A heuristic for estimating the parameters in a mixture of normal distributions. IEEE Trans. Computers C-24 (1975) 835 - 837

BINDER, D.A.: Bayesian cluster analysis. Biometrika 65 (1978) 31 - 38

BOCK, H.H.: Automatische Klassifikation. Theoretische und praktische Methoden zur Gruppierung und Strukturierung von Daten (Clusteranalyse). Vandenhoeck & Ruprecht, Göttingen, 1974

BOCK, H.H.: Programme zur Clusteranalyse. Statistical Software Newsletter 2 (1976) 72 - 84

DIDAY, E.: The dynamic clusters method in non-hierarchical clustering. Intern. J. of Computer and Information Sciences 2 (1973)(1) 61 - 88

DIDAY, E., GOVAERT, G.: Classification automatique avec distances adaptives. Revue Française d'Automatique, Informatique et Recherche Opêrationnelle, Informatique/Computer Science 11 (1977) 329 - 349

DUNN, J.C.: A fuzzy relative of the ISODATA process and its use in detecting compact well-separated clusters. Journal of Cybernetics 3 (1974 a), Heft 3, 32 - 57

DUNN, J.C.: Well separated clusters and optimal fuzzy partitions. Journal of Cybernetics 4 (1974 b), Heft 4, 95 - 104

HARARY, F.: Graph theory. Addison-Wesley, Reading/Mass., 1969, 47 - 50

HARTIGAN, J.A.: Clustering algorithms. Wiley, New York, 1975

HARTIGAN, J.A.: Distribution problems in clustering. In: van RYZIN (1977) 45 - 71

JARDINE, N., SIBSON, R.: Mathematical taxonomy. Wiley, New York, 1971

LING, R.F.: On the theory and construction of k-clusters. Computer J. 15 (1972) 326 - 332

MATULA, D.W.: Graph theoretic techniques for cluster analysis algorithms. In: van RYZIN (1977) 95 - 129

SPÄTH, H.: Cluster-Analyse-Algorithmen zur Objektklassifizierung und Datenreduktion. Oldenbourg, München-Wien, 1975, 1977

SPÄTH, H. (Hrsg.): Fallstudien Cluster-Analyse. Oldenbourg, München-Wien, 1977

van RYZIN, J. (Hrsg.): Classification and Clustering. Academic Press, New York, 1977

WISHART, D.: Mode analysis: A generalization of nearest neighbour which reduces chaining effects. In: A.J. Cole (Hrsg.), Numerical Taxonomy. Academic Press, New York, 1969, 282 - 312

Strukturuntersuchungen im ARAL-Tankstellennetz mit den Methoden der Cluster-Analyse

H. Braun, Bochum

Für die Vertriebszentrale eines Tankstellennetzes ist es bedeutsam, in der Vielfalt der gespeicherten Daten mit Informationen über die einzelnen Tankstellen eine Übersicht zu gewinnen. Häufigkeitsverteilungen, Kreuztabellen und andere klassische Auswertungsmethoden geben oftmals nur bedingt Einsicht in komplexe Zusammenhänge. Die Methoden und Verfahren der Cluster-Analyse eignen sich für die multivariate Betrachtung auch von gemischt quantitativ-qualitativen Merkmalen.

Die einzelne Tankstelle wird durch ihre Kenndaten: Angebotsform, Lage, Ausstattung, Service, ... und durch ihre Ergebnisdaten: Absatz, Umsatz, Provision, Deckungsbeitrag, ... charakterisiert. Die Gruppierung der Tankstellen in Cluster mit vergleichbaren (ähnlichen, nahe liegenden) Kenn-/Ergebnisdaten erfolgt, um typische Erscheinungsformen im Netz erkennen und interpretieren zu können. Solche Struktur- oder Zusammenhangsanalysen liefern wertvolle Ergebnisse für die Steuerung und Planung des Tankstellengeschäftes.

Ein Tankstellennetz über 700 Stationen einer Niederlassung wird hinsichtlich der Fragestellung, ob sich ähnliche Tankstellen in Absatzgrößenklassen häufen, untersucht. Die Klassifizierung geschieht nach 9 Kenndaten, die vom Typ her binäre, nominale und ordinale Merkmale sind. In den so ermittelten Klassen wird die Verteilung des Absatzes betrachtet.

Die nominalen und ordinalen Kenndaten werden unter Berücksichtigung ihrer Schlüsselung und Rangordnung in binäre Merkmale mit den Ausprägungen '0' für 'nicht vorhanden' bzw. '1' für 'vorhanden' transformiert, so daß eine Vereinheitlichung der Merkmalstypen erreicht wird. Anschließend wird eine Abstandsmatrix mit Hilfe des TANIMOTO-Koeffizienten berechnet. Das heuristische Austauschverfahren, bei dem disjunkte Klassen der Tankstellen näherungsweise so gefunden werden, daß die mit den reziproken Klassenanzahlen gewichtete Summe aller gegenseitigen Abstände innerhalb einer Klasse summiert über alle Klassen minimal wird, ist für Klassenaufteilungen in 10 bis 16 Cluster eingesetzt worden. Dabei hat die 12-Klassenaufteilung deutlich voneinander abgegrenzte Absatzklassen mit interpretierbaren Strukturen hervorgebracht.

Das Austauschverfahren ist bei einer Größenordnung von 700 zu klassifizierenden Objekten selbst bei Großrechenanlagen nur dann im Realspeicher unter vertretbaren Rechenzeiten möglich, wenn die binären Merkmale als LOGICAL*1-Variable behandelt werden und die Symmetrie der Abstandsmatrix benutzt wird. Das beschriebene Vorgehen hat bei den 700 Tankstellen auf einer EDV-Anlage IBM 370/158 ca. 1300 CPU-Sekunden und 1168 k Bytes Speicherplatz benötigt.

Eine ausführliche Beschreibung dieser Anwendung ist in (1) veröffentlicht.

Literatur

(1) BRAUN, H.: Strukturanalyse eines Tankstellennetzes. In: SPÄTH, H. (Hrsgb.): Fallstudien Operations Research, Band I, R. Oldenbourg-Verlag, München 1978.

Einsatz der Cluster-Analyse zur Bestimmung von Zielgruppen für die Unfallverhütung in der gesetzlichen Schüler-Unfallversicherung

P. Kemény, München

1. Problemstellung

Mit dem Gesetz über die Unfallversicherung für Schüler und Studenten sowie Kinder in Kindergärten vom 18. März 1971 wurden mehr als 14 Millionen Kinder, Jugendliche und Studierende in den Schutz der gesetzlichen Unfallversicherung, einem Teilgebiet der deutschen Sozialversicherung, einbezogen. Sie sind damit während des Kindergarten-, Schul- und Hochschulbesuchs und den damit zusammenhängenden Veranstaltungen nach den gleichen Vorschriften versichert wie die der Sozialversicherung unterliegende erwerbstätige Bevölkerung. Zu den Aufgaben und Leistungen der gesetzlichen Schüler-Unfallversicherung gehören nicht nur die Wiederherstellung der Verletzten nach einem Unfall durch Heilbehandlungsmaßnahmen und die Entschädigung in Geld für nicht zu beseitigende Verletzungsfolgen, sondern vorrangig auch die Unfallverhütung, d.h., eine gezielte Planung und Durchführung von Maßnahmen, durch die Unfälle vermieden werden können. Zu diesem Zweck werden im Rahmen der Unfallanzeige 14 fast ausschließlich klassifikatorische Merkmale erhoben, deren jeweilige Ausprägungen einen Unfall charakterisieren, z.B.:

Abb. 1

Merkmal	Unfall 1	Unfall 2	...
	Ausprägung	Ausprägung	...
Schulart	Realschule	Grundschule	...
Unfallart	Sport	Pause	...
Unfallzeitpunkt	8 - 9 Uhr	1o - 11 Uhr	...
Alter	12 Jahre	8 Jahre	...
Geschlecht	weiblich	männlich	...
Staatsangehörigkeit	deutsch	ausländisch	...
Unfallort	Turnhalle	Schulhof	...
Unfallauslösender Gegenstand	Sprossenwand	Kind	...
Bewegung des Gegenstandes	ohne Bewegung	beschleunigte Bewegung	...

Tätigkeit des Verletzten	klettern	herumstehen	...
Bewegung des Verletzten	abrutschen	umgestoßen werden	...
Verletzte Körperteile	Fuß	Kopf	...
Art der Verletzung	Verstauchung	Prellung	...
Unfallausgang	nicht tot	nicht tot	...

Die Zahl der jährlich angezeigten Schülerunfälle liegt in der Größenordnung von 7oo.ooo. Mit Hilfe einer Zufallsstichprobe von knapp 1o % sollten Informationen über das Unfallgeschehen gewonnen werden.

Da bislang nur der Weg der elementaren statistischen Analyse (Analyse von ein- und zweidimensionalen Häufigkeitsverteilungen) beschritten wurde, ist es erwartungsgemäß nicht gelungen, die komplexe Struktur des Phänomens Unfall anhand der erhobenen Daten erkennen und adäquat beschreiben zu können oder gar relevante Entscheidungskriterien für die Unfallverhütung zu liefern.

Bei der bisherigen Vorgehensweise wurden nämlich aus einer durch die Unfallanzeige vorgegebene Menge von Merkmalen, die einen Unfall charakterisieren, rein subjektiv aus der Sicht des Unfallforschers aufgrund intuitiver Vermutungen interessierende Merkmalskombinationen herausgegriffen und auf ihre wechselseitige Beziehung untersucht. Da aber objektiv gesehen fast alle der in der Unfallanzeige erhobenen und das Unfallgeschehen beschreibenden Merkmale irgendwie miteinander zusammenhängen, kann es durch diese subjektive Auswahl von einzelnen Merkmalskombinationen zu Fehlschlüssen und widersprüchlichen Aussagen innerhalb desselben Datenmaterials kommen. Für diese Erscheinung gibt es genügend Beispiele aus anderen Bereichen der empirischen Sozialforschung.

Man müßte deshalb drei und mehr Merkmale simultan untersuchen, um detaillierte Informationen zu bekommen und eventuellen Fehlschlüssen vorzubeugen.

Da aber der Zusammenhang zwischen den Merkmalen und ihr Einfluß auf das Unfallgeschehen sehr komplexer Natur ist, und man von vorneherein bis auf vage Vermutungen nicht genau weiß, welche Merkmale nun wie stark zusammenhängen, müßten prinzipiell alle möglichen Merkmalskombinationen untersucht werden. Wie zeitraubend und mühevoll dieser Weg ist, mögen folgende Zahlen verdeutlichen: Bei 14 Merkmalen gibt es

91 Zweierkombinationen (z.B. Schulart/Unfallort)

364 Dreierkombinationen (z.B. Schulart/Unfallort/Geschlecht)

1.oo1 Viererkombinationen (z.B. Schulart/Unfallort/Geschlecht/

Unfallauslösender Gegenstand)

2.oo2 Fünferkombinationen (z.B. Unfallort/Unfallauslösender Gegenstand/Bewegung des Gegenstandes/Tätigkeit des Verletzten/Bewegung des Verletzten)

Diese Liste läßt sich mit Sechser-, Siebenerkombinationen etc. auf analoge Weise fortsetzen. Insgesamt sind also für eine detaillierte und umfassende Informationsfindung einige tausend Tabellen zu erstellen, und es ist intuitiv einleuchtend, daß diese verwirrende Fülle von unüberschaubaren Einzelbeziehungen die geistige Aufnahmefähigkeit des Menschen übersteigt.

Deshalb schien es angebracht zu sein, erstmals im Bereich der gesetzlichen Unfallversicherung die Cluster-Analyse - als wirksame Methode der Informationskonzentration großer und komplexer Datenmengen - für die Untersuchung des Schülerunfallgeschehens einzusetzen, da man davon ausgehen konnte, daß sich ähnliche Unfallereignisse häufig wiederholten und es deshalb möglich sein mußte, die Schülerunfälle in wenige Gruppen ähnlicher Unfälle zu zerlegen, d.h., sie auf wenige und überschaubare Interpretationseinheiten im Sinne einer schwerpunktmäßigen - alle Merkmale gleichzeitig verwendenden - Strukturierung des Unfallgeschehens zu reduzieren.

2. Methodische Vorgehensweise

Die für die angestrebte clusteranalytische Untersuchung des Unfallgeschehens notwendigen Berechnungen wurden mit dem Infratest-Typologieprogramm SYAT [2] auf einer IBM 37o/135 durchgeführt.

Zur Verfügung standen ca. 6o.ooo Unfall-Datensätze, die im Jahre 1976 auf Stichprobenbasis erhoben wurden. Nach vorgeschalteter Datenbereinigung wurden für die eigentliche Untersuchung eine Unterstichprobe von 9.654 Elementen gezogen und sämtliche 14 die Elemente charakterisierenden Merkmale in Binärmerkmale mit den Ausprägungen O und 1 transformiert (Vereinheitlichung der Merkmalstypen).

Zum Einsatz kam das Verfahren von WARD, welches nach [4] auch für binäre Merkmale zu den leistungsfähigsten und wirtschaftlichsten Klassifikationsverfahren zählt. Im Hinblick auf die große Elementanzahl von 9.654 wurde eine Modifikation des WARD'schen Verfahrens durchgeführt, welche einer in [3] gegebenen Empfehlung ähnelt. Und zwar wurde eine weitere Zufallsstichprobe von 48o Elementen aus den vorliegenden 9.654 Elementen gezogen. Für diese Teilstichprobe wurden der WARD'sche Fusionierungsprozeß - auf jeder Stufe Minimierung des Heterogenitätszuwachses bei der Fusion zweier Klassen - bis zu einer Partition in 15 Klassen durchgeführt und die Centroide dieser 15 Klassen berechnet. Anschließend wurden die 48o Elemente in die ursprüngliche Stichprobe von 9.654 Elementen zurückgegeben und die 15 Klassencentroide als Kristallisationspunkte beibehalten.

Diesen wurden nun alle 9.654 Elemente in der Eingabenreihenfolge mit jeweils minimalem quadrierten euklidischem Abstand zugeordnet. Diese Minimaldistanzregel sowie das WARD'sche Fusionskriterium, welches ja die Minimierung über gewichtete quadrierte euklidische Centroidabstände fordert, sind sinnvoll, da euklidische Abstände und Centroide auch bei binären Klassifikationsmerkmalen, deren Ausprägungen mit 0 und 1 kodiert sind, formal definierbar und inhaltlich interpretierbar sind [4]. Nach Zuordnung aller 9.654 Elemente wurden die Centroide der 15 Klassen neu berechnet. Damit wünschte man der großen Elementanzahl Rechnung zu tragen und die aus der Teilstichprobe von 48o Elementen erhaltenen Kristallisationspunkte durch Einbeziehung aller 9.654 Elemente zu korrigieren. Anschließend wurde das Verfahren von WARD mit der nun vorliegenden Partition in 15 Klassen, die durch größere Elementanzahlen und neuberechnete Centroide charakterisiert waren, bis zur gröbsten Partition in eine Klasse fortgesetzt.

Da bei dem WARD'schen Verfahren der Heterogenitätszuwachs über die Fusionsstufen addierbar und damit monoton ist, wurde die Auswahl einer geeigneten Partition nicht willkürlich, sondern mit Hilfe eines Struktogramms, das den Verlauf des Homogenitätsniveaus in Abhängigkeit von der Klassenanzahl wiedergibt, getroffen. Dabei ergab sich ein sehr deutlicher Anstiegsknick beim Übergang von 13 zu 12 Klassen:

Abb. 2

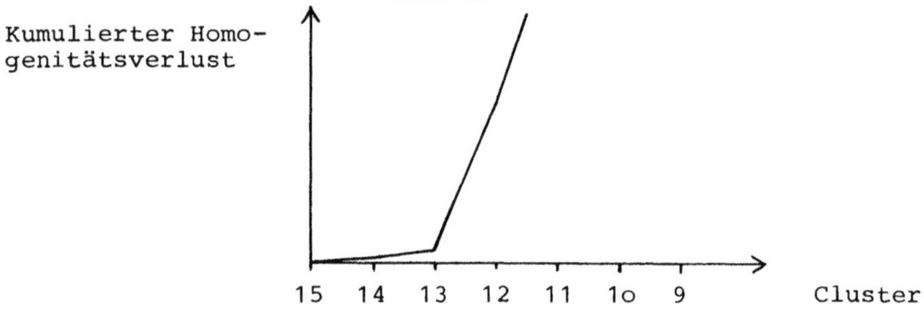

Eine ähnliche Situation ist in [1] angeführt.

Nach Wahl der Partition in 13 Klassen wurden die 13 Centroide dieser Klassen als Kristallisationspunkte beibehalten, ihnen sämtliche 9.654 Elemente nach der früher angegebenen Minimaldistanzregel neu zugeordnet und die 13 Gruppencentroide neu berechnet. Diese Vorgehensweise bedeutet die Nachschaltung eines einstufigen iterierten Minimaldistanzverfahrens zu der durch das WARD'sche Verfahren gelieferten Anfangspartition in 13 Klassen. Dabei konnte eine leichte Verbesserung bezüglich eines globalen Gütekriteriums, das auf einem für binäre Merkmale definierten Homogenitätsmaß basierte, erzielt werden.

3. Ergebnisse

Als endgültiges Ergebnis der Klassifikation erhielt man 13 gut interpretierbare Cluster. Die inhaltliche Beschreibung dieser 13 durch typische Merkmalskombinationen charakterisierten multivariaten Unfallgruppen lieferte umfassende Informationen über das Unfallgeschehen im Sport-, Pausen-, Unterrichts- und Kindergartenbereich.

Im folgenden soll nun Cluster 1 kurz skizziert werden.

Cluster 1 (1o %):

Dieser Cluster liegt fast ausschließlich im Bereich des Sportes und beinhaltet als wesentlichen Kern Unfälle von 11 - 14jährigen Hauptschülerinnen, Gymnasiastinnen und insbesondere Realschülerinnen vorrangig beim Geräteturnen mit dem größten Anteil an schwereren Verletzungen wie Knochenbrüchen und Wirbelsäulenverletzungen. In diesem Zusammenhang sei erwähnt, daß der Großteil der Wirbelsäulenverletzungen dem Bereich Geräte- und Bodenturnen zuzuordnen sind. Dabei ist ergänzend zu bemerken, daß aus medizinischer Sicht auch "bloße" Wirbelsäulenprellungen im Pubertätsalter nicht unbeachtet bleiben dürfen, da sich nach vielen Jahren im Erwachsenenalter Spätschäden, wie etwa eine verfrühte Verkrümmung der Wirbelsäule etc., einstellen können. Hervorzuheben ist, wie schon angedeutet, die anteilsmäßige Umkehrung des Geschlechtsverhältnisses in der Beteiligung am Unfallgeschehen beim Geräteturnen, nämlich mehr Schülerinnen als Schüler. Dies ist der einzige der 13 Cluster, in dem der weibliche Anteil überwiegt. Damit ist die größere Unfallgefährdung von Schülerinnen beim Geräteturnen zumindest als Hypothese formulierbar. Denkbare Faktoren wären die für Mädchen in diesem Zusammenhang sich negativer als für Knaben auswirkende pubertäre Entwicklungsphase (11 - 14jährige), weibliche Bindegewebsschwäche in Hand- und Fußgelenken, Überforderung etc. Die charakteristischen Unfallzeitpunkte 8 - 9 Uhr und 12 - 13 Uhr können mit den in diesem Zeitraum abfallenden Leistungskurven des Menschen zusammenhängen; insbesondere kommt bei dem erstgenannten Zeitpunkt noch der Schulwegstreß (ungünstige Verkehrsverbindung etc.) hinzu.

Über die Hälfte der Unfälle passieren beim "springen", das hier im Vergleich zu allen anderen Gruppen den höchsten Prozentsatz aufweist.

Ein Teil von Cluster 1 spielt sich im Kindergartenbereich auf dem Spielplatz ab. Man kann dort natürlich nicht von Geräteturnen sprechen, sondern eher von Spiel an Geräten, aber die Verlaufsform von Unfällen, die sich im Zusammenhang mit Rutschbahn und Klettergerüst ereignen, ist prinzipiell mit bestimmten Geräteturnunfällen vergleichbar. Deshalb wurden diese spezifischen Kindergartenunfälle auch Cluster 1 zugeordnet.

Diese kurze Skizzierung von Cluster 1 möge verdeutlichen, wie sich aus den erhaltenen 13 Clustern Kernzielgruppen für den Einsatz von Unfallverhütungsmaßnahmen herauskristallisieren lassen.

Eben dies leistete die elementare statistische Analyse nicht.

Literatur:

1 HAMACHER, B., PREISER, K.: Eine Infrastrukturtypologie am Beispiel des Landes Bremen. In: SPÄTH, H.: Fallstudien Cluster-Analyse, München 1977

2 INFRATEST FORSCHUNG GmbH: Typologie-Programm SYAT, München 1975

3 STEINHAUSEN, D., LANGER, K.: Cluster-Analyse - Einführung in Methoden und Verfahren der automatischen Klassifikation, Berlin 1977

4 VOGEL, F.: Probleme und Verfahren der numerischen Klassifikation, Göttingen 1975

Variantenanalyse und ihre Anwendung in der Montage bei Serienfertigung

R. von Strauch, München

Der bei den Produkten der meisten Industriebetriebe mit Serienfertigung auftretende Variantenreichtum hat ein großes Teilespektrum zur Folge. Die Anzahl der verschiedenen Erzeugnisse eines Werkes kann sich auf einige hundert belaufen, was zu einigen tausend Teilen führen kann. Mit der Variantenanalyse soll diese Vielfalt von Erzeugnissen und Einzelteilen übersichtlich gemacht werden. Es wird angestrebt, Gruppen von Erzeugnissen und Gruppen von Einzelteilen zu bilden, deren Elemente im Fertigungsprozeß einheitlich behandelt werden kann.

Die Gruppenbildung wird mit der Clusteranalyse nach der Single-Linkage-Methode vorbereitet. Dabei werden die Erzeugnisse hinsichtlich der Verwendung der verschiedenen Einzelteile und die Einzelteile hinsichtlich ihrer Verwendung in den verschiedenen Erzeugnistypen verglichen. Man erhält eine Erzeugnis-Teile-Matrix mit entsprechend dem Ergebnis der Clusteranalyse angeordneten Mengenangaben der Einzelteileverwendung als Matrixelemente.
Es wird nun versucht, Erzeugnisgruppen abzugrenzen, die bestimmten Montageabteilungen zugeordnet werden können. Innerhalb dieser Erzeugnisgruppen ergeben sich für die Einzelteile in Abhängigkeit vom konstruktiven Aufbau der Erzeugnisse folgende unterschiedliche Möglichkeiten:

- Abgrenzung von fiktiven Baugruppen
- Abgrenzung von echten Baugruppen
- Bildung von Basistypen als varianten-unabhängige Rumpfkörper mehrerer Erzeugnisse

Der Hauptvorteil dieser Aufgliederung liegt in der Möglichkeit der Aufteilung der Montage in der Montage der varianten-unabhängi-

Proceedings in Operations Research 8, ©Physica-Verlag, Würzburg–Wien, 1979

gen Teile und die der varianten-bestimmenden Teile. Bei Fertigungsumstellungen ist dann im Idealfall nur die Montage der varianten-bestimmenden Teile betroffen. Man kann deshalb Randtypen sehr kurzzeitig fertigen, womit man eine Verringerung der Fertigfabrikate bestände erreicht. Die Entwicklung neuer Typen und die Materialdisposition wird ebenfalls erleichtert, wenn man sich auf den Basistyp bezieht.

Die Erzeugnis-Teile-Matrix kann aufgrund der übersichtlichen Darstellung und der guten Vergleichsmöglichkeit mehrerer Erzeugnisse oder Teile als Unterlage zur Kontrolle der Konstruktion, zur Planung von Änderungen, zur Unterstützung der Materialbereitstellung, zur Verfügbarkeitskontrolle verwendet werden. Sie ist vorteilhaft, wenn ein guter Überblick über die Erzeugnisstruktur und Teileverwendung benötigt wird. Bei der Clusterung werden alle Teilemengen $>\emptyset$ mit 1 bewertet und so die binäre Ausgangsmatrix gebildet. Der als Ähnlichkeitsmaß verwendete Tanimoto-Koeffizient entspricht bei Erzeugnissen dem Anteil Gleichteile und bei Einzelteilen dem Anteil Gleichverwendungen von jeweils zwei Objekten.

Das Single-Linkage-Verfahren wurde gewählt, weil angestrebt wird, die Objekte mit der größten Ähnlichkeit nahe zusammen zu bringen und weil dieses Verfahren die Verarbeitung großer Datenmengen ermöglicht. Die eigentliche Gruppenbildung erfolgt durch den Bearbeiter, der dabei noch Kriterien wie konstruktiver Zusammenhang, Baugruppengliederung und Montagereihenfolge berücksichtigen muß.

Da die Programme unter Werksbedingungen ablaufen müssen, wurde bei der Programmgestaltung besonderer Wert auf einfache Bedienung und sicheren Ablauf gelegt.

Eine ausführlichere Fassung des Beitrages kann vom Verfasser bezogen werden.

Qualitätskontrolle

The asymptotic theory of sampling inspection

G.B. Wetherill and J. Köllerström, Canterbury

1. Introduction

The purpose of this paper is to emphasize the importance of certain asymptotic results in the design of sampling plans, and also to stress the role of the underlying model. Proofs will not be given, and for these we refer to Wetherill and Köllerström (1978), Köllerström and Wetherill (1979) and the book by A. Hald (1978).

There is now a large literature on economic theories of acceptance inspection, but full applications of the theory in practice are rather rare. Typically the following assumptions are made:

(i) Batches are to be accepted or rejected, and should be sentenced independently of other batches.

(ii) A prior distribution is specified for the quality of batches input to the inspection station.

(iii) The inspection costs are known, and the cost function for wrong decisions is also known.

Given these assumptions, an economically optimum sampling plan can be evaluated.

The reason why the theory is rarely applied is because the parameters in (ii) and (iii) are not known very accurately, and in many cases the prior distribution is changed by inspection. There is therefore a tendency to

Proceedings in Operations Research 8, ©Physica-Verlag, Würzburg–Wien, 1979

disregard the whole theory, but this view is not correct. Certain results are clear, and can be applied quite easily.

We begin by recalling a conjecture due to Hamaker, and then consider some important asymptotic results due to Hald (1967). A combination of these leads to a simple sampling scheme.

2. Hamaker's conjecture

Suppose we have batches of size N, and draw a random sample of size n. The numbers of defectives in the batch and the samples are given by R and r respectively. If the sampling plan is to accept all batches such that $r \leq c$, then three forms of the OC-curve are:

$$Q_{1,c}(n,R,N) = \sum_{r=0}^{c} \binom{R}{r} \binom{N-R}{n-r} \binom{N}{n} \qquad (1)$$

$$Q_{2,c}(n,p) = \sum_{r=0}^{c} \binom{n}{r} p^r (1-p)^{n-r} \qquad (2)$$

where $p = R/N$

and

$$Q_{3,c}(np) = \sum_{r=0}^{c} e^{-np} (np)^r / r! \qquad (3)$$

Hamaker conjectured that there is a value p_{12} such that for $c > 0$,

$$Q_{1,c}(n,R,N) > Q_{2,c}(n,p) \quad \text{for } p < p_2$$

and

$$Q_{1,c}(n,R,N) < Q_{2,c}(n,p) \quad \text{for } p > p_{12} .$$

He also conjectured that the same holds for the relationship between $Q_{2,c}$ and $Q_{3,c}$, and that the difference between the three curves are quite small.

A formal proof of the uniqueness of the crossover of the OC-curves is given by Hald (1978), and some expansions, numerical approximations and investigations are given by Wetherill and Köllerström (1978).

Put briefly the result means that for practical purposes we can consider either the Poisson or the binomial curve form of the OC-curve, rather than the exact hypergeometric ones, as this will be in a sense more 'conservative' than given by Q_2 or Q_3.

3. The robustness of economic models and Hald's asymptotic theory

In many economic models of sampling inspection the following assumptions are made in addition to those stated in §1:

(i) the cost of inspection is constant, and taken as the unit of costs;

(ii) the utility of rejecting a batch is zero, and the utility of accepting a batch is $K(\Theta_o-\Theta)$, or some similar function.

Wetherill and Campling studied models of this type and examined how sensitive the utility of the plan was to correct knowledge of the cost and other parameters of the model. Results showed that the efficiency of the final plan was very sensitive to a correct knowledge of the break-even value Θ_o, and that the precise knowledge of other parameters was relatively unimportant. Hald (1967) extended these results considerably, and produced an asymptotic theory covering fairly general prior distributions and non-linear inspection costs and utilities for acceptance. One assumption he made which turned out to be crucial was the existence of a break-even quality, defined as follows. The distribution of quality of batches is governed by a probability distribution depending on a parameter Θ, and acceptance is preferred if $\Theta < \Theta_o$, and rejection is preferred if $\Theta > \Theta_o$. If decisions are based on a statistic $t(\underline{x})$ which has expectation Θ, and variance $\alpha^2(\Theta)/n$, and we accept if $t(\underline{x})<t^o$, then Hald showed that the optimum relationship between t^o and n took the form

$$t^o = \Theta_o + O\left(\frac{1}{\sqrt{n}}\right) . \qquad (4)$$

For the case of attribute inspection for proportion defective, $\theta = p$, and the equation is

$$c/n = p_o + O(\frac{1}{n}) . \qquad (5)$$

It follows from this work of Hald's that the break-even quality is the most important parameter, and that the utility structure is relatively flat with respect to choice of sample size.

One important application of this work comes from linking this with some work due to Hamaker (1950). He showed that the IQL of an inspection plan $p_{0.5}$ is such that

$$p_{0.5} = \frac{c + 2/3}{n} + O(\min(N^{-1}, n^{-2}) \qquad (6)$$

as n and $N \to \infty$.

Thus neglecting the $2/3n$ and other terms we have

$$\text{IQL} = \text{Break-even quality} . \qquad (7)$$

We therefore conclude:

(i) in attribute inspection models involving a break-even quality, this is the most important parameter. Every effort should be made to estimate this quantity economically.

(ii) In order to achieve an efficient single sampling plan we should set the acceptance number c so that equation (7) is satisfied.

Sometimes our knowledge of the prior distribution and costs will be such that we can improve on this rule, but otherwise the theory shows that serious losses can arise from departing from it.

4. A simple sampling scheme

Equation (7) gives us one restriction, and one more is needed to define a single sampling plan. It is suggested that we fix the AQL in the neighbourhood of the AQL. We therefore fix

$$\Pr\{\text{Accept batch at } p_A\} = 1 - \alpha .$$

We now use Hamaker's conjecture, to reduce this to the simpler requirement

$$\sum_{0}^{c} e^{-np_A} (np_A)^r/r! = 1 - \alpha \quad . \tag{8}$$

Asymptotic theory indicates, and calculations check that this leads to highly efficient plans for a fairly large range of p_A about its optimum value.

Methods of solving equations (7) and (8) to define a single sampling plan are given in Wetherill and Köllerström (1979). A slight variation of (8) leads to a plan having the correct asymptotic relationship between n and N as established by Hald (1967).

It should be emphasised that an essential part of the plan is to start with an economic determination of the break-even quality, and then through (7) and (5) we fix c, the acceptance number, as a function of n.

A similar approach to this for inspection by variables is given by Wetherill and Köllerström (1979), and it is based on similar asymptotic theory.

7. Some other inspection models

The discussion so far has been based on the model outlined in §1 and assumptions (i) and (ii) of §3. There are some other inspection models which commonly arise, and for which different sampling plans should be recommended. Suppose we replace assumption (i) of §1 by the following:

(i) Batches are in sequence and the method of assuring quality can depend on this.

One example of this arises in inspection by variables when the quality of batches forms a first order autoregressive process. In this situation information on neighbouring batches can be incorporated into the decision rule. Essentially, this becomes a correction term to equation (4) depending on current results. See Campling (1968), Booth and Smith (1976), and Köllerström and Wetherill (1979) for work on this.

Another approach to inspection of sequences of batches is to adopt some plans such as skip-lot sampling, or chain-sampling. Further work needs to be done in this area.

The Military Standards sampling schemes are designed for sequences of batches, but their use implies two further assumptions:

(ii) The producer is willing to alter the quality of batches offered to the consumer in question.

(iii) The stimulus required to make the producer improve his quality is a rejected batch.

Further modifications of the cost structure must also be made, but the Military Standards method seems not to have been studied from an economic angle. Such studies would be helpful in indicating the situations in which the Military Standards method should be used.

The practical situation must be clearly borne in mind in designing sampling plans. We should not seek for optimum results, which might be complicated to apply, but rather we should seek for simple robust solutions. What is really needed is some empirical research to establish what models commonly occur in practice, and then use asymptotic theory and approximations to establish simple robust plans. We see the solution proposed in §4 as one contribution to this work.

References

BOOTH, N.B., & SMITH, A.F.M. (1976) 'Batch acceptance schemes based on an autoregressive prior'. Biometrika 63, 133-6.

CAMPLING, G.E.G. (1968) 'Serial sampling acceptance schemes for large batches of items where the mean quality has a normal prior distribution'.- Biometrika 55, 393-9.

HALD, A. (1967) 'Asymptotic properties of Bayesian single sampling plans'. J.R.S.S. b, 29, 162-173.

HALD, A. (1978) Statistical theory of sampling inspection by attributes, Part 2. Institute of Mathematical Statistics, University of Copenhagen.

WETHERILL, G.B., & KÖLLERSTRÖM, J. (1978) 'Sampling inspection simplified'.

KÖLLERSTRÖM, J., & WETHERILL, G.B. (1979) 'Sampling by variables with normal-gamma-prior'.

Verallgemeinertes Modell für kontinuierliche Stichprobenpläne von Dodge

L. Küsters, Mannheim

Man hat eine durchnumerierte Menge von gleichmächtigen Losen. Die Elemente in den Losen haben das reelle Merkmal X. Für ein rein zufällig aus dem j-ten Los entnommenes Element sei die Verteilungsfunktion

$$W(X \le x) = F_j(x).$$

U und T seien m- bzw. n-dimensionale, reelle (Borel-meßbare) Funktionen.

$\underline{X}_j := (X_{j1}, \dots, X_{jm})$ und $\underline{Y}_j := (Y_{j1}, \dots, Y_{jn})$ seien zwei Stichproben vom Umfang m bzw. n aus dem j-ten Los, und sie seien unabhängig bzgl. j. Die Stichproben können identisch sein, die eine die andere umfassen bzw. die eine oder beide gleich ganz Ω_j umfassen. Man definiert nun:

1) Das Los j ist schlecht, falls $U(\underline{X}_j) \in A$ mit $A \subset \mathbb{R}$, ansonsten gut.
2) Das Los j wird abgelehnt, falls $T(\underline{Y}_j) \in B$ mit $B \subset \mathbb{R}$, ansonsten angenommen.

Mit $W(X \le x) = F_j(x)$ sind auch folgende Wahrscheinlichkeiten definiert:

$W(U(\underline{X}_j) \in A) = W_{A_j}$ Wahrscheinlichkeit, daß das j-te Los schlecht ist,

$W(T(\underline{Y}_j) \in B) = W_{B_j}$ Wahrscheinlichkeit, daß das j-te Los abgelehnt wird,

und es existiere $\lim_{j \to \infty} W_{A_j} = W_A, \lim_{j \to \infty} W_{B_j} = W_B$.

Man führt nun zur Kontrolle der Lose einen Dodge-Plan durch mit dem Vorlauf vom Umfang i an hintereinander nicht abgelehnten Losen und der Gruppengröße h (Stichprobenanteil 1/h) an Losen, falls ein Vorlauf vorangegangen ist bzw. das zufällig aus der vorangegangenen Prüfgruppe entnommene Los nicht abgelehnt wurde. Dann ist der durchschnittliche Prüfaufwand an Losen gegeben durch

$$\frac{1}{1+(h-1)(1-W_B)^i}$$

und damit, falls man die geprüften schlechten Lose durch gute Lose ersetzt hat, der Durchschlupf an schlechten Losen durch

$$W_A\left(1-\frac{1}{1+(h-1)(1-W_B)^i}\right.$$

bzw. der maximale Durchschlupf an schlechten Losen durch

$$\pi=\sup\left|W_A\left(1-\frac{1}{1+(h-1)(1-W_B)^i}\right)\right|,$$

wobei das Supremum über alle Möglichkeiten zu nehmen ist, die sich aus der Nichtfestlegung bzw. nur teilweisen Festlegung der F_j ergeben.

Unter gewissen Voraussetzungen kann man nun hinreichend Bedingungen dafür angeben, daß das Supremum ein Maximum und dieses eindeutig ist.

Dieses Modell gestattet nun, durch entsprechende Wahl der Funktion T sowie des Annahmebereiches B eine innerhalb vernünftiger Grenzen beliebige Festlegung des maximalen Durchschlupfes sowie des Vorlaufes wie auch der Gruppengröße. Dies wird an Beispielen erläutert.

Literatur:

Uhlmann, W.: Statistische Qualitätskontrolle.
B.G. Teubner Verlagsgesellschaft, Stuttgart 1966.

Küsters, L., Lubahn, E.: Kontinuierliche Stichprobenpläne von Dodge mit integriertem Test und verschärfter Bewertung.
Qualität und Zuverlässigkeit 20 (1975) Heft 11, S. 251-253.

Küsters, L., Lubahn, E.: Kontinuierliche Stichprobenpläne von Dodge mit integriertem Test und verschärfter Bewertung bei Vollprüfung im Los.
Qualität und Zuverlässigkeit 22 (1977), Heft 9.

Küsters, L.: Kontinuierliche Stichprobenpläne von Dodge mit integrierter Gut-Schlecht-Vollprüfung und verschärften Toleranzgrenzen.
(erscheint demnächst in Frequenz).

Kostenoptimale Prüfpläne bei laufender Kontrolle eines normalverteilten Merkmals

E. von Collani, Würzburg

1. Das Modell

Das erste Produktionsmodell, für das Prüfpläne für die laufende Überwachung eines Fertigungsprozesses unter Berücksichtigung der auftretenden Kosten untersucht wurde, stammt von Duncan [5] aus dem Jahre 1956. Obwohl das Modell sehr einfach ist und nur selten tatsächliche Fertigungsprozesse die Modellannahmen ausreichend genau erfüllen dürften, ist es in den seither vergangenen Jahren nur in sehr wenigen Punkten verallgemeinert worden. Dies liegt wohl in erster Linie daran, daß bisher auch für dieses relativ einfache Modell keine befriedigende Lösung existiert. In jüngster Zeit haben Chiu [1] und Chiu & Wetherill [3] für ein etwas verallgemeinertes Modell den Versuch unternommen Tabellen und Näherungslösungen für kostenoptimale Prüfpläne anzugeben, doch beschränken sich diese wegen der Fülle der eingehenden Parameter auf vergleichsweise wenige Spezialfälle.

Auch dieser Arbeit liegt im wesentlichen das von Chiu benutzte Modell zugrunde. In einem Fertigungsprozeß wird dabei ein Produkt stückweise produziert. Falls die Fertigung eines fließenden Produktes vorliegen sollte, kann man natürlich durch geeignete Aufteilung in "Stücke" derselben Größe die obige Voraussetzung erfüllen. Als Maß für die Güte eines hergestellten Stückes dient ein einziges meßbares Merkmal X. Im folgenden bezeichnet die zufällige Variable X_i das Merkmal des i-ten produzierten Stückes. Beim Start der Fertigung befindet sich der Prozeß in statistischer Kontrolle und hat die Normalverteilung $N(\mu,\sigma^2)$. Darunter versteht man, daß die zufälligen Variablen X_i $(i=1,2,\dots)$ unabhängig und nach der Normalverteilung $N(\mu,\sigma^2)$ verteilt sind. Weiter haben auftretende Fehler nur eine Auswirkung auf den Prozeß, nämlich eine Verschiebung des Erwartungswertes der zufälligen Variablen X_i um $\delta\sigma$, wobei $\delta > 0$ ist und die Verschiebung mit Wahrscheinlichkeit w um $-\delta\sigma$ und mit Wahrscheinlichkeit 1-w um $+\delta\sigma$ erfolgt. Dies bedeutet, daß auch nach Eintritt eines Fehlers sich der Prozeß in statistischer Kontrolle befindet und die zufälligen Variablen weiterhin normalverteilt sind, nur jetzt nach $N(\mu+\delta\sigma,\sigma^2)$ oder nach $N(\mu-\delta\sigma,\sigma^2)$.

Dadurch werden folgende zwei Zustände definiert:

Zustand I: das Güte-bestimmende Merkmal X ist verteilt nach $N(\mu,\sigma^2)$ und

Zustand II: das Güte-bestimmende Merkmal X ist verteilt nach $N(\mu+\delta\sigma,\sigma^2)$ oder $N(\mu-\delta\sigma,\sigma^2)$.

Die Zeit ξ zwischen Produktionsbeginn im Zustand I und dem Auftreten eines Fehlers und damit des Überganges in den Zustand II ist exponential-verteilt mit dem Erwartungswert $1/\lambda$. Es gilt also:

$$W(\xi \leq t) = \int_0^t \lambda e^{-\lambda x} dx \, .$$

Anschaulich bedeutet die letzte Voraussetzung, daß der Produktionsprozeß nicht altert, also im Laufe der Zeit nicht anfälliger für Fehler wird. Schließlich soll der Produktionsprozeß noch eine konstante Produktionsgeschwindigkeit haben, so daß in gleich langen Produktionsintervallen stets die gleiche Anzahl von Stücken produziert wird. In einer Zeiteinheit mögen f Stücke produziert werden, also werden in der mittleren Verweildauer des Prozesses im Zustand I gerade f/λ Stücke produziert. Von den bis jetzt aufgetretenen Parametern, werden die Verteilungsparameter μ, σ^2, δ und λ und der Produktionsparameter f als bekannt vorausgesetzt. Abweichend vom Modell von Chiu [1] wird hier zugelassen, daß die Verschiebung des Erwartungswertes durch einen Fehler in beide Richtungen erfolgen kann.

Um zu gewährleisten, daß sich der Prozeß möglichst oft im Zustand I befindet, soll die Fertigung, falls vorteilhaft, laufend beobachtet werden, um dadurch eine Änderung des Erwartungswertes der X_i frühzeitig zu bemerken und durch eine Reparatur die Ausschußanteile niedrig zu halten. Während der Dauer einer Durchsicht des Produktionsapparates zur Feststellung, ob Zustand I oder Zustand II vorliegt, und einer Reparatur muß die Fertigung angehalten werden. Mit Wahrscheinlichkeit 1 werden vorhandene Fehler entdeckt und repariert. Durchschnittlich werden für eine Durchsicht t_D Zeiteinheiten benötigt und für eine notwendige Reparatur t_R Zeiteinheiten. In dieser Arbeit stehen folgende drei Alternativen zur Kontrolle des Prozesses zur Auswahl:

1. Es werden keinerlei Kontrollen oder Reparaturen durchgeführt (Strategie I).
2. Nach jeweils $\tilde{T}$ Produktionszeiteinheiten wird eine Durchsicht des Produktionsapparates vorgenommen und dieser falls notwendig repariert (Strategie II).
3. Nach jeweils T Produktionseinheiten wird eine Stichprobe vom Umfang n aus der laufenden Produktion, d.h. n hintereinander produzierte Stücke, gezogen. Das Stichprobenmittel $\bar{x}$ wird danach in eine Kontrollkarte eingetra-

gen und falls die Kontrollgrenzen $\pm k\sigma/\sqrt{n}$ überschritten werden, wird die Fertigung angehalten, der Produktionsapparat durchgesehen und wenn nötig repariert (Strategie III).

Hierbei bedeutet Produktionszeit die Zeit, in der der Produktionsapparat wirklich läuft, also produziert wird. Es folgt, daß nach jeder Durchsicht der Produktionsprozeß im Zustand I wieder beginnt. In der bisherigen Praxis verwendet man gegenüber f/λ sehr kleine Stichprobenumfänge n. Wir nehmen an, daß diese in der Praxis verwendeten Prüfpläne schon in der Nähe der "optimalen" Prüfpläne liegen und wollen daher die Möglichkeit des Überganges vom Zustand I in den Zustand II während einer Stichprobenentnahme vernachlässigen.

Da die Frage, wie die Kontrolle des Prozesses explizit aussehen soll, unter Berücksichtigung der auftretenden Kosten beantwortet werden soll, ist das Kostenmodell von großer Bedeutung. Im Zustand I wird pro Stück ein durchschnittlicher Gewinn $G_I > 0$ erzielt. Im Zustand II verringert sich der durchschnittliche Gewinn auf $G_{II} < G_I$. Für die Kontrolle und Reparatur des Produktionsapparates nehmen wir folgende Kosten an: Damit der Produktionsapparat laufend durchgesehen und falls nötig repariert werden kann, wird eine Reparaturwerkstatt unterhalten, wodurch unabhängig von den einzelnen Durchsichten und Reparaturen pro Zeiteinheiten Kosten entstehen. Diese Kosten können z.B. aus den Löhnen vom festeingestellten Werkstattpersonal oder aus der Miete für die Werkstatt usw. bestehen und werden im folgenden mit $d_R \geq 0$ bezeichnet. Daneben treten Kosten für jede einzelne Durchsicht und jede einzelne Reparatur auf, z.B. Materialkosten, Energiekosten oder, wenn kein festangestelltes Werkstattpersonal vorhanden ist, auch die Löhne der mit der Reparatur beauftragten Leute. Dabei seien K_D die durchschnittlichen Kosten für eine Durchsicht und K_R die durchschnittlichen Kosten für eine Reparatur. Für die Kosten der Stichprobenkontrolle gilt Ähnliches. Auch hier möge die Unterhaltung eines Prüflabors unabhängig von der eigentlichen Stichprobenentnahme Kosten pro Zeiteinheit verursachen, die mit $d_P \geq 0$ bezeichnet werden. Die bei der eigentlichen Stichprobenkontrolle, also Ziehen einer Stichprobe, Bestimmen der Meßwerte x_i usw., entstehenden Kosten werden, wie allgemein üblich, proportional zum Stichprobenumfang n angenommen, also $d_S \cdot n$, wobei d_S die Kosten für die Kontrolle eines Stückes bezeichnet. Das hier geschilderte Kostenmodell weicht in zwei Punkten von dem bei Chiu[1] verwendeten Modell ab:

1. Die konstanten Kosten für die Reparaturwerkstatt werden bei Chiu nicht berücksichtigt, da dieser davon ausgeht, daß eine Reparatur im Zustand II stets günstig ist.

2. Die sogenannten "fixen Kosten" der Stichprobenkontrolle eines laufenden Fertigungsprozesses werden bei Chiu ebenso behandelt, wie bei der Annahme - und Endkontrolle, d.h. bei jeder Stichprobenentnahme entsteht neben den zum Stichprobenumfang proportionalen Kosten noch ein konstanter Betrag, der unabhängig von der laufenden Zeit ist. Da in der Regel für die Überwachung eines laufenden Prozesses auch laufende Kosten entstehen, dürfte das hier behandelte Modell realitätsnäher sein.

Es treten also sieben Kostenparameter auf, nämlich G_I, G_{II}, K_D, K_R, d_R, d_P und d_S, die als bekannt vorausgesetzt werden.

2. Die Verlustfunktion

Als Vergleichsmaßstab für die verschiedenen Überwachungsmöglichkeiten wähle ich einen noch geeignet zu definierenden "durchschnittlichen Verlust pro Stück auf lange Sicht". In der bisherigen Literatur von Duncan 1956 angefangen bis zu den letzten Veröffentlichungen von Chiu wird stets der "durchschnittliche Verlust pro Zeiteinheit auf lange Sicht" betrachtet. Da eine der Eingangsvoraussetzungen des Modells die "stückweise Produktion" war, erscheint mir der Verlust pro Stück naheliegender und dem Modell entsprechender zu sein. Im übrigen hat die hier gewählte Verlustfunktion noch andere entscheidende Vorteile. Zunächst gebe ich die Definition eines verallgemeinerten Prüfplanes an, der der Bestimmung der Verlustfunktion zugrunde liegt:

Definition 1: Ein verallgemeinerter Prüfplan für den im Abschnitt 1 beschriebenen Prozeß, besteht aus

a) einem Zahlentripel (T,n,k), mit $T \in \bar{\mathbb{R}}^+$, $n \in \mathbb{N}_0$, $k \in \mathbb{R}_0^+$

b) der folgenden Vorschrift:

1. Falls $T = \infty$ werden keinerlei Kontrollen oder Reparaturen durchgeführt, d.h. $n = k = 0$.
2. Falls $T < \infty$ und $n = k = 0$, wird nach jeweils T Zeiteinheiten die Produktion gestoppt und eine Durchsicht und falls nötig eine Reparatur vorgenommen.
3. Falls $T < \infty$ und $n > 0$ wird nach jeweils T Zeiteinheiten eine Stichprobe vom Umfang n gezogen und falls $|\bar{x}-u| > k\sigma/\sqrt{n}$ ausfällt, wird die Produktion gestoppt und eine Durchsicht und falls nötig eine Reparatur vorgenommen.

Der bei der Anwendung eines verallgemeinerten Prüfplanes entstehende mittlere Verlust pro Stück auf lange Sicht wird in ähnlicher Weise hergeleitet wie der z.B. bei Chiu behandelte Verlust pro Zeit.

Es zeigt sich, daß es möglich ist den Verlust für alle 3 Strategien in geschlossener Form anzugeben, wenn man die folgende Kostenfunktion für das Kontroll- und Prüflabor einführt:

$$d(T,n) = \begin{cases} 0 & \text{für } T = \infty \text{ und } n = 0 \\ d_R & \text{für } T < \infty \text{ und } n = 0, \\ d_R + d_P & \text{für } T < \infty \text{ und } n > 0 \end{cases}$$

Definition 2: Die Funktion

$$V(T,n,k) = \{-(G_I - G_{II})\frac{f}{\lambda} - G_{II}(\frac{1}{e^{\lambda T}-1} + \frac{1}{\beta})fT + \frac{\alpha}{e^{\lambda T}-1}(K_D + t_D f G_I) + (K_R + K_D) +$$

$$+ d(T,n)[(\frac{1}{e^{\lambda T}-1} + \frac{1}{\beta})T + \frac{\alpha}{e^{\lambda T}-1}t_D + (t_D + t_R)] + d_S(\frac{1}{e^{\lambda T}-1} + \frac{1}{\beta})n\} \; /[(\frac{1}{e^{\lambda T}-1} + \frac{1}{\beta})fT]$$

wird als durchschnittlicher Verlust pro Stück auf lange Sicht bezeichnet.
Hierbei ist: $\alpha = 2\Phi(-k)$ und $\beta = \Phi(-k+\delta\sqrt{n}) + \Phi(-k-\delta\sqrt{n})$.

Speziell erhält man für die Strategie I, d.h. $T = \infty$ und $n = k = 0$:

$$V(\infty,0,0) = -G_{II} .$$

Durch die Einführung charakteristischer Produktionskenngrößen kann aus der Verlustfunktion $V(T,n,k)$ eine wesentlich vereinfachte standardisierte Verlustfunktion hergeleitet werden.

Charakteristische Produktionskenngrößen:

standardisierter Maximalgewinn: $b = \dfrac{(G_I - G_{II})f/\lambda - (K_D + K_R) - (t_D + t_R)d(T,n)}{K_D + t_D(G_I f + d(T,n))}$

standardisierte Stichprobenkosten: $a = \dfrac{d_S}{K_D + t_D(G_I f + d(T,n))}$

standardisierte Zeit: $x = \lambda T$

Definition 3: Die Funktion

$S(x,n,k) = S(\lambda T,n,k) = \dfrac{[V(T,n,k) - V(\infty,0,0)]f - d(T,n)}{\lambda(K_D + t_D d(T,n) + G_I t_D f)}$ wird als standardisierte Verlustfunktion bezeichnet.

Da $V(\infty,0,0) = -G_{II}$ gilt, entsteht $S(x,n,k)$ aus $V(T,n,k)$ durch Addition von Konstanten bzw. durch Multiplikation mit positiven Konstanten, d.h. für die hier angestellten Untersuchungen sind $V(T,n,k)$ und $S(x,n,k)$ äquivalent.
Durch Einsetzen ergibt sich:

$$S(x,n,k) = \frac{1}{x}\{an - \frac{[b(e^x - 1) - \alpha]\beta}{e^x - 1 + \beta}\} .$$

Damit ist erreicht worden, daß die durch die Vielzahl der eingehenden Parameter unüberschaubare Verlustfunktion, auf eine nur noch von 3 Parametern abhängende äquivalente Gestalt transformiert wurde.

3. Kostenoptimale Prüfpläne

Nun kann der Begriff des kostenoptimalen Prüfplans definiert werden:

Definition 4: Ein verallgemeinerter Prüfplan (T^*,n^*,k^*) heißt kostenoptimal bezüglich der Verlustfunktion $V(T,n,k)$ falls für jeden Prüfplan (T,n,k) gilt: $V(T,n,k) \geq V(T^*,n^*,k^*)$.

Mit Hilfe der standardisierten Verlustfunktion $S(x,n,k)$ beweist man leicht den folgenden Existenzsatz:

Satz 1: Seien die Prozeßparameter und die Kostenparameter gemäß Abschnitt 1 gegeben, dann existiert mindestens ein kostenoptimaler verallgemeinerter Prüfplan (T^*,n^*,k^*).

Als nächstes soll der Begriff der Kostenoptimalität noch im folgenden Sinn eingeengt werden: Die Strategien I, II, III unterscheiden sich durch die Komplexität ihrer Durchführung. Während Strategie I keinerlei Planung zur Durchführung erfordert, steckt in der Strategie II und noch mehr in der Strategie III viel Vorarbeit, damit alles funktioniert.
Dieses Konzept führt zur folgenden Definition:

Definition 5: Ein kostenoptimaler verallgemeinerter Prüfplan (T^*,n^*,k^*) heißt kostenoptimal im engeren Sinn, wenn für alle weiteren eventuell existierenden kostenoptimalen Prüfpläne $(\tilde{T}^*,\tilde{n}^*,\tilde{k}^*)$ gilt: $\tilde{n}^* > n^*$ oder falls $\tilde{n}^* = n^* = 0$: $\tilde{T}^* < T^*$.

Für die kostenoptimalen Prüfpläne im engeren Sinne läßt sich mit Hilfe von $S(x,n,k)$ der folgende Eindeutigkeitssatz beweisen:

Satz 2: Seien die Prozeßparameter und die Kostenparameter gemäß Abschnitt 1 gegeben, dann existiert genau ein im engeren Sinn kostenoptimaler Prüfplan (T^*,n^*,k^*) bezüglich der Verlustfunktion $V(T,n,k)$.

Damit ist für das eingangs geschilderte Modell ein auch für den Praktiker interessanter kostenoptimaler Prüfplan definiert worden.

4. Die Tabelle der kostenoptimalen Prüfpläne und der Minima der standardisierten Verlustfunktionen

Die Tabelle umfaßt die folgenden Parameterwerte:

1. Verschiebungsfaktor δ: $\delta = 0{,}5\ (0{,}25)\ 2{,}0$

Kleinere Werte für den Verschiebungsfaktor als 0,5 erscheinen nicht angebracht, weil dann der optimale Stichprobenumfang so groß wird, daß die Möglichkeit eines Überganges vom Zustand I in den Zustand II während der Stichprobenentnahme sicherlich nicht mehr vernachlässigbar ist. Größere Werte als 2 dürften wohl kaum in der Praxis relevant sein.

2. Standardisierter Maximalgewinn b: 52 Werte mit $0{,}1 \leq b \leq 1000$.

3. Standardisierte Prüfkosten: 42 Werte mit $0{,}0001 \leq a \leq 0{,}5$.

Für diese Parameterwerte sind folgende 4 Zahlen in der Tabelle ausgedruckt:

$x^* = \lambda T^*$ = optimales Zeitintervall zwischen zwei Kontrollen mit der Zeiteinheit $1/\lambda$

k^* mit $k^* \sigma/\sqrt{n}$ optimale Testschranken

n^* = optimaler Stichprobenumfang

$b + S(x^*,n^*,k^*)$ = Summe aus standardisiertem Maximalgewinn und Minimum der standardisierten Verlustfunktion.

5. Zahlenbeispiel

Das folgende Beispiel ist im wesentlichen dem Aufsatz von Chiu [1] entnommen.

Prozeßparameter: $\delta = 2$; $\lambda = 0{,}05$ und $f = 100$

Kontroll- und Kostenparameter: $G_I = 1{,}5$; $G_{II} = 1{,}0$; $K_D = 10$; $K_R = 20$; $d_S = 0{,}1$; $t_D = 0{,}1$; $t_R = 0{,}2$; $d_P = 0{,}025$; $d_R = 0{,}25$.

Daraus ergeben sich folgende Produktionskenngrößen: $b = 38{,}76$ für $n=0$ und $b = 38{,}75$ für $n>0$ und $a = 0{,}0040$.

Aus der Tabelle erhält man für $\delta = 2$, $b = 38{,}75$ und $a = 0{,}004$ für die Strategie III durch lineare Interpolation näherungsweise den optimalen Prüfplan:

$T^* = 0{,}5432$; $n^* = 4$; $k^* = 2{,}981$ und $V(T^*,n^*,k^*) = -1{,}46$.

Für die Strategie II ergibt sich für $\delta = 2$ und $b = 38{,}76$ näherungsweise der optimale Prüfplan: $\tilde{T}^* = 4{,}868$ mit $n=k=0$ und $V(\tilde{T}^*,0,0) = -1{,}39$.

Wegen $V(T^*,n^*,k^*) < V(\tilde{T}^*,0,0) < V(\infty,0,0) = -1$ gilt: der im engeren Sinn kostenoptimale Prüfplan lautet näherungsweise ($T^* = 0{,}54$; $n^* = 4$; $k^* = 2{,}98$) und der minimale Verlust pro Stück beträgt $V^* = -1{,}46$.

Literatur:

[1] Chiu, W.K.: The economic design of cusum charts for controlling normal means. Applied Statistics 23, 1974, 420-433.

[2] Chiu, W.K.: On the estimation of data parameters for economic optimum X-charts. Metrika 23, 1976, 135-147.

[3] Chiu, W.K. & Wetherill, G.B.: A simplified scheme for the economic design of X-charts. J.Qual.Tech. 6, 1974, 63-69.

[4] v.Collani, E.: Kostenoptimale Prüfpläne für die laufende Kontrolle eines normalverteilten Merkmals. Dissertation Würzburg 1978.

[5] Duncan, A.J.: The economic design of X-charts used to maintain current control of a process. J.Amer.Statist.Ass. 51, 1956, 228-242.

Berechnung wirtschaftlicher Stichprobenpläne für messende Prüfung bei exponentieller Schadensfunktion durch ein Näherungsverfahren

E. Esser und J. Sturhahn, Steinbach/Ts.

1. Aufgabenstellung

Zur Beurteilung der Qualität von Liefermengen (Lose) werden u.a. Stichprobenpläne für messende Prüfung (Variablenprüfung) verwendet. Die Berechnung der Prüfplanparameter sollte dabei nicht unabhängig von wirtschaftlichen Gesichtspunkten erfolgen, d.h. es sollten neben den Kosten für die Prüfung der Stichprobe auch die Kosten berücksichtigt werden, die durch "schlechte" Stücke entstehen. Eine sinnvolle Forderung ist es dann, denjenigen Prüfplan zu wählen, der den Erwartungswert der Gesamtkosten minimiert.
Unter Beschränkung auf den Fall einer einseitig vorgegebenen oberen Toleranzgrenze T wurden von John [2] Stange [3] optimale Stichprobenpläne für den Fall angegeben, daß für Stücke mit Merkmalwerten $x \leq T$ keine Nacharbeit oder Ersatzkosten anfallen, und von T an alle "schlechten" Stücke unabhängig von dem genauen Merkmalwert konstante Kosten verursachen (Abb. 1).

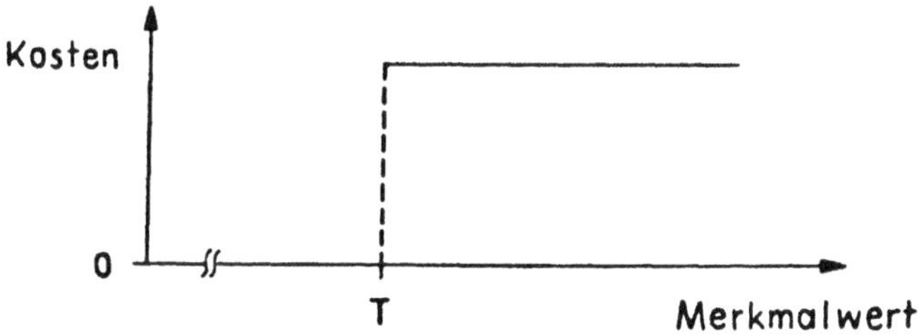

Abb. 1 Verlauf der Schadensfunktion bei John und Stange

Dieser Sachverhalt soll nun insofern abgeändert werden, als daß "weniger schlechte" Stücke geringere Kosten verursachen sollen als "sehr schlechte" Stücke. Das bedeutet, daß die zugrunde liegenden Schadensfunktionen eine andere Form erhalten als in Abb. 1.

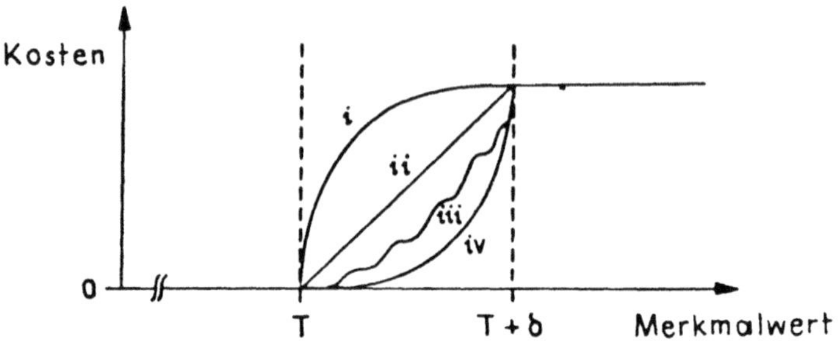

Abb. 2 Verläufe von zwischen T und T + δ nicht konstanten Schadensfunktionen

Der finanzielle Schaden soll bis einschließlich der oberen Toleranzgrenze T gleich Null sein. Anschließend soll dieser Schaden ansteigen. Es ist jedoch leicht einzusehen, daß er nicht endlos steigen wird, d.h. es wird einmal ein Merkmalwert erreicht, bei dem die Kosten, die durch ein schlechtes Stück entstehen (siehe Abschnitt 2), mindestens genauso hoch sind wie die Kosten durch einen Ersatz dieses Stückes durch ein einwandfreies neues. Dieser Punkt ist in Abb. 2 der Merkmalwert T + δ. Von T + δ an sollen dann die Kosten konstant sein. Während die Berechnung optimaler Stichprobenpläne, bei denen eine lineare Schadensfunktion zugrunde liegt (Abb. 2, Beispiel ii), in [1] durchgeführt wurde, wird hier der Fall einer streng konvexen bzw. streng konkaven Schadensfunktion (Abb. 2, Beispiel i und iv) untersucht. Dabei wird mit Hilfe der Exponentialfunktion ein Modell sowohl für den streng konvexen als auch für den streng konkaven Fall konstruiert, und es wird eine Rechenformel zur näherungsweisen Berechnung des optimalen Stichprobenplans abgeleitet.

2. Konstruktion der Schadensfunktion (Herstellermodell)

Beim hier allein behandelten Herstellermodell wird davon ausgegangen, daß eine Liefermenge vom Umfang N vom Hersteller vor ihrer Freigabe zum Verkauf geprüft werden soll. Das zu messende Merkmal x sei normal verteilt mit dem unbekannten Mittelwert u und der bekannten Varianz σ^2. Neben der bekannten Verteilungsfunktion F (p) des Schlechtanteils p in der Liefermenge vom Umfang N seien folgende wirtschaftliche Parameter gegeben:

Prüfkosten	$F + nc$	
Auslesekosten	$(N - n)e \approx Ne = E$	
Nacharbeitskosten	$b_i(x) = d_i \alpha \left[\exp\{(x - T)/\beta\} - 1\right]$	$T < x \leq T + \delta$
		$\delta > 0$ (2.1)
Ersatzkosten	$r_i = d_i \alpha \left[\exp \delta/\beta - 1\right]$	$x > T + \delta$
	$i = 1$ nach Auslieferung, $i = 2$ vor Auslieferung	

$d_1 > d_2, \alpha, \beta \neq 0$, sign γ = sign β.

a, $\beta \neq 0$ sind dabei Parameter, die den Funktionsverlauf in $(T, T+\delta]$ festlegen. Dabei lassen sich folgende Fälle unterscheiden:

1. $\alpha, \beta > 0$ $\Longrightarrow$ streng konvexe Funktion (Abb. 2, Bsp. iv)
2. $\alpha, \beta < 0$ $\Longrightarrow$ streng konkave Funktion (Abb. 2, Bsp. i)
3. $\left.\begin{array}{l}\alpha < 0, \ \beta > 0 \\ \alpha > 0, \ \beta < 0\end{array}\right\}$ $\Longrightarrow$ keine praktisch sinnvolle Festlegung, da "negative Kosten".

Zur Entscheidung über die Freigabe einer Liefermenge zur Auslieferung oder ein vorheriges Auslesen wird eine Stichprobe vom Umfang $n \ll N$ gezogen, aus den n Werten der arithmetische Mittelwert $\bar{x}$ berechnet und eine Prüfgröße $z = \bar{x} + k\sigma$ mit der Toleranzgrenze T verglichen.

Ist $z \leq T$ wird die Liefermenge freigegeben (Annahme)

Ist $z > T$ wird die Liefermenge vor der Freigabe ausgelesen (Ablehnung) (2.2)

Für Annahme (Index a) und Ablehnung (Index r) ergeben sich mit (2.1) nach Standardisieren von x zu $u = (x - \mu)/\sigma$ mit der Dichtefunktion $\varphi(u)$ die Schadensfunktionen

$$L_a(u_T, n) = F + nc + D_1 \alpha S(u_T) \tag{2.3}$$
$$L_r(u_T, n) = E + F + nc + D_2 \gamma S(u_T)$$

mit

$$S(u_T) = \int_{u_T}^{u_{T+\delta}} (\exp\{\gamma(u - u_T)\} - 1)\varphi(u)\,du + (\exp\{\delta/\beta\} - 1)\int_{u_{T+\delta}}^{\infty} \varphi(u)\,du \tag{2.4}$$

sowie $u_T = (T - \mu)/\sigma$, $u_{T+\delta} = u_T + \delta/\sigma$, $\gamma = \sigma/\beta$, $D_1 = Nd_1$, $D_2 = Nd_2$.
Durch einfaches Umrechnen läßt sich (2.4) mit $\Phi(u_p) = \int_{-\infty}^{u_p} \varphi(u)\,du$ vereinfachen zu

$$S(u_T) = \exp\{\gamma(\gamma/2 - u_T)\}\left[\Phi(u_T + \delta/\sigma - \gamma) - \Phi(u_T - \gamma)\right] - \left[\Phi(u_T + \delta/\sigma) - \Phi(u_T)\right] + (\exp\{\delta/\beta\} - 1)\left[1 - \Phi(u_T + \delta/\sigma)\right] \tag{2.5}$$

3. Vergleich der Schadensfunktionen L_a und L_r

Die Schadensfunktionen L_a (u_T,n) und L_r (u_T,n) haben den in Abb. 3 dargestellten Verlauf.

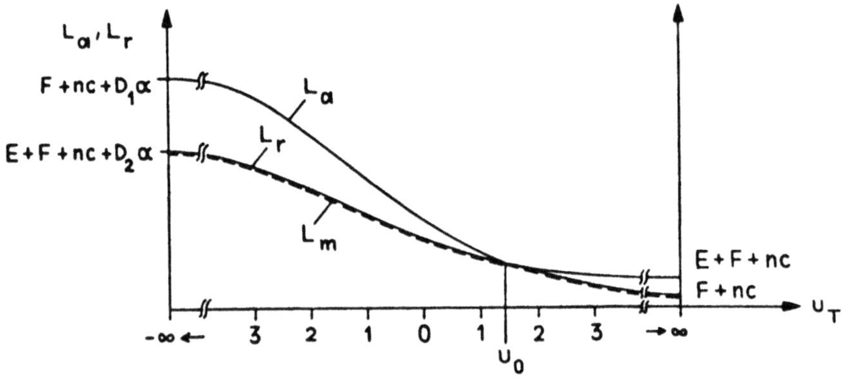

Abb. 3 Verlauf der Schadensfunktionen L_a und L_r in Abhängigkeit von der Qualitätszahl u_T

Unabhängig von der Entscheidung über die Liefermenge entsteht mindestens der Verlust $L_m = \min\{L_a, L_r\}$. Im hier dargestellten Fall, wo $L_a(-\infty) > L_r(-\infty)$, ist $L_m = L_r$ für $u_T \leq u_0$ und $L_m = L_a$ für $u_T \geq 0$.
Die beiden monoton fallenden Schadensfunktionen schneiden sich also im Punkt $u_T = u_0$. Es ist leicht zu zeigen, daß es dann im Bereich $(-\infty, \cdot\infty)$ genau einen solchen Schnittpunkt gibt (vgl. [1]). (Trennqualitätszahl). Es ist der Punkt, in dem beide Entscheidungen, Annahme und Ablehnung, die gleichen Kosten verursachen.
Die Berechnung von u_0 erfolgt aus L_a $(a_0,n) = L_r$ (u_0,n), d.h. durch numerische Lösung der Gleichung

$$\alpha S(u_0) - e/(d_1 - d_2) = 0. \qquad (3.1)$$

Ein Vorschlag zur Lösung von (3.1) ist in [1] angegeben.
Der für eine Stichprobenprüfung sinnlose Fall L_a $(u_T) < L_r$ (u_T) $\forall u_T \in (-\infty, +\infty)$ und damit kein Schnittpunkt der beiden Schadensfunktionen liegt dann vor, wenn die Auslesekosten E extrem hoch sind. Die Entscheidung müßte hier immer auf Annahme der Liefermenge lauten.

4. Berechnung des Annahmefaktors k

Die Wahrscheinlichkeit P für die Annahme einer Liefermenge ergibt sich mit der Entscheidungsregel (2.2) zu

$$P\,(z \le T) = P\,(\sqrt{n}\,(\bar{x} - \mu)/\sigma \le (u_T - k)\,\sqrt{n}\,) = \Phi\,([u_T - k]\sqrt{n}) \qquad (4.1)$$

und ist damit abhängig vom Schlechtanteil p bzw. der Qualitätszahl u_T der Liefermenge, dem Stichprobenumfang n und dem Annahmefaktor k. Wegen $L_a(u_0,n) = L_r(u_0,n)$ nimmt man nun sinnvollerweise an (vgl. auch [2] [3]), daß die Wahrscheinlichkeit, eine Liefermenge mit der Trennqualität u_0 anzunehmen, genauso groß ist wie die Wahrscheinlichkeit, sie abzulehnen, d.h.

$$\begin{aligned} & P\,(u \le (u_0 - k)\sqrt{n}) = 0{,}5 \\ \Longleftrightarrow\ & \Phi\,([u_0 - k]\sqrt{n}\,) = 0{,}5 \\ \Longleftrightarrow\ & k = u_0. \end{aligned} \qquad (4.2)$$

Unabhängig von dieser Argumentation kann man zeigen, daß jede andere Wahl von k die Schadensfunktion verschlechtert (vgl. [1]).

5. Bestimmungsgleichung für den optimalen Stichprobenumfang n_0

Der erwartete Verlust bei einer Liefermenge mit dem Schlechtanteil p bzw. der Qualitätszahl u_T ist

$$\begin{aligned} L\,(u_T,n) &= L_a\,(u_T,n)\ P(u_T,n) + L_r(u_T,n)\ (1-P(u_T,n)) \\ &= F + nc + D_1\alpha\ S(u_T)\ P\,(u_T,n) + (E + D_2\alpha\ S(u_T))\ (1-P(u_T,n)) \end{aligned} \qquad (5.1)$$

mit $P(u_T,n)$ nach (4.1) und $S(u_T)$ nach (2.5).

Gesucht wird der Stichprobenumfang $n = n_0$, der den Erwartungswert des Verlustes $L(u_T,n)$ bei gegebener a-priori-Verteilung $F(p)$ des Schlechtanteils p bezüglich n minimiert. Da der Verlust $L(u_T,n)$ in Abhängigkeit von der Qualitätszahl u_T und nicht vom Schlechtanteil p angegeben ist, ist es notwendig, aus der Verteilungsfunktion $F(p)$ die Verteilungsfunktion $H(u_T)$ zu bestimmen. Mit

$$\begin{aligned} p &= P\,(x > T) \\ &= 1 - \Phi\,(u_T) \end{aligned} \qquad (5.2)$$

bzw.

$$\Phi\,(u_T) = 1 - p$$

ergibt sich

$$H(u_T) = 1 - F(p)$$
$$= 1 - F(1 - \Phi(u_T)). \qquad (5.3)$$

Für den Erwartungswert des Verlustes gilt also

$$E\{L(u_T,n)\} = \int_{-\infty}^{\infty} L(u_T,n)\, d\, H(u_T) \qquad (5.4)$$

mit $L(u_T,n)$ nach (5.1).

Berücksichtigt man, daß

$$E = (D_1 - D_2) \cdot S(u_0), \qquad (5.5)$$

dann ergibt sich der optimale Stichprobenumfang n_0 aus

$$\frac{\partial}{\partial n} E\{L(u_T,n)\}\Big|_{n=n_0} = c + (D_1 - D_2)\cdot \int_{-\infty}^{\infty} [S(u_T) - S(u_0)] \frac{\partial}{\partial n} P(u_T,n)\, dH(u_T)\Big|_{n=n_0} \qquad (5.6)$$
$$= 0$$

6. Berechnung einer Näherungslösung für n_0

Im folgenden werden "genügend große" Stichproben vorausgesetzt ($n \geq 10$). Zur Berechnung von (5.6) ist es notwendig, u.a. die 1. Ableitung der Annahmewahrscheinlichkeit $P(u_T,n)$ nach n zu bestimmen. Setzt man zur Vereinfachung der Rechnung

$$(u_T - u_0)\sqrt{n} =: t, \qquad (6.1)$$

ergibt sich mit

$$u_T = u_0 + t/\sqrt{n} \qquad (6.2)$$

$$\frac{\partial}{\partial n} P(t,n) = \varphi(t)\, t/2n. \qquad (6.3)$$

$\varphi(t)$ ist die Dichtefunktion der standardisierten Normalverteilung und nimmt für $t \notin [-3, +3]$ vernachlässigbar kleine Werte an. Daher ist es wegen (6.2) ausreichend, $S(u_T)$ und - wegen $dH(u_T) = h(u_T)du_T$ - die Dichtefunktion $h(u_T)$ der a-priori-Verteilung der Qualitätszahl nur im Intervall $[u_0 - 3/\sqrt{n},\ u_0 + 3/\sqrt{n}]$ zu betrachten. In diesem schmalen Bereich um u_0, der sich mit wachsendem n weiter verengt, können $S(u_T)$ und $h(u_T)$ genügend genau durch eine Potenzreihenentwicklung nach $(u_T - u_0)$ an der Stelle $u_T = u_0$ angenähert werden. Diese Näherungen sind umso genauer, je größer die Werte für n sind.

Es genügt, die Reihenentwicklung auf die ersten beiden Glieder zu beschränken. Setzt man sie in (5.6) ein, so erhält man ein Integral, das analytisch berechnet werden kann. Damit ergibt sich als Näherungsgleichung für den optimalen Stichprobenumfang

$$n_0 \approx \sqrt{N}\sqrt{\alpha(d_1 - d_2)}\sqrt{T(u_0)h(u_0)/(2c)}, \tag{6.4}$$

wobei

$$\begin{aligned} T(u_0) = {} & \exp\{\delta/\beta\}\{\psi(u_0 + \delta/\beta) - \psi(u_0)\} \\ & + \exp\{\gamma(\gamma/2 - u_0)\}\,[\psi(u_0 - \delta) - \psi(u_0 + \delta/\beta - \gamma) \\ & + \gamma(\Phi(u_0 + \delta/\beta - \gamma) - \Phi(u_0 - \gamma))] \,. \end{aligned} \tag{6.5}$$

Für $\alpha = 1$, $\beta \to \infty$, $\delta = 0$ entspricht der Verlauf der Schadensfunktion dem von John und Stange behandelten und in Abb. 1 dargestellten Fall. Durch einfaches Nachrechnen läßt sich zeigen, daß die angegebene Näherungslösung für n_0 dann mit der von Stange in [3] angegebenen Näherungslösung übereinstimmt und dieser Sonderfall durch die Gleichungen (6.4) und (6.5) miterfaßt wird.

Literatur:

[1] Esser, E.: Berechnung wirtschaftlicher Stichprobenpläne durch ein Näherungsverfahren für messende Prüfung bei bekannten Kosten, bekannter Verteilung der Schlechtanteile und unter Zugrundelegung von alternativen Schadensfunktionen, Diplomarbeit am Institut für Statistik und Wirtschaftsmathematik der RWTH Aachen, 1975.

[2] John, B.: Wirtschaftliche Pläne für messende Prüfung bei Kenntnis der Qualitätszahlverteilung (a-priori-Verteilung), Diss. RWTH Aachen, 1965

[3] Stange, K.: Ein Näherungsverfahren zur Berechnung optimaler Pläne für messende Prüfung bei bekannten Kosten und bekannter Verteilung der Schlechtanteile in den vorgelegten Liefermengen, Metrika, Vol. 10, 1966, S. 92 - 136

Ein Vergleich von Stichprobensystemen für die attributive Prüfung anhand ökonomischer Kriterien

D. Fitzner, Berlin

In den Vergleich werden die folgenden 4 Stichprobensysteme einbezogen:

System 1 = Military-Standard-105 D[1)]
System 2 = Kostenoptimale Prüfpläne von UHLMANN[2)]
System 3 = Japanese Industrial Standard Z 9011-1963[3)]
System 4 = Beta-Bayes-Prüfpläne[4)]

Das Vergleichskriterium ist das Risiko eines Prüfplanes im entscheidungstheoretischen Sinn von M.H. DE GROOT[5)].
Die Berechnung des Risikos erfordert die Kenntnis der Kostenfunktionen und der Ausschußverteilung. Die Kostenfunktionen sind in einem linearen Kostenmodell beschrieben[6)], während

---

1) Military-Standard-105 D: Sampling Procedures and Tables for Inspection by Attributes, US Government Printing Office, Washington

2) Uhlmann, W.: Kostenoptimale Prüfpläne Physica-Verlag, 1969

3) Japanese Industrial Standard Z 9011-1963: Single Sampling Inspection Plans by Attributes with Adjustment, Jap.Stand.Ass., Japan

4) siehe Fitzner, D.: Die Gut-Schlecht-Prüfung als ein Beispiel der Statistischen Entscheidungstheorie, Freie Universität Berlin, Institut für Quantitative Ökonomik und Statistik, Diskussionsarbeit 12/1977

5) De Groot, M.H.: Optimal statistical decision, McGraw-Hill, 1970

6) siehe Fitzner, D.: a.a.O.

bezüglich der Ausschußverteilung auf umfangreiches empirisches Datenmaterial von FORD[1)] zurückgegriffen werden kann. Der Vergleich der Systeme erfolgt zu einem vorgegebenen Losumfang für 6 verschiedene Ausschußverteilungen und jeweils für alle möglichen Werte des einzigen Kostenparameters, der Trennqualität[2)].

Die Kenntnis der 4 Parameter Losumfang, Erwartungswert des Ausschußanteils, Varianz des Ausschußanteils und Trennqualität ist bei den Systemen 3 und 4 notwendig und hinreichend für die Bestimmung eines Stichprobenplanes. Für das System 2 sind lediglich der Losumfang und die Trennqualität notwendig; die Information über die Verteilung kann nicht verwertet werden. Bei dem System 1 wird ein Prüfplan durch den Losumfang und einen Punkt der Operationscharakteristik (OC) festgelegt. Bei der Auswahl des Punktes der OC wurde ein Lemma[3)] aus der Theorie der kostenoptimalen Prüfpläne herangezogen, das eine Aussage über das asymptotische Verhalten kostenoptimaler Prüfpläne macht. Der Inhalt dieses Lemmas läuft darauf hinaus, daß mit wachsendem Losumfang die Folge der Indifferenzpunkte der OCs kostenoptimaler Prüfpläne gegen die Trennqualität konvergiert. Bei dem System 1 wurde daher stets der Wert der Trennqualität als Indifferenzpunkt gewählt.

Ein Vergleich der durch numerische Integration ermittelten Risiken der Prüfpläne der 4 Systeme zeigt als wesentlichstes Ergebnis, daß bei allen 6 Verteilungen fast ausnahmslos die Pläne des Systems 4 das kleinste Risiko besitzen.

[1)] Ford, J.H.: Examples of the Process Curve, Submitted Diploma Thesis, Imperial College, London, 1951

[2)] siehe Fitzener, D.: a.a.O.

[3)] siehe Fitzener, D.: a.a.O.

Interessant ist auch das Resultat, daß sich die kostenoptimalen Prüfpläne von UHLMANN (System 2) hinsichtlich des Risikos kaum von den Plänen des Military Standard-105D (System 1) unterscheiden, wenn bei diesen die Trennqualität als Indifferenzpunkt gewählt wird. Überraschenderweise führt die Berücksichtigung von Information über die Verteilung bei dem System 3 zu keinem erkennbaren Erfolg gegenüber den Systemen 1 und 2. Dies ist offensichtlich auf die nicht zutreffende Normalverteilungsannahme in der dem System 3 zugrundeliegenden Theorie sowie auf die dort vorgenommenen Approximationen zurückzuführen. Es kann also abschließend festgestellt werden, daß der Vergleich der beiden Bayes-Plan-Systeme 3 und 4 eindeutig zugunstens des Systems 4 ausfällt.

Technische und wirtschaftliche Auswirkungen von Stichproben-plänen

M. Kühlmeyer, Bochum

I. Einleitung

Bei der stichprobenweisen Prüfung von Losen einer Serienfertigung wird meist die Annahmekennlinie (Operationscharakteristik, abgekürzt: OC) als das wesentliche Mittel zur Beschreibung der Wirkung des Stichprobenverfahrens angesehen. Die Annahmewahrscheinlichkeit $W_{Ann}(p)$ als Funktion des "Ausschußanteils" p ist eine bedingte Wahrscheinlichkeit: Wenn das Los einen "Ausschußanteil" p enthält, dann wird es mit der Wahrscheinlichkeit $W_{Ann}(p)$ als "gut" angenommen. Sie sagt nichts darüber aus, wie häufig der Kunde mit größeren "Ausschußanteilen" in seinem als "gut" beurteilten Los zu rechnen hat. Auch der Durchschlupf $d(p) = p \cdot W_{Ann}(p)$ hilft nicht viel weiter, da er wieder eindeutig in $W_{Ann}(p)$ umzurechnen ist. Abgesehen von der Tatsache, daß es sich i. allg. bei einem Stück, dessen Meßmerkmal jenseits eines oberen oder unteren Merkmalsgrenzwerts liegt, nicht um ein wirklich unbrauchbares oder schlechtes Stück handelt, der Begriff "Ausschußanteil" p nur formalen Charakter hat, weist die OC eines Stichprobenverfahrens bei Serienfertigung weitere Mängel auf:

1) Sie sagt dem Abnahmer nichts über den wirklichen "Ausschußanteil" p im Los.
2) Sie stellt zwar die Siebfunktion eines Stichprobenverfahrens dar, sagt aber für den Hersteller nichts darüber aus, wieviel Lose auf lange Sicht zurückgewiesen werden und wie groß damit die Folgekosten für abgelehnte Lose sein werden.
3) Die technische Wirkung eines gewissen Ausschußanteiles kann recht verschieden sein, je nachdem, wie stark das betrachtete Meßmerkmal in den Losen streut und welche Unter- bzw. Überschreitungsweiten über einen Nennwert hinaus mit angebbarer Wahrscheinlichkeit zu erwarten sind.

Proceedings in Operations Research 8, ©Physica-Verlag, Würzburg–Wien, 1979

Als Beispiel für das letzte Argument stelle man sich die Prüfung der Festigkeit einer Messinglegierung für ein Druckventil vor, wobei wir - in guter Übereinstimmung mit praktischen Erfahrungen - Normalverteilung des Merkmals annehmen können. Bild 1 zeigt 2 Grundgesamtheiten mit einem Ausschußanteil von p = 5 % aber verschiedener Standardabweichung. Rechnet man mit einem Sicherheitsbeiwert von 1, 05, so daß der Merkmalsgrenzwert x_{min} = 400 N/mm^2 um nur rund 5 %, also 20 N/mm^2, unterschritten werden darf, aber unterhalb von g = 380 N/mm^2 praktisch überhaupt keine Festigkeitswerte mehr im Los auftreten dürfen, dann stellt R die Risikogrenze dar. Los (1) ist für den Konstrukteur gut, während Los (2) einen Risikoanteil von r ≈ 4 ‰ aufweist. Für ein Stichprobenverfahren, etwa einen σ-Plan mit der Bedingung $\bar{x} \geqslant x_{min}+1,645\,\sigma$ für den Mittelwert $\bar{x}$ aus n = 5 Meßwerten, sind beide Lose gleichwertig; sie haben gleiche Annahmewahrscheinlichkeit. Sinkt die Fertigung um nur 5 N/mm^2 ab, dann springt das Los mit σ = 5 N/mm^2 auf (3) mit 26 % "Ausschuß", hat also praktisch keine Annahmechance mehr, obwohl es fast keinen Risikoanteil enthält, während Los (2) zu (4) wird und mit p = 8 % noch eine Annahmewahrscheinlichkeit von rund 30 % hat, obwohl es einen Risikoanteil von fast 1 % enthält. D. h. rein auf "Ausschußanteil" ausgerichtete OC' s können technisch widersinnige Entscheidungen fällen. Hier muß durch Einführen einer sicherheitstechnischen Randbedingung (kurz: STR) über R und r Abhilfe geschaffen werden. Die Betrachtung von Ausschußanteilen ist im Prinzip nur bei Ausschuß-proportionalen Folgekosten angebracht.

II. Einbeziehung von Vorinformationen über die Fertigung

Die Argumente 1) und 2) im letzten Absatz bezogen sich auf Ausschußanteile p, haben also bei Ausschußproportionalität der Folgekosten oder wegen Folgekosten bei Rückweisen von Losen einen mehr wirtschaftlichen Charakter während das Argument 3) hauptsächlich technisch ausgerichtet ist. Im folgenden betrachten wir stellvertretend für die anderen Fälle den eines unteren Merkmalsgrenzwerts.

In [1], [2], [3] sind für viele praktische Fälle Verfahren zur Bestimmung der Fertigungsfunktion $W(\underline{p} \leq p) = \Psi(p)$, also der Wahrscheinlichkeit, mit der ein Los mit einem Ausschußanteil $\leq p$ gefertigt wird, angegeben. Die Durchschlupfwahrscheinlichkeit, die angibt, mit welcher Wahrscheinlichkeit ein Los mit Ausschußanteil $\leq p$ tatsächlich die Stichprobenprüfung passiert, errechnet sich dann zu

$$W(p) = \int_{o}^{p} W_{Ann}(p) d\, \Psi(p) \tag{II. 1}$$

Die Wahrscheinlichkeit, allein unter den als "gut" erkannten Losen einen Anteil von $\leq p$ zu finden, ist

$$W^{d}(p) = \int_{o}^{p} W_{Ann}(p) d\, \Psi(p) / \int_{o}^{1} W_{Ann}(p) d\, \Psi(p)\,. \tag{II. 2}$$

$$\varrho = 1- \int_{p=o}^{1} W_{Ann}(p) d\, \Psi(p) = \int_{p=o}^{1} (1-W_{Ann}(p)) d\, \Psi(p) \tag{II. 3}$$

bezeichnet man als Rückweiserate. Dieser Anteil der Produktion passiert die Stichproben nicht als "gut".

(II. 2) und (II. 3) beantworten im wesentlichen die durch die Argumente 1) und 2) aufgeworfenen Fragen.

Stange [4] leitete kostenoptimale Prüfpläne bei Kenntnis von $\Psi(p)$ und wirtschaftlichen Kostenparameter n unter Voraussetzung einer bestimmten Verlustfunktion $L = L(p, n)$ ab. Dabei ging er von der Modellvorstellung aus, daß bei Rückweisung das Los völlig aussortiert wird. Manchmal ist dies aber nicht möglich, so daß im Falle einer Rückweisung das Los völlig nachgearbeitet oder gar verschrottet werden muß und die Kosten L_a bei Losannahme bzw. L_r bei Losrückweisung nur vernachlässigbar oder gar nicht von p abhängen. Damit ergibt sich für den Reingewinn $R = G-L$ im Durchschnitt

$E(R) = E(G) - E(L) =$

$$= E(G)- \int_{p=o}^{1} W_{Ann}(p) L_a d\, \Psi(p) - \int_{p=o}^{1} (1-W_{Ann}(p)) L_r d\, \Psi(p) = E(G) - (L_r - L_a)\varrho - L_a \tag{II. 4}$$

wobei für $L_a \ll L_r$ sich letzterer Ausdruck zu $E(R) = E(G)-L_r\varrho$ reduziert. G ist der Erlös pro Los. Soll die Produktion überhaupt rentabel sein, muß $E(R) \geq o$ sein, was die Rückweiserate beschränkt auf

$$\varrho \leq (E(G)-L_a)/(L_r-L_a) \qquad \text{(II. 5)}$$

Ist eine solche Rückweiserate nicht durch entsprechende Stichprobenprüfung bzw. Produktion erreichbar, wird die Produktion unwirtschaftlich. Soweit wirtschaftliche Auswirkungen der Einbeziehung der Vorinformation $\Psi(p)$.

Führt man als sicherheitstechnische Randbedingung (STR) die Forderung "Ein beliebiges, als gut beurteiltes, Los soll mit hoher Sicherheit S einen Risikoanteil von weniger als r_o unterhalb R aufweisen" ein, so lautet dies in Formeln

$$\int_{r=o}^{r_o} \eta(r) W_{Ann}(r)dr \Big/ \int_{r=o}^{1} \eta(r) W_{Ann}(r)dr \geq S \qquad \text{(II. 6)}$$

III. Variananalytisches Beispiel einer Serienfertigung in größeren Produktionseinheiten

---

Bild 2 zeigt die Modellvorstellung: Die Normal-Verteilung $f_c(x)$ des Merkmals in einer Fertigungseinheit (hier kurz Charge genannt) hängt vom Chargenmittelwert μ_c ab. Die einzelnen Chargenmittelwerte sind ihrerseits normalverteilt mit Erwartungswert μ_g und der Standardabweichung σ_z zwischen den Chargen. Lose mit einem Ausschußanteil $\geq p$ treten mit Wahrscheinlichkeit $1-\alpha$ auf.
Aus Bild 2 liest man ab:

$$\mu_g = x_{min} + \varkappa \cdot \sigma_c = x_{min} - u_p \cdot \sigma_c - u_{1-\alpha} \cdot \sigma_z = x_{min} - (u_p + u_{1-\alpha} \cdot \lambda) \cdot \sigma_c$$

$$\text{d. h.} \quad \varkappa = -(u_p + u_{1-\alpha} \lambda) \text{ oder } u_\alpha = \frac{1}{\lambda} u_p + \frac{\varkappa}{\lambda} \text{ mit } \alpha = \Psi(p). \qquad \text{(III. 1)}$$

$\Psi(p)$ ergibt im dopp elten Wahrscheinlichkeitsnetz Geraden.

Bezeichnet man mit $\Phi(x)$ die Summenfunktion der standardisierten Normalverteilung, und bedeutet $p = \Phi(u_p)$ bzw. $u_p = \Phi^{-1}(p)$, dann ergibt sich

$$\Psi(p) = \Phi((\Phi^{-1}(p) + \varkappa)/\lambda) \qquad \text{(III. 2)}$$

$$\psi(p) = \frac{1}{\lambda} \exp\left\{\frac{1}{2}\left[(\Phi^{-1}(p))^2 - \frac{(\Phi^{-1}(p) + \varkappa)^2}{\lambda^2}\right]\right\} \qquad \text{(III. 3).}$$

Wählt man einen σ-Prüfplan $\bar{x} \geq x_{min} + k\sigma$ mit Stichprobenumfang n, so ist seine OC gegeben durch

$$W_{Ann}(p) = 1 - \Phi((\Phi^{-1}(p) + k)\sqrt{n}) \qquad \text{(III. 4)}$$

(III. 3) und (III. 4) in (II. 1) eingesetzt, ergibt die Durchschlupfverteilung

$$W^d(p_o) = \int_o^{p_o} W_{Ann}(p)\ \psi(p)\ dp =: \int_o^{p_o} \chi(p)dp\ , \qquad \text{(III. 5)}$$

woraus sich gemäß (II. 3) die Rückweiserate ϱ ergibt.

Da $\psi(p)$ an der Stelle $p \to o$ gegen ∞ strebt, empfiehlt es sich für die numerische Integration (III. 5) in die Integrale

$$\int_o^{p_o} \chi(p)dp = \int_o^{\varepsilon} \chi(p)dp + \int_{\varepsilon}^{p_o} \chi(p)dp \approx \Psi(\varepsilon) + \int_{\varepsilon}^{p_o} \chi(p)dp$$

zu zerlegen, wobei ε so gewählt wird, daß $W_{Ann}(p) \approx 1$ ist für $p \leq \varepsilon$, was mit vorgebbarer Genauigkeit möglich ist. Es sei nur nebenbei erwähnt, daß dieses Modell über den varianzanalytischen Ansatz eines Modells II mit einfacher hierarchischer Klassifikation auch auf den Fall ausgedehnt werden kann, daß λ geschätzt werden muß. Formeln dazu liegen vor, sowohl für die Anwendung von σ -, wie von s - Plänen.

Zur Einführung der STR braucht man Dichte und Annahmewahrscheinlichkeit von r:

$$\eta(r) = \frac{1}{\lambda} \exp\left\{\frac{1}{2}\left[(\Phi^{-1}(r))^2 - \frac{(\Phi^{-1}(r) + \varrho + \varkappa)^2}{\lambda^2}\right]\right\} \qquad \text{(III. 6)}$$

$$W_{Ann}(r) = 1 - \Phi((\xi + k + u_r \quad)\sqrt{n}) \qquad (III.\,7)$$

Außerdem gilt $H(r) = \gamma$ mit $u_\gamma = (u_r + \xi + \varkappa)/\lambda$ und

$$\int_{\gamma}^{1} \eta(r) W_{Ann}(r) dr = 1 - \varrho \qquad (III.\,8)$$

Unter einer kostenoptimalen Qualitätsstrategie wollen wir ein Vorgehen verstehen, das einerseits die STR einhält, andererseits E(R) maximiert, indem sowohl das Produktionsniveau, etwa p_{ges}, wie auch das Stichprobenverfahren, hier etwa k und n des σ-Planes, entsprechend gewählt wird, sofern dies technisch möglich ist.

Zahlenbeispiel 1

Es werden stabähnliche Elemente für Druckventile aus MS58 mit Mindestzugfestigkeit $x_{min} = 400\ N/mm^2$ gefertigt, wobei gilt: $\sigma_z = \sigma_c = 10\ N/mm^2$, $\lambda = 1$. Kosten pro Los: K = Selbstkosten, G = 0, 1K = Gewinn, $L_r = 0,6\ K$ = = Rückweisekosten, L_a = Annahmekosten = 0, Prüfkosten vernachlässigbar, Stichprobenumfang n aus Kapazitätsgründen ≤ 20.

STR: r = 0, 1 ‰ , S = 95 %; $\xi = 2$, also $R = 380\ N/mm^2$

Da der Verlust bei Rückweisung eines Loses durch den Erlös aus 6 "guten" Losen ausgeglichen wird, sollte $\varrho \leq 1/7 = 14,3$ % sein.

Aus $u_s = (u_r + \xi + \varkappa)/\lambda = (u_{\bar{p}} + \varkappa)/\lambda$ ergibt sich, daß die STR auch ohne Prüfung erfüllt ist, wenn $\varkappa \geq 3,365$ ist oder $p_{ges} \leq 0,87$ %, d. h. $\mu_g \geq 434\ N/mm^2$.

$\varrho \leq 14,3$ % ist bei $n \leq 20$ nur für $p_{ges} \leq 2,8$ % erfüllbar, wobei sich z. B. ergibt: $p_{ges} = 2,8$ %, k = 1, 57, n = 20, ϱ = 14, 3 %; p_{ges} = 1 %, k = 1, 28, n = 20, ϱ = 2, 5 %.

Zahlenbeispiel 2

Es werden Druckventilgehäuse aus MS58 betrachtet, die zerstörend mit einem σ-Plan geprüft werden, aber auch attributiv mit einem zu ertragenden Nenndruck, z. B. zum Aussortieren, geprüft werden können. Es sei als Beispiel die von Stange [4] benutzte Verlustfunktion L zugrunde gelegt mit Kostenparametern; a = 150, b = 50, c = 60, e = 10, F = o Werteinheiten (WE). Losumfang N = 3000, $\lambda = 1$, STR: $\xi = 2$, S = 95 %, r = 0, 1 ‰ .

Der kostengünstigste Plan nach Stange bei Kenntnis von $\Psi(p)$ wäre bei einem Produktionsniveau von z. B. $p_{ges} = 5\,\%: k = 1,282,\ n = 10$. Da aber dabei W ($W(x \leq R) \leq r) \geq 85\,\%$ und nicht $\geq 95\,\%$ ist, erfüllt dieser Plan die STR nicht und ist nicht zulässig.

In Bild 3 ist der von p_{ges} abhängige Durchschnittserlös postuliert, von dem die für alle σ-Pläne minimalen Prüfkosten min E(L) abgezogen werden. Die kostenoptimale Qualitätsstrategie unter Einhaltung der STR führt zu $p_{ges} =$ $= 3\,\%$, d. h. $\varkappa = 2,66$, und $k = 1,70,\ n = 5$ für den σ-Plan.

Literatur:

1 Kühlmeyer, M: Praxisnahe Stichprobenpläne mit Vorinformation, Proc. in Operations Research 3,(1974)264

2 Kühlmeyer, M: Praxisnahe Stichprobenpläne mit Vorinformation, Techn. Mitt. KRUPP, Forschungsber. 32 (1974) 63

3 Kühlmeyer, M: Praxisbezogene Aussagen von Stichprobenplänen mit Vorinformation, Qualität und Zuverlässigkeit 19(1974) 225

4 Stange, K: Kostengünstige Prüfpläne, APF 10(1969)323

5 John, B: Wirtschaftliche Pläne für messende Prüfung bei Kenntnis der Qualitätszahlverteilung (a-priori-Verteilung) Diss. Aachen 1964

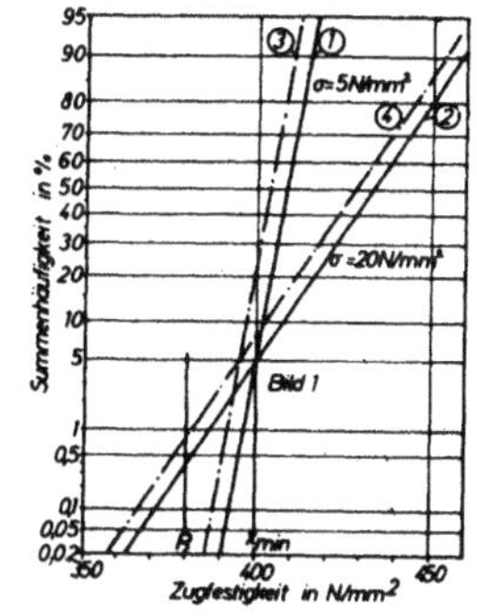

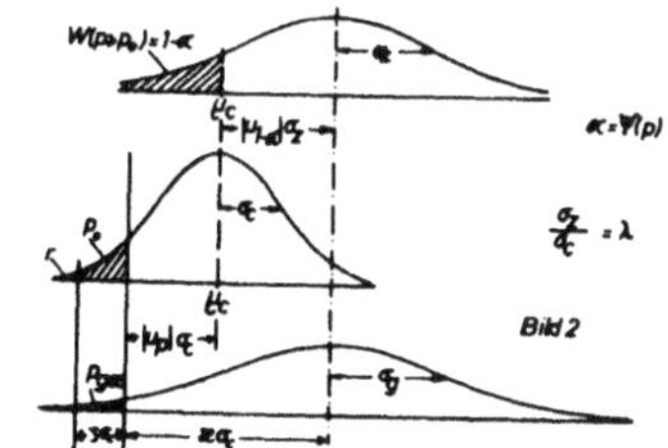

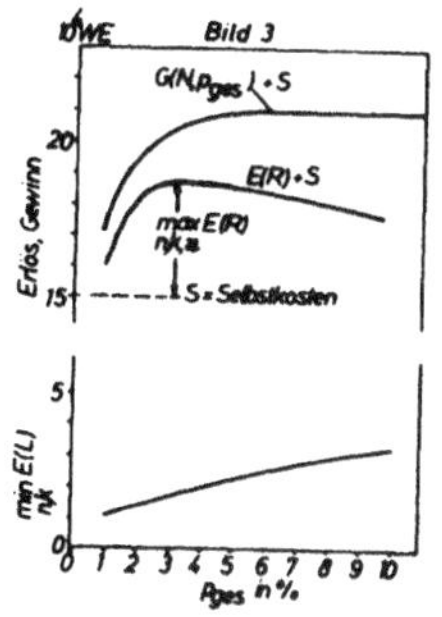

Approximation to the AOQL for Bayesian and minimax sampling

P. Thyregod, Lyngby

The concept of Average Outgoing Quality (AOQ) and Average Outgoing Quality Limit (AOQL) were introduced by Dodge and Romig as a means of measuring the merits of an acceptance sampling plan.

Assume that

1) lots are produced under binomial control at a quality level, p,
2) inspection is rectifying, and rejected lots are completely rectified, i.e., non-acceptable items are replaced by acceptable,
3) All lots are mixed in storage,

then the average outgoing quality

$$AOQ(p) = (1 - \frac{n}{N})pP(p) ,$$

i.e., the expected proportion of non-acceptable items in storage, is a reasonable measure of the sorting effect of a sampling plan based on a sample size n, with acceptance probability P(p) and applied to lots of size N.

The maximum value of the average outgoing quality, the AOQL, gives an upper limit to the expected proportion of non-acceptable items in storage.

Let p_w denote the "worst" process level, i.e., p_w is the (unique) solution to

$$\max_p AOQ(p) = AOQ(p_w) .$$

We may then use the assymptotic expansion given by Hald and Kousgaard (1963) to derive an expansion for p_w valid for a sampling plan with sample size n and acceptence number c.

Assuming that n and c both tend to infinity we obtain the asymptotic relation

$$np_w = c+\tfrac{1}{2} - \sqrt{(c+\tfrac{1}{2})\ln \frac{c+\tfrac{1}{2}}{2\pi}} + \frac{1}{3}\ln \frac{c+\tfrac{1}{2}}{2\pi} + 2\pi + o(1)$$

and hence the acceptance probability at the worst process level is

$$P(p_w) \simeq 1 - \left\{ np_w \ln \frac{np_w}{2\pi} \right\}^{-\tfrac{1}{2}}$$

which increases from 50% for c = 1 to 90% for c = 100.

The above relations may be used to given an indication of the relation of AOQL to lot size for various systems of sampling plans.

For the min-max regret sampling plans corresponding to a break-even quality p_0, say, it is known that the maximum allowable fraction defectives in the sample, c/n tends to p_0 with increasing lot size. Therefore it follows that the AOQL for systems of min-max regret sampling plans will tend towards the break-even quality.

For Bayesian sampling plans corresponding to a break-even quality p_0 it is found similarly that the AOQL converges towards the break-even quality with increasing lot size, the convergence being at a slower rate than for min-max regret plans.

Ref.:

Hald, A. and Kousgaard, E. (1963): Some limit theorems for the Dodge-Romig AOQL single sampling inspection plans. Sankhya, A. 25, 255-68.

Simulation

Schwierigkeiten bei der Erzeugung gleichverteilter Zufallszahlen

U. Dieter, Graz

1. Einleitung. Zufallszahlen werden heute in vielen Teilen der Mathematik und ihrer Nachbargebiete wie Operations Research, Betriebswirtschaft, Ingenieurwissenschaften, Physik und Chemie gebraucht. Wir führen zwei Beispiele an:

(i) Stochastische Vorgänge, z.B. Simulation eines Grenzüberganges. Die Zeit zwischen Ankünften zweier aufeinanderfolgender Autos genügt einem aus Beobachtungen bekannten Verteilungsgesetz. Die Autos werden an n Schaltern abgefertigt. Gefragt ist beispielsweise nach der Verteilung der Wartezeiten in Abhängigkeit von n.

(ii) Numerische Prozesse, z.B. die Integration von Funktionen in $\mathbb{R}^n$ für großes n; die normalen Verfahren versagen dann. Bei CERN oder in Los Alamos werden daher derartige Integrale durch Simulation bestimmt:
Sind $\underline{u} = (u_1,\dots,u_n) \in [0,1)^n$ gleichverteilte Zufallsvektoren, so verwendet man die Riemann-Summen als Näherungsausdruck für das Integral. Es gilt nämlich nach Koksma und Hlawka

$$(1)\quad \left| \int_0^1 f(u_1,\dots,u_n)du_1\dots du_n - \frac{1}{N}\sum_{i=1}^{N} f(u_1^{(i)},\dots,u_n^{(i)}) \right| \le V(f)\Delta_N$$

Dabei ist V(f) die Variation von f und Δ_N die Diskrepanz der Folge $\underline{u}^{(i)}$, die später diskutiert wird.

Beide Vorgänge sind äußerst verschieden, für beide werden Zufallszahlen verwendet.
Im ersten Beispiel hat man nur die Ankunftszeiten t_i des i-ten Autos zu bestimmen. Auf Grund der Annahmen setzt man $t_{i+1} = t_i+x_i$, wobei x_i eine Zufallsgröße ist, die dem als bekannt vorausgesetzten Verteilungsgesetz der Zeit

Proceedings in Operations Research 8, ©Physica-Verlag, Würzburg–Wien, 1979

zwischen zwei Ankünften genügen soll, (z.B. der Exponentialverteilung mit fixem Parameter a). Fraglos muß man verlangen, daß die x_i von x_{i-k} für $k = 1,2,\ldots$ stochastisch unabhängig sind. Erzeugt man, wie manchmal möglich, jedes x_i aus einem gleichverteilten u_i durch Transformation, so müssen die u_i unabhängig sein von u_{i-k} für $k = 1,2,\ldots$.

Im zweiten Beispiel müssen die $u_1^{(i)}, u_2^{(i)},\ldots,u_n^{(i)}$ sicher unabhängig sein. Über die Art der Abhängigkeit der Vektoren $\underline{u}^{(i)}$ herrschen verschiedene Ansichten vor: Die meisten Autoren setzen weiterhin voraus, daß auch $\underline{u}^{(i)}$ von $u^{(i-k)}$ unabhängig ist. Eine andere Richtung, für die hier Zaremba und Halton genannt seien, argumentiert, daß die N Vektoren $u^{(i)}$ besser regelmäßig verteilt sein sollen; z.B. wäre es günstig, wenn die $\underline{u}^{(i)}$ alle Punkte eines Gitters durchlaufen. In der Tat wird dann die Diskrepanz kleiner und die Riemann-Summe stellt eine günstigere Approximation des Integrals dar. Nun wird weiter unten gezeigt werden, daß die Punkte der meist verwendeten Zufallszahlen-Generatoren, der linearen Kongruenzgeneratoren, die Punkte eines Gitters in $[0,1)^n$ durchlaufen. Aus diesem Grund lassen sich diese Generatoren für beide Simulations-Beispiele verwenden. Um dies zu verstehen und um zu verstehen, warum man manch andere Generatoren nicht verwenden soll, müssen eine Reihe von vorgeschlagenen Generatoren erklärt werden.

2. Vorschläge zur Erzeugung gleichverteilter Zufallszahlen

(i) Die Mid-Square Methode soll von John von Neumann stammen. Es sei $u_i = 0,b_1, b_2,\ldots,b_k,\ldots,b_{2k}$ eine 2k-stellige Zahl. Gilt $u_i^2 = 0,c_1\ldots c_{k+1}\ldots c_{3k}\ldots c_{4k}$, so setze $u_{i+1} = 0,c_{k+1}\ldots c_{3k}$.

Leider finden sich noch immer Bücher, die diesen Generator empfehlen. Er genügt nicht den schwächsten Forderungen der Gleichverteilung für die Folge $\{u_i\}$: Statistische Tests haben gezeigt, daß die einzelnen u_i in $[0,1)$ nicht gleichverteilt sind. Erschwerend kommt dazu, daß man keine Kriterien zur Wahl des Anfangsgliedes kennt; die dazugehörige Periodenlänge ist unbekannt. Heute gehört dieser 'Generator' in Kapitel über 'Unterhaltungsmathematik'.

(ii) Der Fibonacci-Generator. Man wähle zwei Zahlen $u_1, u_2 \in [0.1)$ und setze $u_{i+1} \equiv u_i + u_{i+1}$ (mod 1).

Auch dieser Generator darf nicht verwendet werden: Betrachtet man die Tripel aufeinanderfolgender Zahlen u_{i-1}, u_i, u_{i+1}, so sollten alle sechs Permutationen die gleiche Häufigkeit 1/6 haben. Tatsächlich treten aber die Permutationen $u_{i-1} < u_{i+1} < u_i$ und $u_i < u_{i+1} < u_{i-1}$ nicht auf: Da $u_{i+1} \equiv u_i + u_{i-1}$ (mod 1) und $0 \leq u_i < 1$ für alle u_i gilt, hat man entweder $u_{i+1} = u_i + u_{i-1}$ oder $u_{i+1} = u_i + u_{i-1} - 1$. Gilt nun $u_{i+1} < u_i$, so muß der zweite Fall $u_{i+1} = u_i + u_{i-1} - 1 = u_i - (1 - u_{i-1})$ vorliegen, der zu $u_{i+1} < u_{i-1}$ führt, d.h. der Fall $u_{i-1} < u_{i+1} < u_i$ ist unmöglich. Gilt andererseits $u_{i+1} > u_i$, so muß der erste Fall $u_{i+1} = u_i + u_{i-1}$ vorliegen. Dann folgt aber $u_{i+1} > u_{i-1}$ und die Permutation $u_i < u_{i+1} < u_{i-1}$ tritt nicht auf.

(iii) Der Lineare Kongruenzgenerator von D.H. Lehmer und A. Rotenberg ist folgendermaßen definiert: Man wähle ganze Zahlen m (genannt Modul), a (genannt Faktor), r (Inkrement) und z_0 (Anfangsglied) und berechne eine Folge z_i nach der Vorschrift

$$z_{i+1} \equiv a z_i + r \pmod{m}, \quad 0 \leq z_i < m.$$

Die Brüche $u_i = z_i/m$ werden als Zufallszahlen verwendet.

Wir beschränken uns auf folgende Teilfälle:

a) $m = 2^e$, (e ganz), $a \equiv 5 \pmod 8$, $r = 0$, $z_0 \equiv 1 \pmod 4$
Alle Zahlen der Form

$$(2) \qquad u_i = \frac{4v+1}{2^e} = \frac{v}{2^{e-2}} + \frac{1}{2^e}, \quad v = 0, 1, \ldots, 2^{e-2}-1$$

werden erzeugt; die Periodenlänge ist $m/4 = 2^{e-2}$.

b) $m = p$, p prim; a Primitivwurzel mod p, $r = 0$, $z_0 \not\equiv 0 \pmod p$.
Alle Zahlen der Form

$$(3) \qquad u_i = \frac{v}{p}, \quad v = 1, 2, 3, \ldots, p-1$$

werden erzeugt; die Periodenlänge ist p-1. Nur die 0 wird nicht erzeugt. Für p werden große Primzahlen der Form 2^k-1 mit primen k verwendet, sogenannte 'Mersennèsche' Primzahlen.

c) m beliebig, $(r,m) = 1$ (gemischter Kongruenzgenerator). Der Faktor a genügt folgenden Bedingungen: $a \equiv 1 \pmod p$ für alle Primteiler p von m; $a \equiv 1 \pmod 4$ falls 4/m. Es werden alle Zahlen der Form

$$(4) \quad u_i = \frac{\mu}{m}, \quad \mu = 0,1,\ldots,m-1$$

erzeugt, die Periodenlänge ist m.

Da die Computer binär strukturiert sind, ist der Fall $m = 2^e$ wieder von Bedeutung. Hier gilt:
Der rein multiplikative Kongruenzgenerator $z_{i+1} \equiv az_i \pmod{2^e}$ und der gemischt multiplikative Generator $z_{i+1} \equiv az_i + r \pmod{2^{e-2}}$ sind äquivalent: Beide besitzen im wesentlichen die gleiche Verteilung in $\mathbb{R}^n$.
Für Details siehe Dieter (1971).

Die multiplikativen Generatoren werden später weiter besprochen.

(iv) <u>Mehrfach-rekursive Generatoren</u>. Es seien $z_1, z_2, \ldots, z_r$ ganze Zahlen und p eine Primzahl. Für $i > r$ wird z_i durch

$$z_i \equiv a_1 z_{i-1} + a_2 z_{i-2} + \ldots + a_r z_{i-r} \pmod p$$

definiert, wobei die a_i ganze Zahlen sind. Die Brüche $u_i = z_i/p$ werden als Zufallszahlen verwendet. Bei richtiger Wahl der a_i werden alle r-Tupel

$$(5) \quad (u_{i+r}, u_{i+r-1}, \ldots, u_{i+1}) = \left(\frac{\mu_1}{p}, \frac{\mu_2}{p}, \ldots, \frac{\mu_r}{p}\right) \not\equiv (0,0,\ldots,0) \pmod 1$$

erzeugt. Die Periodenlänge ist $p^r - 1$.

(v) <u>Kombinationen von Generatoren</u> sind von verschiedenen Autoren, z.B. Marsaglia vorgeschlagen worden. Der Grund ist folgender: Alle Generatoren, auch die linearen Kongruenzgeneratoren haben gewisse Nachteile, da die erzeugten Zahlen streng deterministisch sind. Kombiniert man zwei Generatoren, so wird der Vorgang meist so unübersichtlich, daß man glaubt, die erzeugten Zahlen seien zufälliger als die Ausgangsgeneratoren. Zwei Beispiele sollen zeigen, daß dies nicht zu stimmen braucht:

a) (Lurie and Mason) $z_i \equiv v_i + w_i \pmod{2^{31}}$ mit

$$v_i \equiv 65\,539\, v_{i-1} \equiv (2^{16}+3)v_{i-1} \pmod{2^{32}}$$

$$w_i \equiv 262\,147\, w_{i-1} \equiv (2^{18}+3)w_{i-1} \pmod{2^{32}}.$$

Der Kongruenzgenerator v_i wurde von der IBM vorgeschlagen und als 'Scientific Subroutine' bezeichnet. Aus der Definition folgt:

$$v_{i+1} \equiv (2^{16}+3)v_i \equiv (2^{16}+3)^2 v_{i-1} \equiv (6\cdot 2^{16}+9)v_{i-1} \pmod{2^{32}}.$$

Folglich

$$v_{i+1} - 6v_i + 9v_{i-1} \equiv 0 \pmod{2^{32}},$$

Genauso gilt

$$w_{i+1} - 6w_i + 9w_{i-1} \equiv 0 \pmod{2^{32}}.$$

Addition ergibt

$$(v_{i+1} + w_{i+1}) - 6(v_i + w_i) + 9(v_{i-1} + w_{i-1}) \equiv 0 \pmod{2^{32}}.$$

Da $z_i \equiv v_i + w_i \pmod{2^{31}}$ für alle i gilt, folgt

$$z_{i+1} - 6z_i + 9z_{i-1} \equiv 0 \pmod{2^{31}}$$

oder für $u_i = z_i/2^{31}$

$$u_{i+1} - 6u_i + 9u_{i-1} \equiv 0 \pmod 1 = v\text{, wobei } v \text{ ganz ist.}$$

Nun gilt $0 \leq u_i < 1$. Also folgt $-6 < v < 10$ und alle erzeugten Punkte liegen im $\mathbb{R}^3$ auf 15 Ebenen! Gleiches gilt natürlich auch für den IBM - Generator v_i. Physiker haben diesen Generator zur Simulation eines 'Idealen Gases' verwendet. Die Gasmoleküle, deren Koordinaten (u_i, u_{i-1}, u_{i-2}) waren, verhielten sich etwas absonderlich.

b) Der Faktor a des linearen Kongruenzgenerators wird zufällig gewählt, z.B.

$z_i \equiv a_{2i-1} z_{i+1} \pmod{2^e}$ mit $a_i \equiv Aa_{i-1} \pmod{2^e}$ $A \equiv 5 \pmod 8$

Es wird jedes zweite Glied der Folge $\{a_i\}$ verwendet, da die Bedingung $a_{2i-1} \equiv 5 \pmod 8$ erfüllt sein muß. Offensichtlich gilt $a_i \equiv A^i\, a_o \pmod{2^e}$ und daher $z_i \equiv A^{2i-1} z_{i-1}\, a_o \pmod{2^e}$. Das ergibt

$$z_i \equiv A^{2i-1}\, A^{2i-3} \dots A^1 z_o a_o \equiv A^{i^2}\, z_o a_o \pmod{2^e}$$

Im wesentlichen stimmt die Folge z_i also mit A^{i^2} mod 2^e überein. Die Exponenten i^2 sind periodisch mod 2^{e-2}, jeder Exponent tritt mindestens viermal auf. Im Generator $a_i \equiv Aa_{i-1} \pmod{2^e}$ tritt dagegen jedes i in $a_i = A^i a_o \pmod{2^e}$ nur einmal auf. Welche der Reste mod 2^{e-2} tatsächlich auftreten,ist schwer zu sagen. Ein Beispiel macht dies klarer: Für e = 10, A = 5 und $a_o = z_o = 1$ werden folgende Reste erzeugt

1, 5, 37, 69, 101, 113, 133, 165, 197, 229, 241, 261, 293, 325, 357, 369, 389, 421, 449, 453, 485, 497, 517, 549, 581, 613, 625, 645, 677, 709, 741, 753, 769, 773, 805, 837, 869, 881, 901, 933, 961, 965, 997, 1009.

Die vier zweifach unterstrichenen Zahlen treten 16-mal auf, die acht einfach unterstrichenen 8-mal, die restlichen 32 treten 4-mal auf. Das ergibt 32 x 4 + 8 x 8 + 4 x 16 = 132 + 64 + 64 = 256 erzeugte Zahlen. Die Verteilung in Hunderten ist nicht sehr gleichmäßig: Nur drei Zahlen, die zwischen 500 und 600 liegen, treten zusammen 12-mal auf. Die fünf Zahlen, die zwischen 400 und 500 liegen,treten 36-mal auf. Bei statistischen Testen schneiden derartige Generatoren schlecht ab.

c) Von Marsaglia ist folgender Generator vorgeschlagen worden: Man erzeuge sich Zufallszahlen u_i und speichere die ersten 128 in einem Kasten mit 128 Fächern. Dann verwende man einen zweiten Generator, um Zahlen zwischen 1 und 128 gleichverteilt zu erzeugen. Bekommt man beispielsweise die 3, so nehme man u_3 heraus, ersetze es durch u_{129} und verwende u_3 als erste Zufallszahl. Entsprechend fährt man fort.

Leider existiert keine Theorie für diesen Generator, so daß man schwer sagen kann, ob er Vorteile bringt.

(vi) Zum Abschluß soll noch ein Generator diskutiert werden, der von Zahlentheoretikern gern vorgeschlagen wird: Es sei θ eine Irrationalzahl, z.B. eine quadratische Irrationalität wie $\sqrt{2}$. Man setze

$$u_i = \{i\theta\} = i\theta - [i\theta]$$

Sinnvollerweise berechnet man u_i rekursiv, z.B. durch

$$u_i \equiv u_{i-1}+\theta \pmod 1$$

Leider ist die Irrationalzahl θ auf Computern nur als rationale Zahl darstellbar, z.B. als $\theta = r/m$ mit ganzen Zahlen r und m. Dann gilt

$$u_i \equiv u_{i-1} + \frac{r}{m} \pmod 1$$

oder bei Verwendung von $z_i = mu_i$:

$$z_i \equiv z_{i-1}+r \pmod m, \quad u_i = z_i/m$$

Der Vorschlag führt also auf den altbekannten Lehmer-Generator mit dem Faktor a = 1. Die Paare (u_{i-1}, u_i) liegen auf zwei Geraden.

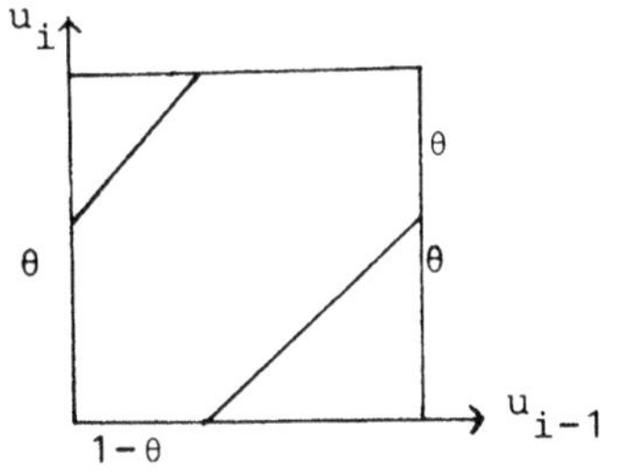

Nur die in (iii) und (iv) genannten linearen Kongruenz-Generatoren sind bisher nicht ausgeschieden worden. Wir werden uns daher mit ihren Eigenschaften genauer befassen müssen. Fairerweise muß natürlich noch der Marsaglia'sche Mischungsvorschlag (v,c) genannt werden, für den aber jede Theorie fehlt.

Nicht diskutiert wurden physikalische Generatoren. Hier läßt sich nur durch statistische Teste untersuchen, ob die erzeugten Zahlen gleichverteilt sind. Da arithmetisch-erzeugte Zufallszahlen meist solchen Testen Genüge leisten - obwohl sie ihre Fehler haben - glaubt der Autor dieser Note nicht an die Überlegenheit physikalisch erzeugter Zufallszahlen.

3. Eigenschaften der linearen Kongruenzgeneratoren: das Punktgitter.

Zur Untersuchung der in (iii) und (iv) definierten Generatoren betrachte man die Verteilung von

$$U_k = (u_{i+1}, \dots, u_{i+k-1}, u_{i+k})$$

im $\mathbb{R}^k$. Die Fälle (iii), a), b), c) und (iv) müssen getrennt behandelt werden.

(iii) a) Da

$$u_i = \frac{v}{2^{e-2}} + \frac{1}{2^e}, \quad v = 0,1,\dots,2^{e-2}-1$$

gilt, folgt

$$U_k \equiv \left(\frac{v}{2^{e-2}} + \frac{1}{2^e}, \frac{av}{2^{e-2}} + \frac{a}{2^e}, \dots, \frac{a^{k-1}v}{2^{e-2}} + \frac{a^{k-1}}{2^e} \right) \pmod 1$$

$$\equiv \frac{v}{2^{e-2}}\left(1,a,\dots,a^{k-1}\right) + \frac{1}{2^e}\left(1,a,\dots,a^{k-1}\right) \pmod 1$$

Um die Punktmenge $\{U_k\}$ besser in den Griff zu bekommen, erweitert man sie in allen Koordinatenrichtungen modulo 1. Definiert man Basisvektoren

(6) $e_1 = \frac{1}{2^{e-2}}(1,a,\dots,a^{k-1}),\ e_2 = (0,1,0,\dots,0), \dots,$
$e_k = (0,\dots,0,1),$

so besteht $\{U_k\}$ aus allen Punkten des Gitters

(7) $\frac{1}{4}e_1 + G$ mit $G = \left\{ x \in \mathbb{R}^k \,\middle|\, x = \sum_{i=1}^{k} v_i e_i,\ v_i \text{ ganz} \right\},$

die in den Einheits-Hypercubus $[0,1)^k$ fallen.

Es genügt das Gitter G zu betrachten, da die Addition von $\frac{1}{4}e_1$ das Gitter nur verschiebt, aber nicht verändert. - Da

$(1,0,\dots,0) = 2^{e-2}e_1 - ae_2 - a^2e_3 - \dots - a^{k-1}e_k$

gilt, gehören auch $(1,0,\dots,0)$ und alle ganzzahligen Vielfache davon zu G. Die Wahl der Basis (6) ist also nicht unsymmetrisch.

(iii) b) Da $u_i = \frac{v}{p}$, $(v = 1,2,\ldots,p-1)$ gilt, folgt

$$U_k \equiv \left(\frac{v}{p},\frac{av}{p},\ldots,\frac{a^k v}{p}\right) \equiv \frac{v}{p}(1,a,\ldots,a^{k-1}) \pmod 1.$$

Erweitert man diese Menge $\{U_k\}$ um den Punkt $(0,\ldots,0)$, so besteht $\{U_k\} \cup \{0\}$ aus den Punkten des Gitters G, das von

$$(8)\quad e_1 = \frac{1}{p}(1,a,\ldots,a^{k-1}),\ e_2 = (0,1,0,\ldots,0),\ldots,\ e_k = (0,\ldots,0,1)$$

erzeugt wird und in $[0,1)^k$ fällt.

c) Jetzt haben die Punkte U_k die Form

$$U_k = \left(\frac{v}{m},\ \frac{av+r}{m},\ldots,\frac{a^{k-1}v+r(1+a+\ldots a^{k-2})}{m}\right)$$

$$\equiv \frac{v}{m}(1,a,\ldots a^{k-1}) + \frac{r}{m}(0,1,1+a,\ldots,1+a+\ldots+a^{k-2}).$$

Das relevante Gitter G wird wieder durch

$$(9)\quad e_1=\frac{1}{m}(1,a,\ldots,a^{k-1}),\ e_2=(0,1,0,\ldots,0),\ldots,e_k=(0,\ldots,0,1)$$

erzeugt.

(iv) Für mehrfach-rekursive Kongruenzgeneratoren ist die Situation ein wenig komplizierter. Allerdings bilden auch hier die Punkte $\{U_k\} \cup \{0\}$ den Teil eines Gitters, der in den Kubus $[0,1)^k$ fällt. Dies soll für den Fall einer zweifachen Rekursion gezeigt werden: Da

$$z_{i+1} \equiv a_1 z_i + a_2 z_{i-1} \pmod p,\quad u_i = z_i/p$$

gilt, folgt

$$z_{i+2} \equiv a_1 z_{i+1} + a_2 z_i \equiv a_1(a_1 z_i + a_2 z_{i-1}) + a_2 z_i$$

$$\equiv (a_1^2 + a_2) z_i + a_1 a_2 z_{i-1} \pmod p$$

$$z_{i+3} \equiv a_1 z_{i+2} + a_2 z_{i+1} \equiv a_1((a_1^2+a_2)z_i + a_1 a_2 z_{i-1}) + a_2(a_1 z_i + a_2 z_{i-1})$$
$$\equiv a_1(a_1^2+2a_2)z_i + a_2(a_1^2+a_2)z_{i-1} \quad (\text{mod } p).$$

Setzt man nun $z_{i-1} = v_1$, $z_i = v_2$, so haben die Punkte $\{(u_{i-1}, u_i, u_{i+1}, u_{i+2}, u_{i+3})\}$ die Form

$$\frac{1}{p}(v_1, v_2, a_2 v_1 + a_1 v_2, a_1 a_2 v_1 + (a_1^2+a_2)v_2, \ a_2(a_1^2+a_2)v_1 + a_1(a_1^2+2a_2)v_2)$$
$$= \frac{v_1}{p}(1,0,a_2,a_1 a_2, a_2(a_1^2+a_2)) + \frac{v_2}{p}(0,1,a_1,a_1^2+a_2, \ a_1(a_1^2+2a_2)),$$

und das zu betrachtende Gitter wird in 5 Dimensionen von der Basis

$$e_1 = \frac{1}{p}(1,0,a_2,a_1 a_2, a_2(a_1^2+a_2)) \qquad e_2 = \frac{1}{p}(0,1,a_1,a_1^2+a_2,a_1(a_1^2+2a_2))$$

(1o)

$$e_3 = (0,0,1,0,0) \qquad e_4 = (0,0,0,1,0) \qquad e_5 = (0,0,0,0,1)$$

erzeugt.

Zusammenfassend läßt sich folgendes sagen: In allen vier Fällen durchlaufen die erzeugten Punkte $U_k \neq 0$ den Teil eines Gitters

$$G = \{x \in \mathbb{R}^k \mid x = \sum_{i=1}^{k} v_i e_i \ , \quad v_i \text{ ganz}\},$$

der in $[0,1)^k$ fällt. Die Basis $\{e_i\}$ ist dabei durch (6), (8), (9) oder (1o) gegeben und durch die Rekurrenzfaktoren a bzw. a_i eindeutig bestimmt. Es genügt, diese Gitter zu betrachten. Der Begriff des Gitters wurde von H. Minkowski eingeführt. Nun ist die Wahl der Basis nicht eindeutig: Geht man von der Basis e_i zu einer neuen Basis $e_j' = \sum_{i=1}^{n} v_{ij} e_i$ über, bei der die v_{ij} ganzzahlig sind und bei der die Determinante $|v_{ij}| = \pm 1$ ist, so erhält man offensichtlich das gleiche Gitter. Um eine invariante Basis auszusondern, führt H. Minkowski den Begriff einer 'reduzierten' Basis ein: $e_1, \ldots, e_n$ heißt reduziert, falls e_k von minimaler Länge ist unter allen Vektoren der Form $v_1 e_1 + \ldots + v_{k-1} e_{k-1} + v_k e_k + \ldots + v_n e_n$ mit v_i ganz und $(v_k, \ldots, v_n) = 1$.

Für die Berechnung einer reduzierten Basis gab H. Minkowski endlich-viele Bedingungen an. Für die Dimensionen $1 \le n \le 4$ waren diese Bedingungen schon früher bekannt. Für $n = 5$ und 6 sind die Minkowskischen Bedingungen notwendig; ob sie auch hinreichend sind, ist unbekannt. Für $n > 6$ sind keine derartigen Bedingungen bekannt.

Reduzierte Basen für $1 \le n \le 6$ lassen sich auf Computern berechnen. Leider geben die Ergebnisse nur geringen Einblick in die Natur des Gitters. Deswegen wird in den späteren Tabellen nur der 'Beyer'-Quotient

$$q_n = \min_{1\le i\le n} |e_i| / \max_{1\le i\le n} |e_i| = |e_1|/|e_n|$$

aufgeführt.

4. Eigenschaften der Linearen Kongruenzgeneratoren: das Hyperebenengitter.

Das untenstehende Bild zeigt die erzeugten Punkte (u_i, u_{i+1}) des Generators $z_{i+1} \equiv 5z_i \pmod{128}$

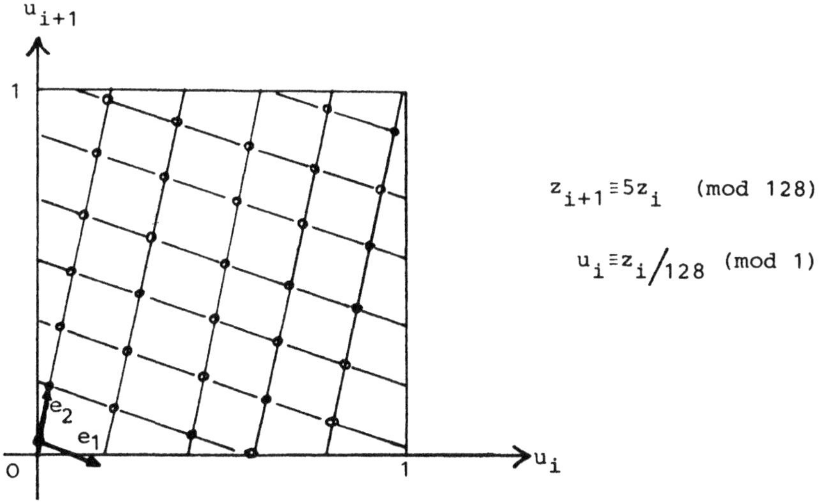

Folgendes läßt sich daraus ablesen: die erzeugten Punkte liegen auf den Schnittpunkten zweier paralleler Geradenscharen. Allgemein läßt sich das folgendermaßen einsehen: Man betrachte die Hyperebene, die durch $e_1,\ldots,e_{i-1},e_{i+1},\ldots,e_n$ aufgespannt wird. Zu ihrer Beschreibung führen wir den Normalvektor e_i^* durch $e_i^*e_j = \delta_{ij}$ ein, wobei $\delta_{ij} = 0$ für $i \neq j$ und $\delta_{ij} = 1$ für $i = j$ gesetzt ist. Die gesuchte Hyperebene hat dann die Form $e_i^*x=0$. Die dazu parallele Hyperebene, die durch den Punkt ve_i geht, hat dann die Gleichung $e_i^*x=v$, da $e_i^*e_i = 1$ galt. Die Hyperebenenscharen, auf denen alle Gitterpunkte liegen, lassen sich mithin durch die n Gleichungssysteme

$$e_1^*x \equiv 0 \pmod 1),\ e_2^*x \equiv 0 \pmod 1),\ \ldots,\ e_n^*x \equiv 0 \pmod 1)$$

beschreiben. Dabei ist die Berechnung der e_i^* kein Problem: Für das Gitter, dessen Basis durch (6) gegeben ist, gilt

$$(6^*)\quad e_1^*=(2^{e-2},0,\ldots,0),\ e_2^*=(-a,1,0,\ldots,0),\ldots,e_k^*=(-a^{k-1},\ldots,0,1).$$

Die Hyperebenenscharen sind erneut nicht eindeutig. Setzt man

$$e_i^* = \sum_{j=1}^{n} v_{ij}e_j^{*\prime}$$

mit v_{ij} ganz und Determinante $|v_{ij}| = \pm 1$, so erhält man die gleichen Punkte als Schnittpunkte der Hyperebenenscharen $e_i^{*\prime}x \equiv 0 \pmod 1$. Dies läßt sich auch folgendermaßen ausdrücken: Die Punkte des Gitters

$$G = \{x \in \mathbb{R}^n \mid x = \sum_{i=1}^{n} v_i e_i\ ,\quad v_i \text{ ganz}\}$$

lassen sich auch durch das duale Gitter

$$G^* = \{x^* \in \mathbb{R}^n \mid x^*= \sum_{i=1}^{n} v_i^* e_i^*\ ,\quad v_i^* \text{ ganz}\}$$

beschreiben. Dabei gilt $e_i^*e_j = \delta_{ij}$. Die Punkte x des Gitters G liegen auf den Hyperebenenscharen $x^*x \equiv 0 \pmod 1$ mit $x^* \in G^*$.

Die Verwendung des dualen Gitters ermöglicht nun die Beantwortung folgender Fragen:

(i) Bestimme die minimale Anzahl paralleler Hyperebenen, auf denen alle Punkte aus G liegen, die in $[0,1)^n$ fallen.

(ii) Bestimme den maximalen Abstand paralleler Hyperebenen, auf denen alle Punkte aus G liegen.

Frage (i) wurde im Beispiel (v) für einen speziellen Generator beantwortet. Zu ihrer allgemeinen Beantwortung betrachte man eine feste Schar paralleler Hyperebenen

$$(11)\quad x^*x = \sum_{x_i^*>0} x_i^* x_i + \sum_{x_i^*<0} x_i^* x_i = v \equiv 0 \pmod 1).$$

Da die Komponenten x_i der Punkte x aus [0,1) sein müssen, können die ganzen Zahlen v in (1o) nur aus dem Intervall

$$\left(\sum_{x_i^*<0} x_i^* , \sum_{x_i^*>0} x_i^* \right)$$

stammen.

Da die Länge dieses Intervalls

$$\sum_{x_i^*>0} x_i^* - \sum_{x_i^*<0} x_i^* = \sum_{i=1}^{n} |x_i^*|$$

beträgt, muß man zur Beantwortung der Frage (i) die Optimierungsaufgabe

$$(12)\quad N_n^* = \operatorname{Min} \{ \sum_{i=1}^{n} |x_i^*| \,\big|\, x^* = (x_1^*,\ldots,x_n^*) \in G^*,\ x^* \neq 0\}$$

lösen.

Für die Formulierung der Frage (ii) beachte man:

Der Abstand benachbarter Hyperebenen $x^*x = v$ und $x^*x = v-1$ ist gleich dem Abstand des Punktes O und der Hyperebene $x^*x=1$. Dieser ist, wie die sogenannte Hessesche Normalform besagt,

$$1 \Big/ \sqrt{\sum_{i=1}^{n} (x_i^*)^2}.$$

Infolgedessen wird die Frage (ii) durch die Beantwortung der

Minimierungsaufgabe

(13) $W_n^* = \text{Min}\ \{\sqrt{\sum_{i=1}^{n} x_i^{*2}}\ \mid x^* = (x_1^*,\ldots,x_n^*) \in G^*,\ x^* \neq 0\}$

gelöst , da $1/W_n^*$ der maximale Abstand paralleler Hyperebenen ist.

Beide Aufgaben (12) und (13) lassen sich einheitlich formulieren: Es sei B eine kompakte, konvexe, zum Nullpunkt symmetrische Menge mit positivem Maß. B definiert eine Norm

$$||x|| = \min\ \{\lambda \in \mathbb{R}^+ \mid x \in \lambda B\}$$

Beispiele solcher Normen sind:

(i) Die Euklidische Norm $||x|| = (x_1^2+\ldots+x_n^2)^{1/2}$; B_2 ist die Einheitskugel.

(ii) Die ℓ_1-Norm $||x|| = |x_1|+\ldots+|x_n|$. B ist der Hypercubus $B_1 = \{(x_1,\ldots,x_n) \mid |x_1|+\ldots+|x_n| \leq 1\}$.

(iii) Die Maximum-Norm $||x|| = \max_{1\leq i\leq n} |x_i|$. B ist der Hypercubus $B_\infty = \{(x_1,\ldots,x_n) \mid |x_i| \leq 1$ für alle $i\}$

Die Norm $||x||$, die für das Gitter G gegeben ist, induziert nun eine Norm für das Gitter G^*. Hierzu benutzt man die 'Polare' zu B,

$$B^* = \{b^* \in \mathbb{R}^n \mid |bb^*| \leq 1\ \forall\ b \in B\};$$

die dazugehörige Norm wird mit $||x^*||$ bezeichnet. Es läßt sich leicht zeigen, daß die euklidische Norm zu sich selbst dual ist: es gilt $B_2^* = B_2$. Andererseits sind die ℓ_1- und die Maximum-Norm zueinander dual, da $B_1^* = B_\infty$, $B_\infty^* = B_1$ gilt.

Die Aufgaben (12) und (13) lassen sich nun einheitlich formulieren: Man bestimme

(14) $\quad M_n^* = \text{Min}\ \{||x^*|| \mid x^* \in G^*,\ x^* \neq 0\}.$

Der Punkt x^* ist durch seine Basis gegeben:

$x^* = v_1^* e_1^* + \ldots + v_n^* e_n^*$. Daraus folgt $v_i^* = x^* e_i$. Nun gilt allgemein $|x^* x| \leq ||x^*||\ ||x||$, da sich x^* als $x^* = ||x^*|| b^*$ und x als $x = ||x|| b$ mit $b^* \in B^*$ und $b \in B$ darstellen lassen und $|bb^*| \leq 1$ gilt. Infolgedessen gilt für die Komponenten v_i^* des kürzesten Vektors x^*:

$$|v_i^*| = |x^* e_i| \leq ||x^*||\ ||e_i|| \leq M_n^* ||e_i||.$$

Da $M_n^* \leq ||e_j^*||$ für alle j gilt, hat man die Schranken

$$|v_i^*| \leq c_i = [\,||e_i||\ \mathrm{Min}\ \{||e_j^*||,\ j = 1,2,\ldots,n\}].$$

— Die v_i^* müssen ganze Zahlen sein. Dies ergibt $P = \prod_{i=1}^{n} (2c_i + 1)$ mögliche Fälle für die Komponenten v_i^*. —
Berechnet man diese Anzahl, so ist sie im allgemeinen sehr groß. Daher muß man versuchen, die Basis so abzuändern, daß die neuen Basisvektoren e_i und e_j^* keine größeren Längen haben als die alten Basisvektoren. Naheliegend ist eine Reduktion von Paaren von Basisvektoren:

$$T_i:\quad \left.\begin{array}{l} e_i \leftarrow e_i \\ e_i^* \leftarrow e_i^* + \sum_{k \neq i} m_k e_k^* \end{array}\right\} \text{ i fest} \qquad \left.\begin{array}{l} e_k \leftarrow e_k - m_k e_i \\ e_k^* \leftarrow e_k^* \end{array}\right\} k \neq i$$

Dabei werden die m_k so bestimmt, daß $|e_k - m_k e_i|$ minimal wird:

$$(e_k - (m_k - 1) e_i)^2 \geq (e_k - m_k e_i)^2 \leq (e_k - (m_k + 1) e_i)^2.$$

Daraus folgt

$$e_i^2 + 2e_i(e_k - m_k e_i) \geq 0 \leq e_i^2 - 2e_i(e_k - m_k e_i)$$

$$-0.5e_i^2 \leq e_i(e_k - m_k e_i) \leq 0.5e_i^2$$

$$-0.5 + e_i e_k / e_i^2 \leq m_k \leq 0.5 + e_i e_k / e_i^2.$$

Daher ist die beste Wahl für m_k

$$m_k = [0.5 + e_i e_k / e_i^2],$$

also die zu $e_i e_k / e_i^2$ nächst benachbarte ganze Zahl. Elementare Differentialrechnung zeigt, daß $(e_i^* + \sum_{k \neq i} m_k e_k^*)^2$ für $m_k = e_i e_k / e_i^2$ minimal wird, d.h. auch der neue Vektor e_i^* unterscheidet sich nur wenig von der kürzest möglichen Wahl von $|e_i^* + \sum_{k \neq i} m_k e_k^*|$.

Das Berechnungsverfahren des kürzesten Gittervektors in (14) verläuft nun folgendermaßen: Die Transformationen T_i werden für $i = 1,2,3,\ldots,n, 1,2,\ldots,n$ so lange angewandt, wie die Anzahl $\Pi(2c_i + 1)$ kleiner wird. Wird diese Anzahl für einen vollen Umlauf $i, i+1, \ldots, n, 1, 2, \ldots, i-1$ nicht kleiner, so wende man Transformationen T_i^* an, die genauso wie T_i gebildet sind; nur die Rolle der e_i und e_i^* ist vertauscht. Sobald Anwendungen von T_i^* nichts mehr nützen, verwende man wieder T_i, dann wieder die T_i^* und so fort. Helfen beide Transformationstypen nichts mehr, so führe man eine vollständige Enumeration aller Fälle $v_i = -c_i, -c_i+1, \ldots, -1, 0, 1, \ldots, c_i$ durch. Das Verfahren liefert die gesuchten Zahlen N_n^* und W_n^* in sehr kurzer Zeit für Dimensionen $n = 1,2,\ldots,12$.

Es ist seit langem bekannt, daß die Zahlen N_n^* und W_n^* global beschränkt sind: Es gilt

$$N_n^* \leq \alpha_n \; D^{*1/n} \quad \text{bzw.} \quad W_n^* \leq \gamma_n \; D^{*1/n},$$

wobei D^* die Determinante des Gitters G^* ist. Für den Generator (iii,a) ist $D^* = 2^{e-2}$, für (iii,b) gilt $D^* = p$, für einen r-fach rekursiven Generator ist $D^* = p^r$. Die α_n und γ_n sind Konstante, die für kleines n bekannt sind; für großes n kennt man nur Schranken.

Die anschließenden Tabellen geben Werte von N_n^*, W_n^* und der Beyer-Quotienten q_n (des kürzesten zum längsten Basisvektors einer reduzierten Basis) für multiplikative Generatoren mod 2^{32}, und einfach-, zweifach- und dreifach-rekursive Generatoren mod $p = 2^{31}-1$. Die globalen Schranken für N_n^* und W_n^* finden sich am Ende der Tabellen.

N_n^* und $[W_n^*]$ für Generatoren $z_{i+1} \equiv a z_i \pmod{2^{32}}$, $a \equiv 5 \pmod 8$ zufäll. gewählt										
a	N_2^*	$[W_2^*]$	N_3^*	$[W_3^*]$	N_4^*	$[W_4^*]$	N_5^*	$[W_5^*]$	N_6^*	$[W_6^*]$
165902237	32910	31285	1030	713	284	182	96	50	52	27
85686973	28926	20454	942	553	232	117	84	46	64	28
650542949	8632	7673	1088	706	184	105	46	23	46	23
469329005	42796	30262	1000	671	216	133	44	30	44	27
222564197	14096	11364	1416	970	204	107	78	39	56	26
192962069	22740	16381	684	408	138	89	116	57	44	21
573033485	34754	24788	1340	966	122	74	70	44	56	28
363091061	41746	31914	716	444	234	131	84	63	56	27
597633253	30442	24979	738	496	312	169	66	43	44	20
453334877	41396	32042	1328	815	260	151	70	37	44	21
509858925	14902	10699	1122	755	84	42	84	42	58	27
133076285	22534	18904	932	635	206	108	68	46	60	29
908880597	24470	17584	1340	951	244	155	78	42	62	32
877880237	35242	33912	1132	766	190	109	116	58	54	24
171071445	17664	15478	1104	798	280	157	94	56	38	16
197275173	41888	32880	1422	985	292	178	86	56	44	24
739800709	40932	31712	1156	730	228	140	96	52	42	20
768434605	42254	30230	1224	794	222	132	68	40	52	27
376670381	12394	9216	856	674	202	135	98	55	40	19
635701645	29242	21694	1164	813	168	100	78	40	36	22
Mittelwerte	28998	22672	1087	732	215	126	81	46	50	24
Minkowski-Schranken	46340	35212	1860	1149	400	215	166	79	95	41

N_n^* und q_n für Generatoren $z_{i+1} \equiv a z_i \pmod{2^{31}-1}$, a zufällig gewählt										
a	N_2^*	q_2	N_3^*	q_3	N_4^*	q_4	N_5^*	q_5	N_6^*	q_6
131059607	58028	.751	737	.076	128	.147	128	.817	46	.672
474217361	63023	.913	1854	.756	352	.824	74	.184	60	.582
244794087	24355	.163	1433	.732	243	.601	122	.866	48	.579
437083925	42909	.419	311	.070	141	.325	64	.169	64	.618
414301731	40385	.661	1032	.195	266	.526	48	.212	46	.318
421254220	47821	.530	1144	.531	289	.807	90	.603	54	.324
521023644	58171	.982	641	.065	280	.598	84	.529	59	.772
258840258	44912	.855	978	.360	225	.289	115	.701	57	.680
224464839	63239	.944	1598	.639	249	.425	110	.600	54	.438
250161133	18098	.077	846	.241	156	.277	120	.504	56	.624
470712922	17569	.088	1607	.823	258	.269	76	.321	62	.613
12016008	35565	.425	429	.010	224	.611	77	.599	58	.692
347966186	33457	.346	914	.248	197	.236	119	.685	55	.622
389489208	46568	.783	1801	.829	310	.801	115	.581	60	.343
107177873	39388	.480	1520	.547	211	.250	80	.235	56	.293
379423529	47595	.595	1103	.207	219	.507	97	.349	67	.691
231980120	38173	.504	1021	.239	274	.582	117	.680	64	.624
331509187	39044	.626	1619	.724	311	.901	70	.294	61	.433
315462590	62715	.948	1252	.504	87	.096	60	.053	60	.601
220016370	6166	.014	1251	.501	255	.536	104	.497	53	.567
Mittelwerte	41360	.555	1155	.415	234	.480	94	.474	57	.565
Minkowski-Schranken	65535	-	2344	-	496	-	191	-	107	-

N_n^* und q_n für Generatoren $z_i \equiv a_1 z_{i-1} + a_2 z_{i-2} \pmod{2^{31}-1}$, a_1, a_2 zufäll.gewählt.

a_1	a_2	N_3^*	q_3	N_4^*	q_4	N_5^*	q_5	N_6^*	q_6
305527711	206074933	1410446	.399	52027	.412	7703	.421	2285	.523
393109059	372051753	1975185	.557	66604	.568	7934	.654	2525	.839
524824023	488461699	2462623	.760	58302	.559	8142	.515	2374	.789
166792143	140600214	1538705	.382	23142	.175	8804	.577	2387	.837
40908723	79926687	1866238	.589	64511	.571	7425	.561	1988	.678
123093895	83756597	2338607	.774	67499	.794	6467	.300	1962	.763
8137753	331567158	1226888	.094	70478	.694	5079	.347	1667	.452
64727095	169853266	1115347	.177	64778	.551	6827	.445	1902	.482
304036971	463849023	1638493	.529	48134	.233	6811	.741	2586	.722
90294751	31143300	1741305	.474	64477	.608	3813	.169	1705	.335
229189123	490187559	1584830	.419	51646	.447	8680	.778	2132	.550
433069719	35991417	1673757	.378	64694	.446	9288	.762	1733	.681
214340239	200767377	926071	.149	42895	.344	5413	.323	1796	.508
36946763	455139138	1806980	.451	53763	.655	6725	.269	2711	.694
298005951	253585700	1739861	.292	62208	.513	8892	.593	1854	.573
260099043	269992776	1677921	.303	41922	.184	5410	.400	2351	.627
320315375	295200398	2148898	.599	44444	.494	8089	.670	1753	.480
453597011	331093787	1128686	.304	59584	.687	8068	.712	2317	.361
318558375	202725360	2143359	.714	55676	.645	7858	.520	2227	.719
266963279	355268429	1528985	.355	77232	.897	7655	.621	1724	.496
Mittelwerte		1683709	.435	56700	.524	7254	.519	2099	.606
Minkowski-Schranken		3024616	-	102569	-	14080	-	3862	-

N_n^* und q_n für Generatoren $z_i \equiv a_1 z_{i-1} + a_2 z_{i-2} + a_3 z_{i-3} \pmod{2^{31}-1}$, a_1, a_2, a_3 zuf.

a_1	a_2	a_3	N_4^*	q_4	N_5^*	q_5	N_6^*	q_6
37434007	469993843	21235313	13368729	.434	504668	.740	80505	.609
125100959	64666267	156564287	13007626	.413	666068	.665	56638	.719
71372887	455605811	163129307	12634192	.482	468124	.591	78705	.609
119936239	262703403	49294719	11411871	.413	541608	.408	84914	.664
360894199	399664979	456055701	14025480	.620	510679	.558	82037	.568
311711823	339552779	119515682	11036591	.358	695170	.770	78593	.307
506303399	382035651	110006159	11535358	.391	389655	.278	87019	.359
262280319	368000763	90468385	14968053	.687	404039	.391	62569	.462
465187783	231831395	184442847	11483520	.498	580110	.461	70048	.455
388425559	227651891	5412951	17382569	.891	591214	.681	79432	.525
262502319	116528875	471464137	10112357	.407	358679	.268	82405	.587
251046847	509383483	196721538	11137098	.488	747078	.784	75411	.511
119693463	446721907	509835340	12205225	.446	333855	.271	90733	.571
211940079	106225451	466551592	9045247	.281	609461	.568	59458	.848
377616199	117606627	201681078	12705970	.465	569802	.392	73225	.371
408465103	390830731	149374808	7074719	.221	532402	.397	77551	.523
518175991	510332243	71324449	13935142	.885	539165	.603	84624	.534
90616575	169547643	291679274	8558339	.388	682452	.825	80157	.641
312017767	325891459	391624983	14503437	.920	618627	.711	82423	.461
50139775	392639739	294153413	14202051	.629	397761	.313	71840	.395
Mittelwerte			12216679	.516	537031	.543	76914	.535
Minkowski-Schranken			22080057	-	1035128	-	138735	-

5. Die Diskrepanz der linearen Kongruenzgeneratoren

Die Größe

$$\Delta_n(s_i,t_i) = \frac{\#\{x=(x_1,\ldots,x_n) \in G \mid s_i \le x_i < t_i\}}{\#\{x=(x_1,\ldots,x_n) \in G \mid 0 \le x_i < 1\}} - \Pi(t_i-s_i)$$

nennt man die 'Abweichung' oder 'Deviation' des Gitters G von der Gleichverteilung im Super-Quader $[s_1,t_1) \times \ldots\ldots \times [s_n,t_n)$.

$$\Delta_n = \sup \{ |\Delta_n(s_i,t_i)| \; | 0 \le s_i \le t_i < 1\}$$

nennt man die 'Diskrepanz' des Gitters. Der Spezialfall $s_i = 0$ heißt Null-Diskrepanz und trat in der Integrationsformel der Einleitung auf.

Die Diskrepanz der ganzen Zufallszahlenfolge ist für Dimension 1 elementar berechenbar. Da die Generatoren $z_{i+1} \equiv az_i$ mod 2^e alle Zahlen der Form $v2^{-(e-2)}+2^{-e}$ erzeugen, ist die Diskrepanz $2^{-(e-2)}$. In gleicher Weise findet man für den Generator $z_i \equiv az_{i-1}+r \pmod m$ als Diskrepanz 1/m. Für den Generator $z_i \equiv az_{i-1} \pmod p$ enthält das Intervall [1/p, 1-1/p] alle p-1 erzeugten Zahlen. Infolgedessen ist

$$\Delta_1(1/p,\ 1-1/p) = (p-1)/(p-1)-(1-2/p) = 1-(1-2/p) = 2/p.$$

Da die Abweichung nicht größer werden kann, ist dies der Wert der Diskrepanz. Nimmt man die Zahl 0 mit der Wahrscheinlichkeit 1/p in die Folge auf, so würde die abgeänderte Folge die Diskrepanz 1/p haben.

Die Diskrepanzen von Teilfolgen der Zufallszahlenfolge lassen sich nicht mehr elementar berechnen. Beschränkt man sich auf Teilfolgen des Typs

(15) $$z_i \equiv z_o a^i,\ i = 1,2,\ldots,N$$

so gelang es Niederreiter und Stoneham, Schranken für die Diskrepanz zu gewinnen. Die Schranken haben die Form

$$\Delta_N \leq c \frac{\sqrt{m}}{N} (\ln m)^2.$$

Hieraus folgt, daß die Diskrepanz für $N \gg \sqrt{m}$ tatsächlich klein wird.

Computer-Rechnungen ergeben ein kompliziertes Bild: Berechnet man für eine gegebene Primzahl p alle möglichen Teilfolgen der Form (15), so schwanken die Diskrepanzen außerordentlich stark. Beispielsweise erhält man für die Primzahl p = 499 und die Stichprobenlänge N = 45 für den Faktor a = 10 bei z_1 = 188 die minimale Diskrepanz 0.06774 und für a = 10 und z_1 = 343 die maximale Diskrepanz 0.34803. Für alle anderen Zahlen von z_1 und a liegen die Diskrepanzen zwischen diesen beiden Werten. Wäre die Folge genau gleichverteilt, so wäre die Diskrepanz 1/45 = 0.02222.

Für kleinere Primzahlen p wurden bei Stichprobenlängen N = 1,2,..,p-1 die minimalen und maximalen Diskrepanzen berechnet. Die untenstehende Skizze gibt die Situation für p = 53 wieder.

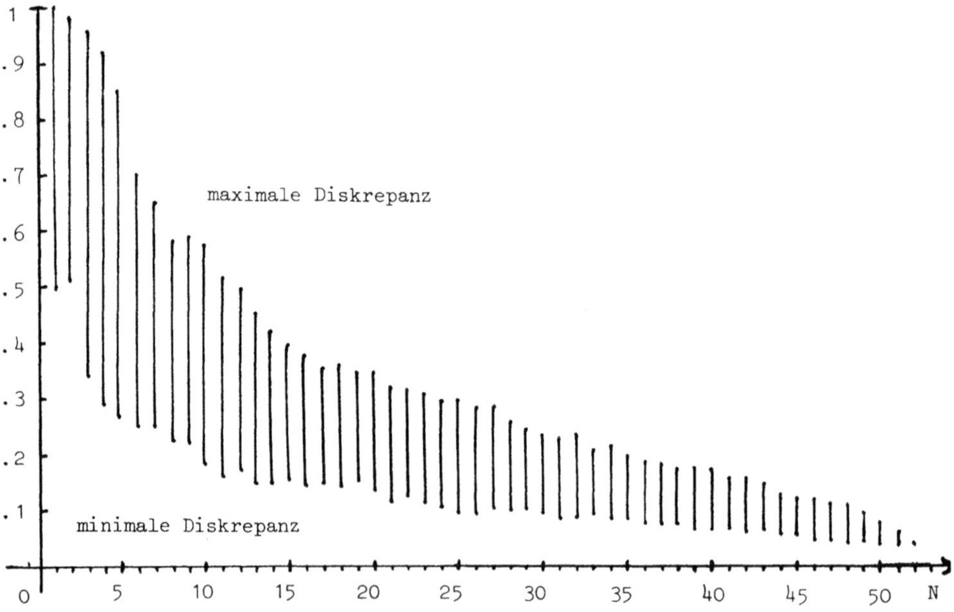

Für die Dimension 2 läßt sich die Deviation $\Delta_n(s,t)$ für vorgegebene Intervalle $[s_1,t_1) \times [s_2,t_2)$ exakt berechnen (Dieter [1971]). Daraus folgt eine obere Abschätzung für die Diskrepanz Δ_2, die später besprochen wird.

Eine untere Abschätzung der Diskrepanz Δ_n läßt sich allgemein herleiten: Wie im 4. Abschnitt ausgeführt, liegen die Punkte eines Gitters auf Geradenscharen $x^*x \equiv 0 \pmod 1$ mit $x^* \in G^*$. Der Einfachheit halber sei angenommen, daß die Komponenten x_i^* von x^* alle positiv sind. Dann erhält der Bereich des positiven Quadranten unterhalb $x^*x = 1$ keine Gitterpunkte. Insbesondere gilt dies für einen Quader

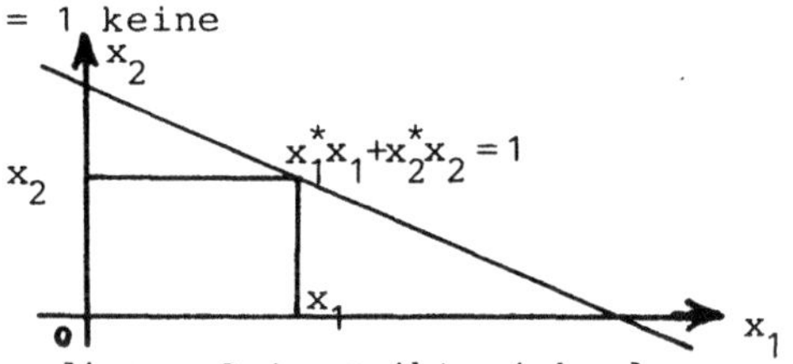

$$(16)\quad [0,x_1]\times\ldots\times[0,x_n] \quad \text{mit} \quad \sum_{i=1}^{n} x_i^* x_i = 1$$

Der volumen-mäßig größte Quader dieser Art ergibt sich als Lösung der Optimierungsaufgabe

$$\text{Max}\ \{x_1 \ldots x_n \mid x_1^*x_1 + \ldots + x_n^*x_n = 1\} = 1/n^n x_1^* \ldots x_n^* .$$

Für beliebige $x^* \in G^*$ gilt eine entsprechende Herleitung. Sind n' der $x_i^* \neq 0$ und die restlichen gleich 0, so ergibt sich für das Maximum $1/(n')^{n'} \{\Pi |x_i^*| \mid x_i^* \neq 0\}$. Da dieser Ausdruck auch die Deviation des Rechtecks (16) ergibt, gilt für die Diskrepanz allgemein

$$(17)\quad \Delta_n \geq 1/\text{Min} \left\{ (n')^{n'} \prod_{i=1}^{n} |x_i^*| \mid n' = \#\{x_i^* \neq 0\} \right\}$$

Die $x_i^* = 0$, die in dem Produkt auftreten, sind formal durch 1 zu ersetzen.

Für die Dimension 2 läßt sich dieser Ausdruck durch einfache Funktionen des Faktors a und der Periodenlänge c ($c = 2^{e-2}$ für $m = 2^e$, $r = 0$; $c = p$ für $m = p$, $r = 0$; $c = m$ für beliebiges m und $r \neq 0$) berechnen: Es sei

$$a = q_o c - a_1,\ c = q_1 a_1 - a_2, \ldots, a_{k-2} = q_{k-1} a_{k-1} - a_k,\ a_{k-1} = q_k a_k$$

der Euklidische Algorithmus für a und c, bei dem

$$|a_{i-1}| < \frac{1}{2}|a_i|$$

gefordert wird. Dann gilt für die Diskrepanz der drei Generatoren

$$\text{(18)} \qquad \frac{1}{4c}\left\{\max |q_i| - \frac{3}{2}\right\} \leq \Delta_2 \leq \frac{1}{4c}\left\{\sum_{i=1}^{k} |q_i| + 4(k+1)\right\}$$

Die rechte Schranke ist ein tiefer liegendes Ergebnis aus Dieter [1971]; zu ihrer Herleitung braucht man die Theorie der Dedekindschen Summen. Die linke Seite folgt aus der Formel (17). Für ihren Beweis sei auf das kommende Buch von U. Dieter und J.H. Ahrens verwiesen.

Für Dimension $n \geq 3$ sind keine einfachen Formeln bekannt, die (18) entsprechen. Zur Bestimmung von (17) hat man

$$P_n = \text{Min}\ \{x_1^* x_2^* \ldots x_n^* = (v_1^* c - v_2^* a - \ldots - v_n^* a^{n-1}) v_2^* \ldots v_n^* \mid x^* \in G^*, v_i^* \text{ganz}\}$$

zu berechnen. Nun hatten wir früher

$$N_n^* = \text{Min}\ \{|x^*|+\ldots+|x_n^*| \mid 0 \neq x^* = (x_1^*, \ldots, x_n^*) \in G^*\}$$

bestimmt. Ist y^* ein Vektor aus G^*, für den das Minimum N_n^* angenommen wird, so bildet $|y_1^* \ldots y_n^*|$ ein Suboptimum der Aufgabe P_n^*; damit läßt sich eine untere Schranke von Δ_n gewinnen.

Als obere Schranke hat H. Niederreiter Ausdrücke der Form

$$\text{(19)} \qquad |\Delta_n| \leq \frac{n}{c} + \sum{}^{*} \frac{1}{|x_1^* \ldots x_n^*|}$$

erhalten. Dabei wird über alle $x^* \in G^*$ summiert, für die $x^* \neq 0$ und $-\frac{c}{2} \leq x_i^* \leq \frac{c}{2}$ gilt. Eine Ausrechnung ist derzeit nur durch Bestimmung aller zulässiger $|x_i^*| \leq \frac{c}{2}$ möglich.

Die untenstehende Tabelle enthält Werte der Diskrepanzen und ihrer Schranken (18) für den Generator $z_{i+1} \equiv az_i \pmod{p = 53}$. Bei den Δ^o-Werten handelt es sich um Diskrepanzen, bei denen nur Quader der Form $\prod(0,t_i)$ und $\prod[0,t_i]$ zugelassen sind. Dabei genügt es, Werte t_i zu betrachten, die als Komponenten von Gitterpunkten auftreten, die auf den Begrenzungsflächen liegen.

Faktor	untere Schranke	Δ_2^o	Δ_2	obere Schranke	Δ_3^o	Δ_4^o
2	.1203	.1485	.1584	.1934	.2011	.2272
3	.0778	.1086	.1185	.1557	.1609	.2093
8	.0259	.0627	.0762	.1368	.1083	.1234
12	.0118	.0545	.0748	.1462	.0914	.1293
14	.0165	.0584	.0708	.1321	.0930	.1191
22	.0118	.0457	.0765	.1416	.0928	.1003
26	.1156	.1203	.1627	.1887	.1687	.1908
32	.0401	.0783	.0933	.1462	.1064	.1283
33	.0259	.0456	.0783	.1368	.0779	.1374
34	.0165	.0448	.0737	.1321	.0732	.1047
35	.0778	.0805	.1242	.1557	.1165	.1751
48	.0448	.0498	.0904	.1509	.1073	.1411

6. Zusammenfassung

(i) Schlechte Zufallszahl-Generatoren wie die Mid-Square- oder die Fibonacci-Methode sind unbedingt zu vermeiden. Die Kombination von Zufallszahl-Generatoren kann zu schlechteren Zahlen als bei den Ausgangsgeneratoren führen; für derartige Vorgänge fehlt eine allgemeine Theorie.

(ii) Der Faktor a der linearen Kongruenzmethode sollte so gewählt werden, daß die Quotienten q_i des Euklidischen Algorithmus für Faktor und Periodenlänge klein sind. Dann ist die Diskrepanz in zwei Dimensionen klein, und gleiches gilt erfahrungsgemäß auch in höheren Dimensionen.

(iii) r-fach rekursive Kongruenzgeneratoren verhalten sich im $\mathbb{R}^{kr}$ etwa so wie einfach-rekursive Generatoren im $\mathbb{R}^k$. Braucht man die statistische Unabhängigkeit von n-Tupeln für größeres n, so sollte man mehrfach-rekursive Generatoren verwenden.

(iv) Statistische Untersuchungen scheinen es nahezulegen, den Quotienten Periodenlänge / Stichprobenlänge nicht zu groß, vermutlich kleiner als 10 zu wählen. Alle Zufallszahlen einer Perioden sollte man für numerische Integrationen, nicht aber für die Nachvollziehung stochastischer Vorgänge verwenden.

L i t e r a t u r

J.H. Ahrens, U. Dieter and A. Grube (1970): Pseudo-Random Numbers: A new proposal for the Choice of Multiplicators, Computing 6, 121-138.

W.A. Beyer, R.B. Roof and D. Williamson (1971): The Lattice Structure of Multiplicative Congruential Pseudo-Random Vectors, Math. Comp. 25, 345-360.

R.R. Coveyou (1969): Random Number Generation is too important to be left by Chance, Studies in Applied Mathematics, (SIAM), 3, 70-111.

R.R. Coveyou and R.D. MacPherson (1967): Fourier Analysis of uniform Random Number Generators, Journal A.C.M. 14, 100-119.

U. Dieter (1971): Pseudo-Random Numbers: The Exact Distribution of Pairs, Math. Comp. 25, 855-883.

—— (1972): Statistical Interdependence of Pseudo-Random Numbers Generated by the Linear Congruential Method, in: S.K. Zaremba (1972), 287-317.

—— (1975): How to Calculate Shortest Vectors in a Lattice, Math.Comp.29, 827-833.

U. Dieter and J.H. Ahrens (1979): Pseudo-Random Numbers, Manuscript, 400 pp.

A. Grube (1973): Mehrfach rekursiv erzeugte Zufallszahlen, Diss. Karlsruhe.

E. Hlavka (1961): Funktionen von beschränkter Variation in der Theorie der Gleichverteilung, Ann. Mat. Pura Appl. 54, 325-333.

D.E. Knuth (1969): The Art of Computer Programming, Vol. II, Seminumerical Algorithms. Addison-Wesley, Reading, Mass.

D. Lurie and R.L. Mason (1973): Empirical Investigation of several Techniques for Computer Generation of Order Statistics, Comm.Stat. 2, 363-371.

D.H. Lehmer (1949): Mathematical Methods in Large-Scale Computing Units, Proc. 2nd Sympos. on Large-Scale Digital Calculating Machinery, Cambridge, Mass. 1949. Harvard Univ. Press, Cambridge, Mass., 141-146.

G. Marsaglia (1968): Random Numbers fall mainly in the planes, Proc. Nat. Acad. Sci. 61, 25-28.

—— (1972): The Structure of Linear Congruential Random Number Generators, in: S.K. Zaremba (1972), 249-285.

J. von Neumann (1951): Various Techniques used in connection with Random Digits, Collected Works V, (1963), 768-770.

H. Niederreiter: On the Distribution of Pseudo-Random Numbers generated by the linear congruential method I, II, III, Math. Comp. 26 (1972), 793-795, 28 (1974), 1117-1132, 30 (1976), 571-597.

—— (1977): Pseudo-Random Numbers and optimal Coefficients, Advances in Math. 26, 99-181.

—— (1978): Quasi-Monte Carlo Methods and Pseudo-Random Numbers, Bulletin A.M.S. 84, 957-1o41.

R.G. Stoneham (1973): On the uniform ε-distribution of residues within the periods of rational fractions with applications to normal numbers, Acta Arithmetica 22, 371-389.

S.K. Zaremba (1966): Good Lattice Points, Discrepancy, and Numerical Integration, Ann. Mat. Pura Appl. 73, 293-371.

—— (1972): Applications of Number Theory to Numerical Analysis, Acad.Press.

Ein neuer Vorschlag zur Festlegung des Modulodivisors bei der gemischten Kongruenzmethode

A. Ruff, Tübingen

Zur Erzeugung von Pseudozufallszahlen hat sich neben der multiplikativen Kongruenzmethode mit der Rekursivbeziehung

$$z_{i+1} \equiv a \cdot z_i \pmod{m}$$

vor allem die gemischte Kongruenzmethode mit der Rekursivbeziehung

$$z_{i+1} \equiv a \cdot z_i + b \pmod{m}$$

durchgesetzt.

Falls der Modulodivisor m eine Primzahl ist, läßt sich durch geeignete Festlegung des Parameters a mittels der multiplikativen Kongruenzmethode eine Permutation der ganzen Zahlen 1,...,m-1 als Zyklus erzeugen [2][8]. Ist der Modulodivisor m keine Primzahl, so ist die mittels der multiplikativen Kongruenzmethode maximal erreichbare Zykluslänge wesentlich kürzer als m-1. Mittels der gemischten Kongruenzmethode läßt sich durch geeignete Festlegung der beiden Parameter a und b für jeden Modulodivisor m eine Permutation der ganzen Zahlen 0,...,m-1 zyklisch erzeugen [6]. Der Zyklus hat dann die bei gegebenem Modulodivisor m größtmögliche Länge m.

In der Regel werden Pseudozufallszahlen über statistische Tests abgesichert. Diese Vorgehensweise ist nicht unproblematisch, da sie testtheoretisch nicht voll zu untermauern ist. Sie kann in gewisser Weise damit begründet werden, daß die Prüfvariablenwerte dieser Tests in irgendeiner Form als Qualitätskriterien für Pseudozufallszahlenfolgen betrachtet werden. Spezielle Hinweise dafür, welche Tests im Einzelfall zur Absicherung von Pseudozufallszahlen heranzuziehen sind, sind jedoch kaum ersichtlich. In der Literatur hat sich ein Standardkatalog von Testen herausgebildet, die praktisch immer Verwendung finden. Ein weiteres Problem liegt in der Festlegung des Signifikanzniveaus für die angewendeten Tests. Die Übernahme des beim statistischen Testen von Hypothesen traditionellen Signifikanzniveaus von 5% ist nicht begründet. Schließlich ist auch die gleichzeitige Anwendung mehrerer Tests nicht unproblematisch. Die Frage nach dem gemeinsamen Signifikanzniveau eines Bündels von Testen wird nicht gestellt. Allgemeine Verfahrensweisen zur Behandlung einer Pseudozufallszahlenfolge, bei der z.B. nur ein einziger Test aus der angewendeten Testbatterie zur Ablehnung führt, können nicht angegeben werden.

Die statistischen Tests zur Überprüfung von Pseudozufallszahlen werden in der Literatur überwiegend, unabhängig von der Anzahl der für eine konkrete Anwendung benötigten Pseudozufallszahlen, auf vollständige Zyklen angewendet. Ist der vollständige Zyklus ausreichend testresistent, so wird der zugrunde gelegte Pseudozufallszahlengenerator mit der zugehörigen Parameterkonstellation generell als gut angesehen. Dagegen muß jedoch eingewendet werden, daß dieses "gut" nicht bedeuten kann, daß die Verwendung einer dergestalt erzeugten Pseudozufallszahlenfolge, die ja u.U. im Vergleich zum vollständigen Zyklus sehr kurz sein kann, in allen denkbaren Anwendungsfällen zu unproblematischen Ergebnissen führt.

Für die multiplikative und die gemischte Kongruenzmethode werden in der Literatur Empfehlungen für die Festlegung der Parameter gegeben, die darauf abzielen, daß die Prüfvariablen einzelner bestimmter Tests für den vollständigen Zyklus kleine und damit unkritische Werte annehmen [*1*][*3*][*4*][*8*]. Der Zyklus soll also über diese Tests nicht als nichtzufällig erzeugt entlarvt werden können. Auch diese Vorgehensweise ist nur damit zu rechtfertigen, daß die realisierten Prüfvariablenwerte als deskriptive Gütekriterien für die vollständigen Zyklen betrachtet werden.

Unter anderem wird empfohlen, die Zykluslänge möglichst groß zu machen, d.h. den Modulodivisor m in der Größenordnung der größten im verwendeten Rechner darstellbaren ganzen Zahl und den bzw. die beiden restlichen Parameter nach bestimmten Regeln [*2*][*6*] so festzulegen, daß der Zyklus die bei dem betreffenden Modulodivisor m maximal erreichbare Länge erhält. Bei Bedarf wird dann aus einem solchen sehr langen Zyklus ein zusammenhängender Abschnitt verarbeitet, dessen Länge durch die konkrete Anwendung bestimmt ist.

Akzeptiert man Testresistenz als Qualitätskriterium für Pseudozufallszahlenfolgen, so sollte man jedoch konsequenterweise überlegen, ob statt der Testresistenz des vollständigen Zyklus nicht vielmehr die Testresistenz des für eine bestimmte Anwendung herangezogenen Abschnitts daraus von Bedeutung ist. Es besteht keine Möglichkeit, ex ante auch nur in bescheidenem Umfang Aussagen über die Auswirkung der Parameterfestlegung auf die Testresistenz von Abschnitten aus dem Zyklus zu machen. Dies gilt umso mehr, je größer die Zykluslänge im Vergleich zur Anzahl der für die Anwendung benötigten Pseudozufallszahlen ist. Es ist jedoch zu befürchten, daß die Testresistenz von relativ kurzen Abschnitten aus sehr langen Zyklen nicht generell in zureichendem Maße gegeben ist.

Die Testresistenz vollständiger Zyklen von Pseudozufallszahlen kann, wie schon erwähnt, über die Festlegung der Parameter des Bildungsgesetzes in gewissem Umfang beeinflußt werden. Es liegt also die Frage nahe, ob es dann im Hinblick auf die Testresistenz der für eine anstehende Untersuchung verwendeten Pseudozufallszahlenfolge nicht günstiger wäre, speziell für diese Anwendung einen vollständigen Zyklus zu erzeugen, dessen Länge der Anzahl der für die Untersuchung benötigten Zahlen entspricht, als einen in der Regel verhältnismäßig kleinen Abschnitt aus einem sehr langen Zyklus zu verwenden. Stellt man also das Kriterium der Testresistenz der für eine konkrete Anwendung herangezogenen Folge von Pseudozufallszahlen in den Vordergrund und erweisen sich dann Abschnitte aus vollständigen Zyklen als tendenziell weniger testresistent als gleichlange vollständige Zyklen, so würde sich hieraus ergeben, daß für eine konkrete Untersuchung jeweils nach den schon zitierten Regeln eine Parameterkonstellation festzulegen ist, die einen vollständigen Zyklus zur Folge hat, dessen Länge gleich ist der Anzahl der für diese Anwendung erforderlichen Pseudozufallszahlen. Damit könnte man die Auswirkung einer im Hinblick auf die Prüfvariablen verschiedener Tests "optimalen" Parameterfestlegung gemäß den üblichen Empfehlungen verbessern. Die herkömmliche Verfahrensweise, den Modulodivisor und damit die Zykluslänge möglichst groß zu gestalten, wird damit in Frage gestellt.

Auf der Grundlage dieser Überlegungen wurde in einer simulatorischen Untersuchung [9] zunächst die Testresistenz relativ kurzer vollständiger Zyklen mit der von gleichlangen Teilfolgen aus längeren Zyklen verglichen. Anschließend wurden verschiedene (bekannte) theoretische Verteilungen simuliert und die Qualität der Anpassung der simulierten an die zu simulierende Verteilung bei Verwendung vollständiger Zyklen einerseits und bei Verwendung gleichlanger Teilfolgen aus längeren Zyklen andererseits verglichen.

Zu diesem Zweck wurden je 16 vollständige Zyklen der Länge $2^7=128$ und $2^{11}=2048$ sowie ein vollständiger Zyklus der Länge $2^{15}=32768$ mittels der gemischten Kongruenzmethode erzeugt. Die Parameter der zugrunde gelegten Rekursivbeziehungen wurden dabei gemäß den schon zitierten Regeln zur Erzeugung von Zyklen mit der Länge des Modulodivisors sowie den Empfehlungen zur Beeinflussung der Testresistenz der vollständigen Zyklen festgelegt. Die vollständigen Zyklen der Länge 128 und 2048 wurden einer Batterie von Standardtesten (Anpassungstests sowie Tests auf "Zufälligkeit" der Abfolge) unterworfen, wobei jeweils der realisierte Wert der Prüfvariablen sowie die zugehörige Nichtüberschreitungswahrscheinlichkeit ermittelt wurden. Für beide Werte wurden für jeden der angewendeten Tests Durchschnitt und Maximum bezüglich der jeweils 16 vollständigen Zyklen gleicher Länge festgestellt. Diese durchschnittlichen und maximalen Prüfvariablenwerte bzw. Nichtüberschreitungswahrscheinlichkeiten bildeten die Grundlage des Vergleichs.

Um Teilfolgen von 2048 Pseudozufallszahlen zu erhalten, wurde der vollständige Zyklus der Länge 32768 zunächst in der Art einer Klumpenauswahl in 16 Abschnitte von je 2048 unmittelbar aufeinanderfolgenden Pseudozufallszahlen zerlegt. Alternativ dazu wurden aus diesem vollständigen Zyklus 16 bzw. 13 Teilfolgen der Länge 2048 durch systematische Auswahl jeder 16. bzw. 13. Pseudozufallszahl gebildet. Diese Vorgehensweise ist mit der ersten eng verwandt: Wird aus einem vollständigen Zyklus, der nach der gemischten Kongruenzmethode mit den Parametern a, b und m erzeugt wurde, jeweils nur die ν-te erzeugte Pseudozufallszahl systematisch ausgewählt, so ergeben sich die ausgewählten Pseudozufallszahlen auch über die gemischte Kongruenzmethode mit den Parametern [7]

$$a_\nu \equiv a^\nu \pmod m,\quad b_\nu \equiv b\cdot(a^\nu-1)/(a-1) \pmod m \text{ und } m.$$

Die Parameter a_ν und b_ν entsprechen in der Regel nicht den schon zitierten Empfehlungen zur Parameterfestlegung. Allerdings wird auch mit den Parametern a_ν und b_ν unter bestimmten Bedingungen [5], die hier erfüllt sind, ein Zyklus mit voller Länge m erzeugt.

Zur Generierung der Teilfolgen mit 128 Pseudozufallszahlen wurde zunächst aus den 16 vollständigen Zyklen der Länge 2048 einer willkürlich herausgegriffen. Die weitere Vorgehensweise war analog zu der schon bei der Erzeugung der Teilfolgen der Länge 2048 beschriebenen. Es wurden also wieder 16 Abschnitte nach Art der Klumpenauswahl und 16 bzw. 13 Teilfolgen durch systematische Auswahl jeder 16. bzw. 13. Pseudozufallszahl gebildet. Alternativ dazu wurden die jeweils 16 bzw. 13 nach Art der Klumpenauswahl und durch systematische Auswahl jeder 16. bzw. 13. Zufallszahl erzeugten Teilfolgen der Länge 2048 in je 16 unmittelbar aufeinanderfolgende Abschnitte der Länge 128 zerlegt. Auf diese Weise wurden also zusätzlich zweimal 256 und einmal 208 Teilfolgen gebildet.

Die Teilfolgen aus vollständigen Zyklen wurden denselben statistischen Testen unterworfen wie die gleichlangen vollständigen Zyklen. Ebenfalls wurden für jeden Test jeweils bezüglich der 16 bzw. 13 bzw. 256 bzw. 208 auf die gleiche Weise erzeugten Teilfolgen Durchschnitt und Maximum der Prüfvariablenwerte sowie der Nichtüberschreitungswahrscheinlichkeiten festgestellt.

Diese durchschnittlichen und maximalen Werte für die Teilfolgen wurden mit den entsprechenden Werten für die gleichlangen vollständigen Zyklen verglichen. Dabei erwiesen sich die vollständigen Zyklen von der Tendenz her als deutlich testresistenter als die gleichlangen Teilfolgen aus längeren Zyklen (vgl. z.B. Tab. 1). Zwar lagen gelegentlich durchschnittliche oder maximale Prüfvariablenwerte bzw. Nichtüberschreitungswahrscheinlichkeiten für einzelne Tests bei den vollständigen Zyklen geringfügig ungünstiger als bei den gleichlangen Teilfolgen. Damit war jedoch in allen Fällen verbunden, daß für die meisten anderen Tests diese Werte bei den vollständigen Zyklen wesentlich günstiger waren als bei den gleichlangen Teilfolgen aus längeren Zyklen, sodaß die gemachte Tendenzaussage wohl berechtigt ist.

In einem zweiten Teil der zitierten Untersuchung sollte diese Tendenzaussage anhand von konkreten Simulationsergebnissen untermauert werden, wobei bekannte Stichprobenverteilungen simuliert wer-

Tab. 1

Test	Zusammenfassung der Testresultate für die 16 vollst. Zyklen der Länge 2048				16 Abschnitte der Länge 2048			
	Prüfvariablenw.		Nichtüberschr.W.		Prüfvariablenw.		Nichtüberschr.W.	
	Maximum	Mittelw.	Maximum	Mittelw.	Maximum	Mittelw.	Maximum	Mittelw.
Run- 1	4,238	2,176	0,484	0,196	5,311	3,851	0,621	0,424
Run- 2	1,783	-0,075*	0,925	0,214	2,045	-0,020*	0,959	0,412
Run- 3	3,191	0,276	0,797	0,087	4,300	0,725	0,884	0,244
Differenzen-	2,661	0,642	0,000	0,000	20,249	14,676	0,837	0,514
Serial- 1	5,395	0,744	0,000	0,000	28,148	20,733	0,746	0,363
Serial- 2	1,486	0,390	0,000	0,000	27,102	15,447	0,960	0,470
Poker-	4,498	2,478	0,279	0,100	5,950	2,371	0,454	0,112
Permutation-	30,813	10,604	0,873	0,105	37,656	23,940	0,972	0,557
Maximum-	10,065	7,071	0,184	0,069	26,758	13,513	0,969	0,410
Autokorr.- 1	0,340	0,000*	0,266	0,087	1,810	0,020*	0,930	0,555
Kol-Smir-	0,011	0,011	0,000	0,000	1,371	0,828	0,953	0,467
Cra-Mis-Smir	0,000	0,000	0.000	0,000	0,410	0,156	0,933	0,499
Chiquadrat-	0,020	0,020	0,000	0,000	16,350	12,986	0,641	0,402

*) Bei zweiseitigen Testen kann der durchschnittliche Prüfvariablenwert nicht direkt zum Vergleich herangezogen werden.

den sollten. Mit Hilfe der schon beschriebenen Pseudozufallszahlenfolgen (vollständige Zyklen und Teilfolgen aus längeren Zyklen) der Länge 2048 wurden die $\chi^2_{(16)}$-Verteilung, die $t_{(15)}$-Verteilung und die $F_{(10;6)}$-Verteilung jeweils als spezielle Funktionen von 16 stochastisch unabhängigen Standardnormalverteilungen simuliert. Mit Pseudozufallszahlenfolgen der Länge 128 wurden die $\chi^2_{(4)}$-Verteilung, die $t_{(3)}$-Verteilung sowie die $F_{(3;1)}$-Verteilung jeweils als spezielle Funktionen von 4 stochastisch unabhängigen Standardnormalverteilungen simuliert.

Die Qualität der Anpassung der simulierten empirischen an die zu simulierende theoretische Verteilung wurde über Prüfvariablenwerte von Anpassungstesten sowie die zugehörigen Nichtüberschreitungswahrscheinlichkeiten meßbar gemacht. Diese Vorgehensweise ist bei Anpassungstesten nicht so problematisch wie bei Testen auf "Zufälligkeit" der Abfolge, da in die Prüfvariablen von Anpassungstesten in der Regel gerade die Divergenz zwischen der empirischen und der theoretischen Verteilung eingeht, die ja auch die Qualität der Simulationsergebnisse in dem hier interessierenden Zusammenhang betrifft. Entsprechend dem ersten Teil der Untersuchung wurde für jeden dieser Anpassungstests bezüglich der auf dieselbe Art erzeugten Folgen Mittelwert und Maximum des Prüfvariablenwerts und der Nichtüberschreitungswahrscheinlichkeit ermittelt.

Der Vergleich der Simulationsqualität bei Verwendung vollständiger Zyklen einerseits und gleichlanger Teilfolgen aus längeren Zyklen andererseits erfolgte wieder auf der Basis dieser durchschnittlichen und maximalen Werte. Auch hier erwies sich die Verwendung vollständiger Zyklen derjenigen gleichlanger Teilfolgen aus längeren Zyklen von der Tendenz her als deutlich überlegen (vgl. z.B. Tab. 2). Die vollständigen Zyklen, die tendenziell testresistenter waren als gleichlange Teilfolgen aus längeren Zyklen, zeigten also auch tendenziell bessere Simulationsergebnisse.

Mit der bei simulatorischen Ergebnissen gebotenen Vorsicht kann damit zunächst die theoretisch nicht unbedenklich erscheinende Verwendung der Prüfvariablenwerte statistischer Tests als Gütekriterien für Pseudozufallszahlen empirisch etwas gestützt werden. Die Hauptfolgerung aus diesen Ergebnissen ist jedoch, daß eine

Tab. 2

Test	Zusammenfassung der Simulationsergebnisse für die 16 vollst. Zyklen der Länge 2048				16 Abschnitte der Länge 2048			
	Prüfvariablenw.		Nichtüberschr.W.		Prüfvariablenw.		Nichtüberschr.W.	
	Maximum	Mittelw.	Maximum	Mittelw.	Maximum	Mittelw.	Maximum	Mittelw.
$\chi^2_{(16)}$-Verteilung								
Kol-Smir-	0,869	0,627	0,563	0,206	1,567	0,861	0,985	0,476
Cra-Mis-Smir	0,091	0,063	0,368	0,213	0,601	0,175	0,978	0,524
Chiquadrat-	23,949	13,809	0,934	0,434	22,383	13,963	0,902	0,459
$t_{(15)}$-Verteilung								
Kol-Smir-	0,411	0,332	0,004	0,001	1,913	1,448	0,999	0,942
Cra-Mis-Smir	0,017	0,012	0,002	0,000	1,324	0,505	1,000	0,907
Chiquadrat-	15,437	6,376	0,580	0,065	33,362	25,411	0,996	0,919
$F_{(10;6)}$-Verteilung								
Kol-Smir-	0,987	0,603	0,715	0,182	1,790	0,985	0,997	0,611
Cra-Mis-Smir	0,177	0,058	0,678	0,172	0,805	0,220	0,993	0,625
Chiquadrat-	33,264	14,658	0,996	0,447	24,592	15,823	0,944	0,571

möglichst große Zykluslänge für sich noch kein Qualitätsmerkmal eines Pseudozufallszahlengenerators ist. Das Prinzip, unabhängig von der konkreten Anwendung mit den bekannten Regeln die Parameter der dem Pseudozufallszahlengenerator zugrunde liegenden Rekursivbeziehung so einzurichten, daß ein möglichst langer vollständiger Zyklus entsteht, von dem dann ein Abschnitt verarbeitet wird, ist nicht wohlbegründet. Es ist besser, für eine konkrete Anwendung über den Modulodivisor die Zykluslänge so festzulegen, daß sie der Anzahl der für diese Anwendung benötigten Pseudozufallszahlen entspricht, und diesen Zyklus voll auszuschöpfen.

Für die herkömmliche Empfehlung spricht noch das Plausibilitätsargument, daß bei einem im Verhältnis zur Anzahl der benötigten Pseudozufallszahlen sehr langen Zyklus der Einfluß der Zyklenbildung und damit auch stochastische Abhängigkeiten innerhalb der Folge der verwendeten Zahlen weniger zu vermuten sind als bei einem verhältnismäßig kurzen Zyklus. Werden jedoch Pseudozufallszahlen ausschließlich durch statistische Tests abgesichert, so ist dieses Argument, wie sich gezeigt hat, nicht sehr durchschlagend. Allerdings ist zu klären, ob Testresistenz das alleinige Qualitätskriterium für Pseudozufallszahlen sein kann.

Literaturverzeichnis

[1] *Ahrens,J.H., U.Dieter, A.Grube: Pseudo-random numbers: A new proposal for the choice of multiplikators. Computing 6 (1970) S.121-138*

[2] *Carmichael,R.D.: Note on a new number theory function. Bulletin of the American Mathematical Society 16 (1910) S.232-238*

[3] *Dieter,U., J.H. Ahrens: An exact determination of serial correlation of pseudo-random numbers. Numerische Mathematik 17 (1971) S.101-123*

[4] *Greenberger,M.: Notes on a new pseudo-random number generator. Journal of the Association for Computing Machinery 8 (1961) S.163-167*

[5] *derselbe: An a priori determination of serial correlation in computer generated random numbers. Mathematics of computation 15 (1961) S.383-389; Corrigenda 16 (1962) S.126*

[6] *Hull,T.E., A.R. Dobell: Random number generators. SIAM review 4 (1962) S.230-254*

[7] *Jansson,B.: Autocorrelation between pseudo-random numbers. BIT 4 (1964) S.6-27*

[8] *Knuth,D.E.: The art of computer programming, vol. 2, seminumerical algorithms. 2. Aufl. Reading (Mass.) 1972*

[9] *Ruff,A.: Neue Vorschläge zur Erzeugung von Zufallszahlen. (Dissertation) Regensburg 1977*

Simulationsstudien mit Hilfe des graphischen Dialogs (Vorstellung eines Programmpakets)

G. Niemeyer, Regensburg

(Die Langfassung dieses Artikels ist als "Regensburger Diskussionsbeitrag zur Wirtschaftswissenschaft", Nr.107, bei der Universität Regensburg erhältlich).

Praxisrelevante Simulationsstudien sind im allgemeinen recht zeitaufwendig, was m.E. ein Hauptgrund für die zögernde und oberflächliche Anwendung der Simulation im wirtschaftswissenschaftlichen Bereich ist. Das im folgenden dargestellte Programmsystem DIASIM für GPSS-ähnliche Modelle[1)] greift das Zeitproblem von 4 Seiten her an.

(1) Modellkonstruktion im graphischen Dialog

Blockdiagramm, VARIABLES, BVARIABLES und FUNCTIONS werden weitgehend durch "Poking" erzeugt. Damit wird automatisch ein Quellenprogramm des Simulationsmodells erzeugt.
Das Eintippen beschränkt sich im wesentlichen auf die Parameter. Zahlreiche Korrekturmöglichkeiten und eine bequeme Modelldateiverwaltung können (bei vernünftigen Antwortzeiten des Computersystems) die Modellentwurfsphase erheblich verkürzen.

```
-----------------------------------------------------------------------------------------
|                L1  +---+                    L7  +---+       L12 +---+| GENERA USERCO|
|                |GENERA |                    |GENERA |   +-->SAVEVA || TERMIN PREEMP|
|                +---0---+                    +---0---+   |   +---0---+| SEIZE  RETURN|
|                    |                            |        |       |    | RELEAS SPLIT |
|                L2  V---+                    L8  V---+    |   L13 V---+| ADVANC ASSEMB|
|                |ASSIGN |                    |ASSIGN |    |   |ADVANC || ASSIGN BUFFER|
|                +---0---+                    +---0---+    |   +---0---+| QUEUE  PRIORI|
|                    |                            |        |       |    | DEPART GATHER|
|L6  +---+      L3  V---+                    L9  V---+    |   L14 V---+X GATE   MATCH |
||LINK   <------2SPLIT  <--+                  |SAVEVA |    |   |LINK   || TRANSF LOOP  |
|+---+---+      +---1---+  |                  +---0---+    |   +---+---+| LINK   MARK  |
|                    |     |                      |        |            | UNLINK LOGIC |
|L5  +---+      L4  V---+  |   L11 +---+      L10 V---+    |            | SAVEVA MINENT|
||TERMIN <------1LOOP  2---+   |TERMIN <------1UNLINK 2---+            | TABULA MAXENT|
|+---+---+      +---+---+      +---+---+      +---+---+                 | ENTER  AUTOMT|
|                                                                       | LEAVE        |
|+----------------------------------------------------------------------|-------------+|
|PRINT CHART   SCALE = 1   READ MODEL  DISPL SOURCE  NEW MODEL          |              |
|PRINT SOURCE  ZOOM CHART  SAVE MODEL  CREA V,BV,FN  MODIFY MODEL       |              |
|PRINT SCREEN* MOVE CHRT-  RUN  MODEL  XPLAIN MENU-  STOP PROGRAM       |              |
-----------------------------------------------------------------------------------------
```

Abb. 1

(2) Modelltest und -modifikation im graphischen Dialog

Direkt vom menu aus kann eine Kompilations- und Testphase eingeleitet werden. Der Test kann im Blockmodus, Transactionmodus und Zeitmodus ablaufen.

1) Anm.: Eine Version für CSMP-ähnliche Simulationsmodelle ist in Arbeit.

Eine visuelle Kontrolle des Modellablaufs ist anhand der flow chart und aller möglichen entities des Modells möglich. Aus der Testphase kann direkt vom menu aus in die Konstruktionsphase zurückgekehrt werden, um Korrekturen oder Modifikationen des Modells vorzunehmen.

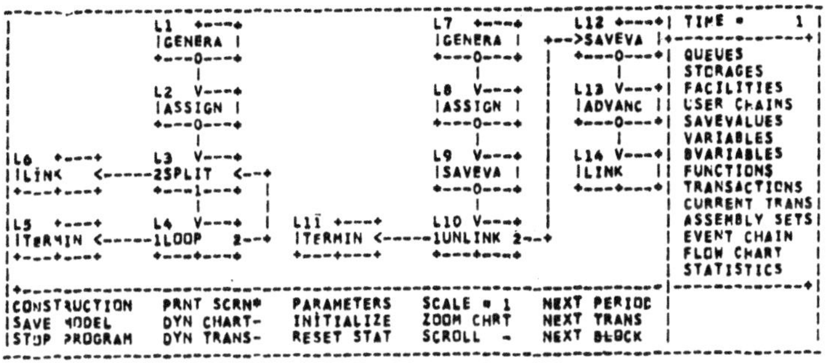

Abb. 2

Durch diese Interaktionsmöglichkeit sind nach Schätzung führender Simulationsexperten der IBM Corp. Zeiteinsparungen bis zu 80 % erzielbar.

(3) Modellexperiment im graphischen Dialog

Nach jeder Block-, Transaction- oder Zeitphase hat der Benutzer Zugriff zu einer Parametertabelle und damit die Möglichkeit, einzelne oder alle Laufparameter für das betreffende Modell abzuändern. Ganze Parametertabellen lassen sich wegspeichern und bei Bedarf wieder einlesen.
Durch diese Interaktionsmöglichkeiten können im Rahmen einer bestimmten Modellkonfiguration schnell und unter unmittelbarer "Erfolgskontrolle" zahlreiche Ablaufbedingungen erprobt werden. Hierin liegt m.E. abermals eine erhebliche Zeiteinsparungsmöglichkeit gegenüber dem konventionellen Simulationsexperiment im batch-Betrieb.

(4) Verwendung einer schnellen Simulations-Software

Das vom Verfasser entwickelte FORTRAN-GPSS (FGPSS) wies schon in der ersten Version Laufzeiteinsparungen bis zu 40 % gegenüber gleichartigen GPSS-Modellen (Telefunken-GPSS und SIAS) auf.
Mit der neuesten Version werden Zeitersparnisse bis zu 70 % erreicht. Dies fällt insbesondere bei Läufen im Zeitmodus mit großen Zeitperioden ins Gewicht.

Über ein Simulationsmodell für die Bundesrepublik Deutschland

G. Uebe, München

O Einführung. Im System Dynamics Modell von Lehmann wird in der Einführung der Ansatz ökonometrischer Modelle (ö.M.) sehr ausführlich als ungeeignet und zu einfach für die ökonomische Langfristprognose kritisiert[1,37-53]. Der Autor hält dies generell für falsch, will jedoch nicht ebenso mit einem ähnlichen Pauschalurteil antworten, sondern sich, (Cuypers in [2]) diese spezielle Studie vornehmen und an Kernstücken die Haltlosigkeit der obigen Kritik aufzeigen.Sie beruht wohl auf Unkenntnis des Wissensgebietes Makroökonometrie. Das Modell von Lehmann ist ein nichtlineares Differentialgleichungssystem (DGL)

$$y_i = f_i(z,y,x) \qquad i = 1,2...m \qquad (m=125) \tag{1}$$

$$z_i' = f_i(z,y,x) \qquad i = m+1,m+2...m+n \qquad (n=16) \tag{2}$$

mit den endogenen Variablen $y^T = (y_1 y_2 ... y_m), z^T = (z_1 z_2 ... z_n)$, und den Parametern (exogenen Größen) $x^T = (x_1, x_2 ... x_p)$ sowie vorgegebenen Anfangswerte y_o, z_o. Nur das kleinere Teilsystem sind Differentialgleichungen. Ökonometrische Modelle sind üblicherweise Differenzengleichungen. Das ist aber durchaus nicht die Regel (siehe z.B. Willms in [2])und mit der Wahl von DT=1 liegt auch hier ein Differenzengleichungssystem vor. Untersuchungen mit verschiedenen Integrationsverfahren zeigen ohnehin, daß dies ein unbeachtlicher Unterschied für dieses Modell ist (P.Witschel in [2]) . Wichtiger ist die Beobachtung, daß <u>alle</u> DGL (2) linear und mit konstanten Koeffizienten sind. M.a.W. Lösung muß eine Linearkombination von Exponentialausdrücken sein. Dies entspricht den Bildern in [1]. Es ist der Standardfall des einfachsten linearen ökonometrischen Modells.

$$z_t = Rz_{t-1} + S\xi_t \qquad \xi_t := \begin{bmatrix} y_t \\ x_t \end{bmatrix} \tag{2'}$$

Bei genügend komplizierten ξ_t bleibt nur die numerische Lösung. Wie im ö.M. könnte die Ordnungsstruktur vereinfachen: Sei

$M = (m_{ij})$, $i,j=1,2...,m+n$, $m_{ij} = \begin{cases} 1 & \text{falls in Gleichung i,Variable } z_j \text{,bzw.} y_j \text{ explizit aufgeführt ist} \\ 0 & \text{anderenfalls} \end{cases}$

Umordnen der Inzidendenmatrix M und anschließend von (1)-(2)führt zu der üblichen Dreierteilung ö.M'e,einem Vor-Modell, einem Simultan-Teil, und einem Schlußmodell (Simultan heißt hier: Interdependenz über die Zeit). Hier ist die Zerlegung 16 Einzelgleichungen, 112 simultane und 13 am Schluß*. Von den DGL fällt nur eine einzige aus der Mitte heraus(wenn auch eine sehr wichtige AZ=94).Das Simultan-Teil läßt sich weiter reduzieren,z.B. durch Exogenisierung unbeobachtbarer Größen (z.B. BAM2,BAM3,BMST,EBAM,DBEP,QAKAL),was das Kernmodell auf 88 Gleichungen schrumpfen läßt, aber die entscheidenden DGL bleiben im Simultananteil. Das Vor-Modell sind Funktionen der Zeit.Es sind entweder direkte Funktionen der Zeit (11,14, 2o,4o,52,53,71,78,79,8o),z.T. sogar explizit linear oder loglinear oder über Tabellen (TABHL) oder Funktionen solcher Größen (81). Eine zweite Gruppe sind STEP-Funktionen der Zeit (18,94,1o1,132). Andere STEP-Funktionen treten nicht auf! Der Schlußteil umfaßt im wesentlichen einen sog.Index der Lebensqualität (134-14o) bzw. in der Terminologie ö.M'e eine skalarwertige Zielfunktion

$$Z(y) = Z_1(y_1) \cdot Z_2(y_2) \ldots Z_7(y_7) \rightarrow \text{Max} \qquad (3)$$

Die Konstruktion gemäß Forrester 1971(vergl.in [2]) ist die in ö.M'en seit Jahrzehnten benutzte vom Typ Cobb-Douglas (z.B. Fromm-Taubman in [2]. Der rekursive Anschluß ist (in der Sprache der Kontrolltheorie (z.B. Kendrick in[2]) der offene Regelkreis,der "open loop control" -Fall. Aus dem Wert von (3) sollen Hinweise entnommen werden, wie die Instrumente (Parameter x, s.o.) variiert werden sollen,damit (3) größer wird (Vergl.die Modellexperimente in [1]).). Das verlangt i.a. (zumindest lokal) strenge Konkavität von (3). Dies schränkt aber die Teilfunktion $Z_i(y_i)$ ein, sofern sie konkav ist. Andererseits mögen einige $Z_i(y_i)$ nicht konkav sein (und dennoch ein streng konkaves Z ergeben (Yaari in [2]) . Tatsächlich sind die $Z_i(y_i)$ alle durch stückweis lineare Funktionen dargestellt und werden kaum streng konkav sein (bzw. streng konvex in der Spezifikation als Verlustfunktion). Im übrigen fehlen jegliche Überlegungen dieser Richtung. Schließlich sind die tabellenmäßig

*) Die Folge der Gleichungen ist:(11,14,18,2o,4o,52,53,71,78,79, 8o,94,1o1,99,81) = Vor-Modell; 112 Gleichungen im Simultanteil; (62,63,64,128,69,134-141) = Schlußmodell

festgelegten Funktionen teilweise aus sehr schwer quantifizierbaren Größen (z.B. Lebensqualität durch Gastarbeiter?)einfach postuliert. Eine Beurteilung der Ergebnisse gemäß einer solchen Zielfunktion kann nicht stichhaltig sein.

Die Modellierung einzelnen Hypothesen

1. Fixierung einzelner Parameter außerhalb der DGL

1.1 Der Hauptfall, in dem einzelne Größen fixiert werden, ist eine einfachste lineare Beziehung zwischen einer Größe y_t und einer Größe x_t

$y_t = \alpha x_t (+ u_t)$, α const

Dies ist der einfachste Fall des sonst "disqualifizierten"ö.M. (vergl. Lehmann [1],insb.S.40): α zu schätzen, u_t eine statistische Fehlergröße.

Beispiele sind u.a. die Gleichungen 5,8,1o,14,19,35,38,39,55, 57,61,64,65,66,7o,83,86,1o7. Darunter sind so wichtige Beziehungen wie Abschreibungen (19,39), Kapitalproduktivitäten(8,38), Investitionsfunktionen (1o,14),Input-Output-Beziehungen der Vorleistungen (57,61,64),Außenhandelsfunktionen (65,66),die Konsumfunktion des privaten Sektors (70!), die Zahl ausländischer Kinder (83),die Zahl der 15 jährigen Kinder (86), die Zahl der Studienanfänger (1o7). Gerade die letzten Beispiele sind wohl mehr als heroische Vereinfachungen.

1.2 Ein zweiter wichtiger Fall, in dem einzelne Größen einfach ad hoc fixiert werden, sind in der STEP-Funktion (18,94,1o1,132) sowie den Delay3-Functions enthalten (96,97,1o5,1o7). Die STEP-Funktion ist der klassische Fall einer Dummy-Regression vom Typ

$$y_t = \alpha + \beta d_t \quad , \quad d_t = \begin{cases} 1 & t \leqq t_o \\ o & \text{sonst} \end{cases}$$

der ebenso nichts Neues bringt. Bei den Parametern in der Delay3-Funktion geht es um mittlere Lags. Wie sie derart pauschal fixiert werden können,ist nur auf dem ingenieurtechnischen Hintergrund verständlich,da mittlerweile die Literatur der Schätzung von gerade solchen Lags unübersehbar geworden ist(Dhrymes in [2]).

2. Die Tabellenfunktion TABHL

Für 21 Beziehungen (4,7,12,15,2o,34,4o,53,73,68,79,8o,84,1o4;

134-140) werden für möglicherweise nichtlineare Beziehungen

$y = g(x)$

durch Vorgaben von Koordinaten stückweis lineare Approximation festgelegt. Die linearen TABHL werden nicht diskutiert (10,52,74). Sofern es sich nicht um prinzipiell unbeobachtbare Beziehungen handelt (siehe z.B. 84;die Zielfunktionen 134 - 140)oder Funktionen der Zeit, d.h. exogene Größen(s.o.) ist stets die Darstellung über einfachste lineare bzw. loglineare Annäherung wie in der Ökonometrie üblich

$y = a + bx + u$, bzw. $y = ax^{b}e^{u}$, u ein statistischer Fehlerterm

hervorragend. Nur zu Versuchszwecken wurden die TABHL's auf 80 Punkte interpoliert und dann regressiert.Alle relevanten Eigenschaften der Tabellen (z.B.Monotonie,Konkavität,Endpunkte) bleiben gewahrt,außerdem entfallen die "Knickpunkte" in der Interpolation und eine explizite Analyse der zugrundeliegenden Verhaltensannahme kann durchgeführt werden. Denn die TABHL sind nichts anderes als zu schätzende Verhaltensgleichungen,ebenso wie die Einzelparameter des Vorabschnitts.

3. Einige Hypothesen im Detail

3.1 Die Produktionsfunktion (Sektor 2,3)

Nach geringfügiger Modifikation läßt sich der unterstellte Produktionsprozeß auf eine bekannte Produktionsfunktion (PF) zurückführen.Als Beispiel seien die Gl'n für Sektor 2 betrachtet

		Lehmann	
(i)	$y = k F_1$	(2)	
(ii)	$k = k_1 k_2$	(8)	
(iii)	$k_1 = a_1 q^{-a_2}$	(7)	(Ersetzung von TABHL)
(iv)	$q = (b-D)/b$	(6)	
(v)	$b = b_1 b_2$	(5)	
(vi)	$b_2 = \alpha_1 c^{\alpha_2}$	(4)	(Ersetzung von TABHL)
(vii)	$c = F_1/F_2$	(3)	

d.h. nach Aussubstitution von unten nach oben

$$y = \frac{a_1}{(b_1\alpha_1)^{-\alpha_2}} \left[b_1\alpha_1 F_1^{-1/a_2} - DF_1^{-\alpha_2 - 1/a_2} F_2^{-\alpha_2} \right]^{-a_2} \qquad (4)$$

(y = Output, F_1 = Faktor 1 (Kapital), F_2 = Faktor 2(Arbeit) (4) jedoch ist eine PF vom Typ Lu-Fletcher (Vergl.z.B.Gahlen, in [2])mit dem unbeobachtbaren Fortschrittsterm der "durchschnittlichen Bildung" D=DBEP. Entsprechend ist die Umformung für die Gleichungen 32,38,37,36,35,34,33 (Sektor 3).

3.2 Die Investition

Für die Investitionen im Sektor 2 bzw. 3, wird zwischen realisierten und gewünschten unterschieden. Wie für die PF läßt sich durch geeignetes Zusammenfassen der Zusammenhang klären. Durch Ineinandersubstituieren der Gl'n 2o-3o folgt:

$$INV2 = GINV2 \{1 - (1- QAKAL)(1 - EBAM)\} - - (1 - QAKAL)(1 - EBAM)\{\text{sonstige Größen}\}$$

D.h. die realisierten Größen (INV2) sind die gewünschten (GINV2) multipliziert mit zwei unbeobachtbaren Steuergrößen QAKAL und EBAM (∈(0,1)](Gl.131,84)(Entsprechend ist die Lage für Sektor 3 (Gl.4o-5o)). Fixiert man diese, so ist es der einfachste Akzelerator: Die (gewünschten)Investitionen sind ein Vielfaches des BIP (Gl.10) und die Investitionen einzelner Verwendung sind jeweils Bruchteile davon (Gl.13,14,15, 16,17).Aufgrund der Nichtbeobachtbarkeit erscheint die Aufteilung in realisierte und gewünschte Investitionen nicht stichhaltig.

3.3 Einiges zum Bevölkerungs-und Bildungsmodell

Auch hier macht der Rückgriff auf die in ö.M. üblichen Konzepte die vorgeschlagene Lösung durchaus fragwürdig. Für die Bevölkerung wird zwischen In-und Ausländern und jeweils nach den Altersgruppen 0-15, 16-65, 65 älter unterschieden. Über Tabellenfunktionen wird der bekanntere deutsche Bevölkerungsprozeß exogen festgelegt, während der unbekanntere komplizierte Gastarbeiterprozeß teils durch Delay3 Funktionen (s.o.die Rückwanderung), teils durch eine von Preisen und Löhnen völlig losgelöste "Allokationsregel" bestimmt wird (die Zuwanderung). Mit guten Gründen wird in der Ökonomie genau umgekehrt verfahren: Bekannte Prozesse endogen und unbekannte exogen. Außerdem ist dies eine Stelle,in der selbst in Langfristmodellen zutreffende Aussagen wohl nur über Preise,d.h. Löhne getroffen werden können, die im ganzen

$a_{ij}X_j$	F_{ik}	$\sum_{j=i}^{n} a_{ij}X_j + \sum_{k=1}^{m} F_{ik} = X_i$
W_{lj}	O	$i = 1,2 \ldots n$
$\sum_{i=1}^{n} a_{ij}X_j + \sum_{l=1}^{p} W_{lj} = X_j$		$\sum_{j=1}^{n} X_j = X$

Abb.1

	1	2	3	1+2+3 4	5	6	7	8	9	10	Σ5-11 11	12	4+12 13
1	≡O	≡O	≡O	( )	≡O	KONST 51	≡O	≡O	≡O	≡O	≡O	( )	(PWST)
2	NSTV2 57	≡O	N3V2 64	( )	NKG2 76	!	!	!	!	!	AUSB2 66	!	(PW2) 59
3	NSTV3 58	N2V3 61	≡O	( )	NKG3 75	!	!	!	!	!	AUSB3 67	!	(PW3) 62
1+2+3= 4	GVSTE 56	(N2V3) 61	(N3V2) 64	( )	KONPR 70	KONST 51	INVST 16	INV2 3o	INV3 5o	INVWO 14	AUSB 65		
5	≡ O	KABG2 19	KABG3 39	( )									
6	BIPST 56	BIP2 2	BIP3 32										
5+6= 7	( )	( )	( )	IP 9	KONPR 7o	KONST 51	INVST 16	INV2 3o	INV3 5o	INVWO 14	AUSB 65		
4+7= 8	( )	PW2 59	PW3 62										

Abb.2

( )	nicht im Modell aufgeführt, aber trivialerweise anfügbar
≡O	gemäß Modell-Konstruktion identisch Null gesetzte Felder
ohne Eintrag:	nicht besetztes Feld
!	gemäß Modell-Konstruktion offengelassene Beziehungen

Die Zahlen unter den Variablen sind die Gleichungsnummern des Modells

Modell fehlen. Die Verknüpfung beider Bevölkerungsprozesse ist die Erwerbspersonengleichung (s.o. die PF):

$E_t = E_{t-1} \pm$ deutsche Änderungen $\pm$ ausländische Änderungen (88).

Für die deutschen Zugänge ist dies der Eingangspunkt für den Bildungsprozeß, der im wesentlichen eine sequentielle Aufteilung der exogen festgelegten 15jährigen Kinder ist: erst in den Hauptabschluß, dann einen zweiten Bildungsweg, dann die Hochschule. Entscheidend sind unbeobachtbare, konstante Aufteilungsproportionen, bzw. Lagfunktionen(86,89,1o2,1o5,1o6,1o7,1o8). Obwohl in ([1],S.21) behauptet wird, "das stimme mit der tatsächlichen Entwicklung überein", ist dies keineswegs belegt. Die Aufteilungsmechanismen(HAE vs.HAWB; vs.G2BPE), sowie die Lagfunktion(1o2,1o5) sind typische Fälle von testfähigen Hypothesen.

4. Die zugrundeliegende volkswirtschaftliche Gesamtrechnung (VWGR). Ein in allen größeren ö.M. selbstverständlicher Konsistenztest ist die zugehörige VWGR, die sich in dem Dreierschema der Abb. 1 anordnen lassen: Dabei bedeuten $a_{ij}X_j$ die Vorleistungen, F_{ik} die Endnachfrage, W_{lj} die Wertschöpfung. Gemäß Definition sind die ersten n Zeilensummen jeweils gleich den ersten n Spaltensummen. Bringt man [1] in dieses Schema, so folgt Abb.2. Für die Sektoren fehlt die Aufteilung nach der Endnachfrage-Verwendungsseite bzw., ist auf eine einzige Größe verkürzt, bzw. wird nicht berücksichtigt. So muß für die IP nicht nur (9) gelten, sondern außerdem, was fehlt

IP = KONPR + KONST + INVST + INV2 + INV3 + INVWO + AUSB

Zusammenfassung: In wichtigen Beziehungen unterscheidet sich das diskutierte System Dynamics Modell in keiner Weise von dem gleichzeitig kritisierten ö.M.. Im Gegenteil, es läßt sich als ein sehr einfaches ö.M. ansehen.

Literatur:

[1] Lehmann G., Wirtschaftswachstum im Gleichgewicht. Eine System-Dynamics-Studie sozioökonomischer Entwicklungen in der Bundesrepublik Deutschland bis zum Jahre 2000, dva, Stuttgart 1975

[2] Uebe G., Huber G., Fischer J., Bibliography of macroeconometric models, Department of Mathematics, TUM, Microfiche, 1978

Logistik

Distributionsplanung

B. Fleischmann, Hamburg

Summary: Planning the distribution of products from the factories through one or two warehouse stages to the customers involves various subproblems: warehouse location, customer allocation, stock replenishment, transport. Their interdependencies are discussed, methods for the subproblems are reviewed and practicable procedures for improving the total distribution system are described.

1. Problemstellung

1.1. Abgrenzung

Die Distributionsplanung befaßt sich mit dem Warenfluß industrieller Produkte von ihrer Fertigstellung bis zur Auslieferung an die unmittelbaren Abnehmer. Sie umfaßt wesentliche unternehmenspolitische Entscheidungen, die auf die Nachfrage und damit auf den Ertrag einwirken, wie z.B. die Wahl der Absatzwege und die Festlegung der "Lieferqualität". Gerade diese Entscheidungen sind aber der Behandlung durch Operations-Research-Methoden schwer zugänglich. Wir beschränken uns hier auf die nur kostenwirksamen Einflußfaktoren und setzen die übrigen als gegeben voraus; diese können dann in der Form von Nebenbedingungen auftreten, z.B. maximale Entfernung zwischen Lager und Abnehmer oder vorgeschriebene Lieferbereitschaft.

Wir haben auch dann noch einen Komplex zahlreicher Planungsprobleme mit gegenseitiger Abhängigkeit vor uns. Während es zu jedem der Teilprobleme umfangreiche Literatur und auch neuere Übersichtsarbeiten gibt, wird nur in wenigen Arbeiten eine Lösung des Gesamtproblems versucht (12, 17, 24, 25) oder gar seine Behandlung in einem praktischen Fall beschrieben (3, 11).

Anliegen dieser Arbeit ist es, solche Ansätze zu untersuchen und praktikable Wege zu einer Gesamtlösung zu zeigen.

1.2. Übersicht über die Probleme

Der Warenfluß der Distribution erstreckt sich über ein Distributionsnetz, das ist ein gerichteter Graph, dessen Knoten in mehrere Stufen eingeteilt sind: die Fabriken, Lager 1. Stufe, Lager 2. Stufe, Kunden. Die Pfeile stellen mögliche Transportwege dar; sie können von einer bestimmten Stufe nur zu tieferen Stufen führen, dürfen dabei aber Stufen überspringen (z.B. Direktlieferungen Fabrik - Kunde). Die Lager der 1./2. Stufe können z.B. als Zentrallager/Lager, als Fabriklager/Außenlager oder als Lager mit Bestand/Umladepunkte interpretiert werden. Je nach Anzahl der Lagerstufen (0, 1 oder 2) sprechen wir von einem 1-, 2- oder 3-stufigen Distributionsnetz.

Daten der Distributionsplanung sind:

- die Fabriken (eine oder mehrere) jeweils mit Standort und Kapazität, im Mehrproduktfall mit Sortiment;
- endlich viele potentielle Lagerstandorte (darunter ggf. vorhandene), evtl. mit Kapazität (der Fall kontinuierlich variierender Standorte ist für die Distributionsplanung von geringer Bedeutung, vgl. (9, 17)).
- Kunden mit Standort. Jeder Kunde gibt zu bestimmten Zeiten Aufträge bestimmter Größe auf. Diese Daten sind nur für die Vergangenheit und für die kurzfristige Planung der Auslieferung bekannt.
- Kostenfunktion für den Transport auf den einzelnen Wegen, abhängig von der Entfernung, der transportierten Menge und evtl. vom Produkt; für die Lagerhaltung, abhängig von ein- und ausgelagerter Menge und von der Bestandshöhe. Für die einzelnen Kosten-Bestandteile, die bei der Anwendung zu beachten sind, siehe (12, 16, 24).

Die Distributionsplanung befaßt sich mit den folgenden Entscheidungen über Gestaltung und Steuerung des Warenflusses:

1. Struktur des Distributionsnetzes: Anzahl der Stufen, Anzahl der Läger pro

Stufe, Standort, Kapazität und Funktion (z. B. mit oder ohne Bestandshaltung) jedes Lagers. Wichtige Komponenten der Struktur, auf die wir aber nicht weiter eingehen, sind auch das zugehörige Administrations- und Informationssystem sowie die technische Gestaltung jedes Lagers; die Entscheidungen darüber sind in die Lagerkostenfunktion einzubeziehen.

2. Zuordnung der Kunden zu den Lagern oder Fabriken, von denen sie zu beliefern sind; der Lager zu den Zentrallagern oder Fabriken usw. Damit sind auch die Lieferbereiche der Lager festgelegt. Meist wird aus organisatorischen Gründen gefordert, daß sich die Lieferbereiche nicht überschneiden, d.h. ein Kunde darf von nur einem Lager beliefert werden, ein Lager von nur einem Zentrallager (vgl. (9)).

3. Transportmittel für die einzelnen Wege: externe Transportmittel oder eigener Fuhrpark (Anzahl und Art der Fahrzeuge).

4. Lagerbevorratung: Welche Mengen sollen zu welchem Zeitpunkt an ein Lager geliefert werden?

5. Touren: Wie sollen die gerade vorliegenden Kundenaufträge bei der Auslieferung zu Fahrzeugtouren kombiniert werden?

Die Entscheidungen in Punkt 1 sind relativ langfristig, in Punkt 2 und 3 mittelfristig und in Punkt 4 und 5 langfristig.

Wir beschränken uns hier auf den Einproduktfall. Für Mehrprodukt-Transportprobleme siehe den Übersichtsartikel (14). Die Wahl des Transportmittels wird nicht weiter betrachtet. Sie hängt für die Auslieferung durch eigene Fahrzeuge mit der Tourenplanung zusammen und kann sonst für jeden Weg einzeln vorgenommen werden (s. (12) S. 125 ff, (24) S. 165 ff).

1.3. Umfang der Distributionsstrukturen

Ein typisches Distributionsnetz eines Industrieunternehmens für die Bundesrepublik umfaßt 1 - 4 Fabriken, 8 - 12 Läger und 1000 - 3000 Kunden. Der

Transport zu den Lägern erfolgt in der Regel über Spediteure, die Auslieferung mit eigenen Fahrzeugen. Das Problem der Distributionsplanung stellt sich auch für ein Transportunternehmen, das einen vollständigen Distributions-Service anbietet. Ein solches ist meist bemüht, die Auslieferung im konzessionsfreien Nahverkehr (50 km Radius) auszuführen, was ein Netz von 25 - 30 Standorten erfordert; diese können in zwei Stufen angeordnet sein und brauchen nicht alle Bestand zu halten. Die Anzahl der Kunden kann bis zu 5000 betragen.

Es ist nicht nötig, jeden einzelnen Kunden durch einen Knoten im Netz zu repräsentieren. Man kann die Kunden räumlich zu Kundenorten zusammenfassen. Oft wird auch eine gröbere Einteilung in "Nachfragegebiete" vorgeschlagen. Dabei ist aber zu beachten, daß das Struktur- und Zuordnungsproblem Anforderungen an die Feinheit der Einteilung stellt: Definiert man zunächst zu jedem potentiellen Lager-Standort ein Gebiet (etwa alle Kunden, denen dieser Standort am nächsten liegt), so ist dieses Gebiet, falls der Standort nicht benutzt wird, unter die benachbarten Standorte aufzuteilen. Die Aufteilung hängt davon ab, welche Kombination von Nachbarstandorten in der gewählten Struktur benutzt wird. Alle möglichen Aufteilungen zusammen führen bei 3 bzw. 4 potentiellen Nachbarn zu mindestens 6 bzw. 16 Teilgebieten. Die Anzahl der Gebiete sollte daher wenigstens 10 mal die Anzahl der potentiellen Standorte betragen.

Wir haben in unseren Anwendungen für die Bundesrepublik 30 - 60 potentielle Standorte und als Kundenorte eine Auswahl von ca. 1300 Postleitzahlen benutzt, von denen im einzelnen Anwendungsfall nur 600 - 900 vorkommen.

2. Transport- und Standortproblem

2.1. Transportproblem

Das einfachste der genannten Teilprobleme ist das der Zuordnung, denn es kann mit den bekannten Verfahren für das Transportproblem (das "klassische Transportproblem" im einstufigen, das "Umladeproblem" im mehrstufigen Fall) für Netze der genannten Größe gelöst werden.

Seine Daten sind die Knoten- und Pfeilmenge des Netzes sowie:

S_o, S_1, S_2, S_3	Mengen der Fabriken, Lager 1. und 2. Stufe, Kundenorte
$k_i \quad (i \in S_o)$	Kapazität der Fabrik i (ME/ZE)
$r_j \quad (j \in S_3)$	Nachfrage im Kundenort j (ME/ZE)
$c_i^L \quad (i \in S_o \cup S_1 \cup S_2)$	Lagerkosten pro eingelagerte ME in Lager i bzw. Produktionskosten pro ME in Fabrik i
c_{ij}^T	Transportkosten pro ME in Pfeil (i, j)

Dann sind $\quad c_{ij} = c_i^L + c_{ij}^T \quad$ für jeden Pfeil (i, j)

die Kostenkoeffizienten des Transportproblems. Als Lösung erhält man den "Fluß" x_{ij}, die von i nach j zu transportierenden Mengen, die die Lager- und Transportkosten (und evtl. die Produktionskosten) minimieren, unter Beachtung der Kapazität jeder Fabrik und der Deckung der Nachfrage in jedem Kundenort. Es ist auch möglich, beschränkte Kapazitäten für den Durchsatz $r_i = \sum_j x_{ij}$ eines Lagers i zu beachten.

Falls eine Fabrik- oder Lagerkapazität zum Engpaß wird, verletzt die Lösung die Bedingung (vgl. 1.2.), daß jedes Lager und jeder Kunde von genau einem Knoten beliefert werden sollen. Diese Bedingung läßt sich nur mit Hilfe ganzzahliger Variablen in das Transportproblem einfügen, was den Rechenaufwand stark vergrößert. Ein pragmatisches Vorgehen besteht darin, zunächst alle Kapazitätsrestriktionen zu vernachlässigen. Wenn die so erhaltene Lösung die Restriktionen verletzt, so sind die erforderlichen Änderungen der Zuordnung meist offensichtlich. Auf diese Weise erhält man das für die längerfristige Strukturplanung wichtige Ergebnis, wie groß die einzelnen Kapazitäten sein sollen und welche Einsparungen ihre Erweiterung mit sich bringt.

Im kapazitätsfreien Fall, der für die Anwendung von größter Bedeutung ist, vereinfacht sich das Transportproblem auf die Suche "kürzester" (kostenminimaler) Wege von den Fabriken zu jedem Lager und Kundenort. Das übliche Verfahren der dynamischen Programmierung hat dabei die einfache Form: Man bestimmt rekursiv "von oben nach unten" die Länge $\tilde{c}_i$ des kürzesten Weges gemäß

$$\tilde{c}_i = o \quad \text{für } i \in S_o$$

$$\tilde{c}_j = \min \left\{ \tilde{c}_i + c_{ij} \mid i \in S_o \cup \ldots \cup S_{k-1} \right\}$$

$$\text{für } j \in S_k \quad (k = 1, 2, 3).$$

Der Knoten i, für den das Minimum angenommen wird, ist dann der "Lieferant" für Knoten j. Man hat so die Baumstruktur des Flusses festgelegt, aus der sich die Mengen x_{ij} durch Zusammenfassen "von unten nach oben" unmittelbar ergeben.

2.2. Standortproblem

Das Standortproblem ist ein Transportproblem mit zusätzlichen Fixkosten, die die vom Durchsatz unabhängigen Kosten pro ZE für die Unterhaltung eines potentiellen Standortes darstellen. Das Standortproblem umfaßt also einen Teil des Strukturproblems - Bestimmung von Anzahl und Standorten der Läger in jeder Stufe - und zugleich das Zuordnungsproblem. Es läßt sich als gemischt-ganzzahlige Optimierungsaufgabe mit einer Binärvariablen pro Standort formulieren.

Über Verfahren zur Lösung des Standortproblems im ein- und mehrstufigen Fall mit und ohne Kapazitäten gibt es eine Fülle von Literatur (s. den Übersichtsartikel (5) und die neueren Arbeiten (1, 13)). Im einstufigen Fall geht es um die Festlegung von Fabrikstandorten. Dieser Unterschied ist aber nicht wesentlich; die Verfahren lassen sich meist auf mehrstufige Netze übertragen.

Hier soll nur die grundlegende Vorgehensweise aller Verfahren erwähnt werden. Sie besteht im Wechsel zwischen den Schritten

- Lösung des Transportproblems für eine feste Standortstruktur; evtl. Berechnung von Kosten-Schranken durch Lösung des LP-Problems ohne Beachtung der Ganzzahligkeitsbedingung;
- Wahl einer neuen Struktur, meist durch "Öffnen" oder "Schließen" eines einzelnen Lagers. Dies kann heuristisch oder durch Enumeration nach dem Branch-and-Bound-Prinzip geschehen.

Numerische Erfahrung mit exakten bzw. heuristischen Verfahren liegt für

Probleme mit bis zu 25 (bzw. 50) potentiellen Standorten und 50 (bzw. 200) Kundenorten vor (S. (1), (25) S. 87f), die in wenigen Minuten CPU-Zeit auf einem Großrechner gelöst wurden. Für die praktische Anwendung ist die Anzahl von Kundenorten recht gering (vgl. 1.3.), diese dürfte jedoch für den Rechenaufwand nicht so entscheidend sein wie die Anzahl der Standorte.

2.3. Einschränkungen der Anwendbarkeit

Der praktischen Anwendung von Standort-Verfahren zur Lösung des Strukturproblems der Distributionsplanung stehen folgende Schwierigkeiten im Wege:

1. Die Verfahren optimieren nur einen Teil der Struktur (vgl. 1.2). Die Anzahl der Stufen, Funktion und Ausstattung der Läger müssen vorgegeben werden. Hier kann man sich aber so behelfen, daß man die in der Regel wenigen Alternativen dieser Einflußfaktoren nacheinander untersucht.

2. Das Standortproblem ist statisch. Warenfluß, Lagerdurchsätze, Kapazitäten und Nachfrage werden nur durchschnittlich in ME/ZE betrachtet; die Bestandsentwicklung in den Lägern kann nicht erfaßt werden. Wesentliche Teile der Lagerkosten hängen aber nicht vom Durchsatz, sondern von der Bestandshöhe ab, die auch von der stochastischen Nachfrage in den Kundenorten beeinflußt wird. Außerdem hängen die Kosten der Lagerbelieferung von der Liefermenge pro einzelner Lieferung und damit von der Lieferfrequenz ab. Abschnitt 3 behandelt diesen Zusammenhang zwischen Lagerbevorratung und Strukturplanung.
Die langfristige Entwicklung der Struktur vom Istzustand aus wird in Mehrperioden-Standortmodellen erfaßt (21, 23). Ihre Anwendbarkeit für die Distributionsplanung erscheint aber wegen der großen Unsicherheit langfristiger Daten zweifelhaft, (vgl. (9)).

3. Es wird unterstellt, daß jeder Kundenort einzeln direkt von einem Lager oder einer Fabrik beliefert wird. Die Auslieferung erfolgt aber in der Regel in Touren, die mehrere Kundenorte kombinieren. Die Auslieferkosten hängen wesentlich von der Zusammensetzung der Touren ab und diese wieder von der

Form und Größe der Lieferbereiche, die im Standortproblem bestimmt werden sollen. Abschnitt 4 behandelt den Zusammenhang zwischen Touren- und Strukturplanung.

4. Es wird unterstellt, daß die Lager- und Transportkosten proportional zur durchgesetzten bzw. transportierten Warenmenge sind. In Wirklichkeit besteht aber eine starke Degression der Stückkosten sowohl bei Lagerkosten (s. (12) S. 69 ff) als auch bei Transportkosten. Ein Beispiel hierfür ist der in der Bundesrepublik verbindliche Tarif für Straßentransport (Reichskraftwagentarif RKT (18)). Die Kostenfunktionen sind konkav oder annähernd konkav. Dies ist bei der Strukturplanung unbedingt zu beachten. FELDMAN, LEHRER und RAY (7) zeigen an einem eindrucksvollen Beispiel die starke Sensitivität der optimalen Struktur gegenüber der Form der Kostenkurven.

2.4. Konkave Kosten

Für das Transportproblem mit konkaven Kostenfunktionen

$c_i^L \; (r_i)$ Lagerkosten pro ZE

$c_{ij}^T \; (x_{ij})$ Transportkosten pro ZE

sind drei Typen von Verfahren zu unterscheiden:

1. Man approximiert die konkaven Funktionen durch stückweise lineare und führt zu jedem linearen Segment eine Binärvariable ein. Das gemischt-ganzzahlige Problem kann durch Branch-and-Bound-Verfahren gelöst werden ((2), (10), (13) S. 64 f). Die Anzahl der Binär-Variablen ist dann aber gleich Anzah Standorte mal Anzahl Segmente, so daß die Anwendbarkeit für Netze praktischer Größenordnung (vgl. 1. 3.) fraglich erscheint.

2. Im kapazitätsfreien Fall hat auch bei konkaven Kosten der optimale Fluß Baumstruktur (6). Die Enumeration der möglichen Baumstrukturen mit dynamischer Optimierung (6) oder Branch-and-Bound (8) ist aber wegen der grossen Anzahl von Kundenorten nicht erfolgversprechend. Die in (8) vorgeschla-

gene Transformation eines kapazitierten Transportproblems in ein kapazitätsfreies mit erheblich größerem Netz erscheint erst recht aussichtslos.

3. Ein heuristisches Vorgehen besteht in der iterativen Lösung linearer Transportprobleme mit jeweils angepaßten Kostensätzen c_{ij} (s. (7) für einstufiges Netz mit konkaven Lagerkosten und linearen Transportkosten). Im kapazitätsfreien Fall läßt es sich einfach mit der beschriebenen Suche kürzester Wege (s. 2.1.) kombinieren:

Man geht von einer beliebigen Zuordnung aus, etwa indem jeder Kunde vom nächstgelegenen Lager, jedes Lager vom nächstgelegenen Zentrallager bzw. Fabrik beliefert wird. Daraus ergeben sich die Durchsätze r_i jedes Lagers i (bzw. Produktionsmengen jeder Fabrik i). Dann sucht man wie in 2.1. die kürzesten Wege, wobei man die Kostensätze

$$c_{ij} = c_i^{L\prime}(r_i) + c_{ij}^{T\prime}(r_j) \qquad ^{1)}$$

benutzt. Damit erhält man eine neue Zuordnung und neue Durchsätze r_i, mit denen man den Schritt wiederholt. Das Verfahren bricht man nach wenigen Iterationen ab, spätestens wenn sich die Durchsätze nicht mehr ändern. Aber auch in diesem Fall hat man keine Gewähr, eine optimale Lösung erreicht zu haben.

Ein ähnliches Verfahren, verbunden mit exakter Branch-and-Bound-Enumeration schlägt SOLAND (20) vor.

3. Lagerhaltung

3.1. Dynamische Simulationsmodelle

Die Lagerbestände wurden in den zuvor besprochenen Verfahren zur Planung von Struktur und Zuordnung nicht beachtet. Ihre Höhe wird bestimmt durch die Lagerhaltungspolitik, die die Lagerzugänge regelt, und durch die Nachfrage in den Kundenorten. Die Nachfrage muß im Rahmen der Lagerhaltung als zufällig

---

1) Der Strich bedeute die Ableitung der Funktionen c_i^L und c_{ij}^T.

angesehen werden; denn in der Regel erfolgt die Bevorratung im voraus für unbekannte Nachfrage, die Auslieferung an die Kunden dagegen aufgrund bekannter Aufträge. Die Lagerhaltungspolitik hat außerdem Einfluß auf die Transportkosten, sofern diese nicht mengenproportional sind.

Andererseits hängt die optimale Lagerhaltungspolitik von der Struktur des Distributionsnetzes und der Zuordnung im Netz ab. Um diesen Zusammenhang zu untersuchen, muß man aber zuerst das Optimierungskriterium festlegen: Zu den Transport- und Lagerhaltungskosten werden entweder Fehlmengenkosten in die Zielfunktion aufgenommen oder es wird ein bestimmter Servicegrad als Nebenbedingung vorgegeben, für den es wieder verschiedene Definitionen gibt (vgl. (12) S. 24, (15) S. 273, (16) S. 102 ff).

Die beschriebenen Zusammenhänge machen eine simultane Optimierung von Struktur, Zuordnung und Lagerbevorratung wünschenswert. Dies ist die Motivation für dynamische Simulationsmodelle, die die Auswirkung aller genannten Einflußgrößen auf die Bestandsentwicklung über eine Reihe von Perioden zeigen ((24) S. 96 ff, (25) S. 174 ff). Dabei ist die Zuordnung entweder fest vorgegeben oder sie wird von Periode zu Periode aufgrund der aktuellen Nachfrage neu festgelegt. Letzterer Fall ist unrealistisch, da zumindest die Zuordnung der Kundenorte zu den Lagern aus organisatorischen Gründen längerfristig festgelegt sein muß.

Um die angestrebte Optimierung zu erreichen, muß man eine Reihe von alternativen Strukturen und Zuordnungen mit dem Simulationsmodell bewerten und vergleichen. Dazu ist aber zunächst zu jeder solchen Alternative eine annähernd optimale Lagerhaltungspolitik für jedes Lager zu ermitteln, das sind ein bis drei Parameter pro Lager, wofür schon eine sehr große Zahl von Simulationsläufen erforderlich ist. In den Rechenbeispielen der Arbeiten (24, 25) wird die Lagerhaltungspolitik durch einen bzw. zwei gemeinsame Parameter aller Lager beschrieben, was eine unzulässige Vereinfachung darstellt.

Der hohe Aufwand, den die Anwendung dieser Simulationsmodelle mit sich bringt, läßt sich vermeiden, wenn man die Lagerbevorratung für jedes Lager einzeln betrachtet, unabhängig von den übrigen. Der einzige Zusammenhang zwischen parallelen Lägern, der bei fester Zuordnung der Kundenorte dann vernachlässigt wird, ist möglicherweise eine gemeinsame knappe Lieferquelle, d. h. eine Fabrik mit beschränkter Kapazität oder ein Zentrallager mit Fehlmengen. Gerade dieser Zusammenhang wird aber in den genannten Modellen nicht befriedigend berücksichtigt:

WINKLER (24) unterstellt einfach einen konstanten Zugang zum übergeordneten Fabriklager, WITTEN (25) betrachtet nur eine Lagerstufe, deren Gesamtzugänge pro Periode beschränkt sind. Eigentlich müßte hier die Produktionsplanung in das Modell einbezogen werden.

Den Zusammenhang zwischen den erforderlichen Beständen auf den unterschiedlichen Lagerstufen, in Abhängigkeit von Struktur und Zuordnung, könnte man eher aus der Theorie der mehrstufigen stochastischen Lagerhaltung (s. den Übersichtsartikel (4)) ableiten.

3. 2. Bevorratung eines einzelnen Lagers

Lagerhaltungspolitiken für ein Lager bei gegebener stationärer Nachfrageverteilung werden in allen Büchern über Lagerhaltung eingehend behandelt (s. z. B. (15)). Welche Form der Politik in Frage kommt, hängt vom Einzelfall ab. In einem Außenlager liegt in der Regel periodische Kontrolle (z. B. täglich, wöchentlich) vor; dann ist eine (S, s)-Politik sinnvoll, oder das Lager wird zu bestimmten Zeitpunkten (z. B. bestimmter Wochentag) beliefert, was einer (S, S)-Politik entspricht.

Hier kommt es uns auf die Abhängigkeit der relevanten Kosten bei optimaler Politik von den Einflußgrößen an:

- Lagerdurchsatz r = erwartete Nachfrage pro ZE
- Transportdistanz d der Belieferung;

denn diese beschreiben die Auswirkung von Struktur und Zuordnung auf das einzelne Lager. Wir betrachten den Fall eines vorgegebenen Servicegrads. Bei bekannter Nachfrageverteilung kann man für feste Werte r und d aus den

Kosten

$T(d, q)$ Transportkosten für eine einzelne Lieferung der Menge q

h Lagerhaltungskostensatz

die optimale Politik bestimmen und damit die Funktionen

$B(r, d)$ durchschnittlicher Bestand

$Q(r, d)$ Liefermenge

$r/Q(r, d)$ Lieferfrequenz (Anzahl Lieferungen pro ZE).

Der Bestand wird meist in bewegten Bestand und Sicherheitsbestand eingeteilt:

$$B(r, d) = 1/2\, Q(r, d) + \tilde{B}(r)$$

mit

$\tilde{B}(r)$ Sicherheitsbestand.

Mit Hilfe dieser Funktionen können dann die Kosten der Lagerbevorratung in der Struktur- und Zuordnungsplanung korrekt berücksichtigt werden: Für die Belieferung eines Lagers j von Fabrik oder Zentrallager i über die Entfernung d_{ij} rechnet man mit den Kostenfunktionen (vgl. 2.4.).

$$c_{ij}^{T}(r_j) = T(d_{ij}, Q(r_j, d_{ij})) \cdot r_j \,/\, Q(r_j, d_{ij})$$

$$c_j^{L}(r_j) = h\, B(r_j, d_{ij}).$$

Die Berechnung von Q vereinfacht sich in der folgenden häufig vorkommenden Situation:

- Die Transportstückkosten sinken mit wachsendem q bis zur maximalen Liefermenge Q_o (z.B. volle Lkw-Ladung) so stark, daß eine möglichst große Liefermenge immer am günstigsten ist.
- Es ist eine Mindestfrequenz n für die Belieferung vorgeschrieben.

Dann ist $Q(r, d) = \min(Q_o, r/n)$

und man braucht nur den optimalen Sicherheitsbestand zu ermitteln.

Eine Herleitung der Funktion B findet sich nur bei GYSI (12, S. 43 ff) für den Fall kontinuierlicher Kontrolle. Sie ist aber auch für andere Fälle nicht schwierig, sofern man die optimale Politik kennt. Es sei darauf hingewiesen, daß der Sicherheitsbestand $\tilde{B}(r)$ keineswegs immer proportional zu $\sqrt{r}$ ist, wie z.B. PFOHL (16, S. 107) annimmt. Im Fall fester Belieferungszeitpunkte und normalverteilter Nachfrage z. B. ist er in einem großen Bereich konstant.

Für die analytische Bestimmung der optimalen Politik wird meist vorausgesetzt, daß die Transportkosten T linear in q mit Fixkosten sind (für festen Servicegrad s. z. B. (15) S. 239 f, (19)). Bei allgemeineren Transportkostenfunktionen kann man dazu die Simulation benutzen, aber - im Gegensatz zu den zuvor beschriebenen Modellen - für nur ein Lager.

4. Tourenplanung

Aufgabe der Tourenplanung ist es, die bekannten Aufträge der einem Lager zugeordneten Kunden zu Fahrzeugtouren zu kombinieren. Einen guten Überblick über die Verfahren gibt das Buch von VATERRODT (22). Der im Abschnitt 2. 3. beschriebene Zusammenhang zwischen Struktur und Tourenplanung wird nur dann voll berücksichtigt, wenn für jede Struktur-Alternative die Zuordnung der Kundenorte zu den Lagern und die Tourenplanung simultan durchgeführt wird. Für dieses Mehrlagerproblem der Tourenplanung gibt es zwar ebenfalls Verfahren (26), ihre Anwendung für ganze Distributionsnetze dürfte aber sehr aufwendig sein und berücksichtigt auch nicht die Kosten der Lagerbelieferung. WREN und HOLLIDAY (26) berichten über die Anwendung ihres Verfahrens zur Trennung der Lieferbereiche zwischen zwei Lagern.

Um die Auslieferungskosten dennoch annähernd richtig in die Strukturplanung aufnehmen zu können, muß man eine geeignete Funktion

$T(d, q)$ Kosten einer Auslieferung der Menge q in einem Kundenort mit Abstand d vom Lager

konstruieren. Dazu gibt es zwei Wege:

1. Synthetisches Vorgehen: Man benutzt charakteristische Größen der vorhandenen Tourendaten, z. B.:

v mittlere Geschwindigkeit für die Anfahrt zum ersten und Rückfahrt vom letzten Kunden

d_o mittlere Entfernung zwischen den Kunden

z mittlere Zeit pro Auslieferung incl. Fahrzeit zwischen den Kunden (evtl. Funktion von q)

Q_o Fahrzeug-Kapazität

Z_o maximale Dauer der Tour

A Kosten pro ZE (für Fahrzeug und Fahrer)

B Kosten pro km

(vgl. GYSI (12), S. 54 ff. Die Kostenfunktion wird dort aber unabhängig von q aufgestellt und gilt für die mittlere Liefermenge).

Dann gilt z. B. für eine Tour mit n Ablieferungen gleicher Mengen q im gleichen Abstand d vom Lager

$$2\,d / v + nz \leqslant Z_o \quad \text{und} \quad nq \leqslant Q_o$$

und bei bestmöglicher Fahrzeugausnutzung (maximales n) sind die Kosten

$$T(d, q) = Az + Bd_o + 2\,d\,(A/v + B) \cdot \max\left(\frac{q}{Q_o}, \frac{z}{Z_o - 2\,d/v}\right)$$

Diese Funktion ist in q stückweise linear mit degressiven Stückkosten und in d linear für kleinere d, konvex für größere d.

2. Regressionsanalyse (vgl. (3)): Man setzt T (d, q) als Polynom in d und q an und bestimmt seine Koeffizienten so, daß sie für eine Stichprobe von bekannten Touren t (t = 1, ..., m) mit Kosten C_t und n_t Ablieferungen der Mengen q_{jt} d_{jt} (j = 1, ..., n_t) die Gleichungen

$$\sum_{j=1}^{n_t} T(d_{jt}, q_{jt}) = C_t \quad (t = 1, \ldots, m)$$

möglichst gut erfüllen.

5. Vorgehensweise, Erfahrung

Die beschriebenen Methoden wurden in zahlreichen Studien zur Verbesserung von Distributionsstrukturen eingesetzt, sowohl für Industrie-Unternehmen als auch für Transport-Unternehmen [1]. Dabei wurde folgende Vorgehensweise gewählt:

1) Ich danke Herrn Dipl. Kfm. G. Goller, Deutsche Unilever GmbH, für Material und Anregungen zu diesem Abschnitt.

Es wurden keine Standortverfahren benutzt, sondern eine Reihe von einzelnen Strukturalternativen (30 - 80 pro Sudie) verglichen. Dieses Vorgehen, das als Extremfall eines heuristischen Standortverfahrens angesehen werden kann (vgl. 2.2.), findet sich auch in anderen Berichten über Anwendungen (3, 11). Direktbelieferungen Fabrik - Kunde wurden ab einer variablen Mindestauftragsmenge vorgesehen (vgl. (24), S. 163 f), für die restlichen Lieferungen wurde die Zuordnung, wie in 2.1. und 2.4. beschrieben, optimiert.

Dabei brachte jeweils die erste Iteration den Übergang von der Zuordnung nach kürzesten Entfernungen auf jeder einzelnen Stufe zur "Vorwärts-Distribution" mit billigsten Gesamt-Wegen. Dies bedeutet eine Verschiebung von Kosten von der Lagerbelieferung zur Auslieferung, insgesamt aber eine Kostensenkung, und zwar bei dreistufigem Netz bis zu 20 %, bei zweistufigem Netz 1 - 4 %. Die weiteren Iterationen, die der Berücksichtigung nicht-linearer Kosten dienen, brachten höchstens 1 % Kostensenkung. Es wurden maximal 3 Iterationen durchgeführt.

Die Variation von Lageranzahl und Standorten bei gleicher Grundstruktur ergab im Extremfall Kostenunterschiede von 15 %; die Kosten im Optimum zeigten aber meist nur geringe Abweichungen vom Istzustand. Durch Vergleich verschiedenartiger Grundstrukturen (zwei-/dreistufig, mit/ohne Direktbelieferungen, mit/ohne Bestandshaltung in bestimmten Standorten) konnten dagegen Einsparungen von bis zu 12 % gegenüber dem Istzustand aufgezeigt werden.

Literatur

(1) AKINC, U., KHUMAWALA, B. M., An efficient branch-and-bound-algorithm for the capacitated warehouse location problem, Man. Sci. 23 (1977), S. 585 - 594

(2) BALACHANDRAN, V., JAIN, S., Optimal facility location under random demand with general cost structure. Nav. Res. Log. Quart. 23 (1976), S. 421 - 436

(3) BEATTIE, D. W., Improving the structure of a distribution system. Op. Res. Quart. 24 (1973), S. 353 - 364

(4) CLARK, A. J., An informal survey of multi-echelon inventory theory. Nav. Res. Log. Quart. 19 (1972), S. 621 - 650

(5) DOMSCHKE, W., Modelle und Verfahren zur Bestimmung betrieblicher und innerbetrieblicher Standorte. ZOR 19 (1975), S. B13 - B41

(6) ELMAGHRABY, S. E., Some network models in management science. Berlin-Heidelberg-New York 1970

(7) FELDMAN, E., LEHRER, F., RAY, T., Warehouse location under continuous economies of scale. Man. Sci. 12 (1966), S. 670 - 684

(8) FLORIAN, M., ROBILLARD, P. An implicit enumeration algorithm for the concave cost network flow problem. Man. Sci. 18 (1971) S. 184-191

(9) GEOFFRION, A. M., A guide to computer-assisted methods for distribution systems planning. Sloan Man. Review, Winter 1975, S. 17 - 41

(10) GEOFFRION, A. M., GRAVES, G. W., Multicommodity distribution system design by Benders decomposition. Man. Sci. 20 (1974) S. 882-844

(11) GERSON, M. L., MAFFEI, R. B., Technical characteristics of distribution simulators. Man. Sci. 10 (1963), S. 62 - 69.

(12) GYSI, R., Warenverteilung zentral oder dezentral? Zürich 1974

(13) HANSMANN, K. W., Entscheidungsmodelle zur Standortplanung der Industrieunternehmen. Wiesbaden 1974

(14) KENNINGTON, J. F., A survey of linear cost multicommodity network flows. Op. Res. 26 (1978), S. 209 - 236

(15) NEUMANN, K., Operations-Research-Verfahren, Bd. II, München 1977

(16) PFOHL, H.-C., Marketing-Logistik. Mainz 1972

(17) RAND, G. K., Methodological Choices in depot location studies. Op. Res. Quart. 27 (1976), S. 241 - 249

(18) RKT Reichskraftwagentarif für den Güterfernverkehr. München 1977

(19) SCHNEIDER, H., (s, S)- und (S, S)-Lagerhaltungspolitiken bei β-Servicegraden. Proceedings in OR 6, Würzburg-Wien 1976

(20) SOLAND, R. M., Optimal facility location with concave costs. Op. Res. 22 (1974), S. 373 - 382

(21) SWEENEY, D. J., TATHAM, R. L., An improved long-run model for multiple warehouse location. Ma. Sci. 22 (1976), S. 748 - 758

(22) VATERRODT, H.-J., Tourenplanung, Frankfurt/M.-Zürich 1975

(23) WARSZAWSKI, A., Multi-dimensional location problems. Op. Res. Quart. 23 (1972), S. 277 - 287

(24) WINKLER, H., Warenverteilungsplanung, Wiesbaden 1977

(25) WITTEN, P., Distributionsmodelle. Göttingen 1974

(26) WREN, A., HOLLIDAY, A., Computer scheduling of vehicles from one or more depots to a number of delivery points. Op. Res. Quart. 23 (1972), S. 333 - 344

Heuristische Lösung praktischer Tourenplanungsprobleme

M. Frey, Frankfurt

Bei praktischen, knotenorientierten Tourenplanungsproblemen handelt es sich um die Planung von Sammel- oder Verteilungsfahrten, wobei Rundreisen mehrerer an der Versorgungs- oder Verteilungsfunktion beteiligter Fahrzeuge zustande kommen.

Unter dem Gesichtspunkt der Minimierung der Transportkosten bzw. der Gesamttourenlängen wurden eine Reihe von heuristischen Verfahren entwickelt. Diese Verfahren müssen jedoch um die Berücksichtigung von Restriktionen erweitert werden, die in praktischen Problemen sehr oft auftauchen. Dies sind z.B. Zeit- und Prioritätsbedingungen, verschiedene Lieferfrequenzen für einzelne Orte bei der Planung von über mehrere Perioden zu verteilenden Touren, Einsatzbeschränkungen für Fahrzeuge, unterschiedliche Aufenthaltszeiten für die zu bedienenden Orte, Vorhandensein eines Fuhrparks mit eventuell unterschiedlichen Fahrzeugtypen und -größen etc.

Das vom Verfasser beim Battelle-Institut implementierte Tourenplanungssystem behandelt eine Reihe solcher in der Praxis häufig vorliegenden Nebenbedingungen, wobei insbesondere die Lieferfrequenznebenbedingungen hervorgehoben werden sollen, die für eine bestimmte Klasse von Problemen streng berücksichtigt werden müssen und die die sonst starre Tourenplanung um eine Planungsperiode erweitert.

Dem Tourenplanungssystem liegt der von Gillet, Miller und Johnson (1), (2), entwickelte heuristische Sweep-Algorithmus für Mehr-Depot-Probleme zugrunde. Das erweiterte Verfahren versucht neben der Behandlung weiterer Restriktionen, insbesondere:

Proceedings in Operations Research 8, ©Physica-Verlag, Würzburg–Wien, 1979

- verschiedene Fahrzeuge unterschiedlicher Kapazitäten so einzusetzen, daß die Anzahl der einzusetzenden Fahrzeuge minimal wird
- für die verschiedenen Orte Beschränkungen der Bedienbarkeit (insbesondere Topografie) zu berücksichtigen
- Fahrzeugeinsatzbeschränkungen an bestimmten Tagen der Planungsperiode (z.B. Wartung) einzuhalten und
- verschiedene Servicefrequenzen der Orte (verschiedene zeitliche Bedienungsintervalle) bei der Verteilung der Touren über die Planungsperiode zu berücksichtigen.

Das Programm ist mehrfach zur Sammeloptimierung eingesetzt worden. Bei einem praktischen Problem mit insgesamt 331 zu bedienenden Orten, die mit unterschiedlichen Servicefrequenzen belegt waren, wurden für die Praxis brauchbare Ergebnisse erzielt.

Das Bild zeigt einen vom Programm gelieferten Beispieloutput. Nähere Informationen können vom Verfasser bezogen werden.

(1) Gillet, B.E., Miller, L.E.: A Heuristic Algorithm for the Vehicle Dispatch Problem, Operations Research 22, 1974 (2), S. 340-349

(2) Gillet, B.E., Johnson, J.G.: Sweep Algorithm for the Multiple Depot Vehicle Dispatch Problem, ORSA-meeting, San Juan, 1974

```
*******************************************************************************************
            DIE BESTE GESAMT-LOESUNG NACH  1 CLUSTER-BILDUNGEN IST 519.0947
-------------------------------------------------------------------------------------------
            DIE LUESUNG FUER DEPOT   1 BESTEHT AUS  4 TOUREN MIT EINER GESAMTDAUER  VON 493.5263     MIN

     TOUR  1          OR 211  212  199  198  205  207  206  204  200  202  201  203  213
     TOUR  2          OR 211  206  202  218  217  220  219  216  215  214
     TOUR  3          OR 233  226  225  227  229  228  231  232  230  224  221  222  223
     TOUR  4          UR 233  223
            DIE LUESUNG FUER DEPOT   2 BESTEHT AUS  1 TOUREN MIT EINER GESAMTDAUER  VON 25.56843     MIN

     TOUR  5          OR 210  208
-------------------------------------------------------------------------------------------

                         EINGESETZTE FAHRZEUGE:                  LADUNG    AUSLASTUNG     DAUER      LAENGE
 MONTAG     :   I
                I  TOUR  1: WAGEN GROESSE2.      NR:  1:      1900.0000     76.0000    113.4526    26.6975
                I  TOUR  4: WAGEN GROESSE1.      NR:  1:       100.0000      6.6667    119.5591    82.8496
                I  TOUR  5: WAGEN GROESSE1.      NR:  2:       300.0000     20.0000     25.5684     9.0456
-------------------------------------------------------------------------------------------
 DIENSTAG   :   I
                I  TOUR  2: WAGEN GROESSE2.      NR:  1:      1950.0000     78.0000    130.2573    56.2216
-------------------------------------------------------------------------------------------
 MITTWOCH   :   I
                I  TOUR  3: WAGEN GROESSE2.      NR:  1:      1450.0000     58.0000    130.2573    37.3338
-------------------------------------------------------------------------------------------
                   DURCHSCHNITT                                             54.2857    103.8189
                   SUMME                                      5700.0000                519.0947   212.1482
*******************************************************************************************
```

Optimale Flugroutenplanung für mehrere Aufklärungsflugzeuge

H.W. Hofmann, Neubiberg

1. Problemstellung

Gegeben sind n Aufklärungsziele ($0 \leq n \leq 100$), die von k Aufklärungsflugzeugen ($1 \leq k \leq 16$) angeflogen werden sollen. Die Einsatzreichweite bzw. Flugzeit ist beschränkt. Start- und Landeort sind identisch. Gesucht sind die kürzesten Gesamtwege mit den entspr. Einzelflugwegen

(1) für eine vorgegebene Anzahl an startenden Flugzeugen,
(2) für eine nicht fest vorgegebene Anzahl an Flugzeugen,
(3) unter der Restriktion, daß die Zahl der einzusetzenden Maschinen ein Min. sei.

Es handelt sich hierbei um ein erweitertes Travelling-Salesman-Problem, wie es in ähnlicher Form auch bei praktischen Tourenplanungsproblemen auftaucht, wie etwa bei der Auslieferung von Waren, der Müllabfuhr etc. Während bei letzteren in der Regel die Transportkapazität der Fahrzeuge beschränkt ist, ist hier dagegen die Einsatzreichweite der Maschinen limitiert. Wegen der Größe der Problemstellung erfolgte die Lösung durch zwei heuristische Verfahren (Genaues siehe [1]), die auf der 3- bzw. 4-Gruppenpermutation aufbauen und die sich analog auch auf Tourenplanungsprobleme anwenden ließen.

2. Vorgehensweise bei Verfahren 1

(1) Ermittlung einer zulässigen Ausgangslösung durch das Verfahren der sukzessiven Einbeziehung von Stationen (vgl. hierzu z.B. [2]), wobei die Reichweitenrestriktion beachtet wird. Man gelangt so relativ einfach zu einer zuläss. Ausgangslösung, die im allgemeinen aber noch viel zuviele Routen enthält bzw. noch stark verbesserungsfähig ist.

(2) Verbesserung dieser Ausgangslösung durch abwechselnde (s)
- Anwendung der 3- bzw. 4-Gruppenpermutation
- paarweises Zusammenlegen von Routen.

Anmerkung: Bei der 3- bzw. 4-Gruppenpermutation handelt es sich um Iterationsverfahren mit gezielter Lösungsverbesserung, die von Müller-Merbach speziell für das einfache Travelling-Salesman-Problem entwickelt wurden und die sich bislang als relativ leistungsfähig erwiesen (vgl. [2]). Der Trick bei der Anwendung dieses Verfahrens auf ein Problem mit i Einzelrouten besteht darin, daß man eine derartige Lösung auch als eine Route betrachten kann, wobei der Start- bzw. Landeort i-mal angelaufen wird; d.h. der Start- bzw. Landeort wird i-mal in die reduzierte Kostenmatrix aufgenommen. Bei der Lösungsverbesserung muß man anschließend beachten, daß dieser nicht nacheinander angeflogen und zudem die Reichweitenrestriktion eingehalten wird.

3. Vorgehensweise bei Verfahren 2

(1) Ermittlung einer Gesamtrundreise für ein Flugzeug ohne Beachtung der Reichweitenrestriktion nach dem Verfahren der sukzessiven Einbeziehung von Stationen und der 3- bzw. 4-Gruppen-Permutation.

(2) Ermittlung eines unteren Schätzwertes i für die minimal notwendige Anzahl an Routen unter Beachtung der Reichweitenrestriktion, wobei sich i aus dem (aufgerundeten) Quotienten Gesamtlänge nach (1) durch die Einsatzreichweite ergibt.
War die Gesamtzahl an gewünschten Routen vorgegeben (Problem 1), so entfällt diese Abschätzung.

(3) Aufteilung der Gesamtrundreise in i Einzelrouten durch sukzessives Einsetzen von i-1 weiteren Startorten an "geeigneter" Stelle, d.h. unter Beachtung der Reichweitenrestriktion, einer bestimmten Mindestlänge je Route und minimalem Gesamtlängenzuwachs. (Die Beachtung einer anfänglichen Mindestroutenlänge hat den Vorteil, daß die Reichweitenrestriktion auch für die restlichen Einzelrouten eher eingehalten werden kann. Zudem ergeben ausgewogene Routenlängen bei der nachfolgenden Lösungsverbesserung einen höheren Freiheitsgrad. Als 1. Näherung für die Mindestroutenlänge wurde der Quotient Gesamtlänge nach (1) durch Routenzahl nach (2) verwendet.)

(4) Verbesserung der so erhaltenen zulässigen Ausgangslösung durch Anwendung der 3- und 4-Gruppenpermutation.
Als Ergebnis erhält man eine Lösung mit minimaler Routenzahl, d.h. die Beantwortung der Frage (3), bzw. der Fragestellung (1) bei vorgeg. Routenzahl.

(5) Erhöhung der Routenzahl i solange, bis dadurch keine Lösungsverbesserung mehr möglich ist (Beantwortung der Frage (2)).

4. Vergleich beider Verfahren

Beides sind Iterationsverfahren mit gezielter Lösungsverbesserung. Bei Verfahren 1 wird jedoch relativ wenig Aufwand für die Ermittlung einer zulässigen Ausgangslösung, dafür aber überproportional viel zur Lösungsverbesserung bzw. Verminderung der Routenzahl aufgewendet. Bei Verfahren 2 ist es genau umgedreht. Hier wird relativ viel Aufwand zur Ermittlung einer zuläss. Ausgangslösung getrieben, die dann aber zugleich eine Lösung mit minimaler Routenzahl ist. Der Aufwand zur Lösungsverbesserung ist dann relativ bescheiden.
Insgesamt war Verfahren 2 dem Verfahren 1 zur Lösung der vorliegenden Problemstellung nach Lösungsqualität und Rechenzeit weit überlegen. Zur Routenplanung mit 100 (zufällig gewählten) Orten benötigte der Rechner (eine Siemens 4004/151, BS2000) bei Beantwortung von Frage (3) durchschnittlich ca. 180 sec., bei Beantwortung von Frage (2) ca. 400 sec. CPU-Zeit.

Quellen- und Literaturverzeichnis:

[1] H. Wichmann: Flugwegoptimierung. Diplomarbeit, Hochschule der Bundeswehr München, FB Informatik, Neubiberg 1977

[2] H. Müller-Merbach: Optimale Reihenfolgen. Berlin Heidelberg New York 1970

[3] H.J. Vaterrodt: Routenplanung - Modelle und Verfahren. Frankfurt 1975

[4] F.W. Matthäus: Heuristische Verfahren für Lieferplanprobleme. ZOR, Bd. 19, 1975, S. 163-181

Entwicklung einer Methodik zur Ermittlung der günstigen Zahl und Abfahrlagen von Regel- und Bedarfsgüterzügen

K. Wiegand und A. Clausen, Braunschweig

1. Problemstellung und Zielsetzung

Die erheblichen Schwierigkeiten bei der Einsatzplanung im öffentlichen Verkehr sind ursächlich durch die Unregelmäßigkeiten des Verkehrsaufkommens (Verkehrsnachfrageschwankungen) bedingt. So setzen auch die in der Praxis zu verzeichnenden Schwankungen der Tagespegel des Güterwagenaufkommens sowie die zufälligen längerfristigen und jahreszeitlich-periodischen Schwankungen der Anwendung von herkömmlichen Methoden der Schienengüterverkehrsplanung Grenzen [1].

Ganz allgemein lassen sich folgende, zunächst nur qualitative wechselseitige Abhängigkeiten zwischen wirtschaftlicher Betriebsplanung auf der einen und marktfähiger Transportproduktion auf der anderen Seite als Ausgangspunkte für Modellentwicklungen aufzeigen:

- Eine Verringerung der Produktionskosten erfordert für sich genommen die Minimierung der Güterzugzahlen, da jeder Zug - auch ohne Berücksichtigung seines Auslastungsgrades - einen festen Anteil an Zugförderungskosten verursacht. Es ist jedoch zu bedenken, daß sich für den Kunden des Transportunternehmens eine Einschränkung des Transportangebotes zumindest potentiell als eine Verminderung der Transportqualität darstellt.

- Für große Transportunternehmen wie z.B. die Eisenbahnen ist trotz der Unregelmäßigkeiten der Transportnachfrage eine Aufteilung des Transportangebotes in regelmäßig angebotene und bedarfsgesteuerte Leistungen zweckmäßig.

Proceedings in Operations Research 8, ©Physica-Verlag, Würzburg–Wien, 1979

Betrachtet man zunächst nur die unterschiedlichen Tageswerte des Gütertransportaufkommens einer Ferngüterrelation über eine Fahrplanperiode, so läßt sich prinzipiell ableiten, daß der Gütertransport dann infolge geringerer Auslastung der Züge unwirtschaftlich wird, wenn zuviele Regelzüge vorgesehen sind. Umgekehrt muß aber auch der Einsatz zuweniger Regelzüge unwirtschaftlich werden, da die dann notwendigen erhöhten Sondertransporte teurer als Regeltransporte sind [2].

Es ist daher zu erwarten, daß kostengünstigste Verhältniswerte zwischen dem Regel- und dem Sonderverkehr existieren, die geeignete Planungsgrundlagen darstellen.

- Aus den Schwankungen der Tagespegel des Transportaufkommens resultieren nicht nur die größten Schwierigkeiten bei den betrieblichen Detailplanungen; auch die kostengünstigsten Mengenverhältnisse zwischen Regel- und Sonderzügen und die Transportqualität aus der Sicht des Kunden werden beeinflußt, wenn die festen Abfahrlagen der Regelzüge nicht den unregelmäßigen Transportnachfragen optimal angepaßt werden können. Es bedarf daher eines methodischen Planungsinstruments für die Durchführung von nachfrageorientierten und zugleich wirtschaftlichen Güterzugdispositionen.

Der entwickelte Modellkomplex für den Güterfernverkehr umfaßt im Sinne der vorangegangenen Überlegungen zwei Schwerpunkte:

(A) Modellmäßige Realisierung mathematisch-statistischer Verfahren zur Untersuchung der Schwankungen des Transportaufkommens;

(B) Realisierung eines Planungsmodells zur Ermittlung kostengünstigster Mengenverhältnisse zwischen Regel- und Sondergüterzügen sowie optimaler Abfahrlagen aller Ferngüterzüge unter Berücksichtigung von sog. Transportkettenzügen.

2. Modellentwicklung

2.1. Modelleingangsdaten

Im schienengebundenen Güterfernverkehr spiegelt sich die Transportnachfrage in den Rangierbahnhöfen durch den Zulauf der Güterwagen in die Einfahrgleise wieder. Als Nebenprodukt der Automatisierung und Steuerung der Betriebsvorgänge mit Prozeßrechnern ist es ermöglicht worden, kontinuierlich jeden einzelnen Güterwagen bzw. jede Wagengruppe zum Zeitpunkt des Abdrückens über den Ablaufberg nach Länge, Gewicht und Beförderungsziel zu identifizieren.

2.2. Modellstufe I: Analyse der Verkehrsnachfrage

Nach der allgemeinen Feststellung setzt sich die Verkehrsnachfrage aus gesetzmäßig zu erfassenden und zufälligen Anteilen zusammen.

In der Modellstufe I werden dementsprechend anhand bekannter Rechenoperationen eine Reihe von statistischen Kenngrößen - Mittelwert, Standardabweichung, Varianz - zur Verkehrsnachfrage bestimmt. Außerdem wird eine sog. Kontrastgruppenanalyse durchgeführt, um mit möglichst homogenen Planungszeiträumen operieren zu können. Zudem werden durch diese Analyse Ursachen für Nachfrageveränderungen aufgedeckt, so daß Prognosen möglich werden.

2.3. Modellstufe II: Günstigstes Mengenverhältnis zwischen Regel- und Bedarfsgüterzügen auf der Grundlage idealisierter Abfahrlagen

Zu den Kostenberechnungen sollen als Ergänzung die grundsätzlichen Kostenfunktionen für Regel- und Bedarfszüge angeführt werden:

Kostenverhältnis Regelzug: Bedarfszug

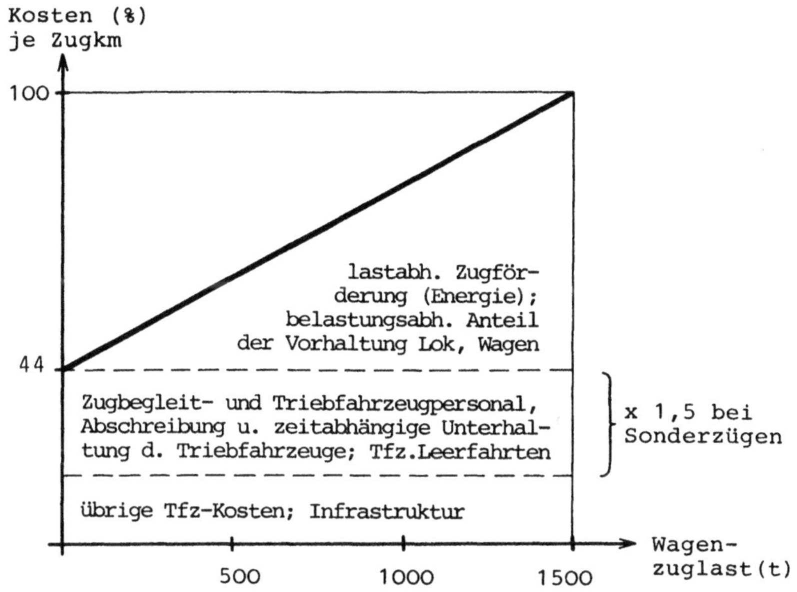

~ 100 % ≙ maßgebliche Zugförderungskosten eines voll ausgelasteten Regelzuges

Insgesamt liefert die Modellstufe II mit dem kostenoptimalen Verhältnis zwischen Regel- und Bedarfsgüterzügen eine Ausgangslösung mit Abfahrlagen, bei denen die durch Bedienungsqualität und die Nachfrageschwankungen gegebenen Randbedingungen noch nicht berücksichtigt sind.

2.4. Modellstufe III: Bestimmung der günstigsten Abfahrlagen für Regel- und Bedarfsgüterzüge

Die hier vorgestellte Methodik zur Ermittlung günstiger Regel- und Sonderzugabfahrlagen geht ebenso wie das Summenlinienverfahren [1] von den Güterwagenzuläufen aus.

Vereinfacht dargestellt existieren zwei konkrete Anhaltspunkte für die Festlegung der Regelzugabfahrlagen, nämlich

- der Auslastungsgrad der Züge
- und die Kapazität der Richtungsgleise.

2.4.1. Planung - Regelzüge -

Früheste Abfahrlagen (Zugauslastung)

Die kostengünstigste Abfuhr des Verkehrsaufkommens eines Tages wird erreicht, wenn die kleinstmögliche Anzahl an Zügen eingesetzt wird, d.h. wenn alle Züge bis zu ihrer jeweiligen Last- oder Längengrenze ausgelastet werden. Für jeden einzuplanenden Regelzug ergibt sich hieraus, daß er frühestens abfahren sollte, wenn das zu seinem Abfahrzeitpunkt für den Resttag zu erwartende Verkehrsaufkommen höchstens so groß ist wie die Transportkapazität der noch minimal notwendigen Züge. Wird die Abfahrzeit früher angesetzt, müssen notwendigerweise Reste verbleiben, die durch einen Sonderzug abzufahren wären. Damit aber weicht der Transportaufwand um die festen Kosten für einen Sonderzug vom Kostenminimum ab.

Späteste Abfahrlagen (Gleiskapazität)

Man wird davon ausgehen müssen, daß für den im Rbf aufnehmbaren Zulauf von Transporteinheiten einer Richtungseinheit Grenzen bestehen.
Diese Grenzen sind einmal von der Gleiskapazität her bestimmt und ergeben als praktischen Anhalt, daß immer dann eine Sonderzugabfahrt vorgesehen werden sollte, wenn die im Bahnhof wartenden Transporteinheiten die doppelte Abfuhrkapazität eines Zuges erreichen. Der gleiche Grenzwert ergibt sich aus den Bedingungen der Bedienungsqualität, für die analog gilt, daß sich der zeitliche Abstand zwischen zwei Abfuhren gegenüber dem Normal-

abstand nicht mehr als verdoppeln sollte.

Wird dennoch aus anderen Gründen eine zeitlich spätere Abfahrt des Regelzuges erforderlich, so muß zwischendurch ein Sonderzug gefahren werden, der - ähnlich wie beim Unterschreiten der frühest empfohlenen Abfahrlage - die Transportkosten um die festen Kosten einer Sonderzugfahrt erhöht. Wird die Regelzugabfahrt über das Sammeln bis zum Dreifachen einer Zuglast hinaus verzögert, so erhöhen sich die Kosten um das Doppelte der festen Kosten einer Sonderzugfahrt usw.

Insgesamt ergibt sich damit eine Sprungkostenfunktion, aus der für den Nachfrageverlauf eines bestimmten Tages ein optimaler zeitlicher Bereich für die Abfuhr eines bestimmten Regelzuges abgelesen werden kann [4].

Die Regelzugplanung soll jedoch nicht nur für den Nachfrageverlauf eines Verkehrstages optimal liegen, sondern soll optimal für eine Planungsperiode sein. Es sind folglich die Nachfrageverläufe aller Verkehrstage einer Planungsperiode einzeln auf den optimalen Bereich für den betrachteten Regelzug zu untersuchen und einander zu überlagern.

Die Optimierung der Kosten-Zielfunktion für einen Regelzug setzt eine fixierte Abfahrzeit des vorangegangenen Regelzuges voraus. Für den ersten Regelzug eines Tages wird zunächst angenommen, daß vom jeweils vorangegangenen Tag keine Restwagen verblieben sind. Unter dieser Voraussetzung wird in einem ersten Lauf der Modellstufe III der Optimalbereich für seine Abfahrzeit bestimmt, wobei sich die Zahl der notwendigen Regelzüge und damit ihre Mindestauslastung aus der Modellstufe II ergeben.

2.4.2. Planung - Sonderzüge -

Im Anschluß an die Fixierung einer Regelzugabfahrlage werden die Transportaufkommen aller Tage des gewählten Betrachtungszeitraums in dem jeweiligen Regelzugintervall dahingehend untersucht, ob das Einlegen eines Sonderzuges erforderlich wird. Dies ist grundsätzlich dann der Fall, wenn im Sinne des Kriteriums zur Eingrenzung spätester Abfahrlagen eine Überschreitung der verfügbaren Gleiskapazitäten durch Sonderabfuhren vermieden werden soll.

Ein weiteres Kriterium wird dann wirksam, wenn der Regelzug Transportkettenfunktion hat.
Transportkettenzüge dürfen im strengen Sinn keine Restwagen zurücklassen, wenn die angestrebte Transportqualität - Beförderungsdauer von höchstens 36 Stunden im mittleren bis weiten Entfernungsbereich - erreicht werden soll. Daher sind Sonderzüge einzulegen, wenn das vor Abfuhr eines Transportkettenzuges anfallende Güterwagenaufkommen die Kapazität eines voll ausgelasteten Regelzuges überschreitet.

3. Modellanwendung

Die mathematischen Modelle sind in Form von Rechnerprogrammen in FORTRAN realisiert worden und können an größeren EDV-Anlagen üblicher Konfiguration eingesetzt werden [4].

Die bislang durchgeführten Anwendungsläufe der Programme haben die wichtigen Nord-Süd-Relationen des Rangierbahnhofs Seelze zum Gegenstand, für die alle notwendigen Modelleingangsdaten mit Hilfe der vorhandenen Prozeßsteuerungseinrichtungen gewonnen werden konnten.

Vergleicht man die bisherigen Ergebnisse mit der Praxis, so ist mit einer Kostenersparnis je nach Relation von etwa 10 Prozent zu rechnen [4].

Im Sommer 1979 soll eine parallel zur Praxis durchgeführte Modellanwendung detaillierte Angaben über den sinnvollen Einsatz des Modells liefern.

4. Literatur

[1] D.TREUTLER "Anwendbarkeit des Summenlinienverfahrens bei starken Verkehrsschwankungen mit dem Ziel guter Dg-Auslastung" Berichte anläßlich der 23. Allgemeinen Güterzugfahrplanbesprechung der DB, Münster/ Westf. 1967

[2] J.KRÖSEL "Die Wirtschaftlichkeit des Güterzugverkehrs im Fernbereich in Abhängigkeit von der Zahl der vorgesehenen Regelzüge und vom Verhältnis der Zahl der Regelzüge zur Zahl der Bedarfszüge" Bericht anläßlich der 25. Allgemeinen Güterzugfahrplanbesprechung der DB, Köln 1974

[3] SONQUIST/MORGAN "The Detection of Interaction Effects" Michigan 1964; → MAYNTZ/HOLM/HÜBNER" Einführung in die Methoden der empirischen Soziologie" Westdeutscher Verlag, Opladen 1971

[4] PIERICK/WIEGAND "Entwicklung einer Methodik zur Ermittlung der günstigsten Zahl und Abfahrlagen der Regel- und Bedarfs-Dg" Endbericht zum Forschungsauftrag "WRB II" der HVB, Braunschweig 1976

Ein Modell zur Linienplanung im spurgeführten Personenfernverkehr

H. Dienst, Braunschweig

1. Einführung

Seit einigen Jahren wird von zahlreichen Eisenbahnverwaltungen angestrebt, auch im Fernverkehr Bedienungssysteme einzuführen, die in ähnlicher Form im öffentlichen Personennahverkehr längst realisiert sind. So wird das herkömmliche Transportangebot, das durch einzelne Zugpaare in individuellen Fahrplanlagen gekennzeichnet ist, in zunehmendem Maße ergänzt oder ersetzt durch taktbetriebene Liniensysteme.

Die Planung nachfrageorientierter Liniennetze erweist sich dabei als ein Problem, dessen Bewältigung mit zunehmender Vermaschung des zugrunde gelegten Streckennetzes schwieriger wird. Zur Unterstützung und Objektivierung der Betriebsplanung wurde deshalb ein einfach zu handhabendes Entscheidungsmodell entwickelt, das mit Hilfe eines Rechners günstige Liniennetze liefern kann.

2. Problembeschreibung

Die Analyse der relevanten Zielvorstellungen ergab, daß von den Reisenden im Fernverkehr

- der Bedienungskomfort und
- die Schnelligkeit der Beförderung

am höchsten bewertet werden, wohingegen ein Verkehrsbetrieb

- einen kostengünstigen Einsatz der Transportmittel

anstrebt.

Aufgrund eigenwirtschaftlicher Überlegungen des Verkehrsunternehmens scheidet eine direkte Bedienung aller Relationen -

Proceedings in Operations Research 8, ©Physica-Verlag, Würzburg–Wien, 1979

ein sogenanntes Simultan-Liniennetz - aus. Ebenso wäre in den meisten Fällen das andere Extrem, eine Linienkombination minimaler Länge, wegen fehlender Attraktivität abzulehnen. Um den aufgrund der teils gegenläufigen Ziele bestehenden Interessenkonflikt zwischen Betreiber und Benutzer zufriedenstellend zu lösen, lag es nahe, ein Modell zu entwickeln, in dem ein Zielkriterium optimiert wird und andere Zielgrößen in Form von Nebenbedingungen gewisse Grenzwerte nicht überschreiten. Angewendet auf den hier vorliegenden Fall, ergab sich die Aufgabe, aus der Menge potentieller Linien die Elemente auszuwählen, die

> möglichst vielen Reisenden umsteigefreie Transportverbindungen bieten und dabei

> ein sparsam bemessenes Liniennetz bilden, in dem der Linienbedarf - als kostenrelevante Größe - genau auf die Verkehrsnachfrage abgestimmt ist, überflüssige Transportkapazität also vermieden wird.

Bei der Festlegung der potentiellen Linienführungen wurde die Forderung nach Schnelligkeit der Beförderung berücksichtigt. Im einfachsten Falle folgen alle Linien zeitkürzesten Wegen, wodurch zum einen die Anzahl möglicher Linien eindeutig zu bestimmen ist und damit der Umfang des Problems in festen Grenzen bleibt, zum andern die Bewertung einer Linie hinsichtlich ihres theoretischen Direktfahreranteils am leichtesten vorzunehmen ist. Diese Annahme wird sicherlich weitgehend den Gegebenheiten im Personenfernverkehr gerecht. So weisen Alternativrouten in den zumeist grobmaschigen Fernverkehrsnetzen in der Regel größere absolute Fahrzeitunterschiede auf als vergleichbare Routen im Nahverkehr, zumal auch der für die zulässigen Fahrgeschwindigkeiten maßgebende Ausbauzustand der einzelnen Strecken sehr unterschiedlich sein kann. Aufgrund der teils beträchtlichen Reisezeitdifferenzen bevorzugen Fernreisende oft nur die zeitkürzeste Route. Infolgedessen erscheint es für den Bereich der Liniennetzgestaltung gerechtfertigt, ausschließlich zeitkürzeste Wege als potentielle Linien zuzulassen. Damit sind geschlossene Ringlinien a priori ausgeschlossen. Da die Fahrzeiten für eine Teilstrecke in einem Fernverkehrsnetz nahezu richtungsunabhängig sind, weisen auch die kürzesten Wege zwischen zwei Netzknoten in beiden Richtungen in der Regel dieselben Zwischenkoten auf, so daß zur Beschreibung eines Linienverlaufs lediglich für <u>eine</u> Richtung die entsprechende Knoten- oder Kantenfolge (Kette) anzugeben ist.

3. Modellformulierung

Die vorliegende Aufgabe läßt sich im Sinne der kombinatorischen Optimierung als ein spezielles multiples Knapsack-Problem beschreiben:

Gegeben sei ein bewerteter zusammenhängender Graph G - das Verkehrswegenetz -, der aus

einer Knotenmenge $P = \{p_i | i = 1(1)\ n\}$ und

einer Kantenmenge $K = \{k_r | r = 1(1)\ m\}$

besteht, wobei jeder Kante k_r die nichtnegative Länge d_r als Fahrzeit zugeordnet ist.
Zwischen allen Knotenpaaren (p_i, p_j) in G bestehen symmetrische Verkehrsbeziehungen

$$v\ (p_i, p_j) = v_{ij}$$

$$v_{ij} = v_{ji} \quad \forall i,j = 1(1)\ n \quad i \neq j,$$

die als Tageswerte vorzugeben sind.
Binnenverkehr in den Knoten wird ausgeschlossen:

$$i = j \quad \Rightarrow \quad v_{ij} = 0.$$

Im Graph existieren

$$p = \frac{n \cdot (n-1)}{2}$$

zeitkürzeste Ketten bzw. potentielle Linien l_u. Für jede Linie l_u läßt sich die maximal mögliche Anzahl von Direktfahrern $c_{u_{max}}$ bestimmen. Nach Vorgabe der täglichen Anzahl der Züge je Linie und der verfügbaren Plätze pro Zugeinheit ergibt sich eine linienspezifische Transportkapazität t. Da die Wunschlinien des Verkehrs v_{ij} $(i,j = 1(1)n)$ über zeitkürzeste Netzwege verlaufen, lassen sich die Belastungen b_r aller Kanten k_r eindeutig bestimmen.

Unter diesen Voraussetzungen stellt sich das Problem in folgender Form dar:

Maximiere $$\sum_{u=1}^{p} c_u \cdot x_u$$

unter den Nebenbedingungen $$\sum_{u=1}^{p} a_{ru} \cdot x_u = [b_r/t] \quad \forall r$$

$$x_u = \begin{cases} 1 & \text{falls Linie } l_u \text{ in der betrachteten Linienkombination enthalten} \\ 0 & \text{sonst} \end{cases}$$

$$a_{ru} = \begin{cases} 1 & \text{falls Linie } l_u \text{ über Kante } k_r \text{ verläuft} \\ 0 & \text{sonst} \end{cases}$$

Die maximal mögliche Direktfahrerzahl $c_{u_{max}}$ einer Linie l_u ist abzumindern, wenn bereits Linien in der betrachteten Teillösung über einzelne Kanten der Kantenfolge l_u verlaufen.

4. Lösungsverfahren

Zur Berechnung der zeitkürzesten Wege wurde ein Baumalgorithmus nach D'ESOPO verwendet, der auch im Bereich größerer Knotenzahlen noch wirtschaftlich einzusetzen ist. Die Kantenbelastungen b_r sind Ergebnis einer Bestwegumlegung.

Zur Lösung des eigentlichen Auswahlproblems wurde ein heuristisches Entscheidungsbaumverfahren entwickelt, das

- auch bei großen Fernverkehrsnetzen (≈ 100 Knoten) noch günstige Liniennetze liefert und
- bei kleinen Netzen zu einer optimalen Lösung führt,
- wobei der Rechenaufwand in vertretbaren Grenzen bleibt.

Der Entscheidungsbaum wird sequentiell entwickelt, wodurch sehr schnell eine vollständige Linienkombination und damit ein erster Zielfunktionswert erreicht wird, der für die Beurteilung weiterer Teillösungen nützlich ist. Beim Aufbau einer vollständigen Lösung wird jeweils die Teillösung verfolgt, die bereits die meisten gewählten Linien enthält. Nach Abbruch eines Zweiges wird auf der Suche nach einer noch nicht abgearbeiteten Teillösung nicht stufenweise im Baum zurückgegangen, sondern auf der kleinstmöglichen Stufe wieder begonnen.
Die Verzweigung eines Knotens findet nur bezüglich eines einzigen Elementes statt. Die ausgewählten Variablen werden alternativ gleich 1 oder 0 gesetzt, d.h. eine Linie wird in die betrachtete Kombination aufgenommen oder verworfen. Entscheidend für die Wahl eines geeigneten Elementes aus der Menge der potentiellen Linien ist ein inhaltlich begründetes Kriterium: der absolut größte Direktfahrerzuwachs. Ausschlaggebend für diese Festlegung war die einfache Überlegung, daß direktfahrerreiche Liniennetze mit möglichst geringer Linienzahl sich sicherlich aus Linien zusammensetzen, die ihrerseits einen großen Direktfahreranteil aufweisen.
Um entscheiden zu können, ob die Verfolgung eines Zweiges überhaupt zu einer günstigeren Lösung als der bisher bekannten führen kann, muß für jede Teillösung eine Zielwertobergrenze - etwa durch Lösung eines relaxierten Problems - berechnet werden. Dieser Grenzwert läßt sich recht einfach bestimmen, wenn man die Nebenbedingungen vernachlässigt.

Die Verfolgung eines Zweiges wird abgebrochen, wenn

- ein vollständiges Liniennetz gefunden worden ist oder
- der Zielwert einer Teillösung geringer ist als der Wert der besten bisher bekannten vollständigen Lösung.

Das Verfahren bricht ab, wenn

- alle aussichtsreichen Teillösungen untersucht worden sind oder

- eine vorgegebene Anzahl dualer Entscheidungen getroffen wurde.

Bei Berücksichtigung des letztgenannten Kriteriums entfällt die Garantie, eine optimale Lösung zu finden.

5. Rechentechnische Realisierung des Modells

Das Modell wurde als modular aufgebautes Programmsystem in ALGOL 60 erstellt und an einer ICL 1906 S implementiert. Das Hauptprogramm (in dem die Wahl der günstigsten Linien getroffen wird) erfordert als lauffähiges Programm einen Speicherplatz von 21 KWords. In Abhängigkeit von der Knotenzahl des zugrunde gelegten Streckennetzes und der Anzahl der zu treffenden Entscheidungen (Knoten im Entscheidungsbaum) wird bei einem Anwendungslauf zusätzlicher Platz im Hauptspeicher benötigt. Die Rechenzeiten liegen für das Hauptprogramm bei realen Problemen bis zu etwa 30 Knoten im Sekundenbereich und bei 80 Knoten unter zehn Minuten.
Aufgrund der guten Anfangslösungen konnte auch bei entsprechend größeren Rechenzeiten der Direktfahreranteil nur um bis zu fünf Prozent erhöht werden.

6. Anwendungen

Es wurden mehrere Modellanwendungen durchgeführt, wobei insbesondere Liniennetze für den IC-Verkehr berechnet wurden (s. Abbildung). Die erzielten Ergebnisse lassen einen Einsatz des Modells auch bei anderen Zugsystemen, wie etwa dem D-Zug-System sinnvoll erscheinen.
Gegenüber gleich- und ungleichmäßigen Nachfrageschwankungen erweisen sich die Modellergebnisse weitgehend stabil, was für eine mittelfristige Transportplanung von erheblicher Bedeutung ist.

Literatur: Dienst, H.: Linienplanung im spurgeführten Personenverkehr mit Hilfe eines heuristischen Verfahrens (unveröffentlichtes Manuskript)

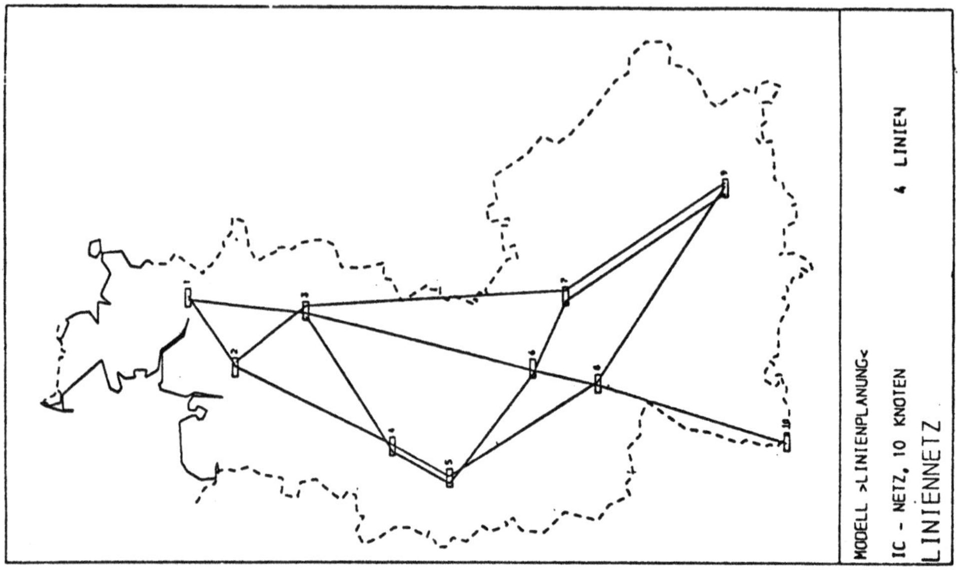

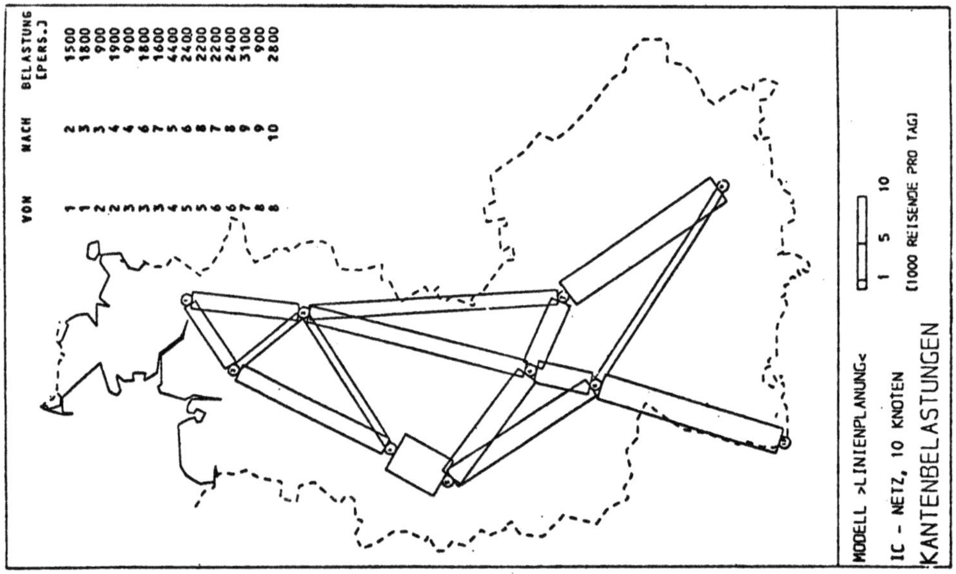

<u>Abbildung</u>: Kantenbelastungen und optimales Liniennetz
Linienkapazität: 1900 Personen/Tag

Untersuchung des Einflusses der Netzstruktur eines Verkehrsnetzes auf die Empfindlichkeit des Transportangebotes gegenüber Nachfrageschwankungen

W. Reinhardt, Braunschweig

Ein Ziel dieses Forschungsvorhabens ist es, die Anforderungen an die Genauigkeit der Nachfrageermittlung in Abhängigkeit von der Netzkonfiguration festzustellen: Es ist nicht einzusehen, daß für die genaue Ermittlung von Verkehrsnachfragewerten sehr oft Totalerhebungen gefordert werden. Bei Existenz von zwei Möglichkeiten beispielsweise von einem Ort A zu einem Ort B zu gelangen genügt es sicher, durch eine Erhebung von wenigen Stichproben die Verkehrsströme zu ermitteln, denn sämtlicher Verkehr muß sich entlang dieser zwei Kanten bewegen. Kann der Verkehr zwischen A und B auf vielen Wegen abgewickelt werden, so müssen die einzelnen Verkehrsströme mit einem höheren Genauigkeitsgrad ermittelt werden.

Ein anderes Ziel dieser Arbeit ist die Untersuchung des Einflusses der Netzstruktur eines Verkehrsnetzes auf Auswirkungen von Nachfrageschwankungen auf das Transportangebot. Zur Erläuterung dieses Problems werden Schienennetze der Deutschen Bundesbahn betrachtet. Schwankungen der Verkehrsnachfrage haben kaum Einfluß auf die Struktur günstiger Liniensysteme des Intercity-Netzes, wohl aber auf die Struktur der Linien des D-Zug-Systems. Dieses Phänomen schien folgende Ursache zu haben: Das Intercity-Netz ist einfach strukturiert, d.h. es existieren wenige "überflüssige" Verbindungsmöglichkeiten. Das D-Zug-Netz ist feiner verästelt, es existieren für Quelle-Ziel-Beziehungen u.U. mehrere Verbindungsmöglichkeiten. Je mehr Verbindungsmöglichkeiten für eine Quelle-Ziel-Beziehung aber bestehen, umso größeren Einfluß müssen Nachfrageschwankungen auf die Angebotsgröße "Linienverläufe" haben.

Aus den Ergebnissen dieser Arbeit werden Erkenntnisse zu folgenden Sachverhalten erwartet: Die Netzkonfiguration bestimmt den Umfang des Eingreifens in den Betrieb, d.h. ein einfach strukturiertes Netz erfordert wegen der geringen Variationsmöglichkeiten (Linienverläufe etwa) nur einige einfache Regeln für Eingriffe in das Betriebsverhalten. Ist das Netz sehr komplex, so werden auch die evtl. notwendigen Eingriffe in den Betrieb nach komplizierten Regeln ablaufen. Damit wäre folgende Frage auch zu beantworten: Wie umfangreich müssen in Abhängigkeit von der Netzstruktur die Betriebsleistungen sein? Gleichlaufend ließe sich dann eine Antwort finden auf die Frage, wie sich die Abwicklung des Betriebes in einem Verkehrsnetz gestaltet, wenn Störstellen existieren.

Einen wichtigen Teilaspekt der zunächst vorgesehenen Netzuntersuchungen bildet die Betrachtung der vorhandenen Verbindungsmöglichkeiten in einem gegebenen Netz und der im selben Netz mindesterforderlichen Verbindungen zur Erfüllung der Quelle-Ziel Nachfragewünsche: Je mehr Alternativrouten in einem Netz existieren, umso "überflüssiger" sind einzelne Verbindungen im Netz. Für Beschreibungen dieses Tatbestandes existiert der Ausdruck "Redundanz" (lat. für weitschweifig, überflüssig). Die Redundanz in Verkehrsnetzen ist zu untersuchen (Kennwort des Forschungsvorhabens ist "Netzredundanz").

Der Begiff "Redundanz" ist in verschiedene Wissenschaftsdisziplinen ähnlich eingeführt (wenn auch nicht immer gleich definiert bzw. formelmäßig ausgedrückt): Es gibt Definitionen der Redundanz beispielsweise in der Informationstheorie, in der Fernmeldetechnik und in der Zuverlässigkeitstheorie.

So ist zum Beispiel in der Informationstheorie die relative Redundanz eines Code

$$r = \frac{\mathrm{lbs} - \mathrm{lba}}{\mathrm{lbs}}$$

Dabei ist s die gesamte Anzahl der möglichen Zeichen, die übertragen werden und a die Anzahl der ausgenutzten Zeichen. Folgende Überlegung soll dazu führen, eine erste Redundanzdefinition für Verkehrsnetze zu erhalten: Einem Verkehrsteilnehmer bieten sich je nach Zahl der Ausgänge aus einem Knoten diese Ausgänge mit einer gleichen Wahrscheinlichkeit an.

Die Redundanz des Netzes läßt sich dann definieren als

$$R = 1 - \frac{\sum_{i=1}^{N} p_i}{N}$$

N Zahl der Knoten

p_i Wahrscheinlichkeit, einen Ausgang des Knotens i zu benutzen

Beispiel:

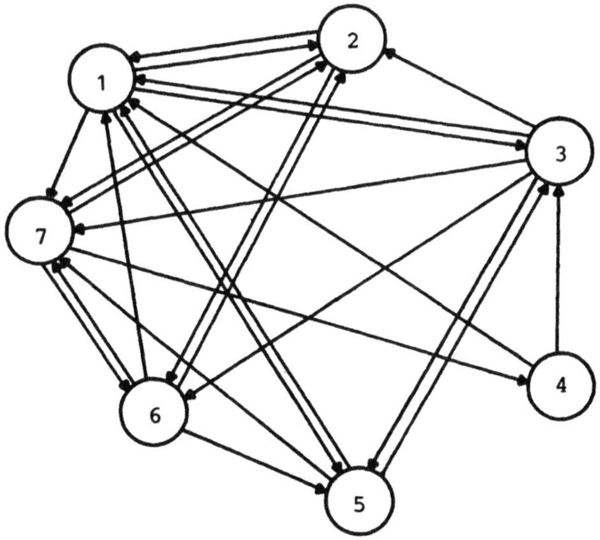

	1	2	3	4	5	6	7		p_i
1	-	1	1	O	1	O	1	4	O,25
2	1	-	O	O	O	1	1	3	O,33
3	1	1	-	O	1	1	1	5	O,2
4	1	O	1	-	O	O	O	2	O,5
5	1	O	1	O	-	O	1	3	O,33
6	1	1	O	O	1	-	1	4	O,25
7	O	1	O	1	O	1	-	3	O,33 → Σ = 2,19

$$R = 1 - \frac{2,19}{7} = 0,687$$

Der im Beispiel maximal erreichbare Redundanzgrad wäre

$$R_{max} = 1 - \frac{7 \times (\frac{1}{6})}{7} = 0,83$$

Die relative Redundanz ist

$$\frac{R}{R_{max}} = \frac{0,687}{0,83} = \underline{\underline{0,82}}$$

Außer der Zahl der Knoten und der gerichteten Kanten wirken sich aber unter Umständen Änderungen der Netzstruktur auf andere Parameter viel empfindlicher aus. Diese anderen Parameter könnten sein:

Zahl der Verkehrsbeziehungen
Zahl der Linien
Zahl der Routen
Kantenkapazität
Netz-/Linienauslastung
Umweglänge (daraus ergibt sich:)
Zahl der Alternativrouten
Zahl der Verkehrsbeziehungen je Kante (= Wichtigkeit der Kante)

Reisezeit
Umsteigezeit
Umsteigezwang
Komfort u.a.m.

Die angeführte Redundanzdefinition ist zu ergänzen und zu erweitern. Dazu dienen empirische und analytische Studien.

Bei den Empfindlichkeitstests der am Institut für Verkehr entwickelten Transportmodelle zeigte es sich, daß sie ein geeignetes Instrument sind,um das Netzbetriebsverhalten in Abhängigkeit von geänderten Netzstrukturen und Nachfragewerten darzustellen.
Hierbei ist ein spezieller, jedoch häufig vorkommender praktischer Anwendungsfall der Verkehrsnetze mit Linienbetrieb zugrundezulegen. Es sollte versucht werden, auf empirischem Wege die quantitativen Wechselwirkungen zwischen Netzstruktur (Knoten, Kanten), Verkehrsnachfragestruktur (Größe und Verteilung des Verkehrsaufkommens) und Transportangebotsstruktur (Liniensysteme, Verkehrsströme) abzuleiten.
Das bei der Entwicklung des Rechenverfahrens verwendete Intercity-Netz (32 Knoten, 41 Kanten) wurde um 43 Kanten auf 84 Kanten erweitert, um Einflüsse geänderter Parameter deutlicher als in einem grob strukturierten Netz feststellen zu können.
Die Berechnung von Linien, ausgehend vom kantenminimalen Netz, ergab keinen Einfluß der leicht veränderten Netzstrukturen auf die Transportlinienwahl bei Nachfrageschwankungen. Aber nach einer Vielzahl von Rechenläufen mit zusätzlichen Kanten ist eine Tendenz erkennbar: Je aufwendiger das Netz ist, umso eher treten Änderungen der Linienverläufe auf. Aber eine Systematik ist nicht erkennbar.

Die für das IC-Netz getroffenen Aussagen gelten im Prinzip auch für das D-Zug-System, wenn auch die Anzahl der Abweichungen in den Modellresultaten größer ist. Auch hier sind für die Änderungen noch keine Systematiken erkennbar.

Neben den empirischen Studien sind zur Herleitung eines Begriffes "Netzredundanz" analytische Untersuchungen nötig, u.a. von Kriterien/Variablen/Parametern, die diesen Begriff eingrenzen/beschreiben/mathematisch erfassen. Es ist abzusehen, daß die "Netzredundanz" als mehrparametrige Funktion darzustellen ist

R = f (Alternativrouten, Reisezeit, Kantenkapazität ...).

Als einfache qualitative Beispiele der Darstellung einer Größe "Netzredundanz" seien angeführt:

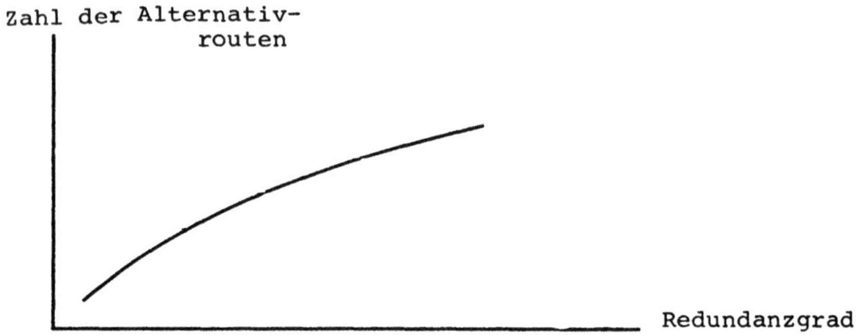

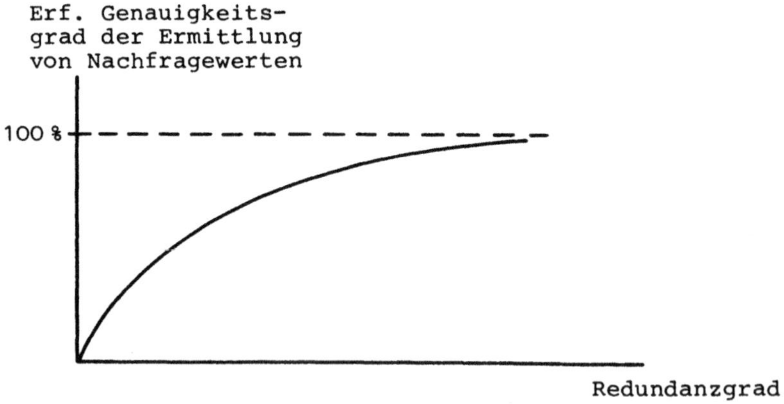

Eine wichtige Teiluntersuchung im Rahmen der empirischen Studien betrifft die Gegenüberstellung von Angebots- und Nachfragestrukturen in einem Verkehrsnetz: Um die Forderungen des Fahrgastes nach reisezeitkurzen Verbindungen zu erfüllen, sollte ein Simultannetz eingerichtet werden. Der Wunsch des Verkehrsunternehmens nach geringem Aufwand wird durch Einrichten eines Ringnetzes erfüllt.

Unter der Annahme, daß auf den Kanten eines jeden Transportnetzes immer ein bestimmter, von der tatsächlichen Inanspruchnahme der Kanten durch Transportvoränge unabhängiger Aufwand z.B. in der Form von ortsfesten Installationen vorhanden sein muß, läßt sich die "Simultanverbindung" als die aufwandsmaximale Netzstruktur feststellen, während die "Ringverbindung" als die Netzstruktur mit dem geringsten Grundaufwand bezeichnet werden kann.

In ähnlicher Weise kann die "Simultanverbindung" als die Netzstruktur mit dem prinzipiell größten Nutzen für die zu transportierenden Reisenden oder Güter angesehen werden, da sie bei einem gegebenen Mindestzeitaufwand zur Überwindung jeder einzelnen Kante zur geringsten Zeitverlustsumme und damit zum geringsten Reiseaufwand führt. Andererseits muß die "Ringverbindung" zur prinzipiell größten Zeitverlust-Summe und damit zum geringsten Nutzen für die Kunden führen.

Diese prinzipiellen Schlußfolgerungen verlieren ihre Allgemeingültigkeit, wenn man berücksichtigt, daß auch die Nachfrage in einem Verkehrsgebiet bestimmte Strukturen annimmt, von denen wiederum die Gleichnachfrage und die gerichtete Nachbarschaftsnachfrage als extreme Typen anzusprechen wären. Schon aus der Anschauung wird deutlich, daß offenbar einer Gleichnachfrage ein Simultannetz am weitesten entgegenkommen würde, während eine Ringverbindung die Bedürfnisse am ungünstigsten befriedigen würde.

Völlig andere Verhältnisse ergeben sich, wenn man einer gerichteten Nachbarschaftsnachfrage ein Simultannetz gegenüberstellt und ein Ringnetz. Es darf damit aus den Extremfallbetrachtungen allgemeingültig geschlossen werden, daß für jede Nachfragestruktur eine optimale Angebotsstruktur existiert.

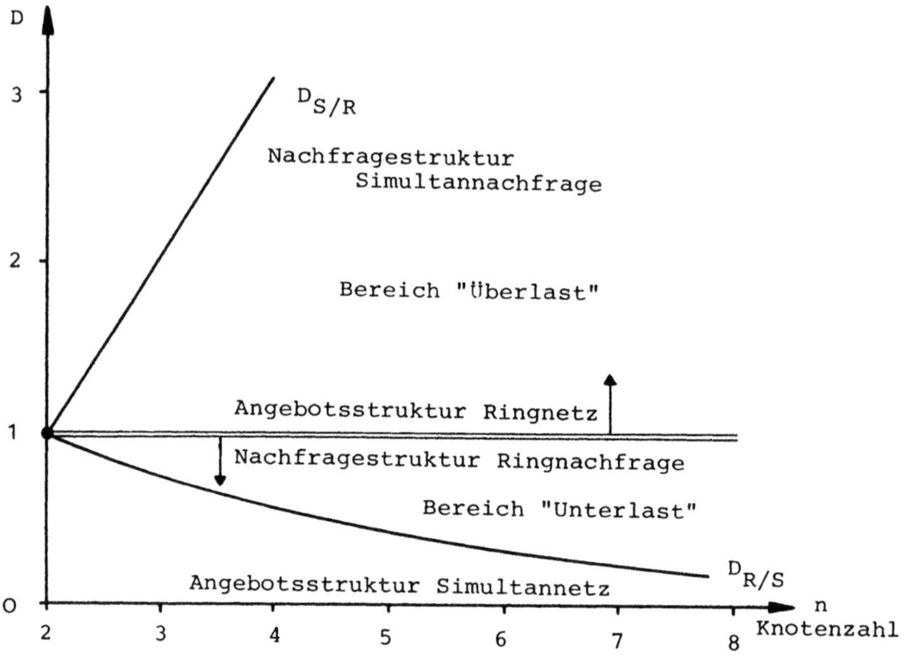

$$D = \frac{\text{Nachfragestruktur}}{\text{Angebotsstruktur}}$$

$$\left.\begin{aligned} D_{S/R} &= \frac{n\,(n-1)}{n} = n-1 \\ D_{R/S} &= \frac{n}{n\,(n-1)} = \frac{1}{n-1} \end{aligned}\right\} n = 2$$

Die Gegenüberstellung von Angebots- und Nachfragestrukturen führt zu Aussagen über Auslastungsgrade bei bestimmten Netzstrukturen und bestimmten Nachfragestrukturen und damit zu einem weiteren Teilergebnis einer Untersuchung des Einflusses der Netzstruktur eines Verkehrsnetzes auf Auswirkungen von Nachfrageschwankungen auf das Transportangebot.

Optimierung von Bahnpostwagenumläufen

H. Maaser, Darmstadt

Begriffsbestimmung Umlaufproblem

- Allgemeines Zuordnungsproblem (assignment problem)

  Zielfunktion: $\sum_i \sum_j a_{ij} x_{ij} \rightarrow$ Minimum

  Restriktionen: $\sum_i x_{ij} = \sum_j x_{ij} = 1$ für alle i, j

  mit $x_{ij} = 0$ oder 1

- Anschlußproblem

  Zuordnungsproblem, bei dem i und j Reisen sind und a_{ij} nur dann definiert ist, falls geographisch und zeitlich ein Anschluß möglich ist

- Umlaufproblem

  Anschlußproblem, bei dessen Lösung jeder Kurzzyklus als Umlauf interpretiert wird

Bahnpostwagenumlaufproblem

Gegeben:

- i und j stellen Zugverbindungen dar, mit denen Bahnpostwagen transportiert werden.
- In den Bahnpostwagen werden Postsendungen (Briefe, Päckchen, Schnellpakete, usw.) befördert, wobei während des Transports die Sendungen von mitfahrendem Personal bearbeitet werden.
- a_{ij} ist die ungenutzte Stillstandszeit.
- Leerfahrten sind nicht zugelassen.

Gesucht:

Umlaufplan bzw. Fahrzeugeinsatzplan

- mit minimalem Einsatz von Bahnpostwagen
- regelmäßigen Anschlüssen (Ausnahme Wochenendverkehr)
- abgeschlossenen Umläufen
- möglichst vielen, kleinen Umläufen (wegen Betriebsstörungen, sowie Inspektions- und Wartungsarbeiten).

Lösungsansätze

Überprüfung einer vorgegebenen Lösung auf Optimalität
Bilde Überlagermatrix (a_{ij} = Anzahl der Tageswechsel zwischen der Ankunft der Verbindung i und der Abfahrt der Verbindung j) und löse das entsprechende Zuordnungsproblem, wobei alle Zuordnungen der vorgegebenen Lösung, die in der reduzierten Matrix auf ein Nullelement fallen, als Startlösung erhalten bleiben. Das Ergebnis ist eine optimale Lösung, die durch das Zusammenfassen von bestehenden Umläufen erzielt wird. Alle Möglichkeiten, dabei entstandene große Umläufe ohne Verletzung der Optimalität wieder zu zerlegen, werden vom Programm geprüft und ausgedruckt. Die endgültige Lösung besitzt den Vorteil, daß sie von der vorgegebenen Lösung nur minimal abweicht.

Konstruktion einer Lösung ohne vorgegebene Umläufe
Bilde Überlagerzeitmatrix (a_{ij} = Überlagerzeit zwischen Ankunft und Abfahrt incl. Belade-, Entlade- und Rangierzeiten) und löse das Bahnpostwagenumlaufproblem mit einem speziellen Algorithmus. Dabei werden aus den Regelverkehrsverbindungen Umläufe gebildet, die mit Wochenendausnahmen abgeschlossen werden können. Zuletzt werden alle Wochenendausnahmen den Umläufen mit einem speziellen "out-of-kilter - Algorithmus" endgültig so zugeordnet, daß möglichst keine zeitlichen Überlappungen bei den Anschlüssen auftreten. Probleme einer Größenordnung i = j = 400 wurden bisher gelöst.

Literatur:

UEBE, Götz Optimale Fahrpläne, Lecture Notes in OR and Math. Science, Band 20, Springer-Verlag 1970. - Keine Langfassung vorhanden; eine ausführlichere Beschreibung befindet sich für eine Veröffentlichung in Bearbeitung.

Berechnung gesamtkostenminimaler außerbetrieblicher Transportnetze

E.M. Zahn, Frankfurt

Für ein neu zu planendes oder zu erweiterndes Transportsystem wird bei gegebenen Quellen und Senken (Q/S_i, Q/S_j) das Trassennetz gesucht, das in einer homogenen Ebene die geringsten Gesamtkosten (Anlage- und Betriebskosten) verursacht. Die pro Straßenlänge anfallenden Kosten mit den bekannten Transportflüssen f_{ij} und den konstanten Faktoren a und b verlaufen (idealisiert) linear: $k_{ij}/l_{ij} = a + b \cdot f_{ij}$. Für drei Quellen/Senken existieren exakte Grundlagen zur Netzberechnung. Für mehr Quellen/Senken waren wegen der topologischen Problematik bisher nur heuristische Ansätze vorhanden.

Zusammengefaßt die wesentlichen Merkmale des hier entwickelten Algorithmus:

1. Da die optimale Topologie und deren Belegung mit Flüssen nicht von vornherein formulierbar ist, beginnt die Optimierung beim Allgemeinen Netz, das aus dem trassierten Transportspannungsfeld mit dem Ziel entwickelt wird, die maximal mögliche Anzahl variabler Knotenpunkte zu erhalten. In diesem "Stammbaum" sind alle möglichen Topologien latent enthalten.
2. Um das Gesamtkostenminimum zu erreichen, wird - analog dem Vial-Punkt - die Lage des Mittelpunktes der einzelnen 3-Eck-Sterne - der Grundbausteine des Netzes - iterativ optimiert.
3. Beim quantitativen Optimierungsprozeß sind diskontinuierliche qualitative Sprünge notwendig, um sukzessiv das Optimierungsziel zu präzisieren. Um dem System Flüsse-Trassen die maximale Bewegungsfreiheit zu gewähren, wird das Zusammenlegen von Quellen/Senken und Knotenpunkten ermöglicht und z.T. auch wieder rückgängig gemacht.

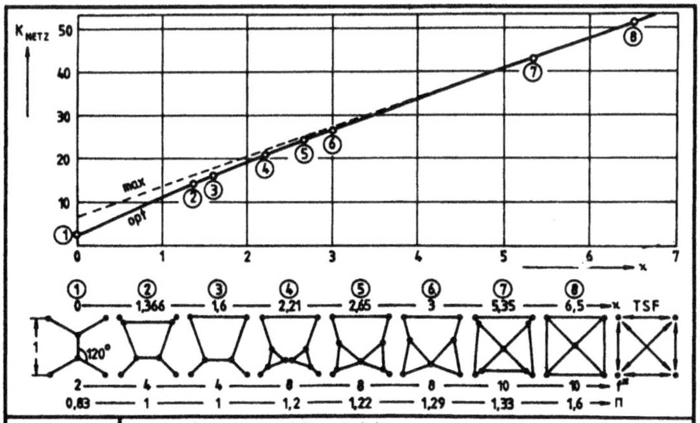

Bild 4 Konfigurationen, Kosten und Kennwerte bei vier iterativ symmetrisch angeordneten Quellen/Senken ($a=1$, $f_{ij}+f_{ji}=1$)

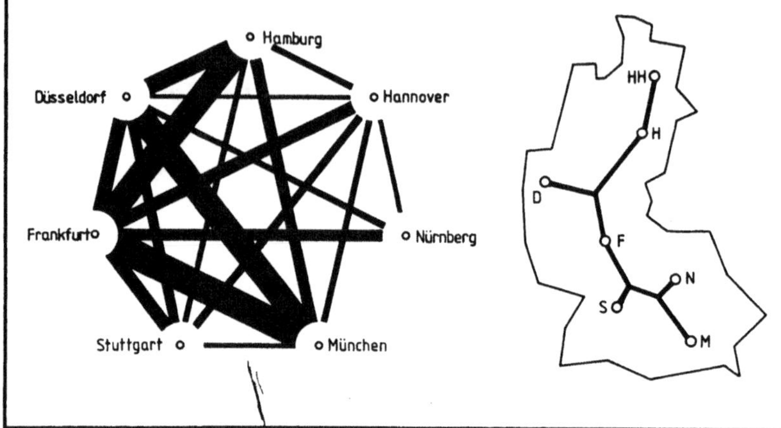

Bild 9 — Schnellbahnnetz zur Verbindung von sieben Großstädten in der Bundesrepublik Deutschland (Betriebskosten/Anlagekosten etwa 0,8)

Beispielhaft sind alle Konfigurationen bei vier quadratisch angeordneten Quellen/ Senken und sechs symmetrischen Flüssen in Bild 4 zu erkennen. Bild 9 zeigt die optimierte Topologie eines möglichen Hochleistungsschnellbahnnetzes.

Dieser Optimierungsalgorithmus führte zu folgenden Ergebnissen und Erkenntnissen:

1. Das Rechenprogramm erweist sich für solche komplexen Netze und Kostenverhältnisse - durch Ausnutzen der Flußbündelung auf den Trassen - als günstig, für die es bisher keine Optimierungsansätze gab.

2. Zwischenminimale Lösungen traten bisher bei keinem Iterationsverlauf erkennbar auf. Dies ist zwar nicht allgemein beweisbar, doch deuten eine Reihe von Faktoren darauf hin: Die Kosten sind immer geringer als bei den in der Literatur angegebenen heuristischen Lösungen. Bei den Kosten K_{opt} gab es keine Ausreißer. Bei den Programmläufen ohne Betriebskostenanteil ergaben sich immer die durch die 120° Winkel charakterisierten Netze. Da nur wenige Netze diese Bedingung erfüllen, war das absolute Minimum leicht nachweisbar. Sollten bei höheren Punktezahlen ($n \geq 6$) trotzdem Zwischenminima erkannt werden, lassen sich diese durch interaktiven Eingriff in den Rechenverlauf beseitigen.

3. Überraschend treten teilweise nur noch bilaterale Symmetrien zu einer Achse auf (Bild 4).

4. Die Möglichkeiten zur Kosteneinsparung verbessern sich bei flächiger Anordnung und wachsender Anzahl der Quellen/Senken, zahlreicheren Transportspannungen und fallendem Anteil nur längenabhängiger Kosten.

5. Zur Kontrolle des Optimierungsprozesses sind optische Darstellungsmittel (Film) notwendig.

Hinweis:

Eine ausführliche Fassung des Referates ist beim Verfasser erhältlich.
Die gleichlautende Dissertationsschrift wurde in der Schriftenreihe des Instituts für Verkehrswesen der Universität Karlsruhe im Juni 1978 veröffentlicht

Lagerhaltung

Servicegrade in der Lagerhaltung

H. Schneider, Berlin

Ein zentrales Problem bei der Lagerbewirtschaftung ist die Aufrechterhaltung einer vorgegebenen Lieferbereitschaft, die i.d.R. durch folgenden β-Servicegrad definiert wird:

$$\beta = \text{sofort lieferbare Menge/nachgefragte Menge}$$

In der Praxis werden häufig Lagerhaltungssysteme mit periodischer Überprüfung des Lagers verwendet (vgl. IMPACT). In [2] wurde gezeigt, dass bei regelmässigem Bedarf eine (s,S)-Politik eine bessere Einhaltung eines geforderten β-Servicegrades garantiert als eine (Q,s)-Politik, die in vielen Lagerhaltungsprogrammen implementiert ist.
Die von Brown [1] vorgeschlagene (Q,s)-Politik führt bei regelmässigem Bedarf i.d.R. zu einer Überschreitung des vorgegebenen β-Servicegrades.
Während bei regelmässigem Bedarf die Annahme eines normalverteilten Prognosefehlers zu für die Praxis befriedigenden Ergebnissen führt, ist dies bei sporadischem Bedarf nicht der Fall. Wenn das Verhältnis von Standardabweichung zu Mittelwert der Nachfrage grösser als ein Halb, d.h. $\sigma/\mu > 0.5$ ist, so würde die Annahme einer normalverteilten Nachfrage dazu führen, dass mit hoher Wahrscheinlichkeit ein negativer Bedarf unterstellt wird. Die Unterstellung einer negativen Nachfrage zieht einen niedrigeren Bestellpunkt nach sich, was schliesslich zu einer Unterschreitung des Servicegrades führt. Deshalb ist für sporadischen Bedarf die Normalverteilung nicht geeignet.
Es ergibt sich also das Problem, eine Wahrscheinlichkeitsverteilung zu finden, die die beobachtete Verteilung adäquat repräsentiert. Dabei kann man bei sporadischem Bedarf von den folgenden Charakteristika der empirischen Verteilung ausgehen:
a) sie existiert nur für nicht negative Werte der Nachfrage,
b) wenn die mittlere Nachfrage steigt, verändert sich die Verteilung von einer
   i) monoton fallenden zu einer
   ii) unimodalen rechstsschiefen Verteilung und schliesslich zu einer
   iii) Normalverteilung.

Ausser der Normalverteilung, die nur für grosse Mittelwerte geeignet ist, wurden drei weitere Verteilungen in Betracht gezogen:
i) die negative Exponentialverteilung,
ii) die logarithmische Normalverteilung,
iii) die Gammaverteilung.

Die logarithmische Normalverteilung ist bei Lieferverzögerungen nur schwer zu handhaben, da Faltungen dieser Verteilung nicht auf einfache Weise zu bilden sind. Die negative Exponentialverteilung ist ein Spezialfall der Gammaverteilung und nur für sehr kleine Mittelwerte geeignet. Die Gammaverteilung wird den dargestellten Anforderungen am besten gerecht. Ihre Eigenschaften sind:

i) sie ist nur für positive Werte definiert,
ii) sie ist sehr anpassungsfähig, d.h., entsprechend ihren Parameterwerten lässt sie sich von einer negativen Exponentialverteilung über eine rechtsschiefe unimodale Verteilung bis zu einer der Normalverteilung ähnlichen Verteilung variieren,
iii) sie ist leicht zu falten,
iv) sie ist numerisch relativ einfach zu handhaben.

Die Charakteristika der Gammaverteilung lassen es angebracht erscheinen, sie als Näherung für die Nachfrageverteilung eines sporadischen Bedarfs zu verwenden.
Vergleicht man nun die (s,S)-Politik mit der (Q,s)-Politik von Brown, so kann man folgendes feststellen: Verwendet man bei sporadischem Bedarf die Gammaverteilung, so liefert eine (s,S)-Politik eine relativ genaue Einhaltung des vorgegebenen β-Servicegrades. Eine (Q,s)-Politik dagegen führt zu einer erheblichen Unterschreitung des geforderten β-Servicegrades (vgl. [3]).

Literatur:

[1] Brown, R. G.: Smoothing, Forecasting and Prediction of Discrete Time Series, Englewood Cliffs: Prentice-Hall, 1962

[2] Schneider, H.:Die Einhaltung eines "Servicegrades bei (s,S)-Lagerhaltungspolitiken - eine Simulationsstudie -", ZOR 22 (1978), S. B 119 - B 144.

[3] Schneider, H.:"The Service-Level in Inventory Control Systems", Proceedings of the International Working Seminar on Production Economics, 1978.

Modellanpassung über Lenkkosten – Ein Vergleich adaptiver (s, S)- und Wagner-Whitin-Politiken

J. Alscher und Ch. Schneeweiß, Berlin

In einem konkreten Lagerhaltungsproblem, dem Schmierstoff-Dispositions-System der ESSO AG, wird - da es, begründet in der Art des Produktionsprozesses unmöglich ist, der einzelnen Schmierstoffsorte anteilig fixe Auflagekosten zuzurechnen - auf den Einsatz eines Kostenminimierungsmodells zur Bestimmung der optimalen Bestellstrategie verzichtet [1]. Statt dessen verwendet man eine adaptive (s,S)-Regel, deren offene Modellparameter (Bevorratungszeit, Wiederbeschaffungszeit, Sicherheitsbestand) so zu bestimmen sind, dass die drei Ziele: - hohe Lieferbereitschaft, - niedriger Lagerbestand, - niedrige Bestellanzahl, bestmöglich befriedigt werden. Zur Ermittlung derartig geeigneter Parameterwerte werden datengetriebene Simulationsläufe durchgeführt und rund 30 verschiedene Parameterkombinationen, bzw. (s,S)-Politiken getestet. Aufgrund der Ergebnisse, die die unterschiedlichen Bestellstrategien dabei erzielen, wählt ein Entscheidungsgremium eine als zu realisierende "Optimalstrategie" aus. Indem nun hier kein Kostenminimierungsmodell mit der eindimensionalen Zielgrösse der Gesamtkosten eingesetzt werden kann, ergibt sich ein Entscheidungsproblem bei mehrfacher Zielsetzung. Für derartige Probleme existiert im allgemeinen eine Vielzahl von zulässigen Lösungen, wobei die über die Parametervariation möglichen (s,S)-Politiken nur einen kleinen Teil ausmachen und es sich dabei nicht einmal um effiziente Lösungen zu handeln braucht.

Nun lassen sich weitere Lösungen obigen Entscheidungsproblems durch auffinden, indem statt des (s,S)-Modells ein Wagner-Whitin-Modell (WW-M) eingesetzt wird und unter Einführung fiktiver Auflagekosten (sog. Lenkkosten) Bestellstrategien berechnet werden. Dabei ergeben sich in Abhängigkeit von der Höhe dieses Kostenparameters unterschiedliche Bestellpolitiken mit unterschiedlichen Zielerfüllungen. Es liegt nun aufgrund der Struktur des Entscheidungsproblems die Vermutung nahe, dass sich durch eine systematische Variation der Lenkkosten eine Wagner-Whitin-Politik (WW-P) finden lässt, die zu einer gegenüber der besten (s,S)-Politik dominanten Lösung des Mehrfachzielproblems führt.

Um dies zu untersuchen, wurden nun die beiden verschiedenen Lagerhaltungsmodelle in einer Simulation verglichen. Als Datenbasis standen folgende Vergangenheitswerte für einen längeren Zeitraum aus der Schmierstoff-Disposition zur Verfügung: - Absatzwerte für mehrere Artikel, die in ihrer Absatzstruktur für einzelne Artikelgruppen typisch sind, - die zu den jeweiligen Dispositionszeitpunkten berechneten Absatzprognosen und Sicherheitsbestände. Ebenso waren Werte für die Parameter des (s,S)-Modells gegeben, die durch das Entscheidungsgremium der ESSO AG ausgewählt wurden.

Das Nachvollziehen der Disposition mit beiden Modellen, wobei dies mit dem WW-M mehrmals geschah - jeweils mit unterschiedlich hohen fixen Auflagekosten (Lenkkosten) -, und eine anschliessende Auswertung bzgl. der Zielerreichungen erbrachte, dass sich für die 8 untersuchten Artikel WW-Politiken finden lassen, die zu Lösungen führen, die dominant gegenüber denen des (s,S)-Modells sind:

Artikel		Lieferber	Lagerbes.	Bestellanz.	Lenkkostenhöhe
1	(s,S)	100,00 %	54,03 ME	8	
	WW-P	100,00 %	52,26 ME	8	690 - 710 DM
2	(s,S)	96,60 %	51,98 ME	11	
	WW-P	99,80 %	50,95 ME	10	790 - 850 DM
3	(s,S)	97,09 %	57,64 ME	11	
	WW-P	97,09 %	57,37 ME	11	820 - 880 DM
4	(s,S)	100,00 %	61,70 ME	11	
	WW-P	100,00 %	60,52 ME	10	480 - 630 DM
5	(s,S)	93,27 %	34,53 ME	16	
	WW-P	94,36 %	33,46 ME	16	750 - 810 DM
6	(s,S)	79,55 %	30,72 ME	10	
	WW-P	80,94 %	30,20 ME	9	1000 - 1020 DM
7	(s,S)	71,67 %	13,98 ME	12	
	WW-P	76,76 %	12,26 ME	12	350 - 490 DM
8	(s,S)	100,00 %	63,59 ME	8	
	WW-P	100,00 %	61,95 ME	8	500 - 510 DM

<u>Literatur</u>:

[1] Bude, M.; Schlüter, G.;
"Das Schmierstoff-Dispositions-System der ESSO AG, IBM-Nachrichten (1975)"

[2] J. Alscher; Ch. Schneeweiss;
"Anpassung von Lenkkosten - Eine Untersuchung am Schmierstoff-Distributions-System der ESSO AG - Diskussionsarbeit Nr. 3/1978, FU Berlin, FB 10, FR Operations Research"

Computation of optimal (σ, S)-policies in multi-item inventory models

H.J. Reining, Darmstadt

0. Summary

We consider a stationary dynamic multi-item inventory model. Let x denote the stock vector before an order is placed and y the stock vector after the immediate delivery. The one-period costs are given by ordering costs $K(y)+M(x)$ for $y \neq x$ and expected holding and shortage costs $L(y)$. Under a (σ,S)-policy the stock is raised up to y=S, whenever x is in the set σ and y=S is feasible. Conditions for the existence of an optimal (σ,S)-policy are given and a concept for the theoretical description is outlined. This allows the formulation of a finite algorithm to compute optimal policies, improving Johnson's method.

0. Zusammenfassung

Wir betrachten ein stationäres dynamisches Mehrprodukt-Lagerhaltungsmodell. Ist x der Bestandsvektor vor der Bestellentscheidung und y der Bestand nach der sofortigen Lieferung, so entstehen in einer Periode Bestellkosten $K(y)+M(x)$ und erwartete Lager- und Fehlmengenkosten $L(y)$. Unter einer (σ,S)-Politik wird der Bestand auf y=S aufgefüllt, wenn x in der Menge σ liegt und y=S zulässig ist. Bedingungen für die Existenz einer optimalen (σ,S)-Politik und Grundbegriffe der Theorie werden formuliert. Für die Berechnung optimaler Politiken wird ein endlicher Algorithmus angegeben, welcher das Verfahren von Johnson verbessert.

1. The Inventory Model

There are N different items stocked in an inventory under periodic review, the stock of each item represented by an integer. At the begin of each period t, $t \in \mathbb{N}_0$, a decision is made to increase the stock level from $X^t=(X_1^t,X_2^t,..X_N^t)$ to $Y^t=(Y_1^t,Y_2^t,..Y_N^t)$. Ordered goods are delivered immediately and the decision on Y^t determines the probability distribution of the demand in period t. The costs for placing an order are $K(Y^t)$ and the expected holding and shortage costs for period t are $L(Y^t)$. The dependence of ordering costs on the stock level X^t is considered below.

Proceedings in Operations Research 8, ©Physica-Verlag, Würzburg–Wien, 1979

By proper selection of the ordering policy $Y^t = f(X^t)$ the expected present worth of total cost is to be minimized. Let $\alpha \in (0,1)$ be a discounting factor and

$$\delta(x) := \begin{cases} 0 & x = (0,0,..0) \\ 1 & x \neq (0,0,..0) \end{cases} \quad , \text{ (N entries)},$$

then these expected costs are given by

$$(1.1) \qquad V_\alpha(x;f) = E_f\left[\sum_{t=0}^{\infty} \alpha^t \{\delta(Y^t - X^t)K(Y^t) + L(Y^t)\} \mid X^0 = x \right] ,$$

whenever the expectation E_f for the stochastic process generated by f is well-defined in (1.1). This model combines the inventory model of /4/ with the cost structure of /5/, so certain replacement problems may be treated as well.

2. Assumptions

For every policy f the random variables $(X^t, Y^t)_{t \in \mathbb{N}_0}$ constitute a Markov chain, such that the following conditions hold:

L1: There is an upper bound b for all stock levels, such that

$$X^t \leq Y^t \leq b \quad \text{component-wise for all } t \in \mathbb{N}_0 .$$

L2: Demand is modeled by a transition probability

$$\varphi(y,z) := P(X^{t+1} = z \mid Y^t = y) \quad \text{with} \quad \sum_{z \leq y} \varphi(y,z) = 1 .$$

L3: $K(y) \geq 0$ for all $y \leq b$.

L4: There is an $x^0 \leq b$ and a lower bound $u \leq x^0$, such that

$$L(x) > L(x^0) + [1 - \alpha\varphi(x^0, x^0)] K(x^0)$$

for all $x \ngeq u$. This implies L to be bounded from below.

L5: For $u \leq x \leq b$ we have $\alpha\varphi(x,x) < 1$.

If the ordering costs are of the form $K(Y^t) + M(X^t)$, we do the following transformation, given in /5/:

$$(2.1) \qquad K'(y) = K(y) + M(y)$$

$$(2.2) \qquad L'(y) = L(y) - M(y) + \alpha \sum_{z \leq y} \varphi(y,z) M(z) \quad .$$

After this transformation we have $V_\alpha(x;f) = V'_\alpha(x;f) - M(x)$ and the same policy is optimal in both models. L3 and L4 now must hold for the transformed cost functions. For the usual ordering costs $K(y) + M(x) = K_0 + c \cdot y - c \cdot x$ this transformation reads $K'(y) = K_0$ and $L'(y) = L(y) + c \cdot y - \alpha \sum_{z \leq y} \varphi(y,z) c \cdot z = L(y) + (1-\alpha) c \cdot y + \alpha c \mu(y)$

3. Basic Properties of (σ,S)-Policies

Let σ be a set of states and S a state not in σ. Then a (σ,S)-policy (cf./4/) is characterized by the properties

(A) If $X^t \in \sigma$ and $X^t < S$, then $Y^t = f(X^t) = S$

(B) If $X^t \notin \sigma$, then $Y^t = X^t$.

There are values not below S, where f is left undefined by (A) and (B).

Theorem 1: There is an optimal policy with properties (A),(B) and (C): $\{x : x \ngtr u\} \subset \sigma$.

The proof given in /7/ is based on the fact, that costs and transition probabilities are independent of X^t. For proofs under different assumptions see /4/ and /6/.

For policies with the properties (A),(B) and (C) we can define the following quantities:

(i) Taboo transition probabilities, describing the stock level, if no orders are placed, but the process is stopped in σ:

$$\psi^t(\sigma,x,y) := P(X^t=y, X^\tau \notin \sigma,\ 0 \le \tau \le t \mid X^0=x)$$

(ii) Markov renewal function, representing the expected amount of time spent in y, if we start in state x and stop in each period with probability $1-\alpha$ and stop additionally in σ:

$$m_\alpha(\sigma,x,y) := \sum_{t=0}^{\infty} \alpha^t \psi^t(\sigma,x,y) \quad .$$

(iii) Expected time until next order is placed:

$$b_\alpha(\sigma,x) := \begin{cases} 1 + \sum_{y \le x} m_\alpha(\sigma,x,y) & x \notin \sigma \\ 0 & x \in \sigma \end{cases} .$$

The time interpretation is as in (ii), or if T is the random time of the first order, we have

$$b_\alpha(\sigma,x) = E_f\left[\sum_{t=0}^{T-1} \alpha^t \mid X^0=x\right].$$

(iv) Expected discounted holding and penalty costs until the next order is placed

$$L_\alpha(\sigma,x) := \begin{cases} L(x) + \sum_{y \le x} m_\alpha(\sigma,x,y)\, L(y) & x \notin \sigma \\ 0 & x \in \sigma \end{cases}$$

(v) Annuity for the policy given by σ and S:

$$a_\alpha(\sigma,S) \ := \frac{L_\alpha(\sigma,S)+K(S)}{b_\alpha(\sigma,S)}$$

The numerator contains the expected costs of an ordering (renewal) cycle, the denominator the expected duration. So $a_\alpha(\sigma,S)$ represents the equivalent one-period costs.

The following results are derived in /7/, for the one-item case see /8/ :

Lemma 2: The following relations hold for every x :

(3.1) $$m_\alpha(\sigma,x,y) = \alpha\varphi(x,y)+\alpha\sum_{y\leq z\leq x} m_\alpha(\sigma,x,z)\,\varphi(z,y)$$

(3.2) $$b_\alpha(\sigma,x) = 1+\alpha\sum_{y\leq x}\varphi(x,y)\;b_\alpha(\sigma,y)$$

(3.3) $$L_\alpha(\sigma,x) = L(x)+\alpha\sum_{y\ x}\varphi(x,y)\;L_\alpha(\sigma,y) \quad .$$

The proof is based on the Markov property. With regard to (C) these relations constitute triangular systems of linear equations, that may be solved recursively.

Theorem 3: For $x\leq S$ the expected value function is given by

(3.4) $$V_\alpha(x;f) = a_\alpha(\sigma,S)/(1-\alpha) + L_\alpha(\sigma,x) - a_\alpha(\sigma,S)b_\alpha(\sigma,x) \ .$$

Intuitively the first term is the present value for the annuity charged in every period. For $X^0 \notin \sigma$ the first ordering cycle is treated separately by adding expected cost and subtracting expected annuities of this cycle.

For $\alpha=1$ $a_1(\sigma,S)$ is the average gain and

$$v(x) = L_1(\sigma,x) - a_1(\sigma,S)b_1(\sigma,x)$$

are the relative values.

4. The Annuity-Algorithm

The algorithm presented here is similar to the method given by Johnson /4/, however the state space is reduced in every step and not all values of $b_\alpha(\sigma,x)$ must be calculated. Each iteration cycle consists of several steps:

0. Set $n := 0;\ \sigma^0 := \{x : x \nleq u\}\ ;\ \tau^0 := \{x : u\leq x\leq b\}$;
   $a^0 := L(x^0)+\left[1-\alpha\varphi(x^0,x^0)\right]K(x^0)$

1. Find σ^n as the solution of a stopping problem, where we assume, that we earn a reward a^{n-1} in every perion and stop as soon as the expected costs exceed expected rewards:

$n := n+1$; $w^n(x) := 0$ for all $x \in \sigma^{n-1}$;

(4.1) $w^n(x) := \left[L(x) - a^{n-1} + \alpha \sum_{y<x} \varphi(x,y) w^n(y) \right] / \left[1 - \alpha\varphi(x,x) \right]$;

(4.2) $w^n(x) := \text{Min}\{0, w^n(x)\}$;

(4.3) $\sigma^n := \sigma^{n-1} \cup \{x : w^n(x) > 0\}$.

The state x assumes in lexicographic sequence all levels $u \le x \le \tau^{n-1}$, where $x \le \tau^{n-1}$ means, that there is an $S \in \tau^{n-1}$ with $x \le S$. So all values needed on the right-hand side of (4.1) are available.

2. Establish bounds on S; if the expected net rewards will not cover the ordering costs, it is unwise to order up to x:

(4.4) $\tau^n := \tau^{n-1} \cap \{x : w^n(x) + K(x) \le 0\}$.

3. Choose a $\tilde{S}^n \in \tau^n$, such that

(4.5) $w^n(\tilde{S}^n) + K(\tilde{S}^n) \le w^n(x) + K(x)$ for all $x \in \tau^n$.

4. Compute the expected duration of the ordering cycle for all $x \le \tilde{S}^n$, proceeding similar as in (4.1):

$b_\alpha(\sigma^n, x) := 0 \quad x \in \sigma^n$

(4.6) $b_\alpha(\sigma^n, x) := \left[1 + \alpha \sum_{y<x} \varphi(x,y) b_\alpha(\sigma^n, y) \right] / \left[1 - \alpha\varphi(x,x) \right] \quad x \notin \sigma^n$.

5. Choose S^n to achieve the best net reward/time ratio :

(4.7) $$d^n := \frac{w^n(S^n) + K(S^n)}{b\ (\sigma^n, S^n)} = \text{Min}_{x \le \tilde{S}^n} \frac{w^n(x) + K(x)}{b_\alpha(\sigma^n, x)}.$$

6. Adjust the annuity

(4.8) $a^n := a^{n-1} + d^n$; if $a^n = a^{n-1}$ go to step 1 .

7. End condition; If $a^n = a^{n-1}$, then $(\sigma^n, \tilde{S}^n)$ and (σ^n, S^n) both are optimal with

(4.9) $V_\alpha(x;f) = a^n/(1-\alpha) + w^n(x)$

or in the relative value form $g = a^n$ and $v(x) = w^n(x)$.

The algorithm is based on

Lemma 4: (i) $w^n(x) = L_\alpha(\sigma^n,x) - a^{n-1}b_\alpha(\sigma^n,x)$
(ii) $a^n = a_\alpha(\sigma^n,S^n)$
(iii) $w^n(x) \geq w^{n-1}(x)$ for all x .

The proof of (i) and (ii) is by comparison with Lemma 2, for (iii) recursion over the state space is used. For details see /7/.

Theorem 5: The annuity-algorithm finds σ^* and S^* for an optimal (σ,S)-policy within a finite number of iteration cycles. For each cycle n the relations

(i) $\sigma^n \subset \sigma^*$ (ii) $S^* \in \mathcal{T}^n$

(iii) $a^{n-1} + w^n(\tilde{S}^n) + K(\tilde{S}^n) \leq a_\alpha(\sigma^*,S^*) \leq a^n \leq a^{n-1}$

hold.

The proof is based on the optimal inventory equation and is given in /7/ together with some computational refinements.

5. Computation Experience

Computations were carried out, using the IBM 370/168 of the TH Darmstadt, with an ALGOL 60 program for two products. As in /2/ the products were linked together only through joint ordering costs K_o, where the usual cost structure and demands independent of stock level were assumed. An upper bound b was computed under cost considerations from a condition similar to L4.

For more than 100 arrangements of data, involving four different types of demand distributions and up to 8000 states, a policy within a 0.001% margin of the optimal annuity was found in 3-4 iteration cycles.

The examples given in /1/ all were solved in less than one CPU-second, the "standard example" took 0.06 sec for K_o=1.30 and 0.25 sec for K_o=4.50. Comparisons with the Johnson-algorithm /4/ showed a reduction of computation time up to 50% for larger problems. An additional advantage for very large problems is, that the b_α-values are not needed in core in step 1.

6. Acknowledgement and Literature

The results presented here were derived at the TH Darmstadt under the advice of Prof. Dr. H. Schellhaas, to whom the referent is indebted for various hints and discussions on the subject.
The list of literature is far from being complete.

/1/ BARTMANN, D. : Optimierung eines Zweiproduktlagers
Proceedings in Operations Research 6 (1976)

/2/ GIRLICH/KÜHNLE/MIETHE : Approximation optimaler Bestellstrategien bei Mehrproduktmodellen
Lagerhaltungsmodelle, Berlin (1976), S. 164-185

/3/ HOCHSTÄDTER,D. : Die stationäre Behandlung von Mehr-Produkt Lagerhaltungmodellen
Proceedings in Operations Research 1 (1971)

/4/ JOHNSON,E.L. : Optimality and Computation of (σ,S)-Policies in the Infinite Horizon Inventory Problem
Management Science 13 (1967) S. 475-491

/5/ JOHNSON,E.L. : Computation and Structure of Optimal Reset Policies, Journal of the American Statistical Association 62 (1967) S. 1462-1487

/6/ KALIN, D. : Optimalität von verallgemeinerten (s,S)-Politiken bei Mehrproduktlagermodellen
Dissertation Bonn 1976

/7/ REINING,H.J. : Mehrproduktlager und optimale (σ,S)-Politiken (Arbeitstitel)
Entwurf einer Dissertation, Darmstadt 1978/79

/8/ TIJMS,H.C. : Analysis of (s,S) Inventory Models
Mathematical Centre Tract 40, Amsterdam 1972

Stochastische Produktionsglättungsmodelle bei stationärer und nichtstationärer Nachfrage

D. Bartmann, München

1. Das Produktionsglättungsmodell

Wir betrachten ein Produktionsglättungsmodell vom Typ Lagerhaltung: In einem Produktionsprozeß wird ein Gut hergestellt. Bevor es verkauft wird, kommt es in ein Lager. Das Lager besitzt eine ausgleichende Funktion. Es wirkt als Puffer bei stark schwankender Nachfrage. Sowohl der Absatz als auch die Lager- und Produktionskosten seien nicht beeinflußbar. Die einzige kontrollierbare Variable sei die Produktionsrate. Diese ist so einzustellen, daß die Gesamtkosten, d.h. Lagerkosten plus Fehlmengenkosten plus Produktionskosten plus Kosten für das Ändern der Produktionsrate minimal sind. Da auch das Ändern der Produktionsrate etwas kostet,wird der Produktionsplan einen glatteren Verlauf annehmen als der Absatz. Dies gilt umso mehr, je stärker die Änderungskosten gegenüber den Lager- und Fehlmengenkosten ins Gewicht fallen. Überlegungen über effiziente Produktionsprogramme werden also in ihrer Ausprägung einen glättenden Einfluß auf die Produktionsrate ausüben. Deshalb bezeichnet man die vorliegende Problemstellung auch als Produktionsglättung.

Ist ein Produktionsprogramm erstellt, so sind im Anschluß daran Detailpläne für Betriebsmittel, Arbeitskräfte, Fremdleistungen, den zeitlichen und örtlichen Ablauf usw. auszuarbeiten. Diese Pläne müssen für eine Mindestzeitdauer ohne Änderung gültig sein. Deshalb ist unser Modell als PERIODENMODELL konzipiert und überwiegend für die Langfristplanung auf einem sehr aggregierten Niveau geeignet. Wir beschränken uns auf eine einfache Kostenstruktur (proportionale und/oder sprungfixe Kosten), legen aber dafür unser Augenmerk auf mögliche Veränderungen des Absatzes, den wir als stochastische Variable in das Modell eingehen lassen.

Nach den bkannten Prinzipien des Risikomanagements wird die Produktion in optimaler Weise mittels einer POLITIK gesteuert: "Die Produktionsrate für eine Periodenlänge konstant lassen, dann überprüfen, ob die Rate wegen abweichender Nachfrage anzupassen ist". Dieses Vorgehen führt zu besseren Resultaten als die oftmals praktizierte Methode: "Produktionsprogramm für den gesamten Planungshorizont erstellen, zuzüglich Sicherheitspolster".

2. Die Kontrollzonensteuerung

Zu jedem Lagerbestand y gibt es eine günstigste Produktionsrate $x^*(y)$. Für die Produktionsraten $x \in X$ gilt bei festem y:

$x = x^*(y)^*$	→	x nicht ändern, da bereits optimal
x in ε-Umgebung von $x^*(y)$	→	x nicht ändern wegen Änd.-kosten
x weit weg von $x^*(y)$	→	x ändern

Diese Punkte, in denen x nicht geändert wird, bilden sie sog. KONTROLLZONE in der Ebene (Produktionsrate x, Lager y). Ist man im Verlauf einer Periode über den Rand der Kontrollzone hinausgeschossen (durch Veränderung von y), dann wird zu Beginn der nächsten Periode die Produktionsrate korrigiert:

a) bei nur proportionalen Änderungskosten auf den Rand s bzw. S der Kontrollzone hin (vgl. Abb.2.1),
b) bei fixen und proportionalen Änderungskosten in die Kontrollzone hinein zu den Werten t bzw. T. Man wird wegen der zusätzlichen fixen Kosten später reagieren, dafür aber dann heftiger (t und T liegen im Innern der Zone, Abb.2.2).

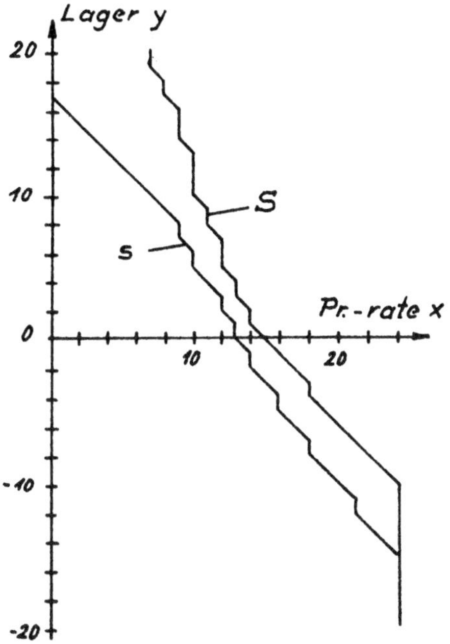

Abb.2.1: Kontrollzone bei nur prop. Änderungskosten

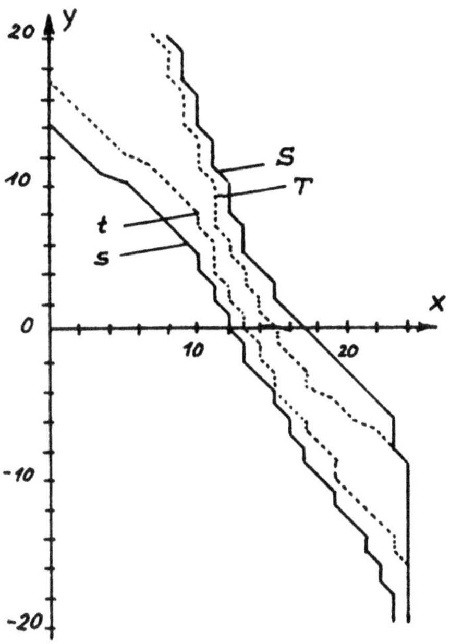

Abb.2.2: Kontrollzone bei prop. und fixen Änderungskosten

Daten zu den Beispielen:

Lager-/Fehlmengenkosten: 6/40
prop. Produktionskosten: 10
Änderungskosten prop. : 15

Lager-/Fehlmengenkosten: 6/40
prop. Produktionskosten: 10
Änderungskosten prop. : 15
fix : 20

Berechnet wird die Kontrollzone mit Hilfe der Dynamischen Optimierung. Die Funktionalgleichungen lauten

$$v_t(x,y) = \min_{d \in D} \{\text{Änd.-kosten} + \text{Lagerkosten} + \text{Produktionskosten} + \beta \int v_{t+1}(d,y+d-u)\, dP_t(u)\}; \quad t = T-1(-1)0$$

und $v_T(x,y) = 0$ mit den Bezeichnungen:

T	Planungshorizont
$v_t(x,y)$	Erwartungswert aller Kosten bei optimalem Produktionspfad, ausgehend von (x,y) zur Zeit t
$d \in D$	neue Produktionsrate $\in$ Kontrollzonensteuerung
β	Diskontfaktor
$P_t(u)$	Nachfrageverteilung in der Periode t

Bei nichtstationärer Nachfrage ist obige Gleichung für alle $t = T-1(-1)0$ zu lösen. Im stationären Fall, d.h. $P_t(u)=P(u)$ f.a. t, geht man zum unendlichen Planungshorizont über. Als effiziente numerische Verfahren haben sich das Extrapolationsverfahren von McQUEEN[3] und die Bisektionsmethode von BARTMANN[1] erwiesen.

3. Die Impulssteuerung

Im wesentlichen schwankt die Produktionsrate um den Erwartungswert μ der Nachfrage. Von dieser Tatsache leitet SCHNEEWEIß[4] den approximierenden Ansatz einer Impulssteuerung ab. Darunter versteht man folgendes: Die Produktionsrate wird am Ende jeder Periode auf das Niveau μ eingestellt. Davon abweichende Produktionsniveaus werden von μ aus durch impulsartige Ausschläge erzeugt. Die Impulsdauer beträgt jeweils eine Periode. Hierzu Abb.3.1.

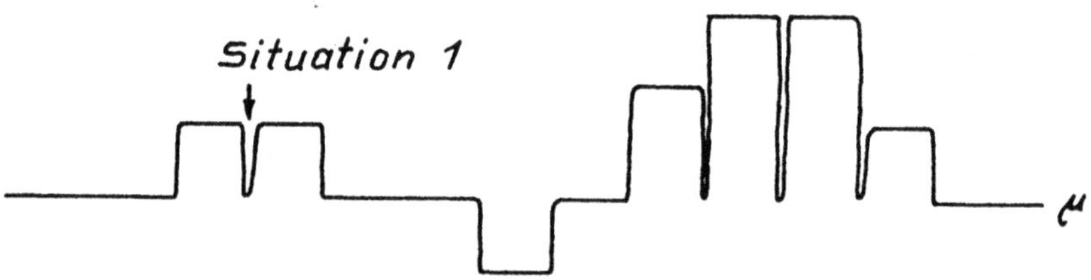

Abb.3.1: Impulssteuerung

Vorteil: Man braucht sich die alte Produktionsrate nicht zu merken. Sie ist stets gleich dem Erwartungswert μ der Nachfrage. Damit vereinfacht sich die Dynamische Optimierung zu der Funktionalgleichung

$$v_t(y) = \min_{d \in D} \{\text{Änd.-kosten} + \text{Lagerkosten} + \text{Produktionskosten} + \beta \int v_{t+1}(y+d-u)\, dP_t(u)\}; \quad t = T-1(-1)0.$$

Nachteile: a) Die modellierte Situation ist nicht wirklichkeitsgetreu, denn man wird nicht am Ende der Periode auf den Wert μ zurückfallen und dann zu Beginn der neuen Periode gleich wieder auf das alte Niveau zurückspringen(Situation 1 in Abb.3.1).

b) Die Politik bei der Impulssteuerung läßt sich als eine degenerierte Kontrollzone,die sich auf den Durchmesser null zusammengezogen hat,darstellen. Man sieht dies in den Abbildungen 3.2 und 3.3

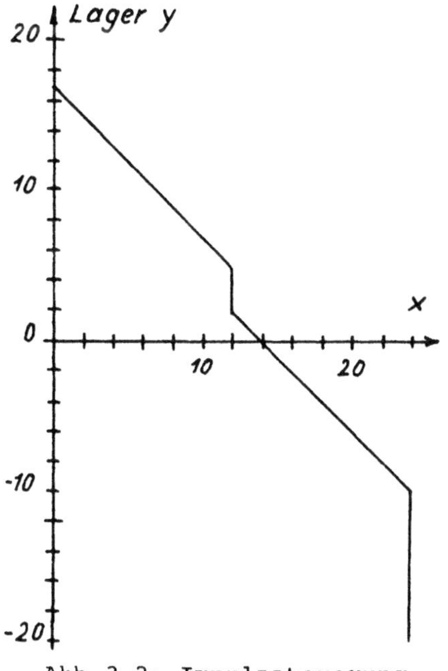

Abb.3.2: Impulssteuerung bei nur prop.Änderungskosten

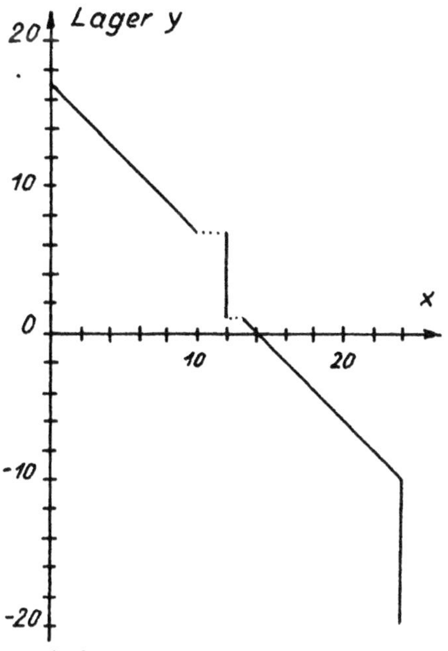

Abb.3.3: Impulssteuerung bei prop. und fixen Änderungskosten

Die Produktionsrate wird zur Kontrollinie hin verändert.(Siehe Zeichnung). Man reagiert also heftiger als bei der Kontrollzonensteuerung.Man sieht dies deutlich an dem Beispiel:

Lagerkosten: 6; Knappheitskosten: 4o; Diskontfaktor: o.9; Produktionskosten: 1o; prop.Änderungskosten: 15; fixe Änderungskosten: 2o;

Die Nachfrage ist (12;3.6)-normalverteilt in jeder Periode.

Man erhält die Kontrollzone Abb.2.2 bzw. die Kontrollinie Abb.3.3.

Eine simulierte Nachfrage über 3o Perioden ergibt die Produktionspfade Abb.3.4 (Start mit x=12; y= 5).

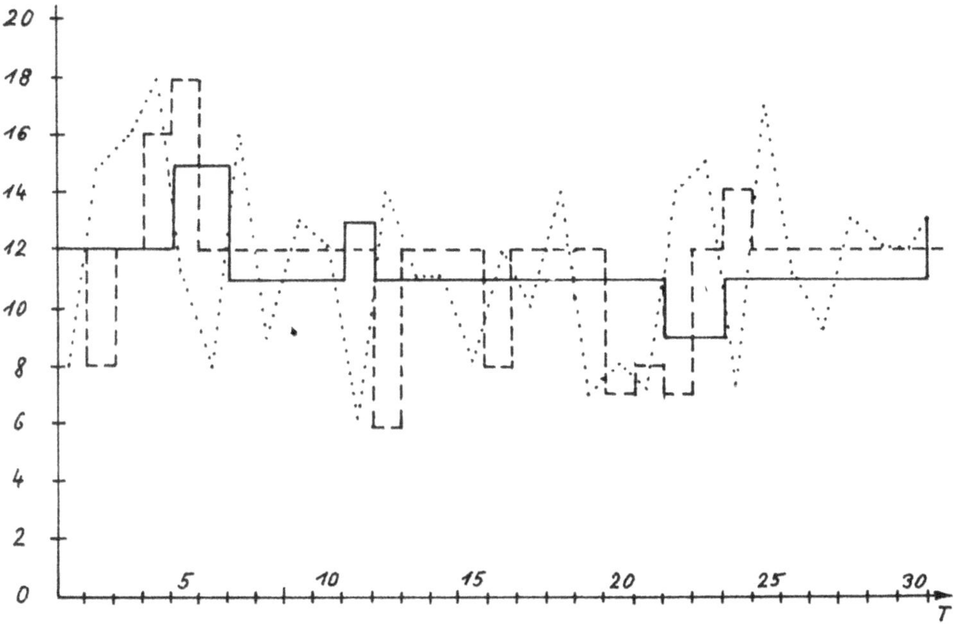

Abb.3.4:·····Nachfrage, - - - Produktionspfad Impulssteuerung
——Produktionspfad Kontrollzonensteuerung

Gesamtkosten: bei Kontrollzonensteuerung: 4903
bei Impulssteuerung : 5768

4. Produktionsglättung mit Prognose

Bei nichtstationärer Nachfrage wird der DO-Ansatz auf den Fall mit Prognose(nach deterministischer Formel) erweitert(vgl.BECKMANN & BARTMANN [2]). Für die exponentielle Glättung 1.Ordnung nach der Formel $w = (1-\alpha)u+\alpha z$ (w= neue Prog., z= alte Prog.) erhalten wir

$$v_t(x,y,z) = \min_d\{\text{Änderungskosten + Produktionskosten + Lagerkosten} + \beta\int v_{t+1}(d,y+d-u,w)\,dP(u)\}$$

Dieser Ansatz ist besonders geeignet für Situationen,wo die Nachfrage einen langfristigen Erwartungswert besitzt, der jedoch durch random shocks kurzfristig gestört wird (z.B. Konjunktureinbrüche).

Beispiel: Als Nachfrage betrachten wir den Auftragseingang der deutschen Automobilindustrie (Inland + Ausland) von 1971 bis 1977. Diese Zeitreihe zeigt ein deutlich nichtstationäres Verhalten (Rezession 1974, dann kontinuierlicher Anstieg). Nehmen wir folgende Kostenstruktur an: Lagerkosten: 6; Knappheitskosten: 4o; Diskontfaktor: o.95; Produktionskosten: 1oo; prop.Änderungskosten: 35; Periode: 1 Quartal; Glättungsparameter α = o.7;. Der optimale Produktionsverlauf für eine Automobilfirma mit dieser Nachfrage (bzw. einem konstanten Bruchteil davon) ist in Abb.4.1 angegeben. Die Nachfrage und die geglättete Nachfrage sind ebenfalls eingezeichnet.

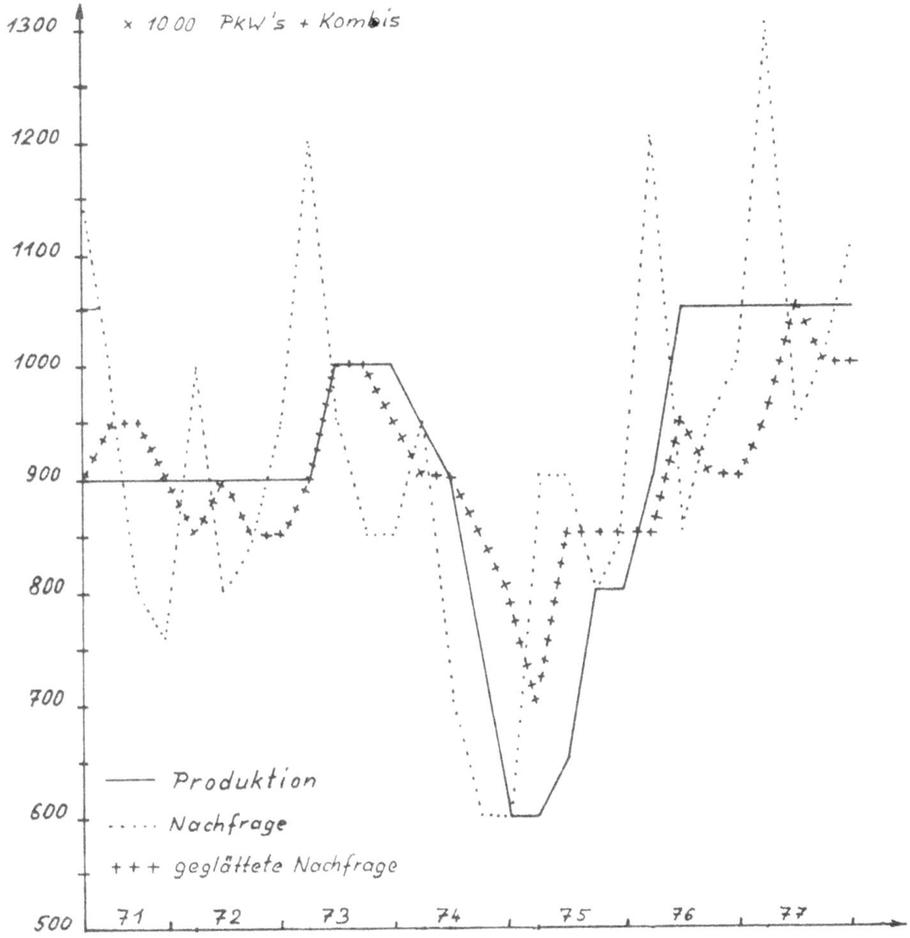

Literaturverzeichnis:

[1] Bartmann,D.: Neue Verfahren der Dynamischen Optimierung in der Lagerhaltung.- In: OR-Verfahren XXV (First Symposium on Operations Research, Heidelberg, September 1-3,1976).Hrsg.: Henn,R.- Meisenheim am Glan: Anton Hain,1977, S.343-354.

[2] Beckmann,M.J. & Bartmann,D.: Inventory Control with Forecasting.- In: Bonner Mathematische Schriften Nr. 98,Dynamische Optimierung.Hrsg.: Brieskorn,E.-Bonn,1977,S.1-18.

[3] McQueen,J.: A Modified Dynamic Programming Method for Markovian Decision Problems.- J.Math.Anal.Appl. 14, 38-43,1966

[4] Schneeweiß,Ch.: Inventory Production Theory.- Lecture Notes in Economics and Mathematical Systems Nr. 151, Springer,Heidelberg, 1977.

Die Normalitätsannahme in Kassenhaltungs-Modellen

G. Bühler, Berlin

Ein Großteil der stochastischen Kontroll- und Entscheidungstheorie bezieht sich auf Situationen, in denen die Stochastik durch normalverteilte Zufallsvariablen beschrieben werden kann. Ein wesentlicher Grund dafür ist das einfache Transformationsverhalten der Normalverteilung in linearen Systemen, das die Herleitung der wichtigsten Aussagen zur optimalen Kontrolle erlaubt. Darüber hinaus kommt der Normalitätsannahme im Hinblick auf den Informationsbedarf erhebliche Bedeutung zu, da unter dieser Annahme die Kenntnis von Mittelwert und Varianz zur vollständigen Festlegung der Stochastik ausreicht.

Nun lassen sich aber viele reale zufallsbedingte Vorgänge in adäquater Weise nur durch Verteilungen und Zufallsgrößen modellieren die nicht vom Gaußschen Typ sind. Eine mehr realitätsbezogene Theorie müßte also allgemeinere Verteilungstypen miteinbeziehen, dabei gleichzeitig aber zu Aussagen gelangen, die insbesondere hinsichtlich der Berechenbarkeit der optimalen Kontrolle mit den Ergebnissen unter der Normalitätsannahme vergleichbar sind. Im strengen Sinne wird man dies nicht erwarten können und wird deshalb nach Wegen suchen, mit denen man das beschriebene Ziel wenigstens näherungsweise erreichen kann.

Ein möglicher Weg besteht darin, daß man an geeigneter Stelle der nicht-Gaußschen Stochastik des dynamischen Entscheidungsmodells wieder das Normalverteilungsgesetz hypothetisch unterstellt und unter dieser heuristischen Annahme Aussagen über das optimale Entscheidungsverhalten ableitet. Zu klären ist hierbei vor allem die Frage der "geeigneten Stelle" für den Ansatzpunkt der Normalitätsannahme, die sicherlich von der Systemstruktur, dem Typ der zugelassenen Politiken und dem Optimierungskriterium abhängen wird. Einen Hinweis dazu bekommt man, wenn man die Rolle der Normalverteilung in Grenzwertsätzen der Wahrscheinlichkeitstheorie bedenkt. Da andererseits bei stationärer Optimierung das Grenzverteilungs-

gesetz alle für die Optimierung nötigen Informationen über die Stochastik des Systems und die Politik enthält, wird die Normalitätsannahme - zumindest bei stationärer Optimierung - an dieser Stelle am ehesten die gewünschten Ergebnisse bringen.
Wie weit dieser Ansatz im konkreten Fall tragen kann, wird im folgenden für ein Kassenhaltungsmodell untersucht. Das Kassenhaltungsmodell ist durch eine lineare Bilanzgleichung und mengenproportionale Kassenbestands-, Defizit- und Transferkosten charakterisiert. Durch eine geeignete Kassenhaltungspolitik (Transferregel) sollen die langfristigen Durchschnittskosten minimiert werden. Wir untersuchen die Normalitätsannahme im Zusammenhang mit zwei Klassen zugelassener Politiken: (a) die Politiken, deren Form mit der der optimalen Politik übereinstimmt - für das betrachtete Kassenhaltungsmodell handelt es sich um Zwei-Parameter-Politiken relativ einfacher Struktur; (b) die linearen Politiken.
In beiden Fällen kommt man zu analytisch einfachen Bestimmungsgleichungen für die Parameter der jeweils besten Politik. Im Fall (b) ist die Annahme, daß die Grenzverteilung eine Normalverteilung darstellt, identisch mit der Normalitätsannahme für die Zahlungssalden in den Perioden. Mittels der Gram-Charlier-Approximation für die Verteilung der Zahlungssalden lassen sich Aussagen darüber machen, wie gut die Normalitätsannahme noch ist, wenn die Verteilung der Zahlungssalden in definierter Weise von der Normalverteilung abweicht.
Umfangreiche numerische Vergleiche für den Fall, daß die Zahlungssalden einer Beta-Verteilung gehorchen, zeigen, daß für weite Bereiche der Kosten- und Verteilungsparameter die über die Normalitätsannahme gefundene "optimale" Politik in der Klasse der zugelassenen Politiken bezüglich des Kostenkriteriums kaum von der exakt optimalen Politik in der jeweiligen Klasse differiert. In diesem Sinne kann man die Normalitätsannahme als effiziente Heuristik bezeichnen.

<u>Literatur:</u>

G. Bühler: Die Normalitätsannahme in Kassenhaltungs-Modellen. Diskussionsarbeit 6/1978, FU Berlin, FB Wirtschaftwissenschaft, FR Operations Research.

Produktionsplanung

Stand und Entwicklungstendenzen des Rechnereinsatzes in der Produktionsplanung und -steuerung

H.J. Warnecke, H.J. Bullinger und **G. Rabus**, Stuttgart

Die Forderungen bezüglich Wirtschaftlichkeit und Flexibilität können in Produktionsbetrieben insbesondere durch Erweiterung und Verbesserung der Planungs-, Steuerungs- und Überwachungssysteme erfüllt werden. Dies erklärt einerseits den hohen Entwicklungsstand dieser Systeme, andererseits die Notwendigkeit ihrer permanenten Weiterentwicklung. Dabei werden Erfahrungen mit bereits eingesetzten Systemen und unerfüllte Benutzerwünsche ebenso wie neue Entwicklungen auf dem Gebiet der Arbeitsstrukturierung als zusätzliche Bestimmungsfaktoren zu berücksichtigen sein.

I. AUFGABE UND BEDEUTUNG DES RECHNEREINSATZES IN DER PRODUKTIONSPLANUNG UND -STEUERUNG

Bei den Rationalisierungsbemühungen, die mit dem Rechnereinsatz im Produktionsbereich verfolgt werden, sind, wie in Bild 1 gezeigt, im wesentlichen 3 Stoßrichtungen erkennbar /1/:

1. Direkte Rationalisierung der Datenverarbeitung im Planungs- und Steuerungsbereich

Verbesserungen lassen sich hier durch Automatisierung von Routinearbeiten, Senkung des Such- und Sortieraufwandes, Verminderung von Daten- und Aufgabenredundanzen sowie durch eine anforderungsgerechte Datenerfassung, -übertragung und -ausgabe erreichen.

2. Indirekte Rationalisierung des Betriebsprozesses

Durch Verbesserung des Planungs- und Steuerungssystems, durch die Anwendung z.B. genauerer Methoden und Verfahren, kann die Datenaktualität und Planungsgenauigkeit verbessert und damit eine gezielte Planung und Steuerung des Betriebsprozesses erreicht werden. Dies führt u.a. zu kürzeren Durchlaufzeiten, besser dem tatsächlichen Bedarf angepaßten Beständen und zu einer besseren Nutzung der Kapazitäten.

3. Direkte Rationalisierung des Betriebsprozesses

Durch den Einsatz elektronischer und technischer Hilfsmittel können sowohl im Lager- und Transportwesen, als auch im Fertigungs- und Montagebereich Rationalisierungserfolge erzielt werden.

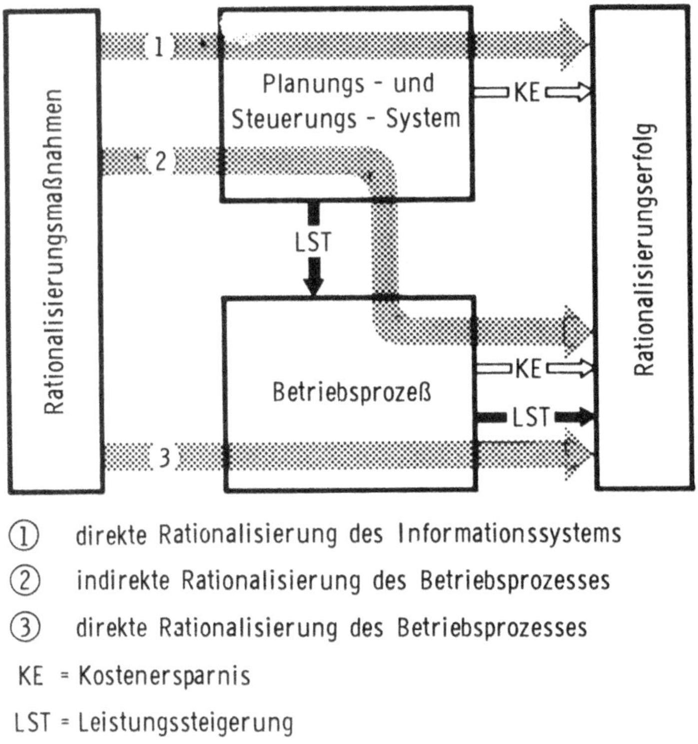

Bild 1: Rationalisierungsmöglichkeiten im Produktionsbereich

Für die Bereiche der Produktionsplanung und -steuerung gewinnt der Rechnereinsatz insbesondere unter den ersten beiden genannten Aspekten besondere Bedeutung. EDV-unterstützte Produktionsplanungs- und -steuerungssysteme sind heute fester Bestandteil der Betriebswirklichkeit. Bisherige Anwendungen sind durch überwiegende Stapelverarbeitung gekennzeichnet, jedoch gewinnen dialogfähige Datenstationen zunehmend an Bedeutung.

Mit dem Einsatz der EDV wird die Anwendung komplexer betriebswirtschaftlicher Modelle und Methoden auch in Verbindung mit großen Datenmengen möglich. Hierdurch können z.B. dem Management für eine Langfristplanung mit Hilfe von Prognosemethoden Entwicklungstrends des Absatz- und Beschaffungsmarktes aufgezeigt werden. Im mittelfristigen Bereich der dispositiven und operativen Ebene, wo derartige Produktionsplanungs- und -steuerungssysteme bisher ihren Schwerpunkt haben, ist es z.B. mit rechnerunterstützten Verfahren möglich, die bezüglich des Endprodukts große Anzahl individueller Kundenwünsche so zusammenzufassen, daß für die Fertigung und Montage ein möglichst hoher Wiederholgrad erreicht wird. Der Vorteil der Rechnerunterstützung im kurzfristigen Bereich liegt vor allem in der Möglichkeit zur Verbesserung der Auskunftsbereitschaft durch schnelleren Zugriff auf Entscheidungsdaten und der damit gegebenen schnelleren Reaktionsfähigkeit auf betriebliche Störungen.

Die wirtschaftlichen Vorteile EDV-unterstützter Produktionsplanung und -steuerungssysteme zeigen sich vor allem in kürzeren Auftragsdurchlaufzeiten und dem Abbau von zu hohen Lagerbeständen. Wie Beispiele zeigen, konnte mit hochentwickelten Systemen die Lagerumschlagshäufigkeit um 4o % gesteigert werden. Darüber hinaus erlaubt die höhere Kapazitätsauslastung der Fertigungseinrichtungen eine bessere Nutzung des Anlagenkapitals. Erreichbare Verbesserungen liegen hier im Bereich von 1o bis 15 % /2/.

II. STAND DER ENTWICKLUNG RECHNERUNTERSTÜTZTER PRODUKTIONSPLANUNGS- UND -STEUERUNGSSYSTEME

Hardware-Technologie

Die technologischen Verbesserungen im Bereich der Hardware-Entwicklungen haben zu erheblichen systemtechnischen und organisatorischen Veränderungen im Bereich der elektronischen Datenverarbeitung geführt. Besonders hervorzuheben sind hierbei /3/:

- Weitere Verbesserung des Preis/Leistungsverhältnisses (kleinere Anlagen mit höheren Leistungen)
- Übergang von der zentralen Verarbeitung zur dezentralen Verarbeitung im Sinne des vielzitierten "distributed processing", sowohl betriebsintern als auch außerhalb des Betriebes, im Rahmen von Datenfernübertragungs(DFÜ)-Konzeptionen.

Die Verbesserung des Preis/Leistungsverhältnisses - insbesondere durch zunehmende Verwendung von Mikroprozessoren - hat sich unmittelbar auf den Computermarkt ausgewirkt. Neben einer recht geringen Zuwachsrate für Universal- und Prozeßrechner ist ein verstärktes Wachstum bei kleineren Anlagen festzustellen.

Vorgangs-, arbeitsplatz- oder benutzerorientierte Datenverarbeitung im Sinne des bereits genannten "distributed processing" sind Begriffe, die die zweite der angeführten Veränderungen in der elektronischen Datenverarbeitung umschreiben. Aus datentechnischer Sicht bedeutet dies den Ersatz oder die Entlastung des Universalrechners durch mehrere physisch getrennte kleinere Systeme, die untereinander und auch mit dem evtl. verbliebenen Zentralrechner verbunden werden können.

Dieser Trend zum "distributed processing" zeigt sich zum einen in der Zunahme von EDV-Anlagen im Bereich der mittleren Datentechnik, zum anderen aber in der starken Zunahme der Teilnehmerstationen. Letzteres betrifft in erster Linie Dialogeinheiten.

A n w e n d u n g s s o f t w a r e/M e t h o d e n

Schon heute betragen die Kosten für die Softwareerstellung und -wartung 7o bis 8o % der Systemkosten /3/ eines EDV-Anwendungssystems. Dies bedeutet für die Bundesrepublik Deutschland einen jährlichen Aufwand von ca. 7 Milliarden DM /4/. Eine Senkung der Softwarekosten durch vergrößerte Nutzungsbreite als Möglichkeit zur Rationalisierung der Softwarebereitsstellung wird insbesondere von Unternehmungen angestrebt, die ihre Softwareprodukte auf dem Markt anbieten. Hierzu zählen neben EDV-Herstellern und Softwarehäusern auch in zunehmenden Maße wissenschaftliche Institutionen.

Die Anwendungsprogrammsysteme für die Produktionsplanung und -steuerung gehen in der Regel von zwei unterschiedlichen betriebswirtschaftlichen Unternehmungsmodellen aus, die durch folgende Betriebsmerkmale charakterisiert werden können:

Modell 1:
Kundenauftragsorientierte Fertigung mit Einzelfertigung, Klein- und Mittelserie (bezogen auf die Endprodukte).

Modell 2:
Lagerorientierte Fertigung mit Mittel- und Großserie (bezogen auf die Endprodukte).

Entsprechend den unterschiedlichen Problemschwerpunkten dieser Unternehmenstypen liegen die Lösungsschwerpunkte bei der Projektplanung auf der Grundlage von Netzplänen (Modell 1) oder auf der langfristigen Material-, Personal- und Kapazitätsplanung (Modell 2).

Die zur Verfügung stehenden Anwendungsprogramme (einen Überblick gibt /1/) sind, soweit es sich um integrierte Systeme handelt, kaum für beide Typen gleichzeitig verwendbar. Dies schmälert zum einen ihre Nutzungsbreite aus Sicht der Hersteller, zum anderen behindert diese Tatsache den Einsatz bei Betrieben, die eine Mischung der oben genannten Modelle darstellen. Im Maschinenbau ist letzteres sehr häufig anzutreffen.

Die den angesprochenen Anwendungsprogrammen zugrundeliegenden Modelle erlauben die Anwendung mathematischer Methoden, mit denen die in vielen Betrieben vorherrschende Improvisation auf der Grundlage von Erfahrungswerten durch eine genaue und rekonstruierbare Planung ersetzt werden kann. Der Einsatz mathematischer Methoden beschränkt sich jedoch bei diesen Programmsystemen auf relativ einfache Algorithmen. Eine Ausnahme bilden Systeme zur Stücklistenauflösung, sowie zur Termin- und Kapazitätsplanung auf der Grundlage von Netzplänen. Somit tragen zwar derartige EDV-Systeme zu einer erheblichen Verbesserung der Planungsergebnisse und rationelleren Abwicklung der DV-Aufgaben bei, die Entscheidung bei Zielkonflikten bzw. die optimale Abstimmung derselben bleibt jedoch dem Menschen überlassen. Dies gilt für den Bereich der Materialbewirtschaftung mit den Problemen der Bestellosgrößen, der Bestellhäufigkeit, des Sicherheitsbestandes und der Kapitalbindungskosten ebenso wie für die Lösung des Ablaufplandilemmas im Rahmen der Termin- und Kapazitätsplanung. Gründe hierfür sind sowohl fehlende praxisgerechte Methoden, als auch die sich ständig ändernden Zustände und Randbedingungen der zu planenden Größen. So zeigten entsprechende Untersuchungen in einem Fertigungsunternehmen, daß von den Daten der Kapazitätsfeinplanungsliste nach <u>einer</u> Arbeitswoche bereits 3o % als Planungs- und Steuerungsgrundlage unbrauchbar waren. Die heute verfügbaren EDV-Systeme sind aufgrund der zum Teil erheblichen Programmlaufzeiten, insbesondere im Bereich der Termin- und Kapazitätsplanung kaum in der Lage, diesen Aktualitätsverlust auf wirtschaftlich akzeptable Weise durch kürzere Planungszyklen zu minimieren.

Für den Bereich der <u>Produktionsplanung</u> werden in jüngster Zeit geeignete EDV-unterstützte Problemlösungen angeboten, die sich im wesentlichen auf die Thmenkreise

- Arbeitsplanerstellung
- Ermittlung von Grunddaten (z.B. Planungszeiten, Arbeitsabläufe)

- Leistungsabstimmung von Montagelinien, sowie
- Materialflußplanung

konzentrieren. Bezüglich der vom IPA erarbeiteten Problemlösungen zu diesen Themenkreisen wird auf /5, 6, 7/ verwiesen.

III. EINSATZBREITE RECHNERUNTERSTÜTZTER SYSTEME

Im Bereich der Planung und Disposition lassen sich Rationalisierungseffekte zunächst durch den in Verbindung mit einem Rechner möglichen Einsatz besserer Planungs-, Steuerungs- und Überwachungsmethoden erreichen.

In welchem Umfang EDV-Systeme generell im Planungs- und Dispositionsbereich eingesetzt werden, zeigt Bild 2 am Beispiel der Produktionssteuerung und Grunddatenverwaltung in der Maschinenbaubranche /8/. Demnach liegt die Bestandsführung mit einem Anteil von 75 % an der Spitze des EDV-Einsatzes. Zum einen zeigt sich hier die besondere Bedeutung der Bestandsführung als Grundlage für die Nettobedarfsermittlung und Bestellrechnung. Darüber hinaus gewinnt sie unter den Aspekten Lieferbereitschaft und Kapitalbindung besonderes Gewicht. Günstig auf den EDV-Einsatz wirkt sich hier zudem aus, daß die Programme einfach zu handhaben sind und vom Umfang her auch für den Einsatz auf kleineren EDV-Anlagen geeignet sind, zumal sie nicht unbedingt mit anderen Aufgabenbereichen verknüpft werden müssen.

Das Bild zeigt weiterhin, daß die im Rahmen der Lagerhaltungspolitik durchzuführende Festlegung der Mindest- und Sicherheitsbestände aufgrund ihres langfristigen Charakters und ihrer geringen Wiederholhäufigkeit vorwiegend manuell erfolgt. Auch bei den Aufgaben der Zeitwirtschaft - insbesondere der Reihenfolgeplanung - und dem Kapazitätsabgleich dominiert die manuelle Abwicklung. Hier sind es jedoch im wesentlichen Aktualitätsgründe, die die Unternehmen zur manuellen Durchführung veranlassen. Aus wirtschaftlicher

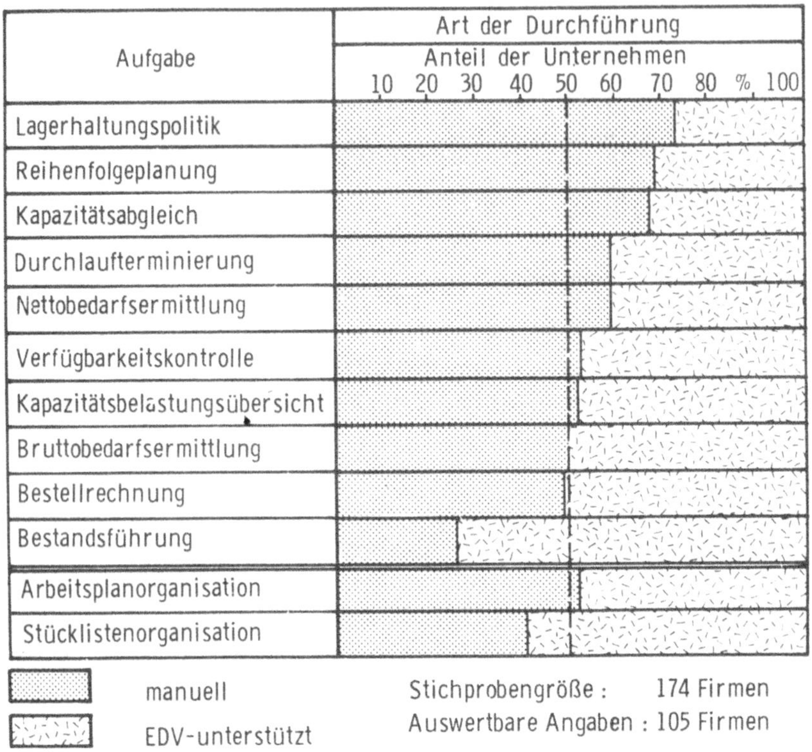

Bild 2: EDV-Einsatz im Bereich der Produktionssteuerung

Sicht erlauben die langen Laufzeiten der Terminplanungsprogramme bisher nur eine wöchentliche Durchführung der Planungsläufe. Das hat zur Folge, daß die Planungslisten aufgrund der Abweichungen des Betriebsgeschehens vom geplanten Soll bis zum Ende der Planungsperiode bereits einen Teil ihrer Aktualität verloren haben. Von seiten der Hersteller wurde dieses Problem bereits erkannt. So werden auch bereits Anwendungsprogramme angeboten, die so strukturiert sind, daß damit kürzere Rechnerlaufzeiten erreicht werden können und somit eine tägliche Verarbeitung möglich werden soll.

Während der Rechnereinsatz im Bereich der Produktionssteuerung bereits sehr weit fortgeschritten ist, gewinnt er zur terminlichen und kapazitiven Ablaufplanung und Disposition der Arbeiten im Konstruktionsbereich inzwischen ebenfalls stark an Bedeutung. Ursache hierfür ist die Erkenntnis, daß in Unternehmen mit Einzel- und Kleinserienfertigung der Konstruktionsbereich mit 6o % zu einem nicht unerheblichen Teil an der gesamten Auftragsdurchlaufzeit beteiligt ist. So betrieben bereits Anfang 1976 nach einer VDMA/Infratest-Untersuchung von rd. 65o befragten Maschinenbaubetrieben immerhin 26 Firmen (entspricht 4 %) eine rechnerunterstützte Konstruktionsterminplanung und -steuerung. Ziel des Rechnereinsatzes ist es, die Transparenz im Konstruktionsbereich zu erhöhen, die Terminabstimmung zwischen den verschiedenen an der Auftragsabwicklung beteiligten Unternehmensbereichen zu erleichtern, die Durchlaufzeiten zu verkürzen und die vorhandenen Konstruktionskapazitäten entsprechend ihrer Qualifikation möglichst gut auslasten zu können /9/.

Weitere Verbesserungsmöglichkeiten im Planungs- und Dispositionsbereich sind dadurch gegeben, daß die oben beschriebenen Planungsfukntionen mit dem Betriebsprozeß auf Rechnerbasis integriert werden.

Für den Bereich der Produktionsplanung wurden Programme bisher hauptsächlich von Großunternehmen, überbetrieblichen Einrichtungen und Hochschulen entwickelt. Es sind dies Programme zu den bereits erwähnten Themenkreisen.

Programme zur Materialfluß- und Layoutplanung haben sich bereits in zahlreichen Anwendungsfällen bewährt. Ähnliches gilt für Programme zur Vorgabezeitermittlung, wobei hier allerdings die Teilefertigung im Vordergrund steht. Die optimale Gestaltung von Arbeitsabläufen befindet sich in programmtechnischer Hinsicht im Gegensatz zu den USA bei uns erst im Entwicklungsstadium. Programme zur Rationalisierung der Arbeitsplanerstellung, z.B. nach dem Varianten- oder Optimierungsprinzip, sind bislang in der Praxis nur vereinzelt eingesetzt, obwohl fertige Lösungen vorliegen.

Die Leistungsabstimmung von Montagelinien erfolgt heute noch überwiegend manuell, da die bisher bekannten Verfahren zu wenig benutzerfreundlich waren.

IV. UNERFÜLLTE BENUTZERWÜNSCHE

Die Mängel und Grenzen der heute verfügbaren EDV-unterstützten Produktionsplanung- und -steuerungssysteme lassen sich unter drei Aspekten analysieren:

- Aus f u n k t i o n a l e r Sicht können problembezogene Mängel in Aufgabenerfüllung und -integration erkannt werden.
- Aus E D V - t e c h n i s c h e r Sicht wird die Funktionserfüllung durch die Möglichkeit der Informationstechnologie begrenzt.
- Aus w i r t s c h a f t l i c h e r Sicht wird das unter Berücksichtigung der ökonomischen Randbedingen anzustrebende Realisierungsniveau bestimmt.

Die heutigen Planungs- und Dispositionssysteme haben funktionale Mängel vor allem in der Langfristplanung sowie im kurzfristigen Reagieren auf betriebliche Störungen und plötzliche Änderungen der Auftrags- und Beschaffungssituation.

Für die langfristige Programm- und Auftragsplanung läßt sich mit den angebotenen, mehrfachverwendbaren Anwendungsprogrammen keine zufriedenstellende Abstimmung von Nachfrageentwicklung und vorhandener bzw. neu bereitzustellender Fertigungskapazität durchführen. Dies führt entweder zu einer schlechten Nutzung der Fertigungskapazitäten oder zu mangelhafter Termintreue, verbunden mit erhöhter Bevorratung von Rohmaterialien, Einzelteilen und Baugruppen. Eingangsgrößen für die Programm- und Auftragsplanung sind neben den Nachfrage- und Kapazitätsdaten Informationen aus den Funktionen Sortiment- und Investitionsplanung, wobei sich letztere mit der Programmplanung überlappt.

Im Bereich der Produktionsplanung- und -steuerung liegen die Mängel heutiger Planungs- und Dispositionssysteme vor allem noch im kurzfristigen Anteil der Produktionssteuerung. Grundlage für das sofortige Reagieren auf Planabweichungen sind bis heute rein personelle Entscheidungen, die durch die Bereitstellung der neuesten Istwerte zwar unterstützt werden können, hierdurch jedoch nicht die Qualität maschineller Entscheidungsvorgaben erreichen. Ferner leiden sie unter dem in der Regel eingeengten Bereichsdenken des Entscheidenden.

Als wichtigster Nachteil im Hinblick auf die funktionale Integration ist die mangelnde Verknüpfung der Termin- und Kapazitätsplanung im Konstruktionsbereich mit den Aufgaben der Produktionssteuerung sowie innerhalb der Produktionssteuerung die Lücke zwischen der Mengen- und Terminplanung anzusehen. Letztere sind zwar durch den Zugriff auf gemeinsame Grunddatenbestände und die ablaufbedingte Verbindung über Bewegungsdatenbestände datentechnisch miteinander verknüpft; es wird jedoch bei den in der Mengenplanung verwendeten Vorlaufverschiebungen keine Rücksicht auf die aktuelle betriebliche Kapazitätssituation genommen. Oft werden für die Vorlaufverschiebung auch pauschale Erfahrungswerte angesetzt, die nicht mit den entsprechenden Werten der Durchlaufterminierung übereinstimmen.

Für den Bereich der Instandhaltungsorganisation, der als Personalkostenfaktor immer stärker an Bedeutung gewinnt, fehlen praxisgerechte Standardlösungen für die Fertigungsindustrie gänzlich. Die dringende Notwendigkeit zur Entwicklung geeigneter Lösungen bestätigte eine vom IPA durchgeführte Untersuchung in rund 1oo Fertigungsunternehmen /1o/. Daß sich durch bessere Organisation der Instandhaltung - insbesondere durch verstärkte Maßnahmen zur geplanten, vorbeugenden Instandhaltung - Rationalisierungserfolge erzielen lassen, zeigt ein Beispiel aus der Automobilbranche. Dort wurde anhand einer Schadensanalyse an 1ooo Werkzeugmaschinen festgestellt, daß die Reparatur- und Ersatzteilkosten bei geplanter, vorbeugender Instandhaltung nur 1/3 gegenüber vergleichbaren Havarieschäden betrugen /11/.

Im Hinblick auf EDV-technische Aspekte konzentrieren sich die Benutzerwünsche auf die Möglichkeit zu kurzfristigeren Planungsläufen. Dies ist jedoch nicht möglich, solange das Updating der relevanten Dateien wegen der mangelnden Kommunikationsfähigkeit und den z.T. erheblichen Laufzeiten der Systeme in größeren Zeitabständen im Stapelbetrieb erfolgen muß. Fehlende kommunikationsorientierte Programme, zu lange Programmlaufzeiten, fehlende geeignete Datenbanksysteme für kleinere und mittlere Anlagen und zu teure kommunikationsspezifische Peripherie verhinderten bisher den breiten Einsatz kommunikativer Planungs- und Dispositionssysteme.

Die diskutierten sachlichen bzw. technischen Mängel und Grenzen können mit entsprechendem Aufwand langfristig oder sogar mittelfristig grundsätzlich überwunden werden. Ob es allerdings immer sinnvoll sein wird, diesen beträchtlichen Aufwand zu treiben, sollte - außer bei vorliegendem Sachzwang - allein durch eine Kosten-Nutzen-Analyse entschieden werden. In der Regel werden bei heutigen EDV-Einsätzen solche Analysen nicht oder nur unzureichend, meist bezogen auf das Teilproblem der Hardware-Auswahl, durchgeführt. Dies hat seine Ursache u.a. darin, daß die Beurteilung von Investitionen für EDV-gestützte Informationssysteme ungleich schwieriger ist als beispielsweise die für Produktionsanlagen.

Im Gegensatz zur Produktionssteuerung steht der Rechnereinsatz zur rationelleren Durchführung der Datenverarbeitungsaufgaben in der Produktionsplanung erst am Anfang. Im Hinblick auf den Funktionsumfang derartiger Systeme kann man heute deshalb aufgrund der ungenügenden Erfahrung noch nicht von unerfüllten Benutzerwünschen sprechen. Die Mängel und Grenzen derartiger Anwendungsentwicklungen zeigen sich vielmehr eher unter EDV-technologischen und wirtschaftlichen Aspekten. Besonders bemängelt wird hier das Fehlen maschinenunabhängiger Datenbank-Software sowie die noch unzureichende Hardware-Kompatibilität der Anwendungsprogramme. Auch die Weiterentwicklung der System-Software für interaktive Bildschirme wird von Anwenderseite als vordringlich gesehen.

V. ENTWICKLUNGSTENDENZEN DES RECHNEREINSATZES IN DER PRODUKTION

Die wichtigsten Einflußgrößen auf die Entwicklung des Rechnereinsatzes im Produktionsbereich sind:

- notwendige Ergänzungen und Verbesserungen heutiger Konzeptionen,
- neue Möglichkeiten der Informationstechnologie,
- neue technische und organisatorische Entwicklungen in der Produktion.

Den stärksten Einfluß auf die Weiterentwicklung von Rechnersystemen üben die A n f o r d e r u n g e n a u s d e r P r a x i aus. Wichtigste Voraussetzung hierfür ist jedoch der Fortschritt in der Informationstechnologie als Basis für eine Weiterentwicklung rechnerunterstützter Systeme. Während sich das Hauptaugenmerk bei der Hardware-Technologie auf die Weiterentwicklung hochintegrierter Schaltkreise konzentriert, gehen die Entwicklungen im Bereich der Forschung in eine völlig neue Richtung. Ausgangspunkt ist das "Josephson-Schaltelement". Hierbei handelt es sich um einen Tiefsttemperaturschalter, in dem Elektronen bei Temperaturen nahe dem absoluten Nullpunkt durch eine Isolierschicht zwischen Supraleitern hin- und herwandern. Durch entsprechende magnetische Beeinflussung läßt sich damit der für Computer-Schaltelemente charakteristische Binäreffekt erzielen. Falls es gelingt, dieses Schaltelement zur Anwendungsreife zu bringen, was nach Ansicht von Experten noch innerhalb der nächsten 1o Jahre möglich ist, würde dies die heute üblichen Schaltzeiten von Computerschaltelementen um den Faktor 1oo verkürzen /12/.

Die v e r b e s s e r t e K o m p a t i b i l i t ä t der EDV-Anlagen ermöglicht in vertikaler Richtung in zunehmendem Maße den Aufbau von Rechnerhierarchien, z.B. im Rahmen flexibler Fertigungssysteme, in horizontaler Richtung fördert sie den Einsatz dezentraler Rechnersysteme, die auch den Fachabteilungen durch die

Einrichtung von Terminal-Rechnern den Zugang zur zentralen EDV bieten.

Eine verbesserte Benutzerfreundlichkeit wird hardwareseitig erreicht durch die Erweiterung und Erleichterung des Zugangs des Menschen zum Computer. Kennzeichnend dafür ist die Verbilligung der dialogfähigen Peripherie sowie die Erhöhung ihrer Betriebssicherheit und Bedienbarkeit.

Die Entwicklung des Rechnereinsatzes im Planungs- und Dispositionsbereich wurde - betrachtet man den Bereich der Produktionssteuerung bisher weniger von der Hardware als vielmehr von mehrfachverwendbarer Software, wie sie besonders von den Hardware-Herstellern angeboten wird, maßgebend beeinflußt. Die Praxis zeigt jedoch, daß diese Verfahren nicht in allen Unternehmen gleichermaßen eingesetzt werden. Aus bereits genannten Gründen werden deshalb bezüglich der Entwicklung der Anwendungssoftware 2 Trends wesentlich sein /3/:

- Von Anwendern und Softwarehäusern werden Verfahren angeboten werden, die so modular aufgebaut sind, daß sie aufgrund der dadurch verbesserten Anpassungsfähigkeit die bereits genannten Nachteile nicht mehr in dem Maß aufweisen werden.
- Verbesserte Methoden der Software-Erstellung werden den Entwicklungsschwerpunkt noch mehr von der Programmierung zur Auswahl und Entwicklung geeigneter Problemlösungs-Methoden verschieben.

Ein weiteres Problem, das zu lösen sein wird, ist die programmtechnische Zusammenführung bisher getrennter Teilfunktionen im Planungs- und Dispositionsbereich im Rahmen eines Gesamtsystems zur Auftragsablaufplanung und -steuerung, wobei den unterschiedlichen Anforderungen der kundenauftragsorientierten Einzel- und Kleinserienfertigung auf der einen Seite und der anonymen Fertigung großer Stückzahlen auf der anderen Seite Rechnung zu tragen sein wird.

In den Bereichen Konstruktion und Produktionsplanung werden rechnerunterstützte Lösungen in dem Maße zunehmen, in dem es gelingt, die genannten Mängel der vorhandenen Systeme zu beseitigen. Hierzu gehört insbesondere die Entwicklung praxisgerechter Anwendungs- und Systemsoftware.

VI. LITERATURVERZEICHNIS

/1/ Graf, H.; Rabus, G.; Schultz, H.: Methoden und Software für die Material- und Zeitwirtschaft. Fortschrittliche Betriebsführung und Industrial Engineering 24 (1975) Nr. 5, S. 275 - 281.

/2/ Warnecke, H.-J.; Kunerth, W.; Graf, H.: Betriebliche Informationssysteme vor neuen Anforderungen. bürotechnik 23 (1975) Nr. 1o.

/3/ Kunerth, W.; Lederer, K.G.; Lienert, J.: Rechnereinsatz in der Produktion. Stand - Probleme - Entwicklungstendenzen. Berlin, Köln: Beuth-Verlag GmbH 1976.

/4/ Autorenkollektiv: Einsatzmöglichkeiten software-technologischer Methoden mit Normungseffekt. Forschungsbericht DV 76-o3 Datenverarbeitung des Bundesministers für Forschung und Technologie, 1976.

/5/ Hirschbach, O.; Hoheisel, W.: Rechnereinsatz bei der Arbeitsplanerstellung. FhG-Berichte 4-77, S. 14-19. Sonderheft des Instituts für Produktionstechnik und Automatisierung (IPA).

/6/ Görke, M.; Lentes, H.:.: Leistungsabstimmung von Montagelinien. Teil 1: Die Arbeitsvorbereitung 13 (1976) Nr. 3, S. 71-77. Teil 2: Die Arbeitsvorbereitung 13 (1976) Nr. 4, S. 1o6-113. Teil 3: Die Arbeitsvorbereitung 13 (1976) Nr. 5, S. 147-153.

/7/ Mayer, S.: Rechnereinsatz in der Fabrikplanung. FhG-Berichte 4-77, S. 24-29. Sonderheft des Instituts für Produktionstechnik und Automatisierung (IPA).

/8/ Rabus, G.: Methoden- und Verfahrensanalyse im Maschinenbau. Unveröffentlichte Untersuchungsergebnisse. Stuttgart: Institut für Produktionstechnik und Automatisierung, 1976.

/9/ Bullinger, H.-J.; Dangelmaier, W.; Hichert, R.: Kapazitätsplanungssystem für den Unternehmensbereich Konstruktion und Entwicklung. Industrial Engineering 3 (1973) Nr. 5.

/1o/ Rabus, G.; Jacobi, H.F.; Kraus, Th.: EDV-unterstützte Instandhaltung. 2. Zwischenbericht zum gleichnamigen BMFT-Projekt. Stuttgart: Institut für Produktionstechnik und Automatisierung 1978.

/11/ Giesler, H.: Praxis der geplanten Instandhaltung. Seminarunterlage. Stuttgart: Verein Deutscher Ingenieure 1977.

/12/ Wolf, Th.: Trendlinien der kommerziellen und industriellen Datenverarbeitung. Büro und EDV 28 (1977) Nr. 3, S. 18-2o.

Analysis of the flow of goods and setting of control parameters, for a network of stocks and production units

A. van der Stroom, H. Grünwald, G. Jongen, B. Matzinger and P. van der Linden, Eindhoven

The flow of goods in a network of stocks and production units, which is controlled by an integral control system called IPSO (= Initiating Production by Sales Orders), is considered.
The IPSO system is a control system that performs for the whole network, in coherence and at minimal cost the following activities: Stock control, purchasing of raw materials, release of production orders, scheduling of production and control of service levels of finished products. The actual control of the system consists of two parts: The net requirements calculation and the scheduling.
The net requirements calculation is a combination of the s,S-rule for each stock point and a MRP approach for the whole network. In the net requirements calculation the desired starting dates and the quantities of the production orders for the replenishment batches of each stock point are determined. The scheduling of production at each production unit is carried out with a priority rule based on the desired starting dates of the various production orders.
In this system the relation between batch size (one of the control parameters), average stock level, number of set-ups and some external variables (market demand, service levels, inventory cost coefficients and ordering costs) is analysed.
This analysis results in:

- An iterative procedure for the calculation of the optimal batch sizes
- Quantifiable insight into the sort, strength and range of the interactions between the various parts of the flow of goods.

In investigating these interactions four effects can be distinguished: The direct batch effect, the effect of supply uncertainty, the effect of waiting uncertainty, and the indirect batch effect. For these effects explicit expressions are derived. A more detailed analysis of these effects makes it possible to work out rules of thumb for the order of magnitude of the optimal batch size. In the paper it is shown that:

- The optimal batch size of products at the purchasing side of the network is larger than the so called Economic Batch Quantity (or lot-sizes of Camp, Wilson, Harris, Andler)
- The optimal batch size of products in the middle of the network is about equal to the economic batch quantity
- The optimal batch size of products at the market side of the network is smaller than the economic batch quantity.

In the paper the influence of the structure of the network (diverging or non-diverging) on the deviations of the optimal batch sizes from the economic batch quantity is also considered and some numerical results are given.

Literature:

Van der Stroom, A.P., et al
"Analysis of the flow of goods and setting of control parameters for a network of stocks and production units"
paper presented for DGOR-Jahrestagung, October 1978, Berlin.

A comparison of heuristic procedures for the serial production system

J.M. Vander Eecken, M. Lambrecht and **H. Vanderveken**, Leuven

I. STATEMENT OF THE PROBLEM.

In this paper we will concentrate on the facilities in series dynamic lot size problem. Because of the computational difficulties of the optimal solution algorithms [2] and [7] we propose an efficient near-optimal heuristic procedure [1] .

Let r_i, $r_i \geq 0$ be the market demand for the finished product in period i, $i = 1, \ldots, n$. Define $x_{j,i}$ as the production of facility j, $j = 1, \ldots, m$ in period i. Let $I_{j,i}$ be the inventory stored at facility j at the end of period i. Let $P_{j,i}(x)$ be the cost of producing x units and $H_{j,i}(I)$ be the cost of holding I units in stock. $P_{j,i}(x)$ is a fixed charge function and we assume $H_{j,i}(I)$ to be linear.

The objective is to determine the production schedule in each facility that minimizes total costs. The appropriate programming problem is as follows :

$$\text{Minimize} \quad \sum_{j=1}^{m} \sum_{i=1}^{n} \{P_{j,i}(x_{j,i}) + H_{j,i}(I_{j,i})\} \tag{1}$$

$$\text{Subject to} \quad I_{j,i-1} + x_{j,i} - I_{j,i} - x_{j+1,i} = 0 \qquad j=1, \ldots, m-1; \; i=1, \ldots, n \tag{2}$$

$$I_{m,i-1} + x_{m,i} - I_{m,i} = r_i \qquad i=1, \ldots, n \tag{3}$$

$$I_{j,i} \geq 0, \; x_{j,i} \geq 0 \qquad \forall(i,j) \tag{4}$$

$$I_{j,0} = I_{j,n} = 0 \qquad \forall_j \tag{5}$$

II. HEURISTIC PROCEDURES.

The heuristic procedures explained in this section hold under the following

Proceedings in Operations Research 8, ©Physica-Verlag, Würzburg–Wien, 1979

cost assumptions :

- The production cost function, $P_{j,i}(x_{j,i}) = S_j\ \delta(x_{j,i}) + b_j.x_{j,i}$ with $\delta(x_{j,i}) = 1$ if $x_{j,i} > 0$ and $\delta(x_{j,i}) = 0$ if $x_{j,i} = 0$, is the same for each time period but may differ from facility to facility. Since the unit production cost is constant, it has no influence on the optimal plan and may therefore be discarded.
- The inventory holding cost function $h_j.I_{j,i}$ is linear and h_j is constant through time but non-decreasing from stage to successor stage.

As a result of these two assumptions, the production schedules will be nested.

A. THE MULTI-LEVEL HEURISTIC.

The proposed heuristic is of the multi-level type which means that production quantities are assigned to all facilities on a period by period basis. Such an approach enhances the practical value of the method mainly because the current decisions can be based on near future and thus accurate data.
Define reorder period k as a period with positive production at all facilities (period one is always the first reorder period if $r_1 > 0$). For each facility and each time period a coefficient will be calculated indicating whether a cost reduction is possible by incorporating demands r_i, $i > k$ into the lot of facility j, j=1, ... m, reorder period k. If all coefficients turn out to be negative for a certain period i, i > k then period i is considered as the new reorder period and the loading mechanism is repeated.

The following coefficients will be used :

$$U_{j,i} = \sum_{\ell=1}^{j} S_\ell - C_{i-1} - h_j.r_i(i-k) \qquad i = k+1,\ k+2,\ \ldots \quad \forall_j \leq j^o \tag{6}$$

$$U_{j,i} = U_{j-1,i} + S_j - (i-p_j)r_i(h_j-h_{j-1}) \qquad i = k+2,\ k+3 \quad \forall_j > j^o \tag{7}$$

with C_{i-1} as the cumulative inventory holding costs incurred from reorder period k up to period i-1.

p_j as the last period with positive production at facility j.

For each time period i, the facility j^* is selected as the facility for which $\max_j \{U_{j,i} \geq 0\}$

Define the set A as follows :

$A = \{j \mid U_{j,i}$ is computed by (6)} .

If it turns out that $j^{*} \varepsilon A$, we set $j^{o} = j^{*}$, else j^{o} keeps its previously determined values.

At the beginning of the loading process, i.e. at the start of each new reorder period we set j^{o} equal to m.

We first check whether it is advantageous to incorporate r_{k+1} in $x_{j,k}$, $j = 1, \ldots m(=j^{o})$. For this first step only formula (6) is evaluated.

For j=1 we have $U_{1,k+1} = S_1 - h_1 \cdot r_{k+1}$ $(C_k = 0)$

j=2 we have $U_{2,k+1} = S_1 + S_2 - h_2 \cdot r_{k+1}$

j=m we have $U_{m,k+1} = \sum_{\ell=1}^{m} S_\ell - h_m \cdot r_{k+1}$

The first component of $U_{j,k+1}$ represents the cost savings for not producing r_{k+1} in period k+1, facilities 1, 2, ... j. The other terms represent inventory holding costs as the consequence of producing more than the current requirements. Note also that for a specific facility j we treat the facilities 1, ..., j as a single facility with $\sum_{\ell=1}^{j} S_\ell$ and h_j as cost parameters.

The facility j^{*} with the highest positive coefficient is selected to be the last facility producing r_{k+1} in period k, or,

$$x_{j,k} = r_k + r_{k+1} \qquad j = 1, \ldots j^{*}$$

$$I_{j^{*},k} = r_{k+1}$$

$$x_{j,k+1} = r_{k+1} \text{ and } x_{j,k} = r_k \qquad j = j^{*}+1, \ldots, m$$

Since for the first step $j^{*} \varepsilon A$, we set $j^{o} = j^{*}$.

After the selection of the highest positive coefficient the procedure is repeated for the requirements of period k+2. The procedure ends if all coefficients turn out to be negative, indicating that a new reorder period is found.

Notice that formula (6) computes the possible savings resulting from not scheduling production in facility j, period i, but adding r_i to the production quantity of facility j, period k. Formula (7) on the other hand evaluates the possible savings by adding r_i to the production lot of facility j, period p_j which is the last period with positive production for facility j. Remember also that the production schedules must be nested, that means that once j^* is selected production continues in period i at $j^*+1, \ldots, m$. It is clear that the production quantities must be adjusted after each step of the procedure.

B. LEVEL-BY-LEVEL HEURISTICS.

A level-by-level heuristic assigns production quantities to a specific facility over all periods and uses the resulting production program as demands for the preceeding facility. The level-by-level heuristics start with the last facility.

Let $r_i^{(j)}$ be the requirements for facility j, periods i, $i=1, \ldots, n$. These requirements are the production quantities of facility j+1 for all periods i. For j=m we have that $r_i^{(m)} = r_i$, $i = 1, \ldots, n$.

Any single stage dynamic lot-size algorithm can be used such as :

- Wagner-Whitin [6]
- Part Period Balancing
- Least Unit Cost
- Silver and Meal [4]
- Order Moment [3]

The cost parameters for each facility are given by

$$A_j = \sum_{\ell=1}^{j} S \quad \text{and } h_j.$$

The level-by-level heuristics consist in fact in nothing else than using m times one of the abovementioned single stage lot sizing procedures with the appropriate cost parameters.

IV. COMPUTATIONAL EXPERIENCE.

The multi-level and level-by-level heuristics have been tested on a large sample of problems. Costs are expressed as percentages of the cost of the optimal solution which is set equal to 100. The average percent above the optimal solution for the heuristics is given in Table 1.

Procedure	Cost Performance
Multi-level Heuristic	101.84
Level-by-level	
Order Moment	106.25
Wagner-Whitin	109.01
Part Period Balancing	111.15
Silver-Meal	112.47
Least Unit Cost	117.92

TABLE 1.

As can be seen from Table 1, the multi-level heuristic is superior to the other procedures.

In order to explicitly characterizing the sample (72 problems with $4 \leq n \leq 10$ and $4 \leq m \leq 10$) we introduce the following measures of problem complexity.

1. The coefficient of demand variation

$$V_D = \frac{\sigma_D}{\bar{D}}$$

where $\bar{D}$ is the average demand and σ_D is the standard deviation of demands. The sample contains high variable demand patterns as well as problems with increasing, decreasing and constant demand patterns.

2. The coefficient of cost variation

$$V_C = \sum_{j=2}^{m} \left(\frac{h_j}{h_{j-1}} \cdot \frac{S_{j-1}}{S_j} \right) / m-1$$

The change in inventory holding costs and set-up costs from facility to facility seems to be an important element for the effectiveness of the proposed heuristics. A large value of V_C is an indication that costs are highly variable and as a consequence difficult to solve by means of a heuristic.

Table 2 compares the multi-level heuristic (M.L.) and the level-by-level order moment (O.M.) procedure in function of V_C and V_D.

V_D \ V_C	0 - 1.5		1.5 - 3		> 3	
0. - 0.15	M.L. 100.75	O.M. 101.28	M.L. 100.73	O.M. 105.91	M.L. 101.27	O.M. 111.99
0.15 - 0.30	M.L. 102.2	O.M. 108.25	M.L. 101.78	O.M. 101.52	M.L. 102.5	O.M. 108.33
> 0.30	M.L. 101.14	O.M. 102.78	M.L. 102.87	O.M. 103.33	M.L. 103.23	O.M. 112.96

TABLE 2.

The 72 problems were evenly spread over the 9 cells of Table 2.

As can be seen from Table 2, the Multi-Level heuristic is superior to Order Moment for all values of V_C and V_D. The proposed Multi-Level approach is far more better than Order Moment for large values of V_C. The same conclusion holds by comparing the multi-level heuristic with the other level-by-level procedures.

The Multi-Level heuristic resulted in the optimal solution for 34 out of the 72 problems.

The 5 Level-by-Level heuristics were also tested using the following cost parameters.

$A_j = S_j$ and h_j

The costs deviate from the optimal solution by 12.2 % to 17.9 % depending on the heuristic used.

Table 3 summarizes the CPU-times for a number of selected cases. The computer times are considerably lower than the ones required for the optimal algorithm of S. Love. Moreover, the computer time is approximately linear both with respect to the number of facilities and the number of periods, which is not the case for the optimal algorithms.

CPU-times in msec* ; n = 10, m = 4, 5, 6, 7, 8

m	4	5	6	7	8
Multi-level Heuristic	164	195	239	263	299
S. Love	938	1209	1471	1738	2028

CPU-times in msec* ; m = 5, n = 4, 5, 6, ..., 10

m	4	5	6	7	8	9	10
Multi-Level Heuristic	102	126	137	149	174	185	195
S. Love	214	304	411	562	733	892	1209

The CPU time for the level-by-level procedures does not differ significantly from the computer time of the multi-level heuristic.

* On IBM 370/358 Model 3.

REFERENCES

[1] M.R. LAMBRECHT, J. VANDER EECKEN & H. VANDERVEKEN : "A Heuristic Method for the Facilities in Series Dynamic Lot Size Problem", Onderzoeksrapport, DTEW, No. 7817, K.U. Leuven, 1978, 22 pp.

[2] S.F. LOVE : "A Facilities in Series Inventory Model with Nested Schedules", Management Science, Vol. 18, No 5, January 1972, pp. 327-338.

[3] B.J. McLAREN & D.C. WHYBARK : "Multi-Level Lot Sizing Procedures in a Material Requirements Planning Environment", Discussion Paper No. 64, Indiana University, November 1976, 26 pp.

[4] E. SILVER & H. MEAL : "A Heuristic for selecting Lot-Sizing Quantities for the Case of a Deterministic Time-varying Demand Rate and Discrete Opportunities for Replenishment", Production and Inventory Management, 2nd quarter 1973, pp. 64-74.

[5] A.F. VEINOTT : "Minimum Concave Cost Solution of Leontief Substitution Models of Multi-Facility Inventory Systems", Operations Research, Vol. 17, No. 2, March-April 1969, pp. 262-291.

[6] H.M. WAGNER & T.M. WHITIN : "Dynamic Version of the Economic Lot-Size Model", Management Science, Vol. 5, No. 1, October 1958, pp. 212-219.

[7] W.I. ZANGWILL : "A Backlogging and a Multi-Echelon Model of a Dynamic Economic Lot-Size Production System - A Network Approach", Management Science, Vol.15, No. 9, May 1969, pp. 506-527.

Produktions- und Lagerbestandsplanung mit einem mehrstufigen Produktionsmodell

H. Gehring, T. Gal, Hagen, und **W. Rödder**, Aachen

1. Problembeschreibung

Ein Unternehmen der textilverarbeitenden Industrie der Bundesrepublik Deutschland bezieht ein neuartiges Fließ in Rollenform von einem Hersteller aus den USA, zerschneidet neu bezogene bzw. gelagerte Rollen gemäß Kundenwünschen, beliefert die Kunden und lagert die Rollen-Restbestände in einem Hochregallager ab.

Nach einer Vertriebszeit des Produktes von nunmehr 3 1/2 Jahren ist der Bestand an praktisch unverkäuflichen Restrollen wert- und mengenmäßig so immens angestiegen, daß die Unternehmensleitung vor folgender Entscheidung steht: Reduktion der Restbestände durch eine günstigere Produktionspolitik (Verschnittoptimierung) oder Einstellen des Rollenvertriebs. In dieser Situation wurden die Autoren gebeten, die Möglichkeit der Einführung eines Modells zur Produktions- und Lagerbestandsplanung zu analysieren.

Die Analyse des Problems ergab folgende Informationen über den Produktionsablauf:

- Auf Anforderung liefert der Hersteller Rollen konstanter Breite (3,66 m) und variabler, d.h. vom Bezieher nicht beeinflußbarer Länge von 1800 bis 3000 m Länge.
- Bei Eingang eines Kundenauftrags mit konkreter, gewünschter Fließlänge und -breite wählt ein Sachbearbeiter eine bereits angeschnittene oder neue Rolle, aus der der Kundenauftrag bedient werden soll. Der Sachbearbeiter berücksichtigt hierbei Kriterien wie Übereinstimmung von Kundenauftragsbreite und Breiten gelagerter Rollen und evtl. erwartete Verkäuflichkeit von durch Verschnitt entstehenden Rollenresten.
- Die ausgewählte Rolle wird auf einer Verschneideanlage mit einem verstellbaren Messer durchgeschnitten. Aus technischen Gründen kann eine Rolle nur in der ganzen Länge durchgeschnitten werden. Soll nur ein Teilstück einer Rolle zerschnitten werden, ist vorheriges Umspulen erforderlich.

Im hier beschriebenen Produktionsablauf (sequentielles Abarbeiten von Kundenaufträgen) bleibt unberücksichtigt, daß für einen Horizont von etwa sechs bis acht Wochen die zu erwartenden Aufträge bekannt sind. Diese Information soll nun in einem Produktionsmodell zur Verbesserung des Produktionsablaufs, d.h. Reduktion der schlecht verkäuflichen Rollenreste, verwendet werden.

Das in den folgenden Abschnitten dargestellte Modell besteht aus zwei Komponenten:

a) Abbildung der technologischen Vorgänge (Rollenbezug, Verschnitt, Bedienung von Kundenaufträgen, Lagerung).

b) Abbildung der unternehmerischen Zielvorstellung in einer Zielfunktion.

2. Modell der technologischen Vorgänge

Zu Beginn der betrachteten Planungsperiode liege ein Bestand von R Rollen vor: $RO_1, RO_2, \ldots, RO_R$.

Die Rolle RO_r, $r = 1(1)R$, besitzt die Länge L_r und die Breite B_r.

Für die Planungsperiode liegen K Kundenaufträge vor: $KA_1, KA_2, \ldots, KA_K$.

Der Kundenauftrag KA_k, $k = 1(1)K$, sei durch die nachgefragte Länge N_k und Breite BA_k gekennzeichnet.

Ein Verschnittmuster VM_{ri}, $i = 1(1)m_r$, für eine Rolle RO_r, $r = 1(1)R$, ist eine bestimmte Aufteilung der gesamten Breite B_r in Teilbreiten. Bei jeder Rolle wird stets auch das Verschnittmuster "nicht verschneiden" zugelassen. Die gesamte Länge L_r der Rolle RO_r kann nun in einem oder mehreren Verschnittmustern verschnitten werden. Die Länge, in der das Verschnittmuster VM_{ri} realisiert wird, heißt x_{ri}. Graphische Veranschaulichung:

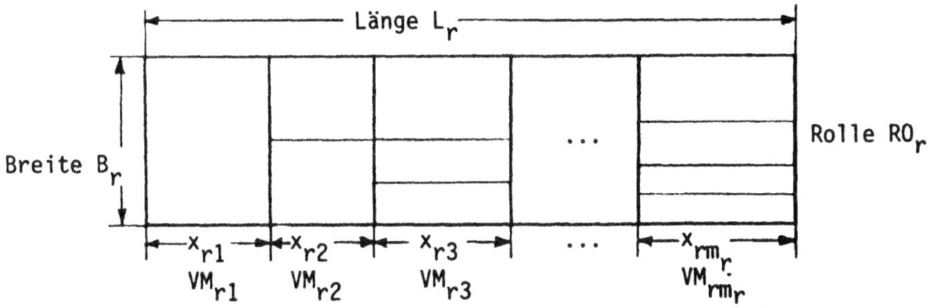

Abb. 1: Schematische Darstellung von Verschnittmustern für Rolle RO_r.

Zu Anfang einer Planungsperiode ist der Sachbearbeiter aufgrund der Auftragsstruktur und der Kenntnis der auf Lager befindlichen Rollen in der Lage, jeder Rolle eine Menge von "sinnvollen" Verschnittmustern zuzuordnen. Sinnvoll bedeutet hierbei, daß mit den Verschnittmustern Breiten erzeugt werden, für die eine Nachfrage besteht, und daß erwartungsgemäß schlecht verkäufliche Breiten möglichst vermieden werden.

Ergebnis dieses - zunächst nur potentiellen - Verschneidevorgangs ist ein hypothetischer Zwischenbestand von Bahnen (Rollen oder Rollenteile) der "neuen" Breiten NB_j, $j = 1(1)J$, und der Längen y_j, $j = 1(1)J$. Im Hinblick auf die Breiten läßt sich der Zwischenbestand in 3 Gruppen einteilen:

a) Breiten, die bereits vor dem Verschneiden auf Lager waren und nicht verschnitten wurden,

b) Breiten, die von Kunden nachgefragt werden und

c) Breiten, die sich als unerwünschte, aber unvermeidliche Restbreiten ergeben.

Alle Kundenaufträge, deren Breite BA_k gleich der neuen Breite NB_j ist, müssen nun ganz oder teilweise aus dem Zwischenbestand der Länge y_j bedient werden. Die Fließlänge, mit der der Kundenauftrag KA_k bedient wird, sei mit z_k bezeichnet. Grundsätzlich ist eine teilweise Bedienung eines Kundenauftrags nicht ausgeschlossen, d.h. z_k muß kleiner oder gleich N_k sein.

Sind alle Kundenaufträge KA_k einer Planungsperiode ganz oder teilweise (d.h. im Umfang z_k) bedient, verbleiben aus den Zwischenbeständen Restlängen, die mit u_j bezeichnet werden.

Der dargestellte Materialfluß läßt sich durch ein System linearer Gleichungs- und Ungleichungs-Restriktionen darstellen:

<u>Rollenverschnitt-Restriktionen:</u>

$$\sum_{i=1}^{m_o} x_{oi} = L_o \quad (1a)$$

$$\sum_{i=1}^{m_r} x_{ri} = L_r, \; r = 1(1)R \quad (1b)$$

Erläuterung: Die Bedingungen (1b) garantieren das vollständige Verschneiden des Lagerbestands in die verschiedenen, vorgesehenen Verschnittmuster; analog garantiert die Gleichung (1a), daß die noch unbekannte Länge L_o von neu bezogenem Fließ ebenfalls vollständig verschnitten wird.

<u>Verschnitt-Zwischenbestands-Restriktionen:</u>

$$\sum_{r=o}^{R} \sum_{i \in P_r^j} \alpha_{ri}^j \cdot x_{ri} - y_j = 0, \; j = 1(1)J \quad (2)$$

($P_r^j = \{i \mid i \in \{1, \ldots, m_r\}, NB_j$ kommt in VM_{ri} vor$\}$,

α_{ri}^j = Häufigkeit, mit der NB_j in VM_{ri} vorkommt).

Erläuterung: Die Gleichungen (2) garantieren, daß die Ergebnisse des Verschneidevorgangs mit dem Zwischenbestand übereinstimmen.

Absatz-Endbestands-Bilanzen:

$$y_j - \sum_{k \in KU_j} z_k - u_j = 0,\ j = 1(1)J \tag{3}$$

$$(KU_j = \{k \mid BA_k = NB_j,\ k \in \{1, \ldots, K\}\}\ ,\ j = 1(1)J)$$

Erläuterung: Durch die Gleichungen (3) wird erreicht, daß der Zwischenbestand vollständig in Lieferungen an Kunden oder in den Endbestand übergeht.

Produktlängenbeschränkungen:

$$z_k \leq N_k,\ k = 1(1)K \tag{4}$$

Restbestandsbeschränkung:

$$\sum_{j=1}^{J} NB_j u_j \leq OG \tag{5}$$

Erläuterung: Die Ungleichung (5) bedeutet eine flächenmäßige Beschränkung des Lagerbestands am Ende der Planungsperiode.

Nichtnegativitätsbedingungen:

$$x_{ri},\ y_j,\ z_k \geq 0 \tag{6}$$

3. Alternative Zielkriterien und Auswahl des Kriteriums Deckungsbeitragsmaximierung

Bei der vorgestellten Problematik sind mehrere Zielkriterien denkbar. Beispielhaft seien genannt:

a) Verschnittminimierung bei Nachfragedeckung,

b) Produktivitätsmaximierung, d.h. Minimierung der bezogenen Mengen bei Nachfragedeckung,

c) "Deckungsbeitrags"-Maximierung.

Zu a) und b)
Wie man leicht sieht, stimmen beide Zielkriterien überein. Die Durchrechnung eines Beispiels hat gezeigt, daß dieses Zielkriterium zu ungünstigen Restbreiten führt. Dies ist nicht verwunderlich, da mit diesem Zielkriterium lediglich der flächenmäßige Restbestand bewertet wird. Die erwartete Unverkäuflichkeit unerwünschter, schmaler Restbreiten bleibt dagegen unberücksichtigt.

Zu c)
Die schließlich gewählte Zielfunktion lautet:

$$\text{Max} \sum_{k=1}^{K} c_k z_k - \sum_{j=1}^{J} d_j (u_j - u_j^o) \tag{7}$$

Erläuterung der noch nicht erklärten Symbole:

c_k - Wertmäßige Differenz zwischen Verkaufspreis und Einstandspreis pro Längeneinheit für die im Kundenauftrag KA_k bestellte Breite. Die Verkaufspreise werden kundenindividuell gestaltet.

u_j^o - Längenmäßiger Anfangsbestand der Breite NB_j zu Beginn der Planungsperiode; damit ist $u_j-u_j^o$ die längenmäßige Bestandsänderung in der Breitenklasse NB_j.

d_j - Bewertungsfaktor für die Bestandsänderung in der Breitenklasse NB_j. Ist $u_j - u_j^o > 0$, stellt d_j $(u_j - u_j^o)$ den bewerteten Aufwand in der Planungsperiode dar, der durch Zunahme voraussichtlich unverkäuflicher Restbreiten entsteht. Ist $u_j - u_j^o < 0$, stellt d_j $(u_j - u_j^o)$ einen außerordentlichen Ertrag dar, der durch den Absatz ursprünglich für unverkäuflich erachteter Restbreiten entsteht.

Berücksichtigt man, daß im betrachteten Unternehmen die Materialkosten für das bezogene Fließ und die oben beschriebenen aufwandsgleichen Kosten 99 % der gesamten variablen Kosten ausmachen, ist der Begriff "Deckungsbeitragsmaximierung" bei der gegebenen Problemstellung etwa gerechtfertigt.

4. Beispiel

Das entwickelte Modell wurde zunächst mit Ist-Daten der umsatzschwächsten Qualitätsklasse des Fließes getestet. Dazu wurden vom Unternehmen für eine Planungsperiode folgende Daten zur Verfügung gestellt:

a) Lagerbestand zu Beginn der Planungsperiode (siehe Tabelle 1).

b) In der Planungsperiode neu bezogene Rollen (siehe Tabelle 1).

c) Kundenaufträge der Planungsperiode (siehe Tabelle 2).

d) Durchgeführte Verschnitte und Liefermengen.

e) Lagerbestand am Ende der Planungsperiode (siehe Tabelle 3).

Anzahl Rollen	Breite [cm]	Länge [m]
3 (neu)	366	2194,6
1	366	2012
1	183	1798
1	91,5	862,4
1	66	2195
1	51	1831,7
1	18	1491,7

Tab. 1: Lagerbestand zu Beginn der Planungsperiode und neu bezogene Rollen.

Kundenauftrag KA_k	Breite [cm]	Länge [m]
k = 1	350,5	2194,6
2	183	1000
3	183	200
4	167	4389,2
5	150	2012
6	150	2012
7	91,5	862,4
8	91,5	598
9	91,5	598
10	66	5

Tab. 2: Kundenaufträge der Planungsperiode.

Anzahl Rollen	Breite [cm]	Länge [m]
1	366	2194,6
1	66	4202
1	51	1831,7
1	18	1491,7
1	16	4389,2
1	15,5	2194,6

Tab. 3: Lagerbestand am Ende der Planungsperiode.

Mit diesen Angaben wurde ein realisierter Deckungsbeitrag gemäß Formel (7) von 6.423,94 DM berechnet. Um festzustellen, inwieweit die diesem Deckungsbeitrag zugrunde liegende, heuristische Vorgehensweise des Sachbearbeiters durch Anwendung des entwickelten Verschnittmodells verbessert werden kann, wurde eine parametrische Analyse durchgeführt. Ermittelt wurde die Abhängigkeit des optimalen Deckungsbeitrags (vgl. Formel (7)) vom Parameter OG (Bestand am Ende der Planungsperiode) in der Restriktion (5). Diese funktionelle Abhängigkeit ist in Abbildung 2 dargestellt.

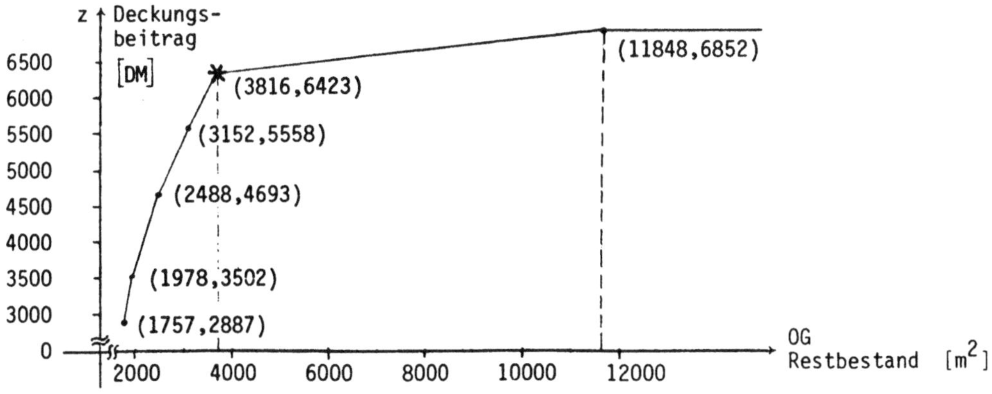

Abb. 2: Abhängigkeit des Deckungsbeitrags vom Rollen-Restbestand.

Erläuterung: Im Bereich von 1757 bis 3816 m^2 Restbestand ist die Steigerung des Deckungsbeitrags groß, im Bereich von 3816 bis 11848 m^2 geringer und darüber hinaus gleich Null. Im ersten Bereich steigt der Deckungsbeitrag stark durch zunehmende Bedienung der Kundenaufträge und somit durch Anwachsen des Terms $\Sigma\ c_k z_k$ in Formel (7); im zweiten Bereich (vollständige Nachfragedeckung) steigt der Deckungsbeitrag durch Verbesserung der Verschnittmuster und somit durch Vergrößerung des Terms $\Sigma\ d_j\ (u_j - u_j^0)$ in Formel (7). Durch Zulassen von Restbeständen über 11848 m^2 hinaus kann keine weitere Verbesserung der Verschnittmuster und damit auch keine Steigerung des Deckungsbeitrags mehr erreicht werden.

Der vom Unternehmen konkret realisierte Produktionsablauf im Planungszeitraum ist in Abbildung 2 durch "*" gekennzeichnet; er stellt eine deckungsbeitragseffiziente Lösung bei Nachfragedeckung dar. Die parametrische Analyse läßt nun erkennen, daß durch Hinzunahme der ohnehin sich auf Lager befindlichen, unverschnittenen Rolle der Breite 366 cm (vgl. Tabellen 1 und 3) eine Erhöhung des Deckungsbeitrag auf 6.852,-- DM möglich gewesen wäre (Zunahme von ca. 7%). Dieser Effekt beruht auf einer Vermeidung der unerwünschten Restbreiten von 16 cm zugunsten von erwartungsgemäß eher verkäuflichen Breiten von 199 cm. Es ist zu erwarten, daß in umsatzstärkeren Qualitätsklassen wegen der größeren Komplexität des Produktionsvorgangs die prozentuale Erhöhung des Deckungsbeitrags noch gesteigert werden kann.

Literatur

[1] Förstner, K.: Zur Lösung von Entscheidungsaufgaben bei der Papierherstellung. In: Zeitschr. für Betriebswirtschaft 29 (1959), S. 693 - 703, 756 - 765.

[2] Gal, T.: Betriebliche Entscheidungsprobleme - Sensitivitätsanalyse und Parametrische Programmierung. Berlin/New York 1973.

[3] Gilmore, P.G. und R.E. Gomory: Multistage Cutting Stock Problems of Two and More Dimensions. In: Operations Research 13 (1965)1, S.94 - 120.

[4] Lampl,T. und J. Stahl: Über den optimalen Zuschnitt von Plattenmaterialien. In: Unternehmensforschung 9(1965), S. 187 - 197.

[5] Maak, H.: Gedanken zum zweidimensionalen Verschnittproblem. IBM-Fachbibliothek, Form 78109, 1963.

[6] Stahlknecht, P.: Operations Research, Braunschweig 1970. Kapitel "Verschnittprobleme" S. 92 - 96.

Auftragsreihenfolgeplanung in der Montage bei reihenfolgeabhängigen Umrüstzeiten

F.O. Brückner, München

1 Problemstellung

Bei der Montage treten häufig an bestimmten Arbeitsplätzen beim Übergang von einem Auftrag zum nächsten unterschiedlich hohe Umrüstzeiten auf, die meistens auch von der Auftragsreihenfolge abhängen. Durch Anwendung eines Travelling-Salesman-Algorithmus können umrüstzeitminimale Auftragsreihenfolgen berechnet werden. Wenn jedoch die Aufträge über mehrere solche "Arbeitsplätze mit Umrüstproblem" laufen, ist bei strikter Einhaltung der optimalen Bearbeitungsreihenfolge mit Auftragswartezeiten oder Leerzeiten an den Arbeitsplätzen zu rechnen. Hieraus ergibt sich aber das Problem, folgende drei widersprechende Zielsetzungen

- optimale Umrüstreihenfolgen
- kurze Auftragsdurchlaufzeiten
- gleichmäßige und hohe Kapazitätsauslastung

gleichzeitig möglichst gut zu erreichen. Im folgenden Abschnitt wird eine heuristische iterative Methode beschrieben, die ausgehend von umrüstzeitminimalen Reihenfolgen einen durch Parameter steuerbaren Abgleich zwischen den drei Zielen vornimmt.

2 Methode

Das nachfolgend beschriebene iterative Verfahren sieht eine vollständige Einplanung aller Aufträge, anschließende Bewertung mit Hilfe einer Zielfunktion und je nach Zielfunktionswert eine erneute vollständige modifizierte Einplanung oder Beendigung vor. Als Eingabedaten müssen bekannt sein:

- o Ein Auftragsvolumen von n Aufträgen A_i (i=1, ..., n)
- o Für jeden Auftrag der vollständige Arbeitsplan
- o Angaben über die Kannkapazität der Arbeitsplätze (Schichtangaben)
- o Der Planungszeitraum, für den das Auftragsvolumen einzuplanen ist.

2.1 Berechnung umrüstzeitoptimaler Auftragsreihenfolgen

Für jeden Arbeitsplatz K_j (j=1, ..., m_i, m Anzahl der Arbeitsplätze), an dem ein Umrüstproblem existiert, sind aus dem gegebenen Auftragsvolumen alle Aufträge A_i ($i=i_1, \ldots, i_{n_{kj}}$) zu bestimmen, die diesen Arbeitsplatz berühren. Zu jedem Paar aus den so bestimmten Aufträgen ist die Umrüstzeit zu berechnen. Dies ergibt die zu K_j gehörige Umrüstmatrix $R_j = (r^j{}_{ik})$. Die Matrix R_j stellt die Zielfunktion eines Travelling-Salesman-Problems der Minimierung der Umrüstzeitensumme dar. Die Travelling-Salesman-Probleme werden für alle in Frage kommenden Arbeitsplätze K_j gelöst und zwischengespeichert. Zu jedem dieser K_j existiert demnach eine optimale Auftragsabarbeitungsreihenfolge S_j.

2.2 Berechnung von Auftragseinplanungswerten

Im 2. Schritt wird für jeden Auftrag ein sog. Einplanungswert W^1_{ik} berechnet nach folgender Beziehung:

$$W^1_{ik} = \sum_j (r'_{i_k j} + \bar{r}_j + f_{i_k j}) \cdot (m - k + 1) + \sum_{l=k+1}^{m} W^l_{max}$$

W^1_{ik} Einplanungswert des Auftrags i mit externer Priorität k vor Iterationsschritt 1

$r'_{i_k j}$ reihenfolgeunabhängige Rüstzeit beim j-ten Arbeitsgang

$\bar{r}_j$ mittlere reihenfolgeabhängige Rüstzeit am Arbeitsplatz für den j-Arbeitsgang

$f_{i_k j}$	=	Fertigungszeit (Vorgabezeit mal Stückzahl)
m		Zahlenwert der niedrigsten externen Priorität
k		Priorität des Auftrags A_{ik}

$$W^{\ell}_{max} = \max_{i_\ell} \left\{ \sum_j \left(r'_{i_\ell j} + \bar{r}_j + f_{i_\ell j} \right) \cdot (m - \ell + 1) \right\}$$

Die Beziehung sagt aus, daß jedem Auftrag die Summe aus Fertigungs- und Rüstzeiten zugerechnet wird, wobei der 2. Term dafür sorgt, daß der Wert über dem größtmöglichen Einplanungswert aller Aufträge niedrigerer Priorität liegt. Die W^1_{ik} werden absteigend sortiert.

2.3 Bereitstellung eines Gantt-Chart-Systems

Im nächsten Schritt wird aus den Kapazitätsdaten ein Gantt-Chart-System in folgender Weise aufgebaut:

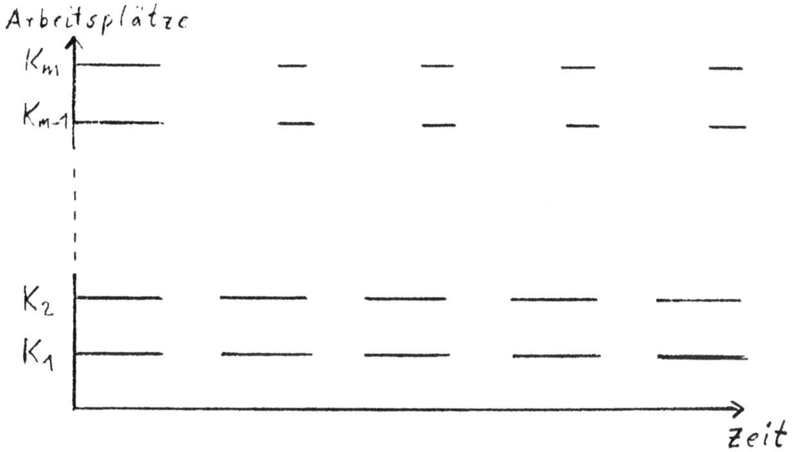

Jedem Arbeitsplatz ist eine Zeitachse zugeordnet, auf der die ausgezogenen Strecken die Pausen zwischen den Schichten darstellen. Auf dieses "leere" Gantt-Chart werden die Aufträge arbeitsgangweise eingeplant.

2.4 Sukzessive Einplanung und Rüstabgleich

Die Einplanung der Aufträge auf die Arbeitsplätze und damit die Erstellung von Auftragsbearbeitungsreihenfolgen geschieht nun in folgenden Schritten:

(1) Für den Auftrag mit dem größten Einplanungswert W_i^{l*} (auf Angabe der externen Priorität wird im folgenden verzichtet, l ist Iterationszähler) wird der Arbeitsplatz K_j^* für den nächsten noch nicht eingeplanten Arbeitsgang bestimmt.

(2) Für diesen Arbeitsgang wird der frühestmögliche Beginntermin t^* ermittelt. t* ist abhängig vom Ende des vorhergehenden Arbeitsgangs oder, wenn es ein 1. Arbeitsgang ist, von dem evtl. im Arbeitsplan angegeben frühesten Beginntermin. Außerdem hängt t* von dem augenblicklichen Zustand des Gantt-Charts für K_j^* ab, d.h. von Lage und Dauer der bisher auf K_j^* eingeplanten Arbeitsgänge.

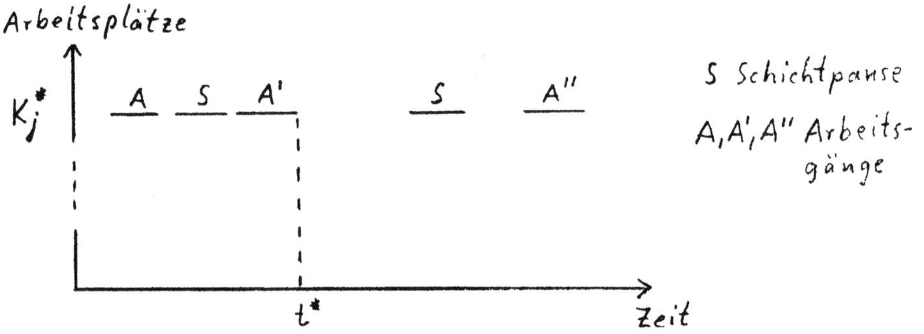

(3) Hat der zur Einplanung vorgesehene Arbeitsgang an der Stelle K_j^*, t^* keinen anderen Auftrag als Vorgänger und auch keinen Nachfolger, so wird er zu dem Zeitpunkt t* eingeplant.

(4) Gibt es jedoch bereits einen Vorgänger A' (vgl. obige Abb.) und/oder einen Nachfolger A'', dann wird die an-

fangs berechnete (sub-) optimale Umrüstreihenfolge S_j^* herangezogen und überprüft, ob A' und A'' auch in S_j^* Vorgänger bzw. Nachfolger sind. Trifft dies zu, wird der Arbeitsgang an der vorgesehenen Stelle K_j^*, t^* eingeplant.

(5) Sind A' und A'' (sofern vorhanden) nicht Vorgänger bzw. Nachfolger des betrachteten, zur Einplanung vorgesehenen Arbeitsgangs (Auftrags) in S_j^*, dann werden alle Aufträge mit Einplanungswerten im Intervall (W_i^{1*}, $W_i^{1*}-$ d) daraufhin überprüft, ob der nach S_j^* vorgesehene Nachfolger für A' und Vorgänger für A'' darunter vorhanden ist (d ist Parameter). Wenn ja, wird der so gefundene Arbeitsgang (Auftrag) an die Stelle K_j^*, t^* eingeplant.

(6) Wird nach (5) kein neuer Auftrag gefunden, dann wird ein Auftrag mit Einplanungswert im Intervall (W_i^{1*}, $W_i^{1*}-$ d) so bestimmt, daß er gegenüber A' und A'' die geringste Rüstzeitsumme verursacht.

(7) Führt Schritt (6) nicht zur Bestimmung eines neuen Auftrags, dann wird der nach Schritt (1) ausgewählte Auftrag mit dem größten Einplanungswert W_i^{1*} an der Stelle K_j^*, t^* eingeplant.

(8) Sobald ein Arbeitsgang eines Auftrags A_i eingeplant ist, wird der Einplanungswert um den Betrag

$$(r'_{i_k j} + \bar{r}_j + f_{i_k j}) \cdot (m - k + 1)$$

vermindert. Danach werden die Werte W_i^1 neu absteigend sortiert und der Ablauf geht mit Schritt (1) weiter. Sobald ein Auftrag mit allen Arbeitsgängen eingeplant ist, erhält er den Einplanungswert 0.

2.5 Bewertung und Rückkopplung

Eine vollständige Einplanung aller Aufträge auf das Gantt-

Chart ist erreicht, wenn alle $W_i = 0$ sind. Für jeden Arbeitsplatz steht dann die Reihenfolge der Auftragsbearbeitung fest. Je nach dem Wert einer Zielfunktion wird entweder das Verfahren mit veränderten Einplanungswerten W_i^1 wiederholt oder es wird das bis dann gefundene beste Ergebnis ausgegeben. Die Zielfunktion Z, die das Einplanungsergebnis bewertet, ist die Summe aller Verspätungen, gemessen an einem gemeinsamen Planungshorizont H für alle Aufträge:

$$Z = \sum_{i=1}^{n} b_i \cdot (E_i - H)$$

E_i Endtermin des Auftrags i

H Planungshorizont

$$b_i = \begin{cases} 1, & \text{wenn } E_i > H \\ 0 & \text{sonst} \end{cases}$$

Die Zielfunktion kann selbstverständlich vielfältig variiert werden, z.B. als Summe der Verspätungen gegenüber auftragsbezogenen Endterminen H_i.

Hat sich der Zielfunktionswert gegenüber dem Wert der vorhergehenden Einplanung vermindert, wird eine weitere Einplanung mit folgendermaßen modifizierten Einplanungswerten durchgeführt:

$$W_i^k = W_i\ k-1 + b_i \cdot (E_i - H) \cdot (m - k + 1)$$

Der zweite Term stellt die mit der externen Priorität gewichtete Verspätung dar. Die Änderung der Einplanungswerte bewirkt, daß die verspäteten Aufträge in der nächsten Iteration auf Kosten anderer Aufträge bevorzugt eingeplant werden.

Die Methode endet wahlweise entweder

- o wenn der Zielfunktionswert wieder steigt, dann ist das vorhergehende Iterationsergebnis als Endergebnis anzusehen, oder

- o nach einer fest vorgegebenen Anzahl Iterationen, dann ist das Endergebnis dasjenige mit dem bis dahin ermittelten niedrigsten Zielfunktionswert.

3 Ergebnisse

3.1 Reihenfolgen bezüglich Bearbeitungszeiten

Tendenziell erfolgt die Einplanung so, daß an einem Arbeitsplatz die Bearbeitungszeit je Auftrag abnimmt, wie folgendes Bild zeigt:

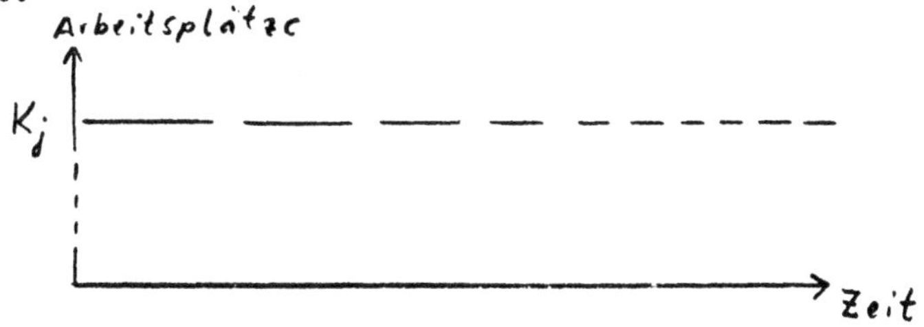

Dieses Bild wird im wesentlichen dadurch gestört, daß Aufträge beim Übergang von einem Iterationsschritt zum nächsten verstärkt rückgekoppelt wurden. Das Auftreten fallender Bearbeitungszeiten ist bedingt durch die Berechnungsweise der Einplanungswerte W_i und kann also durch andere Wahl der Berechnung beeinflußt werden.

3.2 Resultierende Umrüstreihenfolgen und Zielfunktion

Die anfangs berechneten (sub-) optimalen Umrüstreihenfolgen werden umso besser angenähert, je größer der Parameter gewählt wird und je kleiner die Streuung der Bearbeitungszeiten und der frühestmöglichen Beginntermine sind.
Nach dem 1. Iterationsschritt fällt in der Regel der Wert der Zielfunktion stark ab und verbessert sich in den folgenden Schritten nur noch unwesentlich. Wird über das erste relative Minimum hinaus iteriert, kann ein plötzlicher starker Anstieg erfolgen, der allmählich wieder abgebaut wird.

Näherungsverfahren zur Planung von Fertigungslosen bei zeitabhängiger Nachfrage

P. Knoop, Hamburg

Es wird ein auf einem Ansatz von Manne (vgl. (3)) beruhendes Näherungsverfahren zur Losgrößenplanung für den Fall der einstufigen Einmaschinen- Mehrproduktfertigung beschrieben. Hierbei wird folgendes Planungsproblem betrachtet:

- Gegeben ist ein Planungszeitraum von T Perioden. Innerhalb der Perioden können mehrere Lose nacheinander gefertigt werden. Die Fertigung eines Loses darf sich nicht über eine Periodengrenze hinaus erstrecken. Die Rüstzeiten und Rüstkosten sind reihenfolgeunabhängig.
- Am Beginn des Planungszeitraums können Lagerbestände der einzelnen Produkte vorhanden sein, am Ende der einzelnen Perioden sind vorgegebene Mengen der Produkte zu liefern. Lagerkosten fallen lediglich für am Periodenende verbleibende Lagerbestände an.
- Es sind Produktions- und Lagerkapazitätsbeschränkungen zu beachten. Gesucht ist der Produktionsplan - die Losgrößen der einzelnen Produkte in den einzelnen Planperioden -, bei dem sich die minimalen Produktions- und Lagerkosten ergeben.

Das Planungsproblem (im folgenden Ausgangsproblem genannt) ist ein Problem der gemischt-ganzzahligen linearen Optimierung (vgl. (4)), welches nur für kleine Probleme mit vertretbarem Aufwand gelöst werden kann. Manne hat zur Lösung des Ausgangsproblems ein Modell der linearen Programmierung vorgeschlagen. Dieses Modell bildet das Ausgangsproblem nicht exakt ab. In der Regel gilt für die relevanten Modellösungen, daß bei einigen Produkten, den Produkten $j \varepsilon MJ_1$ die Rüstkosten und Rüstzeiten unterschätzt werden. Das Modell liefert jedoch gute Ansatzpunkte für die Ableitung günstiger Lösungen für das Ausgangsproblem. Ferner ist der Zielfunktionswert der optimalen Lösung des Modells eine untere Schranke K^u für die Kosten der optimalen Lösung des Ausgangsproblems.

Zur Ableitung guter Lösungen für das Ausgangsproblem erwies sich folgendes Vorgehen als zweckmäßig. Es wurden verschiedene optimale und nahezu optimale Lösungen des Modells von Manne erzeugt. Aus jeder Lösung wurde ein Ausgangsproduktionsplan gebildet, in dem für die Produkte $j \varepsilon MJ_1$ entsprechend der Nachfrage produziert wurde, für die übrigen Produkte entsprechend der Lösung des Modells von Manne. Dieser Plan wurde mit Hilfe des Näherungsverfahrens von Schmidt (5) und alternativ bei ausschließlicher Betrachtung der Produkte $j \varepsilon MJ_1$ mit einem exakten Verfahren der gemischt ganzzahligen Programmierung verbessert.

Parallel zu dem geschilderten Verfahren (LP-Verfahren) wurden die betrachteten Probleme mit Hilfe des Verfahrens von Schmidt gelöst, wobei als Ausgangsproduktionsplan bei allen Produkten der Plan bei Fertigung entsprechend der Nachfrage verwendet wurde. Die Rechnungen wurden auf der TR 440 der Universität Hamburg durchgeführt. In der folgenden Tabelle sind die Ergebnisse von 81 Rechnungen dargestellt.

Problemtyp Produkt-zahl	Perioden-zahl	durchschn. Kosten der Lösungen	Gesamt-zahl	Durchschnittliche Abweichungen von der Kostenunterschranke K^u (in Klammern Rechenzeit) Schmidt	LP
5	5	25.000	38	7,31 (0,66)	5,02 (66,12)
20	5	115.000	29	3,91 (5,87	1,08 (156,82)
20	10	200.000	7	2,45 (29,20	1,43 (191,74)
40	5	310.000	5	6,14 (16,81)	0,73 (223,76)
80	20	2.250.000	2	4,57 (2,25 Std)	0,34 (786,55)

Das LP-Verfahren führt zwar zu erheblich höheren Rechenzeiten, doch lassen sich diese durch die erzielbaren Kostenersparnisse rechtfertigen.

Das Modell von Manne kann auch im Falle der mehrstufigen Fertigung angewendet werden (vgl.(1)). Die vorliegenden Ergebnisse legen es nahe, daß auf der Grundlage dieses Modells auch in dieser Situation günstige Ergebnisse erzielt werden können.

Literatur:

(1) Gorenstein, S., Some Contributions to Inventory and Production Planning Models, New York, School of Engeneering and Science, Ph.D., 1968.

(2) Knoop, P., Näherungsverfahren zur Planung von Fertigungslosen bei zeitabhängiger Nachfrage, Vortragsmanuskript, Hamburg 1978.

(3) Manne, A.S., Programming of Economic Lot Sizes, Man.Science 4(1958)2, S. 115-135.

(4) Richter, K., Deterministische dynamische Mehrproduktmodelle der Produktionsplanung und Lagerhaltung, Mathematische Operationsforschung und Statistik 6(1975)3, S. 383-395.

(5) Schmidt, W.P., Ein Näherungsverfahren zur Bestimmung optimaler Fertigungslose unter Berücksichtigung von Kapazitäts- und Terminrestriktionen, Ablauf- und Planungsforschung 11(1970)3, S. 214-237.

Überlegungen zur dynamischen Auftragsannahmepolitik

R. Karrenberg, Hamburg

I. Problemstellung

In einem Betrieb sei häufig darüber zu entscheiden, ob eingehende Anfragen nach Leistungserstellung angenommen oder abgelehnt werden sollen. Im ersten Fall entstehen Aufträge. Durch einen Auftrag werden die Produktionseinrichtungen für einen gewissen Zeitraum verplant, wodurch möglicherweise die Annahme später eintreffender Anfragen verhindert wird. In dem hier betrachteten einfachsten Fall stellt nur <u>ein</u> Engpaßsektor einen solchen Hinderungsgrund dar. Es ist Ziel dieser Darlegungen zu untersuchen, welche Annahmepolitik unter diesen Umständen verfolgt werden soll.

II. Daten, Prämissen und Zielsetzung

Es wird davon ausgegangen, daß mit der Annahme einer Anfrage auch die dadurch bewirkte Belegung des Engpasses verbindlich festzulegen ist. Diese Belegung erfolge so, daß ein Auftrag ohne Unterbrechung abgewickelt wird und der Engpaß nur einmal in Anspruch genommen wird. Zu jedem Zeitpunkt kann dort nur ein Auftrag bearbeitet werden. Auf diese Weise wird durch den Auftragsbestand der Engpaßsektor in bestimmten zeitlichen Intervallen belegt.

Trifft nun zum Zeitpunkt T eine neue Anfrage ein, so muß aus den Informationen des Kunden zunächst die benötigte Nutzungsdauer D für den Engpaß sowie ein frühester Anfang F und ein spätestes Ende S der Nutzung bestimmt werden. Ferner sei G der Deckungsbeitrag der gesamten Anfrage.

Die Anfrage ist abzulehnen, wenn sie terminlich nicht eingeplant

werden kann. Andernfalls gibt es zwischen F und S noch freie Intervalle mit Mindestlängen von D. Sei ein solches Intervall durch A und E begrenzt.
Es kann sich dann folgende Situation ergeben

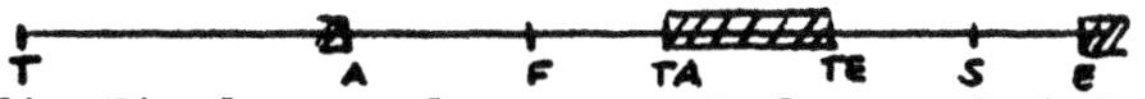

Durch die Einplanung der neuen Anfrage wird das zunächst freie Intervall [A, E[in die drei Intervalle [A, TA[, [TA, TE[und [TE, E[aufgeteilt. Dem sicheren Deckungsbeitrag G stehen die verminderten Nutzungschancen bei den kleineren Restintervallen gegenüber. Es ist nun zu entscheiden, ob es eine zeitliche Einplanung so gibt, daß dies hingenommen werden kann, oder ob eine Ablehnung angezeigt ist, weil erwartet wird, daß für das freie Intervall eine bessere Nutzung erwartet wird. Dies ist ggf. für alle zulässigen freien Intervalle zu untersuchen und die beste Wahl zu treffen.

Als Zielsetzung bietet sich eine Maximierung des Erwartungswertes der Deckungsbeiträge von Aufträgen, bezogen auf die Zeiteinheit an. Dies kann nur geschehen, wenn von den zufälligen Größen dieses Problemes Verteilungen bekannt sind.

Unter dieser Voraussetzung wird weiter verfahren. Überdies wird angenommen, daß alle erwähnten Größen außer dem Deckungsbeitrag ganze Zahlen sind.

Im einzelnen seien

$p_{V,D}$ die Wahrscheinlichkeit dafür, daß zum Zeitpunkt T eine Anfrage mit der Nutzungsdauer D eintrifft, die frühestens in V ZE beginnen kann

$s_{L,D}$ die Wahrscheinlichkeit dafür, daß bei einer Anfrage der Dauer D ein Intervall der Länge L zwischen F und S zur Verfügung steht

g_D die Dichtefunktion der Deckungsbeiträge von Anfragen der Dauer D

$H_{V,L}$ der Erwartungswert für Deckungsbeiträge in einem freien Intervall der Länge L, das V ZE vom Entscheidungszeitpunkt entfernt liegt.

Eine neue Anfrage - gemäß der geschilderten Skizze - wird angenommen, wenn es ein TA so gibt, daß

$$G + H_{A-T.,TA-A} + H_{TA+D-T,E-TA-D} \geq H_{A-T.,E-A} ,$$

TA ist so zu wählen, daß die linke Seite möglichst groß wird. Gibt es mehrere freie Intervalle, so ist diese Behandlung nicht möglich. Vielmehr ist zu beurteilen, ob es eine Einplanung so gibt, daß die gesamte Situation nach der Einplanung besser ist, als - nach einer Zeiteinheit - bei Ablehnung.

Der zuerst genannte Fall tritt insbesondere dann ein, wenn S-F+1 = D, d. h. wenn die Dauer D genau in das Intervall zwischen F und S paßt. Für dieses Problem kann eine allgemeine Lösung angeboten werden. Der allgemeine Fall wird mit Simulationsexperimenten behandelt.

III. Ein Spezialfall

Ist nur über die Annahme oder Ablehnung zu entscheiden, da die Terminierung vorgegeben ist, so lassen sich die Größen $H_{V,L}$ optimal bestimmen.

Die folgenden Ergebnisse gelten unter der Voraussetzung, daß zu jedem Zeitpunkt T höchstens eine Anfrage eintrifft. Sie sind leicht herzuleiten. Man erhält

$$H_{V,L} = H_{V-1,L} + \sum_{K=0}^{L-1} \sum_{D=1}^{L-K} p_{K+V,D} \int_{a_{VL}^{KD}}^{\infty} (x-a_{VL}^{KD}) \, dg_D(x) \quad ;$$

dabei ist

$$a_{VL}^{KD} = H_{V-1,L} - H_{V-1,K} - H_{V+K+D-1,\, L-K-D}$$

für $K = V(1)\ L+V-1;\ D = 1(1)\ L+V-1$

und

$H_{-1,L} = H_{0,L-1}$ sowie $H_{V,0} = 0$ für alle L und V.

Eine Anfrage der Dauer D, beginnend im Zeitpunkt V+K des in V anfangenden freien Intervalles der Länge L wird angenommen, wenn ihr Deckungsbeitrag größer oder gleich a_{VL}^{KD} ist.

Für eine Vielzahl von hypothetischen Verteilungen wurde untersucht, ob die so definierte optimale Politik von der trivialen Entscheidung abweicht, die darin besteht, jede terminlich zulässige Anfrage anzunehmen.

Im allgemeinen stellte sich nur bei einigermaßen extremen Fällen eine deutliche Verbesserung heraus.

Wenn nur Dauern von einer Zeiteinheit zugelassen werden, der Vorlauf V binomial mit (5o; o,1) verteilt ist, die Zwischenankunftszeiten von Anfragen exponentialverteilt sind (Rundung des Zeitpunktes nach oben) mit λ= o,5 und schließlich die Deckungsbeiträge zwischen o und 999 gleichverteilt variieren, beträgt die Verbesserung der optimalen Politik gegenüber der trivialen ca. 5 %. Sind die Deckungsbeiträge dagegen zwischen 4oo und 999 gleichverteilt, sind beide Politiken identisch.

IV. Simulationsexperimente

Es wurden folgende Politiken in vielen Simulationsexperimenten untersucht.

FF Annahme, wenn möglich
Terminierung möglichst früh

LF Annahme, wenn möglich
Terminierung möglichst spät

BF Annahme, wenn möglich
Terminierung möglichst anschließend an ein schon belegtes Intervall, im Zweifelsfall möglichst früh

DM Annahme, wenn Deckungsbeitrag $\geq$ DM
Terminierung möglichst früh

BW Annahme und Terminierung gemäß einer Bewertungsfunktion
$H_{V,L} = \alpha(1-\beta^V)(1-\gamma^L)$ wie oben beschrieben

Die Parameter DM, α, β und γ wurden für jedes Problem optimal bestimmt.

Die Politik BF ist meistens der Politik FF unterlegen, dies gilt allgemein für die Politik LF. Im allgemeinen kann DM so gewählt werden, daß die entsprechende Politik FF überlegen ist. Dies ist insbesondere dann der Fall, wenn Anfragen sehr häufig eintreffen. Erwartungsgemäß ist BW die beste Politik, wenngleich sie DM oft nur wenig übertrifft. In der folgenden Tabelle wird als Beispiel folgender Fall skizziert:

Dauer D : gleichverteilt zwischen 1 und 2o, gerundet

Vorlauf: o mit Wahrscheinlichkeit o,2; sonst gleichverteilt zwischen o und 4o

S - F : normalverteilt mit Mittelwert 5 * D+5 und Standardabweichung 5, gerundet

Deckungsbeitrag/Zeiteinheit: gleichverteilt zwischen 4o und 16o

Ankunft: Exponentialverteilt mit verschiedenen Parametern λ , gerundet

Die Deckungsbeiträge je ZE wurden aus mehreren Experimenten mit je 1ooo Anfragen ermittelt.

$1/\lambda$	3	5	7	9	11	13
FF	1o1,6	89,4	7o,5	56,o	46,o	39,1
LF	92,7	84,6	68,8	55,o	45,5	38,8
BF	1o2,o	86,6	68,o	53,5	44,5	37,6
DM	111,1	89,7	7o,5	56,o	46,o	39,1
BW	112,o	9o,4	7o,8	56,1	46,2	39,2

Für andere Parameter und andere Verteilungen ergeben sich ähnliche Verhältnisse.

V. Zusammenfassung

Es wurden einige Politiken für die dynamische Auftragsannahmeentscheidung untersucht. Die hier vorgetragenen Ergebnisse und eine Vielzahl von Simulationsexperimenten legen den Schluß nahe, daß die Politik, jede passende Anfrage anzunehmen, oft optimal und sonst meistens nur wenig verbesserbar ist. Nur wenn der knappen Kapazität eine starke Übernachfrage gegenübersteht, scheint es sinnvoll zu sein, bessere Politiken zu suchen.

Planungsmodelle für den Versicherungs-Außendienst

R. Wiebking, Hoisdorf

In der Arbeit [1] werden optimale Planungsmodelle für den Vertriebsbereich (Außendienst) von Lebensversicherungsunternehmen formuliert, siehe auch [2]. Mit Hilfe der Modelle kann ein wichtiger Teilbereich einer Versicherungsgesellschaft in ihrer zukünftigen Entwicklung überschaubar gemacht werden.

Mit einem Personalplanungsmodell wird untersucht, ob der derzeitige Aussendienststab in der Lage sein wird, die Produktionsvorgaben für einen Planungshorizont von mehreren Jahren zu erreichen und inwieweit Neueinstellungen dazu erforderlich sind. Das Modell wird als ein lineares Programm formuliert. Es berücksichtigt den Einfluß unterschiedlicher Fluktuationsraten, Produktionsraten und Stornoquoten für bestimmte Gruppen von Außendienstmitarbeitern.

Ein Produktionsplanungsmodell - gleichfalls ein Modell der linearen Programmierung - behandelt die Optimierung des Bestandsaufbaus in dem Planungszeitraum. Produktionszahlen werden nicht mehr vorgegeben, sondern durch Maximierung des Überschusses aus Beiträgen und Bestandsaufbaukosten bestimmt. Die Maximierung wird durch eine Liquiditätsbedingung eingeschränkt.

Besondere Beachtung wird der Gewinnung der Ausgangsdaten zuteil. U. a. wird die Anwendbarkeit einiger, in der Literatur erschienener funktionaler Zusammenhänge zwischen Fluktuationsraten, Produktionsraten, Stornoquoten und deren Einflußgrößen geprüft.

Proceedings in Operations Research 8, ©Physica-Verlag, Würzburg–Wien, 1979

Die Arbeit schließt mit einer Diskussion folgender Modellerweiterungen:

- Betrachtung einzelner Verkaufsregionen mit unterschiedlichem Absatzpotential,
- Berücksichtigung unterschiedlicher Sparten und deren Einfluß auf die Liquidität,
- Berücksichtigung stochastischer Modellparameter, z.B. Produktionsraten.

Literatur:

[1] Wiebking, R.: Planungsmodelle für den Versicherungsaußendienst. In Vorbereitung

[2] Wiebking, R.: Führung und Steuerung des Versicherungs-Außendienstes mit Hilfe von mathematisch-statistischen Verfahren. Zeitschrift für Versicherungswesen, Heft 13, 1978

Modellierungstechnik und Dialogunterstützung für Modelle der linearen Optimierung zur Produktionsplanung in der chemischen Industrie

P. Kappe und H.-J. Schmidt, Gelsenkirchen–Buer

1. Zusammenfassung

Die optimierende Produktionsplanung komplexer Produktionsverbunde, die aus vielen Einheiten zusammengesetzt sind, ist eine unternehmensplanerische Tätigkeit von hoher wirtschaftlicher Bedeutung, die eine große Flexibilität in der Arbeitsmethodik erfordert. Derartige Produktionsverbunde lassen sich zunächst auf komplexe Netzwerke und von dort auf mathematische (Un)-gleichungssysteme (Modelle) abbilden. Zur optimierenden Lösung dieser Probleme werden umfangreiche und standardisierte Softwarepakete angeboten. Aufwendig bleibt weiterhin sowohl die modellmäßige Nachbildung der Netzwerke als auch die Kommunikation zwischen Benutzer und Modell.

In der vorliegenden Darstellung wird über eine allgemeingültige Modellierungstechnik chemischer Anlagenverbunde und über den Einsatz von Dialogmedien bei Planungsrechnungen berichtet.

2. Produktionsplanung in der chemischen Industrie

Die Struktur der Produktionsstätten für chemische Produkte ist dadurch gekennzeichnet, daß typisch mehrere Verarbeitungsstufen einander folgen und auf gleicher Verarbeitungsebene mehrere im allgemeinen technisch nicht identische Parallelanlagen zur Verfügung stehen. Es wird von einem Anlagenverbund geprochen. Abbildung 1 soll die Planungsproblematik anhand eines kleinen (fiktiven) Beispiels erläutern.
Herzustellen sind zwei Fertigprodukte, für die unterschiedliche Mengenanforderungen vorliegen. Als Einsatzprodukte stehen zwei Rohstoffe mit spezifischen Stoffkosten in unterschiedlicher Menge und Qualität zur Verfügung. Die gesamte Anlage besitzt eine Kapazitätsbeschränkung in Form einer Einsatzlimitierung. Die proportionalen Verarbeitungskosten sind durchsatzgekoppelt. Die beiden Fertigprodukte werden zu bestimmten Anteilen (den sogenannten "technischen Faktoren") aus den Rohstoffen gewonnen. Diese technischen Faktoren kennzeichnen sowohl den Fahrzustand der Anlage als auch die Qualitäten der eingesetzten Rohstoffe.
"Produktionsplanung in der chemischen Industrie" ist die ökonomische Fragestellung nach der deckungsbeitragsoptimalen Fahrweise des Verbundes unter vorgegebenen Randbedingungen. Der Begriff "Deckungsbeitrag" ist dabei gemäß der üblichen Definition als Differenz aus der Erlössumme und der Summe der Rohstoffkosten, Hilfsstoffkosten und Anlagenproportionalkosten zu verstehen. Die Randbedingungen sind die Parameter wie Verfügbarkeit und Qualität

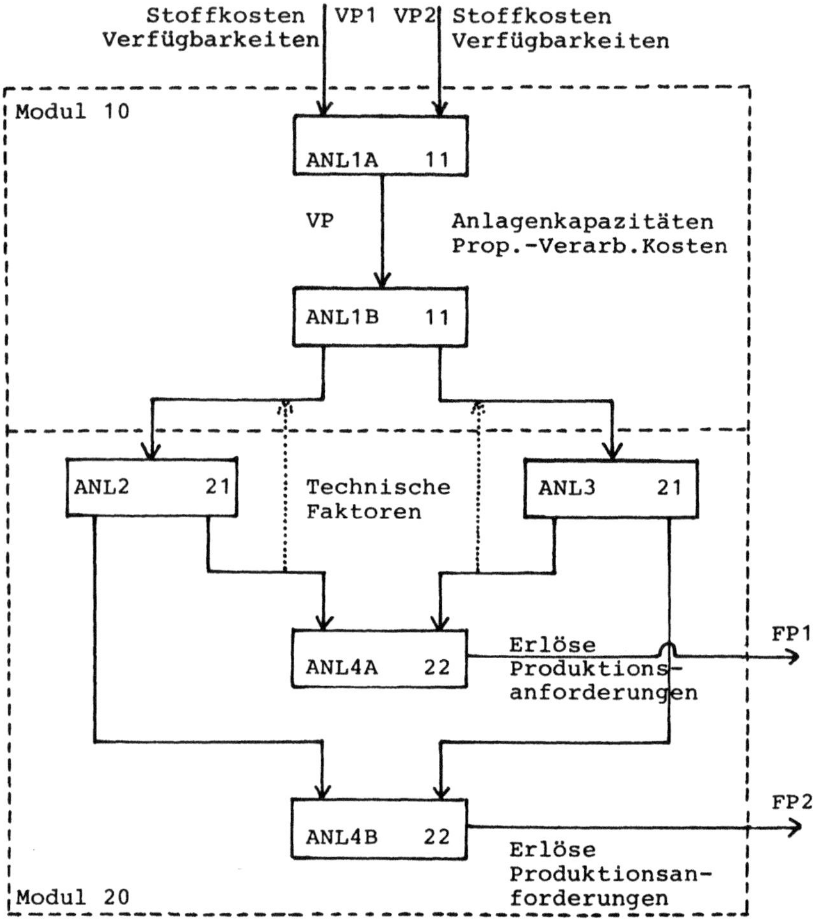

Abbildung 1: Teilanlage eines chemischen Verbundes

der Rohstoffe, Anlagenkapazitäten und -fahrweisen sowie Fertigproduktanforderungen.

3. Arbeitstechnik zur Modellierung

Die Beantwortung der Frage nach dem deckungsbeitragsoptimalen Produktionsprogramm erfordert eine modellmäßige Abbildung des komplexen Anlagenverbundes auf ein System linearer (Un)-gleichungen, um es einer Lösung durch Standardsoftware der linearen Optimierung (LP) zuführen zu können.
Abstrahiert man von einem speziellen Problem auf den allgemeinen Problemkreis der Anlagenkomplexe in der chemischen Industrie, so ist es möglich, problemunabhängig eine automatische Modellmatrixgenerierung aus dem Anlagenfließschema, eine Datenkorrektur im Dialog Planer-Rechner und ausführliche - Produktionsplanungsgesichtspunkten angepaßte - Ergebnisberichte zu konzipieren. Die hier aufgezeigte Planungsmethodik läßt sich in drei Funktionsblöcke untergliedern:
Als erstes ist der Modellgenerator zu nennen, der die Aufgabe hat, aus dem im sogenannten Pfeil-Knoten-Code datentechnisch erfaßten Anlagenfließschema das mathematische Modell zu erzeugen und anschließend das Eingabeformat der Optimiersoftware zu generieren.
Das so erstellte formale Modell wird mit Hilfe des Revisionsgenerators mit Daten gefüllt. Als wichtigster Funktionsparameter sind hier die Revisionsklassen zu erwähnen.
Abschließend ist der Reportgenerator zu nennen. Hier werden dem Planer verschiedene auf Produktionsplanungsaspekte abgestellte Reportmasken angeboten, die mit Daten aus einem beliebig definierbaren Unterbereich des Gesamtkomplexes gefüllt werden können.

4. Modellgenerierung aus einem betrieblichen Anlagenfließschema

4.1 Multi-Modul-Technik

Wie schon erwähnt, erfordert die Beantwortung der Frage nach dem deckungsbeitragsoptimalen Produktionsprogramm eine modellmäßige Nachbildung des komplexen Anlagenverbundes.
Bei umfangreichen Anlagen ist nicht nur das Gesamtoptimum von Interesse, sondern auch ein Vergleich zwischen den optimalen Fahrweisen des Verbundes und der der Einzelanlagen. Um derartige Fragestellungen beantworten zu können, muß der Gesamtkomplex modular aus Teilmodellen bausteinhaft zusammensetzbar sein (Multi-Modul-Technik). Eine solche Unterteilung des Gesamtbereichs wird durch eine zweifache Hierarchie der Anlagen in Hauptmodule und Untermodule pro Hauptmodul erreicht. Die hierarchische Ordnung wird mit in die Anlagenbezeichnung aufgenommen (siehe Abb. 1), so daß es möglich ist, den Gesamtkomplex modular aus Einzelbausteinen zusammenzusetzen. In dem in Abb. 1 aufgezeigten Beispielkomplex ist in zwei Hauptmodule (Module 10 und 20) und in einen bzw. zwei Untermodule untergliedert worden.

4.2 Pfeil-Knoten-Code

Betrachtet man ein Fließschema, so stellt es ein Netzwerk dar, bestehend aus gewissen Knoten, die den nicht weiter aufgegliederten Anlagenteilen entsprechen und gewissen Pfeilen, die die Produktströme zwischen den Anlagen symbolisieren und deren optimale Größe unter Einhaltung der Nebenbedingungen es zu ermitteln gilt. Durch Erfassung sämtlicher Pfeile und Knoten ist das Modell eindeutig bestimmt.
Die schon erwähnten technischen Faktoren erscheinen in einem Netzwerk als ein Rückbezug eines Produktstromes auf einen anderen. Es sind hier drei Relationen möglich, die Gleichheit, die "Kleinergleich" - und die "Größer-gleich"-Beziehung. Die Ströme werden durch die Sequenz

VONKNOTEN (mit Strukturmerkmal)- NACHKNOTEN (mit Strukturmerkmal)- PRODUKT

erfaßt. In dem in Abb. 1 aufgeführten Beispiel wird der Produktstrom VP von der Anlage 1A im Modul 11 nach der Anlage 1B im gleichen Modul erfaßt durch ANL1A*11ANL1B*11VP**** (siehe auch Abb.2). Aus einem so gespeicherten Fließschema lassen sich automatisch die notwendigen Gleichungen des Optimierproblems generieren.

4.3 Revisionsklasseneinteilung

Die Restriktionen, unter denen ein spezielles Modell gerechnet werden soll, hängen natürlich nicht von dem physischen Netzwerk ab, sondern von den Planungsparametern, die bei einer bestimmten Fragestellung berücksichtigt werden sollen.
Analysiert man die Daten, die für fließschemenorientierte Modelle von Relevanz sind, so kann man diese in sieben Klassen einteilen. An mengenlimitierenden Parametern sind die <u>Kapazitäten von Anlagen</u>, die <u>Verfügbarkeiten von Rohstoffen</u> und die <u>Produktionsanforderungen</u> für Fertigprodukte zu nennen.
Als finanzielle Bewertungen sind gemäß obiger Deckungsbeitragsdefinition bei Planungsrechnungen die <u>proportionalen Verarbeitungskosten</u>, die <u>Stoffkosten</u> für Rohstoffe und die <u>Erlöse</u> für Fertigprodukte zu berücksichtigen.
Die <u>technischen Faktoren</u> zur Herstellung von Produkten aus anderen bilden den Abschluß der Datenstrukturierung.
Wird ein Strom bei der Erfassung mit einer oder mehrerer dieser Datenklassen markiert, so werden die notwendigen Modell-Relationen automatisch generiert.

4.4 Beispiel einer Modellerfassung

Abbildung 2 zeigt beispielhaft Auszüge aus der Erfassung des Beispielmodells aus Abb. 1. Die angefügten langtextlichen Erläuterungen der Restriktionen werden später zur textlichen Führung der Datenkorrektur wieder Verwendung finden.

Strom (= Variable)				bezogen auf Variable			zugelassen für Eintragung von	
von Knoten	nach Knoten	Produkt		von Knoten	nach Knoten	Produkt	K	Langtext
AUSSEN00	ANL1A*11	VP1***					2	VORPRODUKT 1
ANL2**21	ANL4B*22	FP2***	E	ANL1B*11	ANL2**21	VP1***	7	FP2 AUS VOR1
ANL4A*22	AUSSEN90	FP1***					6	FERTIGPROD 1
							3	FERTIGPROD 1
ANL1B*11	ANL3**21	VP2***						
ANL1A*11	ANL1B*11	VP****					1	ANLAGE 1

Abb.2: Modellerfassung im "Pfeil-Knoten-Code" (Ausschnitt)

5. Dialogunterstützung zur Durchführung von konkreten Planungsrechnungen

5.1 Datenrevisionen

Zur Durchführung einer konkreten Planungsrechnung ist zunächst aus dem gespeicherten Fließschema der zu planende Anlagenteilkomplex zusammenzusetzen. In einem Dialog mit dem Planer weist die Maschine auf die möglichen zusammenzuschaltenden und optimierbaren Module hin und fordert von dem Planer die Eingabe der zusammenzuschaltenden Module.
In Abb. 3 entschied sich der Planer für das Zusammenfügen der Module 10, 60 und 90. Zur eigentlichen Überprüfung der aktuellen Planungsparameter zeigt der Rechner alle gespeicherten Revisionsklassen auf, und der Planer kann für jeden Modul unabhängig die Klassen festlegen, aus denen er die gespeicherten Daten aktualisieren möchte.
Zur Aktualisierung des Datenbestandes erhält der Planer alle Werte einer Revisionsklasse pro Modul zusammengefaßt zu einer Tabelle angezeigt. In Abb. 4 ist z.B. die Tabelle mit den Kapazitäten der Anlagen eines ausgewählten Moduls angegeben. Die bei der Modellgenerierung jedem Strom pro Revisionsklasse beigefügten Langtexte erscheinen hier wieder und geben eine detaillierte Erklärung über die Art der Restriktion. Die anderen Revisionstabellen haben einen entsprechenden Aufbau. Ist derart für jeden der zusammengeschalteten Module der Datenbestand aktualisiert, wird automatisch aus den gespeicherten Datentabellen die notwendige Optimiersoftwareeingabe generiert und eine Rechnung durchgeführt.

OPTIMIERBARE MODULE:

10: Anlage A 20: Anlage B
30: ... 40: ...
50: ... 60: ...
70: ... 80: ...
90: ...
ZUSAMMENZUSCHALTEN UND GEMEINSAM ZU OPTIMIEREN? 10,60,90

REVISIONSKLASSEN:
1 : ANLAGENKAPAZITÄTEN 2: ROHSTOFFVERFÜGBARKEITEN
3 : PRODUKTIONSANFORDERUNGEN
4 : PROP.-VERARBEITUNGSKOSTEN 5: STOFFKOSTEN
6 : ERLOESE
ZU REVIDIEREN AM MODUL ... DIE KLASSEN? 10,2,5
ZU REVIDIEREN AM MODUL ... DIE KLASSEN? 90,4

Abb. 3: Konzipierung des planungsrelevanten Anlagenteilkomplexes mit Auswahl der Datenklassen per Dialog

MODUL 10: ANLAGE A

KLASSE 1: KAPAZITÄTEN VON ANLAGEN

ANLAGE	KAPAZITÄT MIN	KAPAZITÄT MAX	GEW KAPAZITÄT MIN	GEW KAPAZITÄT MAX
A1-ANLAGE	100	300	150	380
ANLAGE BX	390			
C-ANLAGE		870		
XY-FABRIK	400	450		
Z-PRODUKTION	1200			1200

Abb. 4: Datenkorrektur in nach Datenklassen zusammengestellten Tabellen

5.2 Reporterstellung

Nach Abschluß der Optimierungsrechnung können beliebige Unterteilungen des optimierten Teilkomplexes in vordefinierte Reportmasken eingefügt werden. Durch die Auswahl eines zu reportierenden Teilbereiches wird eine physische Segmentierung und durch die ver-

schiedenen Reportmasken eine logische Differenzierung für die Darstellung der Optimallösung erreicht.
Analysiert man - analog zur Datenrevision - die Fragestellungen an die Produktionsplanung chemischer Anlagenkomplexe, so können diese durch Ergebnistabellen beantwortet werden, die mit "eingehende Ströme" und "ausgehende Ströme", "Ergebnisrechnung" und "Anlagenauslastung" überschreibbar sind. In die Maske "eingehende Ströme" lassen sich die relativ zum ausgewählten Bereich von "außen einlaufenden" Ströme mit den zugeordneten Planungsparametern und den Mengenflüssen im Optimum anzeigen. Entsprechendes gilt für den Report "ausgehende Ströme". In der "Ergebnisrechnung" sind noch einmal die Stoffkosten, Erlöse und proportionalen Verarbeitungskosten pro ausgewähltem Subkomplex zusammengefaßt. In der Maske "Anlagenauslastung" sind alle Produktionsstätten mit den entsprechenden Planungseinflüssen zusammenstellbar.
In Abb. 5 wird das Dialogmuster für die Reportfestlegung dargestellt. In dem hier aufgezeigten Beispiel sollen sämtliche Ströme der Module 60 und 90 in den Reportmasken 1 und 2 angezeigt werden.

```
LETZTE PLANUNG VOM 03.08.78
OPTIMIERTE MODULE:                  10, 60, 90

REPORTUMFANG MODULE?      60,90

REPORTVARIANTEN:
1: EINGEHENDE STRÖME                3. ERGEBNISRECHNUNG
2: AUSGEHENDE STRÖME                4: ANLAGENAUSLASTUNG

ZU ERSTELLENDE REPORTE: 1,2
```

Abb. 5: Reportfestlegung

Ist derart der gewünschte Listenumfang festgelegt worden, können die Ergebnistabellen erstellt werden. Als exemplarische Tabelle ist in Abb. 6 die Größe der in den zu reportierenden Komplex einlaufenden Mengenströme - also Reportmasken "eingehende Ströme" - aufgezeigt.
Pro Hauptmodul (hier Anlage 4) werden sortiert nach der Zuordnung zu Untermodulen - bezeichnet mit "Bereich A1" und "Bereich A2" - die eingehenden Ströme zusammen mit den Planungsparametern "verfügbare Menge" und "Stoffkosten" und den Werten der Optimallösung, d.h. den aktuellen Mengen im Optimum, angezeigt. So hat z.B. im Modul 10 der in den Untermodul mit dem Langtextnamen "Bereich A1" einlaufende Produktstrom mit der Bezeichnung "Rohstoff 1" bei einer Bewertung von 37,20 DM im Optimum den Wert 480 Mengeneinheiten und liegt damit an der zugelassenen Obergrenze.
Der ausgewählte Modul 90 würde sich anschließen.

EINGEHENDE STRÖME IN HAUPTMODUL/UNTERMODUL	VERFÜGBARE MENGE MIN	MAX	AKTUELLE MENGE	STOFF-KOSTEN DM/T	STOFF-KOSTEN DM
ANLAGE A					
.../BEREICH A1					
-ROHSTOFF 1	320	480	480	37,20	17856,00
-ROHSTOFF 2	0	720	0	13,80	0,00
-ROHSTOFF 3	0	428	412	12,60	5191,20
.../BEREICH A2					
-ROHSTOFF 4	100	250	100	17,40	1740,00
-ROHSTOFF 5	0	310	125	25,10	3137,50

Abb. 6: Reportschreibung

6. Einsatzbeispiel

Die dargestellte Planungsmethodik wurde zur Optimierung eines petrochemischen Anlagenverbundes mit verschiedenen Produktionsstufen und umfangreicher Wechselwirkung auf gleicher Ebene eingesetzt. Mit dem Modell wurden verschiedenste Fragestellungen untersucht. Beispielhaft sollen hier nur Untersuchungen über alternative Rohstoffeinsätze und Überlegungen zur Technologieoptimierung in Form von zusätzlichen Strömen (Leitungsverbindungen) genannt werden.
Das durch den Modellgenerator erzeugte lineare System umfaßt z.Zt. ca. 800 Gleichungen mit ca. 1000 Variablen.

Entscheidungstheorie

Eine Kompromißlösung für ein LVOP mittels dualer Preise

W. Rödder, Aachen

Problembeschreibung

Für das Lineare Vektor-Maximum-Problem (LVMP) 'Max' $C^T x$, $Ax = b$, $x \geq 0$ wird ein Verfahren zur Bestimmung einer Kompromißlösung vorgeschlagen. Hierbei wird so vorgegangen, daß der Entscheidende im Laufe des Algorithmus wahlweise

- den Entscheidungsraum oder
- die Menge der Gewichtungsfaktoren

einschränken kann, bis

- durch Erfülltsein eines Abbruchkriteriums zusätzlicher Informationsgewinn vernachlässigbar wird.

Verfahrensschritte

Die Artikulationsmöglichkeiten des Entscheidenden sowie das Abbruchkriterium sind zahlreich. Hier werden folgende Äußerungen des Entscheidenden diskutiert:

- Ein einmal erreichter Wert einer bestimmten Zielfunktion sollte nicht mehr unterschritten werden.
- Bzgl. einer Nichtbasisvariablen hält der Entscheidende das Optimalitätskriterium noch nicht für erfüllt.
- Eine Basisvariable sollte nicht mehr reduziert (erhöht) werden.

Als Abbruchkriterium wird die Differenz zwischen dem optimalen Nutzenwert der aggregierten Zielfunktion bei günstigster Wahl der Gewichtungskoeffizienten und ungünstigster Wahl der Gewichtungskoeffizienten gewählt.

Proceedings in Operations Research 8, ©Physica-Verlag, Würzburg–Wien, 1979

Bei der Wahl der Artikulationsmöglichkeiten des Entscheidenden wird davon ausgegangen, daß in einer konkreten Entscheidungssituation nicht nur Vorstellungen, Präferenzen und Wünsche im Zielraum, sondern auch im Entscheidungsraum bestehen.

Das Verfahren besteht also in einem sukzessiven Einschränken als Entscheidungsraum durch Einführen von zusätzlichen Restriktionen und durch Einschränken der Menge der Gwichtungsfaktoren ebenfalls durch Hinzufügen von Restriktionen.

Numerische Rechnungen

Es kann nun gezeigt werden, daß das sonst übliche "Aufblähen" des Simplextableaus durch hinzufügen von Zeilen im vorliegenden Fall vermieden werden kann. Durch leichte Änderungen in den Kriteriumszeiten und den rechten Seiten und Abspeichern der entsprechenden Information kann im gleichen Tableau mit teilweise leicht abgewandelten Transformationsregeln iteriert werden.

Die Zielkriteriumszeiten als Entscheidungsmatrix

Es wird darauf hingewiesen, daß dem Entscheidenden bei dem Problem der Wahl von solchen Nichtbasisvariablen, bzgl. derer das Optimalitätskriterium noch nicht erfüllt ist, die klassischen Entscheidungsregeln behilflich sein können. Die Matrix der relativen, absoluten oder normierten Anwächse der Zielfunktionen bei Erhöhen der Nichtbasisvariablen kann als Entscheidungsmatrix interpretiert werden. Bei der Wahl der Nichtbasisvariablen bzgl. derer nicht Optimalität besteht, können Waldregel, Regel des minimalen Bedauerns etc. angewandt werden.

Die Lösung ganzzahliger Vektormaximumprobleme

W. Habenicht, Stuttgart

Gegeben sei das (gemischt) ganzzahlige (lineare) Vektormaximumproblem (GVMP):

$$\underset{x \in X}{\text{"max"}} \quad y = Cx$$

mit $X := \{x \in \mathbb{R}^n : Ax \leqq b,\ x \geqq 0,\ x_1, \ldots, x_k \text{ ganzz.}\}$ $(A \in \mathbb{R}^{p \times n}, C \in \mathbb{R}^{m \times n},\ k \leqq n)$.

Wir bezeichnen mit $Y := \{y = Cx : x \in X\}$ die Menge der zulässigen Ergebnisse. Eine Lösung von GVMP entspricht der Identifizierung von effizienten Ergebnissen. Die Menge der effizienten Ergebnisse sei:

$$\text{eff}\ (Y) := \{ y \in Y : y \leqq \bar{y} \wedge \bar{y} \in Y \quad y \not\Rightarrow \bar{y} \}$$

Wir untersuchen die Identifizierung effizienter Ergebnisse durch die Lösung geeigneter parametrischer Optimierungsprobleme. Neben der Beachtung rechentechnischer Implikationen sind an diese insbesondere die beiden folgenden Forderungen zu stellen:

F 1: Jede optimale Lösung des parametrischen Optimierungsproblems muß zur Identifizierung eines effizienten Ergebnisses führen.

F 2: Jedes effiziente Ergebnis sollte durch eine optimale Lösung des parametrischen Optimierungsproblems identifizierbar sein.

Parametrische Optimierungsprobleme, die hier untersucht werden sollen, können als Gewichtungsansätze und als Goal-Programming-Ansätze bezeichnet werden.

Bei Gewichtungsansätzen wird das parametrische Optimierungsproblem gebildet, indem man die (gewichtete) Summe der Komponenten der Ergebnisvektoren maximiert. Sie lassen sich in allgemeinster Form wie folgt formulieren:

$$P_W\ (\lambda, \mu): \max z = \textstyle\sum_i \lambda_i\, y_i = \lambda Cx$$

$$\text{n.d.N.: } x \in X,\ Cx \geqq \mu \ (\lambda, \mu \in \mathbb{R}^m,\ \lambda > 0)$$

$P_W\ (\lambda, \mu)$ ist offenbar ein gemischt-ganzzahliges parametrisches lineares Programm. Shapiro (1) untersuchte ein gruppentheoretisches Verfahren zur Lösung dieses Problems für $\mu \equiv -\infty$. Dieser Ansatz erfüllt zwar Forderung 1 nicht aber F 2, da alle optimalen Lösungen von P_W (λ, $-\infty$) zu effizienten Ergebnisvektoren gehören, die auf dem Rand der konvexen Hülle $\bar{Y}$ von Y liegen. Es können aber effiziente Ergebnisse im Innern von $\bar{Y}$ liegen. Dagegen läßt sich zeigen, daß P_W (λ, μ) für positives λ bei Variation von μ die Forderungen F 1 und F 2 erfüllt (vgl. (3), S. 92 f.).

Goal-Programming-Ansätze minimieren den Abstand der Ergebnisvektoren zu einem vorzugebenden Vektor - dem goal - im Ergebnisraum. Bei normerzeugten Abstandsmaßen erzwingt F 1 eine Beschränkung der Wahl des goals auf hinreichend große Werte. Zum andern erfordert F 2 die Verwendung der Tchebycheff Norm. Entsprechende Ansätze wurden von Bowman (2) untersucht.

Eine Alternative zu traditionellen Goal-Programming-Ansätzen bildet das folgende parametrische Optimierungsproblem:

$$P_G\ (\lambda,\ \mu):\ \min_{y \in Y}\ z\ (y) = \max_{i}\ \lambda_i\ (\mu_i - y_i)$$

Es läßt sich zeigen, daß P_G (λ, μ) für positives λ und beliebiges μ F 1 und F 2 erfüllt (vgl. (4), S. 13 ff.). Außerdem unterliegt die Wahl des goals μ - im Gegensatz zu den traditionellen Goal-Programming-Ansätzen - keinen Beschränkungen. Dies ist insbesondere beim interaktiven Einsatz von Bedeutung.

Literatur:

(1) Shapiro, J.F.: "Multiple Criteria Public Investment Decision Making by Mixed Integer Programming", in: (5) Thiriez, H., Zionts, S. (Hrsg.) "Multiple Criteria Decision Making", Berlin, Heidelberg, New York 1976.

(2) Bowman, J.V. jr.: "On the Relationship of the Tchebycheff Norm and the Efficient Frontier of Multiple-Criteria Objectives", in (5).

(3) Habenicht, W.: "Efficiency in general vecto maximum problems" in: Ricerca Operativa, Nr. 5/1978, S. 89-101

(4) Habenicht, W.: "Interactive approaches to the general vector maximum problem", unveröffentl. Manuskript des BWI, Universität Stuttgart 1978.

Lineare partielle Information, „fuzziness“ und Vielziele-Optimierung

G. Menges, Heidelberg, und E. Kofler, Zürich

1. Vorbemerkung

Neuere Bestrebungen wie "fuzziness", weiche Modellbildung, robuste Verfahren, Unschärfe, mehrwertige Logiken, Subjektivität, partielle Information etc. resultieren aus der Einsicht, daß die klassischen Methoden in Statistik, Unternehmensforschung und Ökonometrie zu hart waren und zu wenig geeignet, sich den Gegebenheiten der Realität anzupassen. Im folgenden entwickeln wir die Theorie der linearen partiellen Information (LPI) in einer gegen [Kofler-Menges 1976] verallgemeinerten Fassung und verbinden diese mit den Konzepten der fuzziness und der Vielziele-Optimierung.

2. Unscharfe Zustandsmengen

Gegeben eine endliche Zustandsmenge $\{z_1,\ldots,z_n\}$, über welcher Wahrscheinlichkeitsvektoren $p = (p_1,\ldots,p_n)$ definiert sind, welche ihrerseits das Verteilungssimplex

$$S^{(n)} = \{p = (p_1,\ldots,p_n) \mid p_j \geq 0; \sum_{j=1}^{n} p_j = 1\}$$

bilden. Unter einer linearisierten Potenzmenge $\hat{P}(S^{(n)})$ verstehen wir die Menge aller linearisierten Teilmengen des Verteilungssimplexes $S^{(n)}$.

Satz 1: $\hat{P}(S^{(n)})$ ist eine σ-Algebra und zugleich eine Boole'sche Algebra.

Definition der LPI: Jedes Element von $\hat{P}(S^{(n)})$ wird als eine lineare partielle Information 1. Grades: $LPI^{(1)}$ betrachtet: $\hat{P}(S^{(n)}) = \{LPI^{(1)}\} = U^{(1)}$.

Proceedings in Operations Research 8, ©Physica-Verlag, Würzburg–Wien, 1979

$U^{(1)}$ ist die **Unbestimmtheitsebene** 1. Grades. In $U^{(1)}$ sind die klassischen Wahrscheinlichkeiten sowie die Nullmenge wie auch das ganze Verteilungssimplex (vollständige Ignoranz bzgl. der Zustandsverteilung) enthalten. Es ist daher notwendig, den Begriff der echten LPI einzuführen:

Definition der echten LPI: Unter einer echten LPI 1. Grades verstehen wir ein beliebiges Element von $U^{(1)}$, das verschieden ist von (1) der Nullmenge $\emptyset$,

(2) dem ganzen Verteilungssimplex $S^{(n)}$ und

(3) einzelnen Punkten von $S^{(n)}$ (vollständige Information bzgl. der Zustandsverteilung).

Den Übergang von einer endlichen Zustandsmenge über das Verteilungssimplex $S^{(n)}$ zur linearisierten Potenzmenge $\hat{P}(S^{(n)})$

$$\Phi = \{\{z_1,\ldots,z_n\} \to S^{(n)} \to \hat{P}(S^{(n)})\}$$

nennen wir Φ-Verfahren. Der Übergang zur LPI höheren Grades: $LPI^{(k)}$; $k = 2,3,\ldots$; erfolgt auf analoge Weise, d.h. $U^{(k-1)} \to U^{(k)}$. Jede endliche Zustandsmenge Z von $U^{(k-1)}$ ($Z \subset U^{(k-1)}$) wird als Zustandsmenge betrachtet; gemäß dem Φ-Verfahren gelangt man auf diese Weise zur entsprechenden Menge $\{LPI_Z{}^{(k-1)}\}$, nämlich der Menge aller im Bereich der gewählten Zustandsmenge möglichen LPI's auf der Stufe k-1. Die Vereinigung aller möglichen Fälle führt zu $U^{(k)}$:

$$U^{(k)} = \bigcup_{Z \in U^{(k-1)}} \{LPI_Z{}^{(k-1)}\}.$$

Ohne Beweise geben wir hierzu folgende Sätze an:

Satz 2: Jede Unbestimmtheitsebene $U^{(k)}$ ist eine σ-Algebra und zugleich eine Boole'sche Algebra.

Satz 3: Jede Unbestimmtheitsebene $U^{(k)}$ ist in jeder Nachfolgerin $U^{(m)}$ enthalten: $U^{(k)} \subset U^{(m)}$, $m > k$.

Satz 4: Zu jeder Unbestimmtheitsebene läßt sich ein Wahrscheinlichkeitsraum mit entsprechendem Maß für unbestimmte Wahrscheinlichkeiten (Erweiterung des Kolmogoroff'schen Wahrscheinlichkeitsbegriffs) angeben. (Der Fall k=1 wurde in [Kofler-Menges 1977] bewiesen).

3. LPI-Mengen

3.1. Elemente-Fassung

Wir betrachten endliche Mengen, deren Elemente $a_1, a_2, \ldots, a_n$ der betreffenden Menge A im allgemeinen nur in unscharfer Form zugehören. Den n Elementen der Universalmenge $A = \{a_1, \ldots, a_n\}$ wird der n-dimensionale Einheitskubus $K^{(n)}$ zugeordnet. Wir unterscheiden jetzt drei wichtige Fälle:

Fall I ; es werden nur die Eckpunkte des Kubus berücksichtigt. Das ist der klassische Fall scharfer Mengen mit der entsprechenden (o,1)-charakteristischen Funktion.

Fall II ; (fuzzy-set-theory im Sinne Zadehs u.a.); hier werden zwar alle Punkte des Kubus berücksichtigt, aber in einem deterministischen Sinn. Die Elemente des Kubus, als Punktmenge aufgefaßt, stellen nicht-stochastische Zugehörigkeitsmaße dar (degree of membership, level of fuzziness). Diese Auffassung steht auch im Zusammenhang mit der mehrwertigen Logik, wo der Zugehörigkeitsgrad als Wahrheitsgrad (degree of truth) bzgl. der Zugehörigkeit der Elemente zur betreffenden Menge aufgefaßt wird.

Fall III; (Mengen mit LPI-unscharfen Elementen); es werden alle Teilmengen der linearisierten Potenzmenge von $K^{(n)}$ berücksichtigt:

$$K^{(n)} \to \hat{P}(K^{(n)}) = \{\sigma^{(n)}\}.$$

Unter einer "Menge mit LPI-unscharfen Elementen" verstehen wir die zweistellige Relation R: $AR\sigma^{(n)}$: Jeder im Bereich $\sigma^{(n)}$ zulässige Punkt ordnet dem betreffenden Element die Wahrscheinlichkeit, mit der das Element der Menge A angehört, zu.

Damit sind Fälle I und II als Spezialfälle in Fall III enthalten; Fall I (Eckpunkte) trivialerweise. Fall II enthält die auf einzelne Punkte degenerierten linearisierten Teilmengen von $K^{(n)}$ (nicht-stochastisch!).

3.2. Mengen-Fassung

Fall III des vorigen Abschnitts läßt sich auf eine Mengenfassung ausdehnen. Jede zweistellige Relation R kann auf Grund unserer Wahrscheinlichkeitsinterpretation unter Zuhilfenahme elementarer Sätze der Wahrscheinlichkeitsrechnung in eine LPI-Mengen-Alternative (LPI-Lotterie über Mengen) überführt werden. Und zwar wird jedem Zustand $z_j (j=1,\ldots,\nu)$ eine Menge A_i zugeordnet derart, daß über die A_i LPI-Aussagen getroffen werden können. Daraus folgt bereits:

Satz 5: Jede Menge mit LPI-unscharfen Elementen (Elemente-Fassung) ist in eine unscharfe LPI-Menge (Mengenfassung) eindeutig transformierbar.

Anmerkung: Ein analoger Satz gilt für den Fall der Zadeh-fuzziness (Fall II des vorigen Abschnitts) nicht, da jener Fall nicht Wahrscheinlichkeiten zum Gegenstand hat.

4. LPI-Funktionen

Die LPI-unscharfen Mengen des vorigen Abschnitts erlauben wichtige Erweiterungen, z.B. auf LPI-unscharfe Begriffe, LPI-unscharfe Funktionen und LPI-unscharfe Systeme. (Auch können die Entscheidungsmatrix und/oder die Aktionenmenge als LPI-unscharfe Mengen aufgefaßt und Lösungen mit dem MaxE_{min}-Prinzip gefunden werden).

Im einfachsten Fall einer LPI-unscharfen Funktion wird einer scharfen Definitionsmenge X eine LPI-unscharfe Wertemenge Y zugeordnet:

$$f: X \to Y \ (Y = \text{LPI-Menge}).$$

Jedem Argument $x \in X$ wird nicht eindeutig ein Element $y \in Y$ zugeordnet, vielmehr jedem $x \in X$ eine Alternativmenge mit einer LPI-Lotterie. (Statt des Einheitskubus hat man es hier also für jedes $x \in X$ mit Teilgebieten des Verteilungssimplexes der Form $S^{(n)}$ zu tun).

5. MaxE$_{min}$-Prinzip und LPI-Nullsummenspiel

Die vorstehend skizzierte LPI-Theorie findet mannigfache Anwendung in der statistischen Inferenz, in der Systemtheorie, in der stochastischen und dynamischen Programmierung usw., nicht zuletzt auch in der Wissenschaftstheorie. Bei vielen Anwendungen kommt man ohne den Entscheidungsgedanken aus, oft aber ist es problemadäquat, die Entscheidungstheorie subsidiär heranzuziehen, z.B. dann, wenn das LPI-Problem der statistischen Inferenz entstammt und die "inferentiale Lücke" durch Entscheidung geschlossen wird. Tatsächlich wird es kaum je gelingen, soviel Informationen zu sammeln, daß die Unschärfe völlig reduziert wird. Für den verbleibenden Rest überlegt man sich die Konsequenzen, gemessen in Nutzeneinheiten, die beim Zusammentreffen einer Aktion α_i $(i=1,\dots,m)$ mit einem Zustand z_j $(j=1,\dots,n)$ entstehen. Diese Nutzenmaße seien u_{ij} $(i=1,\dots,m,\ j=1,\dots,n)$. Die Entscheidungssituation ES ist alsdann wie folgt gegeben:

$$ES = [\{\alpha_i\},\ \{z_j\};\ p = (p_i,\dots,p_n);\ [u_{ij}]].$$

Wenn der Wahrscheinlichkeitsvektor $p=(p_1,\dots,p_n)$ auf der Zustandsmenge $\{z_j\}$ fest ist und bekannt (Risikofall , vollständige Information), kann das Bernoullikriterium angewandt werden, das die Zeilen-Erwartungswerte zu bilden und diejenige Aktion, bei welcher der Erwartungswert am größten ist, zu wählen verlangt. Ist gar keine Information vorhanden (Ungewißheitsfall, Nullinformation), so wählt man die minimaximale Aktion. Für alle dazwischenliegenden Fälle modifiziert sich ES zu

$$ES(LPI) = [\{\alpha_i\};\ \{p \in LPI(p)\};\ [u_{ij}]]$$

und man wählt als optimal die Aktion, die den kleinsten Erwartungsnutzen maximiert. Dieses Entscheidungsprinzip heißt MaxE$_{min}$-Prinzip; es ist eine natürliche Erweiterung des Bernoullikriteriums [Kofler-Menges 1976]. Die MaxE$_{min}$-Lösung ist, wie wir gezeigt haben, äquivalent mit der Maximin-Lösung der als Nullsummenspiel aufgefaßten Entscheidungssituation ES(LPI). Wegen der Linearität des Erwartungsnutzens wird die Strategienmenge des Gegenspielers (Natur) auf die endliche Menge der Eckpunkteverteilungen $\{p^* | p^* \in LPI\}$ reduziert. Die Entscheidungssituation ES(LPI) modifiziert sich zu

$$ES^*(LPI) = [\{\alpha_i\};\ \{p^* \in LPI\};\ [u_{ij}] \cdot M(LPI(p^*))],$$

wobei $M(LPI(p^*))$ die Eckpunktematrix von LPI bedeutet. Das Entscheidungsproblem $ES^*(LPI)$ kann für beliebige Unbestimmtheitsebenen der Zustandsmenge gelöst werden. Dabei läßt sich zeigen:

Satz 6: (Überführungssatz): Jede $LPI^{(k)}$ höheren Grades (k= 2,3, ...) ist im $MaxE_{min}$-Sinn mit einer entsprechenden $LPI^{(1)}$ äquivalent.

6. Mehrfache Zielsetzungen bei LPI-unscharfer Gewichtung

Eine weitere wichtige Anwendung der LPI-Theorie und des $MaxE_{min}$ Prinzips liegt in der Vielziele-Optimierung (VZO) mit unscharfer Gewichtung.

Das diskrete deterministische VZO-Modell:

DDVZO: $[\{x_i\};\ \{z_j(x)\};\ \text{"max"}\ z(x_i)]$; $i=1,\ldots,m$; $j=1,\ldots,n$; mit $z(x_i) = (z_j(x_i)) = (z_1(x_i),\ldots,z_n(x_i))$. In DDVZO ist $\{x_i\}$ die diskrete Strategienmenge, $\{z_j(x_i)\}$ die Menge der n Zielfunktionen und "max" $z(x_i)$ die Vektormaximierung des n-dimensionalen Zielfunktionsvektors $z(x_i)$; x^* ist effizient, wenn keine Strategie $x \in \{x_i\}$ existiert, für die Pareto-Optimalität gilt:

$$\forall j:\ z_j(x) \geq z_j(x^*) \text{ und } \exists j:\ z_j(x) > z_j(x^*).$$

Sei $g = (g_j)$; $g_j \geq 0$ der vorgegebene Vektor der Zielgewichtung. Das VZO-Modell bei vorgegebener Zielgewichtung lautet:

$$[\{x_i\};\ \{z_j(x_i)\};\ (g_j);\ \max_i z(x_i)] \qquad \text{(ZG)}$$

führt zu einer einfachen Skalar-Maximierung:

$$\max_i \sum_{j=1}^{n} g_j\ z_j(x_i) = \sum_{j=1}^{n} g_j\ z_j(x_i*). \qquad (*)$$

In (*) ist x_i* die optimale Strategie. Aus der Pareto-Optimalität folgt, daß x_i* eine effiziente Lösung für (ZG) ist. Die Gewichte (g_j) werden jetzt normiert. Die Annahme $\bar{g}_j = g_j / \sum_{j=1}^{n} g_j$ $(j=1,\ldots,n)$ führt vom Gewichtsvektor (g_j) zum normierten Gewichtsvektor $(\bar{g}_j)$, wobei gilt: $\forall j$: $\bar{g}_j \geq 0$; $\sum_{j=1}^{n} \bar{g}_j = 1$.

Daraus folgt, daß im algorithmischen Sinn die normierten Gewichte als entsprechende Wahrscheinlichkeiten interpretiert werden können. Sei nunmehr

$$[\{a_i\};\ \{z_j\};\ LPI(\bar{g});\ [z_j(x_i)]] \qquad \text{(M)}$$

das DDVZO bei linearer partieller Information bzgl. der Gewichte: $LPI(\bar{g})$. Zum Beispiel liege nur eine schwache Ordnung bzgl. der Gewichte vor $(\bar{g}_1 \leq \ldots \leq \bar{g}_n)$ oder nur eine partielle Information bzgl. dieser Ordnung oder Intervallangaben für die Gewichte usw. Durch Anwendung der LPI-Theorie und des $MaxE_{min}$-Prinzips ergibt sich:

Satz 7: Das diskrete deterministische VZO-Modell (M) bei linearer partieller Information bzgl. der Zielgewichtung besitzt mindestens eine Maximin-optimale Strategie x_i*. Sie kann als Lösung des entsprechenden LPI-Nullsummenspiels betrachtet werden:

$$G:\ [\{x_i\};\ \{\bar{g}^{(e)} \in LPI(\bar{g})\};\ [A(x_i, \bar{g}^{(e)})]] \text{ mit}$$

$$[A(x_i, \bar{g}^{(e)})] = [z_j(x_i)] \cdot M(LPI(\bar{g})).$$

In G ist die Strategienmenge des Gegenspielers die der $LPI(\bar{g})$ entsprechende Menge der Extremalgewichte $\{g^{(e)}\}$ und die Entscheidungsmatrix $[A(x_i, \bar{g}^{(e)})]$ die Matrix der entsprechenden gewogenen Summen. Diese Matrix kann auf Grund von G als Produkt der Nutzenmatrix $[z_j(x_i)]$ und der Extremalgewichte-Matrix $M(LPI(\bar{g}))$ bestimmt werden. Es läßt sich zeigen:

Satz 8: Die auf Grund von G bestimmte Lösung des VZO-Modells ist effizient.

Analog werden auch VZO-Probleme mit LPI's höherer Ordnung bzgl. der Zielgewichtung gelöst.

Das Modell läßt sich auf stetige deterministische und indeterministische VZO erweitern.

Die Beweise für die vorstehenden Sätze werden in [Kofler-Menges 1979] veröffentlicht.

Literatur

Bossel,H. et al. (Hrsg.): Systems Theory in the Social Sciences. Birkhäuser, Basel und Stuttgart 1976.

Kofler,E. und G.Menges: Entscheidungen bei unvollständiger Information. Springer, Berlin-Heidelberg-New York 1976.

Kofler,E. und G.Menges: Die Strukturierung von Unbestimmtheiten und eine Verallgemeinerung des Axiomensystems von Kolmogoroff für unbestimmte Wahrscheinlichkeiten. Statistische Hefte, 4, 1977.

Kofler,E. und G.Menges: Über unscharfe Mengen. Statistische Hefte,1979 (in Vorbereitung).

Entscheidungsvorbereitung in Anlehnung an v. Neumann und Morgenstern

R. Willett, Koblenz

1 Herkömmliche Nutzenermittlung

Der Bundesminister der Verteidigung gibt jährlich etwa 35 Mrd aus. Davon entfallen etwa 14 Mrd auf "Militärische Beschaffungen, Anlagen usw", also Rüstungsgüter aller Art. Maßgebend für die Auswahl eines Rüstungsgutes sind zu erwartender Nutzen, Aufwand und Zeitpunkt der Einführung. Nutzen wird ermittelt mit Hilfe von Nutzenfunktionen etwa der Form

$y = g_1 x_1 + g_2 x_2 + \ldots$

- x_1: normierte Ausprägung
- g_1: Gewicht
- y: Nutzen

Mi=Minimalforderung
Be=Bezugsausprägung
Ma=Maximalforderung

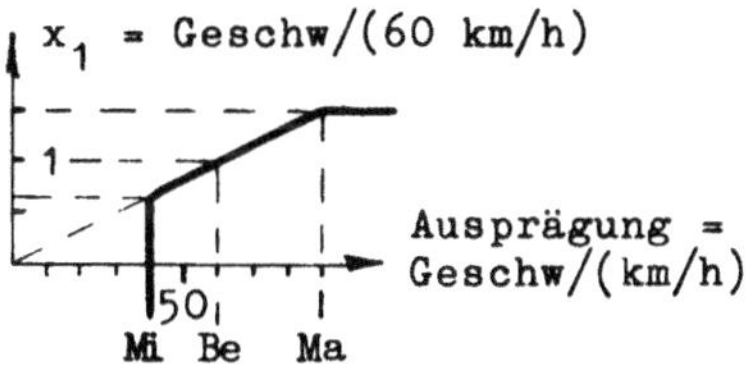

Inwieweit eine Nutzenfunktion die Präferenzstruktur eines Bedarfsträgers im Einzelfall richtig wiedergibt, blieb bisher weitgehend ungeprüft. Dies drückte sich u.a. in einer ziemlich willkürlichen Gewichtung "nach Bedeutung" aus. So entstand der Eindruck, daß Nutzenfunktionen schon getroffenen Beschaffungsentscheidungen nur einen nachträglichen Schein der Rechtfertigung verleihen sollen.

2 Verfahren zur Ermittlung einer Rangfolge von Alternativen (VERA)

Mit dem neuen, einheitlich anzuwendenden und mehrfach praktisch bewährten VERA wird u.a. verlangt, daß Gewichte von Merkmalen den Substitutionsraten des Bedarfsträgers entsprechen. Insgesamt besteht VERA in der Ermittlung und Festlegung von

- einer Gliederung der vorgegebenen taktischen Aufgabe,
- Merkmalen,
- Bezugsausprägungen,
- Gewichten der Merkmale,
- Minimal- und Maximalforderungen,
- Ausprägungen gegebener oder erwarteter Typen des Lösungsmittels.

Dabei muß eine strenge Schrittfolge eingehalten werden. Insbesondere heißt das:

(1) Bevor die Ermittlung von Gewichten beginnt, müssen die Bezugsausprägungen feststehen (noch mittels Indifferenzkurven begründbar).

(2) Bevor die Ermittlung von Ausprägungen gegebener oder erwarteter Typen beginnt, müssen alle anderen Angaben feststehen (nicht mehr mittels Indifferenzkurven begründbar).

3 Falsifizierung von Nutzenfunktionen

Man kann Substitutionsratenüberlegungen auch als Mittel zur Falsifizierung von Nutzenfunktionen auffassen und eine Nutzenfunktion so lange als richtig ansehen, wie man nicht an irgendeiner Stelle auf einen Widerspruch zwischen den in der Präferenzstruktur des Bedarfsträgers und den in der Nutzenfunktion verankerten Substitutionsraten stößt. Leider ist diese Art der Überprüfung äußerst unvollkommen: Selbst wenn man den Verlauf aller Indifferenzkurven einer bestimmten Schar auf diese Weise an beliebig vielen Stellen überprüfen würde, bliebe eine etwaige Falschheit des Nutzenverlaufes quer zu den Indifferenzkurven unentdeckt. Um mit vertretbaren Annahmen zu Nutzenfunktionswerten selbst zu gelangen bzw. einen entsprechenden Ansatz quer zu den Indifferenzkurven zu überprüfen, muß man sich sogenannter personeller Wahrscheinlichkeiten bedienen. NEUMANN und MORGENSTERN wiesen deren Identität mit den Werten einer axiomatisch begründeten Nutzenfunktion nach. Der Grundgedanke wird hier kurz angedeutet:

Es liege ein Konzept vor für einen neuen Kampfpanzertyp "20/1", der mit Wahrscheinlichkeit 1 20km/h schneller fährt und 1 km weiter schießt als das eingeführte Modell. Dazu denke man sich ein Konzept "Spitze" für einen 30 km/h schnelleren und 2 km weiter schießenden Typ, das jedoch nur mit Wahrscheinlichkeit w verwirklichbar ist. Mit Wahrscheinlichkeit 1-w führt das Konzept "Spitze" zu einem völligen Mißerfolg, d.h. die Truppe müßte das eingeführte Modell behalten.

		Verb Geschw/(km/h) um x_1= 0	10	20	30
Verbesserung	0	1-w			
Schußweite/km	1			1	
um x_2=	2				w

Wahrscheinlichkeit	Prospekt
1	"20/1"
w, 1-w	"Spitze"

Der Bedarfsträger würde das Prospekt "Spitze" dem Prospekt "20/1" vorziehen, falls w=1, und umgekehrt entscheiden, falls w=0. Es gibt also wenigstens einen Wert w, bei dem er indifferent wäre. Solche Werte kann man für alle Ausprägungskombinationen ermitteln. Sie stellen die personellen Wahrscheinlichkeiten dar und sind Grundlage des NEUMANN-MORGENSTERNschen Nutzenbegriffs.

4 Anwendungen des NEUMANN-MORGENSTERNschen Nutzenbegriffs

a Begründung der strengen Schrittfolge gemäß Abschnitt 2 (2).

b Nachweis der Unerheblichkeit technisch-funktionaler Abhängigkeit zwischen Merkmalen.

c Falsifizierung von Nutzenfunktionen quer zu Indifferenzkurven.

d Berücksichtigung von Wagnissen bei bekannter Wahrscheinlichkeitsverteilung von Ausprägungen.

e Ermittlung der Unschärfe von Nutzenfunktionen infolge Abwesenheit von negativer Transitivität bei Präferenzen.

Möglichkeiten a und b wurden in VERA benutzt. Die Beseitigung noch bestehender Mängel mittels c bis e wird angestrebt.

Über das Zadeh'sche Konzept der Fuzzy Sets und dessen Verhältnis zu den Wahrscheinlichkeitsmodellen von Koopman und Kolmogoroff

H. Hamacher, Aachen

1. Einleitung

Wir unternehmen den Versuch, den ZADEH'schen Fuzzinessbegriff den Wahrscheinlichkeitsmodellen von KOOPMAN und KOLMOGOROFF (vgl./KOO/, /KOL/) gegenüberzustellen. Hierzu stellen wir zunächst den wesentlichen Teil des Konzeptes der Fuzzy-Sets (vgl./ZAD1/)vor. Später folgen wir CARNAP's Auffassung in /CAS/, nach der für Wahrscheinlichkeit oft gebrauchte implizite oder explizite Redewendungen wie Glaubhaftigkeit, Glaubensgrad, Grad der vernünftigen Erwartung, Bekräftigungsgrad, Möglichkeitsgrad, Grad der partiellen Wahrheit, relative Häufigkeit, wahrscheinlich sein usw. in zwei Klassen, die er Wahrscheinlichkeit$_1$ bzw. Wahrscheinlichkeit$_2$ nennt zerfallen. Jedes dieser prinzipiellen Begriffsfelder ist dann noch in Wahrscheinlichkeitsinhalte klassifikatorischen, komperativen und quantitativen Typs zu unterteilen.
Da alle o.g. Redewendungen, wenn auch nur nuanciert, anderen Bedeutungsinhaltes sind, beschränken wir uns auf die Untersuchung zweier numerischer Repräsentanten bzgl. der Fragestellung inwieweit Wahrscheinlichkeitskonzepte und das Konzept der Fuzzy-Sets ähnlich, überlagert oder gar gleich sind.
Wir kommen zu dem Schluß, daß es für beide betrachteten Wahrscheinlichkeitsbegriffe sowohl formale wie auch logische Unterschiede zu ZADEH's Konzept gibt und daß diese Unterschiede methodisch begründet sind.

2. Das ZADEH'sche Konzept als Logisierungsmodell für eine nichtbinäre Sprache.

Die auf die binäre Logik gegründete klassische Mengenlehre ist bei axiomatischer Einführung mit anderen durch das Aussonderungsaxiom (AA) beschrieben. Dies Axiom besagt, daß aus jeder Menge X unter Zuhilfenahme eines zweiwertigen Prädikates P [1] über den Elementen von X eine weitere Menge gebildet werden kann :

Zu jeder Menge X und zu jedem Prädikat P über X
(AA) gibt es eine Menge Y , deren Elemente genau jene $x \in X$ sind, für die Px gilt (wahr ist).

Da mit den Klammersymbolen {, } die Darstellung einer Menge vereinbart ist, darf geschrieben werden: $Y = \{x \in X / Px\}$. Wir sprechen von der durch das Prädikat (Eigenschaft, Kriterium) P determinierten Menge Y als von der

---

1) Durch Einsetzen eines Objektes (Individuums) $x \in X$ in P entsteht mit Px eine Aussage. In der Literatur finden sich für P auch oft die Bezeichnungen 'Satzfunktion' oder 'propositional function'. Px stellt eine binäre oder duale Aussage dar.

(Teil-) Menge aller $x \in X$, die P genügen und können diesen Sachverhalt durch die Schreibweise Y_P verdeutlichen.
Andererseits gibt es zu jeder Menge X und zu jeder Teilmenge Y von X ein binäres Prädikat P derart, daß genau die Elemente von Y P genügen, nämlich :

$$P \; : \; \text{' ist Element von } Y\text{'} \;,$$

denn die Elementrelation ist binär. Analog kann durch die Notation P_Y festgehalten werden, daß das Prädikat P durch die Menge Y induziert wird.
Eine weitere Möglichkeit, die Teilmengen einer Menge X eineindeutig zu beschreiben, bieten die charakteristischen Funktionen auf X. Ist z.B. $\psi : X \rightarrow \{0,1\}$ gegeben, dann ist

$$Y = \{ x \in X \; / \; \psi(x) = 1 \}$$

als Menge eindeutig festgelegt. Umgekehrt kann mit Y die Funktion ψ eindeutig definiert werden :

$$\psi(x) = \begin{cases} 1, & x \in Y \\ o, & x \notin Y \end{cases}$$

ψ heißt charakteristische Funktion von Y. Dies wird dann durch die Notation ψ_Y, oder unter Rückgriff auf ein Y definierendes Prädikat P durch ψ_P ausgedrückt.
Damit wird klar, daß die Teilmengen einer Menge X, die Prädikate über den Elementen der Menge X und die charakteristischen Funktionen auf X einander zuordnungsfähig sind. Mehr noch: mit den klassischen Mengenoperationen $\wedge$, $\vee$, $\neg$, den Wahrheitstafeln der logischen Junktoren für 'und', 'oder', 'nicht' und den (punktweise erklärten) Operationen min, max auf $\{o,1\}^X \times \{o,1\}^X$ bzw. $1\!\!1 -$ auf $\{o,1\}^X$ (der Menge aller charakteristischen Funktionen auf X) besteht zwischen den drei genannten Konzepten ein Dualismus, auf dem bekanntlich die Kalkülisierung der formalen Sprache mit binärer Logik beruht.

Diese bewährte Vorgehensweise, von Prädikaten zu Mengen bzw. deren charakteristischen Funktionen überzugehen, ist offensichtlich beim Gebrauch der natürlichen Sprache und bei der Prozedur des "everyday reasoning" nicht ohne weiteres möglich [1]. Denn so ZADEH in /ZAD1/ : " More often than not, the classes of objects encountered in the real world do not have precisely defined criteria of membership. "
Deshalb schlagen ZADEH und BELLMAN in /ZAD1/ und /BEZ/ in völliger methodischer Analogie zum eingangs dargestellten Formalismus das Konzept der Fuzzy-Sets zur Kalkülisierung und Formalisierung einer mehrwertigen, die natürliche Sprache approximierende Sprache vor.

Dabei betrachten die Autoren in naheliegender Weise statt binärer mehrwertige Prädikate, die bei Anwendung auf ein spezielles Individuum (Objekt) x nicht zu zweiwertigen sondern eben zu mehrwertigen Aussagen führen. Dann identifizieren sie ausgehend von einer Menge X ein mehrwertiges Prädikat A über den Elementen von X mit einer Fuzzy-Set in X :

---

1) Vgl. /GAI2/ S. 627:" The move from a predicate to a set satisfying it, from an intension to an extension (CARNAP, 1947), is a powerful tool in mathematics (WIENER, 1914) and a powerful, albeit dangerous, procedure in everyday reasoning (KORZYBSKI, 1958) ".

Def. 2.1 : Sei X eine Menge ("universe of discourse") und A ein mehrwertiges Prädikat über X mit gegebener membershipfunction ("generalized characteristic function"): $\mu_A : X \to [0,1]$, dann heißt die Menge $A := \{(x,\mu_A(x)) / x \in X\}$ Fuzzy-Set A in X. Eine Fuzzy-Set A heißt normalisiert, falls gilt: $\sup\{\mu_A(x) / x \in X\} = 1$. $\mu_A(x)$ gibt den Grad der Zugehörigkeit von x zu A an oder ist das Maß der Wahrheit ("truth-value"), in dem das Individuum x dem Prädikat A genügt.[1) 2)]

Demnach kann die Membershipfunction μ_A als semantische Repräsentation der unscharfen Menge A in X betrachtet werden. Kurz:
ZADEH interpretiert $\mu_A(x)$ als Wahrheitswert der F-Aussagen ("fuzzy-statements") :
'x ist A' bzw. 'x genügt A' bzw. 'x gehört zu A'.
Daraus ergibt sich, daß von A als von einer F-Menge zu sprechen nur dann gerechtfertigt ist, wenn die A repräsentierende Zugehörigkeitsfunktion bekannt oder axiomatisch beschrieben ist. Stellt z.B. X die Menge der Bewerber um einen Arbeitsplatz a dar, so ist mit Angabe einer Eignungsfunktion: $\mu_{E(a)} : X \to [0,1]$ die F-Menge der für a geeigneten Bewerber charakterisiert.

In weiterer Anlehnung an den Aufbau der klassischen Mengenlehre bzw. die Konstruktion der binären formalen Sprache werden dann die Begriffe Gleichheit, Teilmenge, leere Menge, Durchschnitt, Vereinigung und Komplement für F-Mengen in X bzw. Konjunktion, Disjunktion, Negation von F-Aussagen wie folgt definiert:
Def. 2.2 : Seien μ_A, μ_B Zugehörigkeitsfunktionen zweier F-Mengen A, B in X.

(i) Die F-Mengen A, B sind gleich [3)] :

$$A =_f B :\Longleftrightarrow \bigwedge_{x \in X} \mu_A(x) = \mu_B(x) \quad \text{, d.h. } \mu_A = \mu_B$$

(ii) Die F-Menge A enthält die F-Menge B :

$$B \subseteq_f A :\Longleftrightarrow \bigwedge_{x \in X} \mu_B(x) \le \mu_A(x) \quad \text{, d.h. } \mu_B \le \mu_A$$

(iii) A heißt leere F-Menge :

$$A = \emptyset_f :\Longleftrightarrow \bigwedge_{x \in X} \mu_A(x) = 0 \quad \text{, d.h. } \mu_A \equiv 0$$

(iv) Es bezeichne $A \cap_f B$ den Durchschnitt der F-Mengen A, B $:\Longleftrightarrow \bigwedge_{x \in X} \mu_{A \cap_f B}(x) = \min(\mu_A(x), \mu_B(x))$
Gleichzeitig wird $\mu_{A \cap_f B}(x)$ von den Autoren als Grad der simultanen Zugehörigkeit von x zur F-Menge A

---

1) In formaler Analogie zum klassischen Vorgehen indizieren die Autoren die Membershipfunction mit dem Prädikatssymbol bzw. mit dem Symbol der durch das Prädikat definierten unscharfen Menge. In der deutschsprachigen Literatur finden sich die Begriffe unscharfe Menge für Fuzzy-Set und Zugehörigkeitsfunktion für Membershipfunction.

2) ZADEH und nachfolgende Autoren stellen anstatt von [0,1] auch andere geordnete Mengen von Wahrheitswerten zur Diskussion. Der überwiegende Teil der Literatur ist jedoch mit dem Fall [0,1] befaßt.

3) Wir ändern die klassischen Symbole mit tiefgestelltem f ab.

und zur F-Menge B, d.h. als Wahrheitswert der F-Aussage: ' x genügt A und x genügt B ' interpretiert, deshalb schreiben sie unter Verwendung des Symbols '$\wedge$' für den Junktor 'und':

$$\bigwedge_{x \in X} \mu_{A \wedge B}(x) = \min(\mu_A(x), \mu_B(x)) \; ; \text{ bzw. } \mu_{A \wedge B} = \min(\mu_A, \mu_B)$$

'und' wird also mittels der Operation min über den Wahrheitswerten der eingehenden F-Aussagen definiert. Alternativ wird in /BEZ/ noch $\mu_{A \cap_f B}(x) = \mu_A(x) \cdot \mu_B(x)$ und $\mu_{A \wedge B}(x) = \mu_A(x) \cdot \mu_B(x)$ vorgeschlagen.

(v) Es bezeichne $A \cup_f B$ die Vereinigung der F-Mengen A,B:

:<=> $\bigwedge_{x \in X} \mu_{A \cup_f B}(x) = \max(\mu_A(x), \mu_B(x))$; d.h. $\mu_{A \cup_f B} = \max(\mu_A, \mu_B)$

Eine analoge Interpretation dieser Operation wie unter (iv) bzgl. des Junktors 'oder' ist offensichtlich. In /BEZ/ wird noch alternativ vorgeschlagen:

$\mu_{A \cup_f B}(x) = \mu_A(x) + \mu_B(x) - \mu_A(x) \cdot \mu_B(x)$ und analog für 'oder' ($\vee$).

(vi) Es bezeichne $C_f A$ das Komplement der F-Menge A :

:<=> $\bigwedge_{x \in X} \mu_{C_f A}(x) = 1 - \mu_A(x)$; d.h. $\mu_{C_f A} = \mathbb{1} - \mu_A$

Auch diese Definition wird von den Autoren in naheliegender Weise logisch interpretiert.

Weitere Definitionen ZADEH's können wir uns in Bezug auf die hier gestellte Frage ersparen. Wir bemerken: 1. Die von ZADEH gewählten Repräsentationen der F-mengentheoretischen bzw. logischen Junktoren stellen ein Semantikfragment der mehrwertigen Aussagenlogik $L_{\aleph_1}$ von LUKASIEWICZ (vgl./LUK/ oder auch /RES/,S.36) dar [1].

2. Da in der Literatur vielfach nur der ZADEH'sche Formalismus beachtung findet und sich dem Problem der empirischen Ermittlung oder axiomatischen Festlegung der Zugehörigkeitsfunktionen nur selten zugewandt wird, ist es nicht verwunderlich, daß Unklarheit darüber besteht ob und inwiefern mit der Terminologie der Fuzzy-Sets und deren repräsentierende Zugehörigkeitsfunktionen mit Wahrheitswerten in [0,1], eine Form von Wahrscheinlichkeitstheorie beschrieben wird.

3. CARNAP's Auffassung von Wahrscheinlichkeit.

Zur Untersuchung dieser Frage folgen wir CARNAP, der in /CAS/ (vgl. S. 20 ff.) aufzeigt, daß 'Wahrscheinlichkeit' inhaltlich sowohl zweifach horizontal als auch dreifach vertikal zu klassifizieren ist (s. hierzu Abb. 1), und zwar unabhängig davon, ob 'Wahrscheinlichkeit' sprachlich gerade in impliziter oder expliziter Form ausgedrückt ist. CARNAP teilt die Bedeutungsinhalte für 'Wahrscheinlichkeit' in zwei generelle Begriffsklassen, die er Wahrscheinlichkeit$_1$ bzw. Wahrscheinlichkeit$_2$ nennt auf (vertikale Klassifizierung).

Dabei ist Wahrscheinlichkeit$_1$ logischer Natur: Ein Bedeutungsinhalt 'für Wahrscheinlichkeit' gehört zur Klasse Wahrscheinlichkeit$_1$, falls er stets auf zwei binäre Aussagen, dem Datum d und der Hypothese h bezogen ist.

Wahrscheinlichkeit$_2$ ist empirisch-statistischer Natur: Ein Bedeu-

1) Zu dieser Einschätzung vgl. auch /GAI1/.

tungsinhalt gehört der Klasse Wahrscheinlichkeit$_2$ an, wenn er auf zwei Mengen (Menge der möglichen Ereignisse - Menge der speziell betrachteten Ereignisse) bezogen ist.

Für jedes der beiden Begriffsfelder weist CARNAP an Beispielen auf die im Sprachgebrauch vorgenommene, graduell unterschiedliche Quantifizierung hin und kommt so je auf eine vertikale Dreiteilung : klassifikatorische, komperative und qualitative Wahrscheinlichkeit.

Die Bedeutungsinhalte beider Begriffsfelder sind demnach als mathematische Funktionen zu repräsentieren, deren Bildbereiche i.a. das abgeschlossene Intervall [o,1], deren Argumentbereiche im ersten Fall aus Paaren binärer Aussagen, im zweiten Fall aus Paaren von Mengen bestehen (vgl. /CAS/, S.28 ff.) Zu dieser Auffassung betrachten wir das folgende Klassifizierungsschema :

Abb. 1

W'keit$_1$	W'keit$_2$
d,d',h,h' bezeichnen binäre Aussagen, q stelle eine nicht-negative reelle Zahl dar (i.a. $q \in [o,1]$).	W bezeichne eine Menge von Würfen mit einem homogenen Würfel, W_i, i=1,..,6, die Teilmengen mit dem Ergebnis:Seite i liegt oben.
klassifikatorische Wahrscheinlichkeit	
1. implizit: ' d stützt h '	3. implizit: ' W_i ist i. a. nicht leere Teilmenge von W '
2. explizit: ' h' ist aufgrund von d wahrscheinlich '	4. explizit: 'Bei einer Menge W von Würfen ist wahrscheinlich kein W_i leer'
komperative Wahrscheinlichkeit	
5. implizit: 'Die Stützung von h durch d ist höher als die Stützung von h' durch d' '	7. implizit: 'Bei einer Menge W von Würfen sind stets W_i und W_j gleichmächtig'
6. explizit: ' h ist aufgrund von d wahrscheinlicher als h' aufgrund von d' '	8. explizit: 'Bei einer Menge W von Würfen sind je die Ergebnisse : Seite i liegt oben u. Seite j liegt oben gleichwahrscheinlich
quantitative Wahrscheinlichkeit	
9. implizit: 'Das Stützungsmaß für h aufgrund von d ist q '	11. implizit: 'Das Verhältnis der Anzahlen von W_i und W ist q '
10. explizit: 'Die Wahrscheinlichkeit für h aufgrund von d ist q '	12. explizit: 'Die Wahrscheinlichkeit für das Ergebnis Seite i liegt oben bei der Menge M von Würfen ist q'

Zu diesen Beispielen bemerken wir: In den durch 1.-4. repräsentierten Fällen von Wahrscheinlichkeit handelt es sich um mehrwertige (Wahrscheinlichkeits-)Aussagen, weil durch den Sprachgebrauch einfach nur das Vorliegen von mehr als zwei Wahrheitswerten implizit

ausgedrückt wird. Eine Festlegung dieser Wahrheitswerte und damit eine semantische Repräsentation von in solchen Fällen konkret angesprochener Wahrscheinlichkeit wird ausdrücklich vermieden.
Beim Übergang vom Sprachgebrauch nach 1.-4. zu einem Sprachgebrauch nach 5.-8. wird jedoch bereits eine erste Stufe der Quantifizierung eines Bedeutungsinhaltes für so angesprochene Wahrscheinlichkeit erreicht.
Eine quantitative Explikation von Wahrscheinlichkeit im Sinne einer Vorgabe oder axiomatischen Beschreibung einer Funktion oder Funktionenklasse, die dann einen jeweiligen Bedeutungsinhalt repräsentiert, wird erst in den Beispielen 9.-12. zum Ausdruck gebracht.

Insgesamt scheint uns deshalb ein Vergleich des ZADEH'schen Formalismus mit den nicht-quantitativen Wahrscheinlichkeitsinhalten nicht möglich, da ZADEH der Theorie der Fuzzy-Sets ja gerade quantifizierte, mittels Zugehörigkeitsfunktionen beschriebene mehrwertige Aussagen zugrundelegt. Demnach haben wir nur quantitativ explizierte Wahrscheinlichkeit bzgl. der eingangs gestellten Frage zu untersuchen. Hierzu muß jedoch darauf hingewiesen werden, daß sowohl für die quantitativen Repräsentanten von $\text{Wahrscheinlichkeit}_1$ wie auch für $\text{Wahrscheinlichkeit}_2$ die mathematischen Modellierungsmöglichkeiten vielfältig sind, so daß jeweils andere Wahrscheinlichkeitsfunktionen oder Funktionenklassen eben inhaltlich verschiedene Bedeutungen von Wahrscheinlichkeit beschreiben. Deshalb ist klar, daß Urteile und Argumente bzgl. der betrachteten Fragestellung von der Modellierung des jeweils betrachteten quantitativen Wahrscheinlichkeitsbegriffes abhängen.

4. Das KOOPMAN'sche und das KOLMOGOROFF'sche Wahrscheinlichkeitsmodell und deren Verhältnis zum Konzept der Fuzzy-Sets.

Ausgehend von einer BOOLE'schen Algebra (B,∧,∨,7,o,1) binärer Aussagen konstruiert KOOPMAN den Definitionsbereich seiner Wahrscheinlichkeitsfunktion (also der Funktion, die die in später noch anzugebenen Bedeutungspostulaten zum Ausdruck kommende Auffassung von 'Wahrscheinlichkeit' inhaltlich beschreibt) durch Restklassenbildung nach allen Hauptidealen (7h) in B [1),2)]. So gelangt er zu einer mathematisch präzisen Repräsentation für sprachliche Ausdrücke wie
' a wird durch h gestützt' ' h ist aufgrund von d wahrscheinlich',
die er mit a/h symbolisiert. Dabei steht a/h für die Äquivalenzklasse derjenigen Aussagen e , die aufgrund von h mit a gleichwahrscheinlich sind, denn durch die Faktorisierung nach (7h) wird zum Ausdruck gebracht, daß die Aussagen a und e bis auf Informationsteile die im Informationsmangel (7h) liegen die gleiche Information enthalten. Sodann gibt er ein System von Bedeutungspostulaten an, die auf komperative Weise ein Verständnis von subjektiver Wahrscheinlichkeit beschreiben. Um eine Vorstellung zu geben, notieren wir drei Beispiele KOOPMAN'scher Bedeutungspostulate (vgl. /KOO/), deren Plausibilität für sich spricht :
"Verified Contingency" : $\bigwedge_{h,e,k \in B} \quad e/h < k/k$

---

1) CARNAP erklärt in /CAS/,S.24o ff., daß das in /KOO/ vorgestellte Modell ein Repräsentant für $\text{Wahrscheinlichkeit}_1$ ist.
2) ∧,∨,7, stellen klassisch erklärte Junktoren dar. O ist Repräsentant der falschen Aussagen, 1 der der wahren. Zur Def. eines Hauptideals und der Restklassenbildung s. /KOO/.

"Axiom of Antisymmetry": $\bigwedge_{a,e,h,h'\in B} \quad a/h < e/h' \Rightarrow \neg e/h' < \neg a/h$

"Axiom of Implication": $\bigwedge_{e,h,h'\in B} \quad (h/h < e/h') \Rightarrow (h' \Rightarrow e)$

Insgesamt wird bei der axiomatischen Beschreibung von Wahrscheinlichkeit nach KOOPMAN wesentlich auf die klassische Bedeutung von $\wedge, \vee, \neg, 0, 1$ in der zugrundegelegten BOOLE'schen Algebra zurückgegriffen. Da diese Bedeutungen auf die Wahrscheinlichkeitsaussagen e/h (nämlich auf den Quotientenidealen) in kanonischer Weise induziert werden, hat dies Auswirkungen auf die 'und', 'oder', 'nicht'-Verknüpfungen von solchen Wahrscheinlichkeitsaussagen. Kurz: KOOPMAN ist mit seinem Axiomensystem in der Lage, auf die Existenz einer (Wahrscheinlichkeits-)Funktion P_1 zu schließen, die dementsprechend ein spezielles Verständnis repräsentiert. Sie genügt allen Postulaten, läßt aber keine Freiheiten bei der Festsetzung von Verknüpfungen mehr zu, denn es gilt für P_1 unter anderem (4.1): $\bigwedge_{h,a\in B} P_1(\neg a/h) = 1 - P_1(a/h)$ und

$$\bigwedge_{a,a',h\in B} a\wedge a'\wedge h = 0 \Rightarrow P_1(a\wedge a'/h) = P_1(a/h) + P_1(a'/h)$$

Bevor wir nun auf die eingangs gestellte Frage zurückkommen, rufen wir noch die wesentlichen Eigenschaften der KOLMOGORFF'schen Wahrscheinlichkeitsfunktion P_2 über einer σ- Algebra I in Erinnerung (vgl. /KOL/): Wenn Ω der σ-Algebra I zugrunde liegt, dann gilt für P_2 (4.2): $P_2(\Omega) = 1$, $P_2(\emptyset) = 0$ und

$$\bigwedge_{(X_i)\in I^{\mathbb{N}}} \{ (\bigwedge_{i,j\in\mathbb{N}} i\neq j \Rightarrow X_i\cap X_j = \emptyset) \Rightarrow (P_2(\bigcup_{i\in\mathbb{N}} X_i) = \sum_{i\in\mathbb{N}} P_2(X_i)) \}$$

u.a. lassen sich dann die bekannten Beziehungen $P_2(CX) = 1 - P_2(X)$ und $P_2(X\cap Y) = P_2(X) + P_2(Y) - P_2(X\cup Y)$ leicht herleiten. Wir stellen fest: Auch hier ist wegen der methodischen Vorgehensweise bei der mathematischen Präzisierung von Wahrscheinlichkeit die 'und' 'oder', 'nicht'-Verknüpfung von Wahrscheinlichkeitsaussagen in (dem durch die Axiome festgelegten Sinn) präjudiziert. Und fassen zusammen: In den beiden Fällen ist der Negationsoperator als algebraischer Ausdruck über den Wahrscheinlichkeitswerten verträglich mit der ZADEH'schen Negationsoperation über den Wahrheitswerten einer unscharfen Aussage. Jedoch : Der formal algebraische Unterschied zwischen 'und' bzw. 'oder'-Verknüpfungen von Wahrscheinlichkeitsaussagen und unscharfen Aussagen bei Wahl der Operationen min, max ist offensichtlich. Bei Wahl der Alternativen $x\cdot y, x+y-x\cdot y$ tritt dies formale Argument in den Hintergrund. In jedem Fall besteht nämlich der folgende schwerwiegende logische Unterschied zwischen den beiden vorgestellten Wahrscheinlichkeitskonzepten und dem Konzept der Fuzzy-Sets: Während nach ZADEH die Wahrheitswerte der Aggregate nur eine Funktion der der Wahrheitswerte der eingehenden F-Aussagen ist, gilt dies in den betrachteten Fällen von Wahrscheinlichkeit nicht. Vielmehr wird der algebraische Ausdruck zur Aggregation von Wahrscheinlichkeitsaussagen von wohldefinierten Prämissen abhängig gemacht (vgl. (4.1) u. (4.2)). So erfolgt die konjunktive Verknüpfung solcher Aussagen nicht extensional, es liegt keine "truth-functionality" vor.

LITERATURVERZEICHNIS

/BEZ/ BELLMAN,R./ZADEH,L.A. Decision-Making in a Fuzzy Environment, Management Science, 17, 1970, B141- B164.

/CAS/ CARNAP,R./STEGMÜLLER,W. Induktive Logik und Wahrscheinlichkeit, Wien 1959.

/GAI1/ GAINES,B. General Fuzzy Logics, presented at: 3rd European Meeting on Cybernetics and Systems Research, 20th to 23rd April, Vienna, Austria, 1976.

/GAI2/ GAINES,B. Foundations of Fuzzy Reasoning, Int. Journ. Man-Machine Studies, 8, 1977, 623-668.

/KOL/ KOLMOGOROFF,A. Foundations of Probability, New York, 1950.

/KOO/ KOOPMAN,B.O. The Axioms and Algebra of Intuitive Probability, Annals of Mathematics, 41, 1940, 269-292.

/LUK/ LUKASIEWICZ,J. Untersuchungen über den Aussagenkalkül, Comptes Rendus des Sèances de la Sociètè des Sciences et des Lettres de Varsovie Classe III, 23, 1930, 1-50.

/RES/ RESCHER,N. Many-Valued Logic, New York, St. Louis, San Francisco, London, Sydney, Toronto, Mexico, Panama 1969.

/ZAD1/ ZADEH,L.A. Fuzzy-Sets, Information and Control, 8, 1965, 338-353.

/ZAD2/ ZADEH,L.A. Fuzzy Logic and Approximate Reasoning, Synthese, 30, 1975, 407-428.

Eine Klasse kompensatorischer Konfluenzmodelle der unscharfen Problembeschreibung

H. Röck, Berlin

Die Aggregation der Zielerreichungsgrade $\mu_1,\dots,\mu_D \in [o,1]$ der $D \geq 2$ einzelnen Ziele $g \in \{1,\dots,D\} = G$ eines Entscheidungsträgers zu einem als Präferenzindikator geeigneten Erreichungsgrad $\mu_G \in [o,1]$ der Zielgesamtheit G ist von Bellman/zadeh (197o) als Verknüpfung unscharfer Mengen aufgefaßt und als Konfluenz bezeichnet worden.

Flexible Anwendungspraxis erfordert, diesen Ansatz über die dort vorgeschlagenen und seither auch kritisch aufgegriffenen Modelle etwa der multiplikativen ($\prod_{g\in G} \mu_g$), additiven ($\sum_{g\in G} w_g \cdot \mu_g$ mit Gewichten $w_g > o$ so, daß $\sum_{g\in G} w_g = 1$), oder minimum-Konfluenz ($\min_{g\in G} \mu_g$) hinaus zu erweitern. Wünschenswert ist ein fallweise noch ausgestaltbarer Modellbildungsrahmen, der sich den Gegebenheiten der Entscheidungssituation anpassen kann. Wichtig für die Praxisakzeptanz ist andererseits eine überschaubare, mit tragbarem Aufwand überprüfbare Modellstruktur mit wenigen, klar abschätzbaren Parametern. Einen Kompromiß zwischen logischen und pragmatischen Ansprüchen erschließt Röck (1977) durch axiomatische Behandlung des Konfluenzproblems. Rahmenbedingungen der Funktion $\mu_G: \times_{g\in G} [o,1] \to [o,1]$ sind dort: (R1) $\mu_G(o,\dots,o) = o, \mu_G(1,\dots,1)$ als plausible Randwerte ; (R2) schwache Monotonie und Stetigkeit in jedem Argument ; sowie (R3) Wesentlichkeit jedes Einzelzieles $g \in G$ so, daß $\mu_G(o_g, 1_{G-g}) < 1$. Ferner werden wie folgt elementare Konfluenzeigenschaften von Einzelzielen $h \in G$ definiert, deren subjektive Überprüfung für zumutbar gehalten wird: Bei festen Erreichungsgraden aller anderen Ziele $k \in \in G-h$ soll sich der Konfluenzwert $\mu_G(q_h, \cdot)$ zwischen den Werten bei $q_h = o$ und $q_h = 1$ proportional zu $q_h = \mu_h \in [o,1]$ ergeben. Entsprechend heißt h linearkonfluent, wenn für alle $q \in \times_{g\in G} [o,1]$ (R4) $\mu_G(q) = \mu_G(o_h, q_{G-h}) + q_h(\mu_G(1_h, q_{G-h}) - \mu_G(o_h, q_{G-h}))$ gilt; h heißt 1-linearkonfluent bzw. o-linearkonfluent, wenn (R4) zumindest für alle $q_h \in [o,1]$ in Verbindung mit $q_{G-h} = (1,\dots,1)$ bzw. $(o,\dots,o)$ gilt.

Proceedings in Operations Research 8, ©Physica-Verlag, Würzburg–Wien, 1979

Bei D>2 Zielen liegt es nahe, davon auszugehen, daß Kompensationseffekte zwischen je zwei Zielen nicht von den Ausprägungen der Erreichungsgrade der übrigen Ziele abhängen. Folgender schwacher Unabhängigkeitsbegriff hierzu erweist sich als tragfähig. $h \in G$ heißt paarweise 1-kompensatorisch unabhängig, wenn alle paarweisen Konstellationen von Erreichungsgraden in h und je einem anderen Ziel $k \in G-h$, die sich bei völligem Erreichen aller übrigen Ziele kompensieren, d.h. zielgesamtheitsbezogen gleichwertig eingestuft werden, sich auch im Rahmen jeder anderen Ausprägung der Erreichungsgrade der übrigen Ziele so verhalten:

$$\text{(R5)}\quad \forall k \in G-h,\ \forall (q_h,q_k,q_{G-hk}),(q'_h,q'_k,q_{G-hk}) \in \underset{g\in G}{\times} [0,1] \ :$$
$$\mu_G(q_h,q_k,1_{G-hk})=\mu_G(q'_h,q'_k,1_{G-hk}) \Rightarrow \mu_G(q_h,q_k,q_{G-hk})=\mu_G(q'_h,q'_k,q_{G-hk}).$$

Vom Entscheidungsträger wird ferner erwartet, daß er für jedes Ziel $g \in G$ den Konfluenzparameter $p^g := \mu_G(0_g, 1_{G-g})$ angeben kann. Hieraus ergibt sich unter (R1),(R3) aus $t = 1 - \prod_{g\in G}(1-t(1-p^g))$ mit $t \leq 1$ und $\text{sign}(t)=\text{sign}(D-1-\sum_{g\in G} p^g)$ stets ein eindeutiger Wert des für das Konfluenzmodell spezifischen Kompensationskoeffizienten t, der durch sukzessive Approximation berechnet werden kann.

Die drei obigen Konfluenzmodelle genügen allen formulierten Rahmenbedingungen und Einzelzieleigenschaften mit der einzigen Ausnahme, daß bei minimum-Konfluenz die Ziele zwar 1- und o-linearkonfluent, nicht aber linearkonfluent sind. Multiplikative (t=1) und additive (t=o) Konfluenz erweisen sich als Spezialfälle in einer Klasse von Konfluenzfunktionen, die notwendig und hinreichend durch obige Eigenschaften begründet und spezifiziert wird in folgendem Satz: "Unter (R1),(R2),(R3) ist $\mu_G(q) = \sum_{g\in G}(1-p^g)q_g$ falls t=o, $1 - (1-\prod_{g\in G}(1-t(1-p^g)(1-q_g)))/t$ sonst ; genau dann, wenn (i) im Falle D=2 eines der beiden Ziele linearkonfluent, das andere 1- und o-linearkonfluent ist, bzw. (ii) im Falle D>2 ein Ziel mit minimalem Konfluenzparameter paarweise 1-kompensatorisch unabhängig und linearkonfluent ist und alle anderen Ziele 1-linearkonfluent sind." Formal verwandt angelegt ist Keeneys mehrdimensionale Analyse des Erwartungsnutzens, siehe Keeney (1974).

Literatur: Bellman,R.E./Zadeh,L.A.:Decision-making in a fuzzy environment. Man.Sci.17(197o),B141-B164; Keeney,R.L.:Multiplicative utility functions. Opns.Res.22(1974),22-34; Röck,H.:A class of confluence models for decision making in a fuzzy environment. Bericht 77-29, FB Informatik, TU Berlin, Dezember 1977 .

Ein „goal programming"-Ansatz zur Bestimmung von subjektiven Wahrscheinlichkeiten

K.-P. Schütt, Kiel

1. Einleitung

Voraussetzung für die Lösung von Entscheidungssituationen bei Ungewißheit unter Verwendung von subjektiven Wahrscheinlichkeiten ist eine geeignete Erhebungsprozedur für die Wahrscheinlichkeiten. In der Literatur liegen verschiedene Untersuchungen vor, die zeigen, daß der Umwandlungsprozeß des vorhandenen a priori Wissens in ein quantitatives Wahrscheinlichkeitsmaß für einen Urteilenden in der Regel ohne zusätzliche Hilfen nur bedingt zu bewältigen ist [Spetzler und Staël von Holstein, 1975, S. 344]. Das war der Anlaß für die Entwicklung und Diskussion verschiedener Ansätze zur Unterstützung des Urteilsprozesses [Brockhoff, 1972; Huber,1974; Schütt,1976a]. Doch stellen die meisten dieser Verfahren keine wirklich zufriedenstellende Lösung des Problems dar, da sie entweder die Unsicherheit des Experten bei der Abgabe seiner Urteile kaum einschränken oder von einem hohen Zeit- bzw. Arbeitsaufwand und großen Anforderungen an das methodische Wissen des Urteilenden geprägt sind.

Außerdem sollten bei der Suche nach geeigneten Unterstützungsformen gleichzeitig die Möglichkeiten einer EDV-gestützten Befragung der Urteilspersonen beachtet werden. Dabei können dem Computer im Rahmen eines Mensch-Maschine Dialogs auch Aufgaben übertragen werden, die über die herkömmlichen Funktionen wie "schneller Rechner" und "großer Datenspeicher" hinausgehen. Aus diesen Überlegungen heraus wurde ein auf der Basis eines Modells von Srinivasan und Shocker [1973] entwickeltes Verfahren [Schütt,1976b] so erweitert, daß es aufgrund einer Kombination von Erhebungs-, Rechen- und Beurteilungsphase im Rahmen einer EDV-gestützten Durchführung des Schätzprozesses eine Erleichterung für den Urteilenden bewirkt.

2. Der Ablauf des Schätzprozesses

2.1 Die Elemente des Schätzprozesses

Ausgangspunkt der Darstellung ist das Grundmodell der Entscheidungstheorie [Schneeweiß,1967, S. 12 ff.], das durch die Elemente (Z^*,A,E,f) gekennzeichnet werden kann. Dabei bedeutet:

- $Z^* = (Z,P(Z))$: ein Paar, das aus dem Zustandsraum Z, der die Menge der Zustände z der Umwelt enthält, und der Menge P(Z) aller möglichen Verteilungen p(z) über Z besteht.
- A : der Aktionsraum, der die Menge aller möglichen Handlungsalternativen a enthält.
- E : der Ergebnisraum, bestehend aus allen möglichen Ergebnissen e. Innerhalb der Ergebnisse e sei eine Präferenzordnung gegeben.
- f : eine Ergebnisfunktion $f: A \times Z \rightarrow E$, die jedem Paar (a_i,z_j) eindeutig ein Ergebnis $e_{ij} \in E$ zuordnet. Die Präferenzordnung auf E kann dann durch eine Nutzenfunktion $u: E \rightarrow \mathbb{R}$ mit $u_{ij} = u(e_{ij})$ charakterisiert werden.

Für die Ableitung des Schätzverfahrens sei die vereinfachende Annahme gemacht, daß sämtliche Ergebnisse e_{ij} als monetäre Einkommen aufgefaßt werden können, die proportional zu $u(e_{ij})$ sind.

Ein mögliches Entscheidungskriterium für diese Situation ist die Funktion $B: Z^* \times A \rightarrow \mathbb{R}$, die sich als Erwartungswert der Nutzen- bzw. der entsprechend definierten Ergebnisfunktion ergibt. Dieses allgemein akzeptierte Kriterium liegt auch dem folgenden Ansatz zugrunde.

Für die Bestimmung der subjektiven a priori Wahrscheinlichkeitsverteilung p(z) sei angenommen, daß Z endlich ist. Die Ableitung der gesuchten numerischen Werte $p_1, \ldots, p_m$ für die Wahrscheinlichkeiten geschieht durch eine Expertenbefragung, die in zwei Schritten vonstatten geht, wobei jeweils nur paarweise Vergleichsurteile erhoben werden.

Als zu vergleichende Objekte werden im ersten Teil die Größen der gesuchten Wahrscheinlichkeiten verwendet. Sei $R = \{(r,s) \mid r,s \in (1,\ldots,m)\}$ die Menge dieser Wahrscheinlichkeitsvergleiche, wobei $(r,s) \in R$ die Bedeutung von "$p_r > p_s$" hat, dann ergibt R eine qualitative Ordnung auf Z, wenn die Angaben vollständig und transitiv sind. Diese Anordnung der Wahrscheinlichkeiten führt jedoch lediglich zu einer Klasse von Verteilungen. Die Auswahl einer dieser Verteilungen kann durch die Erhebung weiterer Informationen geschehen, wie es z.B. Smith [1967] vorschlägt, indem er Vergleichsangaben über die Größenordnung der Differenzen erster und höherer Ordnungen zwischen benachbarten Wahrscheinlichkeiten verwendet. Dabei stellt sich allerdings die Frage, ob Urteilende überhaupt in der Lage sind, diese zusätzlichen Informationen zu liefern.

Bühler [1976] verzichtet deshalb auf weitere Angaben und bestimmt die Wahrscheinlichkeitsfunktionen mit Hilfe eines auf die Klasse der Verteilungen bezogenen Minimax-Kriteriums. Dem ist entgegenzuhalten, daß damit nicht mehr die subjektive Vorstellung eines Urteilenden sondern lediglich eine unter bestimmten, der Natur der Minimax-Regel entsprechenden Voraussetzungen wünschenswerte Verteilung abgeleitet wird.

2.2 Der "goal programming"-Ansatz

Das hier empfohlene Vorgehen für die im zweiten Schritt zu erhebenden Informationen beruht auf einem anderen Ansatz. Ausgehend von der für die Bestimmung einzelner Wahrscheinlichkeiten üblichen Betrachtung von Wetturteilen [Savage,1954] wird eine Verallgemeinerung dieses Verfahrens derart vorgenommen, daß vollständige Alternativen a_i^* miteinander zu vergleichen sind. Bei dieser mehrdimensionalen Vorgehensweise ist für die Abgabe eines Urteils somit die Beachtung der gesamten subjektiven Verteilung notwendig.

Betrachtet seien $n > m$ Alternativen $a_1^*,\ldots, a_n^*$ aus einer geeignet gewählten Alternativenmenge A^*, die nicht mit A übereinstimmen muß. Es kann sich dabei auch um eine speziell für den Erhebungsprozeß verwendete Menge handeln. Weiter sei angenommen, daß es einem Urteilenden möglich ist, einen Teil dieser $a_i^* \in A^*$ unter strenger Beachtung seiner a priori Vorstellungen über die gesuchten Wahrscheinlichkeiten paarweise miteinander zu vergleichen. Dabei seien die Präferenzurteile in der Form abgegeben, daß für a_u^*, $a_v^* \in A^*$ gilt:

$$a_u^* \succ a_v^* \iff \sum_{j=1}^{m} e_{uj}p_j > \sum_{j=1}^{m} e_{vj}p_j \quad . \tag{1}$$

Sei $Q = \{(u,v) \mid u,v \in (1,\ldots,n)\}$ die Menge dieser Präferenzurteile, wobei $(u,v) \in Q$ die Bedeutung von $a_u^* \succ a_v^*$ hat. Diese Angaben sollen zusammen mit den Urteilen aus R zur Bestimmung der subjektiven Wahrscheinlichkeiten verwendet werden.

Dazu sei zunächst die Einhaltung der definitorischen Beziehungen

$$p_j \geqslant 0 \quad \forall j,\ j=1,\ldots,m \quad \text{und} \quad \sum_{j=1}^{m} p_j = 1 \tag{2}$$

gefordert. Für die weitere Betrachtung sei angenommen, daß mit $p^+ = (p_1^+,\ldots,p_m^+)$ eine Lösung des Problems vorliegt. Dann läßt sich für ein Paar $(r,s) \in R$ der Fehler dieses Urteils durch $d'_{rs} = \max(0,w'_{rs}(p_s^+-p_r^+))$ definieren. Dabei sei $w'_{rs} > 0$. Dieser Faktor soll die Sicherheit des Experten bei seinem Urteil (r,s) ausdrücken. Für alle Elemente aus R ergibt sich dann ein Fehlermaß durch

$$D' = \sum_{(r,s)\in R} d'_{rs} = \sum_{(r,s)\in R} \max(0,-w'_{rs}(p_r^+-p_s^+)) \quad . \tag{3}$$

Weiter lassen sich für alle $a_i^* \in A^*$ Kriterien $s_i = \sum_{j=1}^{m} e_{ij}p_j^+$ berechnen. Für ein beliebiges $(u,v) \in Q$ sollte die Lösung p^+ zu $s_u > s_v$ führen. Dementsprechend läßt sich ein Fehler d''_{uv} durch $d''_{uv} = \max(0,w''_{uv}(s_v-s_u))$ definieren, der sich für alle Paare $(u,v) \in Q$ zu

$$D'' = \sum_{(u,v)\in Q} d''_{uv} = \sum_{(u,v)\in Q} \max(0,-w''_{uv}\sum_{j=1}^{m}(e_{uj}-e_{vj})p_j^+) \tag{4}$$

addiert. Die Gewichte w''_{uv} mit $w''_{uv} > 0$ stellen wiederum die Sicherheitsurteile für die Angaben aus Q dar.

Nach Definition sind d'_{rs} und d''_{uv} nicht negativ, somit gilt auch $D' \geqslant 0$ und $D'' \geqslant 0$. Zu suchen ist eine Lösung p, für die D' + D" unter Beachtung der Bedingungen (2) minimal wird. Die numerische Bestimmung dieser optimalen Lösung kann durch den folgenden "goal programming"-Ansatz erreicht werden:

$$\text{Minimiere } F = \Big(\sum_{(r,s)\in R} w'_{rs} y'_{rs}\Big) g' \oplus \Big(\sum_{(u,v)\in Q} w''_{uv} y''_{uv}\Big) g'' \quad (5)$$

unter Beachtung der Nebenbedingungen

$$w'_{rs}(p_r - p_s) + y'_{rs} \geq 0 \quad \forall (r,s) \in R \quad (6)$$

$$w''_{uv}\Big(\sum_{j=1}^{m} (e_{uj} - e_{vj}) p_j\Big) + y''_{uv} \geq 0 \quad \forall (u,v) \in Q \quad (7)$$

$$\sum_{j=1}^{m} p_j = 1 \quad (2b)$$

$$p_j \geq 0 \quad \forall j,\ j=1,\ldots,m \quad (2a)$$

$$y'_{rs},\ y''_{uv} \geq 0 \quad \forall (r,s) \in R,\ \forall (u,v) \in Q. \quad (8)$$

Dabei sind y'_{rs} und y''_{uv} Schlupfvariable, für die nach (6), (7) und (8) gilt:

$$y'_{rs} \geq \max(0, -w'_{rs}(p_r - p_s)) \quad (9)$$

$$y''_{uv} \geq \max\Big(0, -w''_{uv} \sum_{j=1}^{m} ((e_{uj} - e_{vj}) p_j)\Big). \quad (10)$$

Da die optimale Lösung durch Minimierung von (5) erreicht wird, gilt im Optimum das Gleichheitszeichen in (9) und (10). Damit ist $F = D'g' \oplus D''g''$, wobei g' und g" lediglich zwei möglicherweise verschiedene Prioritätsstufen bedeuten und " $\oplus$ " die Verknüpfung der beiden Zielfunktionen im "goal programming"-System angibt. Die Wahrscheinlichkeitsvergleiche haben bei diesem Ansatz den Rahmen für die Behandlung der zusätzlichen Information gesteckt. Somit erscheint es sinnvoll, ihnen eine höhere Priorität als den Präferenzurteilen zwischen den Handlungsalternativen zuzuweisen.

Das hier vorgestellte Verfahren hat den Vorteil, daß sowohl hinsichtlich der Wahrscheinlichkeiten als auch bei den Alternativen $a_i^* \in A^*$ nicht alle paarweisen Vergleichsurteile für die Berechnung der Wahrscheinlichkeiten erforderlich sind. Es können Paare ausgelassen werden, wenn deren Beurteilung Schwierigkeiten bereitet. Außerdem können Inkonsistenzen in den Angaben eines Urteilenden problemlos verarbeitet werden.

3. Erweiterungen und Realisation des Ansatzes

Ein Nachteil des bisher formulierten Ansatzes besteht darin, daß zwar die Existenz einer Lösung nachgewiesen werden kann, diese aber nicht eindeutig zu sein braucht. Die Auswahl einer speziellen aus mehreren möglichen Verteilungen kann aber in einer der Aufgabenstellung angemessenen Weise geschehen.

Zum einen kann es durch das in (6) und (7) zulässige Gleichheitszeichen zu Ergebnissen kommen, bei denen bezüglich der durch R und Q vorgegebenen strengen Beziehungen unerwünschte 'ties' auftreten. Diese 'ties' sind nur dann sinnvoll, wenn sich aufgrund von Inkonsistenzen in den Urteilen Zielkonflikte ergeben. In den anderen Fällen wird eine Bereinigung dieser Erscheinungen durch eine iterative Anwendung des "goal programming"-Rechenteils erreicht, wobei die 'ties' zur Bestimmung von geeigneten Schwellenwerten und der Aufnahme von entsprechenden zusätzlichen Nebenbedingungen führen.

Außerdem bietet sich die Beteiligung des Experten für die letztendliche Auswahl der Verteilung an. Für diese auf den Rechenteil des Verfahrens folgende Beurteilungsphase erweist sich ein EDV-unterstützter Schätzprozeß in Form eines Mensch-Maschine Dialogs als besonders vorteilhaft. Dazu werden dem Benutzer die sich aus einer optimalen Lösung ergebenden Wahrscheinlichkeiten vorgelegt. Er erhält daraufhin die Möglichkeit, einzelne Werte der Ergebnismenge seinen Vorschlägen entsprechend zu verändern. Diese Korrekturen dienen als Basis für eine erneute Berechnung der Wahrscheinlichkeiten; ein Prozeß, der erst abgebrochen wird, wenn der Experte die sich ergebende Lösung voll akzeptiert.

Über die bei der Realisation eines derartigen Systems sich ergebenden Probleme und die Reaktionen der Benutzer bei einem Einsatz im Rahmen einer experimentellen Untersuchung liegen erste Ergebnisse vor [Schütt, 1978]. Für eine Prognose der Entwicklung des Dollarkurses konnte festgestellt werden, daß Unterstützungen für die Schätzung von subjektiven Wahrscheinlichkeiten, wie sie in dem vorgeschlagenen Verfahren verwirklicht wurden, eine erwünschte Hilfe für den Urteilenden darstellen. Die einhellig positive Beurteilung durch die Teilnehmer betrifft dabei sowohl die allgemeine Zufriedenheit mit dem Verfahren als auch die Art der Vorgehensweise während des Schätzprozesses. In Verbindung mit der ebenfalls als gut empfundenen Durchführung des Verfahrens im Mensch-Maschine Dialog kann dieser Ansatz somit als erfolgversprechend angesehen werden.

Literaturverzeichnis

Brockhoff, K., 1972, On Determining Relative Values, in: Zeitschrift für Operations Research, Vol. 16, S. 221-232.

Bühler, W., 1976, Planung von Einzelinvestitionen bei partieller Dateninformation, Manuskript des Lehrstuhls für Unternehmensforschung, Technische Hochschule Aachen.

Huber, G.P., 1974, Methods for Quantifying Subjective Probabilities and Multi-Attribute Utilities, in: Decision Sciences, Vol. 5, S. 430-459.

Savage, L.J., 1954, The Foundations of Statistics, New York.

Schneeweiß, H., 1967, Entscheidungskriterien bei Risiko, Berlin.

Schütt, K.-P., 1976a, Unterstützung der Schätzung subjektiver Wahrscheinlichkeiten durch formale Prozesse, Manuskripte aus dem Institut für Betriebswirtschaftslehre der Universität Kiel, Nr. 34, Kiel.

Schütt, K.-P., 1976b, A Model to Support the Assessment of Subjective Probabilities, Vortrag auf dem "International Symposium on Decision Theory and Social Ethics", Schloß Reisensburg, 24.-30. Juni 1976.

Schütt, K.-P., 1978, Unterstützung der Schätzung subjektiver Wahrscheinlichkeiten durch formale Prozesse - Teil II: Erste Ergebnisse einer experimentellen Untersuchung, unveröffentlichtes Manuskript, Institut für Betriebswirtschaftslehre der Universität Kiel.

Smith, L.H., 1967, Ranking Procedures and Subjective Probability Distributions, in: Management Science, Vol. 14, S. B236-B249.

Spetzler, C.S., und C.-A.S. Staël von Holstein, 1975, Probability Encoding in Decision Analysis, in: Management Science, Vol. 2 22, S. 340-358.

Srinivasan, V., und A.D. Shocker, 1973, Linear Programming Techniques for Multidimensional Analysis of Preferences, in: Psychometrica, Vol. 38, S. 337-369.

Spiel- und aushandlungstheoretische Beiträge zur optimalen Entscheidung in Organisationen

G. Fandel, Hagen

1. Problemstellung

Zur analytischen Behandlung von Entscheidungsprozessen in Organisationen kann formal davon ausgegangen werden, daß es sich um Entscheidungsprobleme mit N Entscheidungsträgern, $N\geq 2$, und verschiedenen Nutzenfunktionen u_n, $n=1,...,N$, handelt. Das Entscheidungsproblem besteht dann darin, eine Alternative $a=(a_1,...,a_N)\in A\subset \mathbb{R}^N$ aus der Entscheidungsmenge A auszuwählen bzw. äquivalent einen Nutzenvektor $u\in U\subset \mathbb{R}^N$ aus der Nutzenmenge U zu bestimmen, so daß die Nutzen der Entscheidungsträger möglichst groß werden, wobei $U=u(A)$ gilt. Unter den üblichen Annahmen über A und u_n, $n=1,...,N$, ist die Untersuchung derartiger Konfliktprobleme, die dem institutionalen Bereich der betriebswirtschaftlichen Organisationstheorie zuzurechnen sind, an dem Ziel ausgerichtet zu klären, inwieweit quantitative ökonomische Konzepte und Verfahren der Unternehmensforschung zur Operationalisierung der Entscheidungsfindung in Organisationen herangezogen werden können und welchen Beitrag sie zur Lösung dieser Probleme zu leisten vermögen [Fandel, 1978]. Dabei werden die betrachteten Lösungsmethoden in die beiden Gruppen der spiel- und aushandlungstheoretischen Lösungsansätze eingeteilt.

2. Lösungsanforderungen

Maßgeblich für die Tauglichkeit der zu analysierenden Lösungsvorschläge ist die jeweilige gemeinsame Entscheidungsregel $Q: U\rightarrow L_Q\subseteq U$ mit $L_Q=\{u^*\in U | u^*=Q[u(a)],\ a\in A\}$ als Optimallösung des Ansatzes, die das Verhalten der verschiedenen Entscheidungsträger innerhalb des organisatorischen Entscheidungsprozesses beschreibt bzw. festlegt. Diese Regel soll den folgenden Anforderungen an die Lösung L_Q des Entscheidungsproblems genügen:

(1) Existenz, d.h. $L_Q \neq \emptyset$,
(2) Zulässigkeit, d.h. $L_Q \subset U$,
(3) Individuale Rationalität, d.h. $L_Q \subset M(U)$
(4) Pareto-Optimalität, d.h. $L_Q \subset P(U)$ und
(5) Eindeutigkeit, d.h. L_Q einelementig

mit

$M(U)=\{u \in U | u \geq \bar{\bar{u}}\}$, $\bar{\bar{u}}_n = \max_{a_n} \min_{\bar{a}_n} u_n(a_n, \bar{a}_n)$ für

alle $n=1,\ldots,N$ und $\bar{a}_n=(a_1,\ldots,a_{n-1},a_{n+1},\ldots,a_N)$ bzw. $(a_n,\bar{a}_n) \in A$
und

$P(U)=\{u \in U | w \geq u \wedge w \in U \Longrightarrow w=u\}$.

Anhand dieser Bedingungen (1)-(5) soll eine Aussage über die Güte der vorgestellten spiel- und aushandlungstheoretischen Beiträge zur optimalen Entscheidung in Organisationen gemacht werden.

3. Lösungskonzepte

3.1. Organisationstheoretische Lösungsbegriffe

Der Behandlung spiel- und aushandlungstheoretischer Konzepte zur Lösung des oben beschriebenen Entscheidungsproblems in Organisationen ist eine kurze Untersuchung der folgenden historisch entwickelten organisationstheoretischen Lösungsbegriffe vorangestellt:

a) Lebensfähige Lösungen [Simon, 1952/53, S. 42 und S. 44]:

$$L_Q=V(U)=\{u \in U | u(a) \geq \bar{u},\ a \in A\}.$$

Hierbei zeigt $\bar{u}_n$, $n=1,\ldots,N$, den Nutzen des n-ten Entscheidungsträgers an, den er auch ohne Beteiligung an der Organisation - zum Beispiel durch Beitritt einer anderen Organisation - erreichen kann. Diese Nutzenniveaus müssen mindestens durch die Organisationsentscheidungen erzielt werden, wenn der Bestand der Organisation gewährleistet bleiben soll.

b) Pareto-optimale Lösungen:

$$L_Q=P(U)$$

c) Individual-maximale Lösungen [Simon, 1952/53, S. 42/43 und S. 45]:

$$L_Q = I(U) = \bigcup_{n=1}^{N} I_n(U) \text{ mit } I_n(U) = \{u \in U \mid u_n = \max_{a \in A} u_n(a)\},\ n=1,\ldots,N$$

d) Organisations-maximale Lösung:

$$L_Q = \{u \in U \mid u(a) = \hat{u},\ a \in A\} \text{ mit } \hat{u}_n = \max_{a \in A} u_n(a) \text{ für alle } n \in \{1,\ldots,N\}$$

Diese Lösungsbegriffe erfüllen im allgemeinen nicht die Bedingungen (1)-(5); sie führen damit auch nicht in diesem Sinne zu Optimallösungen des organisatorischen Entscheidungsproblems. Meist bleibt der Entscheidungskonflikt - wenngleich gelegentlich reduziert - weiterbestehen. Ausgenommen ist dabei der Fall, daß eine organisations-maximale Lösung existiert. In Analogie zur Existenz einer perfekten Lösung [Geoffrion, 1965, S. 2] in Entscheidungssituationen bei mehrfacher Zielsetzung liegt dann kein organisatorisches Entscheidungsproblem mehr vor, da eine Entscheidungsalternative $a \in A$ gleichzeitig die Nutzen aller Organisationsmitglieder maximiert.

3.2. Spieltheoretische Lösungsansätze

Mit der Übertragung spieltheoretischer Grundzüge auf die Organisationstheorie und dem daraus abgeleiteten begrifflichen Instrumentarium ergibt sich zunächst einmal die Möglichkeit, Entscheidungsprozesse in Organisationen formal darzustellen und rational zu konzipieren. Dabei drängen sich aber dann die Überlegungen darüber auf, unter welchen ökonomischen Implikationen bestimmte spieltheoretische Lösungsdefinitionen nach den Bedingungen (1)-(5) für die zur Diskussion anstehende Entscheidungsfindung verwendbar sind.

Zur Identifizierung bestimmter Arten von Entscheidungsverhalten in Organisationen mit spieltheoretischen Konzepten und Lösungsansätzen werden

a) kooperative N-Personen Spiele

a1) mit Seitenzahlungen

Lösungsbegriffe des "Kerns" [Gillies, 1953] und der "Zurechnung" [Luce und Raiffa, 1958, S. 193] bzw. Shapley-Wert [Shapley, 1953] oder

a2) ohne Seitenzahlungen

Lösungsbegriff des "Kerns" [Gillies, 1953], Nash-Lösung [Nash, 1953] und Shapley-Bewertung [Shapley, 1964] sowie

b) nichtkooperative N-Personen Spiele

Nash-Gleichgewicht [Nash, 1951] und Friedman-Superspiel [Friedman, 1971]

getrennt untersucht.

3.3. Aushandlungstheoretische Lösungsansätze

Bei stärkerer Betonung der individuellen Entscheidungsautonomie von Organisationsmitgliedern hat sich die Aushandlungstheorie nach zeitweise mehr spieltheoretisch orientierten Lösungsansätzen [zum Beispiel Harsanyi, 1963 und Lemaire, 1973] zunehmend solchen Verfahren zugewendet, die aufgrund der Konzessionsbereitschaft der einzelnen Organisationsmitglieder zu einer von allen akzeptierten und für alle verbindlichen Entscheidung führen sollen und folglich den Prozeß der Lösungsbestimmung durch spontane Verhaltenselemente zu charakterisieren versuchen [Contini und Zionts, 1968]. Hier wird die Frage untersucht, inwieweit derartige Verfahren im Rahmen oder auf Kosten einer rationalen Entscheidungsfindung ablaufen und damit eine praktische Entscheidungshilfe repräsentieren. Entsprechend dem normativen Entscheidungsverhalten in den spieltheoretisch begründeten Konzepten muß dann die Axiomatisierung des optimalen Konzessionsverhaltens der Organisationsmitglieder überprüft werden. Zu einer solchen notwendigen Rationalisierung des Konzessionsverhaltens liegen jedoch bislang nur Zwei-Personen-Konzepte vor [zum Beispiel Bishop, 1964 und Cross, 1965].

4. Ergebnis

Das Ergebnis der Überprüfung, in welchem Maße die angeführten spiel- und aushandlungstheoretischen Konzepte die Anforderungen (1)-(5) erfüllen und damit als Lösungsbeitrag zum beschriebenen organisatorischen Entscheidungsproblem betrachtet werden können, ist in der nachstehenden Tabelle zusammenfassend dargestellt [Fandel, 1978]. Die uneingeschränkte Eignung des Shapley-Werts

Konzepte \ Bedingungen	(1)	(2)	(3)	(4)	(5)
"Kern"	(-)	+	+	-	-
"Zurechnung"	+	+	+	-	-
Nash-Lösung	+	+	+	+	+
Shapley-Wert	+	+	+	+	+
Shapley-Bewertung	+	+	+	+	-
Nash-Gleichgewicht	+	+	+	-	-
Friedman	(-)	+	+	(-)	-
Harsanyi	+	+	+	+	-
Lemaire	+	+	+	+	+
Contini und Zionts	+	+	+	(+)	(+)

und des Ansatzes von Lemaire bedarf dabei insofern einer Relativierung, als beide Konzepte von Seitenzahlungen ausgehen, die im allgemeinen für Organisationsentscheidungen nicht vorausgesetzt werden können. Bei den kooperativen Spielen überzeugt die Nash-Lösung wegen ihrer sauberen axiomatischen Begründung. Das Konzessionsmodell von Contini und Zionts ist den anderen aushandlungstheoretischen Konzepten aufgrund der Einfachheit der Lösungserzeugung überlegen. Es bietet darüber hinaus durch die Integration eines rationalisierten Konzessionsverhaltens den Verbindungspunkt zu spieltheoretischen Ansätzen.

5. Literatur

Bishop, R.L.: A Zeuthen-Hicks Theory of Bargaining, in: Econometrica, 1964, S. 410-417.

Contini, B. und Zionts, S.: Restricted Bargaining for Organizations with Multiple Objectives, in: Econometrica, 1968, S. 397 ff.

Cross, J.: A Theory of the Bargaining Process, in: The American Economic Review, 1965, S. 65-94.

Fandel, G.: Spiel- und aushandlungstheoretische Beiträge zur optimalen Entscheidung in Organisationen, Diskussionsbeitrag Nr. 22, Hagen 1978.

Friedman, J.W.: A Non Cooperative Equilibrium for Supergames, in: Review of Economic Studies, 1971, S. 1-12.

Geoffrion, A.M.: A Parametric Programming Solution to the Vector Maximum Problem, with Applications to Decisions under Uncertainty, Stanford, California 1965.

Gillies, D.B.: Some Theories on n-Person Games, Ph. D. thesis, Department of Mathematics, Princeton University, Princeton 1953.

Harsanyi, J.C.: A Simplified Bargaining Model for the n-Person Cooperative Game, in: International Economic Review, 1963, S. 194-220.

Lemaire, J.: A New Value for Games without Transferable Utilities, in: International Journal of Game Theory, Band 2, 1973, S. 205-213.

Luce, R.D. und Raiffa, H.: Games and Decisions, New York 1958.

Nash, J.: Noncooperative Games, in: Annals of Mathematics, 1951, S. 286-295.

Nash, J.: Two Person Cooperative Games, in: Econometrica, 1953, S. 128-140.

Shapley, L.S.: A Value for n-Person Games, in: Kuhn, H.W. und Tucker, A.W.: Contributions to the Theory of Games, Band II, Princeton/New Jersey 1953, S. 307-317.

Shapley, L.S.: Values of Large Market Games: Status of the Problem. Memorandum RM-3957-PR, The Rand Coporation, Santa Monica/California, Februar 1964.

Simon, H.A.: A Comparison of Organization Theories, in: The Review of Economic Studies, 1952/53, S. 41 ff.

Investition und Finanzierung

Einleitungsreferat der Sektion Investition und Finanzierung

H. Hax, Köln

1. Für die Entwicklung der Investitionstheorie in Deutschland war Erich Schneiders Monographie über "Wirtschaftlichkeitsrechnung" (1951) von grundlegender Bedeutung; sie hat der weiteren Forschung vielfältige Anregungen gegeben und ein solides theoretisches Fundament dafür geschaffen. Die von Erich Schneider behandelten Methoden und Entscheidungsregeln sind heute in der Praxis der Investitionsplanung eingeführt und finden mehr und mehr Verbreitung. Die Theorie hat sich heute aus der Kritik an den Prämissen dieser einfachen Modelle in mannigfacher Weise weiterentwickelt. Dennoch bleiben die grundlegenden finanzmathematischen Verfahren aktuell, zum einen wegen ihrer praktischen Bedeutung, zum anderen aber auch, weil einige theoretische Grundprobleme auch heute noch nicht ausdiskutiert sind. In der Sitzung dieser Sektion wird der viel behandelte Widerspruch zwischen internem Zinsfuß und Kapitalwert in dem Referat von Franke aufgegriffen und als Sonderfall eines allgemeinen entscheidungstheoretischen Antagonismus behandelt.

2. Einer der Ansatzpunkte zur Kritik an den finanzmathematischen Methoden der Investitionsrechnung war die Annahme der unbegrenzten Finanzierungsmöglichkeit zu gegebenen Kapitalkosten; praktische Investitionsplanung erfolgt in der Regel unter Finanzierungsrestriktionen und mit vom Investitionsvolumen abhängigen Kapitalkosten. Die Theorie der Investitionsplanung mit Finanzierungsrestriktionen erhielt vorallem durch den Ansatz des "Capital Budgeting" von Joel Dean (1951) und durch die Kritik von Lorie und Savage (1955) an diesem Ansatz wertvolle Anregungen. Mit der Anwendung der linearen Programmierung auf dieses Entscheidungsproblem durch Albach (1962) und wenig später durch Weingartner (1963) wurde ein

allgemeines Modell der Investitions- und Finanzierungsplanung entwickelt, das die Ansätze der älteren Investitionstheorie als Spezialfälle umfaßt. Das LP-Modell der Investitionsplanung wurde seither in vielfacher Hinsicht ausgebaut und auf zahlreiche Spezialfälle angewandt (z.B. Jääskeläinen 1966, Blumentrath 1969, Laux 1969b, Meyer zu Selhausen 197o). Ein derartiger Spezialfall, die Bilanzplanung einer Großbank, wird in dieser Sektion in dem Referat von Assfalg behandelt.

3. Mit Hilfe des LP-Modells ist für die Investitions- und Finanzplanung eine Optimierung im strengen Sinne nur möglich, wenn alle Investitions- und Finanzierungsmaßnahmen für die gesamte Lebensdauer der Unternehmung simultan geplant werden. Die praktische Anwendung eines derartigen Totalmodells scheitert nicht nur an Berechnungsschwierigkeiten, sondern noch mehr an der Unmöglichkeit, die erforderlichen Informationen bereitzustellen. In der praktischen Investitionsplanung ist es schon sehr schwierig, die relevanten Informationen über die in einem bestimmten Zeitpunkt zur Auswahl stehenden Investitionsprojekte zu erhalten. Völlig überfordert wäre die praktische Investitionsplanung, wollte man ihr zumuten, auch noch Informationen über zukünftige Investitionsprojekte zu liefern. Für die praktische Investitionsplanung muß man auf theoretische Perfektion verzichten; man braucht einfache Entscheidungsregeln, die nicht optimale, aber doch nach Möglichkeit "gute" Ergebnisse liefern. Hier empfiehlt sich der Rückgriff auf Rangordnungskriterien wie interner Zinsfuß, Kapitalwertrate u.ä. (hierzu vor allem Kruschwitz 1977). Einem systematischen Vergleich derartiger heuristischer Auswahlkriterien ist das Referat von Kruschwitz und Fischer gewidmet.

4. Simultane Planungsmodelle wie das LP-Modell der Investitions- und Finanzplanung setzen in der Regel zentrale Verarbeitung aller Informationen, somit auch zentrale Entscheidung voraus. Damit geht man an der Tatsache vorbei, daß Investitionsentscheidungen in der Praxis sehr häufig zumindest teilweise dezentralisiert erfolgen, daß es stets ein Zusammenspiel zentraler und dezentraler Instanzen gibt, wobei einerseits die Zentrale vor Oberhäufung mit

Informationen und Überlastung bewahrt werden muß, andererseits eine Koordination aller Einzelentscheidungen zur Erreichung des Gesamtoptimums angestrebt wird. Einen Ansatz zur Optimierung über dezentrale Entscheidungen bietet das Preistheorem der linearen Programmierung und das darauf beruhende Dekompositionsprinzip (siehe hierzu Hellwig 1976). In diesen Zusammenhang gehört das hier von Rosenberg präsentierte Modell zur Koordination von Investition und Finanzierung bei dezentraler Unternehmensplanung.

5. Sowohl bei Verwendung finanzmathematischer Entscheidungsregeln als auch bei dem LP-Modell wird die Ungewißheit der zukünftigen Zahlung unberücksichtigt gelassen. Man rechnet mit Gewißheitsäquivalenten als quasi-sicheren Größen. Dies ist besonders unbefriedigend im Hinblick auf die Einbeziehung der Finanzierung. Ein wesentlicher Effekt von Finanzierungsmaßnahmen liegt in der Allokation von Risiken, d.h. in der Schaffung unterschiedlicher Risikopositionen für die Inhaber unterschiedlicher Finanzierungstitel. Mit der Annahme sicherer oder quasi-sicherer Erwartungen wird ein Kernproblem der Finanzierung von vornherein ausgeklammert.

Die Finanzierungstheorie stützt sich heute auf eine hochentwickelte, entscheidungstheoretisch begründete Theorie der Preisbildung für Finanzierungstitel, d.h. für Titel, die Anwartschaften auf unsichere zukünftige Erträge verkörpern. Das Nachfrageverhalten wird durch die Theorie der Portfolio-Selection, wie sie bereits in den 5oer Jahren vor allem auf der Basis der Arbeiten von Markowitz (1952, 1959) entstanden ist, erklärt. Bei gegebenem Angebot lassen sich aus dem Nachfrageverhalten die Bedingungen eines Marktgleichgewichts ableiten. Dieses Gleichgewichtsmodell, bekannt unter der Bezeichnung "Capital Asset Pricing Model" wurde Mitte der 6oer Jahre vor allem in Arbeiten von Lintner (1965a, 1965b), von Mossin (1966) und von Sharpe (1964, 1966) entwickelt. Aus diesem Modell lassen sich wieder Aussagen über Investitions- und Finanzierungsmaßnahmen der Unternehmung ableiten, so z.B. über Risikomessung und Mindestverzinsung bei Investitionen, Wirkungen der Diversifikation und den Effekt der Verwendung von verschiedenen Finanzierungstiteln; auch das bekannte Theorem von Modigliani und Miller

(1958) erweist sich als Spezialfall eines allgemeinen Theorems, das aus dem "Capital Asset Pricing Model" abgeleitet werden kann.

Die Besonderheit des durch die Stichworte "Portfolio Selection" und "Capital Asset Pricing Model" Theoriebereichs kann man auch damit charakterisieren, daß hier das Problem der Risikopräferenz ganz im Vordergrund steht, während in der älteren Investitionstheorie, sowohl bei den finanzmathematischen Ansätzen als auch bei den — LP-Modellen, allein das Problem der Zeitpräferenz bestand.

Dem Theoriebereich der Portfolio-Selection ist im Rahmen dieser Sektion das Referat von Loistl und Rosenthal zuzuordnen.

6. Unabhängig von dieser hier nur kurz skizzierten Entwicklung gibt es zahlreiche andere Ansätze, die Unsicherheit der Zukunftserwartungen in den Investitionsentscheidungskalkül einzubeziehen. Erwähnt sei hier die Erweiterung des LP-Ansatzes auf den Fall der Unsicherheit unter Verwendung des "Chance-Constrained-Programming" (Näslund 1966, Jääskeläinen 1966, Albach 1966 und 1966/67, Haegert 197o). Weiter ist versucht worden, dem sequentiellen Charakter von Investitionsentscheidungen durch das Prinzip der flexiblen Planung Rechnung zu tragen (Laux 1969a und 1971). Hierbei arbeitet man mit Entscheidungs- oder Zustandsbäumen. Es läßt sich leicht theoretisch nachweisen, daß derartige Planungstechniken zu besseren Ergebnissen führen können als eine starre Planung. Fraglich ist nur, ob und unter welchen Voraussetzungen die Ergebnisse um soviel besser sind, daß sich der erheblich größere Planungsaufwand lohnt. Diesem Problem ist das Referat von Inderfurth gewidmet.

7. Die Entwicklung der modernen Rechentechnik hat der Planung bei Unsicherheit, insbesondere auch der Investitionsplanung, mit der Simulationstechnik ein sehr leistungsstarkes und anpassungsfähiges Instrument geliefert, mit dessen Hilfe für Planungsentscheidungen Ergebnisse prognostiziert und einer Risikoanalyse unterzogen werden können (Hertz 1964, Priewasser 1972, Wurl 1972). Diese Verfahrenstechnik ist weitgehend unabhängig von der Theorie entwickelt worden, ist aber so vielseitig verwendungsfähig, daß die verschie-

densten theoretischen Ansätze mit ihrer Hilfe der praktischen Anwendung näher gebracht werden können. Im Rahmen der Sitzung dieser Sektion wird in dem Referat von Probst und Saltarelli über ein System zur Beurteilung der Diversifikationseffekte neuer Aktivitäten berichtet, dessen Kern ein Simulationsmodell bildet.

Literatur:

Albach, H., Investition und Liquidität, Wiesbaden 1962

Albach, H., Long Range Planning in Open Pit Mining, in: Management Science 13 (1966/67), S. B 549-568

Albach, H., Das optimale Investitionsbudget bei Unsicherheit, in: ZfB, 37 (1967), S. 5o3-518

Blumentrath, U.,Investitions- und Finanzplanung mit dem Ziel der Endwertmaximierung, Wiesbaden 1969

Dean, J., Capital Budgeting, New York/London 1951

Haegert, L., Die Aussagefähigkeit der Dualvariablen und die wirtschaftliche Deutung der Optimalitätsbedingungen beim Chance-Constrained Programming, in: Hax, H.(Hrsg.), Entscheidung bei unsicheren Erwartungen, Opladen 197o, S. 1o1-128

Hellwig, K., Mehrstufige Unternehmensplanung, Meisenheim/Glan 1976

Hertz, D.B., Risk Analysis in Capital Investment, in: Harvard Business Revue, 42 (1964), S. 95-1o6

Jääskeläinen, V., Optimal Financing and Tax Policy of the Corporation, Helsinki 1966

Kruschwitz, L., Zur heuristischen Planung des Investitionsprogramms, in: ZfB, 47 (1977), S. 2o9-224

Laux, H., Flexible Planung des Kapitalbudgets mit Hilfe der linearen Programmierung, in: ZfbF, 21 (1969a), S. 728-742

Laux, H., Kapitalkosten und Ertragsteuern, Köln-Berlin-Bonn-München 1969b

Laux, H., Flexible Investitionsplanung, Opladen 1971

Lintner, J., Security Prices, Risk, and Maximal Gains from Diversification, in: Journal of Finance, 2o (1965a), S. 587-615

Lintner, J., The Valuation of Risk Assets and the Selection of Risky Investments in Stock Portfolios and Capital Budgets, in: Revue of Economics and Statistics, 47 (1965b), S. 13-37

Lorie, J.H./Savage, L.J., Three Problems in Rationing Capital, in: The Journal of Business, 28 (1955), S. 229-239

Markowitz, H.M., Portfolio Selection, in: Journal of Finance, 7 (1952), S. 77-91

Markowitz, H.M., Portfolio Selection, New York-London 1959

Meyer zu Selhausen, H., Die Optimierung von Kapitalbeschaffung und Kapitalverwendung einer Kreditbank mit den Methoden der Unternehmensforschung, Köln 197o

Modigliani, F./Miller, M.H., The Cost of Capital, Corporation Finance, and the Theory of Investment, in: American Economic Review, 48 (1958), S. 261-297

Mossin, J., Equilibrium in a Capital Asset Market, in: Econometrica, 34 (1966), S. 768-783

Näslund, B., A Model of Capital Budgeting under Risk, in: Journal of Business, 39 (1966), S. 257-271

Priewasser, E., Betriebliche Investitionsentscheidungen, Berlin-New York 1972

Schneider, E., Wirtschaftlichkeitsrechnung, 8. Aufl., Tübingen-Zürich 1973 (1. Aufl. 1951)

Sharpe, W.F., Capital Asset Prices: A Theory of Market Equilibrium under Conditions of Risk, in: Journal of Finance, 19 (1964), S. 425-442

Sharpe, W.F., Security Prices, Risk and Maximal Gains from Diversification, Reply, in: Journal of Finance, 21 (1966), S. 743 f.

Weingartner, M.H., Mathematical Programming and the Analysis of Capital Budgeting Problems, Englewood Cliffs 1963

Wurl, H.J., Betriebswirtschaftliche Projektanalysen durch Simulation, in: ZfbF, 24 (1972), S. 362-378

Risikominimierung bei der Portfolioplanung unter besonderer Berücksichtigung singulärer Kovarianzmatrizen

O. Loistl und H. Rosenthal, Paderborn

Sei

R	=	$(r_1, \ldots r_i \ldots r_n)$	= Vektor der erwarteten Renditen der betrachteten Wertpapiere 1 ... n
X	=	$(x_1, \ldots x_i \ldots x_n)$	= Vektor der Anteile der Wertpapiere i im Portfolio
F	=	$(1, \ldots 1, \ldots 1)$	= Summationsvektor
S	=	(s_{ij}) i, j = 1 ... n	= Kovarianzmatrix der Wertpapiere
e	=	$X'R$	= erwartete Rendite aus dem Portfolio
σ_x^2	=	$X' S X$	= Varianz der Portfoliorendite
0			= Nullvektor
o			= skalare Null

2. Ergebnisse

Bei beliebiger Kovarianzmatix gelten folgende Beziehungen:

Separationstheorem

Die Erwartungswert-Streuungs effiziente Kurve ist linear, wenn neben den unsicheren Papieren noch ein sicheres Papier vorhanden ist , oder wenn sich ein sicheres Portfolio erzeugen läßt.

Die relativen Anteile der unsicheren Papiere sind unabhängig von der absoluten Höhe des angelegten Betrages. Letztere Eigenschaft ist ein Spezialfall des

Zwei Fonds-Theorem:

Anteilsvektor jedes Erwartungswert-Varianz-effizienten Portfolios ist eine Linearkombination der Anteilsvektoren zweier anderer effizienter Portfolios, deren Erwartungswerte e_1 und e_2 unterschiedlich sind

$$X = (1 - \alpha)\, X_1\, (e_1) + \alpha X_2\, (e_2)$$

3. Grundgedanke der Argumentation

Zur Bestimmung der effizienten Portfolios im allgemeinen Fall (Singularität von S möglich) transformiert man das Koordinatensystem auf die Hauptachsen von S mit Hilfe der Matrix der Eigenvektoren T $(T^{-1} = T')$

Proceedings in Operations Research 8, ©Physica-Verlag, Würzburg–Wien, 1979

$$Y = T'X$$

$$T'ST = D$$

Das veränderte Problem lautet dann:

$$\sigma_x^2 = Y'DY \longrightarrow \min_Y \text{ unter den Bedingungen}$$

$$Y'T'F = 1,$$

$$Y'T'R = e.$$

Diese Aufgabe läßt sich auch für singuläre Kovarianzmatix lösen. Beim Portfolio mit singulärer Kovarianzmatix vom Rang n-1 ist der Eigenvektor zum Eigenwert 0 gleich dem Anteilsvektor X_h des gehedgten Portfolios, wenn die Komponentensumme auf 1 normiert ist.

Sei E_n ein Eigenvektor zum Eigenwert o, d.h., $SE_n=0$, so gilt:

$$X_h' S X_h = \sigma_x^2 \qquad \text{wobei: } \frac{E_n}{E_n'F} = X_h$$

$$= \frac{E_n'}{E'_n F} \cdot S \cdot \frac{E_n}{E'_n F} = o$$

Bei singulärer Kovarianzmatrix vom Rang $\leq$ n-2 erhält man Eigenvektoren zum Eigenwert o und somit zwei bzw. mehrere Portfolios mit völliger Risikoausschaltung. Hier kann man durch Linearkombinationen der beiden Portfolios jeden gewünschten sicheren Ertrag erreichen. Dieser unrealistische Effekt kann durch eine entsprechende Einschränkung der Anteilsvektoren im negativen Bereich vermieden werden.

4. Einordnung

Diese Ergebnisse waren bisher nur für eine nichtsinguläre Kovarianzmatrix abgeleitet worden (vgl. z.B. Merton 1972, Roll 1977). Für singuläre Kovarianzmatrizen lagen keine Ergebnisse vor. Gerade dieser Fall gewinnt aber immer mehr an Bedeutung. Singularität impliziert völlige Risikoausschaltung durch eine bestimmte Wertpapierkombination bzw. einen bestimmten Lösungsvektor. Risikoausschaltung durch Hedging oder andere Operationen nimmt immer mehr zu (z.B. Optionsgeschäfte, Devisentermingeschäfte usw.)

Die völlige Risikoausschaltung läßt sich mit dem Lösungsansatz von Merton nicht mehr angehen, weil dieser auf der Invertierbarkeit der Kovarianzmatrix aufbaut.
Buser (1977) suchte ebenfalls den singulären Fall zu lösen, kam jedoch aufgrund fehlerhafter Beweisführung zu dem unrichtigen Ergebnis, daß die Erwartungswert-Streuungs-effiziente Kurve nichtlinear wäre.
Interessant ist schließlich noch die geometrische Interpretation.
Die "Schale" der Varianzen der Portfolioerträge bei einer nichtsingulären Kovarianzmatrix streckt sich zu einer 'Dachrinne' (d.h., die eine Hauptachse wird unendlich groß).

Literaturangaben:

Buser, St.A.,: Mean-Variance Portfolio Selection with either a singular or nonsingular Variance-Covariance Matrix, in: Journal of Financial and Quantitative Analysis, Sept. 1977, S. 347 - 36o

Merton, R.C.: An Analytic Derivation of the Efficient Portfolio Frontier, in: Journal of Financial and Quantitative Analysis, Sept. 1972, S. 1851 - 1872

Roll, R.: A Critique of the Asset Pricing Theory's Tests, Part I: On Past and Potential Testability of the Theory, in: Journal of Financial Economics, Vol. 4, 1977, S. 129 - 176

Simultane Investitions- und Finanzplanung mit heuristischen Methoden

L. Kruschwitz und J. Fischer, Berlin

1. Problemstellung

Das Problem, eine Kombination von Investitionsprojekten und Finanzierungsprojekten zu finden, bei der der finanzielle Nutzen der Unternehmung unter Wahrung der Liquidität maximiert wird, wird in der Literatur [2], [7] auf der Basis linearer Modelle mit Hilfe ganzzahliger Algorithmen der mathematischen Programmierung gelöst.

Die bisher entwickelten Algorithmen verursachen allerdings einen hohen Planungsaufwand. Die Verfasser haben daher heuristische Entscheidungsregeln formuliert und deren Eignung (Lösungsgüte, Rechenaufwand) getestet.

2. Heuristische Problemlösungstechniken

Es wurden einfache Prioritätsregelverfahren [5] mit folgender Struktur untersucht:

1. Ermittlung einer Kennziffer für jedes Investitions- und Finanzierungsprojekt. Alternativ wurden dazu 10 ausgewählte finanzmathematische Verfahren benutzt: (1) Kapitalwert, (2) Kapitalwertrate, (3) Kapitalwertrentabilität, (4) Vermögenswert, (5) Finalwert, (6) Interner Zinsfuß, (7) overall rate of return, (8) Vermögensrentabilität, (9) kritischer Sollzinsfuß und (10) Initialverzinsung [3], [4], [6].

2. Ordnung der Projekte entsprechend diesen Kennziffern. Es entsteht eine Prioritätsliste der Investitionen und eine der Kredite.

3. Aufnahmeregeln arbeiten die Prioritätslisten so ab, daß zulässige Kapitalbudgets entstehen. Getestet wurden vier Aufnahmeregeln:

a) Regel 1 nahm alle Projekte auf, deren finanzmathematisches Kriterium nicht kleiner war als der relevante Vergleichswert (z.B. Kapitalwert $\geq$ 0).
b) Regel 2 schätzte mit einem Hilfswert die durch das jeweilige Projekt bewirkte Steigerung des Zielfunktionswertes ab und nahm das Projekt dann auf, wenn es eine Steigerung bewirkte.
c) Regel 3 entsprach dem von Dean propagierten Konzept des capital budgeting [1].
d) Regel 4 entsprach Regel 3 mit dem Unterschied, daß Geldaufnahmen, die sich aufgrund der Ganzzahligkeitsbedingungen ergaben und recht hohe Sollzinsen verursachten, nach Möglichkeit durch geeignete Projektkredite ersetzt wurden.

4 Aufnahmeregeln und 10 finanzmathematische Kriterien ergaben insgesamt 40 alternative Heuristiken. Diese Heuristiken wurden auf eine große Anzahl simulierter Probleme angewandt. Die jeweilige Lösung wurde mit der Lösung einer Optimierungssoftware verglichen.

Es wurde vermutet, daß die Lösungsgüte der Heuristiken von der Problemgröße, der Schärfe der Liquiditätsnebenbedingungen und den durchschnittlichen Renditen für Investitionen und Kredite abhängt. Diese Faktoren wurden in mehreren Testreihen systematisch variiert.

3. Testergebnisse

Die wichtigsten Ergebnisse lassen sich wie folgt zusammenfassen.

1. Heuristiken auf der Basis von Aufnahmeregel 1 schneiden sehr schlecht ab. Regel 2 ist im Schnitt schlechter als Regel 3/4, bringt aber bei Verwendung der Kriterien 1-5 bessere Ergebnisse.

2. Die besten Ergebnisse, d.h. im Durchschnitt sehr geringe Abweichungen von den Optimallösungen, erhält man, wenn Regel 3/4 mit den Verzinsungskriterien 6-10 kombiniert wird. Äußerst bemerkenswert ist, daß der interne Zinsfuß mit der Regel 3/4 (also das Ursprungskonzept von Dean [1]) in allen Testreihen die besten Ergebnisse liefert.

3. Die Ergebnisse der Heuristiken werden um so besser, je größer die Anzahl der betrachteten Investitions- und Finanzierungsprojekte ist. Beim größten betrachteten Problem (100 Investitionen, 50 Kredite Planungszeitraum 5 Jahre) liegt der Zielfunktionswert der Optimallösung um 100.000 Geldeinheiten, die der besten Heuristiken im Schnitt nur um wenige 100 Geldeinheiten darunter. Die Rechenzeit ist hingegen etwa 20mal geringer.

Die Ergebnisse der durchgeführten Eignungstests erlauben den Schluß, daß in Problemstellungen , bei denen simultan über das Investitions- und Finanzierungsbudget entschieden werden muß, der Einsatz von komplexen Optimierungsverfahren nicht unumgänglich ist, weil einfache Rangordnungsverfahren ausreichen.

Literatur

[1] Dean, J.: Capital Budgeting 4th printing, New York 1959.

[2] Hax, H.: Investitions- und Finanzplanung mit Hilfe der linearen Programmierung in: ZfbF 1964, S. 430-446.

[3] Hax, H.: Investitionstheorie, 3. Aufl. Würzburg-Wien 1976.

[4] Kruschwitz, L.: Investitionsrechnung Berlin-New York 1978.

[5] Müller-Merbach, H.: Morphologie heuristischer Verfahren in: ZOR 1976, S. 69-87.

[6] Solomon, E.: The Arithmetic of Capital Budgeting Decisions in: Journal of Business 1965, S. 124-129.

[7] Weingartner, H.M.: Mathematical Programming and the Analysis of Capital Budgeting Problems.2nd printing,Englewood Cliffs, N.J., 1964.

Dualismus und Antagonismus von Nutzen- und Parametervergleich – Zur Festlegung einer Entscheidungsregel bei Ungewißheit

G. Franke, Gießen

Definiert man den Kapitalwert einer Investitionsalternative als ihren Nutzen, dann ist ihr interner Zinsfuß oder ihre Amortisationsdauer ein Parameterwert dieser Alternative. Allgemein: Nutzenvergleich: Ausgehend von einer gegebenen Parameterkonstellation (= Datenkonstellation) wird der Nutzen jeder Alternative ermittelt. Die Rangordnung der Nutzenwerte determiniert die Präferenzordnung.

Mittelbarer Parametervergleich: Hierbei werden alle Parameter (= Daten) bis auf einen vorgegeben. Für jede Alternative wird derjenige Wert des variablen Parameters ermittelt, bei dem der Nutzen der Alternative gleich dem vorgegebenen Nutzenstandard ist. Die Rangordnung der so ermittelten Parameterwerte der Alternativen determiniert die Präferenzordnung.

Der mittelbare Parametervergleich erübrigt also im Gegensatz zum Nutzenvergleich die Kenntnis eines Datums. Daher wird die Frage untersucht: Rechtfertigen Informationsbeschaffungsvorteile den Übergang vom Nutzen- zum mittelbaren Parametervergleich? Zur Klärung werden Dualismus und Antagonismus zwischen beiden Vergleichen untersucht:

(1) Dualismus: Formal sind die Ausdrücke "Nutzen" und "Parameter" austauschbar. Daher gibt es kein Axiomensystem, das ohne materielle Festlegung der Ausdrücke "Nutzen" und "Parameter" den Nutzenvergleich als "rational" und den mittelbaren Parametervergleich als "irrational" oder umgekehrt ausweist.

(2) Antagonismus: Der Nutzenvergleich behauptet die Relevanz des

Proceedings in Operations Research 8, ©Physica-Verlag, Würzburg–Wien, 1979

exogenen Parameterwertes, jedoch die Irrelevanz des Nutzenstandards und damit die Indeterminiertheit des mittelbaren Parametervergleichs. Der mittelbare Parametervergleich behauptet die Relevanz des Nutzenstandards, jedoch die Irrelevanz des exogenen Parameterwertes und damit die Indeterminiertheit des Nutzenvergleichs.

Beispiel: Wer den Kapitalwert als Entscheidungskriterium befürwortet, kann nicht gleichzeitig den internen Zinsfuß als Entscheidungskriterium billigen, und umgekehrt.

Definiert man materiell den exogenen Parameterwert als vom Entscheidungsträger unbeeinflußbar und den Nutzenstandard als Ergebnis einer willkürlichen Entscheidung des Entscheidungsträgers, dann folgt:

Wer vom Nutzen- auf den mittelbaren Parametervergleich übergeht, weil er den exogenen Parameterwert nicht kennt, ersetzt die aus der Unkenntnis des exogenen Parameterwertes resultierende Indeterminiertheit des Nutzenvergleichs durch die Indeterminiertheit des mittelbaren Parametervergleichs, die aus der Willkür bei der Fixierung des Nutzenstandards folgt. Informationsbeschaffungsvorteile rechtfertigen daher nicht den Übergang vom Nutzen- zum mittelbaren Parametervergleich.

Zur Vorteilhaftigkeit flexibler Investitionsplanung

K. Inderfurth, Berlin

Sehr viele reale Investitionsprobleme gehören zur Klasse der sequentiellen, stochastischen Entscheidungsprobleme. Solche Entscheidungssituationen erfordern die Anwendung entsprechender Planungskonzepte: Zum einen müssen gegenwärtige und zukünftige Investitionsaktivitäten im Rahmen einer mehrstufigen Planung simultan bestimmt werden. Zum anderen macht die Unsicherheit über die Problemdaten eine revidierende Planung notwendig, bei der zu Beginn jeder Planperiode eine Revision des ursprünglichen Plans aufgrund neuer Informationen über die unsicheren Grössen vorgenommen werden kann.
Mehrstufige und revidierende Planung können nun in zweierlei Form miteinander verbunden werden. In der Investitionspraxis ist es vielfach üblich, die unsicheren Daten durch Ein-Punkt-Schätzungen in quasi-sichere Grössen zu transformieren und mit diesen Werten die (mehrstufige) Planung deterministisch durchzuführen. Nach jeder Periode erfolgt eine Neuschätzung der Daten und bei Datenänderung eine entsprechende Planrevision. Diese Vorgehensweise führt zu einer sog. starren Investitionsplanung. Demgegenüber wird von Investitionstheoretikern eine direkte Verbindung der obigen Planungskonzepte für notwendig gehalten, indem die mehrstufige Planung explizit mit den stochastischen Grössen unter direkter Einbeziehung von Revisionsmöglichkeiten durchgeführt wird. Wegen der Einbeziehung von Eventualentscheidungen wird diese Vorgehensweise flexible Planung genannt (vgl. HAX und LAUX [2]).

Für die Vorteilhaftigkeit flexibler gegenüber starrer Planung ist es entscheidend, inwieweit ihr höherer Planungsaufwand aufgrund der wesentlich grösseren Datenbeschaffungs- und Problemlösungsaufgaben durch einen höheren Planungsertrag kompensiert wird, der sich daraus ergibt, dass aufgrund der Berücksichtigung und planerischen Verarbeitung aller Informationen über die stochastischen Einflussgrössen bessere Investitionsentscheidungen und somit höhere Investitionserträge möglich sind.
Diese entscheidungsbedingten Vorteile werden anhand eines einfachen Investitionsproblems (siehe HAX [1]: Neu- und Erweiterungsinvestitionen bei Einführung eines neuen Produkts mit stochastischer autokorrelierter Nachfrage) quantitativ analysiert, indem für eine Reihe numerischer Problemdaten das Entscheidungsverhalten bei starrer und flexibler Planung ermittelt wird. Dabei stellt sich heraus, dass in allen Fällen (auch bei sehr grosser Schiefe und Streuung der stochastischen Nachfrage) die flexible Planung bezüglich der verfolgten Zielgrösse (erwarteter Kapitalwert der Investitionsaktivitäten) nicht wesentlich

Proceedings in Operations Research 8, ©Physica-Verlag, Würzburg–Wien, 1979

besser abschneidet als die starre Planung. Daneben zeigt sich, dass die so gewonnenen Investitionsentscheidungen bei flexibler Planung wesentlich risikoreicher sind (zu Einzelheiten siehe INDERFURTH [3]).
Die Untersuchung ergibt also, dass bei laufender Planrevision die starre Planung durchaus ein zweckmässiges Konzept zur Bestimmung sequentieller Investitionsentscheidungen bei Unsicherheit sein kann.

Literatur:

[1] HAX, H. "Investitionstheorie", 3. Aufl., Würzburg-Wien 1976.

[2] HAX, H. LAUX, H. "Flexible Planung - Verfahrensregeln und Entscheidungsmodelle für die Planung bei Ungewissheit", Zeitschrift für betriebswirtschaftliche Forschung, 24. Jg., (1972), S. 318-340.

[3] INDERFURTH, K. "Starre und flexible Investitionsplanung bei laufender Planrevision", erscheint in: Zeitschrift für betriebswirtschaftliche Forschung, 31. Jg., (1979).

Koordination von Investition und Finanzierung bei dezentraler Planung

O. Rosenberg, Saarbrücken

1. Allgemeine Charakterisierung des Planungsproblems

Es wird von einem Produktionsunternehmen ausgegangen, das in produktgruppenorientierte Geschäftsbereiche und eine übergeordnete Zentrale gegliedert ist (Poensgen [1973]).

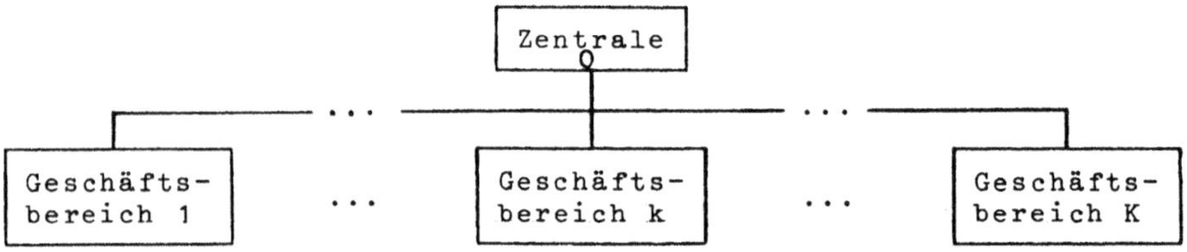

Abb. 1.

Während die Leitung des k-ten Geschäftsbereichs Art und Umfang des Absatzes, der Produktion und der Beschaffung von Gütern für ihren Bereich festzulegen hat, wird über die Beschaffung der zur Durchführung dieser Aktivitäten benötigten Zahlungsmittel (Kapital) von der übergeordneten Zentrale entschieden. Problem ist die Abstimmung der durch die Aktivitäten aller Geschäftsbereiche zu erwartenden Bindung von Kapital (Investition) mit dem von der Zentrale zu beschaffenden Kapital (Finanzierung) im Hinblick auf das Unternehmensziel bei weitgehender Wahrung der Planungsautonomie der einzelnen Bereiche. Theorie und Praxis haben zahlreiche Konzepte entwickelt, die zu einer optimalen Abstimmung der Teilpläne führen sollen (Hax [1965]; Albach [1967]; Hagelschuer [1971]; Welge [1975]). Theoretisches Interesse haben insbesondere Verfahren gefunden, die auf Dekompositionsprinzipien der mathematischen Programmierung beruhen (Loistl [1971]; Carleton-Kendall-Tandon [1974]; Hellwig [1976]; Maier-Vander Weide [1976/77]).

Proceedings in Operations Research 8, ©Physica-Verlag, Würzburg–Wien, 1979

Die Theorie der linearen Dekomposition liefert auch die Grundlagen für das folgende approximative Planungsverfahren. Im Rahmen dieses Verfahrens ermitteln die K Geschäftsbereiche in einfacher Weise ihr bereichspezifisches Investitionsprogramm. Hierbei ist die Ganzzahligkeit der Lösungen gesichert. Die Zentrale kann Zulässigkeit und Güte der Teilpläne auf der Grundlage einiger weniger Informationen überprüfen und den Planungsprozeß bei Erreichen einer als befriedigend angesehenen Lösung beenden.

2. Ein Planungsmodell

Der Planungszeitraum umfaßt T Perioden. Aktivitäten erfolgen stets zum Ende einer Periode, und zwar in den Zeitpunkten $t = 0(1)T$. Zahlungen aufgrund dieser Aktivitäten können in den Zeitpunkten $t = 0,1,\ldots,T,T+1,\ldots,\tilde{T}$ anfallen. Allein die durch den Subindex 0 gekennzeichnete Zentrale hat Zugang zu den Finanzierungsmärkten. Weiter besteht für die Zentrale zu jedem Zeitpunkt die Möglichkeit, Zahlungsmittel in Finanzanlagen zu binden. Realinvestitionen werden ausschließlich von den K Geschäftsbereichen durchgeführt. Das Unternehmen ist bestrebt, das Vermögen des Unternehmens zu maximieren. Das Vermögen wird gleich dem Wert der Investitions- und Finanzierungsprojekte in T gesetzt.

Mit den Symbolen

a_{kjt} Einzahlungsüberschuß je Einheit der (kj)-ten Aktivität im t-ten Zeitpunkt

$\bar{a}_{kj}$ Auf T bezogener Barwert der in $t > T$ anfallenden Zahlungen je Einheit der (kj)-ten Aktivität

$\bar{b}_{0t}$ Entscheidungsunabhängiger Einzahlungsüberschuß im t-ten Zeitpunkt

$\bar{b}_{mt}$ Gegebene Größe für m-te Finanzierungsbeschränkung im t-ten Zeitpunkt

b_{mjt} Belastungskoeffizient je Einheit der j-ten Aktivität für (mt)-te Beschränkung

P_k Menge der dem k-ten Bereich zur Verfügung stehenden Aktivitäten

$\bar{x}_{kj}$ Obergrenze für die (kj)-te Aktivität

x_{kj} Zu bestimmende Zahl der durchzuführenden Aktivitäten (kj)-ter Art

läßt sich das Gesamtplanungsmodell formulieren.

GP:

Maximiere

Zugehörige Dualvariable

(1) $$z = \sum_{k=0}^{K} \sum_{j \in P_k} \bar{a}_{kj} x_{kj}$$

unter Beachtung von

Liquiditätsbedingungen

(2) $$-\sum_{k=0}^{K} \sum_{j \in P_k} a_{kjt} x_{kj} \leqq \bar{b}_{0t} \qquad (t = 0(1)T) \qquad \pi_t$$

Finanzierungsbeschränkungen

(3) $$\sum_{j \in P_0} b_{mjt} x_{0j} \leqq \bar{b}_{mt} \qquad (m = 1(1)M;\ t = 0(1)T) \qquad \beta_{mt}$$

Investitionsbeschränkungen

(4) $$x_{kj} \leqq \bar{x}_{kj} \qquad (k = 1(1)K;\ j \in P_k) \qquad \alpha_{kj}$$

Nichtnegativitätsbedingungen

(5) $$x_{kj} \geqq 0 \qquad (k = 0;\ j \in P_k)$$

Ganzzahligkeitsbedingungen

(6) $$x_{kj} \in \mathbb{N}_0 \qquad (k = 1(1)K;\ j \in P_k)$$

3. Ein approximatives Koordinationsverfahren

Anstelle einer zentralen Planung und Lösung von GP wird folgendes dezentrales iteratives Verfahren vorgeschlagen.

3.1. Allgemeine Beschreibung

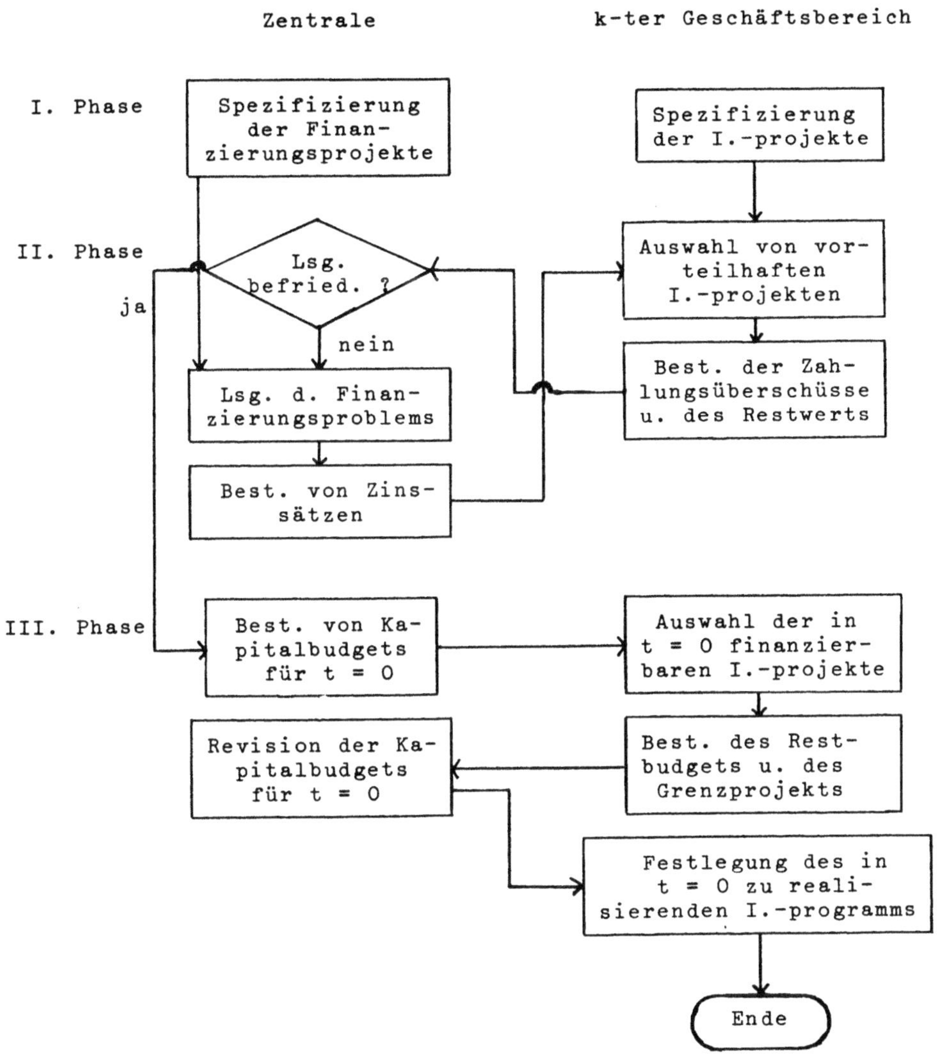

Abb. 2

3.2. Die Planungsschritte im einzelnen

Geschäftsbereich

I. Phase

Spezifizierung der realisierbaren Investitionsprojekte, die zur Menge P_k zusammengefaßt werden.

II. Phase

Mit den von der Zentrale vorgegebenen Kalkulationszinssätzen p_t^r $(t = 0(1)\tilde{T})$ werden Kapitalwerte

$$(7)\qquad c_{kj}^{r+1} = a_{kjo} + \sum_{t=1}^{\tilde{T}} a_{kjt} \prod_{\tau=1}^{t} (1+p_\tau^r)^{-1}$$

ermittelt und mit den Investitionsprojekten

$$(8)\qquad j \in P_k^{r+1} = \{j \in P_k \mid c_{kj}^{r+1} \geqq 0\}$$

die Zahlungsgrößen

$$(9)\qquad \bar{a}_{kt}^{r+1} = \sum_{j \in P_k^{r+1}} a_{kjt}\bar{x}_{kj} \qquad (t = 0(1)T)$$

und der Restwert

$$(10)\qquad \bar{a}_k^{r+1} = \sum_{j \in P_k^{r+1}} \sum_{t=T+1}^{\tilde{T}} a_{kjt}\bar{x}_{kj} \prod_{\tau=T+1}^{t} (1+p_\tau^r)^{-1}$$

berechnet.

Die Werte $\bar{a}_{kt}^{r+1}$ $(t = 0(1)T)$ und $\bar{a}_k^{r+1}$ werden an die Zentrale weitergegeben.

Die Zusammenstellung des Investitionsprogramms in dieser Weise ist sinnvoll, da

$$x_{kj}^{r+1} = \begin{cases} \bar{x}_{kj} & j \in P_k^{r+1} \\ 0 & \text{sonst} \end{cases}$$

eine optimale Lösung des aus GP ableitbaren Unterprogramms IP_k für den k-ten Geschäftsbereich ist.

IP_k:

Maximiere

$$(11)\qquad z_k^{r+1} = \sum_{j \in P_k} (\bar{a}_{kj} + \sum_{t=0}^{T} a_{kjt}\pi_t^r)x_{kj}$$

u.d.N.

$$(12)\quad x_{kj} \leqq \bar{x}_{kj} \qquad (j \in P_k)$$

$$(13)\quad x_{kj} \in \mathbb{N}_0$$

III. Phase

Das von der Zentrale für t = 0 vorgegebene Kapitalbudget A_{ko} wird auf die Investitionsprojekte

$$(14)\quad j \in P_k^+ = \{j \in P_k^{r+1} \mid a_{kjo} > 0\}$$

in der Rangfolge ihrer Kapitalwertraten

$$(15)\quad CR_{kj} = \frac{C_{kj}^{r+1}}{a_{kjo}} \quad \text{verteilt.}$$

j_n bezeichnet das Grenzprojekt, das nicht mehr vollständig realisiert werden kann.

Der Zentrale werden Zahlungsmittelbedarf $a_{kj_n o}\bar{x}_{kj_n}$, Kapitalwertrate CR_{kj_n} und die nach Realisation der n-1 ausgewählten Investitionsprojekte noch verbleibenden Budgetmittel übermittelt.

Mit dem abschließend von der Zentrale vorgegebenen Kapitalbudget A_{ko}^* können entweder die ersten n-1 oder n Investitionsprojekte bis zu ihrer Obergrenze realisiert werden.

Zentrale

I. Phase

Spezifizierung der realisierbaren Finanzierungsalternativen, die zur Menge P_o zusammengefaßt werden.

II. Phase

Mit den von den K Geschäftsbereichen in den ersten r Schritten übermittelten Daten $\bar{a}_{kt}^s$, $\bar{a}_k^s$ für $s \in S_{kr} = \{0,1,\ldots,r\}$ wird das Finanzierungsprogramm FP_o gelöst.

FP_o:

Maximiere

Zugehörige Dualvariable

(16) $$z_o^r = \sum_{j \in P_o} \bar{a}_{0j} x_{0j} + \sum_{k=1}^{K} \sum_{s \in S_{kr}} \bar{a}_k^s y_k^s$$

u.d.N.

(17) $$-\sum_{j \in P_o} a_{0jt} x_{0j} - \sum_{k=1}^{K} \sum_{s \in S_{kr}} \bar{a}_{kt}^s y_k^s \leqq \bar{b}_{ot} \qquad \pi_t^r$$

$(t = 0(1)T)$

(18) $$\sum_{j \in P_o} b_{mjt} x_{0j} \leqq \bar{b}_{mt} \qquad \beta_{mt}^r$$

$(m = 1(1)M;\ t = 0(1)T)$

(19) $$\sum_{s \in S_{kr}} y_k^s = 1 \qquad \sigma_k^r$$

$(k = 1(1)K)$

(20) $$x_{0j},\ y_k^s \geqq 0$$

$(j \in P_o;\ k = 1(1)K;\ s \in S_{kr})$

Aus den zugehörigen optimalen Dualvariablen π_t^{*r} werden die Kalkulationszinssätze

(21) $$p_t^r = \frac{\pi_{t-1}^{*r}}{\pi_t^{*r}} - 1$$ $(t = 1(1)T)$ ermittelt, die zusammen mit den für $t = T+1(1)\tilde{T}$ exogen vorzugebenden Sätzen p_t^r den K Geschäftsbereichen übermittelt werden.

Bevor für $r \geqq 1$ das Programm FP_o gelöst wird, prüft die Zentrale, ob

(22) $$\bar{z}^r - z_o^r \leqq \varepsilon$$

mit

(23) $$\bar{z}^r = \min \{\tilde{z}^s \mid s \in S_{kr}\}$$

und

(24) $$\tilde{z}^s = z_o^s + \sum_{k=1}^{K} (\bar{a}_k^{s+1} + \sum_{t=0}^{T} a_{kt}^{s+1} \pi_t^s - \sigma_k^s)$$

erfüllt ist.

$\tilde{z}^r$ stellt eine obere Schranke für den optimalen Zielfunktionswert z^* des Gesamtproblems GP dar (vgl. Lasdon [1970], S. 163 ff.).

III. Phase

Ist (22) erfüllt, so ist eine befriedigende Lösung für GP erreicht.

Dem k-ten Geschäftsbereich ($k \in \{1,2,...,K\}$) wird als vorläufiges Kapitalbudget für $t = 0$

$$(25) \quad A_{ko} = \sum_{s \in S_{kr}} \bar{a}^s_{ko} y^{*s}_k$$

übermittelt.

Sobald die Geschäftsbereiche ihre Restmittel und Grenzprojekte angegeben haben, wird die Summe der Restmittel von der Zentrale auf die K Grenzprojekte nach fallenden Kapitalwertraten verteilt. Die sich danach ergebenden revidierten Kapitalbudgets A^*_{ko} ($k = 1(1)K$) werden nunmehr den Geschäftsbereichen verbindlich vorgegeben.

Literaturverzeichnis

Albach, H.: Die Koordination der Planung im Großunternehmen. In: Schneider, E. (Hrsg.): Rationale Wirtschaftspolitik und Planung in der Wirtschaft von heute. Schriften des Vereins für Socialpolitik, NF, Bd. 45, Berlin 1967, S. 332-438.

Carleton, W.T., G. Kendall, and S. Tandon: Application of the Decomposition Principle to the Capital Budgeting Problem in a Decentralized Firm. Journal of Finance, Vol. 29 (1974), S. 815-827.

Hagelschuer, P.B.: Theorie der linearen Dekomposition. Berlin-Heidelberg-New York 1971.

Hax, H.: Die Koordination von Entscheidungen. Köln u.a. 1965.

Hellwig, K.: Mehrstufige Unternehmensplanung. Meisenheim a. Glan 1976.

Lasdon, L.S.: Optimization Theory for Large Systems. New York 1970.

Loistl, O.: Optimales Investitionsprogramm und die Technik der Dekomposition. Diss. Berlin 1971.

Maier, S.F., and J.H. Vander Weide: Capital Budgeting in the Decentralized Firm. Management Science, Vol. 23 (1976/77), S. 433-443.

Poensgen, O.H.: Geschäftsbereichsorganisation. Opladen 1973.

Welge, M.K.: Profit-Center-Organisation. Wiesbaden 1975.

Mehrperiodenmodell zur Bilanzplanung einer Großbank

H. Assfalg, Stuttgart

1. Leistungen des Modells

Ausgehend von

- der Istbilanz zu Beginn des variabel langen Planungszeitraums (z.Zt. 2 Jahre, eingeteilt in Monats- und/oder Quartalsperioden),
- den Tilgungs- und Zinsrückflüssen der vor dem Planungszeitraum getätigten und noch laufenden Geschäfte ("Altgeschäfte") und
- den im Planungszeitraum möglichen Aktiv- und Passivgeschäften ("Neugeschäfte")

werden unter Beachtung rechtlicher, marktmäßiger und geschäftspolitscher Beschränkungen diejenigen Neugeschäfte berechnet, die zum Gewinnmaximum führen. Die Berechnung kann für alternative Geschäftspolitiken und alternative Markterwartungen durchgeführt werden. Aus Istbilanz und optimalen Neugeschäften können Planbilanzen und Plan-GuV-Rechnungen für jede Periode des Planungszeitraums erzeugt werden.

Wegen ihrer zeitlichen und betragsmäßigen Abhängigkeit werden alle Neugeschäfte in allen Perioden simultan betrachtet; Entflechtungen (z.B. Isolierung der Aktivgeschäfte, der Passivgeschäfte oder der Geschäfte einer Periode) sind nicht möglich.

Als Kriterium für die Auswahl der Neugeschäfte wird wegen der unterschiedlichen Laufzeiten, Tilgungsarten und Zinszahlungsarten nicht nur der Zinssatz herangezogen; sämtliche Zahlungsvorgänge (Herauslegung/Aufnahme, Tilgung, Zinszahlung) mit Beträgen und Zeitpunkten werden berücksichtigt.

In der Zielfunktion sind alle Entscheidungsfolgen erfaßt, auch diejenigen, die erst nach dem Planungszeitraum eintreten, z.B. die nicht mehr in den Planungszeitraum fallenden Zinszahlungen aus langfristigen Neugeschäften.

Proceedings in Operations Research 8, ©Physica-Verlag, Würzburg–Wien, 1979

Die durch Rechtsvorschriften, Marktlage und Geschäftspolitik gesetzten Beschränkungen, die in der Regel auf Bilanzpositionen abstellen, werden in allen Perioden eingehalten.

2. Modellbeschreibung

Da die Elemente des Bilanzplanungsmodells ausschließlich linear verknüpft sind, handelt es sich um ein lineares Mehrperiodenmodell.

2.1 Variable

Entscheidungsvariable sind

- die Beträge der in den Perioden 1,...,t möglichen Neugeschäfte, beschrieben durch betroffene Bilanzposition, Laufzeit, Verzinsung, Tilgung, Marktangebot/Marktnachfrage.

Hilfsvariable (zur Einhaltung der Beschränkungen) sind

- die Bestände auf den Bilanzpositionen in den Perioden 1,...,t.

Echte Restriktionen sind

- die rechtlichen, marktmäßigen und geschäftspolitischen Beschränkungen in den Perioden 1,...,t.

Hilfsrestriktionen sind

- die Gleichungen zur Fortschreibung der Bestände auf den Bilanzpositionen in den Perioden 1,...,t.

2.2 Koeffizienten

Die Verknüpfung der Entscheidungsvariablen mit den Hilfsrestriktionen entspricht der doppelten Buchführung. Beispiel:

Der Beginn eines langfristigen Kredits in Periode 1

- erhöht die Bilanzposition LFORD in Periode 1 um den Kreditbetrag
- verringert die Bilanzposition KASSE in Periode 1 um den Kreditbetrag.

Eine Tilgung dieses Kredits nach 6 Monaten (in Periode 7)

- verringert LFORD in Periode 7 um Tilgungsrate • Kreditbetrag,
- erhöht KASSE in Periode 7 um Tilgungsrate • Kreditbetrag.

Eine Zinszahlung bei diesem Kredit nach 3 Monaten (in Periode 4)

- erhöht die GuV-Position ERTRÄGE in Periode 4 um
  $\frac{3}{12}$ • Jahreszinssatz • Kreditbetrag
- erhöht die KASSE in Periode 4 um
  $\frac{3}{12}$ • Jahreszinssatz • Kreditbetrag.

Zufließende Gelder passieren also erst die KASSE, bevor sie wieder angelegt werden; abfließende Gelder werden aus der KASSE genommen. Da die KASSE als LP-Variable nicht negativ werden kann, ist damit die Liquidität des Modells gesichert.

Die Verknüpfung der Hilfsvariablen mit den echten Restriktionen erfolgt wie gewohnt. Beispiel:

Die Summe der Kredite soll das 18-fache des Eigenkapitals nicht übersteigen (Grundsatz I des Kreditwesengesetzes).

$$\text{KFORD}(i) + \text{MFORD}(i) + \text{LFORD}(i) - 18 \cdot \text{EIGKP}(i) \leq 0 \quad \text{für } i=1,\ldots,t.$$

2.3 Zielfunktion

Die Zielfunktion lautet:

Maximiere
- \+ Barwert der Aktivpositionen am Ende des Planungszeitraums
- \- Barwert der Passivpositionen (außer Gewinn) am Ende des Planungszeitraums
- \+ Barwert der entscheidungsabhängigen Erträge nach dem Planungszeitraum
- \- Barwert der entscheidungsabhängigen Aufwendungen nach dem Planungszeitraum

2.4 LP-Matrix

Die Umsetzung der in 2.2 genannten Beispiele ergibt folgenden Auszug aus der LP-Matrix:

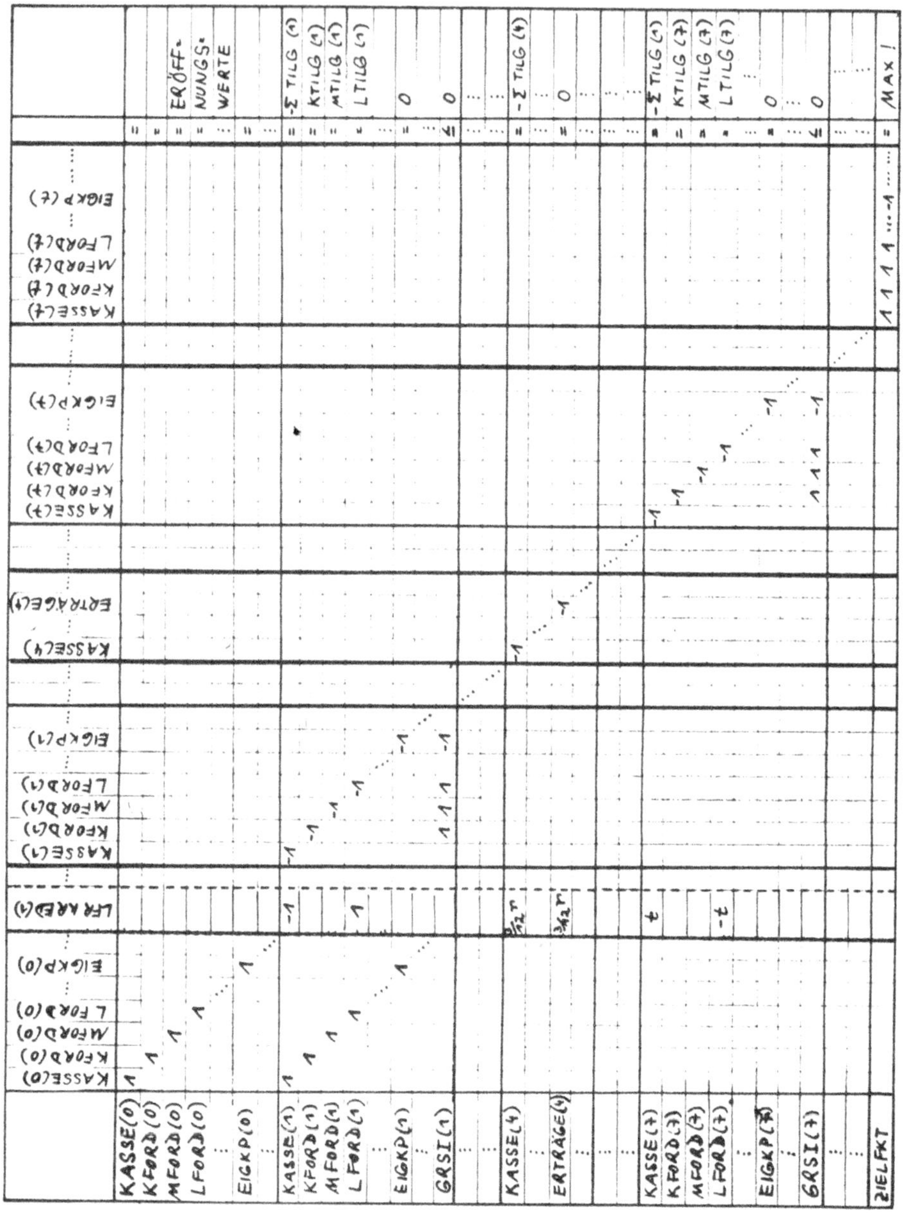

Abb. 1: Umsetzung der Beispiele aus 2.2 in die LP-Matrix (extensive Form)

2.5 Komprimierung

Für ein Bilanzplanungsproblem mit

1oo Bilanzpositionen
2o GuV-Positionen
15o Neugeschäften pro Periode
3o Beschränkungen pro Periode
12 Perioden im Planungszeitraum

ergibt sich bereits ein LP-Modell mit ungefähr

35oo Spalten und
2ooo Zeilen.

Modelle dieser Größenordnung lassen sich im Einzelfall mit angemessenem Aufwand lösen. Für die hier geforderte monatliche Berechnung mit mehreren Alternativläufen erschien die erwartete Rechenzeit nicht tragbar. Überlegungen, das Modell zu verkleinern, ohne seine Aussagekraft zu schmälern, führten zu folgender Lösung:

Der Auszug aus der LP-Matrix zeigt, daß der Großteil der Zeilen nur dazu dient, die Bilanzpositionen im Planungszeitraum fortzuschreiben; ihre aktualisierten Bestände werden benötigt

- zur Einhaltung der Beschränkungen
- zur Formulierung der Zielfunktion
- zum Ausweis der Planbilanzen und Plan-GuV-Rechnungen am Ende jeder Periode.

Zur Formulierung der Zielfunktion sind strenggenommen nur die aktualisierte Aktivsumme und die aktualisierte Passivsumme erforderlich; es genügt also, diese beiden Summen mit den Altgeschäften und den möglichen Neugeschäften fortzuschreiben.

Die Planbilanzen und Plan-GuV-Rechnungen können aus der Eröffnungsbilanz, den Rückflüssen aus Altgeschäften und den Zahlungsvorgängen aufgrund der optimalen Neugeschäfte rekonstruiert werden.

Somit bleibt nur das Problem:
Wie kann das Modell für die Einhaltung der Beschränkungen in jeder Periode sorgen, ohne die aktualisierten Bestände auf den einzelnen Bilanzpositionen zu kennen?

Bekannt sind die Eröffnungsbestände auf den Bilanzpositionen; damit läßt sich für jede Beschränkung ermitteln, wie groß der noch freie Spielraum ist. Bekannt sind auch alle Veränderungen im Planungszeitraum, nämlich die Zahlungsvorgänge aus Alt- und Neugeschäften; daher kann man die Spielräume aller Beschränkungen als LP-Variable in allen Perioden definieren und durch die Belastungen und Entlastungen aufgrund der Altgeschäfte und der möglichen Neugeschäfte fortschreiben.

Die Einhaltung der Beschränkungen im Modell erfolgt indirekt: Die Spielräume sind als LP-Variable größer oder gleich Null; mögliche Neugeschäfte, bei deren Realisierung einer oder mehrere der Spielräume negativ würden, können nicht in die Lösung kommen.

Dem in 2.4 dargestellten Auszug aus der LP-Matrix entspricht dann die folgende komprimierte Form:

	AKTIV (0)	PASSIV (0)	GRSI (0)	LFR KRED (1)	...	AKTIV (1)	PASSIV (1)	GRSI (1)	...	...	AKTIV (4)	...	...	...	AKTIV (7)	PASSIV (7)	GRSI (7)	...	...	AKTIV (t)	PASSIV (t)		
AKTIV (0)	1																					=	ERÖFF=
PASSIV (0)		1																				=	NUNGS=
GRSI (0)			1																			=	WERTE
AKTIV (1)	1					-1																=	Σ ATILG(1)
PASSIV (1)		1					-1															=	Σ PTILG(1)
GRSI (1)			1	-1				-1														=	BEL. - ENTL.
⋮									⋱													⋮	⋮
⋮										⋱												⋮	⋮
AKTIV (4)				3/12 r							-1											=	Σ ATILG (4)
⋮												⋱										⋮	⋮
⋮													⋱									⋮	⋮
⋮														⋱								⋮	⋮
AKTIV (7)															-1							=	Σ ATILG (7)
PASSIV (7)																-1						=	Σ PTILG (7)
GRSI (7)				t													-1					=	BEL. - ENTL.
⋮																		⋱				⋮	⋮
⋮																			⋱			⋮	⋮
ZIELFKT																				1	-1	=	MAX !

Abb. 2: Umsetzung der Beispiele aus 2.2 in die LP-Matrix
(komprimierte Form)

Die Anzahl der LP-Zeilen hängt jetzt nicht mehr vor der Anzahl der Bilanz- und GuV-Positionen ab; für die Fortschreibung der Bilanzsummen werden immer zwei Zeilen benötigt, die Fortschreibung der Spielräume erfordert die gleiche Anzahl Zeilen wie vorher. Insgesamt ergibt sich daher eine erhebliche Einsparung an LP-Zeilen; im oben genannten Bilanzplanungsproblem geht die Zeilenanzahl von 2ooo auf ungefähr 4oo zurück.

Ist die Auswahl der Bilanzpositionen größer als die Anzahl der Beschränkungen, dann verringert sich auch die Anzahl der LP-Spalten, im oben genannten Bilanzplanungsproblem von 35oo auf ungefähr 22oo.

Da bei der Komprimierung die Struktur der LP-Matrix und die Variationsbreite ihrer Koeffizienten erhalten bleiben und nur ihre Besetzungsdichte leicht ansteigt, kann man davon ausgehen, daß die Verringerung der Zeilenanzahl nahezu voll auf die Rechenzeit durchschlägt.

Marketing

Marketing decision models, the state of the art, needs and opportunities for research, trends and developments

P.S.H. Leeflang and P.A. Naert, Groningen

1. INTRODUCTION[3)]

The presentation of the state of the art of marketing decision models can be performed in, at least, the two following ways:

(1) Presentation of the outcomes of the model building process, that is, a presentation of models which have been built.

(2) Presentation of the research needs and opportunities resulting from a discussion of the steps of the model building process.

In this paper we will put primary emphasis on the second approach, because

(1) Several textbooks presenting and discussing a large number of models are already on the market.[4)]

(2) The focus of model building in marketing has gradually shifted from techniques to decision problems in the last decades. The main emphasis in the marketing model building of the seventies is on implementation and implementability.[5,6)] Because the likelihood of implementation of models can be enhanced by spending more attention to the steps of the model building process than to the outcomes of the process itself,[7)] research needs and opportunities can be formulated in an appropriate way taking the steps of the model building process as a frame of reference.

Concentration on marketing decision models does not imply that we do not discuss models that are helpful in discovering lawlike generalizations which may improve our knowledge and understanding of marketing phenomena.[8)] These models, which are almost by definition, longer term oriented are complementary to the decision models.[9)] In this paper we concentrate on a number of steps of the model building process. In the sections 2-7 these steps are worked out in more detail.[10)]

2. MODEL DEVELOPMENT CRITERIA

2.1. MODEL SCOPE

Before model building, parameterization, validation, etc. starts, model development criteria have to be formulated. Thus one has to formulate model scope. Two issues related to model scope are considered, viz.:

(1) Should one start to build company models or marketing models?;
(2) Should one build marketing models in which all elements of all relevant classes of instruments are considered or should one build models for each class of instruments?

(1): Experience in model building has led to the conclusion that the starting point should definitely be models of partial systems. The necessary links and feedbacks between various submodels might be developed over time as people begin to feel the need for them. Because there are only a few examples of more global models there is a real need to develop this kind of models.[11] Within the functional area marketing attempts to obtain "more global models" have been made by Holdren (1960) and Bultez (1975) in their product line studies. Most of the literature on global marketing models remains, however, at the conceptual level. The empirical studies of Urban (1969b) and Bultez (1975) on product line decisions constitute a few exceptions in this respect.

(2): Marketing models do typically not consider such variables as the quality of the advertising campaigns (the contents of the advertising messages, copy quality, media selected,) the quality of distribution (the way the goods are distributed, the characteristics of the retail outlets, the retail site,...), etc. simultaneously. That is, variables are treated in the aggregate, rather than broken down into their constituting elements and components. There are two main reasons for not simultaneously considering classes of instruments in the aggregate and in all their detail. We illustrate these for the situation where setting an advertising budget is the objective of the model building effort:

(1) Building models that simultaneously consider advertising budgeting, copy preparation, and media planning would be very complex.[12]
(2) Secondly and perhaps more importantly, a budget is usually determined before decisions are made on campaign theme and media. This relates to the structure of the organization. At one level in the organization (e.g.

advertising manager) the budget is an input, and one has to decide how to spend it.

Thus, rather than having one model look at both aggregate and detailed decisions, it is more in line with the typical organizational setup to have more aggregate models at higher levels, and more detailed ones at lower levels. In order to avoid suboptimization for the firm as a whole, these various models should, theoretically at least, be hierarchically linked. In practice, hierarchical linking of aggregate and detailed models exists but iterating back and forth is seldom carried out. The models are then used sequentially without trying to benefit from the knowledge that iterating might produce better decisions. One reason why interating back and forth is seldom carried out is the difficulty of finding an updating procedure, and secondly it is often believed that the incremental benefit expected from incorporating the feedback from the detailed model to the aggregate model is not worth the incremental cost. Hierarchical linking of aggregate and detailed models and the development of procedures and methods to update parameters constitute areas where much research is needed.

2.2. CRITERIA RELATED TO MODEL STRUCTURE

Experience in model building has led to the recognition of a set of criteria a model should satisfy to fit the label of a "good model". More in particular Little (1970) has stated that a model should be:

1. simple;
2. complete on important issues;
3. adaptive;
4. robust.

We should observe that some criteria may be conflicting. Being complete on important issues is a criterion that conflicts with simplicity,[13)] and in some models completeness may conflict with robustness.[14)]

1. Models should be simple because managers tend to reject models they do not understand. If we want managers to use models a natural prerequisite would be for models to be simple enough so that managers can understand them.

For the model builder simplicity may mean something else than for the model user. For the model builder simplicity often implies keeping the number of variables down to a workable level. According to Aeyelts Averink (1972) this can be achieved in one or more of the following ways:

(a) clustering variables (represent the numerous marketing instruments by a number of classes of instruments);
(b) introducing relative variables (income per capita, sales per capita, advertising share);
(c) phasing variables: that means dividing the variables over the different levels of demand.

Less complicated models may also result from experience in model building. This experience may give answers to questions such as, "does it really matter to account for time lags, and if so, is the lag distribution important". Recent work by Bultez and Naert (1977) seems to indicate that it does not. This again points to many research opportunities.

For the user, a model will be simple if he is given a basic understandig of the logic of the model and of what it can do for him.

2. Models should be complete on important issues, which means that they have to represent all relevant elements of the problem being studied. This means that a model should account for:
   - the effect of all instrument variables and environmental variables;
   - the effect of competitive actions;
   - the effect of variables over time.[15)]

3. Models should be adaptive because model parameters and model structure are not fixed once and for all. Market behaviour is dynamic, and changing market conditions, such as the entry or exit of an important competitor will cause parameters to change. Less frequent, but definitely possible, are changes of a structural nature, requiring more fundamental changes in model structure. If parameters have changed, it should be easy to replace previous estimates. In general, this kind of adaptiveness will not create any problems. More difficult, however, may be adapting a model to structural changes. An important facilitating factor will be modularity of the model. For example, a marketing mix model may be composed of a set of submodels or modules, such as a price, an advertising, and a promotion module. The modular structure

will prove particularly useful when a change involves one or a few of the modules, but not all of them. An excellent example of modular model building is BRANDAID, a marketing mix model developed by Little (1975a, 1975b).

4. Models should be robust. Little (1970, p. B-470) defines robustness as follows: "Here I mean that a user should find it difficult to make the model give bad answers. This can be done by a structure that inherently constrains answers to a meaningful range of values".
   Robustness puts constraints on the form of the relations, such as:
   a. additivity or sum constraints, for example, market shares should sum to one;
   b. boundary or range constraints, for example, shares should be between zero and one.

   The form of the relations should ensure that when variables are in reality subject to sum or range constraints, their model counterparts should satisfy these same constraints. Such models are then called logically consistent (see, for example, Naert and Bultez, 1973). In a broader sense, robustness may also mean that a model should reflect:
   a. correct marginal effects;
   b. interdependencies which exist between different marketing instruments;
   c. interdependencies between dependent variables (for example, response measures) and instrument variables.

While robustness is a desirable characteristic it is, just as completeness, a relative concept. A priori it is clearly undesirable that a model should produce absurd results when controllable variables are given extreme values. The real importance, however, depends on the problem situation being modelled and on the use one intends to make of the model. If, for example, it is never the intention to implement extreme values, model behaviour at such values cannot be very relevant. As is shown in Naert (1974) and Naert and Leeflang (1978, pp. 110-116) models which are robust for predictions within a range of values of a controllable variable may give meaningless answers when they are used to derive optimal values for the controllable variables.
This subject receives much attention in recent literature. For discussions on logically consistent models we refer to MacGuire, Farley, Lucas, Ring (1968), Beckwith (1972, 1973), Nakanishi (1972), Naert, Bultez (1973), Bultez, Naert (1975), McGuire, Weiss (1976), Weverbergh, Naert, Bultez (1977), Leeflang (1977b), Leeflang, Reuyl (1978).

2.3. MODEL PURPOSE

In addition to model scope and to the criteria related to the model structure the model purpose has to be formulated before a model is built. The different purposes which can be distinguished, the different amounts of behavioural detail a model should contain as well as the specification of the demand level are discussed in section 4.

3. COST-BENEFIT CONSIDERATIONS

Costs and benefits should be evaluated before a model is built. They can, however, in general only be determined after the fact. This means that in many cases, an investment should be made first (building a preliminary version of a model) in order to carry out a cost-benefit analysis. When a model is built, has been numerically specified and validated, a cost-benefit analysis can then be used to decide whether or not the model should be used. When it appears that the model should not be used, model development criteria can be modified and the sequence of steps started all over again.
The literature on marketing models has little to offer in terms of cost-benefit considerations. In addition to the fact that some of the costs and most of the benefits are hard to measure, reducing all costs and benefits to a commom denominator, usually money, might prove rather difficult. This means that a cost-benefit analysis to a large extent will be qualitative in nature. An example of such an analysis can be found in Naert (1978). It goes without saying that this is an area in which much research is needed. The issue of costs and benefits will be considered in somewhat more detail in the following section when cost-benefit considerations are related to the amount of behavioral detail models should contain.

4. MODEL BUILDING (MODEL SPECIFICATION)

In this step of the "model building process" the model builder tries to structure a somewhat nebulous problem with the alternative forms he has available.[16)]
In this section we discuss the different outcomes of this step. These outcomes can be classified in accordance with

1. the intended use;
2. the level of demand;
3. the amount of behavioral detail.

4.1. INTENDED USE

Models are classified in accordance with the intended use in descriptive, predictive and normative models.[17)] Research needs are only formulated for the normative models.

In these models it is often difficult to quantify the objective function. The firm usually has multiple objectives, and has to work within a set of constraints. For example joined to an objective of profit maximization might be realistic constraints such as keeping market share at least at its current level, and limiting advertising to a certain percentage of last year's sales revenue. Evaluating a set of alternatives where these constraints are more or less satisfied might be easier and more instructive than to devise an algorithm to find the optimal solution.

Early model building was primarily of the normative kind. The reason being that operations research was still a young discipline, with little or no contact with management. Now that the discipline has matured and that two way communication between management scientists and managers is much better developed, one would expect that future models will be more of the predictive and descriptive, rather than of the normative variety.

4.2. LEVEL OF DEMAND

Demand models make up a special class of predictive models. We refer to a demand model when we have a performance variable related to a level of demand. Demand may refer to:

1. the total number of units of a product category purchased by the population of all spending units. The corresponding demand model is called an industry sales, or product class sales model;
2. the total number of units of a particular brand bought by the population of all spending units. The demand model is then a brand sales model;
3. the relative number of units of a particular brand purchased by the total population, i.e. relative to the total number of units of the product class, in which case the demand model becomes a market share model.

It is possible that two of those three types of demand models are part of one more complex model. For example, to describe, explain and predict sales of a brand, one will often develop a product class sales model in combination with a market share model. By multiplying the marketing performance measures, i.e. product class sales (Q_t) and marketing share (m_{jt}), one obtaines brands sales (q_{jt}). It is often preferable to arrive at brand sales in this way, rather than to relate brand sales to marketing instruments and environmental variables directly, for a number of reasons:

1. It allows a distinction between changes in q_{jt} caused by changes in market size, Q_t, and by changes in the relative position of brand j in that market, expressed by market share, m_{jt}.
2. Using market share rather than sales quantity as the dependent variable has the following advantages: environmental variables, and seasonal or cyclical factors causing expansion or contraction of the entire market need not to be included.[18] As such, the model concentrates attention on the competitive interactions among all brands in the product class.

Market share models receive much attention in today's literature. In these models the variation in market share is explained by fractional values of marketing instruments.[18] Many fruitful applications are found in, for example, Lambin (1969, 1972, 1976), Cowling, Cubbin (1971), Schultz (1971), Bass, Clarke (1972), Beckwith (1972), MacLachlan (1972),Naert, Bultez (1973), Leeflang (1974, pp.165-179, 1977a, 1977b), Wildt (1974), Lambin, Naert, Bultez (1975), Bultez, Naert (1975), Bultez (1976), Leeflang, Reuyl (1978), etc.[19] Research in this area has become directed towards the development of logically consistent demand relations.

With respect to product class sales models, there is a trend to disaggregate the level at which demand is explained, in order to reduce the loss of information from explaining demand at, for example, the national level. Examples are Sexton (1974), Bass, Wittink (1975), Moriarty (1975), van Duyn, Leeflang, Maas (1978).

4.3. AMOUNT OF BEHAVIOURAL DETAIL

Another classification criterion is the amount of behavioural detail a model contains.[20] We will distinguish between three classes:

1. no behavioural detail;
2. some behavioural detail;
3. a substantial amount of behavioural detail.

Since the amount of behavioural detail is a continuous, not easily quantifiable variable, only the first class can be unambiquously defined.

In models with no behavioural detail, marketing instruments (instrument variables) and environmental variables are directly related to a performance measure, such as, sales or market share. That means that intervening variables such as awareness and attitude are not considered.

The second category consists of models where some behavioural detail is explicitly built in. This can be done in different ways. Models where some behavioural detail is explicitly built in but in an aggregate way are called aggregate flow models. Behavioural detail may, however, also be built in at the individual level. Examples of the first category are the new product evaluation models SPRINTER (Mod. I-Behavioural Option) developed by Urban (1969a) and Tracker (Blattberg, Golanty, 1978), where some of the intervening variables appear in a "hierarchy-of-effects" fashion. In Urban's model, buyers move from one stage or state (for example, the potential triers class) to another (for example, the potential repeaters) after each purchase occasion. This means that the model tracks the flow of the buyers through a network of possible states, which explains why it is called an aggregate flow model.[21] While the amount of behavioural detail is now greater, we are also faced with more difficult estimation problems:

- firstly, intervening variables such as awareness and attitude have been given many different definitions;[22]
- secondly, no matter what definition is accepted, the measurement of attitudinal variables remains difficult;
- and finally, there is no general agreement as to how the intervening variables affect behaviour. There is much controversy around the "hierarchy-of-effects" idea, and there are numerous theories (in fact most of them more conceptualizations) of consumer behaviour.

Research can, in principle, be instrumental in solving some of these problems.

Brand choice models, where the transition probabilities are related to marketing instruments, can also be considered as belonging to the class of models with some behavioural detail. They can be defined at the individual level as well as at the aggregate level. Stimuli are not directly related to ultimate response or behaviour, but to a set of intermediate variables, the transition probabilities. MacLachlan (1972) refers in this context to models of intermediate market response. Thus if transition probabilities can be considered as behavioural quantities, these models contain some behavioural detail. The behavioural process explaining or causing the effect of stimuli on the transition probabilities, however, remains a black box. Response models which are based on an explicitly formulated consumer behaviour model can be classified into response models based on a Markov or Bernouilli model and response models based on a learning model. Examples of models which belong to the first category are: Hartung, Fisher (1965), Leeflang (1974), Naert, Bultez (1975). Examples belonging to the second category can be found in Kuehn (1961), Lilien (1974a, 1974b).

Intervening variables may sometimes be estimated from indirect estimation procedures. For example, the proportions of brand switching from i in period t-1 to j in period t can be estimated in an indirect way from aggregate time series data such as market shares.[23] In this area of research we are, however, also faced with estimation and specification problems. As an example, we refer to the difficulties encountered in indirect estimation from logically consistent relations.[24]

Finally, we have models containing a substantial amount of behavioural detail. The detail can be explicitly modelled at the individual consumer level. An important subset of these models are the micro-analytic simulation models. In these, demand is arrived at by simulating behaviour of individual consumers, and then aggregating across consumers. One example is the complex consumer behaviour model developed by Amstutz (1967). Another example of a model with a lot of behavioural detail is the Howard and Sheth (1969) consumer behaviour model, put in an empirically verifiable form by Farley and Ring (1970). For recent developments on micro-analytic simulation models, see, for example, Faivre and Sanchez (1975). Models with such behavioural content will generally consist of a large number of equations and parameters. The estimation and validation of these models is very difficult,[25] which gives rise to the statement that these models are hard to implement. This statement is based on considerations of costs and benefits. On the cost side, we observe two obvious elements:

1. Incorporating more detail implies models of greater complexity. Such models will clearly be more expensive to construct and to use.
2. Incorporating more detail implies:
   a. more extensive data collection;
   b. greater difficulty in estimation, because:
      - there are many ways to define the intervening variables;
      - the measurement of these variables remains difficult;
   c. increased specification problems since there is no general agreement as to how the intervening variables affect behaviour;
   d. more involved validation problems.

On the benefit side, it is not clear that richness of representation correlates positively with benefits derived from a model. This will depend on the purpose of the model and on the type of problem one is studying. For example, if we want to determine the marketing mix for an established brand in a mature market, an (aggregate) response model will normally contain more than enough information to be quite useful. Adding behavioural detail to these models would probably not add much, if anything, to the usefulness of these models. On the other hand if the problem is to make a GO-ON-NO decision for a new product, an aggregate flow model will be more appropriate. Thus, a particular level of detail might be optimal in a cost-benefit sense for one type of problem, and not for another. With improvements in our understanding of behavioural processes and with better measures and measurement techniques costs and benefits could shift in such a way that the optimal level of behavioural detail would go up.

5. PARAMETERIZATION

5.1. DATA COLLECTION

Model construction may lead to a better definition of the data to be collected. The set of required data is obtained identifying the set of important variables. This can be performed through the identification of the following elements[26]

- the market;
- the (time) unit of observation;
- the explanatory variables;
- the point in the marketing channel where measures are taken.

Prerequisite to all implementable model building is not only to have data but to have <u>good</u> data. Goodness of data refers to the following characteristics: availability, quality, variability and quantity[27].

5.2. ESTIMATION

A distinction can be made between data-based parameterization and subjective estimation. In the literature there is a trend towards spending much attention to subjective estimation.[28)]

The methodologies for data based parameterization which are used most frquently are the ordinary least squares method and the generalized least squares methods. When the causality between variables (for example between sales and advertising expenditures) is not unidirectional, simultaneous equation methods are used. Since the end of the 1960''s there is a trend towards accounting for these interrelationships in estimating marketing models. Some examples are: Cowling, Cubbin (1971), Parsons, Bass (1971), Schmalensee (1972), Lambin, Naert and Bultez (1975), Lambin (1976). We have to point out, however, that often, in particular when we deal with monthly or quarterly data, the estimates do not change much whether single or simultaneous equation methods are used.[29)]

Finally, we mention developments aimed at the estimation of parameters in intrinsically nonlinear forms (Naert, Bultez, 1975, Parsons, 1975, Naert, Weverbergh , 1977) and at linearization of ''seemingly'' intrinsically nonlinear forms (Nakanishi, 1972, Nakanishi, Cooper, 1974).

6. VALIDATION

Parameterization yields numerically specified models. Next the model building effort has to be evaluated or validated. Three groups of criteria are available to validate numerical specifications. These are: face validity, statistical validation criteria, and validation criteria related to the intended use of a model.

The first validation test relates to whether or not the model's structure and its output are believable, that is, valid on their face values. Face validity will be based on theoretical and common sense expectations, and on known empirical facts. This can be used as prior knowledge to evaluate the signs and even the order of magnitude of the estimated parameters. As an example we mention an outcome of a study performed by Lambin (1976, p. 53) who found an average marketshare-advertising elasticity of 0.100 with a standard deviation of 0.108 based on thirty-eight cases.[30)].

It may be clear that validation of models with some behavioural detail is difficult or vitually impossible. For some issues regarding validation of such models we refer to Claycamp, Amstutz (1968) and Naert (1975b).

Because parameterization by subjective methods becomes much more important there is a corresponding need to improved validation criteria. For some developments in this area, we refer to Allaire (1971), Meurs (undated), Naert, Leeflang (1978, Section 12.8).

7. USE

So far, a number of factors contributing to the likelihood of model acceptance have been discussed.[31)] These factors or dimensions belong to the set of model-related dimensions which determine the likelihood of model acceptance. In this section we discuss a number of implementation strategy dimensions.

First, the likelihood of model acceptance will be increased when a model is constructed in such a way that it is "easy to use". By ease of use we understand that the model is easy to control and easy to communicate with.
Easy to control means that the model should be constructed in such a way that it can be made to behave the way the user wants it to. That is, for example, if the user, thinks that an increase price of then per cent will lead to a twenty per cent decrease in sales, then the model should predict or be parameterized to predict just that.The user has to keep control over the model, otherwise it is unlikely that he will ever use it. This view might seem somewhat dangerous in the sense that the model can be manipulated at will by the user. This, however, should not normally represent a real problem. After all, the manager is looking for help and not for a fancy toy to play with. The manager who manipulates the model and its parameters thoughtlessly is obviously only fooling himself.
Easy communication may refer to the appropriate pattern of communication between model builder and model user and/or to the relation model-model user. With respect to the pattern of communication it is argued[32)] that the model builder must adapt the style of his proposals to a communication form that fits the framework of the model user. Easy communication also means that it should be a simple task for the model user to provide or change model inputs,

and that outputs should be obtained quickly and easily. On-line conversational input-output, real-time or interactive computer systems are seen as being effective in bringing about ease of use.[33)]

In section 2.2. simplicity and completeness were given as two implementation criteria with respect to model structure. An implementation strategy of evolutionary model building can overcome the apparent inconsistency between these two. The idea of evolutionary model building is that one does not build a model in its total ramification from the start, but that model user (manager) and model builder construct a model in a setpwise fashion. Based on an initial set of meetings they start to construct a first and simple model. The user has been fully involved and thus he is likely to understand and to be interested in this tool, because in a way it is his model since it represents hiw view of the world. As he uses the model, and builds up experience with it, he might come to realize that some important things have been left out. The model will then be expanded to incorporate these additional elements. The model is now becoming more complicated but the manager still understands, because it is his realization that something was missing which led to the increase in complexity. Some examples of this way of model building are Amstutz (1970) and Urban, Karash (1971). This potentially very useful idea has not been given sufficient attention and thus represents a fruitful research area.

There is still a real need to know more about the experiences with implementable model building. What are the difficulties which can be met in the different stages of the model building process when there is contact between the model builder and potential users of a model? Which kind of problems have to be solved in the stage of implementation and application of models? How do we integrate models in information systems? Which kind of specific problems have to be solved when models are applied in the area of industrial marketing and/or international marketing?[34)] Research in these areas is extremely important and may then really lead to building "implementable marketing models".

FOOTNOTES

1) Associate Professor of Business Administration and Management Science, University of Groningen, The Netherlands.

2) Professor and Director of the Center for Managerial Economics and Econometrics, UFSIA, University of Antwerpen, Belgium.

3) This paper is based on earlier contributions of the authors. See, Leeflang, Naert (1977), Leeflang, Naert (1978) and Naert, Leeflang (1978).

4) Some examples are Montgomery and Urban (1969), Simon and Freimer (1970), Kotler (1971), Leeflang (1974), Fitzroy (1976).

5) See, Montgomery (1973).

6) Pioneering work on the implementation issue, in a marketing context, is an article by Little (1970) which was elaborated by, among others, Urban (1972, 1974), Lilien (1975), Little (1975a; 1975b), Aaker and Weinberg (1975), Larréché (1974, 1975), Parsons and Schultz (1976), Larréché and Montgomery (1977), Naert and Leeflang (1978).

7) See, Urban (1974, p. 2).

8) See for a discussion about these models, Ehrenberg (1970), Naert, Leeflang (1978, Ch.3).

9) See, for an illustration, section 6.

10) For a description of the sequence of steps and a description of the steps we do not consider explicitly in this paper we refer to Urban (1974).

11) Examples of this kind of model can be found in Kotler (1971, Ch. 8) and Thomas (1971), linking production and advertising, Damon, Schramm (1972) and Woiche (1976), linking the functional areas of production, marketing and finance.

12) In ADMOD, an advertising decision model developed by Aaker (1975), the budget, copy, and media-allocation decisions are determined simultaneously. The budget decision, however, does not take into account effectiveness and efficiency of other marketing instruments.

13) We may add in this respect that some 'apparent' conflicts may be resolved. To link the criteria 'simple' and 'complete', for example, the notion of evolutionary model building has been introduced which will be discussed in section 7.

14) See, for example, Leeflang (1977b).

15) See, Leeflang (1974, pp. 115-117).

16) See, Urban (1974, p. 6).

17) See, Naert, Leeflang (1978, Ch. 4, 7, 8, 9).

18) The assumption being that such variables affect demand for each brand equally. This assumption will often be quite reasonable.

19) Most empirical studies are based on time series data. An example of a study based on a combination of cross-sectional and time series data is a German study performed by Hörzu-Funk Uhr (1975), 1977).

20) This means that we examine the problem of model detail from a specific angle: the amount of behavioural detail. Referring to section 2.1 we might say that our concern there was more with breadth, whereas here it is with depth.

21) Some aggregate flow models will contain just a few behavioural elements. Others will contain many more. Urban's Mod. I version (1969a) of the SPRINTER model is an example of the former, his Mod. III version (1970), an example of the latter.

22) McGuire (1969, p. 142) writes in this respect: "Allport reviewed 16 earlier definitions of attitude before he ventures his own as a seventeenth. Nelson listed 30 such definitions and Campbell and DeFleur and Westie, among others, many more".

23) See, Lee, Judge, Zellner (1970), Leeflang (1974, Ch. 7).

24) See, Naert, Bultez (1973), Leeflang (1974, pp. 129-154). See also the recent development to estimate transition probabilities by way of entropy models: Herniter (1973, 1974), Bass (1974) and the efforts which have been undertaken for estimating the parameters of a response model based on a learning model: Boonstra, Leeflang (1978).

25) See, Naert (1975a, 1975b).

26) See, Leeflang (1977a).

27) See, Naert (1975a).

28) For an extensive survey of subjective estimation methods and techniques we refer to Naert, Leeflang (1978, Ch. 11.5).

29) See, Naert (1975b, p. 129) discussing Schultz's (1971) model.

30) See also the contributions of Ehrenberg (1972), the studies performed by Hörzu -Funk Uhr (1975, 1977) and Schultz, Leone (1976).

31) See, for a concise survey of these factors, Leeflang, Naert (1978).

32) See, for example, De Brabander, Edström (1977).

33) See, Aaker, Weinberg (1975).

34) Experience in model building in these areas is rather limited. There is much need and there are many research opportunities in this direction. See, for example, Webster (1978).

REFERENCES

Aaker, D.A. (1975), 'ADMOD: An Advertising Decision Model', Journal of Marketing Research, Vol. 12, pp. 37-45.

Aaker, D.A. and Weinberg, L.B. (1975), 'Interactive Marketing Models', Journal of Marketing, vol. 39, October, pp. 16-23.

Aeyelts Averink, G.J. (1972), 'Micro Economische Modellen voor het Marketing Beleid', Maandblad voor Accountancy en Bedrijfshuishoudkunde, vol. 46, pp.125-135.

Allaire, Y. (1971), 'A Calculus of Prior Estimates', Unpublished Working Paper, Alfred P. Sloan School of Management, M.I.T.

Amstutz, A.E (1967), Computer Simulation of Competitive Market Response, Cambridge, Mass.,M.I.T. Press.

Amstutz, A.E. (1970), 'Management, Computers and Market Simulation', in Montgomery, D.B. and Urban, G.L., eds., Applications of Management Science in Marketing, Englewood Cliffs, N.J., Prentice-Hall, Inc., pp. 3-25.

Bass, F.M. (1974), 'The Theory of Stochastic Preference and Brand Switching', Journal of Marketing Research, Vol. 11, pp. 1-20.

Bass, F.M. and Clarke, D.G. (1972), 'Testing Distributed Lag Models of Advertising Effect', Journal of Marketing Research, Vol. 9, pp. 298-308.

Bass, F.M. and Wittink, D.R. (1975), 'Pooling Issues and Methods in Regression Analysis with Examples in Marketing Research', Journal of Marketing Research, Vol. 12, pp. 414-425.

Beckwith, N.E. (1972), 'Multivariate Analysis of Sales Response of Competing Brands to Advertising', Journal of Marketing Research, Vol. 9, pp. 168-176.

Beckwith, N.W. (1973), 'Concerning the Logical Consistency of Multivariate Market Share Models', Journal of Marketing Research, Vol. 10, pp. 341-344.

Blattberg, R. and Golanty, J. (1978), 'Tracker: An Early Test Market Forecasting and Diagnostic Model for New Product Planning', Journal of Marketing Research, Vol. 15, pp. 192-202.

Boonstra, A. and Leeflang, P.S.H. (1978), 'Some Comments on the Development and Application of Linear Learning Models', Memorandum from Institute of Economic Research No 42, Faculty of Economics, University of Groningen, The Netherlands.

Bultez, A.V. (1975), 'Competitive Strategy for Interrelated Markets', Unpublished Ph.D. dissertation, Louvain University, Belgium.

Bultez, A.V. (1976), 'Econometric Specification and Estimation of Market Share Models: The State of Art', Working Paper no. 76-49, European Institute for Advanced Studies in Management, Brussels, Belgium.

Bultez, A.V. and Naert, Ph.A. (1975), 'Consistent Sum-Constrained Models', Journal of the American Statistical Association, Vol. 70, pp. 529-535.

Bultez, A.V. and Naert, Ph.A. (1977), 'Does Lag Structure really matter in Optimizing Advertising Spending?', Working Paper no. 77-13, European Institute for Advanced Studies in Management, Brussels, Belgium.

Claycamp, H.J. and Amstutz, A.E. (1968), 'Simulation Techniques in the Analysis of Marketing Strategy', in Bass, F.M., King, C.W. and Pessemier, E.A. Application of the Sciences in Marketing Management, New York, John Wiley and Sons, pp. 113-150.

Cowling, K. and Cubbin, J. (1971), 'Price, Quality and Advertising Competition: An Econometric Investigation of the United Kingdom Car Market', Economica, Vol. 38, pp. 378-394.

Damon, W.W. and Schramm, R. (1972), 'A Simultaneous Decision Model for Production, Marketing and Finance', Management Science, Vol. 19, pp. 161-172.

De Brabander, B. and Edström, A. (1977), 'Successful Information System Development Projects', Management Science, Vol. 24, pp. 191-199.

van Duyn, J.J., Leeflang,P.S.H. and Maas, A.J.J.A. (1978), 'The Demand for Beer, Regional Differences in the Netherlands', Rapport No 28, Graduate School of Management, Delft, The Netherlands.

Ehrenberg, A.S.C. (1970), 'Models of Fact: Examples from Marketing', Management Science, Vol. 16, pp. 435-445.

Ehrenberg, A.S.C. (1972), Repeat Buying, Theory and Applications,Amsterdam, North-Holland Publishing Company.

Faivre, J.P. and Sanchez, C. (1975), 'The Validation of Marketing Models' in Proceedings ESOMAR seminar on Market Modelling (Part I), Noordwijk aan Zee, The Netherlands, pp. 133-191.

Farley, J.U. and Ring, L.W. (1970), 'An Empirical Test of the Howard-Sheth Model of Buyer Behaviour', Journal of Marketing Research, Vol. 7, pp. 427-438.

Fitzroy, P.T. (1976), Analytical Methods for Marketing Management, London, McGraw-Hill Book Company.

Hartung, P.H. and Fisher, J.L. (1965), 'Brand Switching and Mathematical Programming in Market Expansion', Management Science, Vol. 11, pp. 231-243.

Herniter, J.D. (1973), 'An Entropy Model of Brand Purchase Behavior', Journal of Marketing Research, Vol. 10, pp. 361-375.

Herniter, J.D. (1974),'A Comparison of the Entropy Model and the Hendry Model', Journal of Marketing Research, Vol. 11, pp. 21-29.

Holdren, B.R. (1960), The Structure of a Retail Market and the Market Behavior of Retail Units, Englewood Cliffs, N.J., Prentice-Hall, Inc.

Howard, J.A; and Sheth, J.N. (1969), The Theory of Buyer Behavior, New York, John Wiley and Sons.

Hörzu,Funk Uhr (1975), Markmechanik 1, Axel Springer Verlag, Hamburg.

Hörzu,Funk Uhr (1977), Markmechanik 2, Axel Springer Verlag, Hamburg.

Kotler, Ph. (1971), Marketing Decision Making: A Model Building Approach, New York, Holt, Rinehart and Winston, Inc.

Kuehn, A.A. (1961), 'A Model for Budgetting Advertising', in Bass, F.M. and Buzzel, R.D., eds., Mathematical Models and Methods in Marketing, Homewood, Illinois, Richard D. Irwin, Inc., pp. 315-348.

Lambin, J.J. (1969), 'Measuring the Profitability of Advertising: An Empirical Study', Journal of Industrial Economics, Vol. 17, pp. 86-103.

Lambin, J.J. (1972), 'A Computer On-Line Marketing Mix Model', Journal of Marketing Research, Vol. 9, pp. 119-126.

Lambin, J.J. (1976), Advertising, Competition and Market Conduct in Oligopoly over Time, Amsterdam, North-Holland Publishing Company.

Lambin, J.J., Naert, Ph.A; and Bultez, A.V. (1975), 'Optimal Marketing Behavior in Oligopoly', European Economic Review, Vol. 6, pp. 105-128.

Larréché, J.C. (1974), 'Marketing Managers and Models: A Search for a Better Match', Unpublished Ph.D. dissertation, Stanford University.

Larréché, J.C. (1975), 'Marketing Managers and Models: A Search for a Better Match', Research Paper Series, No 157, INSEAD, Fontainebleau.

Larréché, J.C. and Montgomery, D.B. (1977), 'A Framework for the Comparison of Marketing Models: A Delphi Study', Journal of Marketing Research, Vol. 14, pp. 487-498.

Lee, T.C., Judge, G.G. and Zellner, A. (1970), Estimating the Parameters of the Markov Probability Model from Aggregate Time Series Data, Amsterdam, North-Holland Publishing Company.

Leeflang, P.S.H. (1974), Mathematical Models in Marketing, A Survey, the Stage of Development, Some Extensions and Applications, Leiden, H.E. Stenfert Kroese, B.V.

Leeflang, P.S.H. (1977a), 'Organising Market Data for Decision Making through the Development of Mathematical Marketing Models', in Proceedings ESOMAR seminar on Marketing Management Information Systems: Organising Market Data for Decision Making, Brussels, Belgium, pp. 29-54.

Leeflang, P.S.H. (1977b), 'A Comparison of Alternative Specifications of Market Share Models' in van Bochove et al., eds., Modeling for Government and Business, Essays in Honor of Professor Dr. P.J. Verdoorn, Leiden, Martinus Nijhoff Social Sciences Division, pp. 247-281.

Leeflang, P.S.H. and Naert, Ph.A. (1977), 'Models in marketing, The State of the Art', paper presented at the 6-th annual workshop of the European Academy for Advanced Research in Marketing, Saarbrücken, Germany.

Leeflang, P.S.H. and Naert, Ph.A. (1978), 'Implementation of Marketing Models', in Proceedings ESOMAR congress, Bristol, September 1978, pp. 691-721.

Leeflang, P.S.H. and Reuyl, J.C. (1978), 'On the Application of Generalized Least Squares Methods in Logically Consistent Market Share Models', Memorandum from Institute of Economic Research, Faculty of Economics, University of Groningen, The Netherlands, forthcoming.

Lilien, G.L. (1974a), 'A Modified Linear Learning Model of Buyer Behavior', Management Science, Vol. 20, pp. 1027-1036.

Lilien, G.L. (1974b), 'Application of a Modified Linear Learning Model of Buyer Behavior', Journal of Marketing Research, Vol. 18, pp. 279-285.

Lilien, G.L. (1975), 'Model Relativism: A Situational Approach to Model Building', Interfaces, Vol. 5, pp. 11-18.

Little, J.D.C. (1970), 'Models and Managers: The Concept of a Decision Calculus', Management Science, Vol. 16, pp. B-466-B-485.

Little, J.D.C. (1975a), 'BRANDAID: A Marketing-Mix Model, Part I: Structure', Operations Research, Vol. 23, pp. 628-655.

Little, J.D.C. (1975b), 'BRANDAID: A Marketing-Mix Model, Part 2: Implementation, Calibration, and Case Study', Operations Research, Vol. 23, pp. 656-673.

MacLachlan, D.L. (1972), 'A Model of Intermediate Market Response', Journal of Marketing Research, Vol. 9, pp. 378-384.

McGuire, W.J. (1969), "The Nature of Attitudes and Attitude Change" in Lindzey, G. and Aronson, E. eds., The Handbook of Social Psychology, (sec.ed.), Reading, Mass., Addison-Wesley Publishing Company, pp. 126-313.

McGuire, T.W., Farley, J.U., Lucas, R.E. Jr. and Ring, W.L. (1968), 'Estimation and Inference for Linear Models in which Subsets of the Dependent Variables are Constrained', Journal of the American Statistical Association, Vol. 63, pp. 1201-1213.

McGuire, T.W. and Weiss, D.L. (1976), 'Logically Consistent Market Share Models II', Journal of Marketing Research, Vol. 13, pp. 296-302.

Meurs, F. (undated), 'A Gaming Approach to the Study of Decision Making', Unpublished Ph.D. dissertation, Liège University.

Montgomery, D.B. (1973), 'The Outlook for M.I.S.', Journal of Advertising Research, Vol. 13, pp. 5-11.

Montgomery, D.B. and Urban G.L. (1969), Management Science in Marketing, Engle-Cliffs, N.J., Prentice-Hall, Inc.

Moriarty, M. (1975), 'Cross-Sectional, Time-Series Issues in the Analysis of Marketing Decision Variables', Journal of Marketing Research, Vol. 12, pp. 142-150.

Naert, Ph.A. (1974), 'Should Marketing Models be Robust?', paper presented at IBM Conference on the Implementation of Marketing Models, Ottignies, Belgium.

Naert, Ph.A. (1975a), 'The Validation of Macro Models', in Proceedings ESOMAR seminar on Market Modelling (Part II), Noordwijk aan Zee, The Netherlands, pp. 17-30.

Naert, Ph.A. (1975b), 'Parameterization of Marketing Models', in Elliot, K., ed., Management Bibliographies & Reviews, Vol. 1, Bradford, MCB Books, pp. 125-149.

Naert, Ph.A. (1978), 'Some Cost-Benefit Considerations in Marketing Model Building', in Topritzhofer, E., ed., Marketing-Neue Ergebnisse aus Forschung und Praxis, Wiesbaden, Germany, Gabler-Verlag.

Naert, Ph. A. and Bultez, A.V. (1973), 'Logically Consistent Market Share Models', Journal of Marketing Research, Vol. 10, pp. 334-340.

Naert, Ph.A. and Bultez, A.V. (1975), 'A Model of a Distribution Network Aggregate Performance', Management Science, Vol. 21, pp. 1102-1112.

Naert, Ph.A. and Leeflang, P.S.H. (1978), Building Implementable Marketing Models, Leiden, Boston, Martinus Nijhoff Social Sciences Division.

Naert, Ph.A. and Weverbergh, M. (1977), 'Multiplicative Models with Zero Entries in the Explanatory Variables', Working Paper 76-22, Centre for Managerial Economics and Econometrics, UFSIA, University of Antwerp.

Nakanishi, M. (1972), 'Measurement of Sales Promotion Effect at the Retail Level: A New Approach', Working Paper, Graduate School of Management, UCLA.

Nakanishi, M. and Cooper, L.G. (1974), 'Parameter Estimation for a Multiplicative Competitive Interaction Model - Least Squares Approach', Journal of Marketing Research, Vol. 11, pp. 303-311.

Parsons, L.J. (1975), 'The Product Life Cycle and Time-Varying Advertising Elasticities', Journal of Marketing Research, Vol. 12, pp. 476-480.

Parsons, L.J. and Bass, F.M. (1971), 'Optimal Advertising Expenditure Implications of a Simultaneous Equation Regression Analysis', Operations Research, Vol. 19, pp. 822-831.

Parsons, L.J. and Schultz, R.L. (1976), Marketing Models and Econometric Research, Amsterdam, North-Publishing Company.

Schmalensee, R.L. (1972), The Economics of Advertising, Amsterdam, North-Holland Publishing Company.

Schultz, R.L. (1971), 'Market Measurement and Planning with a Simultaneous Equation Model', Journal of Marketing Research, Vol. 8, pp. 153-164.

Schultz, R.L. and Leone, R.P. (1976), 'A Study of Marketing Generalizations', Paper No. 563., Krannert Graduate School of Management, Purdue University.

Sexton, D.E., Jr. (1974), 'A Cluster Analytic Approach to Market Response Functions', Journal of Marketing Research, Vol. 11, pp. 109-114.

Simon, L.S. and Freimer, M. (1970), Analytical Marketing, New York, Harcourt, Brace & World.

Thomas, J. (1971), 'Linear Programming Models for Production-Advertising Decisions', Management Science, Vol. 17, pp. B-474-B-484.

Urban, G.L. (1969a), 'SPRINTER Mod. I: A Basic New Product Analysis Model', in Morin, B.A., ed., Proceedings of the National Conference of the American Marketing Association, pp. 139-150.

Urban, G.L. (1969b), 'A Mathematical Modelling Apprach to Product Line Decisions', Journal of Marketing Research, Vol. 6, pp. 40-47.

Urban, G.L. (1970), 'SPRINTER Mod. III: A Model for the Analysis of New Frequently Purchased Consumer products', Operations Research, Vol. 18, pp. 805-854.

Urban, G.L. (1972), 'An Emerging Process of Building Models for Management Decision Makers', Working Paper No. 591-72, Alfred P. Sloan School of Management, M.I.T.

Urban, G.L. (1974), 'Building Models for Decision Makers', Interfaces,Vol. 4, pp. 1-11.

Urban, G.L. and Karash, R. (1971), 'Evolutionary Model Building', Journal of Marketing Research, Vol. 8, pp. 62-66.

Webster, F.E., Jr. (1978), 'Management Science in Industrial Marketing', Journal of Marketing, Vol. 42, no 1, pp. 21-27.

Weverbergh, M., Naert, Ph.A. and Bultez, A. (1977), 'Logically Consistent Market Share Models: A Further Clarification', Working Paper No. 77-5, European Institute for Advanced Studies in Management, Brussels, Belgium.

Wildt, A.R. (1974), 'Multifirm Analysis of Competitive Decision Variables', Journal of Marketing Research, Vol. 11, pp. 50-62.

Woiche, M. (1976), La Modélisation en Gestion Intégrée à Court Terme: Application de Procédure de Prise de Décision Décentralisé, Thèse doctorale, Faculté des Sciences Economiques, Sociales et Politiques, Université Catholique de Louvain, Nouvelle Série, No. 129.

Die Bewährung von OR-Modellen im Marketing: Das Beispiel Werbeträgerplanung

H. Simon und M. Thiel, Bonn

1. OR-Modelle und Marketingentscheidungen

Die Diskrepanz zwischen theoretischer Vielfalt und empirischer Relevanz OR-orientierter Entscheidungsmodelle ist in kaum einem betrieblichen Planungsbereich so groß wie im Marketing. Die möglichen Ursachen dieser Diskrepanz sind gelegentlich diskutiert worden (z.B. Little 197o, 1978; Larrêché 1975, Böcker 1977), doch liegen nur wenige empirische Untersuchungen über tatsächliche Anwendungen und Anwendungsversuche vor (z.B. Köhler-Uebele 1977).

Die unbefriedigende Durchsetzung von OR-Modellen in der Marketingpraxis dürfte vor allem auf folgende Charakteristika zurückzuführen sein, durch die sich Marketingprobleme gewöhnlich auszeichnen:

- schlechte Strukturierbarkeit und Isolierbarkeit von Einflußgrößen,
- zeitliche Erstreckung und Veränderlichkeit von Wirkungszusammenhängen (time lags und Produktlebenszyklus),
- Probleme der Quantifizierung und Messung.

Innerhalb des durch diese Eigenschaften gekennzeichneten Marketingbereiches kann die Werbeträgerplanung, d.h. die Auswahl der bei einer Werbekampagne einzusetzenden Werbeträger als ein Problem von vergleichsweise guter Strukturierbarkeit und Quantifizierbarkeit gelten: Unter Einhaltung einer Werbebudgetrestriktion und eventuell weiterer Vorgaben (Mindest- und Höchstbelegungen etc.) soll ein bestimmter Personenkreis (Zielgruppe) möglichst oft oder ein möglichst großer Personenkreis mindestens n-mal erreicht werden.

Bei der Beschränkung auf eine derartige nichtmonetäre Zielfunktion ist eine meßbare Zuordnung von Ursache und Wirkung gewährleistet, da sehr umfangreiches Datenmaterial über die Medianutzung zur Verfügung steht.

Angesichts dieser Gegebenheiten verwundert es nicht, daß kaum ein anderer Marketingbereich eine derart intensive Zuwendung von seiten des OR erfahren hat wie die Werbeträgerplanung. Dies gilt gleichermaßen für theoretische Arbeiten wie für anwendungsorientierte Entscheidungsmodelle, die in Beratungsunternehmen und in Verlagen entwickelt wurden und der werbungtreibende Wirtschaft etwa ab 1968 zur Verfügung standen.

2. Die verfügbaren Programme und ihre Nutzung

Es entstanden drei Typen von Programmen mit unterschiedlichen Aufgabenstellungen:

- Rangreihenprogramme: Bilden einer Rangreihe der Werbeträger nach Eignung für eine bestimmte Werbekampagne,

- Evaluierungsprogramme: Bewertung vorgegebener Streupläne hinsichtlich Reichweite und Kontaktstruktur,

- Optimierungsprogramme: Konstruktion "optimaler" Streupläne gemäß einer vorgegebenen Zielgröße.

In allen Programmtypen können Gewichtungen von Zielpersonen, Medien und Kontaktzahlen vorgenommen werden.

Seit 1968 sind nach unseren Infromationen 29 Programme zur Werträgerplanung auf dem Markt angeboten worden, von denen 14 Optimierungs-, 8 Evaluierungs- und 6 Rangreihenprogramme sind. Bei einem Programm ist eine eindeutige Zuordnung nicht möglich. Daneben verfügen unseres Wissens zumindest 2 oder 3 Werbeagenturen sowie ein Industrieunternehmen über eigene Programme.

Die Programme werden von Beratungsunternehmen gegen Honorar und von Zeitschriftenverlagen als - für den Anzeigenkunden kostenlose - Serviceleistung zur Verfügung gestellt.

Detaillierte Programmbeschreibungen finden sich in Gesellschaft Werbeagenturen - GWA (1968), Springer-Verlag (1968), Bild-Anzeigenabteilung (o.J.), Infratest (o.J.), Metra-Divo (1971), Heinrich-Bauer-Verlag (1973), Hör Zu (1974), Heinrich-Bauer-Verlag (o.J.).

Um Bewährung und Einsatz der Programme zu erforschen, führten wir eine Reihe von Gesprächen mit werbungtreibenden Unternehmen und Werbeagenturen sowie eine Befragung der 5o größten deutschen Werbeagenturen und der vier Großverlage[1), die Programme anbieten, durch.

Als globale Ergebnisse unserer Untersuchung seien festgehalten:

1. Von insgesamt 29 angebotenen Programmen werden heute nur noch etwa lo angewandt.

2. Die von Beratungsinstituten gegen Honorar angebotenen Programme sind ausnahmslos aus dem Markt ausgeschieden, übriggeblieben sind nur Verlagsprogramme.

3. Programme, die mehrere Mediagattungen (z.B. Zeitschriften und Fernsehen) in die Evaluierung oder Optimierung einbeziehen, haben ihre Einführungsphase nicht überstanden. Die heute eingesetzten Programme beschränken sich auf den Zeitschriftensektor.

Betrachtet man die Entwicklung der Anwendung einzelner Programmtypen, so ergibt sich das in Abb. 1 dargestellte Bild.

Abb. 1: Die Nutzung der von den Verlagen angebotenen Programme

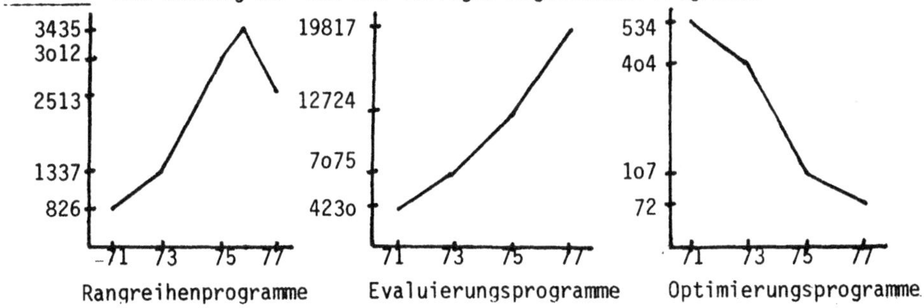

1) Springer, Gruner & Jahr, Burda, Heinrich-Bauer

Als Fazit ist festzuhalten, daß Optimierungsprogramme in der Praxis der Werbeträgerplanung keine Rolle mehr spielen, während die Anwendung von Rangreihen- und Evaluierungsprogramme im Untersuchungszeitraum erheblich zugenommen hat.

Als weitaus bedeutsamste Ursache für das Scheitern der Optimierungsprogramme wurde von den Befragten die unzulängliche Berücksichtigung qualitativer Gesichtspunkte angeführt. Daneben wurden die nachstehenden Gründe - in der Rangfolge ihrer Bedeutung - als am wichtigsten eingestuft

- große Uniformität der erzeugten Streupläne,
- die Mediaanalyse ist als Datenbasis zu allgemein, man braucht produktspezifische Medianutzungsdaten,
- zu geringe Eingriffsmöglichkeiten des Mediaplaners.

Einen besonders kritischen Punkt der Optimierungsprogramme bildet die nichtmonetäre Zielfunktion, der die Praxis offensichtlich nur geringe Entscheidungsrelevanz zumißt. So wäre keiner der Befragten bereit gewesen, auch nur 1 DM für eine 5%ige Leistungsverbesserung eines 1-Mio-DM-Etats zu zahlen. Nach dem "Grenzkosten = Grenznutzen-Prinzip" wäre es hingegen rational, bis zu DM 5o.ooo zu zahlen.

Auf die Frage nach der Bedeutung einzelner Ursachen für die weitreichende Akzeptanz von Rangreihen- und Evaluierungsprogrammen ergab sich folgende Rangfolge

- ausreichende Möglichkeiten zur Berücksichtigung qualitativer Aspekte,
- Entlastung des Mediaplaners von Rechen- und Routinearbeit,
- optimale Ergänzung von persönlicher Erfahrung und objektiven Daten,
- Versachlichung der Diskussion um die Streupläne.

3. Zusammenfassung

Die Werbeträgerplanung besitzt gegenüber anderen Marketingproblemen vergleichsweise günstige Voraussetzungen für den Einsatz von OR-Modellen. Eine Untersuchung, die Werbeagenturen, werbungtreibende Unternehmen und Programmanbieter einbezog, hat ergeben, daß die aus der Sicht des OR relativ anspruchsvollen Optimierungsprogramme sich nicht in der Praxis durchsetzen konnten. Hingegen werden die einfacheren Rangreihen- und Evaluierungsprogramme in großem Umfange genutzt.

Die Nichtakzeptanz von Optimierungsprogrammen scheint im wesentlichen zurückführbar auf die mangelnde Berücksichtigung qualitativer Aspekte, die zu geringe Spezifikation der Datenbasis und die damit verbundene weitreichende Einheitlichkeit der Streupläne. Demgegenüber werden besonders die Möglichkeiten der Ergänzung objektiver und subjektiver (und damit qualitativer) Gesichtspunkte als wichtige Vorteile der Rangreihen- und Evaluierungsprogramme eingestuft. Zudem spielen subjektiv-psychologische Momente für die Einstellung zu den einzelnen Programmtypen und damit für die Akzeptanz eine wichtige Rolle.

Unsere Erkenntnisse lassen - in weitgehendem Einklang mit Little (197o, 1978) - folgende Schlußfolgerungen gerechtfertigt erscheinen:

1. Manager ziehen Modelle, die ihnen Rechen- und Routinearbeit abnehmen und Entscheidungshilfen liefern, solchen Modellen vor, die ihnen (scheinbar) die Entscheidung wegnehmen und sie damit überflüssig zu machen drohen.

2. Die Modelle sollten möglichst ökonomische Zielkriterien haben, nichtmonetäre Kriterien besitzen offensichtlich nur geringe Entscheidungsrelevanz.

3. Die Modelle sollten möglichst viele Möglichkeiten zu Eingriffen und zur Berücksichtigung qualitativer Aspekte und subjektiver Einschätzungen bieten. Dieses Ziel scheint eher durch mehrere hintereinandergeschaltete Teilmodelle als durch ein komplexes Geamtmodell erreichbar.

Literaturverzeichnis

BILD-Anzeigenabteilung (Hrsg.): VIP II, GIWOS, MOPS, SOP, MOSES III, CAM III, SAM-S, SAP, o.O.; o.J.

Böcker, F., Zur Akzeptanz formaler Entscheidungsmodelle im Marketing, WiSt 6(1977), 3o5-312

GWA-Gesellschaft Werbeagenturen (Hrsg.): Mediaselektionsprogramme, Frankfurt 1968

Heinrich-Bauer-Verlag (Hrsg.): Der Computer in der Mediaplanung, Hamburg 1973

Heinrich-Bauer-Verlag (Hrsg.): Medisa, o.O.; o.J.

Hörzu-Service (Hrsg.): Media-Kriterien, Media-Programme, Media-Probleme, Hamburg 1974

Infratest (Hrsg.): MOPS und MOPS-Multimedia - zwei Programme zur Werbeträgerauswahl, München, o.J.

Köhler, R., Uebele, H., Planung und Entscheidung im Absatzbereich industrieller Großunternehmen. Ergebnisse einer empirischen Untersuchung, Arbeitsbericht Nr. 77/9, Institut für Wirtschaftswissenschaften der RWTH Aachen, Aachen 1977

Larrêché, J.-C., Marketing Managers and Models: A Search for a Better Match, INSEAD Research Paper No. 157, Fontainebleau 1975

Little, J.D.C., Models and Managers: The Concept of a Decision Calculus, Management Science 16(197o), B-466-485, deutsche Übersetzung in: Köhler-Zimmermann (1977), 133-147

Little, J.D.C., Decision Support for Marketing Management, Working Paper 1o19-78, Sloan School of Management, Massachusetts Institute of Technology, Cambridge, September 1978

Metra Divo (Hrsg.): Der Computer als Hilfsmittel für den Mediaplaner; Beschreibung des Modells MOSES, o.O., 1971

Springer-Verlag (Hrsg.): Media-Selektions-Programme, Hamburg 1968

Zum Wirkungsverbund von Werbung und Preis bei bestimmten Markenartikeln

H. Czap, Göttingen

Ausgehend vom Modell von Vidale und Wolfe erhält man unter Einbeziehung von Konkurrenz (Duopolsituation) und der konsequenten Anwendung einer Symmetriebedingung [1] das folgende Modell:

$$\dot{m} = \beta\delta a_1 (M_1 - m) - (1-\beta)\delta a_2 (M_2 - 1 + m) - \gamma(m - \tilde{m})$$

Bezeichnungen:

$m = m(t)$	:	Marktanteil der Unternehmung U_1 zum Zeitpunkt t
$\dot{m}$	:	Ableitung von m nach der Zeit
$a_i = a_i(t)$	:	Werbeaufwendungen von U_i (i=1,2) pro Zeiteinheit im infinitesimalen Zeitintervall $[t, t+dt)$.
δ	:	Reaktionskoeffizient der Werbung
β	:	Effektivitätskoeffizient der Werbung zugunsten U_1 gegenüber der zugunsten U_2, $0 \leq \beta \leq 1$.
M_i	:	Obergrenzen für den durch Werbemaßnahmen potentiell möglichen Marktanteil von U_i (i=1,2).
$\tilde{m} = \tilde{m}(t)$	:	Marktanteil von U_1, der beim Fehlen von Werbung auf Grund der übrigen Absatzaktivitäten zum Zeitpunkt t resultieren würde.
γ	:	Marktanteilsanpassungskoeffizient.

1) Die Symmetriebedingung besagt, daß ein Modell, das die eigenen Auswirkungen absatzfördernder Maßnahmen erfaßt in gleicher Weise auch für die Konkurrenz richtig sein muß.

Eine betriebswirtschaftliche Diskussion des möglichen Einsatzbereichs des Modells zeigt, daß eine Kalibrierung nur kurzfristig Gültigkeit hat.

Schränkt man den Anwendungsbereich etwas ein auf die Güter, bei denen die Auswirkungen der Produktpolitik auf den Absatz konstant sind, z.B. Kaffee, Tee, Schokolade, Fette, Waschmittel, Zigaretten, dann verbleibt als kurzfristig aktivierbares, nichtwerbliches Absatzinstrument nur der Preis. Der durch nichtwerbliche Maßnahmen bestimmte Marktanteil $\tilde{m}$ hängt bei diesen Produkten nur von den Preisen ab.

Unterstellt man für die beiden Unternehmungen U_1 bzw. U_2 eine lineare Preis-Absatz-Funktion

$$x_1 = -s_{11}p_1 + s_{12}p_2 + r_1,$$

$$x_2 = s_{21}p_1 - s_{22}p_2 + r_2, \qquad (x_i = \text{Absatz von } U_i$$

$$p_i = \text{Preis von } U_i; \; i=1,2)$$

dann ist $\tilde{m}$ gegeben durch

$$\tilde{m} = \frac{x_1}{x_1 + x_2} \quad .$$

Die Formulierung einer Gewinnfunktion erlaubt mit Hilfe dieses Modells einen optimalen Werbeetat zu bestimmen und diesen gewinnmaximal in Teilperioden aufzuteilen und mit Preisen zu kombinieren.

Literatur:

Czap, H. : Analyse und Planung von Werbeausgaben und Preispolitik bei konkurrierenden Produkten (unveröffentlichtes Manuskript)

Czap:, H.: Zum Wirkungsverbund von Werbung und Preis bei bestimmten Markenartikeln. Discussion Paper 7803, Lehrstuhl für Math. Verfahrensforschung und Datenverarbeitung, Nikolausberger Weg 9 b, D 3400 Göttingen.

Preispolitische Strategien für Oligopolunternehmen bei unbekannter Preis-Absatz-Funktion – ein Simulationsmodell

K.W. Hansmann, Hamburg

I. Das Problem

In der traditionellen Oligopoltheorie wird theoretisch abgeleitet, daß bei bestimmten Preiskombinationen kein Oligopolist Veranlassung hat, seinen Preis zu ändern. Die Gesamtheit solcher Preiskombinationen, die vor allem von Stackelberg, Krelle und Jacob untersucht wurden, bezeichnet man als Gleichgewichtsbereich des Oligopols.

Die Ableitung solcher Gleichgewichtsbereiche ist jedoch an eine unabdingbare Voraussetzung gebunden: Es muß vollkommene Information über die Preis-Absatz-Funktionen und die Kostenfunktionen aller Konkurrenten herrschen.

Da diese Voraussetzung in der Praxis in der Regel nicht zutrifft, wird in diesem Beitrag versucht, optimale preispolitische Strategien bei unbekannten Preis-Absatz- und Kostenfunktionen zu entwickeln. Dazu wird ein mehrere Perioden umfassendes stochastisches Simulationsmodell für n Oligopolisten konstruiert, das die wesentlichen Eigenschaften des Gesamtmarktes abbildet. Die zugrunde liegende, den Oligopolisten nicht bekannte Preis-Absatz-Funktion wird durch eine normalverteilte Störvariable in gewissen Grenzen überlagert, was der Wirklichkeit weitgehend entsprechen dürfte.

II. Das Simulationsmodell

1. Die Marktstruktur

Das Modell simuliert einen Markt mit n Anbietern von ähnlichen Produkten, die von einer großen Zahl von Konsumenten nachgefragt werden (typischer Konsumgütermarkt).

Die Beziehungen zwischen den Absatzmengen der Unternehmen und ihren Absatzpreisen werden durch folgende Preis-Absatz-Funktionen bestimmt, die den Unternehmen jedoch nicht bekannt sind:

$$x_{it} = a_i + \sum_{j=1}^{n} b_{ij} \, p_{jt} + u_{it} \qquad (i = 1...n \; ; \; t = 1...T)$$

Die Symbole haben folgende Bedeutung:

x_{it} = Absatz des Unternehmens i in der Periode t

p_{jt} = Preisforderung des Unternehmens j in der Periode t

b_{ij} = Absatzänderung von Unternehmen i, wenn Unternehmen j seine Preisforderung um eine Geldeinheit ändert

a_i = (Fiktiver) Absatz von Unternehmen i, falls alle Unternehmen ihr Produkt verschenken

u_{it} = normalverteilte Zufallsvariable mit $E[u_{it}] = 0$ und $E[u_{it}^2] = \sigma_{it}^2$

Für die Nachfrager wird normales Preisbewußtsein unterstellt, das durch das Vorzeichnen der Parameter ausgedrückt werden kann:

$a_i > 0 \; (i = 1...n)$ $b_{ij} < 0$ für $i = j$

$b_{ij} > 0$ für $i \neq j$

In diesen Parametern sind implizit auch die anderen absatzpolitischen Instrumente (z. B. Werbung und Produktgestaltung) berücksichtigt, die während des Simulationszeitraums jedoch nicht verändert werden können. Die Zufallsvariable u_{it} erfaßt alle sonstigen, nicht im Detail bekannten Absatz-Einflußgrößen, die die Grundstruktur überlagern (Störvariable).

2. Zielsetzungen und Umweltbedingungen

Die Oligopolisten verfolgen das Ziel, ihr individuelles Gewinnanspruchsniveau ohne Preisabsprache oder Verständigung untereinander zu erreichen bzw. zu behaupten. Dabei verhalten sich alle wirtschaftsfriedlich, d. h. es findet kein bewußter Verdrängungswettbewerb statt.

Die Oligopolisten kennen nur ihre eigene Kostenfunktion, nicht jedoch die Preis-Absatz-Funktionen und auch nicht die Kostenfunktionen der Konkurrenten. Bekannt sind demgegenüber die Absatzpreise aller Unternehmen in den vergangenen Perioden. Der Simulationszeitraum wird in 2o Perioden unterteilt, deren Länge beliebig ist. In jeder Periode kann einmal ein Preis festgelegt werden.

3. Die preispolitischen Strategien

Es werden vier Strategien getestet, von denen zwei sehr praxisnah sind, während die beiden anderen die Anwendung der exponentiellen Glättung bzw. der multiplen Regressionsanalyse erfordern. Aus Raumgründen können die Strategien im folgenden nur mit geringem Detaillierungsgrad beschrieben werden.

3.1. Aktive Preisstrategie

Sie weist folgende Hauptmerkmale auf:

a) Der Preis wird nicht verändert, wenn der Gewinn größer oder gleich dem Gewinnanspruchsniveau ist.

b) Im anderen Fall wird der Preis zunächst um d % erhöht. Ergibt sich dadurch eine Gewinnminderung, wird die Preiserhöhung in der nächsten Periode zurückgenommen, bei erheblichen Gewinneinbußen (> 15 %) wird der Preis darüber hinaus um d % gesenkt.

c) Der Preisänderungsprozentsatz d wird gedämpft, wenn mehr als 75 % des Anspruchsniveaus erreicht sind.

d) Im langfristigen Gedächtnis wird die eigene Preis- und Gewinnentwicklung des Unternehmens gespeichert. In Abhängigkeit von dieser Entwicklung werden die Regeln b) und c) bei Bedarf mit einem heuristischen Verfahren modifiziert.

3.2. Defensive Preisstrategie

a) Die Preise der Konkurrenten werden explizit berücksichtigt.

b) Der Preis wird nicht verändert, wenn die Konkurrenten ihre Preise konstant gehalten oder erhöht haben.

c) Hat mindestens ein Konkurrent in der Vorperiode seinen Preis gesenkt und ist der eigene Gewinn gesunken, dann wird der eigene Preis ebenfalls gesenkt.

d) Wenn mit dieser Politik seit mehreren Perioden das Gewinnanspruchsniveau nicht erreicht wird, tritt Regel 3.1. d) in Kraft.

3.3. Preisstrategie auf der Grundlage der exponentiellen Glättung

a) Die Preise der Konkurrenten werden aus den Vergangenheitsdaten mithilfe der exponentiellen Glättung prognostiziert.

b) Befindet man sich oberhalb des Anspruchsniveaus und weicht der prognostizierte Durchschnittspreis der Konkurrenz vom bisher gültigen Preis stark ab, folgt man gedämpft.

c) Ist das Anspruchsniveau noch nicht erreicht, so wird der eigene Preis vom prognostizierten Durchschnittskonkurrenzpreis abgekoppelt, wenn die gedämpfte Anpassung zu einer negativen Gewinnentwicklung geführt hat.

3.4. Preisstrategie auf der Grundlage der Regressionsanalyse

a) Mit einer einfachen Regression versucht man, einen Zusammenhang zwischen dem eigenen Preis und dem Durchschnittspreis der Konkurrenz zu finden.

b) Mithilfe der multiplen Regression wird der eigene Absatz in Abhängigkeit von den prognostizierten Konkurrenzpreisen geschätzt.

c) Optimierung des eigenen Preises auf der Grundlage der obigen Prognosen.

III. Ergebnisse der Simulation

Diese vier preispolitischen Strategien, die in der Praxis bei typischen Oligopolunternehmen durchweg anwendbar sein dürften, sofern Software für exponentielle Glättung und Regressionsanalyse vorliegt, bilden die Grundlage des vom Verfasser entwickelten Simulationsprogramms. Die numerische Auswertung erfolgte auf der TR 44o-Rechenanlage der Universität Hamburg. Für den Test der vier Strategien wurden bei 7 verschiedenen Ausgangspreiskombinationen jeweils 3o Durchläufe über einen Zeitraum von 2o Perioden durchgeführt.

Ziel der Untersuchungen war die Erkenntnis, ob das System

a) einem stationären Zustand zustrebt und

b) diesen Zustand im Gleichgewichtsbereich der traditionellen Oligopoltheorie annimmt.

Die Ergebnisse werden für ein Dyopol (zwei Anbieter) und ein 4-Unternehmen-Oligopol dargestellt.

1. Das Dyopol

Die in Tabelle 1 wiedergegebenen Ausgangspreissituationen haben folgende Bedeutung:

1 : Ausgangspreise im Gleichgewichtsgebiet; günstige Gewinnsituation

2 : Ausgangspreise sehr niedrig; ungünstige Gewinnsituation

3 : " sehr hoch; " "

4 : " asymmetrisch; besonders niedriger Gewinn Anbieter II

5 : " " " " " Anbieter I

6 : " ähnlich wie 1; Gewinnvorteil Anbieter II

7 : " " " " " I

Die in Tabelle 1 verwendeten Symbole bedeuten:

++ = stationärer Zustand im Gleichgewichtsgebiet für beide Anbieter

\+ = stationärer Zustand; Anbieter I im Gleichgewichtsgebiet

O = nicht stationär; keiner im Gleichgewichtsgebiet, aber auch kein Verlust

Tabelle 1

Ausgangspreise / Strategien	1	2	3	4	5	6	7
1	++	O	++	O	O	++	++
2	++	O	++	O	+	O	+
3	++	+	++	O	O	++	+
4	++	++	++	++	++	++	++

Als wichtigstes Ergebnis ist festzuhalten, daß die Preisstrategie 4 (Regression) bei allen Ausgangspreisen zu einem stationären Zustand im Gleichgewichtsgebiet führt. Die anderen Strategien liegen dicht beieinander, zeitigen jedoch bei den Situationen 2, 4 und 5 nicht so gute Ergebnisse. Immerhin führt keine Strategie zu einem Verlust der beteiligten Unternehmen.

2. Das Oligopol mit 4 Unternehmen

Hier wurden 6 Ausgangspreiskombinationen mit folgender Bedeutung gewählt: Gleichgewichtspreise (1), niedriges Preisniveau (2), hohes Preisniveau (3), hohes Preisniveau der wirtschaftlich stärkeren Firmen (4), niedriges Preisniveau dieser Firmen (5), sehr hoher Preis der stärksten Firma (6).
Die Symbole der Tabelle 2 bedeuten: Alle im Gleichgewichtsgebiet GL (++), drei im GL (+), ein oder zwei im GL (O), keiner im GL, eine Firma hat Verlust (-), keiner im GL, zwei Firmen haben Verlust (--).

Tabelle 2

Preise / Strategien	1	2	3	4	5	6
1	++	--	++	+	-	++
2	++	++	++	+	O	+
3	++	+	++	+	O	+
4	++	+	++	++	++	++

Auch im Oligopol führt die Regressions-Strategie 4 zu den besten Ergebnissen. Die defensive Strategie 2 ist aber nur unwesentlich schlechter. Die aktive Praxisstrategie 1 kann hingegen bei niedrigem Preisniveau nicht zufriedenstellen.

Als wesentliche Ergebnisse der Simulation läßt sich folgendes festhalten:

a) Bei Unkenntnis der Preis-Absatz-Funktionen läßt sich mit den vier getesteten Strategien befriedigende Preispolitik betreiben.

b) Sind die Ausgangspreise (zufällig) Gleichgewichtspreise, so wird das Gleichgewichtsgebiet bei allen Strategien nicht verlassen.

c) Bei hohem Preisniveau besteht eine starke Tendenz, in das Gleichgewichtsgebiet zu gelangen.

d) Bei niedrigem Preisniveau besteht eine Tendenz zu Preiskämpfen, die zu einem instabilen System führen können. Nur die Regressionsstrategie vermag in dieser Situation das Gleichgewichtsgebiet zu erreichen.

Die Ergebnisse stimmen recht gut mit den in der Praxis beobachteten Entwicklungen auf verschiedenen Oligopolmärkten überein.

Literatur

W. Krelle, Preistheorie, Tübingen-Zürich 1961
H. Jacob, Preispolitik, 2. Aufl., Wiesbaden 1971

Eine mehrstufige, interaktive Lösungsprozedur für Media-Selektionsprobleme

G. Wiedey, Dortmund, und R. Gabriel, Duisburg

1. Einleitung

Als Zielsetzung lag zugrunde, ein Media-Selektionsmodell zu entwickeln, das praktikabel und zugleich recheneffizient ist. Die Effizienz wird durch die Benutzung einer LP-Struktur gewährleistet. Die Praktikabilität soll erreicht werden

- durch die sequentielle Berechnung mehrerer, systematisch erweiterter Einzelmodelle für verschiedene, aufeinander aufbauende Zielfunktionen;
- durch eine stufenweise Modellanpassung mit Hilfe logischer Verknüpfungen, die in das Restriktionensystem eingehen;
- durch ein interaktives EDV-Programmsystem.

2. Die Optimierungsphasen

Die 1. Modellstufe geht von der klassischen Grundstruktur der Maximierung der Kontaktsumme unter Beachtung von Budgetrestriktionen, Belegungsfrequenzen und weiteren problemabhängigen Nebenbedingungen aus. Dabei sind diese Nebenbedingungen als Minimalanforderungen zu verstehen, die der Mediaplaner an das Entscheidungsmodell stellt und die in jedem Fall eingehalten werden müssen. Der Mediaplaner versucht auf diese Weise, die maximale Anzahl von physischen Kontakten zu ermitteln. Diese Kontaktsumme ist hinsichtlich ihrer Verteilung zu bewerten, d.h. es soll zunächst die Frage beantwortet werden, welche Reichweite kann maximal erzielt werden, wenn die Mehrfachkontakte des Mediums i bei der gleichen Zielgruppe eliminiert werden. Unter Verwendung der Ergebnisse des Basismodells und systematischer Erweiterung des Restriktionensystems wird in der nächsten Optimierungsphase die kumulierte Gesamtreichweite berechnet. Die 3. Optimierungsphase eliminiert schließlich noch den "mittleren" Anteil der Überschneidungen zwischen den Medien des Streuplans, d.h. der Mediaplaner erhält den relativen Anteil der erreichten Personen innerhalb der Zielgruppe, i.e. die kombinierte Reichweite. Auch für diese Optimierungsphase erfolgt eine Anpassung der Nebenbedingungen gemäß den Erfahrungen und Vorstellungen des Mediaplaners und unter Berücksichtigung der Ergebnisse aus der vorgelagerten Optimierungsphase.

Proceedings in Operations Research 8, ©Physica-Verlag, Würzburg–Wien, 1979

3. Die Anpassung des Restriktionensystems

Während der einzelnen Optimierungsphasen wird der Mediaplaner in den Entscheidungsprozeß integriert, da die Ergebnisse der jeweils vorhergehenden Optimierungsstufe auszuwerten und neben weiteren Anforderungen in das Restriktionensystem einzubauen sind. Die verschiedenen Möglichkeiten zur sukzessiven Erweiterung des Restriktionensystems können hier nicht dargestellt werden. Es lassen sich einerseits weitere Schranken für die Kontaktsumme, die Nettoreichweite, die kumulierte und kombinierte Reichweite oder auch für die durchschnittliche Kontaktzahl je Mediengruppe bzw. für den gesamten Streuplan einfügen, andererseits ist es auch möglich, qualitative Anforderungen an den Streuplan zu stellen, um so die Verteilung der Kontakte besser steuern zu können, z.B. durch die "Exklusiv-Oder"-Verknüpfung von Mediengruppen, die Berücksichtigung von Medienkombinationen und verschiedener Rabattmalstaffeln u.w.

4. Ein Anwendungsbeispiel

Die oben beschriebene Lösungsprozedur wurde auf ein realistisches Media-Selektionsproblem angewandt. Zur Berechnung der einzelnen Optimierungsprobleme konnte man auf das Mixed-Integer-Programmsystem APEX III zurückgreifen. Die Rechnerlaufzeit lag für jeden der 6 Optimierungsdurchläufe zwischen 3 und 35 Sekunden. Für eine detaillierte Beschreibung der Optimierungsphasen vgl. [3].

Literatur:

[1] Brown, B.: A Practical Procedure for Media Selection, in: Journal of Marketing Research, Vol. 4, No. 3, Aug. 1967, S. 262 - 269.

[2] Charnes, A., Cooper, W.W., DeVoe, J.K., Learner, D.B. und W. Reinecke: A Goal Programming Model for Media Planning, in: Management Sience, Applications, XIV, April 1968, S. B 423 - B 430.

[3] Gabriel, R. und G. Wiedey: Ein praxisorientiertes Media-Selektionsmodell: INTERMEDIA, in: Arbeitsberichte zum Tätigkeitsfeld Wirtschaftsinformatik, 10/78. Gesamthochschule Duisburg, Fachbereich Wirtschaftswissenschaften.

[4] Wiedey, G. und H.-J. Zimmermann: Media Selection and Fuzzy Linear Programming, in: Journal of the Operational Research Society, Vol. 29, 1978, No. 11, S. 1071 - 1084.

Logistische Absatzprognose bei Konkurrenzaktivitäten und wachsenden Märkten

L. Knüppel, Bielefeld

Untersucht wird die Frage, welche Absatzniveaus eines neuen substitutiven Produkts auf einem wachsenden oligopolistischen Markt sich langfristig einstellen, wenn die Anbieter der etablierten Produkte (Konkurrenten) Reaktionen in Form von Marketing-Aktivitäten zeigen, die Nichtpreis-Aktivitäten sind. Wir nehmen an: 1) das neue Produkt würde sich bei konstanter Marktsituation, d.h. konstanter Gesamtnachfrage $\bar{N}$ und ohne Konkurrenzreaktionen auf dem Markt mit einer dem logistischen Sättigungsmodell folgenden Absatzentwicklung durchsetzen; 2) der Markt $\bar{N}(t)$ wachse seinerseits in Abhängigkeit von dem Wachstum einer exogenen ökonomischen Größe X_t (Bonus 1975)

(1) $\bar{N}(t) = \bar{N}/(1 + cX_t^{-\mu})$, wobei $X_t = X_o e^{\alpha t}$
mit $\bar{N}$, μ, X_o, α, $c > 0$

Die Annahmen 1) und 2) ergeben das Absatzwachstum $f(N(t))$, dem der Absatzabbau $g(N(t))$ durch die Konkurrenzreaktionen gegenübersteht. Bei linearer Konkurrenzreaktion, d.h. bei konstanter und von der Verbreitung $N(t)$ des neuen Produkts unabhängiger Rate γ des Absatzabbaus, wird die Absatzentwicklung durch

(2) $dN(t)/dt = f(N(t)) - g(N(t))$
$= \beta\, N(t)[1 - N(t)/\bar{N}(t)] - \gamma\, N(t) \qquad \beta \geq \gamma$

beschrieben.

Die Lösung $N(t)$ dieser Bernoulli-Differentialgleichung zeigt deutlich einen stets nichtnegativen Term, der den um den Absatzabbau der Konkurrenten verringerten Effekt des Marktwachstums angibt. Für $t \to \infty$ konvergiert die Lösung $N(t)$ gegen den Punkt der langfristigen Marktaufteilung, gegen das langfristige Absatzniveau N_1 für das neue Produkt mit einem Niveau $\bar{N} - N_1$ für die etablierten Produkte

(3) $N_1 = \bar{N}(1 - \beta/\gamma)$

Eine Verdrängung des neuen Produkts findet also nur statt, falls die Konkurrenten ihren Parameter γ (durch entsprechende Marketing-Aktivitäten) auf das Niveau der Marktreaktion β auf das neue Pro-

Proceedings in Operations Research 8, ©Physica-Verlag, Würzburg–Wien, 1979

dukt erhöhen. Das Ausgangsniveau $N(0) = N_0$ des Neuproduktsabsatzes sowie die Parameter des Marktwachstums haben keinen Einfluß auf das Niveau N_1, wohl aber auf die Konvergenzgeschwindigkeit. Der Anbieter des neuen Produkts kann durch eigene Aktivitäten nur mittelbaren Einfluß auf die Marktreaktion β ausüben. Andererseits haben die Konkurrenten bei der Erhöhung von γ die damit verbundenen Kosten der Marketing-Aktivitäten in Betracht zu ziehen.

Bei expliziter Preis-Kosten-Bewertung der Konkurrenzaktivitäten stehen dem zusätzlichen Erlös $E(\gamma) = p\gamma N$ Kosten $K(\gamma)$ gegenüber. Nimmt man an, daß das Konkurrentenverhalten durch $E - K \overset{!}{=} z$ festgelegt wird, so ergibt sich bei linearer Kostenfunktion $K(\gamma) = k\gamma$ und $z = 0$ der langfristige Neuproduktabsatz

(4) $N_2 = (k/p\bar{N})\bar{N} \qquad k, p > 0$

N_2 ist der Anteil am absoluten Sättigungsniveau $\bar{N}$ des Marktes, der durch das Kosten-Preis-Verhältnis je Stück in $\bar{N}$ gegeben ist. Für $k > 0$ ist eine Marktverdrängung nicht möglich.

Orientieren sich dagegen die Konkurrenten am Maximum des abdiskontierten Gesamtgewinns ihrer zusätzlichen Aktivitäten, d.h. an

(5) $\max Z_0 := \int_0^{+\infty} e^{-\delta t}(p - k/N)g \, dt$

so ergibt sich ein langfristiger Neuproduktabsatz N_3. Er ist um so größer, je weniger profitabel durch hohe Kosten oder geringe Preise die Konkurrenzreaktionen und je größer β bzw. je geringer der Diskontierungsfaktor δ sind. Speziell ist

$$(6) \quad N_3 = \begin{cases} \bar{N} & \text{für } k/(p\bar{N}) = 1 \quad 0 < \beta \quad 0 \le \delta < \infty \\ N/2 & \text{für } k/(p\bar{N}) = 0 \quad \text{und} \quad \delta/\beta = 0 \\ 0 & \text{für } k/(p\bar{N}) = 0 \quad \text{und} \quad \delta/\beta \ge 1 \end{cases}$$

und $N_3 = N_2$ für $\delta = \infty$. Insbesondere in offenen Märkten (δ groß) liegt eine Tendenz zur Verdrängung des neuen Produkts vor. Für $\delta/\beta >> 1$ kommt dem Kosten-Preis-Verhältnis die relativ stärkste Bedeutung für das Niveau N_3 zu.

Langfassung mit Lit.: Knüppel, L.: Logistische Absatzprognose... Diskussionsarbeit 46, Wiwiss. Fak. der Univ. Bielefeld, Aug. 1978.

Personalplanung

Systemanalyse und Operations Research im Personalwesen

R. Armonat, Ottobrunn

1. Vorbemerkungen

Bedingt durch den wirtschaftlichen, technischen und gesellschaftlichen Strukturwandel in den letzten Jahren sind Personalplanung und Personalsteuerung mehr und mehr zu einer der zentralen Aufgaben des Managements geworden; diese Feststellung gilt sowohl für privatwirtschaftliche Unternehmen als auch für Organisationen des öffentlichen Dienstes.

Die Situation auf dem Arbeitsmarkt, steigende Personalkosten und die Notwendigkeit einer längerfristigen Personalheranbildung sind die wesentlichen Komponenten, die die Einführung einer systematischen Personalplanung und -steuerung in den Unternehmen der Wirtschaft und bei den Behörden verlangen.

Die Personalplanung hat als integrierter Bestandteil der Unternehmensplanung die Aufgabe, alternative Wege aufzuzeichnen, wie Arbeitskräfte zu einem gewünschten Zeitpunkt in der erforderlichen Anzahl mit der entsprechenden Qualifikation bereitgestellt werden können. Dafür sind im wesentlichen erforderlich:

- Erhebung der Anforderungen auf Arbeitsplätzen
- Ermittlung der entsprechenden Qualifikation bei Mitarbeitern
- Bestimmung der benötigten Anzahl von Arbeitskräften
- Erarbeitung von Verfahren der Zuordnung von Mitarbeitern und Arbeitsplätzen

Bei allen diesen Personalplanungsüberlegungen sind die wirtschaftliche und menschlich-soziale Zielsetzung gleichzeitig zu betrachten; menschliche Erwartungen (Interessen, Bedürfnisse) und betriebliche Erfordernisse müssen miteinander in Einklang gebracht werden.

2. Aufgaben im Personalwesen

Bei der Wahrnehmung der Aufgaben auf dem Gebiet Personalwesen stellt die Planung, d.h. die methodische Handlungsvorbereitung im System Personalwesen eine Komponente dar. Im umfassenden Sinne geht es um die Planung, Entscheidung, Durchführung und Kontrolle aller personalbezogenen Funktionen, wie

- o Personalbedarfsermittlung
- o Personalbeschaffung
- o Personalentwicklung
- o Personaleinsatz
- o Personalentlohnung

Die Aufgaben im Personalbereich und die damit verbundenen Entscheidungsprozesse gestalten sich immer komplexer und vielschichtiger. Die Lösung von Personalaufgaben wird stets schwieriger.
Die wichtigsten Gründe dafür sind:

- o die große Menge der zu verarbeitenden Informationen und Daten
- o die steigende Anzahl der Einflußgrößen
- o ihre gegenseitigen Abhängigkeiten und Wechselwirkungen
- o die fortwährende Veränderung der Randbedingungen
- o die erhebliche Ausweitung des Planungshorizonts
- o die Schwierigkeit, einmal getroffene Maßnahmen bei unerwünschten Auswirkungen zu korrigieren
- o gesetzliche und tarifliche Vorschriften

3. Anwendung wissenschaftlicher Methoden im Personalwesen

Wegen ihrer Vielschichtigkeit und Komplexität lassen sich die Probleme im Bereich des Personalwesens nicht mehr intuitiv mit herkömmlichen Hilfsmitteln und punktuellen oder sporadischen Maßnahmen lösen.

Bei der Lösung von komplizierten Personalaufgaben geht es vielmehr darum, die relevanten Vorgänge und Zusammenhänge im Personalbereich auf eine rationale Basis zu stellen, die zugleich die Möglichkeit einer systematischen Prüfung und Absicherung von Entscheidungen bietet.

Deshalb wächst immer mehr die Erkenntnis, daß systematische Personalplanung und modernes Personalmanagement die Anwendung wissenschaftlicher Methoden der Systemforschung und die Ausschöpfung der Möglichkeiten der elektronischen Datenverarbeitung verlangen.

In den folgenden Ausführungen werden Methoden der Systemforschung (Operations Research, Systemanalyse und Systemplanung) und die Möglichkeiten ihrer Anwendung im Personalwesen erörtert.

Die wichtigsten Methoden der Systemforschung, die im Personalwesen Anwendung finden, sind:

- Operations Research Verfahren
  - o Optimierungsverfahren (linear, nichtlinear)
  - o Netzwerkverfahren
  - o Simulation und Planspiele
  - o Sonstige Verfahren (z.B. Heuristische Verfahren, Sensitivitätsanalysen)
- Systemanalytische Verfahren
  - o Strukturanalysen (z.B. Organisationsanalysen, Zielanalysen, Kausalanalysen)
  - o Realisierbarkeitsuntersuchungen
  - o Wirksamkeitsuntersuchungen
  - o Nutzen-Kosten-Untersuchungen

3.1 Operations Research (OR)

Auf dem Personalsektor werden im Rahmen der Entscheidungsvorbereitung häufig Verfahren des Operations Research angewendet, um über mathematische Lösungsmethoden Alternativen zur Verfolgung vorgegebener personalpolitischer Ziele zu quantifizieren, zu vergleichen und systematisch zu bewerten; vgl. Bartholomew (1970). Die Optimierungstechniken des Operations Research gehören in Verbindung mit den üblichen mathematisch-statistischen Verfahren (wie z. B. Regressionsanalyse, Zeitreihenanalyse, Clusteranalyse) zu den beliebtesten Hilfsmitteln bei der Lösung von Personalaufgaben.

Operations Research-Verfahren kommen im Personalwesen insbesondere bei folgenden Problemstellungen zur Anwendung:

A. <u>Allgemeine Zuordnung von Personal</u>

Bei der Zuordnung von Personal zu Stellen bzw. Dienstposten werden häufig sogenannte Transportmodelle oder auch Zuordnungsmodelle angewendet.

Beim Transportproblem wird die optimale - das ist im allgemeinen die kostenminimale - Zuordnung von Lieferorten zu Bedarfsorten gesucht. Ein Beispiel für die Lösung dieses Typs von Problemstellung ist das sogenannte "Wehrpflichtigenbedarfsverteilungsmodell", das kürzlich von der IABG für das Bundesministerium der Verteidigung fertiggestellt wurde.
Das Problem stellt sich folgendermaßen dar: Die einzelnen Standorte in der Bundesrepublik Deutschland melden bei den zuständigen Kreiswehrersatzämtern einen bestimmten Bedarf an Wehrpflichtigen an. Andererseits registrieren die Kreiswehrersatzämter das Aufkommen an Wehrpflichtigen. Die Aufgabe besteht jetzt darin, die Wehrpflichtigen nach verschiedenen Gesichtspunkten (z.B. größtmögliche Heimatnähe, Erfüllung bestimmter Anforderungssymbole) so zu verteilen, daß der Bedarf der Standorte unter Berücksichtigung bestimmter Zielfunktionen und bei gegebenen Randbedingungen befriedigt wird. Die Aufgabe wird in der Bundeswehr mit dem "Bedarfsverteilungsmodell" vorgenommen; vgl. Nunner und Zölzer (1976).

Ein Ziel der qualitativen Personalplanung ist es, die Anforderungen der vorhandenen oder zukünftigen geplanten Stellen bzw. Dienstposten mit den Fähigkeiten des vorhandenen oder zu beschaffenden Personals abzustimmen, um damit Anforderungen und Fähigkeiten möglichst deckungsgleich zu gestalten.

Die Besetzung von Arbeitsplätzen unter den oben genannten Randbedingungen ist ein Zuordnungsproblem (personnel assignment), eine Variante des Transportproblems.

Wird die anforderungsoptimale Zuordnung von Bewerbern zu Arbeitsplätzen gesucht, so läßt sich das Problem wie folgt definieren:
Die Bewerber B_i sollen den Tätigkeiten T_p so zugeordnet werden, daß die gesamte Differenz D zwischen den Anforderungen, die die Tätigkeiten stellen, und ihrer Erfüllung durch die Bewerber minimiert wird; vgl. Bauer (1973).

B. Entwicklung von Personalflüssen und -strukturen

Während unter A. die Aufgabe darin besteht, geeignetes Personal, das noch nicht auf Stellen bzw. Dienstposten sitzt, entsprechenden Stellen bzw. Dienstposten zuzuordnen, geht es bei der Entwicklung geeigneter Personalflüsse und -strukturen darum, Personal von bereits wahrgenommenen Stellen bzw. Dienstposten anderen freiwerdenden Stellen bzw. Dienstposten so zuzuordnen, daß zusätzlich bestimmte Randbedingungen, z.B.

- o Abfolge bestimmter Verwendungsfolgen
- o Verwirklichung bestimmter Aufstiegschancen
- o Gewährleistung gewünschter individueller Werdegänge

erfüllt werden.

Ziel dieser Art von Aufgabenstellung ist es, das Personalgefüge so zu strukturieren, daß sowohl die auf den Stellen bzw. Dienstposten zu erfüllenden Aufgaben von dem Personal bestmöglich wahrgenommen als auch die individuellen Erwartungen und Bedürfnisse in möglichst großem Umfang berücksichtigt werden. Dabei sind u.U. miteinander konkurrierende Ziele zu verfolgen. Auf diese Weise ermittelte Personalsollstrukturen sind sogenannte stationäre Personalsysteme, die unter Erfüllung einer Vielzahl von Randbedingungen die Zielvorstellung des Personalplanes darstellen; vgl. Nawrath (1975), Zölzer (1975), Lepping (1976 und 1978); Pollatscheck (1976).

Bei der Lösung des oben geschilderten Typs von Problemstellung finden folgende Methoden Anwendung:

- Markov-Ketten-Modelle
- Transport-Modelle
- Zuordnungs-Modelle
- Netzwerk-Modelle
- Matrizen-Modelle
- Simplex-Verfahren
- Simulations-Verfahren.

C. Steuerung von Personalflüssen und -strukturen

Diese Aufgabe stellt sich als Erweiterung der Problemstellung B, bei der es darum ging, Personalsollflüsse oder Personalsollstrukturen zu bestimmen (stationärer Fall). Bei Personalsteuerungsprozessen haben wir es mit instationären Problemen zu tun. Ziel ist, nach einer Abweichungsanalyse (dynamischer SOLL-IST-Vergleich) durch konkrete Maßnahmen unter Beachtung von Randbedingungen, das Personalgeschehen (Flüsse oder Strukturen) so zu beeinflussen, daß man sich der Ziel-(SOLL)-Vorstellung nähert bzw. sie erreicht.

Für die Lösung solch komplexer Personalsteuerungsprobleme kann die Anwendung mathematischer Optimierungs-Verfahren auf Schwierigkeiten stoßen. Denn bei den meist sehr komplexen Problemen auf dem Personalsektor ist es oft sehr schwierig, das Ziel mathematisch exakt zu formulieren, oder man hat es mit mehreren konkurrierenden Zielen zu tun.

Als Alternative für die Optimierungsverfahren bieten sich Simulationsverfahren an. Im Gegensatz zu den analytischen Lösungsverfahren der Optimierung handelt es sich bei den Simulationsverfahren um Probierverfahren, mit denen versucht wird, die Wirklichkeit modellmäßig nachzuahmen. Simulation ist besonders dann zweckmäßig, wenn die Anzahl der Einflußgrößen und Parameter zu groß und ihre Verknüpfung so kompliziert ist, daß ihre Zusammenhänge oder die Auswirkung ihrer Änderungen nicht mehr analytisch erfaßt werden können.

Auf dem Personalsektor werden deshalb sehr häufig insbesondere deterministische Simulationsverfahren angewendet, um beispielsweise geeignete Personalstrukturen oder die Auswirkungen von Personalmaßnahmen zu ermitteln oder zu überprüfen.

Für die Simulation spricht ihre Praxisnähe und Anschaulichkeit und die Verwendung einfacher Rechenoperationen. Andererseits erfordert die Simulation oft einen enormen Rechenaufwand am Computer, weil meistens eine große Anzahl von Simulationsläufen (Versuchen) und damit sehr viel Rechenzeit erforderlich sind, d.h. die geplanten Personalmaßnahmen müssen solange abgeändert werden (Prinzip: try and see), bis das erreichte Ergebnis der Zielvorstellung möglichst nahe kommt.

Bei der Anwendung von Optimierungsverfahren werden zwar gewissermaßen automatisch die optimale Lösung genau bestimmt und Aussagen über die Sensitivität einzelner Einflußgrößen gemacht. Für die Lösung komplexer Personalaufgaben ist man aber oft gezwungen, das sich in der Praxis stellende Problem unzulässig zu vereinfachen, um überhaupt noch eine Zielfunktion mathematisch formulieren zu könnnen. Außerdem erreicht man bei der Anwendung von Optimierungsverfahren für komplexe Personalplanungs- und -steuerungsaufgaben sehr schnell die Grenzen (Speicherkapazität, Rechenzeit) selbst von Großrechenanlagen, wie sie heute zur Verfügung stehen.

Aus diesem Grunde führt bei der Lösung komplexer Aufgaben der Personalplanung und Personalsteuerung eine genau überlegte, kombinierte Anwendung von Optimierungs- und Simulationsverfahren am ehesten zum Erfolg.

Im Rahmen der auftragsbezogenen Studienarbeiten bei der IABG hat sich für die Lösung komplexer Aufgaben der Personalplanung und Personalsteuerung diese kombinierte Anwendung von Optimierungsverfahren und Simulationsverfahren bewährt. Welches Verfahren für welche Problemstellung anzuwenden ist, bestimmen in erster Linie der Charakter des sich in der Praxis stellenden Problems, die Zielvorstellung und die zu erfüllenden Randbedingungen.

Erst in jüngster Zeit ist bei der IABG im Auftrag des Bundesministeriums der Verteidigung ein Integriertes Verwendungs- und Ausbildungssteuerungssystem (IVAS) entwickelt worden· vgl. Bauhardt (1978), Meinhardt (1977). Im Rahmen der Entwicklungsarbeiten dieses Instrumentariums wurden sowohl die oben erwähnten Optimierungsverfahren als auch Simulationsverfahren angewendet. Das System IVAS, das in der Praxis bereits verwendet wird, dient der Bundeswehr als Hilfsmittel für die struktur- und bedarfsgerechte Planung und Steuerung von Personal und Ausbildung.

Kritische Bemerkungen zur Anwendung von OR-Verfahren im Personalwesen

Die Anwendung der oben beschriebenen Techniken und Verfahren des Operations Research auf dem Personalsektor setzt voraus, daß geeignete Daten zur Verfügung stehen. Leider ist das Datenmaterial, auf das man im Bereich des Personalwesens zurückgreifen kann, teilweise qualitativ sehr unzulänglich. Das liegt daran, daß häufig die Grundlagen für die Quantifizierung wesentlicher Einflußgrößen oder Parameter im Personalwesen, insbesondere im Bereich der qualitativen Personalplanung, fehlen.

Die Verarbeitung von unzulänglichen oder fehlerhaften Daten mit Hilfe strenger mathematischer Methoden birgt aber die Gefahr in sich, daß die in Form von genauen Zahlen ermittelten Ergebnisse Genauigkeiten vortäuschen, die in keiner Weise gegeben sind.

Ein gutes Beispiel hierfür ist die sogenannte anforderungsoptimale Zuordnung von Personal, wie sie unter A. beschrieben wurde. Die Anwendung des LP-Verfahrens setzt nämlich voraus, daß es Arbeitsbewertungsverfahren bzw. Eignungsfeststellungsverfahren gibt, mit denen es möglich ist, Anforderungen bzw. Eignungen zu messen und zu bewerten. Im ausführenden Bereich des Arbeitsgeschehens mag das vielleicht möglich sein, im dispositiven Bereich (Führungsaufgaben) erweist sich die Lösung dieser Aufgabe jedoch als äußerst schwierig. Wenn in diesem Bereich trotzdem mit Hilfe der Optimierungstechniken Personal "optimal" zugeordnet wird, so muß man wissen, daß diese Zuordnung unsinnig sein kann. Das liegt dann nicht am verwendeten OR-Verfahren, sondern daran, daß ein geeignetes arbeitswissenschaftliches Verfahren zur Messung und Bewertung von Anforderungen bzw. Eignungen fehlt.

Ein weiteres Problem bei der Anwendung von Optimierungsverfahren im Personalwesen bildet der Zwang, sich umso häufiger mit der Bestimmung von Suboptima bescheiden zu müssen, je komplexer die Aufgabenstellung ist.

Wenn beispielsweise das Ziel vorgegeben ist, eine stark verzerrte Personal-IST-Struktur innerhalb von 15 Jahren in Zeitschritten von 1 Jahr unter Berücksichtigung einer Reihe von Randbedingungen an eine festgelegte Personal-SOLL-Struktur heranzuführen, so kann es möglich sein, daß das Problem die Möglichkeiten selbst von Großrechenanlagen sprengt. Unter diesen Umständen könnte man sich z.B. gezwungen sehen, den Zeitraum von 15 Jahren in 3 Zeitabschnitte von je 5 Jahren aufzuteilen. Die Lösungen bei Zugrundelegung eines geschlossenen Zeitraumes von 15 Jahren einerseits oder über 3 Zeiträume von je 5 Jahren andererseits, können jedoch sehr unterschiedlich ausfallen. Deshalb muß stets genau geprüft werden, ob die ermittelten Suboptima als Lösungen verwendbar sind oder eventuell andere Wege (z.B. gröberes Raster) beschritten werden müssen.

In der Vergangenheit sind Verfahren des Operations Research auf dem Personalsektor oft zu unkritisch angewendet worden. Häufig wurde das betrachtete Personalproblem aus einem Gesamtzusammenhang gerissen und - um das Problem überhaupt noch analytisch lösen zu können - ohne die Berücksichtigung sehr wichtiger Schnittgrößen einer Lösung zugeführt. Mit Hilfe eines entsprechenden Algorithmus werden dann Ergebnisse auf mehrere Stellen hinter dem Komma geliefert, die jedoch oft weit entfernt liegen von der richtigen Lösung des sich in der Praxis stellenden Personalproblems.

Systemanalyse wird oft mit Operations Research gleichgesetzt. Tatsache ist, daß die Systemanalyse Operations Research mit umfaßt. Mathematische Techniken und Verfahren machen jedoch nicht das wesentliche der Systemanalyse aus.

Gerade im Personalwesen genügt es in der Regel nicht, die vielen komplexen Vorgänge und Zusammenhänge einzeln und unabhängig voneinander zu betrachten, sondern sie müssen in ihrer Gesamtheit erfaßt werden. Eine Ganzheitsschau ist deswegen notwendig, weil eine segmentartige Betrachtung stets nur eine bruchstückhafte und damit unvollständige Sicht des Ganzen vermitteln kann. Viele Mißverständnisse und vor allem Fehlschlüsse entstehen allein dadurch, daß man Vorgänge im Personalwesen losgelöst voneinander betrachtet. Der Mangel der ausschnitthaften Betrachtung wird auch nicht dadurch korrigiert, daß man beispielsweise die Erkenntisse einzelner Analysen aneinanderreiht, um durch einfache Superposition zu einer Gesamtschau des Personalwesens zu kommen. Denn nicht allein in der Vielfältigkeit der Aspekte, sondern gerade in ihren Wechselwirkungen und gegenseitigen Abhängigkeiten liegt das Wesen und gleichzeitig die Problematik des Personalwesens begründet (vgl. Gaugler (1975); Hackstein (1971)).

Deshalb soll an dieser Stelle noch einmal besonders betont werden:
Bevor OR-Verfahren angewendet werden, sind umfassende Systemanalysen erforderlich.

3.2 Systemanalyse und Systemplanung

Bei der Durchdringung komplexer Aufgaben im Personalwesen müssen deshalb Systemanalyse und Systemplanung noch breitere Anwendung finden als bisher.

Die Systemforschung der "ersten" Generation, vgl. Rittel (1973), hat dafür hauptsächlich die instrumentelle Systemanalyse entwickelt, die sich meist - wie in der Literatur nachzulesen - in fünf charakteristischen Phasen (Situationsanalyse, Zielanalyse, Problemdefinition, Systemsynthese, Wirkungsanalyse) abspielt; vgl. Zangemeister (1973). Voraussetzung dafür ist, daß die Zielsetzung klar definiert ist und aus ihr Teilziele abgeleitet werden können. Rittel (1973) nennt solche Problemstellungen "gutartig"; sie lassen sich meistens in analytischen Modellen abbilden und durch die Anwendung geeigneter OR-Verfahren lösen. "Bösartig" nennt er jene Probleme, die von keiner festgesetzten Problemstellung ausgehen, wo die genaue Zieldefinition erst noch erarbeitet werden muß. Mit dieser Art von Problemstellung befaßt sich die Systemforschung der "zweiten" Generation.

Es muß leider festgestellt werden, daß sich im Personalwesen stellende Probleme vorwiegend als "bösartig" zu bezeichnen sind.

Charakteristisch für diese "bösartigen" Probleme im Personalwesen ist, daß jede Beschreibung dieser Probleme nur vorläufig ist. Problemformulierungs- oder Verständnisprozeß und Problemlösungsprozeß sind nicht voneinander zu trennen. Jede Aussage, die darüber gemacht wird, was das Problem ist, ist gleichzeitig eine Aussage über die Problemlösung. Man kann sagen, daß der Lösungsprozeß für "bösartige" Probleme im Personalwesen ein ständiger Prozeß der Vorstellungsbildung ist. Man hat das Problem erst völlig verstanden, wenn es gelöst ist.

Man muß also feststellen, daß die Systemforschung der "ersten" Generation für die Lösung von Aufgaben im Personalwesen kein ausreichendes Instrumentarium darstellt, weil ihre Methoden in vielen Fällen sinnvoll erst zur Anwendung kommen, wenn alle wichtigen Probleme gelöst sind. Andererseits muß man feststellen, daß die Theorie und Methodenentwicklung der Systemforschung der "zweiten" Generation auf dem Personalsektor noch in den Anfängen steckt. Praktische Anwendungen sind nur vereinzelt, und dies auch erst in jüngster Zeit, zu beobachten.

Als wissenschaftliche Methoden zur Erfassung, Beschreibung und Analyse der Vorgänge und Zusammenhänge im Personalwesen und der mit ihnen verbundenen Handlungsabläufe bietet sich der umfassende Systemansatz auf der Basis einer Gesamtheitsschau an.

Die Gesamtheitsschau wird am besten verwirklicht durch die Anwendung der Gesamtheitsmethode. Unter der Gesamtheitsmethode ist ein rekursiver Ansatz zu verstehen: Bei der Planung und Gestaltung des Systems Personalwesen ist von der Umgebung auszugehen und über die Gesamtfunktion bzw. die Aufgabenstellung des Gesamtsystems sind die Subsysteme bzw. Elemente und ihre strukturellen Verknüpfungen stufenweise nach unten fortschreitend unter Berücksichtigung eines einheitlichen Detailierungsgrades zu erarbeiten. Diese Vorgehensweise ist die Voraussetzung für die Verwirklichung des sogenannten Bausteinprinzips, bei dem die Spezifikationen der Subsysteme und ihre Teilfunktionen ausgehend von dem übergeordneten Gesamtsystem definiert werden, damit sie später bei der Systemsynthese Baustein für Baustein zu einem Ganzen integriert werden können. Das Bausteinprinzip ist eine geeignete Methode bei der Behandlung komplexer Personalaufgaben, weil sie gewährleistet, daß bei der segmentartigen Betrachtungsweise die Wechselbeziehungen der Segmente untereinander in Form von Schnittgrößen weitgehend mit erfaßt werden.

In Bild 1 ist der Versuch gemacht worden, den funktionalen Zusammenhang im System Personalwesen unter Berücksichtigung des Prinzips der ganzheitlichen Betrachtungsweise grundsätzlich darzustellen. Es enthält gewissermaßen eine grundlegende Philosophie für die Lösung von Personalproblemen. Die wesentlichen Elemente des Systems Personalwesen und ihre Verknüpfungen untereinander wurden in einem groben Raster abgebildet. Sie orientieren sich an den Managementphasen.

Ausgangspunkt bei der Lösung jeder Personalaufgabe muß die Zielsetzung des betrachteten Unternehmens bzw. der Auftrag der betrachteten Organisation sein. Bei der organisationsspezifischen Zieldefinition ist es wichtig, die Organisations-Leitung und die zu beteiligenden Fachbereiche von Anfang an mit einzubeziehen. Auf der Basis einer groben Analyse des vorhandenen IST-Zustandes ist das sich stellende Problem zu definieren und eine Zielanalyse vorzunehmen.

Nachdem der Zielrahmen festgelegt worden ist, wird eine grobe Schätzung des für die Verwirklichung der Zielsetzung erforderlichen Personalbedarfs vorgenommen, d.h. es sind vorläufig festzulegen: die erforderlichen Stellen nach Anzahl, Qualifikationsart und Qualifikationshöhe. Zu diesem Zwecke sind in der ersten Näherung Funktionsanalysen durchzuführen, Organisationspläne aufzustellen und grobe Anforderungsprofile zu ermitteln.

Wenn die oben genannten Grundlagen erarbeitet worden sind, sind die Voraussetzungen für die Bestimmung einer geeigneten Personal-SOLL-Struktur geschaffen. Bei der Erarbeitung der Personal-SOLL-Struktur geht es darum, die Zielvorstellung bezüglich der Personal-Struktur unter Beachtung einer Fülle von Randbedingungen so zu entwickeln, daß sowohl die menschlichen Erwartungen als auch die betrieblichen Erfordernisse berücksichtigt sind. Zu diesem Zweck sind geeignete Ordnungsmittel wie Stellenpläne, Werdegänge, Ausbildungsreihen zu erarbeiten. Aus der SOLL-Struktur lassen sich der ideale Personal- und Ausbildungsbedarf bestimmen.

Die Personal-SOLL-Struktur ist die Basis für den SOLL-IST-Vergleich. Voraussetzung für die Durchführung eines SOLL-IST-Vergleiches ist, daß die IST-Struktur in der gleichen Form wie die SOLL-Struktur aufbereitet ist. Der SOLL-IST-Vergleich wird sowohl statisch als auch dynamisch (zeitabhängig) durchgeführt. Es können alternativ Personalmaßnahmen durchgespielt werden. Nach der Auswahl einer geeigneten Alternative kann der reale Personalbedarf ermittelt werden. Die Entscheidung für eine bestimmte Alternative beinhaltet normalerweise ein Bündel von Maßnahmen (Strategie) als Grundlage für die Personalsteuerung.

Bevor die erarbeiteten Maßnahmen tatsächlich realisiert werden können, muß feststehen, daß für ihre Durchführung geeignete Verfahren (Instrumente, z.B. Auswahlverfahren, Zuordnungsverfahren, Beurteilungsverfahren usw.) zur Verfügung stehen. Sollten diese Verfahren nicht oder in der nicht geeigneten Form vorhanden sein, müßten sie erstellt werden (Rückwirkungen auf SOLL-IST-Vergleich). Erst danach können Personalmaßnahmen (Steuerungsmaßnahmen, z.B. Beförderung, Einstellung usw.) bezogen auf Individuen bzw. Personengruppen im einzelnen realisiert werden.

In Bild 1 sind der Übersichtlichkeit wegen nicht alle vorhandenen Rückkopelungseffekte, sondern nur die wichtigsten eingezeichnet.

Bild 1

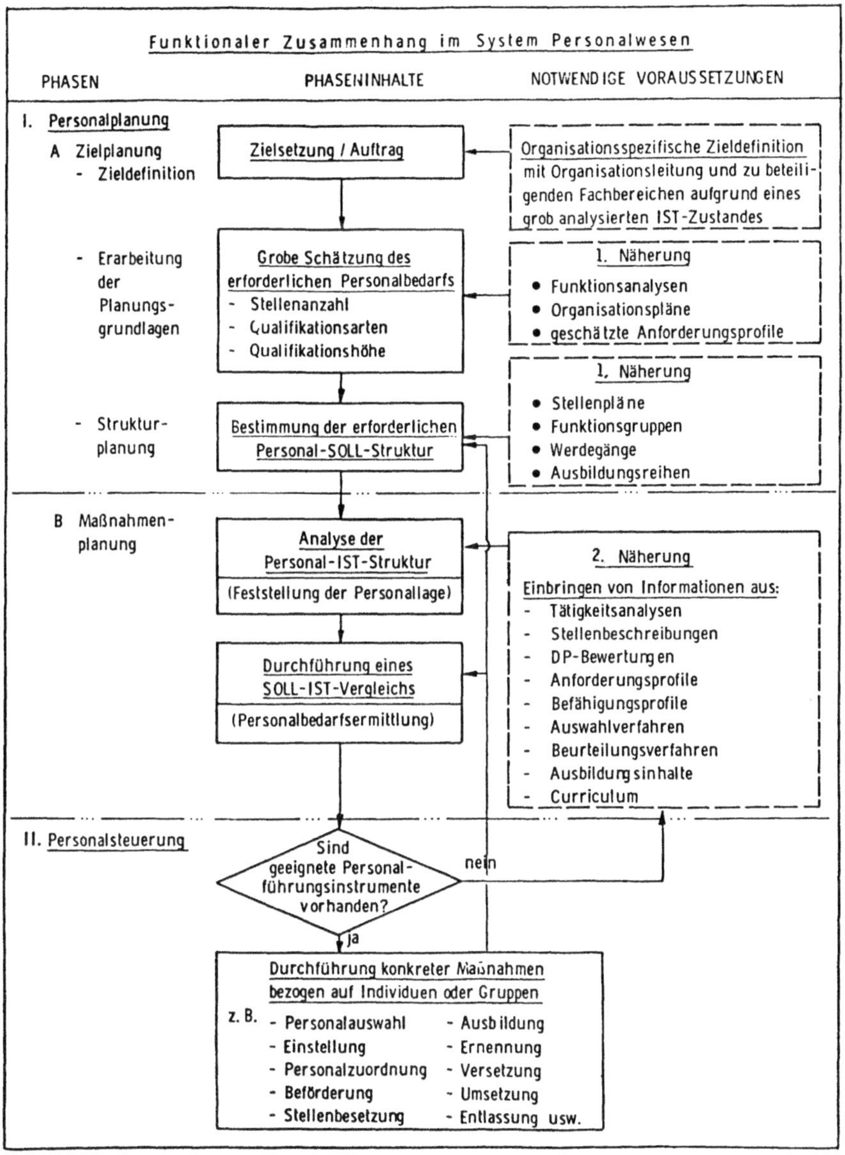
Funktionaler Zusammenhang im System Personalwesen
PHASEN
PHASENINHALTE
NOTWENDIGE VORAUSSETZUNGEN
I. Personalplanung
A Zielplanung
- Zieldefinition
Zielsetzung / Auftrag
Organisationsspezifische Zieldefinition mit Organisationsleitung und zu beteiligenden Fachbereichen aufgrund eines grob analysierten IST-Zustandes
- Erarbeitung der Planungsgrundlagen
Grobe Schätzung des erforderlichen Personalbedarfs
- Stellenanzahl
- Qualifikationsarten
- Qualifikationshöhe
1. Näherung
• Funktionsanalysen
• Organisationspläne
• geschätzte Anforderungsprofile
- Strukturplanung
Bestimmung der erforderlichen Personal-SOLL-Struktur
1. Näherung
• Stellenpläne
• Funktionsgruppen
• Werdegänge
• Ausbildungsreihen
B Maßnahmenplanung
Analyse der Personal-IST-Struktur
(Feststellung der Personallage)
Durchführung eines SOLL-IST-Vergleichs
(Personalbedarfsermittlung)
2. Näherung
Einbringen von Informationen aus:
- Tätigkeitsanalysen
- Stellenbeschreibungen
- DP-Bewertungen
- Anforderungsprofile
- Befähigungsprofile
- Auswahlverfahren
- Beurteilungsverfahren
- Ausbildungsinhalte
- Curriculum
II. Personalsteuerung
Sind geeignete Personalführungsinstrumente vorhanden?
nein
ja
Durchführung konkreter Maßnahmen bezogen auf Individuen oder Gruppen
z. B.
- Personalauswahl
- Einstellung
- Personalzuordnung
- Beförderung
- Stellenbesetzung
- Ausbildung
- Ernennung
- Versetzung
- Umsetzung
- Entlassung usw.

Auf der Basis dieses systemtheoretischen Ansatzes sind von der IABG in den letzten Jahren eine Reihe von Untersuchungen auf dem Personalsektor insbesondere für öffentliche Auftraggeber (Bundesministerium der Verteidigung, Bundesministerium des Innern) mit Erfolg durchgeführt worden.

4. Zusammenfassung

Zusammenfassend lassen sich die im Personalwesen stellenden Aufgaben wie folgt klassifizieren; vgl. auch Heinrich/Pils (1977):

- Es gibt nur wenige Personalaufgaben, die als vollständig algorithmisiert angesehen werden können.
- Eine Reihe von Personalaufgaben kann man als teilweise algorithmisierbar bezeichnen. Bei ihnen sind zwar wesentliche Teile algorithmisierbar, eine vollständige Algorithmisierung ist aber nicht möglich bzw. nicht wünschenswert. Auf sie beziehen sich in erster Linie die Methoden der Systemforschung der ersten Generation. Sie werden heute auf breiter Front angewendet, insbesondere OR-Verfahren.
- Die Mehrzahl der Personalaufgaben sind als schlecht strukturierbar einzuordnen, d.h. diese Aufgaben sind sehr schwer mit einer geordneten Menge operationaler Ablaufschritte zu beschreiben. Für sie braucht man eine Systemforschung der zweiten Generation. Die Theorie- und Methodenentwicklung steckt hier noch in den Anfängen.

Folgende Tendenz ist heute unverkennbar: Wissenschaft und Praxis versuchen, teilweise algorithmisierbare Personalaufgaben in algorithmisierbare und schlecht strukturierte Personalaufgaben zumindest in teilweise algorithmisierbare zu überführen. Inwieweit diese Vorgehensweise zulässig und sinnvoll ist, müssen erst weitere Anwendungen in der Praxis erweisen.

Literaturverzeichnis

Bartholomew, D.J. : Stochastische Modelle für Soziale Vorgänge
München/Wien 1970

Bauer, J. : Optimale Stellenbesetzung mit Hilfe von analytischer Arbeitsbewertung und Operations Research
Industrial Engineering 1973; Heft 4, S 243-247

Bauhardt, P. : Integriertes Verwendungs- und Ausbildungssteuerungssystem IVAS des Heeres
IABG-Bericht, Ottobrunn 1978

Gaugler, E./Wistinghausen,J. : Handwörterbuch des Personalwesens
Stuttgart 1975, S 1720 - 1732

Hackstein,K/Nüssgens,K.H,; Uphus, P.H. : Personalwesen in systemorientierter Sicht
Fortschrittliche Betriebsführung 20 (1971) S 27 - 40

Heinrich.L.J.; Pils, M. : Personalinformationssysteme
Arbeitsbericht Nr. 4; Universität Linz, 1977

Lepping, R. : Ein Markov-Ketten-Modell zur Prognose und Steuerung der Entwicklung von Personalbeständen
IABG-Bericht, Ottobrunn 1976

Lepping, R. : Über die Anwendung rekursiver, linearer Matrizenmodelle in der Personalplanung
IABG-Bericht, Ottobrunn 1978

Meinhardt, H.J. : Wirkungskonzept des Systems für die zentrale Verwendungs- und Ausbildungssteuerung im Heer
IABG-Bericht, Ottobrunn 1977

Nawrath, Ch. : SOLL-Dienstgrad-Altersstrukturen für Offiziere der Luftwaffe
Truppenpraxis, Heft 10, Herford/Bonn 1976, S 737 ff

Nunner, O./Zölzer, G.A. : Anwendung eines Transportmodells bei der Einberufung von Wehrpflichtigen
Proceedings in Operations Research 6 Würzburg - Wien 1976, S 441 - 445

Pollatscheck, M.A. : Personnel Assignment by Multiobjective Programming
Zeitschrift für Operations Research 20, 1976, S 161 - 170

Rittel, H. : Bemerkungen zur Systemforschung der "ersten" und "zweiten" Generation
Tech. wissensch. Blätter d. Südd.Zeitung, November 1973

Zangemeister, C. : Zur Systemtechnik
Grundlagen, Vorgehensweisen und Einsatzgebiet systemorientierter Problemlösungsmethodik November 1973

Zölzer, G.A. : Alternative Anwendung Linearer Programmierung bei Markov-Modellen für Personalstruktur-Probleme
Proceedings in Operations Research 6,
Würzburg - Wien 1976, S 70 - 76

Grundlagen und Anwendungsprobleme der Simulation eines integrierten Personalplanungsmodells – Personalplanung mit System Dynamics

J. Weinmann, Frankfurt

Die Planung von langfristigen Prozeßvariationen im Personalbereich bedingt, den gesamten Personalplanungsvorgang zusammen mit der Unternehmensentwicklung als komplexes System anzusehen. Dazu bedarf es eines programmierbaren, systemanalytischen Ansatzes, der in der Lage sein muß, reale Unternehmensdaten simultan in einem dynamisch geprägten Zeitraum (langfristig) zu verarbeiten. Ein den bisher bekannten Simulationsmethoden überlegener systemorientierter Ansatz ist die SYSTEM DYNAMICS genannte Methode von Jay W. Forrester. 1)

Die Simulationsstudie 2) umfaßt 350 Definitionsgleichungen in der Terminologie des System Dynamics. Mit Hilfe eines TIME SERIES PROCESSORS (TSP) 3) wurden zusätzlich Regressions- und Korrelationsberechnungen der wichtigsten Parameter durchgeführt. Funktional strukturiert und mit realen Daten der BASF AG, Ludwigshafen, aus den Jahren 1972 bis 1976 versehen wurden die Bereiche Absatz, Produktion, Investitionen, Finanzen sowie Personalbestand und -strukturierung, Personalentwicklung, Personalkosten, Arbeitsproduktivität sowie ein endogen erklärbarer Motivationsindex. Aus dem Umweltsystem wurden reale Daten für 'Wirtschaftliche Entwicklung', 'Technischer Fortschritt', 'Arbeitsmarkt' und 'Arbeitszeit' berücksichtigt.
Für die EDV-mäßige Realisierung dieser Personalplanungsstudie wurden ca. 15 Stunden CPU-Rechenzeit auf einer Siemens-Anlage 4004 benötigt - bei etwa 270 Testläufen.

Unter Validitätsaspekten zeigen die Modellsimulationen die Gültigkeit und Prognosefähigkeit dieses langfristigen Personalplanungsmodells. Der Simulationszeitraum reicht von 1972 bis zum Jahre 1985. Anhand des Vergleichs der simulierten Variablenausprägungen mit den tatsächlichen Werten der Jahre 1975 und 1976 wurden Plausibilitäts- und Konsistenstests durchgeführt. Dabei zeigte sich, daß das Modell in der Lage ist, den realen Verlauf relevanter Verhaltensmerkmale wie z.B. Personalistbestand, Personalbeschaffungsrate und Personalbedarf, Fluktuation, Personalkosten usw. der Jahre bis 1976 wiederzugeben. Die simulierten Werte entsprechen der realen Entwicklung mit Abweichungen zwischen 0,1 % und 3,4 % - bei einem Durchschnitt von 1,0 %. Die Prognosefähigkeit des Modells wurde durch Variation und variierender Kombination relevanter Daten aus Unternehmens- und Umweltbereich getestet und schließlich bejaht. Die letztlich bestätigte Validität erlaubt jedoch nicht ohne weiteres den Rückschluß, daß das Modell mit dem formulierten Komplexionsgrad (Systemgrenze) als eindeutiges Spezifikationssystem des Realsystems betrachtet werden kann. Die Modellsimulationen haben z.B. insbesondere gezeigt, daß die personalwirksamen Variablen des Investitionssektors in Verbindung mit dem Produktionsbereich sensitiv auf eine Parametervariation reagieren.

Die fehlende Berücksichtigung von Optimierungsrechnungen im analytischen Sinne bleibt kritisch anzumerken. Isolierte ökonometrische Modelle bieten jedoch mit ihren statischen Annahmen wie Linearität der Varibalen-Beziehungen und Zeit-Konstanz der Strukturparameter keine besseren Lösungsmöglichkeiten bei der Bewältigung komplexer sozio-technischer und dynamischer Planungsprobleme.

Ein sich in jüngster Zeit abzeichnender Lösungsansatz zur Ausschaltung der jeweiligen Nachteile von Simulations- und ökonometrischen Modellen besteht in der Kopplung statischer Optimierungs- und Input-Output-Modellen mit dem dynamischen Simulationsmodell. 4) Das Grundproblem besteht dabei in der Definition zeitraumbezogener Kopplungspunkte bei gleichzeitiger Bestimmung der gesamten variablen Struktur in qualitativer, quantitativer, dimensionaler und skalierungsmäßiger Ausprägung.

Literaturhinweise:

1) J.W. Forrester; Industrial Dynamics, Cambridge Mass., 6. Auflage, 1969

2) J.M. Weinmann; Strategische Personalplanung - Theoretische Grundlegung und Versuch der Simulation eines integrierten Personalplanungsmodells, Köln 1978

3) Time Series Processors. User's Manual. TSP (360-91), Princetown University (Hrsg.), Princetown 1971

4) H. Krallmann; Die Kombination eines Branchen- und eines Input-Output-Modells in der Dechema-Studie "Chemische Technik", Berlin 1977

Über die Anwendung rekursiver, linearer Matrizenmodelle in der Personalplanung

R. Lepping, Ottobrunn

Das Personalgeschehen in einer großen, aus homogenen Personengruppen bestehenden Organisation wird mit seinen Bewegungsvorgängen und Zustandsänderungen durch rekursive, lineare Matrizenmodelle näherungsweise beschrieben. Mit diesen Modellen kann man

- o die Bewegungsvorgänge im Personalsystem beschreiben,
- o bedingte Vorhersagen über das Verhalten des Systems machen und
- o Strategien zur Personalsteuerung ermitteln.

Gliedert man das Personal einer Organisation in homogene Teilbestände n_i, so entdeckt man, daß diese Teilbestände - zu zwei Zeitpunkten betrachtet - in der Regel Unterschiede aufweisen. Diese werden durch bestandsändernde Personalflüsse wie Zugänge Rr_i, Abgänge $n_i \cdot w_i$ und Beförderungen oder interne Versetzungen $n_i \cdot p_{ij}$ verursacht. Den Bewegungsvorgang beschreibt zeitschrittweise die rekursive, lineare Beziehung:

$$\underset{\sim}{n}(T) = \underset{\sim}{n}(T-1)\underset{\sim}{P} \quad R\underset{\sim}{r}(T) \qquad (1)$$

Soll ein Personalsystem einen konstanten Umfang halten, expandieren, sich verkleinern, stationäres Verhalten zeigen oder nur vakanzabhängige Personalflüsse beinhalten, so kann die gefundene Beziehung (1) diesen Sonderfällen entsprechend angepasst werden.

Mit den Varianten des deterministischen Makro-Modells wurden bedingte Bestandsprojektionen und Verhaltensperspektiven für eine vielstufige, in Besoldungsgruppen unterteilte, Hierarchie und ein aus Zeitsoldaten mit unterschiedlichem Verpflichtungsstatus pro Dienstaltersgruppe bestehenden Systems erzeugt.

Ferner lieferten die Modellgleichungen einen Teil der linearen Restriktionen für ein LP zur optimalen Strategieermittlung.

Bei Beachtung der Modellvoraussetzungen erweisen sich diese Modelle als aussagefähige, kostengünstige Alternative zu aufwendigen Personalmodellen.

Literatur

D.J. BARTHOLOMEW	Stochastic Models for Social Processes, Wiley (1973)
D.J. BARTHOLOMEW (Ed.)	Manpower Planning, Penguin (1973)
A.R. SMITH (Ed.)	Manpower Planning in the Civil Service, HMSO (1976)
G. FEICHTINGER	Stochastische Modelle demographischer Prozesse, Springer (1971)
A.F. FORBES	An Extended Markov Chain Model, IMS Technical Note (August 1974)
PAULINE SALES	The validity of the Markov Chain Model for a branch of the Civil Service, Statistican 20 (1971)
H. WÄCHTER	Die Verwendung von Markov-Ketten in der Personalplanung, Z.Betr.-Wirtschaft 44 (1974)
K.G.J. MICHAL	Eine Markov Analyse für ein hierarchisch gegliedertes Sozialsystem mit prognostischer Auswertung, Dissertation, Universität Regensburg (1973)
M.D. HAWKINS	Controlling Transition Rates in Markov Manpower Flow Modells, Dissertation, Univ. of California, Berkeley (1977)
S. STEWMAN	An Application of Job Vacancy Model to a Civil Service Internal Labor Market, J. of Math. Soc. Vol. 4 (1975)
R. LEPPING	Ein Markov-Ketten-Modell zur Prognose und Steuerung der Entwicklung von Personalsystemen IABG, M-SZ 1099/01 (1976)
R. LEPPING	Ein rekursives, lineares Matrizenmodell zur Projektion von Personalbeständen der Luftwaffen-Unteroffiziere IABG, B-SZ 1033/01 (1977)
R. LEPPING	Ein Modell zur Projektion von Altersverteilungen für die Personalplanung Unveröffentlichtes Manuskript (1978)

Probleme und Lösungsansätze der Ausbildungsbudgetplanung

D. Sadowski, Bonn

Die Arbeiten der Sachverständigenkommission "Kosten und Finanzierung der außerschulischen beruflichen Bildung" (Abschlußbericht 1974) haben gezeigt, daß ein Teil der deutschen Unternehmen für die berufliche Bildung beträchtliche Nettokosten trägt, ohne die in einem anerkannten Ausbildungsberuf Ausgebildeten über vertragliche Bindungen oder Entschädigungszahlungen an der Finanzierung dieser Kosten beteiligen zu können. Nach der klassischen bildungsökonomischen Analyse Gary S. Beckers (1964) ist ein solches Verhalten unerklärlich. Es wird daher zunächst gezeigt, inwiefern die einseitige Erfassung der Ziele einzelwirtschaftlicher Bildungsentscheidungen, nämlich allein im Hinblick auf die durch sie induzierten Lohn- bzw. Grenzproduktveränderungen, die Ursache für diese mangelnde Erklärungskraft des herrschenden humankapitaltheoretischen Ansatzes ist und warum auch alternative neuere Operationalisierungsversuche, welche Ausbildung als Personalreservebildung (Hortung) oder Personalauswahlmechanismus ("Screening") verstehen, das Ausbildungsverhalten der betrachteten Unternehmen nicht funktional begründen können.

Dann wird versucht, die Berufsausbildung als Maßnahme der Personalbeschaffung und des Nicht-Lohn-Wettbewerbs zu verstehen, die letztlich dazu dient, ein akquisitorisches Potential am Facharbeitermarkt zu schaffen. Die Gefährdung durch Fluktuation, das Mobilitätsverhalten der Ausgebildeten und das Einstellungsverhalten der Konkurrenz bilden nach dieser Interpretation den eigentlichen Kern des Problems. Wenn intern rekrutierte Facharbeiter niedrigere Fluktuationsneigungen aufweisen als extern rekrutierte, so impliziert das nicht einfach eine monopsonistische Machtstellung der Arbeitsnachfrager, sondern kann eine freiwillige, durch den Wunsch nach Aufstieg oder Arbeitsplatzsicherheit begründete Selbstbeschänkung der Arbeitsanbieter sein.

Gestützt auf diese Hypothese, die kurz empirisch belegt und organisationstheoretisch plausibel gemacht werden soll, wird dann ein Planungsmodell zur Bestimmung des optimalen Ausbildungsbudgets im Unternehmen formuliert. Als Ziel werden die Maximierung der seriösen Stellengesuche im Planungshorizont des Unternehmens und als Nebenbedingung die Marktreaktionsfunktion, d.h. die Abhängigkeit der Stellensuche von den aktuellen sowie früheren Ausbildungsaktivitäten aufgenommen. Das Modell wird kontrolltheoretisch gelöst, und zwar mit Verfahren, die sich in der Theorie der Werbeausgaben schon bewährt haben.

Am Ende wird gesagt, wie eine Erweiterung des Modells um Stellenanbieterkonkurrenz und zusätzliche Beschaffungsmarketingvariable geschehen und wie der Übergang vom Budget für Rekrutierungs- bzw. Ausbildungsausgaben auf einzelne Programme und Projekte erfolgen kann.

Literatur:

Becker, Gary S.: Human Capital, New York 1964, [2]1975

Bultez, Alain: La firme en concurrence sur des marchés interdépendants, Diss.Mons/Belgien, November 1975

Dean, Joel: Managerial Economics, Englewood Cliffs, N.J. 1951

Flamholtz, Eric: Human Resource Accounting, Encino/Belmont, Ca. 1974

Jenness, John S.: Budgeting and Controlling Training Costs, in: Craig, Robert L. (ed.): Training and Development Handbook, New York, 2nd ed.1976,ch.iv

Kirsch, Werner; Bruder, Wolfgang; Gabele, Eduard: Personalschulung - Empirische Perspektiven der betrieblichen Curriculumplanung, München 1976

Likert, Rensis; Bowers, David G.: Organizational Theory and Human Resource Accounting, American Psychologists, 24(1969), 585-592

Lootsma, F.A.: Boundary Properties of Penalty Functions for Constrained Minimization, Philips Research Reports, Supplements, 197o, No. 3

Sadowski, Dieter: Zur Theorie unternehmensfinanzierter Investitionen in die Berufsbildung, in: Clement, W. (Hrsg.): Neue Entwicklungen der Humankapitaltheorie, Schriften des Vereins für Socialpolitik, in Vorb.

Staude, Joachim: Betriebliche Traineeprogramme und ihre Kontrolle, Köln 1978

Integriertes Verwendungs- und Ausbildungssteuerungssystem IVAS des Heeres

P. Bauhardt, Ottobrunn

1. Aufgaben des Personal-Managements

Die vom Personalmanagement des Heeres zu leistenden Aufgaben können drei Themenkreisen zugeordnet werden:

a) Spezifizierung der beim Personal-Management zu beachtenden Restriktionen und Ausarbeitung der Planungs-Grundlagen.

b) Entwicklung einer Personal-Struktur, die unter Beachtung der Restriktionen
   - o den Personalbedarf nach Anzahl, Alter, Dienstgrad, Ausbildungshöhe und -richtung spezifiziert;
   - o daraus abgeleitet den Ausbildungsbedarf definiert;
   - o die Einstellungs-, Ausbildungs-, Beförderungs- und Pensionierungsmaßnahmen erkennen läßt, die zur Erhaltung der personellen Einsatzbereitschaft der Streitkräfte und zur Wahrung der berechtigten Interessen des einzelnen Soldaten erforderlich sind.

c) Personal-Führung mit der Zielsetzung
   - o das verfügbare Personal in effizienter Weise entsprechend dem Bedarf einzusetzen und
   - o dabei die zur Realisierung der Personalstruktur entwickelten Strategien zu beachten.

Die funktionale Abhängigkeit der Themenkreise spiegelt sich im Phasenverlauf des Personal-Managements wieder. Die Ausarbeitung der Planungsgrundlagen und Spezifikation der Restriktionen erfolgt im wesentlichen in der Phase der Zielplanung. Die Entwicklung einer Personalstruktur und Optimierung von Management-Strategien ist zentraler Gegenstand der Maßnahmenplanung, während in der Realisierungsphase die Personalführung im Vordergrund steht. Die Kontrollphase schließlich dient der Ausgestaltung des Personal-Managements zu einem kybernetischen Prozeß.

Proceedings in Operations Research 8, ©Physica-Verlag, Würzburg–Wien, 1979

Charakteristisch für Personalmanagement-Probleme ist
ihre Komplexität wegen
- der großen Anzahl an zu berücksichtigenden Individuen (allein ca. 250.00 Wehrpflichtige/Jahr);
- der Vielfalt an Kombinationen von Angebot und Bedarf;
- der Vielfalt an Ausbildungsmöglichkeiten und Laufbahnbestimmungen;
- der großen Schwankungsbreite individueller Eigenschaften und Fähigkeiten;
- des extrem weiten Planungshorizonts (ein Berufssoldat dient ca. 35 Jahre);
- die große Anzahl sich routinemäßig wiederholender Arbeitsabläufe.

Der Führungsstab des Heeres veranlaßte deshalb die Entwicklung des Integrierten Verwendungs- und Ausbildungssteuerungssystems IVAS mit dem Ziel der Erstellung eines geeigneten Führungs- und Informationssystems zur Unterstützung der Managementaufgaben im Gebiet Personal des Heeres.

2. Zielsetzung der Entwicklung von IVAS

Daraus ergaben sich zwei Arbeitsbereiche in der Entwicklung von IVAS:

1. Die Erarbeitung einer Konzeption für die zukünftige Aufbau- und Ablauforganisation des Heeres im Bereich der Personalverwendungs- und Ausbildungssteuerung. Der Begriff "Ausbildungssteuerung" (es handelt sich um einen Arbeitsbegriff) muß in diesem Zusammenhang einschränkend definiert werden als: "Steuerung der Ausbildungskapazitäten und der Personen in die Ausbildung". Als wesentliche Randbedingung war dabei zu berücksichtigen, daß Veränderungen der bestehenden Organisation auf das unbedingt erforderliche Maß beschränkt sein müssen.
2. Die Entwicklung von EDV-gestützten Instrumentarien zur Ergänzung und Sicherung der Informationsversorgung. Als wesentliche Randbedingung war dabei zu beachten, daß diese Entwicklung im engsten Verbund mit bereits bestehenden Informationssystemen durchzuführen war.

3. Konzeption der Aufbau- und Ablauforganisation

Die Erarbeitung der Konzeption für die Aufbau- und Ablauforganisation erfolgte in folgenden Schritten:

- o Aufstellung eines Zielsystems mit Haupt- und Teilzielen, abgeleitet aus den allgemeinen Zielen der Bundeswehr

- o Übertragen des Regelkreisprinzips auf die Steuerung von Personen und Ausbildungskapazitäten (siehe Bild 1)
- o Gliederung dieser Gesamtaufgabe in einzelne Aufgaben bzw. Funktionen
- o Gliederung dieser Aufgaben nach Planungs-, Realisierungs- und Kontrollphasen, Arbeitstakten
- o Zuordnung von Dienststellen und Informationsflüssen (nach Inhalt, Terminen, Häufigkeiten usw.)

Bild 1 Steuerung von Personal- und Ausbildungskapazität gemäß dem Regelkreisprinzip

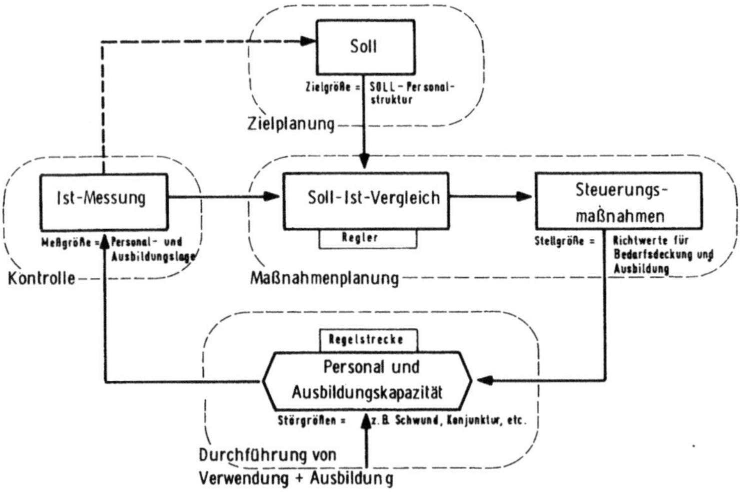

In den stufenweisen Erarbeitungsprozeß wurden jeweils sowohl theoretische Ansätze und Überlegungen als auch die Ergebnisse einer umfangreichen IST-Analyse der gegenwärtigen Verwendungs- und Ausbildungssteuerung einbezogen. Die IST-Analyse wurde mit Hilfe von Befragungen, Auswertungen von Organigrammen, Arbeitsanweisungen durchgeführt.

Durch die Vorgehensweise der stufenweisen Aufschlüsselung von der allgemeinen Zielsetzung bis hin zum einzelnen Arbeitstakt und Informationsfluß wurde sichergestellt, daß immer der Bezug zur allgemeinen Zielsetzung erhalten blieb und gleichzeitig eine umfassende Darstellung der verschiedenen Aufgaben und deren funktionalen Beziehungen mit allen notwendigen Einzelheiten erreicht wurde.

Durch die ständige Mitwirkung der betroffenen Dienststellen bei diesen Arbeiten wurde ferner gleichzeitig ein Abstimmungsprozeß bezüglich der notwendigen Veränderungen durchgeführt.

Die Erarbeitung des Organisationskonzepts beinhaltet - wie bereits ausgeführt - auch eine umfassende Darstellung der Informationsanforderungen, der Informationsbereitstellung und der Informationsflüsse. Im Vergleich zwischen den Forderungen und den bereits bestehenden Informationsquellen ergab sich die genaue Definition der Informationsanforderungen an die zu entwickelnden EDV-gestützten Instrumentarien. Nach unserer Erfahrung waren dabei mit der umfassenden Auftragserteilung - also sowohl Erarbeitung eines Organisationskonzepts als auch Entwicklung von Modellen und EDV-Programmen - erhebliche Vorteile verbunden.

o Aus dem bei der Erarbeitung des Organisationskonzeptes gewonnenen Wissen um die Gesamtzusammenhänge im Gebiet Personal und Ausbildung ergab sich eine fundierte Basis für die Auslegung der Modelle und Programme in methodischen Belangen, Art und Darstellung der Ergebnisse usw.

o Möglichkeiten und Grenzen der Modelle und Programme beeinflussen umgekehrt die Erarbeitung des Organisationskonzepts. Modelle und Programme wurden dazu bereits während der Erarbeitung des Organisationskonzepts in Entwürfen und Grobfassungen vorgelegt, so daß zumindest in Teilbereichen sehr bald eine praktische Erprobung der Modelle und Programme und eine Ergebnisverarbeitung möglich war.

4. Die Entwicklung von Modellen und EDV-Programmen

Folgende Informationen werden mit Hilfe von Modellen und Programmen aufbereitet: Für einen Planungszeitraum von 5 Jahren, für das gesamte Heer, für einzelne Großverbände des Heeres und für ca. 150 unterschiedliche Gruppen von Verwendungen des Heeres werden jeweils Aussagen über

o die voraussichtliche Entwicklung in der Anzahl der Pensionierungen, Dienstzeitbeendigungen
o notwendige Anzahl und Umsetzungen in andere Verwendungen
o mögliche und notwendige Anzahl von Beförderungen
o bedarfsgerechte Übernahmen zum Berufssoldaten
o notwendige Einberufungen von Wehrpflichtigen
o bedarfsgerechte Lehrgangsbeschickungen

usw. berechnet.

Insgesamt werden für den Planungszeitraum ca. 1 Mio Einzelinformationen berechnet. Diese werden in der jeweils notwendigen Aufbereitungsform und Verdichtung an die verschiedenen Bedarfsträger geliefert.

Im Zusammenwirken mit weiteren Informationen aus anderen Informationssystemen, insbesondere aus dem Bereich der Individualplanungen werden die zentralen Dienststellen in die Lage versetzt, Steuerungsmaßnahmen zu ergreifen, die das Erreichen der Ziele gemäß Zielsystem sicherstellen.

Die Verarbeitung und Gewinnung obiger Informationen geschieht mit Hilfe bekannter Methoden der Trendrechnung, LP, Simulation, in drei Verfahrensschritten:

- o Berechnung der Personal-SOLL-Struktur
- o Erstellung eines statischen (d.h. zeitpunktbezogenen) SOLL-IST-Vergleichs
- o Berechnungen für einen dynamischen (d.h. zeitraumbezogenen) SOLL-IST-Vergleich

Berechnung von Personal-SOLL-Strukturen

Die Berechnung von Personal-SOLL-Strukturen dient der Ermittlung desjenigen Aufbaus von Dienstposten nach Dienstalter und Dienstgrad, der es ermöglicht, alle Dienstposten des Heeres unter Einhaltung der Laufbahnbestimmungen, der gewünschten Stehzeiten, Verweildauern, Laufbahnchancen, Werdegänge und Ausbildungsgänge zu besetzen.

Die Soldaten treten in der Regel im niedrigsten Dienstgrad ein und durchlaufen je nach Laufbahn, Leistung, Dienstzeit und Bedarf die Dienstgrade von unten nach oben.

Mit einer einfachen Rechnung unter Berücksichtigung

- o der Dienstpostensumme
- o des frühest- und spätestmöglichen Beförderungsalters (einschl. Beförderungsverteilung)
- o des geforderten Status
- o des Zurruhesetzungsalters (bei Berufssoldaten)
- o des Dienstzeitbeendigungsalters (bei Zeitsoldaten)
- o der Schwundquoten und
- o entsprechender Ausbildungsabschnitte

werden die notwendigen Besetzungszahlen je Dienstgrad und Alter von oben nach unten berechnet. Letztlich erhält man dabei den notwendigen Einstellungsbedarf an Wehrpflichtigen und Freiwilligen.

Diese Berechnung wird durchgeführt für die SOLL-Struktur des gesamten Heeres, für große Teilbereiche des Heeres und für ca. 150 unterschiedliche Gruppen von Verwendungen. Die Verknüpfungen zwischen diesen Teilbereichen - im militärischen Sprachgebrauch werden sie als Versetzungen und Umsetzungen bezeichnet - werden mit Hilfe eines LP berechnet.

Das wesentlichste Merkmal der Personal-SOLL-Struktur liegt darin, daß bei einer Annäherung der Personal-IST-Struktur an die SOLL-Struktur die personelle Bedarfsdeckung, Lehrgangsbeschickung usw. des Heeres zukünftig in bestmöglicher Weise erfüllt würden.

Statischer SOLL-IST-Vergleich

Die Abweichungen zwischen Personal-SOLL-Struktur und tatsächlichem Personal-IST werden im statischen SOLL-IST-Vergleich aufgezeigt. Er weist z.B. alle nicht besetzten oder nach Ausbildungs-, Haushalts- oder Jahrgangsgesichtspunkten über- oder unterbesetzten Dienstposten aus.

Dynamischer SOLL-IST-Vergleich

Der dynamische SOLL-IST-Vergleich erbringt - ausgehend von einem aktuellen statischen SOLL-IST-Vergleich - für den geforderten mittelfristigen Planungszeitraum Aussagen über die voraussichtliche Personallageentwicklung bzw. die vorher aufgeführten Informationen. Methodisch entspricht die Vorgehensweise im dynamischen SOLL-IST-Vergleich einer weitgehend deterministischen Simulation, wobei in Teilbereichen ähnlich der Berechnung der Personal-SOLL-Struktur ein LP-Modell eingesetzt wird.

Der Berechnungszeitraum wird in einzelne Berechnungsabschnitte - gleich Quartalen - zerlegt. Für jeden Berechnungsabschnitt werden einzelne Prozeduren zur Berechnung des Personalbedarfs, des möglichen Nachfolgeaufkommens und der Bedarfsdeckung d.h. Ausgleich zwischen Bedarf und Nachfolgeraufkommen durchgeführt.

Die Personal-SOLL-Struktur dient dabei stets als Vergleichs- und Führungsgröße mit dem Ziel, durch geeignete Ausgleichsmaßnahmen zwischen Bedarf- und Nachfolgeaufkommen die Personal-IST-Struktur an die Personal-SOLL-Struktur anzunähern.

Zusammenwirken der Verfahrensschritte

Beim Betrieb dieser Verfahrensschritte für die Verwendungs- und Ausbildungssteuerung im Heer ist das Zusammenwirken der Verfahrensschritte entscheidend. Dieses beruht wiederum auf dem Prinzip eines Regelkreises, wobei

- o die Personal-SOLL-Strukturberechnung als Führungsgröße
- o der statische SOLL-IST-Vergleich als Meßgröße und
- o die Einzelergebnisse aus dem dynamischen SOLL-IST-Vergleich als Stellgrößen

zwischen den SOLL- und IST-Werten wirken und Rückkoppelungen zwischen allen Verfahrensschritten ermöglichen. Da jedoch Störgrößen, wie

- o unvorhersehbare wirtschaftliche Entwicklungen
- o Wandlungen in den sozialen Wertvorstellungen
- o politische Grundsatzentscheidungen
- o organisatorische Veränderungen und
- o andere zufällige Ereignisse im Personal- und Ausbildungsgeschehen

ständig auf das Personalgefüge des Heeres einwirken, zwingen sie dazu, die einzelnen Verfahrensschritte mehrfach zu wiederholen. Da die Geltungsdauer der Personal-SOLL-Struktur länger ist, sind die Berechnungen hierfür nur bei Bedarf anzustellen. Wegen der vielen Störgrößen und Quartalsrhythmen in den Personalbewegungen (Einstellungen, Beförderungen, Entlassungen) sind der statische und der dynamische SOLL-IST-Vergleich dagegen vierteljährlich vorzunehmen.

Literaturverzeichnis:

H.-J. Meinhardt: "DV-Verfahrensablauf für die zentrale Steuerung von Verwendung und Ausbildung" IABG/B-SZ 1112/01

H.-J. Meinhardt: "Wirkungskonzept des Systems für die zentrale Verwendungs- und Ausbildungssteuerung im Heer" IABG/B-SZ 1112/02

Personalbewegungen als zirkularer Fluß in Graphen

D.G. Liesegang, Köln

1. Einleitung

Es ist ein ständiges Bemühen der Personaleinsatzplanung, den "richtigen Mann an den richtigen Platz" zu stellen. Der dazu notwendige Abstimmungsprozeß ist jedoch nie abgeschlossen, sondern wird immer wieder durch Störungen erneut angeregt. Diese Störungen haben einerseits ihre Ursache in Veränderungen des Personals (Krankheit, Urlaub, Abschied, Versetzung, Veränderung der Qualifikation) und andererseits in Veränderungen der dem Personal zugeordneten Stelle (Maschinenausfall, Schließung von Teilbereichen, Eröffnung neuer Werksanlagen, Erhöhung oder Verminderung der Arbeitsintensität).

Eine Personalumsetzung ist nun keine isolierte Problematik, bei der es nur darum geht, zum Anforderungsprofil der Person das geeignete Stellenprofil (oder umgekehrt) zu finden. Sondern durch eine solche Zuordnung werden in der Regel weitere Planungsmaßnahmen impliziert. Es muß z.B. jemand in die freigewordene Stelle nachrücken und eine einmal besetzte Stelle kann im Nachhinein nur schwer anderweitig besetzt werden. Somit liegt ein verflochtenes Problemspannungsgefüge vor, dem der sequentielle Zuordnungsprozeß kaum gerecht werden kann.

Dennoch finden sich in der Praxis selbst bei Vorschlägen zu ADV-gestützten Arbeitsplatz- und Personal-Informationssystemen kaum Hinweise auf optimierende Planungsmethoden (vgl. z.B. [9],[1]). Eine Ausnahme bildet das klassische Zuordnungsproblem, welches aber nur eine sehr eng umgrenzte Problematik behandeln kann (vgl. [1],[4],[5]).

Dieser Beitrag versucht nun, die Dynamik der kurzfristigen Personalbewegungsmöglichkeiten in Netzflußmodellen einzufangen und damit die Verfahren der Flußoptimierung in Graphen zur Problemlösung heranzuziehen. Die notwendigen theoretischen Hilfsmittel sind im nächsten Abschnitt zusammengestellt. Daraufhin werden verschiedene planerische Situationen als Flußmodelle abgebildet. Zur Optimierung wird der Out-of-Kilter-Algorithmus von FULKERSON herangezogen (vgl. [2], [7] und [8]).

2. Die Optimierung des zirkularen Flusses in bewerteten Kapazitätendigraphen

Gegeben sei ein gerichteter, endlicher schlichter Graph mit der Knotenmenge V und der Kantenmenge E.
Es seien $\lambda : E \longrightarrow \mathbb{R} \cup \{-\infty,\infty\}$ und $\kappa : E \longrightarrow \mathbb{R} \cup \{-\infty,\infty\}$ zwei Abbildungen, die jedem Pfeil $e \in E$ eine Minimalkapazität $\lambda(e)$ und eine Maximalkapazität $\kappa(e)$ mit $\lambda(e) \leq \kappa(e)$ zuordnen.
Zusätzlich bestehe eine Abbildung $c : E \longrightarrow \mathbb{R}$, die jedem Pfeil $e \in E$ eine Bewertung $c(e)$ zuordnet.
Dann heißt $D := [V, E, \lambda, \kappa, c]$ ein bewerteter Kapazitätendigraph.

Jede Kante $e \in E$ ist gekennzeichnet durch ihren Anfang $a(e) \in V$ und ihr Ende $b(e) \in V$. Die Menge der bei $v \in V$ beginnenden Kanten sei bezeichnet durch $A(v) := \{ e \in E \ / \ a(e) = v \}$.
Entsprechend bezeichne $B(v)$ die Menge der in v einmündenden Kanten $B(v) := \{ e \in E \ / \ b(e) = v \}$.

Eine Abbildung $f : E \longrightarrow \mathbb{R}$ heißt nun ein (zirkularer) Fluß, wenn die folgende Strömungsbedingung gilt:

$$(2.1) \qquad \sum_{e \in B(v)} f(e) = \sum_{e \in A(v)} f(e) \qquad \text{für alle } v \in V.$$

Ein Fluß ist ein zulässiger Fluß, wenn zusätzlich gilt:

$$(2.2) \qquad \lambda(e) \leq f(e) \leq \kappa(e) \qquad \text{für alle } e \in E.$$

F(D) bezeichne die Menge aller zulässigen, zirkularen Flüsse auf D mit $f(e) \geq 0$ für alle $e \in E$.

Das Problem der Minimierung des zirkularen Flusses in D läßt sich nun kurz formulieren als

$$(2.3) \qquad \mathrm{Min} \left\{ \sum_{e \in E} c(e)f(e) \;/\; f \in F(D) \right\} .$$

Die Anwendungen zum Problemtyp des optimalen bewerteten Flusses in Graphen finden sich z.B. in der Netzplantechnik, bei Problemen der mehrstufigen Transportoptimierung und bei der Auswahl von Standorten für Zwischen-und Verteilungslager. Über eine sehr erfolgreiche Anwendung im Zuge der Umstrukturierung des Saarbergbaues berichtet MOLNÁR in (6). Hier soll die Anwendung auf weitere Personalumsetzungsprobleme ausgedehnt werden.

3. Anwendungsbeispiele zur Personalumsetzungsplanung

3.1 Ein innerbetriebliches Personalzuweisungsproblem

In jedem Fertigungsbetrieb treten immer wieder einmal Störungen bzw. Veränderungen des Betriebsgeschehens auf - sei es, daß Personal fehlt; sei es, daß Maschinen wegen fehlender Arbeit ruhen müssen oder defekt sind. Dann besteht die Aufgabe, das Personal so umzudisponieren, daß die vorhandene Arbeit möglichst reibungslos weitergeführt wird. Hierbei werden vor allem "Springer" eingesetzt, die Mehrfachqualifikationen besitzen (vgl. z.B.(3), S. 254). Im Kopfe oder auf dem Papier muß der Stellenbesetzungsplaner eine Reihe von Möglichkeiten prüfen, die Vor- und Nachteile abwägen und durch "Verschieben" des Personals zu besseren Lösungen zu kommen versuchen. Haben nun auch noch die Springer unterschiedliche Qualifikationsgrade für die einzelnen Stellen, so ist bald zu fragen, ob wirklich durch die Handlösung eine gute Lösung gefunden wurde. Hierzu sollen an einem konkreten Beispiel die Einsatzmöglichkeiten der Flußoptimierung gezeigt werden.

Das Problem beschränkt sich auf 12 Stellen oder Maschinen M1 bis M12 (vgl. Abb. 1). An den Maschinen M2, M4, M9 und M11 fehlt jeweils eine Person, an Maschine M6 fehlen zwei Personen. M7 soll stillgelegt werden, d.h. die Personen A7 uns A8 müssen unbedingt umgesetzt werden. Drei Personen (A13, A14 und A15) sind in Reserve

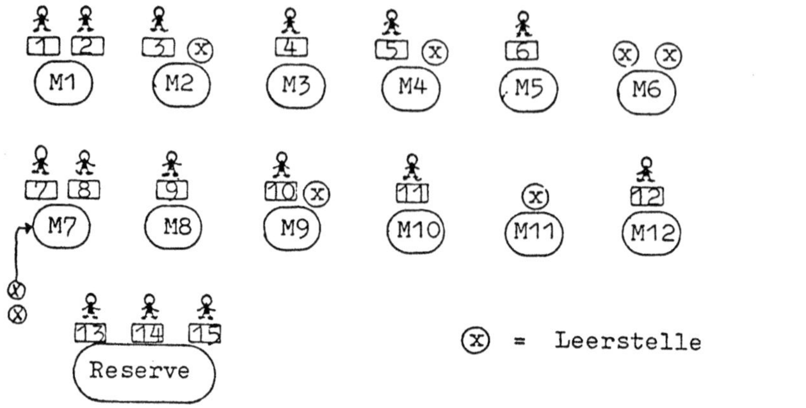

Abbildung 1: Ausgangssituation der Personalzuordnung

A \ M	M1	M2	M3	M4	M5	M6	M7	M8	M9	M10	M11	M12
A1	10	-	-	-	-	-	-	-	-	-	-	-
A2	11	-	-	-	-	-	-	-	-	-	-	-
A3	-	9	-	-	-	-	-	-	-	-	-	-
A4	-	-	11	-	-	-	-	-	-	-	-	-
A5	-	-	-	8	-	-	10	-	-	-	-	-
A6	-	-	-	-	12	-	-	-	-	-	-	-
A7	-	-	-	12	-	-	10	-	-	9	13	-
A8	-	-	-	11	-	-	10	-	-	12	9	-
A9	-	-	-	-	-	-	-	9	-	-	-	-
A10	7	8	-	10	-	9	-	-	11	-	-	-
A11	-	-	-	-	8	12	-	-	-	9	-	-
A12	-	-	-	-	-	-	-	-	-	-	-	10
A13	-	11	-	-	-	7	12	-	-	-	-	-
A14	-	-	-	7	10	8	-	-	-	-	-	-
A15	-	-	-	-	-	-	-	-	8	10	-	-

Abbildung 2: Einsatzmöglichkeiten des Personals

M1	M2	M3	M4	M5	M6	M7	M8	M9	M10	M11	M12
X	60	X	40	45	58	o	X	∞	X	57	X

Abbildung 3: Bewertung der Besetzung von Leerstellen

und warten auf eine Zuweisung.
Aus der Personaldatei werden die Daten über die Einsatzmöglichkeiten des Personals herausgezogen (vgl. Abb. 2). Die Zahlen der Tabelle geben in Punkten die Eignungsgrade der Mitarbeiter für die verschiedenen Stellen an. Diese Eignungsgrade können etwa durch die Operation " 10 - Gewichtung • Differenz (Fähigkeitsprofil, Anforderungsprofil) " entstanden sein (vgl. [4] und [5], S. 150 ff).
Da nicht alle Leerstellen besetzt werden können, ist auch noch eine Bewertung der freibleibenden oder entstehenden Leerstellen an den Maschinen einzuführen (vgl. Abb. 3). Maschine M9 ist in jedem Fall voll zu besetzen, und die durch "X" gekennzeichneten Maschinen sollen eine komplette Besatzung behalten.
Es ist nun das Ziel, einen Zuweisungsplan zu finden, der allen formulierten Bedingungen genügt und die bei einer Umverteilung zu erzielende Gesamtpunktzahlsumme maximiert.

Zur Lösung wird der Wechsel einer Person als Bewegung einer Einheit eines "fließenden" Mediums angesehen. Jede Person und jede Stelle wird als ein Knoten im Netzwerk aufgefaßt. Zusätzlich wird ein Knoten R für die Reserve und ein Knoten L als Sammelstelle aller Leerstellen eingeführt. In der graphischen Darstellung werden die Eigenschaften einer Kante e_i im Vektor $(\lambda_i, \kappa_i, c_i)$ angegeben. Einige typische "Netzbausteine" zeigt Abbildung 4:
4a) bildet die Bewegungsmöglichkeiten der Person A8 ab;
4b) zeigt die Bewegungsmöglichkeiten von Person A13 aus der Reserve;
in 4c) können die verdrängten Leerstellen an die Sammelstelle L abfließen, um in 4d) entstehende Leerstellen zu repräsentieren.

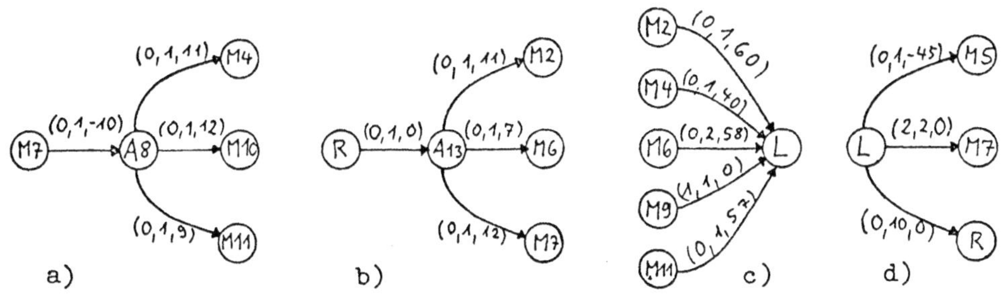

Abbildung 4: Ausschnitte des Graphen zur Personalzuweisung

KANTE	VON	NACH	KMIN	KMAX	C	FLOW
1	5	107	0	1	-10	0
2	7	104	0	1	-12	0
3	7	110	0	1	-9	0
4	7	111	0	1	-13	1
5	8	104	0	1	-11	0
6	8	110	0	1	-12	1
7	8	111	0	1	-9	0
8	10	101	0	1	-7	0
9	10	102	0	1	-8	0
10	10	104	0	1	-10	0
11	10	106	0	1	-9	0
12	11	105	0	1	-8	0
13	11	106	0	1	-12	1
14	13	102	0	1	-11	1
15	13	106	0	1	-7	0
16	13	107	0	1	-12	0
17	14	104	0	1	-7	0
18	14	105	0	1	-10	0
19	14	106	0	1	-8	1
20	15	109	0	1	-8	1
21	15	110	0	1	-10	0
22	104	5	0	1	8	0
23	107	7	0	1	10	1
24	107	8	0	1	10	1
25	109	10	0	1	11	0
26	110	11	0	1	9	1
27	95	13	0	1	0	1
28	95	14	0	1	0	1
29	95	15	0	1	0	1
30	102	91	0	1	-60	1
31	104	91	0	1	-40	0
32	106	91	1	2	-58	2
33	109	91	1	1	0	1
34	111	91	0	1	-57	1
35	91	95	0	10	0	3
36	91	105	0	1	45	0
37	91	107	2	2	0	2

Kanten 1–21: Pfeile von Personen zu Maschinen

Kanten 22–29: Pfeile von Maschinen und der Reserve zu Personen

Kanten 30–34: Pfeile von Maschinen zum Sammelknoten für Leerstellen

Kanten 35–37: Pfeile vom Sammelknoten für Leerstellen zur Reserve und Maschinen

Codierung:

A1 = 1
bis
A15 = 15

M1 = 101
bis
M12 = 112

L = 91
R = 95

C = negative Bewertung

Abbildung 5 : Computereingabe und Ergebnis

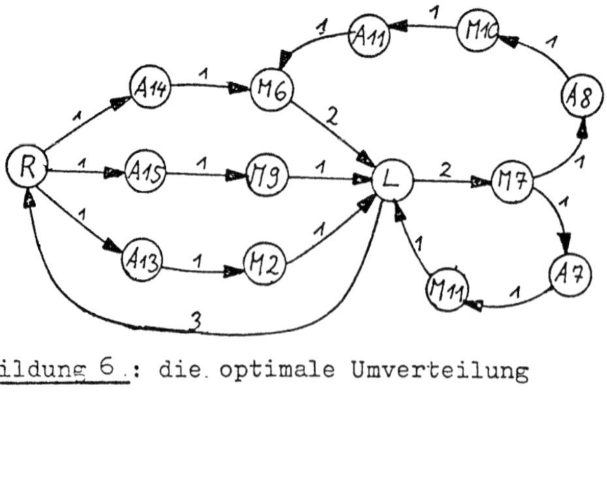

Abbildung 6 : die optimale Umverteilung

Der gesamte Graph mit seiner Bewertung und seinen Flußmöglichkeiten ist in Abb.5 aufgelistet. Das Ziel, die zu erreichende Punktsumme zu maximieren, führt mit dem Out-of-Kilter-Algorithmus auf die in Abb.6 dargestellte Lösung.

Das Beispiel macht deutlich, daß vielfältige Einflußgrößen im Modell eingefangen werden können. So ist der Einsatz der Netzflußoptimierung denkbar bei der Inbetriebnahme neuer Werksanlagen, bei der kurzfristigen Einteilung der mehrfachqualifizierten Springer und bei der Planung von Maßnahmen im Zuge einer "job-rotation".

3.2 Der Studienplatztausch

Dieses Problem war der Ausgangspunkt des vorliegenden Beitrags. Bei dem heutigen Numerus-clausus-System ist es in vielen Hochschuldisziplinen schwierig, den einmal erhaltenen Studienplatz zu wechseln. Nur wenn der Student an seiner Zieluniversität einen weiteren Studenten findet, der seinen entsprechenden Platz aufgibt, kann er an dessen Stelle nachrücken. Zum Zwecke der dazu notwendigen Kommunikation haben einige Fachschaften Zentralen aufgebaut, in denen die Informationen über Tauschwillige gesammelt und ausgewertet werden. Gegenüber einem rein wechselseitigen Tausch von nur zwei Partnern können hier auch die Möglichkeiten eines Ringtausches in Betracht gezogen werden. Es zeigt sich aber, daß die manuelle Planung bei größeren Datenmengen bald unübersichtlich wird und Verbesserungsmöglichkeiten übersieht. Hier hat die Optimierung eines zirkularen Flusses bessere Ergebnisse in kürzerer Zeit liefern können. Allerdings liegt eine Schwierigkeit in der Realisierung, wenn Studenten im Nachhinein ihr Tauschangebot zurückziehen oder wenn Universitätsverwaltungen die Prozedur nicht mitmachen.

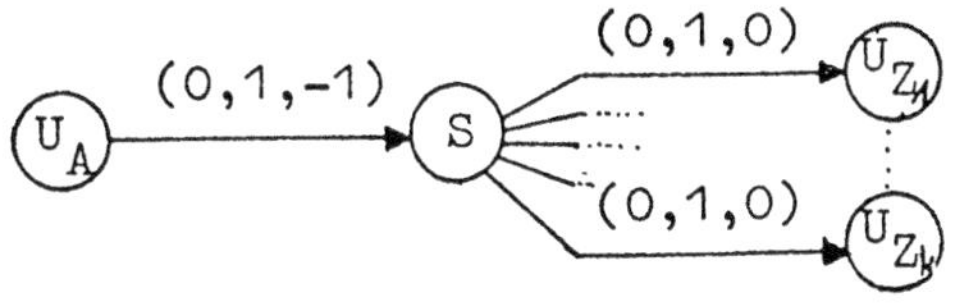

U_A = Ausgangsuniversität

U_{Z_1} ⋮ U_{Z_k} } = mögliche Zieluniversitäten

S = Student

Abbildung 7: Netzbaustein zur Studienplatztauschoptimierung

Das der Flußoptimierung zugrundeliegende Netzwerk wird mit Bausteinen gemäß der Abb.7 zusammengefügt. Die Zielfunktion des kostenminimalen Flusses bedeutet hier die Maximierung der Anzahl der Studenten, die an eine neue Universität ihrer Wahl überwechseln können. Sollen zusätzliche Prioritäten der Zieluniversitäten Berücksichtigung finden, so sind die Pfeile vom Studenten zu den Zieluniversitäten in ihrem Wert gegeneinander abzustufen.

3.3 Die Lehrerversetzungsplanung

Gegenüber der noch heute üblichen Praxis einer sequentiellen Planung mit all ihren Nachteilen für die zuletzt im Plan erfaßten Personen wird durch die Anwendung von Netzflußmodellen die simultane Betrachtung des Spannungsgefüges der Versetzungen, Pensionierungen, Schulkapazitätsänderungen und Neuzugänge ermöglicht.

Literatur:

[1] DOMSCH, M.: Personal-Informationssysteme. Führungsinstrumente zukunftsorientierter Personalarbeit, S. 106-121 in [9]

[2] FORD,L.R. und D.R. FULKERSON: Flows in Networks, Princeton 1962

[3] HAGNER, G.W.: Die Anwendung der Arbeitsplatz- und Kennzahlenmethode im Rahmen der quantitativen Personalplanung, S.244-257 in [9]

[4] Hildebrandt, F.: Ein Zuordnungsmodell aufgrund der Daten der analytischen Arbeits- und Eignungsbewertung, in: Proceedings, International Conference of Job Evaluation, Amsterdam 1969, S. VIII/2 (zitiert nach [5])

[5] MEYER, F.W.: Die Erstellung von Anforderungs- und Fähigkeitsprofilen für arbeits- und personalwirtschaftlich orientierte betriebliche Informationssysteme, S. 145-158 in [9]

[6] MOLNÁR, L.: Einsatz von Optimierungsprogrammen für Probleme des Berufsverkehrs in einem Unternehmen der Grundstoffindustrie, S.22-31, in: Proceedings in Operations Research 4, Herausgeber: H.-J. Zimmermann, Würzburg-Wien 1974

[7] NEUMANN, K.: Operations Research Verfahren, Band III (Graphentheorie, Netzplantechnik), München-Wien 1975

[8] NOLTEMEIER, H.: Graphentheorie mit Algorithmen und Anwendungen, Berlin-New York 1976

[9] SCHMIDT, H., HAGENBRUCK, H. und W. SÄMANN (Herausgeber): Handbuch der Personalplanung, Frankfurt-New York 1975

Quantitative Methoden bei der Personalplanung

C.J. Verhoeven, Eindhoven

1. Einleitung

Das Ziel der Personalplanung ist "fortwährend das nötige Personal mit den erforderlichen Qualitäten zur Verfügung zu haben". Dabei ist sowohl die Sorge für die Arbeitnehmer, als die Realisierung der Erwerbstätigkeiten von wesentlichem Interesse. Wir unterscheiden in dem Personalplanungsprozess die nachfolgenden Phasen:

1) Entwicklungsvorhersage der Personalbesetzung (wieviele Personen mit einem bestimmten Ausbildungsniveau, Dienstzeiten, Alter, usw. werden in der Zukunft in der Organisation tätig sein).

2) Personalbedarfsvorhersage (die Anzahl der Mitarbeiter mit einem bestimmten Niveau, die in der Zukunft im Unternehmen nötig sind).

3) Der Abstimmungsprozess von Personalentwicklung und Personalbedarf.

Abb. 1 zeigt den Personalplanungsprozess:

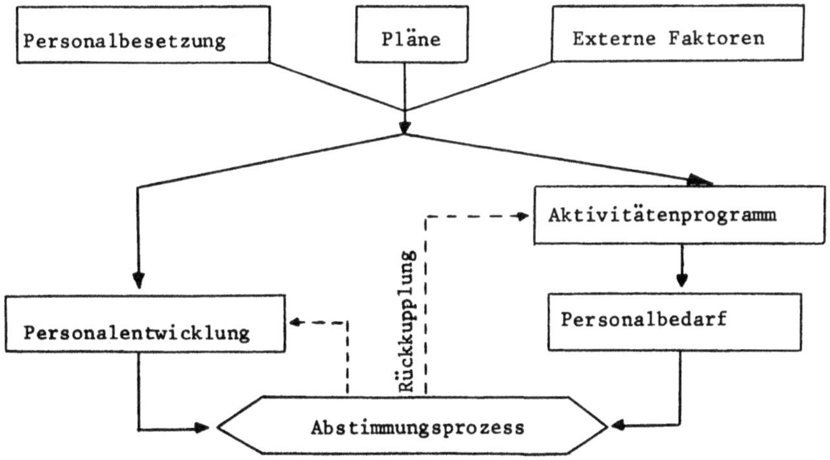

Abb. 1 Der Personalplanungsprozess

Ein erstes Problem bei der Abstimmungsphase stellen die Bezeichnungen in dem Personalentwicklungsplan und Personalbedarfsplan dar. So könnte der Personalentwicklungsplan in Dienstgrade oder Gehaltniveaus aufgestellt werden, während der Personalbedarfsplan z.B. in Nachfrage nach Aemter oder Stellen ausgedrückt werden könnte. Eine andere Frage ist die geografische und funktionelle Mobilität der Mitarbeiter. Diese bestimmt die Einsatzfähigkeit auf verschiedene Stellen und Niveaus in der Organisation.

2. Die Personalentwicklung

Die Entwicklung der heutigen Personalbesetzung auf mittelfristigem Termin (1 bis 5 Jahre voraus) wird festgelegt vom heutigen Personalbestand, den Abgangsraten und der Beförderungspolitik, die in den Beförderungsraten zum Ausdruck kommen.
Man teilt das Personal auf Grund relevanter Kennzeichen (z.B. Dienstgrad, Ausbildungsniveau, Alter, Dienstgradalter) in Klassen ein. Die Wahl der aufzunehmenden Kennzeichen hängt ab von:

a) den Faktoren, die die Beförderungen und Abgänge bestimmen

b) den Kennzeichen, über die man Auskünfte bezüglich ihrer zukünftigen Entwicklung wünscht.

Die Transitionsraten zwischen den Klassen werden aus den Personalbesetzungsübersichten berechnet, die in grossen Organisationen meistens automatisch sind.

Sei: $n_i(t) \equiv$ Anzahl von Mitarbeitern in Klasse i im Jahre t,

$\hat{n}_i(t+1) \equiv$ Erwartete Anzahl Mitarbeiter in Klasse i im Jahre t + 1,

$r_i(t) \equiv$ Werbungszahl in Klasse i im Jahre t,

$p_{ji} \equiv$ Transitionswahrscheinlichkeit von Klasse j zu Klasse i.

Dann gilt:

$$\hat{n}_i\,(t+1) = \sum_j p_{ji}\, w_j\,(t) + r_i\,(t) \qquad (1)$$

Auf dieser Gleichung ist die Vorhersage für die Personalbesetzung in jeder Klasse basiert. Wenn nun die historische Beförderungs- und Werbungspolitik keine zufriedenstellenden Resultate liefert (in Zusammenhang mit dem Personalbedarf), kann man mittels Aenderungen in z.B. Beförderungsraten oder Werbungszahlen vielleicht eine günstigere Entwicklung der Personalbesetzung erreichen.

Weil gerade die Personalfunktionäre am besten über die möglichen Führungsalternativen informiert sind, ist es empfehlenswert, dass sie die Folgen bestimmter Beförderungs- und Werbungspolitiken betrachten und bewerten. Dies bedeutet, dass eine Simulationsmethode hier vor einer Optimierungsmethode zu bevorzugen ist.

Dafür ist das interaktive Personalplanungssystem FORMASY entwickelt worden, das via einer Terminalverbindung mit einem EDV-System benutzt wird. Der Personalfunktionär kann mittels eingeben von Kodewörtern, die aus dem Bereich der Personalplanung gewählt worden sind, das Komputerprogramm steuern um so die gewünschten Auskünfte zu erhalten, z.B.:

1) zukünftige Entwicklung der Personalbesetzung bei bestimmter Beförderungs- und Werbungspolitik, eventuell spezifiziert in die betrachteten Kennzeichen, wie Dienstgradalter, Ausbildungsniveau usw.

2) Transitionszahlen in der Planperiode: die Anzahl Beförderungen, Verminderungen und Anwerbungen für jeden Dienstgrad.

3) Daten mit Bezug auf das Durchschnitts-Karriereschema.

4) Gehaltskosten pro Dienstgrad.

5) Steuerung der Besetzung infolge möglicherweise auftretende Abweichungen in den Transitionsraten.

6) Altersverteilung und Durchschnittsalter des Personals.

7) Werbungsplanung: die zu werbende Anzahl Mitarbeiter, um eine bestimmte Mindestbesetzung pro Dienstgrad zu erreichen.

Die Methoden worauf FORMASY beruht, werden in Van Nunen, Wessels [5] beschrieben und eine Anwendung wird in Van Der Beek, Verhoeven, Wessels [1] erläutert.

3. Der Personalbedarf

In der Literatur werden verschiedene Methoden beschrieben mit denen der Personalbedarf ermittelt werden kann (vgl. Bowey[2], p.426-432). Diese variieren von einfachen Faustregeln bis zu komplizierten mathematischen Modellen. Wir unterscheiden:

a) Methoden, die nur auf die Personalbesetzung beruhen

b) Methoden, wobei auch andere Faktoren (interne und externe) in Betracht genommen werden. Diese Methoden kann man unterscheiden in:

   b.1) Methoden auf Grund der Beziehung zwischen Personalbedarf und Produktionsniveau

   b.2) Methoden, die auf Beziehungen zwischen Personalbedarf und übrige Faktoren beruhen.

Wir werden hier einige Methoden kurz erläutern:

ad a) 1. Der Personalbedarf in der Zukunft ist gleich an dem heutigen Personalbedarf.
Als Schätzung für den heutigen Personalbedarf nimmt man meistens die jetzige Besetzung. Eine Bedingung bei dieser Methode ist, dass keine Aenderungen auftreten in z.B. Produktnachfrage, Technologie, Wirtschaftslage, usw., oder, wenn es Aenderungen gibt, dass diese sich gegenseitig aufheben wo es den Einfluss auf den Personalbedarf betrifft.
Ein Beispiel einer praktischen Anwendung auf Betriebszweigebene ist von Bosworth, Evans, Lindley in Wabe [6], p.61-84 gegeben.

2. Vorhersagen mit Hilfe von Extrapolationsmethoden, wie z.B. Zeitreihenanalyse, wobei der Personalbedarf meistens aus Personalbesetzungszahlen in der Vergangenheit ermittelt wird. Auch hier werden keine Einflüsse anderer Variabelen auf den Personalbedarf betrachtet.

ad b1) Wir führen zuerst einige Symbole ein.

Sei: $A_{i,t}$ $\equiv$ Personalbedarf in Klasse i im Jahre t,

$\hat{A}_{i,t+1}$ $\equiv$ zu erwartender Personalbedarf in Klasse i im Jahre t + 1,

Y_t $\equiv$ Produktionsniveau (in Mengen) im Jahre t,

$\hat{Y}_{t+1}$ $\equiv$ zu erwartendes Produktionsniveau im Jahre t+1

1. Die auf Leontieffsche Input-Output Modelle basierte Methode:

$$(2)\ \hat{A}_{i,t+1} = A_{i,t} \cdot \frac{\hat{Y}_{t+1}}{Y_t} .$$

Eine Voraussetzung ist hier, dass jede extra Produktionseinheit dieselbe Personalbedarfszunahme zur Folge hat.

2. Eine derartige Methode ist auch das Model von Ghosh, wobei Daten aus zwei Perioden in der Vergangenheit mitbetrachtet werden:

$$(3)\ \hat{A}_{i,t+1} = \left[\frac{A_{i,t}}{Y_t} + \left(\frac{A_{i,t}}{Y_t} - \frac{A_{i,t-1}}{Y_{t-1}}\right)\right] \hat{Y}_{t+1}$$

3. Regressionsanalyse

$$(4)\ A_{i,t} = \alpha + \beta\, Y_t + e_{i,t}$$

wobei α den konstanten Faktor und $e_{i,t}$ den Störungsfaktor andeutet.

Voraussagen bekommt man, nachdem die Gleichung festgestellt worden ist, aus Anwendung von Extrapolationsmethoden.

4. Arbeitszeituntersuchung und Netzwerkanalyse.
Hierbei wird die Produktionserwartung übertragen in einen detaillierten Produktionsplan der andeutet, welche Aufgaben von welcher Anzahl Mitarbeiter mit bestimmten Qualitäten ausgeführt werden sollen. Man benutzt dazu meistens Richtzeiten, die aus historischen Daten ermittelt werden.
So bekommt man ein Produktionsnetzwerk, das zu einem kritischen Weg führt mit den dazugehörendem Personalbedarf.
Weil aber ein detaillierter Produktionsplan gebraucht wird, ist diese Methode nur für kurzfristige Terminvoraussagen geeignet.

ad b2) 1. Modelle, die der Cobb-Douglas Produktionsgleichung abgeleitet wurden:

(5) $Y_t = c.A_t^{\alpha}.K_t^{\beta}.\ e^{\gamma t}$,

wobei:

K_t ≡ Kapitalbedarf im Jahre t,

$e^{\gamma t}$ ≡ Wachstumsrate,

c ≡ Konstante

α,β ≡ Output-Elastizitäten zu Arbeit bzw. Kapital.

Eine andere Schreibweise ist:

(6) $A_t = c^{-1/\alpha}.\ Y_t^{1/\alpha}.\ K_t^{-\beta/\alpha}.\ e^{(-\gamma/\alpha)\ t}.$

Die Gleichung (6) kann aus historischen Angaben berechnet werden und aus Extrapolation folgt der Personalbedarf in der Zukunft.
Leider ist diese Gleichung kaum interpretierbar und auch das Schätzungsproblem der Variabelen führt zu Schwierigkeiten.
Einige Modelle, die auf dieser Produktionsgleichung beruhen, werden in Fair [3] behandelt.

2. Systemdynamische Modelle.
Das systemdynamische Modell kann man als ein totales Unternehmensmodell betrachten, wobei alle Variabelen, die die Entwicklung der Organisation beeinflussen, aufgenommen werden. Wenn die Beziehungen zwischen den Variabelen festgestellt sind und die zukünftigen Parameterwerte mit Hilfe von Extrapolationsmethoden berechnet worden sind, kann man die zukünftige Entwicklung als Resultat bekommen:

Kapitalbedarf, Personalbedarf, Produktionsniveau, usw. Ein Beispiel eines solchen Simulationsmodelles wird von Weinmann [7] gegeben.

Bei allen Methoden braucht man eine Schätzung der zukünftigen Werte von Variabelen. Wir unterscheiden die folgenden Schätzungsmethoden:

1) Statistische Methoden, d.h. Extrapolationsmethoden wie Zeitreihenanalyse.
   Diese kann man direkt anwenden, z.B. auf das Produktionsniveau, oder indirekt, z.B. auf die Variabelen woraus das Produktionsniveau ermittelt wird.

2) Subjektive Methoden, wobei man Einsicht und Erfahrung von Experten in der Organisation benutzt.
   Diese werden zentralisiert angewendet (vom Management) oder dezentralisiert (auf dem Niveau einer Abteilung). Wir unterscheiden:

2.a) Management-Ansicht.
   Dies ist eine schnelle und einfache Methode, die besonders geeignet ist, wenn unzureichende Angaben vorhanden sind. Ein Nachteil ist, dass oft Ueberschätzungen des Personalbedarfs entstehen. Auch kann diese Methode zu grossem Zeitaufwand für die Manager führen.

2.b) Delphi-Technik.
   Diese Methode liefert in der ersten Runde Voraussagen über die Entwicklung von Variabelen nach der Meinung von Experten, ohne dass diese sich gegenseitig beraten können. Man berechnet dann Durchschnittszahlen, die zunächst den Experten mitgeteilt werden mit der Frage, ihre Angaben eventuell zu korrigieren. Dieser iterative Prozess wird so lange weitergeführt, bis keine Aenderungen in den angegebenen Zahlen mehr vorliegen.
   In der Praxis stellt sich heraus, dass diese Technik gute Vorhersagen liefert. Ein Nachteil ist aber auch hier, dass die Manager manchmal viel Zeit an dieser Methode verwenden müssen.
   Literatur findet man in Milkovitch, Annoni,Mahoney [4].

4. Zusammenfassung

In dem Vorhergehenden ist ein Ueberblick auf den Personalplanungsprozess gegeben und sind die verschiedenen Phasen dieses Prozesses angedeutet worden.
Eine interaktive Personalplanungsmethode ist erklärt worden, wobei der wichtigste Punkt der Nutzen dieses Systems bei der Feststellung der Personalführungspolitik ist.
Ferner wurden einige Methoden zur Ermittlung des Personalbedarfs behandelt, die in der Literatur beschrieben sind. Praktische Anwendungen im allgemeinen Sinne liegen leider noch nicht vor.

Allgemein kann aber festgestellt werden, dass die Verwendbarkeit quantitativer Methoden bei der praktischen Personalplanung immer deutlicher wird.

Literatur:

[1] E. van der Beek, C.J. Verhoeven, J. Wessels:
Some applications of the manpower planning system FORMASY
Operations Research Verfahren 28, p.19-32 (1978)

[2] A.M. Bowey:
Corporate manpower planning
Management Decision 15, no.5 (1977)

[3] R.C.Fair:
The short-run demand for workers and hours
North Holland (1969)

[4] G.T.Milkovitch, A.J.Annoni, T.A.Mahoney:
The use of the Delphi procedures in manpower forecasting
Management Science 19, no.4 (1972)

[5] J.A.E.E.van Nunen, J. Wessels:
Forecasting and recruitment in graded manpower systems
Proceedings der Nato-Conference: "Manpower planning and organization design" - Stresa (1977)

[6] J.S.Wabe (ed.):
Problems in manpower forecasting
Saxon House (1974)

[7] J.M.Weinmann:
Strategische Personalplanung - theoretische Grundlegung und Versuch der Simulation eines integrierten Personalplanungsmodells
Hanstein, Köln (1978)

Öffentliche Verwaltung

Systemanalysen für die öffentliche Verwaltung – Erfahrungen und Perspektiven

J.M. Dathe, Ottobrunn

1. Einleitung

Die DGOR sieht mit Recht in der öffentlichen Verwaltung einen wichtigen Anwendungsbereich ihres Fachgebietes. Denn die Wissenschaft hat zweifellos die Verpflichtung, der öffentlichen Hand bei der Lösung ihrer immer komplexer werdenden Probleme auf nationaler und internationaler Ebene mit den ihr zu Gebote stehenden Kräften zu helfen.

Wenn ich in der Überschrift dieses Vortrags von "Systemanalysen" spreche, meine ich damit Anwendungen sowohl des Operations Research, der Policy Analysis, der Management Sciences wie des System Engineering. Ich befinde mich dabei in Übereinstimmung mit der Terminologie, die vom Internationalen Institut für Angewandte Systemanalyse in Laxenburg bei Wien verwendet wird.

Zunächst jedoch soll nicht von der Anwendung der Systemanalyse bei der Lösung großer, übergeordneter Probleme, etwa der Bereiche Energie, Umwelt, Ressourcen, die Rede sein, sondern von Erfahrungen, die bei der Unterstützung relativ alltäglicher Planungsaufgaben der öffentlichen Verwaltung gewonnen wurden. Denn die Mittel und Wege, die sich in den dornenreichen Gefilden der Tagesarbeit bereits bewährt haben, geben Hinweise für die Weiterentwicklung der systemanalytischen Anwendungen.

Einen Erfahrungssatz möchte ich an den Anfang stellen: Damit die Planungspraxis erfolgreich unterstützt werden kann, müssen die Anwendungsanforderungen bei der Wahl der Methoden oft weit stärker berücksichtigt werden, als Außenstehende zunächst annehmen. An drei Beispielen soll dies verdeutlicht werden.

2. Methodische Beispiele

2.1 Netzplantechnik

Die Netzplantechnik ist dasjenige analytische Hilfsmittel, das in Industrie und Gewerbe ebenso wie in den Tätigkeitsbereichen, die dem öffentlichen Sektor nahestehen, wohl die weiteste Verbreitung gefunden hat.

Die Entwicklung begann in den Fünfziger Jahren mit der Verwendung der "Critical Path Method" (CPM) bei der Planung von Bauvorhaben, technischen Entwicklungsprojekten und dgl.. Man lernte, bei Pannen in der Betriebspraxis zu unterscheiden, ob eine termingefährdete Einzeltätigkeit einen Vorgang auf dem kritischen Weg des Projektes oder außerhalb davon bildete, um Folgen rasch einzuschätzen und Abhilfemaßnahmen besser plazieren zu können. Probleme brachten stets die wirklichen Vorgangsdauern, die wegen ihrer Abweichungen von den vorherigen Zeitschätzungen die Planung immer wieder durcheinanderbrachten. Es lag daher nahe, für jede Vorgangsdauer drei statt nur einen Schätzwert zugrundezulegen, um auf der Basis einer angenommenen Beta-Verteilung (siehe Abbildung 1 A) bei erträglichem Rechenaufwand zu Wahrscheinlichkeitsaussagen für die Projekttermine zu kommen. Daß dieses unter dem Namen PERT bekannte Verfahren sich nicht durchsetzen konnte, dürfte u.a. folgende Gründe gehabt haben:

- Der Betriebspraktiker kann zwar eine wahrscheinlichste (w) bzw. eine pessimistische (b) Dauer für eine Tätigkeit schätzen. Wie soll er aber die (seltene) Möglichkeit bewerten, daß zwei Leute im Team gleichzeitig krank werden oder daß eine notwendige Fremdlieferung ausbleibt? Es ist weder nötig noch möglich, alle Eventualitäten und Abhilfen dafür vorauszubedenken.

- Da die Netzplanung während des Projektablaufs ohnehin in 1 - bis 4-wöchigen Abständen auf den neuesten Stand gebracht werden muß, sind spätere Korrekturschätzungen viel aussagekräftiger als Detailschätzungen bei Projektbeginn.

- Öffentliche Auftraggeber, die im Vertragsverhältnis mit vielen Entwicklungsfirmen stehen, benötigen ein zweckdienliches, relativ einfaches Verfahren, das - einheitlich eingeführt - für die Verständigung zwischen allen Beteiligten geeignet ist.

Forderungen dieser Art wird ein Vorgangsknoten-Verfahren wie das PPS-System gerecht, das eine standardisierte Einführung gefunden hat, siehe Abb. 1 B. Es verwendet deterministische Schätzwerte, die für jede Neuberechnung des Netzes aktualisiert werden. Drücken sich Terminverzögerungen in konkreten Kostennachteilen aus, so stellt sich die Frage nach der bestmöglichen Verteilung von Mehraufwendungen. Die bisherigen Lösungen dieses Problems setzen lineare Abhängigkeiten zwischen Kosten und Zeit voraus, die in der Praxis nicht gegeben sind, siehe Abb. 1 C. Hier würde die Berücksichtigung von Nichtlinearitäten von großem Nutzen für die Terminplanung sein.

Dieses Beispiel zeigt, wie sorgfältig die Art methodischer Verfeinerungen gewählt werden sollte.

2.2 Netzströme

Bekannte Verfahren zur Vorbereitung von Entscheidungen bei Unsicherheit sind die Nutzenbetrachtung nach dem Bernoulli'schen Entscheidungsprinzip oder die Abschätzung von subjektiven Wahrscheinlichkeiten nach Bayes. Sie sind in solchen Fällen gerechtfertigt, in denen Gewinn gegen Risiko abzuwägen ist. Der Planer in der öffentlichen Verwaltung, der auf Sicherheit bedacht sein muß, stellt jedoch häufig die Frage nach der kleinstmöglichen "Versicherungssumme", die vor einer drohenden Gefährdung bewahrt.

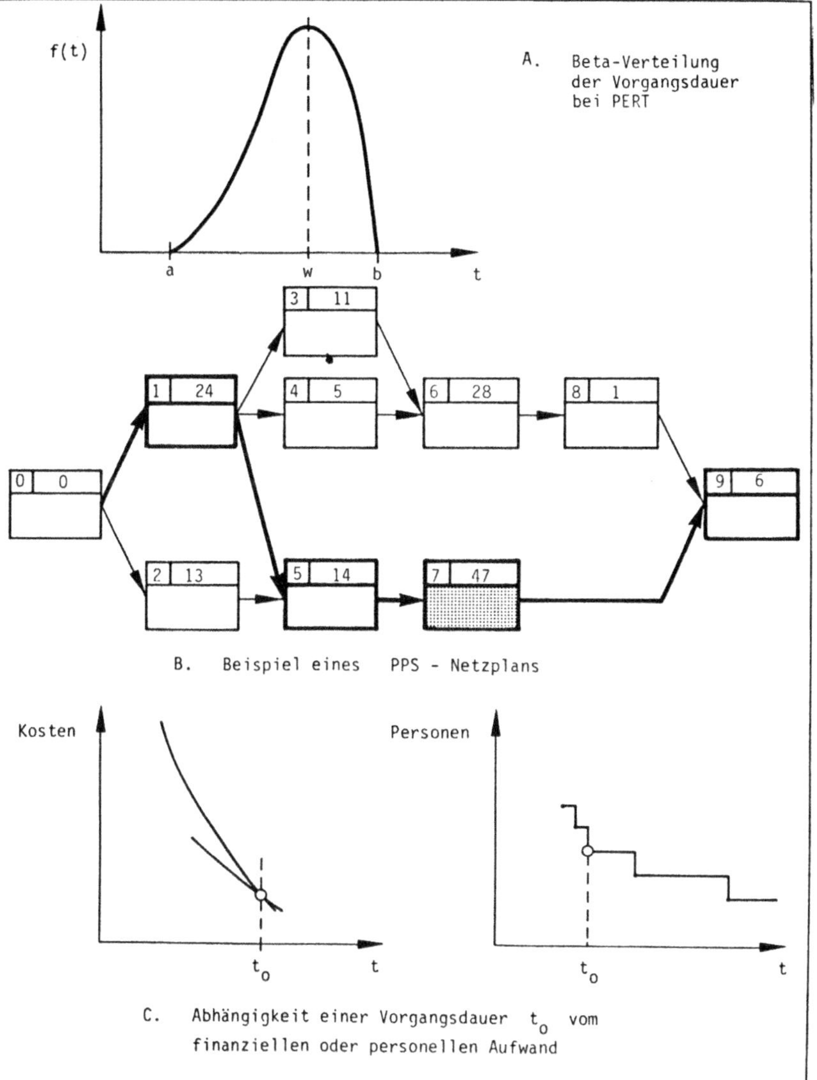

Abb. 1.A bis C Entwicklungsstufen der Netzplantechnik

Betrachten wir als Beispiel den Schutz öffentlicher Güter (etwa historische Kunstgegenstände), so steht einem potentiellen Täter - der häufig auch den Einsatz extremer Mittel nicht scheut - ein Sicherheitsbeauftragter gegenüber, der bei begrenztem Budget für alle Eventualitäten Vorsorge treffen soll. Ein Netzstrommodell, vgl. Angermann und Thome [1973] , ist hierfür ein nützliches analytisches Hilfsmittel, siehe Abbildung 2.

Eine Kunstsammlung soll in diesem Beispiel gegen Diebstähle (Ziel T) und gegen mutwillige Beschädigungen (Ziel t) geschützt werden. Die Pfade in diesem Netzwerk vom Ausgangspunkt 0 nach T bzw. t sind Schritte des Täters zur Erreichung seines Ziels (z.B. Eindringen, Ausschaltung der Alarmanlage, Raub, Flucht). Während der Aufwand für den Täter zunächst außer Betracht bleiben kann, sind die Kanten des Netzes mit Kosten zur Verhütung des jeweiligen Schritts zu belegen. Die Angabe "M" bedeutet dabei undiskutabel hohe Schutzkosten oder eine Erfolgswahrscheinlichkeit unter 95 %.

Nach den Bezeichnungen der Graphentheorie sind die Schutzkosten "Kapazitäten" für den Täter auf dem Weg zur Erreichung seiner Ziele. Gesucht ist nun die "minimale Schnittmenge", die den Weg von 0 nach T bzw. t unterbricht; sie gibt die kostengünstigste Sicherheitsstrategie an (500 TDM zum Schutz gegen T, 850 TDM zum Schutz gegen T und t).

Zwecklose Schutzmaßnahmen und Fälle ohne mögliche Schutzstrategie werden durch diese relativ einfache, doch anwendungsgerechte Netzstrombetrachtung rasch aufgedeckt.

2.3 Heuristische Methoden

Die Erstellung von Stundenplänen für Schulen mit 500 bis 2000 Schülern ist ein treffendes Beispiel dafür, daß in der Praxis manchmal "Methoden ohne Konvergenzbeweis" (heuristische Methoden) den exakten Lösungsverfahren überlegen sind. Bei Anwendungen der Graphentheorie auf diese Problemstellung erwies es sich als sehr schwierig, sämtliche Parameter - nämlich Klassen, Stunden, Lehrer und Räume - gleichermaßen zu berücksichtigen. Auch steht die Erfüllung vieler Nebenbedingungen im Vordergrund gegenüber einer Optimierung.

Bei Verwendung eines geeigneten Abbruchkriteriums kann ein Stundenplan auf einem mittelgroßen Rechner mit wenigen Minuten Computerzeit erstellt werden. Auch bei der Erstellung von Busfahrplänen, in der Krankenhausplanung und bei Dispositionsproblemen mit mehreren Zielsetzungen erweisen sich heuristische Methoden als vorteilhaft. Die Systematisierung des Entwurfs derartiger Lösungsverfahren ist sicherlich ein lohnendes Forschungsgebiet, vgl. Müller-Merbach [1976] .

Wenden wir uns nach diesen methodischen Beispielen nun drei Bewertungsverfahren zu, die wegen ihrer Vielseitigkeit trotz mancher Einschränkungen wichtige Hilfsmittel für die öffentliche Verwaltung sind.

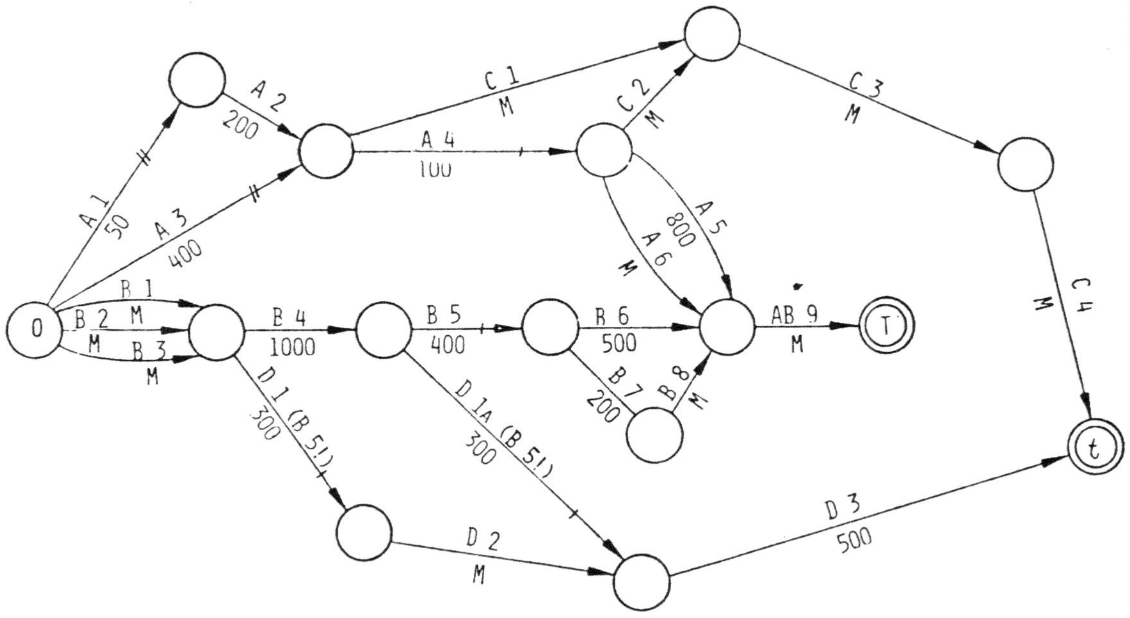

ABB. 2. NETZWERKANALYSE DER MASSNAHMEN ZUM SCHUTZ EINER KUNSTSAMMLUNG

3. Bewertungsverfahren

3.1 Kosten-Nutzen-Analysen

Das Verkehrswesen ist neben anderen Sektoren der öffentlichen Verwaltung ein klassischer Anwendungsbereich für Kosten-Nutzen-Analysen. So wurde in einer "ex post"-Analyse untersucht, ob die Linie U 3 der Münchner U-Bahn unter Kosten-Nutzen-Gesichtspunkten als lohnende Investition bezeichnet werden kann, vgl. D. Kreuz [1976] . Eine Unsicherheit ist in einer solchen Studie mit der kostenmäßigen Erfassung des Zeitgewinns verbunden. Dabei wurde die noch verwertbare Zeitersparnis zwischen 5 und 10 Minuten variiert. Dementsprechend betrug der mit der U 3 bereits in den ersten beiden Jahren nach Inbetriebnahme erzielte Nutzenüberschuß 4 bzw. 8 % des investierten Kapitals, vgl. Abb. 3. Wichtig ist, daß über die direkten Kosten- und Nutzen-Größen hinausgehend mittelbare Auswirkungen wie Änderungen der Verkehrslage von Handelsbetrieben, der Freizeitgewohnheiten, Auswirkungen auf die infrastrukturelle Belastung usw. berücksichtigt werden.

Erfahrungen mit Kosten-Nutzen-Analysen (KNA) aus dem Verkehrssektor führen zu den folgenden drei Thesen über ihre Anwendung:

<u>These 1:</u> Die KNA ist für die Vorbereitung von Verkehrsinvestitionen so notwendig wie etwa die statische Berechnung für den Hochbausektor. Auch eine solche Berechnung ist nicht allein bestimmend für die zu wählende architektonische Lösung. Wie die statische Rechnung hilft die KNA jedoch, Mängel und Fehlinvestitionen zu vermeiden, und sie bewahrt vor ungerechtfertigten Euphorien. Auch die "intangiblen Faktoren" müssen Berücksichtigung finden.

<u>These 2:</u> Für begrenzte, häufig wiederkehrende Anwendungsfälle - etwa bei Investitionsvorhaben des öffentlichen Personennahverkehrs - ist eine standardisierte Durchführung der Kosten-Nutzen-Analyse angezeigt. Damit wird eine verbesserte Transparenz und eine Erleichterung der vergleichenden Bewertung erzielt.

<u>These 3:</u> In manchen Fällen kann die Nutzen-Kosten-Bilanz als Ganzes zu der Feststellung führen, daß sich in diesem Punkt die Alternativen nur unwesentlich unterscheiden. Dann können mit größerer Berechtigung wichtige Teilaspekte - etwa die Umweltbelastung in den betrachteten Alternativen - zum Tragen kommen und bei Erfüllung der "ceteris paribus"-Bedingung (d.h. Konstantbleiben der übrigen Parameter) ausschlaggebend sein. Beispiele hierfür gibt es bei der Standortwahl von Flughäfen.

3.2 Nutzwert-Beurteilungen

Bei einigen Fragestellungen des öffentlichen Bereichs - etwa im Umweltschutz, bei der Energieversorgungsplanung oder generell bei der Vorsorge für künftige Generationen - versagt naturgemäß der monetäre Kosten-Nutzen-Ansatz. Eine Alternative in solchen Fällen besteht darin, daß man eine Reihe von Merkmalen definiert, den Grad der Zielerfüllung an Hand dieser

ABB. 3

NUTZEN-KOSTEN-BILANZ FÜR DIE MÜNCHNER U 3
(IN MIO. DM)

FÜR DIE 10-MIN.-SCHWELLE BEI DER ZEITBEWERTUNG (ALTERNATIV 5 MIN.)

	VOR-ZEICHEN	FALL 1		FALL 2	
		1973	1974	1973	1974
ZEITEINSPARUNG ÖV	+	3,43	4,31	6,85	8,62
UMSTEIGEAUFWAND ÖV (SYSTEMWECHSEL)	-	1,20	1,43	1,20	1,43
LÄRMVERMINDERUNG ÖV +)	+	0,26	0,26	0,36	0,36
BETRIEBSKOSTENERSPARNIS ÖV	+	2,44	3,72	6,25	9,22
ZEITEINSPARUNG IV	+	x	x	x	x
BETRIEBSKOSTENERSPARNIS IV	+	x	x	0,09	0,09
ABGASVERMINDERUNG IV +)	+	x	x	0,17	0,17
UNFALLKOSTENERSPARNIS ÖV/IV	+	0,87	1,00	1,84	2,12
STRECKENKOSTEN ÖV	-	5,37	5,37	11,31	11,31
FAHRZEUGKOSTEN ÖV	-	0,05	0,05	1,06	1,06
SUMME NUTZENGRÖSSEN	+	7,00	9,29	15,56	20,58
SUMME KOSTENGRÖSSEN	-	6,62	6,85	13,57	13,80
NUTZENÜBERSCHUSS (10 MIN)		0,38	2,44	1,99	6,78
NUTZENÜBERSCHUSS (5 MIN)		3,52	6,40	8,28	14,68

NUTZUNGSDAUER: U-BAHN-ANLAGEN 50 JAHRE, ZÜGE UND STRASSENBAHN-GELEISE 25 JAHRE, ZINSSATZ 3,5 % P.A.

+) VERMINDERUNG DER KOSTEN FÜR LÄRMSCHUTZ BZW. FÜR ABGASENT-GIFTUNG GEMESSEN AN STANDARDWERTEN

Merkmale abschätzt und versucht, durch eine Gewichtung der Merkmale zu einer Aussage über den relativen "Nutzwert" einer Alternative zu kommen. Man spricht dann vor einer Nutzwertanalyse, vgl. etwa Zangemeister [1970] . Weitergehende Verfeinerungen hat diese Methode durch die Arbeiten von Bell, Keeney und Raiffa [1978] erfahren. Sie hat sich als nützlich erwiesen, wenn etwa Werturteile oder Güterabwägungen zwischen Maßnahmen der Energieversorgung und des Umweltschutzes zu treffen sind.

Keineswegs liegt damit aber ein einfach zu handhabender Bewertungsschematismus für Auswahlentscheidungen etwa bei Materialbeschaffungen der öffentlichen Verwaltung vor. Bei objektivierbaren Problemstellungen dieser Art muß man sich davor hüten, durch alleinige Anwendung der Nutzwertanalyse Möglichkeiten für eine korrekte Informationsausnutzung zu verschenken: Denn die nach Gewichtungen und Erfüllungsgraden Befragten sind oft überfordert, da sie nur Meinungen äußern, aber angesichts der Merkmalstruktur keine angemessenen Bewertungen vornehmen können. Ist man andererseits allein auf zwangsläufig subjektive Befragungsergebnisse angewiesen, so kann eine Sensitivitätsanalyse helfen, vorhandene Werthaltungen zu verdeutlichen, vergl. Littger [1978].

3.3 Kosten-Wirksamkeitsanalyse

Kommt man bei einem Bewertungsproblem mit der monetären Maßeinheit für den Nutzen nicht aus, stellt sich die Frage nach der Eignung einer physikalischen Meßgröße - etwa die Zeit oder eine nichtmonetäre Mengeneinheit. Wir wollen diese Variante Kosten-Wirksamkeits-Analyse nennen. Sie ist wie die Kosten-Nutzen-Analyse gegenüber der Nutzwertbeurteilung durch größere Objektivität gekennzeichnet. Der Meßvorgang selbst kann mehr oder weniger losgelöst von der Urteilsfindung des Entscheidungsträgers erfolgen. Für letztere jedoch muß in jedem Falle die gleiche Sorgfalt aufgewandt werden.

Ein typisches Beispiel für eine Kosten-Wirksamkeits-Analyse liegt in der Untersuchung verschiedener Maßnahmen zur Erhöhung der Sicherheit im Straßenverkehr vor. Der bekannte jährliche Schaden, der hier verhindert werden soll, setzt sich aus Verkehrstoten, Schwer- und Leichtverletzten sowie Sachschäden zusammen. Hier liegt es nahe, in erster Linie die Zahl der Verkehrstoten zu betrachten, die etwa durch die allgemeine Verwendung von Sicherheitsgurten, durch verbesserten Fußgängerschutz oder dgl. jährlich vermieden werden können. Die "erwartete Zahl verhinderter Unfallopfer" ist dann das Wirksamkeitsmaß.

Bei Kosten-Nutzen-Analysen bereitet auch die Umrechnung von Zeitersparnissen in die Geldeinheit wegen der großen Unterschiede in der Wertigkeit des Zeitbegriffs immer wieder Kopfzerbrechen. Sind Zeiteffekte die vorherrschende Nutzen- oder Wirksamkeitsgrößen, so kann man auf die Umrechnung verzichten und nach derjenigen Alternative fragen, welche eine bestimmte Zeitersparnis für geringste Kosten ermöglicht. Ajzen und Rokeach [1974] zeigen die Schwierigkeiten auf, die im Hinblick auf die Zeitbewertung bei einer Studie über neue U-Bahn-Strecken auftreten. So sieht sich der Fahrgast bei der Wahl einer Verbindung im U-Bahn-Netz oft vor einem Zielkonflikt zwischen Bequemlichkeit (z.B. ausgedrückt durch die minimale Zahl von Umsteigenotwendigkeiten) und Schnelligkeit.

Wird als Ergebnis der Analyse die Zeitersparnis in Minuten für verschiedene Umsteigehäufigkeiten angegeben, so liegt dem Entscheidenden damit das Gesamtbild vor, ohne daß er durch vorab gefällte Werturteile präjudiziert wird.

Zahlreich sind die Anwendungen der Kosten-Wirksamkeits-Analyse im Verteidigungsbereich, da hier eine Bewertung mit Hilfe des monetären Nutzenbegriffs von vornherein ausscheidet, vgl. Stratton [1968].

Liegen bei einer Kosten-Wirksamkeits-Analyse mehrere Zielsetzungen vor, so lassen sie sich entweder in eine Rangfolge bringen und ggfs. in den Randbedingungen berücksichtigen, oder es handelt sich um einen Zielkonflikt zwischen zwei oder drei Größen, an dessen sachlicher Austragung man interessiert ist. Mit einer Abwägung zwischen zwei für die Kosten-Wirksamkeits-Analyse charakteristischen Zielgrößen befaßt sich Dathe [1978] am Beispiel des Zuordnungsproblems.

Keines der drei Bewertungsinstrumente ist ein Universalwerkzeug, doch in geeigneter Auswahl bzw. Kombination lassen sich mit ihnen sehr viele Auswahlentscheidungen der öffentlichen Verwaltung wirksam unterstützen.

4. Schwächen und Stärken in der Anwendung der Systemanalyse

4.1 Generelle Anwendungsgrenzen

Stets ist bei der Anwendung systemanalytischer Methoden darauf zu achten, daß der eigentliche Kern der Problemstellung erkannt und, soweit möglich, einer Lösung zugeführt wird. Manchmal besteht die Gefahr, daß man sich nur mit einem Teilproblem befaßt und u.U. danach strebt, einen vom Standpunkt der Gesamtaufgabe falsch angesetzten Ablauf nur mit höherer Effizienz durchzuführen. Hier treten die Grenzen in Erscheinung, die einem rein analytischen Arbeiten gezogen sind, wenn nicht gleichzeitig qualitative Gesichtspunkte geklärt, Werturteile gefällt oder gruppendynamische Wechselwirkungen berücksichtigt werden.

Y. Dror [1970] hat sich mit der Anwendbarkeit der Systemanalyse in einzelnen Sektoren des öffentlichen Bereichs, insbesondere im Hinblick auf die Situation in Entwicklungsländern, befaßt. In Auswertung dieser und eigener Erfahrungen sind in Abb. 4 einige der wichtigsten Voraussetzungen und Grenzen aufgeführt, die man bei der Anwendung der Systemanalyse in der öffentlichen Verwaltung beachten muß.

Grenzen werden auch sichtbar, wenn versucht wird, Modelle von "Systems Dynamics"-Typ auf die vielfältigen wirtschaftlichen und außerwirtschaftlichen Verflechtungen im internationalen Maßstab anzuwenden. Große Computermodelle können nur in dem Maße Eingang in den politischen Entscheidungsprozeß finden, als es gelingt, die Arbeiten des Analytikers beinahe so verständlich darzustellen wie die Planungsarbeit eines Architekten für seinen Bauherrn. Und nur wenn der spätere

ABB. 4 VORAUSSETZUNGEN UND GRENZEN FÜR DIE ANWENDUNG DER SYSTEMANALYSE IM ÖFFENTLICHEN BEREICH

FORDERUNGEN	VORAUSSETZUNGEN	GRENZEN
EIGNUNG	- OPERABLE ZIELSETZUNGEN	- WERTURTEILE
	- OFFENE ALTERNATIVEN	
	- EINIGKEIT ÜBER ART DER ERGEBNISSE	- POLITISCHE DURCHSETZBARKEIT
DURCHFÜHRBARKEIT	- VERFÜGBARKEIT VON	- IMPLEMENTIERUNGSHINDERNISSE
	• QUALIFIZIERTEM PERSONAL	
	• EINGABEDATEN	- ZU WEITGEHENDE INNOVATIONEN
	• ZEIT BZW. MODELLE	
	- EINIGKEIT ÜBER MASSSTÄBE	- PSYCHOLOGISCHE UND GRUPPENDYNAMISCHE EINFLUSSGRÖSSEN
EFFEKTIVITÄT UND	- BEREITSCHAFT ZUR RATIONALITÄT	
EFFIZIENZ	- BEREITSCHAFT ZUR INNOVATION	
	- ENTSCHEIDUNGSFREIHEIT	
	- UMSETZUNGS-KAPAZITÄT	

Nutzer der Systemanalyse in der öffentlichen Verwaltung sich an allen Phasen der Studiendurchführung von der Problemformulierung bis zur Interpretation der Ergebnisse beteiligt, wird er die gewonnenen Erkenntnisse zu seinen eigenen machen können und auch rechtzeitig verstehen, wo die Grenzen ihrer Aussagefähigkeit liegen.

4.2 Wissenschaftliche Arbeitsweise

Anhand von Beispielen war in Abschnitt 2 darauf hingewiesen worden, daß u.U. einem unter methodischen Gesichtspunkten anspruchsloseren Verfahren dann der Vorzug zu geben ist, wenn es bezüglich der benötigten Eingabeinformationen oder hinsichtlich des Formats der erhaltenen Aussagen anwendungsfreundlicher ist. Diese Ausrichtung an Erfordernissen der Praxis der öffentlichen Verwaltung darf nicht mit einem Verzicht auf wissenschaftliche Gründlichkeit verwechselt werden. Im Gegenteil: Kennzeichnend für Systemanalysen muß die Anwendung wissenschaftlicher Arbeitsprinzipien, etwa im Sinne Poppers [1971] , sein. Es geht um die Erfassung realer Sachverhalte durch Versuche, Erhebungen und durch Simulation im Modell, um das Aufspüren von Gesetzmäßigkeiten der betrachteten Vorgänge und um das Verifizieren bzw. Falsifizieren von Hypothesen.

Erschwerend wirkt sich jedoch aus, daß zum Zeitpunkt der Durchführung einer Systemanalyse häufig noch keine gesicherten wissenschaftlichen Kenntnisse - etwa über die Problemstrukturen - vorliegen. Die Minimalforderung ist dann, daß zwischen Wirklichkeit und Modell Analogien feststellbar sein müssen, die durch spezielle Testbeispiele und Sensitivitätsanalysen weiter zu erhärten sind.

Der Hinweis auf die wissenschaftliche Arbeitsweise ist aber noch in anderer Hinsicht von Bedeutung. Im Bereich der Naturwissenschaften, der Volkswirtschaftslehre oder der Psychologie liegen Theorien oder gar empirisch nachgewiesene Gesetzmäßigkeiten vor, mit denen viele Phänomene erklärt werden können. Für den Lebensbereich, der mit dem Begriff "öffentliche Verwaltung" nur unzureichend bezeichnet wird, gibt es relativ wenige wissenschaftliche Erklärungsversuche. Die Spieltheorie, die Warteschlangentheorie oder etwa die Lanchesterschen Gleichungen sind hierbei positive Beispiele. Meist ist man bestrebt, die komplexen Zusammenhänge modellmäßig zu erfassen, hat es aber schwer, Phänomene allgemeingültig zu erklären. Versuche hierzu, die auch das Risiko einer späteren Falsifikation nicht scheuen, sollten gefördert werden. Die Technische Physik ist reich an Vorbildern für ein solches Vorgehen.

Greifen wir als Beispiel Stauungen des Straßenverkehrs auf Autobahnen und in Städten heraus. Es fehlt nicht an Simulationsrechnungen, Anwendungen der Warteschlangentheorie und an Vergleichen mit Verkehrsmeßwerten, siehe etwa Leutzbach [1972]. Trotz der Wechselwirkungen zwischen mehreren Parametern lohnt es sich, eine einfache Zeitbedarfsgleichung aufzustellen, die für den Verkehrsplaner nützliche Richtwerte liefern kann. Betrachten wir dazu den Verkehrsstrom von Kraftfahrzeugen in einer Richtung mit verschiedenen, durch die Verkehrsdichte q (in Fahrzeugen pro Stunde) charakterisierten Stauzuständen, ohne auf Stauursachen, Abstände zwischen den Fahrzeugen usw. einzugehen. Die Zeit T_A in Minuten, die benötigt wird, um 1 km des betrachteten Straßenabschnitts zurückzulegen, kann nach Meinung des Verfassers als die Summe aus folgenden zwei Anteilen ausgedrückt werden:

(1) $$T_A = T_{Ao} + k \cdot n_A$$

Dabei ist:

T_{Ao} = Zeitbedarf für den gleichen Streckenabschnitt A = 1 km im ungestörten Zustand $q \rightarrow 0$ (z.B. bedeutet T_{Ao} = 0,5 min/km eine ungehinderte Geschwindigkeit von V = 12o km/h),

$k \cdot n_A$ = zusätzlicher Zeitbedarf für den Streckenabschnitt A, der proportional der Zahl n_A der Fahrzeuge ist, die sich während der Zeitdauer T_A im Abschnitt A aufhalten. Denn die Verzögerungen im Stau sind umso größer, je mehr Abbrems- und Beschleunigungsvorgänge erforderlich, d.h. je mehr Fahrzeuge beteiligt sind.

Diese Zahl n_A ergibt sich als Produkt aus Verkehrsdichte q und Zeitbedarf T_A:

(2) $$n_A = \frac{q}{60} \cdot T_A$$

Nach einer einfachen Umformung erhält man aus Gl. (1):

$$T_A = \frac{T_{Ao}}{1 - k \cdot \frac{q}{60}} \qquad (3)$$

Man hat es also mit einem hyperbelförmigen Verlauf der Kurve für $T_A = f\ (q)$ zu tun: Jedes zusätzliche Fahrzeug, das ein q verur-

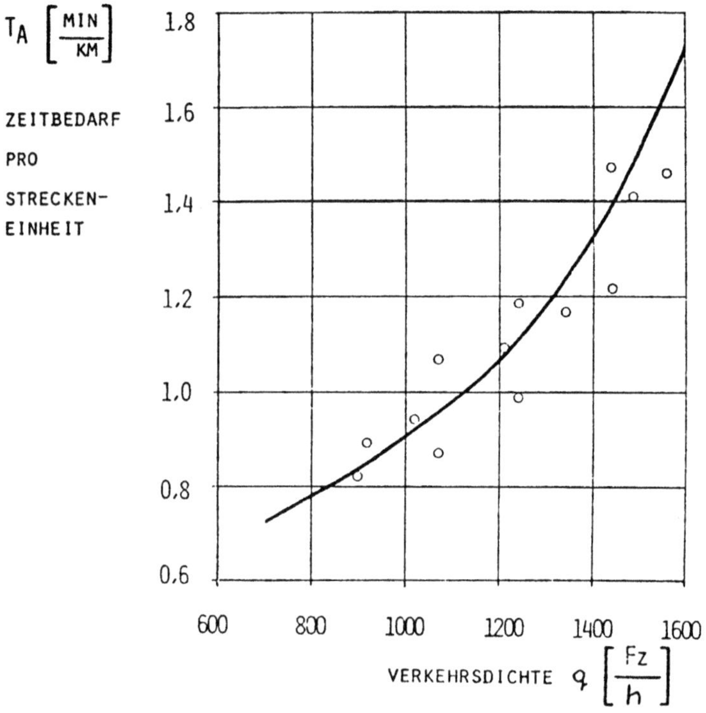

ABB. 5 VERZÖGERUNG DURCH EINEN VERKEHRSSTAU. MESSPUNKTE NACH LENZ UND ERNST [1971], ZEITBEDARFSGLEICHUNG:

$$T_A = T_{Ao} + k \cdot \frac{q}{60} \cdot T_A$$

KURVE FÜR $T_{Ao} = 0{,}50$ UND $k = 0{,}0266$

sacht, wird nicht nur selbst im Abschnitt A aufgehalten, sondern es bringt auch für alle nachfolgenden Fahrzeuge eine zusätzliche Verzögerung. Der Zeitbedarf T_{Ao} bei freiem Verkehrsstrom ist ein Eingabewert, der Proportionalitätsfaktor k , der als konstant für ein größeres Intervall angenommen werden kann, muß empirisch ermittelt werden. Vergleiche mit Meßwerten, wie in Abbildung 5, bestätigen die grundsätzliche Gültigkeit dieser einfachen Formel, solange q noch genügend weit vom theoretischen Wert der vertikalen Asymptote (im Beispiel bei q_∞ = 2255 Fz/h) entfernt ist. Gerade in der Klärung von Phänomenen und Zusammenhängen des öffentlichen Lebens im weitesten Sinne hat die Wissenschaft noch ein großen Aufgabengebiet vor sich.

4.3 Systemanalytische Unterstützung

In Abschnitt 4.1 wurde auf einige Grenzen für die Anwendung der Systemanalyse in der öffentlichen Verwaltung hingewiesen. Die Kapital 2 und 3 berichteten über bewährte Methoden und Bewertungsinstrumente für diese Unterstützung. Nun soll versucht werden, eine Bilanz zu ziehen über die heutigen und möglichen künftigen Anwendungsschwerpunkte in den Sektoren der öffentlichen Verwaltung. Dabei stoßen wir auf Darstellungsschwierigkeiten: Wo hört die konventionelle Planungsarbeit auf und wo beginnt die systemanalytische Unterstützung? Diese Grenze kann und sollte nicht scharf gezogen werden. Nicht selten entwickelt sich aus einer Studie, die zunächst einer singulären Entscheidungsvorbereitung diente, ein Softwarepaket für die alltägliche Planungsarbeit, das in festen Zeitabständen aktualisiert wird. Dadurch wird erreicht, daß eine im Umfang begrenzte systemanalytische Kapazität für verschiedenartige Aufgaben eingesetzt werden kann.

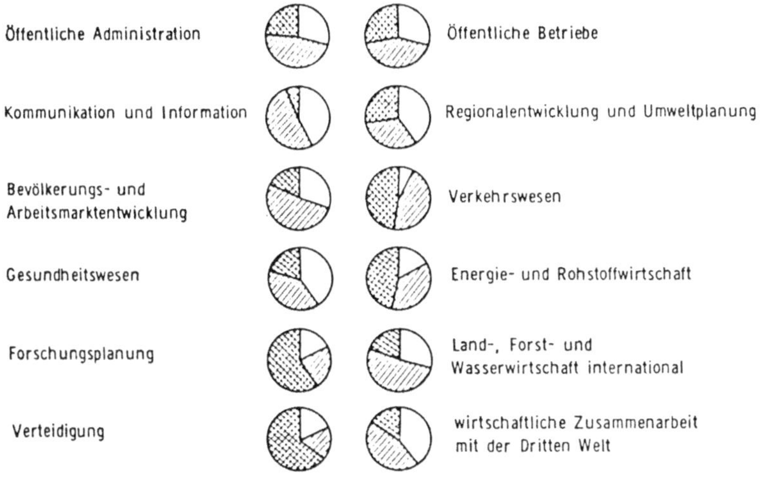

Abb. 6 Mögliche Schwerpunkte der systemanalytischen Unterstützung der Öffentlichen Verwaltung

(Potential, davon realisiert)

Ein zweites Darstellungsproblem ergibt sich, wenn man Prozentsätze der realisierten und der möglichen Unterstützung definieren will. Hierfür fehlt ein geeigneter universeller Maßstab, nur ungefähre Relativangaben sind möglich. Abb. 6 gibt für zwölf Arbeitsschwerpunkte der öffentlichen Verwaltung jeweils einen Schätzwert für das jeweilige Potential der systemanalytischen Unterstützung an und einen zweiten Schätzwert für den Anteil, der von diesem Potential bisher realisiert werden konnte. Der Bezugswert von 100 % (Vollkreis) gilt nur für Unterstützungsleistungen, nicht für die Tätigkeit im jeweiligen Sektor schlechthin. Tätigkeitsgebiete wie wirtschaftliche Globalsteuerung oder Strafverfolgung fehlen, weil sie nicht typisch für die Anwendung der Systemanalyse sind. Die stärkste systemanalytische Unterstützung wurde bisher in Bereichen wie Verteidigung und Forschungsplanung verwirklicht. Besonders geeignet für den Einsatz der Systemanalyse erscheinen Verkehrswesen sowie Energie- und Rohstoffwirtschaft, ohne daß dies bisher in vollem Umfang genutzt wurde. Auch in der öffentlichen Administration im engeren Sinne (z.B. Einführung funktionaler Planungssysteme wie PPB usw.) liegt ein vielversprechendes Betätigungsfeld. Von großer Bedeutung für die Zukunft sind Fragen der wirtschaftlichen Zusammenarbeit mit der Dritten Welt und die Probleme der Land-, Forst- und Wasserwirtschaft im internationalen Maßstab. Hier ist zu hoffen, daß das Internationale Institut für Angewandte Systemanalyse zu einer Verstärkung aufeinander abgestimmter nationaler Untersuchungen dieser Probleme beitragen kann. Der integrierten Analyse mehrerer der angesprochenen Teilbereiche wird künftig noch mehr Dringlichkeit als bisher zukommen.

Einmal mehr muß an dieser Stelle betont werden, daß eine wirksame Unterstützung nicht darin besteht, daß Studien angefertigt werden, die hinterher mit größerem oder geringerem Wohlwollen zur Kenntnis genommen werden. Der Umsetzungsprozeß zwischen der systemanalytischen Arbeit, der politischen Meinungsbildung und der Entscheidungsfindung der Administration muß ein kontinuierlicher Vorgang sein, der sich von der Problemdefinition bis zur Implementierung der Ergebnisse erstreckt. Der Entscheidungsträger prüft die aufgezeigten Möglichkeiten im Lichte bisherigiger politischer Zielsetzungen, juristischer Randbedingungen, bereits eingegangener Verpflichtungen u.dgl. Der Beitrag der Systemanalyse stellt nur eine Komponente des Entscheidungsprozesses dar. Die Fragen, mit denen sich die öffentliche Verwaltung heute im Blick auf die nächsten Jahrzehnte zu befassen hat, sind jedoch viel zu schwerwiegend, als daß sie dabei auf sorgfältig durchgeführte und sachgemäß angewandte Systemanalysen verzichten könnte.

5. Literaturverzeichnis

Ajzen, H. und L.Rokeach: "Routenwahl in Liniennetzen." Zeitschrift für Operations Research, Band 18 (1974), Heft 4, S. B 101 - B 120.

Angermann, A. und R. Thome: "Ansätze für eine Kosten-Nutzenanalyse des Datenschutzes." Siemens data report 8 (1973), Heft 4, S. 18 - 22.

Bell, D., R.L. Keeney und H. Raiffa: "Conflicting Objectives in Decision." New York - London 1978.

Dathe, J.M.: "Operations Research in der öffentlichen Verwaltung." Handbuch der Verwaltung, Heft 4.4, Köln-Berlin, 1974.

Dathe, J.M.: "Zur Lösung des Zuordnungsproblems bei zwei Zielgrößen." Zeitschrift für Operations Research, Band 22 (1978).

Dror, Y.: "From Management Sciences to Policy Sciences." RAND-Report No. P - 4375, Mai 1970.

Hall, W.K.: "Why Risk Analysis Isn't Working." J. Long Range Plannung, Vol. 8 (1975), No. 6, p. 25 - 29.

Kreuz, D.: "Ex-post-Nutzen-Kosten-Analyse für die U-Bahn-Linie 3 in München." IABG-Bericht B-PA 204600/68, April 1976.

Lenz.K.H. und R. Ernst: "Untersuchung über den Verkehrsablauf auf den Behelfsfahrstreifen der Reparaturbaustellen der Bundesautobahnen." Bundesanstalt für Straßenwesen, Köln, F.A. 228/3.915, 1971.

Leutzbach, W.: "Einführung in die Theorie des Verkehrsflusses." Berlin, Heidelberg, New York, 1972.

Littger, W.: "Sensitivitätsanalysen im Rahmen von Kosten-Wirksamkeits-Analysen." Proceedings in Operations Research 8, Würzburg-Wien 1978.

Müller-Merbach, H.: "Morphologie heuristischer Verfahren." Zeitschrift für Operations Research, Band 20 (1976), S. 69-87.

Popper, K.: "Logik der Forschung", 4. verbesserte Auflage, Tübingen 1971.

Stratton, A.: "The Principles and Objectives of Cost-Effectiveness Analysis." The Aeronautical Journal of the Roy. Aeron. Soc., Vol. 72 (1968), No. 685, p. 43-53.

Zangemeister, Chr.: "Nutzwertanalyse in der Systemtechnik." München 1970.

Anwendung der Netzplantechnik in der Bauplanung für den öffentlichen Dienst

B. Hoßfeld, Trier

Im Bauwesen werden Netzplanverfahren in der Regel dann angewendet, wenn umfangreiche Maßnahmen zeitlich geplant und in ihrem Ablauf gesteuert werden sollen. Der Bauausführung geht jedoch immer eine Projektierungsphase voran, die gerade bei Bauvorhaben des öffentlichen Dienstes mit einem festen Instanzenweg verbunden ist und von einer Vielzahl politischer Entscheidungen beeinflußt werden kann [4]. Um diesen Planungsablauf für alle beteiligten Dienststellen möglichst effektiv und überschaubar zu gestalten, wurde im Rahmen einer Studie das "Lenkungssystem Infrastruktur" entwickelt, das auf einem logischen Datenbanksystem beruht und mit Hilfe spezieller Programmpakete dem Benutzer aktuelle und umfassende Grundlagen zur Entscheidungsfindung liefert. Die wesentlichen Bausteine dieses Systems erstellen ein Bauprogramm zur kurz-, mittel- oder langfristigen Finanzplanung, erfassen alle Haushaltsdaten zur Kontrolle und Steuerung des Mittelabflusses und ermöglichen die Terminplanung sowie Ausführungskontrolle, wobei der Ablauf z.B. durch Änderungen der Haushaltsansätze oder vorgegebene Dringlichkeiten und Prioritäten laufend beeinflußt werden kann.

In den folgenden Abschnitten wird die Entwicklung des Terminplanungsmodells [1] völlig unabhängig von der vorgesehenen Anwendung aufgezeigt. Die allgemeine Herleitung des Verfahrens auf der Grundlage der Metra-Potential-Methode [2] erfordert neben der Festlegung der Vorgangsdauern auch die Definition von Wichtungsfaktoren, die im folgenden anschaulich als "Kapazität" und "Betriebsmittelbedarf" bezeichnet werden. Zwar läßt sich mit Hilfe dieses Modells auch eine Verteilung dieser sog. Kapazitäten berechnen, es sei jedoch ausdrücklich darauf hingewiesen, daß es sich im Rahmen der Terminplanung um rechnerische Hilfsgrößen handelt.

Proceedings in Operations Research 8, ©Physica-Verlag, Würzburg–Wien, 1979

Die Bezeichnungen wurden wie folgt gewählt:

Index i	für vorangehende	Vorgänge
Index j	für parallele	
Index k	für nachfolgende	
TA_j, TE_j	Anfangs-, Endetermin	des Vorganges j
CA_j, CE_j	Anfangs-, Endekapazität	
D_j	Dauer	
C_j	mittlere Kapazität	
B_j	Betriebsmittelbedarf	
$\bar{D}$	Zeit-Abstand	zwischen Vorgänger i und Nachfolger k
$\bar{C}$	mittlere Kapazität	
$\bar{B}$	Betriebsmittelbedarf	
α_{kj}	Koeffizienten für	Ende-/Anfangsbeziehung
ε_{ij}	zeitliche	Anfangs-/Endebeziehung
β_{kj}	Koeffizienten für	Ende-/Anfangsbeziehung
ζ_{ij}	kapazitative	Anfangs-/Endebeziehung

Diese Definitionen führen auf die allgemeine Formulierung der Abhängigkeitsbeziehungen zwischen den einzelnen Vorgängen, wobei für die sog. Kapazitäten ein linearer Verlauf zwischen den Anfangs- und Endwerten eines Vorganges angenommen wird:

$$B_j = C_j \cdot D_j \quad , \quad C_j = (CA_j + CE_j)/2 \quad , \quad D_j = TE_j - TA_j \quad , \tag{3.1 a,b,c}$$

$$\bar{B} = \bar{C} \cdot \bar{D} \quad , \quad \bar{C} = (CE_i + CA_k)/2 \quad , \quad \bar{D} = TA_k - TE_i \quad , \tag{3.2 a,b,c}$$

$$TA_k = \sum_j \alpha_{kj} \cdot TE_j \quad , \qquad TE_i = \sum_j \varepsilon_{ij} \cdot TA_j \quad , \tag{3.3 a,b}$$

$$CA_k = \sum_j \beta_{kj} \cdot CE_j \quad , \qquad CE_i = \sum_j \zeta_{ij} \cdot CA_j \quad . \tag{3.4 a,b}$$

Ziel der Optimierung ist es nun, den Betriebsmittelbedarf $\bar{B}$ zwischen den vorangehenden und nachfolgenden Vorgängen so zu bestimmen, daß die Abweichung F von den Vorgabewerten B_j aller Parallelvorgänge einen Minimalwert annimmt. Unter Berücksichtigung der Definitionen (3.1 c, 3.2 c) ergibt sich die Maximumnorm [3]

$$F = | \bar{C} \cdot \bar{D} - \sum_j C_j \cdot D_j | \rightarrow \text{Min.} \tag{4.1}$$

mit den Forderungen

$$\left.\begin{aligned} \bar{C} &= \max (C_j) \quad (4.2\ a) \\ \bar{D} &= \max (D_j) \quad (4.2\ b) \end{aligned}\right] \; 1 \leq j \leq J \quad .$$

Nach Einsetzen der Beziehungen (3.1 a, b - 3.4 a, b) folgen aus der Minimierungsbedingung zwei Bestimmungsgleichungen für die Koeffizienten α, β, ε und ζ:

$$F_T = | \bar{C} \cdot \left[(\alpha_{kj} - C_j/\bar{C}) \cdot TE_j - (\varepsilon_{ij} - C_j/\bar{C}) \cdot TA_j \right] | , \tag{4.3 a}$$

$$F_c = | \bar{D} \cdot \left[(\beta_{kj} - D_j/\bar{D}) \cdot CE_j + (\zeta_{ij} - D_j/\bar{D}) \cdot CA_j \right] / 2 | . \tag{4.3 b}$$

Unter den Voraussetzungen $\bar{C}, \bar{D} \neq 0$ und $C_j, D_j = \text{const.}$ führt die partielle Differentiation der Gleichungen (4.3 a, b) zu den Ergebnissen

$$\alpha_{kj} = \varepsilon_{ij} = C_j/\bar{C} \quad , \qquad \beta_{kj} = \zeta_{ij} = D_j/\bar{D} \quad . \tag{4.4 a,b}$$

Aus Gleichung (4.1) lassen sich damit die Fehlerfunktionen

$$F_T = | \bar{C} \cdot \bar{D} \cdot (1 - \sum_j \alpha_{kj} \cdot \beta_{kj}) | \quad \text{und} \tag{4.5 a}$$

$$F_c = | \bar{C} \cdot \bar{D} \cdot (1 - \sum \varepsilon_{ij} \cdot \zeta_{ij}) | \tag{4.5 b}$$

ermitteln, die verschwinden, d.h. F = 0 = Min., wenn

$$\sum_j \alpha_{kj} \cdot \beta_{kj} \overset{!}{=} 1 \quad , \qquad \sum_j \varepsilon_{ij} \cdot \zeta_{ij} \overset{!}{=} 1 \quad . \tag{4.6 a,b}$$

Zur Vereinfachung der Darstellung werden im folgenden die Maxima der Gleichungen (4.2 a, b) mit dem Index J bezeichnet. Damit ergibt sich aus der Maximumnorm nach Einfügung der Gleichungen (4.2 a, b) und (4.4 a, b)

$$\bar{C} \cdot \bar{D} = \sum_{j=1}^{J} C_j \cdot D_j = \begin{cases} \sum_{j=1}^{J-1} C_j \cdot D_j + C_J \cdot D_J \,, & (4.7) \\ \bar{C} \cdot \bar{D} \cdot \sum_{j=1}^{J-1} \alpha_{kj} \cdot \beta_{kj} + \bar{C} \cdot \bar{D} \,, & (4.8\ a) \\ \bar{C} \cdot \bar{D} \cdot \sum_{j=1}^{J-1} \varepsilon_{ij} \cdot \zeta_{ij} + \bar{C} \cdot \bar{D} \,. & (4.8\ b) \end{cases}$$

Man erkennt, daß die Forderungen (4.6 a, b) nur unter den Voraussetzungen

$$\sum_{j=1}^{J-1} \alpha_{kj} \cdot \beta_{kj} \overset{!}{=} 0 \,, \qquad \alpha_{kJ} \cdot \beta_{kJ} \overset{!}{=} 1 \,, \qquad (4.9\ a,b)$$

$$\sum_{j=1}^{J-1} \varepsilon_{ij} \cdot \zeta_{ij} \overset{!}{=} 0 \,, \qquad \varepsilon_{iJ} \cdot \zeta_{iJ} \overset{!}{=} 1 \,, \qquad (4.9\ c,d)$$

erfüllt sind.

Die Koeffizienten α, β, ε, ζ geben an, welcher von mehreren Parallel-Vorgängen für die zeitlichen und kapazitativen Abhängigkeiten maßgeblich ist. Ausgehend von Anfangswerten, die zweckmäßigerweise auf Eins gesetzt werden, wenn eine Abhängigkeit zwischen zwei Vorgängen besteht, anderenfalls auf Null, können aus den Gleichungen (4.4 a, b) die gesuchten Werte berechnet werden (im folgenden nur für den Koeffizienten α dargestellt).
In jedem Berechnungsschritt muß einerseits die Bedingung (4.6 a) gelten

$$\sum_j \alpha_{kj}^{(n)} \cdot \beta_{kj}^{(n)} = \sum_j \alpha_{kj}^{(n-1)} \cdot \beta_{kj}^{(n-1)} = 1 \,, \qquad (5.1)$$

zum anderen besteht die Forderung der Gleichungen (4.9 a, b):

$$\sum_{j=1}^{J-1} \alpha_{kj}^{(\infty)} \cdot \beta_{kj}^{(\infty)} = 0 \qquad \alpha_{kJ}^{(\infty)} \cdot \beta_{kJ}^{(\infty)} = 1 \quad , \qquad (5.2\text{ a,b})$$

$$\beta_{kj}^{(\infty)} = D_j/\bar{D}^{(\infty)} < 1 \quad \rightarrow \quad \alpha_{kj}^{(\infty)} = 0 \quad , \qquad (5.3\text{ a})$$

$$\alpha_{kJ}^{(\infty)} = D_J/\bar{D}^{(\infty)} = 1 \quad \rightarrow \quad \alpha_{kJ}^{(\infty)} = 1 \quad . \qquad (5.3\text{ b})$$

Für den Grenzwert $n \to \infty$ kann nun aus Gleichung (5.1) eine Rekursionsformel zur Berechnung der Koeffizienten hergeleitet werden:

$$\alpha_{kj}^{(n)} = \alpha_{kj}^{(n-1)} \cdot D_j/\bar{D}^{(n-1)} \quad , \qquad \bar{D}^{(n-1)} = \sum_j \alpha_{kj}^{(n-1)} \cdot D_j \quad . \qquad (5.4\text{ a,b})$$

Mit den Anfangswerten

$$\alpha_{kj}^{(o)} = 1 \qquad \text{und} \qquad \bar{D}^{(o)} = \sum_j 1 \cdot D_j \qquad (5.5\text{ a,b})$$

lassen sich die Gleichungen (5.4 a, b) auch explizit als Funktionen des n-ten Iterationsschrittes darstellen (was in gleicher Weise auch für die Koeffizienten β, ε und ζ gilt):

$$\alpha_{kj}^{(n)} = \varepsilon_{kj}^{(n)} = D_j^n/\Sigma D_j^n \quad , \qquad \bar{D}^{(n)} = \sum_j D_j^{n+1} / \sum_j D_j^n \quad , \qquad (5.6\text{ a,b})$$

$$\beta_{kj}^{(n)} = \zeta_{kj}^{(n)} = C_j^n/\sum_j C_j^n \quad , \qquad \bar{C}^{(n)} = \sum_j C_j^{n+1} / \sum_j C_j^n \quad . \qquad (5.7\text{ a,b})$$

Diese Gleichungen zeigen deutlich den Vorteil des beschriebenen Verfahrens, das die maßgeblichen Abhängigkeiten, die durch maximale Dauern oder Kapazitäten bestimmt werden, nicht iterativ ermittelt, sondern nach Vorgabe des Wertes n in einem einzigen Rechenschritt. Die Schrittweite hängt dabei von den Größenunterschieden der Vorgangsdauern und -kapazitäten ab und kann an Hand von Vergleichsrechnungen oder für eine vorgegebene Genauigkeitsschranke festgelegt werden.

Faßt man die Koeffizienten in quadratischen Matrizen $\underline{\alpha}$, $\underline{\beta}$, $\underline{\varepsilon}$, $\underline{\zeta}$ zusammen sowie die Zeitangaben und Kapazitäten in entsprechenden Vektoren, so folgen aus den Beziehungen (3.3 a, b) und (3.4 a, b) Bestimmungsgleichung für die gesuchten Größen:

$$\underline{TA} = \underline{\alpha} \cdot \underline{TE} \quad , \quad \underline{TE} = \underline{\varepsilon} \cdot \underline{TA} \quad , \quad \underline{TE} = \underline{TA} + \underline{D} \quad , \qquad (6.1\ a,b,c)$$

$$\underline{CA} = \underline{\beta} \cdot \underline{CE} \quad , \quad \underline{CE} = \underline{\zeta} \cdot \underline{CA} \quad , \quad 2\underline{C} = \underline{CA} + \underline{CE} \ . \qquad (6.2\ a,b,c)$$

Das Einsetzen der Gleichungen (6.1 c) und (6.2 c) in (6.1 a, b) und (6.2 a, b) führt zu den Gleichungssystemen

$$\underline{TA} = (\underline{I} - \underline{\alpha})^{-1} \cdot \underline{\alpha} \cdot \underline{D} \quad , \quad \underline{TE} = (\underline{\varepsilon} - \underline{I})^{-1} \cdot \underline{\varepsilon} \cdot \underline{D} \quad , \qquad (6.3\ a,b)$$

$$\underline{CA} = 2 \cdot (\underline{I} + \underline{\beta})^{-1} \cdot \underline{\beta} \cdot \underline{C} \quad , \quad \underline{CE} = 2 \cdot (\underline{I} + \underline{\zeta})^{-1} \cdot \underline{\zeta} \cdot \underline{C}. \qquad (6.3\ c,d)$$

Da die Hauptdiagonalelemente der Abhängigkeitsmatrizen immer Null sind (die Vorgänge können nicht mit sich selbst verknüpft sein), ist in allen Fällen der Betrag der Determinante kleiner als Eins. Unter dieser Voraussetzung kann eine Potenzreihenentwicklung mit $m \to \infty$ für die einzelnen Matrizen durchgeführt werden,

$$\underline{A} = \sum_m \underline{\alpha}^m \qquad \underline{E} = -\sum_m \underline{\varepsilon}^m \qquad (6.4\ a,b)$$

$$\underline{B} = -2 \sum_m (-\underline{\beta})^m \qquad \underline{Z} = -2 \sum_m (-\underline{\zeta})^m \qquad (6.4\ c,d)$$

so daß aus den Gleichungen (6.3 a, b, c, d) folgt:

$$\underline{TA} = \underline{A} \cdot \underline{D} \qquad \underline{TE} = \underline{E} \cdot \underline{D} \qquad (6.5\ a,b)$$

$$\underline{CA} = \underline{B} \cdot \underline{C} \qquad \underline{CE} = \underline{Z} \cdot \underline{C} \qquad (6.5\ c,d)$$

Eine weitere Vereinfachung läßt sich durch eine geeignete Numerierung der Vorgänge in der Weise erreichen, daß die unteren oder oberen Dreiecksmatrizen einschließlich den Hauptdiagonalen nur mit Nullen besetzt sind. In diesem Fall ist die Reihenentwicklung für die Koeffizientenmatrizen endlich, da alle Exponentiationen mit $m \geq M$ (M = Ordnung der Matrix = Anzahl der Vorgänge) die Nullmatrix ergeben.

Ein wesentlicher Vorteil des dargestellten Terminplanungsmodells ist darin zu sehen, daß die auf dem kritischen Weg liegenden Vorgänge innerhalb eines einzigen Rechenschrittes zu ermitteln sind. Dabei ermöglicht die Formulierung in Matrizenschreibweise die Festlegung einer allgemeinen Netzplanstruktur, die allein durch die Änderung der Vorgangsdauern speziellen Anforderungen angepaßt wird. Die für die Herleitung des Verfahrens erforderliche Definition von Kapazitäten zeigt die Möglichkeiten einer gekoppelten Termin- und Kapazitätsplanung auf; die Anwendung z.B. im Bereich von Kostenmodellen setzt jedoch weiterführende Arbeiten voraus.

Im "Lenkungssystem Infrastruktur" wird allein das Terminmodell innerhalb eines Bausteines dem Anwender zur Verfügung gestellt. Die Handhabung wird dabei der z.Zt. noch manuell geführten Terminplanung angepaßt werden, so daß die Umstellung auf das EDV-gestützte Verfahren keine Mehrarbeit für den Anwender mit sich bringen wird. Erfaßt man den erforderlichen Arbeitsaufwand in einer überschlägigen Kostenermittlung, so führt der Vergleich zwischen dem bisher manuellen und dem künftig automatisierten Verfahren auf eine Ersparnis von etwa siebzig Prozent. Genauere Angaben können jedoch erst nach der Einführung des Systems gemacht werden, wobei dann u.U. auch die Einsparungen auf Grund einer strafferen Bauplanung berücksichtigt werden können.

[1] Hoßfeld, B.: Ein Matrizenverfahren zur Netzplanberechnung, Bericht M-ZO 4007/08, Industrieanlagen-Betriebsgesellschaft mbH, Trier, 1978

[2] MPM: Die Metra-Potential-Methode, DIVO Information Reihe 2, Sonderheft 1, Januar 1968

[3] Neumann, K.: Operations Research Verfahren Band III, Hanser-Verlag München Wien 1975

[4] Weinberg, F. u.a.: Operations Research im öffentlichen Dienst, Haupt Verlag Bern Stuttgart 1976

Von OR-Gesamtmodellen zu OR-Anwendungen bei Projektplanungen in Regierung und Verwaltung – Eine kritische Standortbestimmung

J. Komarnicki, Gladbeck

Problemstellung

Durch den Einsatz von Planungs- und Entscheidungsmodellen soll das Maß an Rationalität in der öffentlichen Verwaltung erhöht werden. Dieses Ziel impliziert, daß Modellergebnisse als wesentliche Entscheidungsgrundlage in die praktische Politik eingehen.

Da nach einem wahren Planungsboom in den sechziger und frühen siebziger Jahren heute viele politische Entscheidungen wieder vermehrt ohne Vorschaltung von Modelluntersuchungen getroffen werden, stellt sich die Frage, ob dieses Ziel in der Vergangenheit erreicht wurde bzw. wie es erreicht werden kann.

Die Argumentationsbasis für diese Veröffentlichung bilden eine Reihe großer Planungssysteme, die in den vergangenen Jahren u.a. vom Autor selbst insbesondere beim Bund und den Ländern, aber auch im kommunalen Bereich, entwickelt und eingesetzt worden sind.

Die vieljährigen Anwendungserfahrungen für unterschiedlichste Problemstellungen können wie folgt zusammengefaßt werden:

- Planer neigen dazu, Modelle für zu große Anwendungsklassen unter Vernachlässigung des empirischen Problembezugs zu formulieren

- Hochentwickelte Planungsmodelle müssen schon aus Wirtschaftlichkeitsgründen unterschiedlich strukturierte Problemstellungen abdecken, was regelmäßig zu abstrahierenden Annahmen zwingt. Die Praktiker, also die Modellanwender, sind dagegen oft an ingenieurmäßiger Genauigkeit interessiert. Diesem Anspruch, nämlich genehmigungsreife Unterlagen zu schaffen, können viele Modelle dann nicht gerecht werden.

- Große Planungssysteme haben beträchtliche Entwicklungszeiten (z. T. 5 Jahre und mehr). Dieser Sachverhalt zwingt den Planer, sein Werkzeug quasi im voraus für die Stunde Null zu entwickeln, wobei er seinerseits Annahmen über die dann gültigen Einsatzvoraussetzungen setzen muß, um überhaupt arbeiten zu können. In vielen Fällen wird aber - wie die Erfahrung zeigt - das "falsche" Modell entwickelt, etwa weil sich während der Modellentwicklungszeit die politischen Einsatzvoraussetzungen ändern.

- Bei der Modellkonzeptionierung wird nicht immer frühzeitig genug an die Probleme der Datenverfügbarkeit bzw. den erforderlichen Datenerhebungsaufwand gedacht.

- Der Planer neigt oft aus Gründen der Selbstmotivation dazu, bestehende Modelle auf "falsche" Probleme anzusetzen bzw. auf isolierte Teilkomplexe.

- Planungsmodelle sind heute nicht ausreichend reagibel und flexibel, um im wirklichen Tagesgeschäft für Zwecke der Entscheidungsvorbereitung einsetzbar zu sein.

- Der Planer versäumt oftmals, die Modellergebnisse für den Anwender "mundgerecht" zu formulieren.

- Planungsinstrumente sind stark situationsabhängig und "veraltern" damit relativ schnell. Das bedeutet einen im Zeitablauf rapide wachsenden Wartungsaufwand.

Die inhaltliche Hauptursache für die unzureichende Akzeptanz von Modellaussagen durch die politisch Verantwortlichen liegt in der unterschiedlichen Zielorientierung von Planer und Politiker.

Der Planer ist gewohnt, in Möglichkeitsbereichen zu denken. Er fragt regelmäßig nach wahrscheinlichen Entwicklungen, also nach Trends, die mit der jeweiligen Ausgangslage und den erkennbaren Änderungen der Rahmenbedingungen vereinbar sind.

Dieses Denken in argumentativ abgreifbaren Entscheidungsfeldern hat aber bestenfalls zufällig etwasmit dem jeweils politisch Machbaren zu tun.

Politisches Handeln ist dagegen stets erfolgsorientiert, der Politiker versucht durch Machtausübung Ziele zu erreichen. Das "rationale Kalkül" des Politikers besteht aus seinem subjektiven Urteil, was in einer gegebenen Situation durchsetzbar ist, ohne die eigene Position zu gefährden. Politisches Handeln besteht damit im wesentlichen aus Willensakten, selten aus wissenschaftlichen Überlegungen.

Insbesondere bei längerfristig angelegten Modelluntersuchungen werden - und zu diesem Ansatz gibt es keine Alternative - neue Erkenntnisse über mögliche Entwicklungslinien erarbeitet. Planungstechniken verbessern hier also den Informationsstand, u.a. auch über den verfügbaren Entscheidungsraum, etwa durch Alternativplanungen. Die Akzeptanz dieser Strukturaussagen stellt - das kommt erleichternd hinzu - in der langen Frist kein Problem dar. Da aktuell Interessenlagen nicht betroffen werden, sind Konsensbildungen auf objekt-wissenschaftlicher Basis in aller Regel möglich, zumal hier oftmals unklare Zielangaben ausreichend sind.

Suche nach Strukturierungshilfen

Gänzlich anders stellt sich die Situation bei kurzfristigen Problemstellungen. Hier werden aktuell regelmäßig die Interessen vieler tangiert. Objektive Aussagen erweisen sich hier kaum als tragfähige Plattform. Fortschritte sind hier nur über politische Kompromisse möglich.

Erschwerend kommt neuerdings hinzu, daß die Bürger verstärkt nach qualitativem Wachstum verlangen. Im politischen Bereich äußert sich dieser Strukturwandel in verstärktem Verlangen nach Teilhabe an Entscheidungen. Die traditionelle Behördenorganisation sieht diese Trends aber heute noch ebenso wie die überwiegende Zahl der Planungstechnokraten primär als lästige Hindernisse, nur vereinzelt erst als Anlaß, um über notwendige organisatorische und planerische Änderungen der traditionellen Entscheidungsprozesse nachzudenken.

Bei kurzfristigen Entscheidungen werden aber gerade wegen des Trends zur Beteiligung von betroffenen Gruppen an den sie betreffenden politischen Entscheidungen primär Prozeß-Techniken bzw. Methoden erforderlich, die vorrangig dem Ziel dienen, aus heterogenen Meinungen einen tragfähigen Konsensus zu erzeugen. Es sind also vor allem Ansätze mit faktischen Koordinierungseffekten gefragt, denn die Schaffung der politischen Voraussetzungen für die Verwertung und Umsetzung von Zielwerten hat absoluten Vorrang vor der Entwicklung und Anwendung noch so ausgeklügelter Prognose- und Entscheidungsmodelle zur Erzeugung solcher Daten.

Die politische Praxis verlangt damit heute vor allem nach Strukturierungshilfen für den politischen Prozeß als gedankliche und sprachliche Stütze für die Entwicklung einer Koordinierungsgrundlage und als Anreiz und Zwang zu weitestmöglicher Präzisierung.

Techniken sind vor allem erforderlich, um Lücken und Unstimmigkeiten in Argumentationsketten aufzudecken und um die Entscheidungsprozesse selbst zu strukturieren und zu rationalisieren.

Das praktisch Verwertbare von Planungs- und Entscheidungstechniken ist damit ihr formalisierter Rahmen und ihre gedankliche Disziplin als Hilfe für Problem- und politische Prozess-Strukturierung. Sie sind amit vor allem bei folgenden Problemstellungen von Nutzen:

- Verständigung über Unklarheiten von politischen Ausgangssituationen und Entscheidungsmöglichkeiten

- Auffinden und Operationalisieren von politischen Zielen

- Abschätzen von Handlungsspielräumen, von Steuerungsinstrumenten und deren Wirkung

Schaffung von gemeinsamen Vorstellungen über Prioritäten bei Zielen und beim Instrumenteneinsatz.

Die Praxis braucht damit kommunikationsfördernde Techniken. Systemtechnische Ansätze wie Kreativitäts- und Ideenfindungsmethoden, Entscheidungstechniken wie Nutzwertanalyse, Projektmanagement-Verfahren, Simulationstechniken u.a.m. erscheinen zumindest als Schritte auf dem richtigen Weg.

Der Unterschied zwischen den traditionellen Verfahren und den systemtechnischen Ansätzen ist darin zu sehen, daß erstere zunächst für Problemklassen Lösungswege (Algorithmen) suchen und erst dann zugehörige Anwendungsprobleme. Systemtechnische Lösungsversuche geben dagegen bestenfalls grobe Lösungsschemata (etwa in Form von geordneten Arbeitsschritten) vor. Dieser "Arbeitsplan" wird auf das jeweilige Problem angewandt, und es wird nach einer problembezogenen, singulären Lösung gesucht, wobei regelmäßig bereits Näherungslösungen als Ergebnis akzeptiert werden.

Die heutige politische Meinungsbildung ist wesentlich durch eine Methodik-Vielfalt auf individueller Erfahrungsbasis gekennzeichnet. Damit ist die wesentlichste Ursache von Mißverständnissen genannt. Wie in allen anderen menschlichen Erfahrungsbereichen gilt auch hier der Satz: Einheitliche, nach logischen Prinzipien aufgebaute Denkprozesse bringen erst die Erfahrung und das Fachwissen jedes einzelnen Beteiligten voll zur Geltung, d.h. sie verbessern die sachliche Entscheidungsqualität.

Darüberhinaus verbinden und koordinieren sie Interessen und helfen Konflikte auszugleichen. Damit wird aber erst die Voraussetzung für eine Lösungsidentifikation auf breiter Basis geschaffen.

Eine solchermaßen systemtechnisch ausgerichtete Arbeitsweise ist also die Voraussetzung für schnell reagierende, rational ausgelegte politische Entscheidungsabläufe.

Allerdings ist das heute verfügbare systemtechnische Instrumentarium noch längst nicht vollständig, z.T. auch noch nicht weit genug ausgereift und erprobt. Die Arbeits- und Organisationsformen sind außerdem sowohl in den öffentlichen Verwaltungen als auch in der freien Planungsbürokratie entsprechend neu zu strukturieren.

Sensitivitätsuntersuchungen im Rahmen von Kosten-Wirksamkeitsanalysen

W. Littger, Ottobrunn

Bei der Durchführung von Kosten-Wirksamkeitsanalysen stellt sich als Hauptproblem die Bewertung der Nutzen- bzw. der Kostenkomponenten. Diese Bewertung erfordert zwei Aktivitäten: einmal die Gewichtung der Bewertungskomponenten und zum anderen die Quantifizierung dieser Komponenten, d.h. die eigentliche Bewertung. Man unterscheidet bei der Bewertung zwischen meßbaren und nicht meßbaren Komponenten (vgl. Bild 1):

- meßbare Komponenten (z.B. physikalische Größen) können entweder in DM ausgedrückt oder als Wirksamkeit direkt in die Analyse eingebracht werden
- nicht direkt oder schwer meßbare Größen (z.B. qualitative Komponenten) werden meist mit Hilfe von Experten bewertet und entsprechend ihrer Bedeutung zueinander gewichtet.

Diese Gewichtungen und Bewertungen sind in der Regel von der Subjektivität der Bewerter mehr oder weniger geprägt. Um solche Gewichtungs- bzw. Bewertungsgrößen in die Kosten-Wirksamkeitsanalyse einzubringen, kann man

a) Mittelwerte von Expertenmeinungen bilden. Hierfür ist es erforderlich, eine hinreichende Zahl von Bewertern in Anspruch zu nehmen, um einigermaßen abgesicherte Werte berechnen zu können; abweichende Meinungen gehen dabei kaum in das Ergebnis ein.

b) das Spektrum der unterschiedlichen Meinungen als Aussagevielfalt stehen lassen, ja im Gegenteil, Einzelaussagen, auch divergierender Art, bei der Gesamtbewertung berücksichtigen und zielbezogen einbeziehen.

Bild 1

SCHEMA EINER WIRTSCHAFTLICHKEITSUNTERSUCHUNG

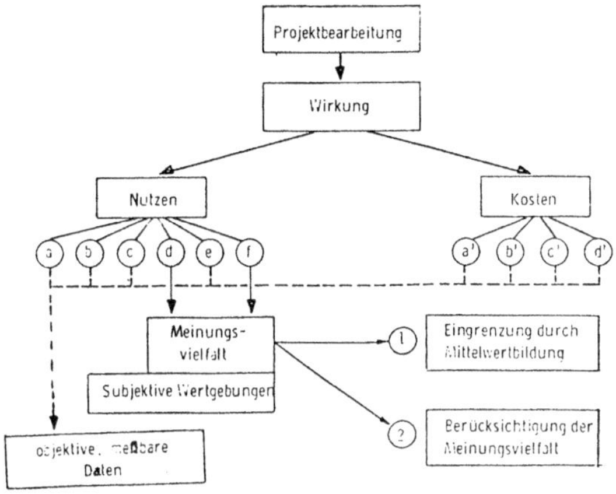

Bild 3

STATISTISCHER TOLERANZBEREICH

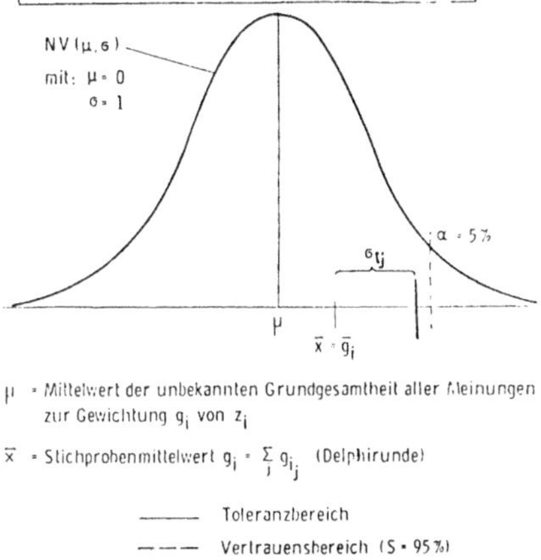

Bild 2 ZIELHIERARCHIE

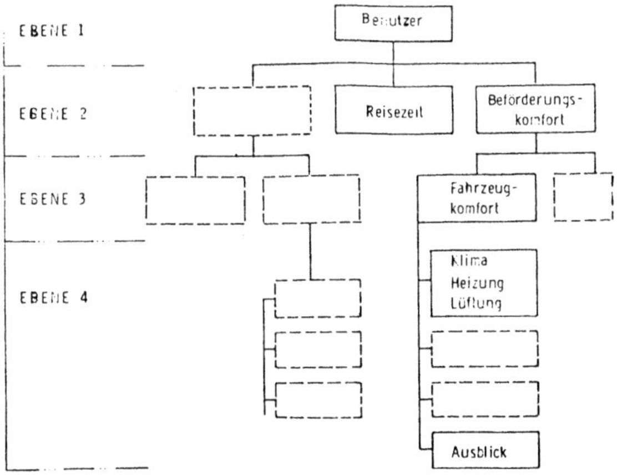

Bild 4

AUSWIRKUNG EINER GEWICHTSVERÄNDERUNG AUF DEN GESAMTNUTZEN

Beispiel: Reisezeit $z_{i_0} = f_{i_0}(x_1, \ldots, x_{11})$

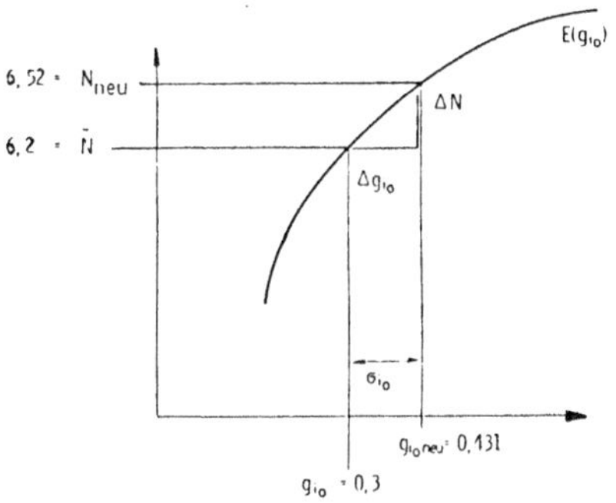

$$N_{neu}(g_{i_0}) = (\bar{N} + \Delta g_{i_0} \cdot z_{i_0}) / (1 + \Delta g_{i_0})$$

$$N_{neu}(z_{i_0}) = N_{alt} + g_{i_0} \cdot \Delta z_{i_0}$$

Die IABG hat sich bei einer konkreten Wirtschaftlichkeitsuntersuchung zur Beurteilung eines bedeutsamen Investitionsvorhabens für das Verfahren b) entschieden. Mit dieser Vorgehensweise konnte den unterschiedlichen Vorstellungen bzw. Wertgebungen der verschiedenen Bewertergruppen Rechnung getragen werden, während bei einer Mittelwertbetrachtung eine, (auch gesellschaftspolitisch nicht unerhebliche) Meinungsvielfalt ignoriert worden wäre. Die Methode wurde als eine spezielle Sensitivitätsanalyse im Rahmen der Durchführbarkeitsstudie C-Bahn Hamburg 1977 entwickelt. Hier ging es um die Bewertung eines neuen unkonventionellen Nahverkehrssystems, nämlich der C-Bahn, die in einem City-Bereich von Hamburg eingesetzt werden soll. Die C-Bahn, ein in diesem Umfang noch nicht realisiertes Nahverkehrssystem, enthält viele Nutzenkomponenten, die nicht objektiv bzw. empirisch meßbar und damit auch nicht direkt bewertbar sind. Aus diesem Grunde war es notwendig, Experten zu befragen. Damit waren subjektive Wertgebungen an sehr unterschiedlichen Stellen des Bewertungsverfahrens enthalten; diese galt es zu erfassen und hinsichtlich ihrer Auswirkungen auf das Gesamtergebnis transparent zu machen.

Meinungsunterschiede traten im betreffenden Bewertungssystem insbesondere an folgenden Stellen auf:

- bei der Festlegung von Grunddaten, teils mangels empirischer Werte und teils mangels fehlender Vergleichsfälle (Problem des Mengengerüsts)
- bei der Festlegung von Zielerreichungsgraden zur Quantifizierung der Nutzenkomponenten
- und bei der Gewichtung der Zielkomponenten gegeneinander.

Als Beispiel dient das in Bild 2 dargestellte "Teilmodell Benutzer". Für eine Datenfestlegung mangels empirischer Werte ist hier die Komponente "Ausblick" aufgeführt und für das Problem der Festlegung von Zielerreichungsgraden die Komponente "Klima/Heizung/Lüftung". Als Beispiel einer problematischen Gewichtung stehen sich die auf einer anderen Ebene in der Zielbaum-Hierarchie angesiedelten Komponenten Reisezeit und Beförderungskomfort gegenüber.

Als zentrales Problem stellt sich die Frage: "Wie können die Meinungsunterschiede, die sich z.B. in einer Expertenrunde, einer Delphirunde, herausgebildet haben, in die Analyse eingebracht werden, wobei zulässige Toleranzbereiche des Meinungsspektrums nicht verletzt werden und die Meinungsvielfalt berücksichtigt wird?"

Ausgangspunkt einer derart ausgeweiteten Sensitivitätsanalyse ist das punktuelle Ergebnis der Kosten-Wirksamkeits-Analyse auf der Nutzenseite. Der mittlere Gesamtnutzen ($\bar{N}$) eines Systems wird aus der Summe gewichteter einzelner Zielwerte z_i gebildet. Hierbei sind die Zielwerte z_i Funktionen (Bewertungsfunktionen) eines oder mehrerer Indikatoren x_i.

$$\bar{N} = \sum_i \bar{g}_i \, z_i \qquad \text{mit: } \bar{g}_i = \frac{1}{n} \sum_{j=1}^{n} g_{ij}$$

$\bar{g}_i$: = "Mittleres Gewicht zu Komponente z_i"

Die Streuung der unterschiedlichen Meinungen, hier bezogen auf die Festlegung des Gewichts g_i, wird quantifiziert durch die statistische Kenngröße σ_i. Hierbei gilt:

$$\sigma^2(g_{ij}) = \text{Varianz der subjektiven Einzelgewichte } g_{ij}$$

Aus diesen Kenngrößen lassen sich Elastizitäten entwickeln, z.B. die Gewichtselastizitäten E (g_i). Die Gewichtselastizität kennzeichnet die relative Nutzenänderung im Verhältnis zur relativen Gewichtsänderung.

$$E(g_i) = \frac{N}{\Delta N} : \frac{g_i}{\Delta g_i}$$

Analog der formalen Entwicklung der Gewichtselastizitäten werden auch die Elastizitäten der Bewertungsfunktionen $E(z_i)$ (oder auch Zielwertelastizitäten) sowie die Elastizitäten der Indikatoren $E(x_l)$ errechnet.

Zur Bestimmung des zulässigen Toleranzbereichs werden Verfahren der Stichprobentheorie (der mathematischen Statistik) angewendet (vgl. Bild 3). Die Entwicklung eines Verfahrens zur Festlegung solcher Toleranzbereiche ist notwendig, da gewährleistet werden muß, daß das Bewertungsverfahren auch bei kritischen Ausreißermeinungen funktionsfähig bleibt.
Der Mittelwert $\bar{g}_i$ der Gewichte g_{ij} ist ein Mittelwert aus den Gewichtsvorgaben der Bewerter B_j zur betreffenden Komponente z_i. Setzt man voraus, daß die Meinungsvielfalt der Bewerter normalverteilt ist, so stellt die konkrete Gewichtung $\{g_{ij}\}$ einer Komponente z_i eine Zufallsstichprobe aus der zugrundeliegenden Grundgesamtheit aller möglichen Gewichtungen dieser Komponente dar. Der Toleranzbereich zur Variation von $\bar{g}_i$ ist einseitig offen; er wird begrenzt durch die Spannweite $\sigma(g_{ij})$, die vom Punkt $\bar{x}_{i_o} = \bar{g}_{i_o}$ in Richtung der Bereichsgrenze abzutragen ist. Das Vorgehen einer derartigen Gewichtsvariation werde an Hand eines numerischen Beispiels verdeutlicht (vgl. Bild 4), und zwar der Komponente "Reisezeit" z_{i_o}.

Ihr Gewicht g_{i_o} erhielt in der Delphirunde im Mittel den Wert $\bar{g}_{i_o}=0.3$. Die Streuung der Meinungen über diesen Wert war derart, daß sich die betreffende Varianz $\hat{\sigma}^2(g_{i_o})$ als 0,017 errechnete. Hieraus folgt $\hat{\sigma}(g_{i_o}) = 0,131$.

Die Variation des Gewichtes $\bar{g}_{i_o}$ zu einem neuen Wert $\bar{g}_{i_o\,neu}$ ergibt sich also als: $\bar{g}_{i_o\,neu} = 0,3 + 0,131 = 0,431$.

Damit ist das Gewicht der Reisezeit bis an die festgesetzte Toleranzgrenze variiert und kann nun benutzt werden, um einen neuen Gesamtnutzen zu berechnen. $\bar{g}_{i_o\,neu}$, in die Summenformel zur Ermittlung des Gesamtnutzens N_{neu} eingesetzt, führt zu einer Nutzensteigerung um ca. 5,3 %, d.h. vom Wert 6,2 auf 6,52.

Da die Elastizität der Reisezeitgewichtung positiv ist, hat auch die Nutzenänderung ein positives Vorzeichen. Verändert man andererseits etwa die Bewertungsfunktion z_i, z.B. durch Variation ihres oberen Wertes des Zielerreichungsgrads, so ändert sich der betreffende Nutzwert z_{i_o} um den Wert Δz_{i_o} . Aufgrund des Summenalgorithmus ändert sich der Wert des Gesamtnutzens $\bar{N}$ entsprechend.

Die Sensitivitätsanalysen, deren Ansätze hier dargestellt wurden, bieten eine Reihe praktischer Anwendungsmöglichkeiten:

1.) Es ist möglich, das Spektrum des Gesamtnutzens eines komplexen Systems innerhalb tolerierbarer Basiswerte zu ermitteln und darzustellen.

Wenn alle Komponentengewichte bis an die Grenze ihres Toleranzbereichs zur Steigerung des Gesamtnutzens verschoben werden, und wenn zusätzlich bei alternativen Zielwertfunktionen einzelner Komponenten die jeweils für den Gesamtnutzen günstigere, aber noch tolerierbare Zielwertfunktion eingesetzt wird, so ergibt sich zwangsläufig der obere Grenzwert des Gesamtnutzens. Entsprechendes gilt für die Ermittlung des unteren Grenzwertes. Diese Grenzwerte stecken die Spanne ab, innerhalb derer sich der Gesamtnutzen bei unterschiedlichen, jedoch stets vertretbaren Wertgebungen der einzelnen, zugrundeliegenden Basiswerte verändern kann.

In dem Zusammenhang ist es offenbar, daß sich genau dann der größte Gesamtnutzen ergibt, wenn bei allen Zielkriterien mit positiven Gewichtselastizitäten die maximal zulässigen Gewichte und bei allen Zielkriterien mit negativen Gewichtselastizitäten die minimal zulässigen Gewichte eingesetzt werden und wenn außerdem bei Zielwertfunktionen mit alternativen Grenzwerten analog verfahren wird.

2.) Die Sensitivitätsanalysen geben ein Verfahren zur Hand, um Schwachstellen des bewerteten Systems zu indentifizieren.

Die Gewichtselastizitäten machen die Stärken und Schwächen des jeweils untersuchten Systems deutlich. Das System hat seine Stärken im Hinblick auf diejenigen Zielkomponenten, bei denen eine höhere Gewichtung einen relativ hohen Nutzengewinn bringt, und das System hat insbesondere dort Schwächen in seinen Komponenten, wo höhere Komponentengewichte zu besonders hohem Nutzenverlust führen. Es ist selbstverständlich, daß eine solche Systemdiagnose durch ein komplettes Tableau von Gewichtselastizitäten erleichtert wird.

3.) Die Sensitivitätsanalysen führen einen Anwender auf Schwachstellen des Bewertungsverfahrens selbst.

Das Tableau der Gewichtungsvarianzen bietet Einblick in die Streuung der Meinungen zur Gewichtung der einzelnen Zielkriterien. Auffallend große Varianzen sind ein Indiz dafür, daß innerhalb der Delphirunde eine auffallende Unsicherheit über die Bedeutung einer betreffenden Komponente vorliegt. Stellt sich heraus, daß gerade diese Komponente einen nicht unbedeutenden Einfluß auf das Gesamtergebnis (Gesamtnutzen) hat, so kann es sinnvoll sein, eine nachträgliche Delphiaktion zur Stabilisierung des betreffenden Komponentengewichtes herbeizuführen. Je stabiler sich bei der Festlegung von Bewertungsgrößen die Wertfindung bedeutsamer Komponenten erweist, umso mehr gewinnt das Bewertungsverfahren insgesamt an Stabilität, d.h. umso zuverlässiger sind seine Ergebnisse (Eine Schwachstelle im Bewertungsverfahren kann auch dadurch verursacht werden, daß die angesetzte Delphirunde zahlenmäßig zu schwach ist oder daß Vorabinformationen über die Bewertungskomponente zu kurz oder unvollständig sind).

4.) Das dargestellte Sensitivitätsverfahren ermöglicht den Vergleich unterschiedlicher Systeme (z.B. im Rahmen von vergleichenden Kosten-Wirksamkeitsanalysen) ohne das Postulat der Kosten- oder Nutzengleichheit aufrecht erhalten zu müssen.

Während Systemvergleiche auf der Basis von Nutzen-Kosten-Untersuchungen im allgemeinen eine Normierung bzw. Gleichsetzung entweder der Kosten oder aber der Nutzen erfordern, ist es ggfs. möglich, durch die gezielte Variation ergebnisrelevanter Basiswerte aus punktuellen Nutzwerten stetige Kurvenverläufe mit interpretierbaren Schnittpunkten zu erzeugen.

Denn, führt man dies für die Nutzenwerte einander zu vergleichender Systeme durch, so kann man, wenn diese Nutzenwerte nicht allzu weit auseinanderliegen, in der Regel Schnittpunkte dieser Kurven erhalten. Diese können Aufschluß über die Fragen geben, die beim Kosten-Wirksamkeitsvergleich der betreffenden Systeme von Interesse sind.

Ein dynamisches Simulationsmodell der langfristigen Rentenfinanzierung

H. Hautzinger und **W. Konanz**, Basel

Angesichts der rückläufigen Geburtenziffern und eines nachhaltig verlangsamten Wirtschaftswachstums wird immer wieder die Befürchtung geäussert, dass auf längere Sicht die Rentenfinanzierung in der Bundesrepublik Deutschland gefährdet ist. Zur Untersuchungs dieser Frage wurde von den Verfassern im Rahmen ihrer Arbeiten bei PROGNOS, Basel, ein umfassendes Modell zur Simulation der langfristigen Tendenzen der gesetzlichen Rentenversicherung entwickelt [1]. Im folgenden werden die wichtigsten methodischen Aspekte des Problems und einige wesentliche Analyseergebnisse vorgestellt.

Kernstück der Studie bildet ein dynamisches Simulationsmodell der Rentenfinanzierung. Hierbei wird in rekursiver Form für jedes Jahr des Untersuchungszeitraums derjenige Beitragssatz bestimmt, welcher die Einhaltung der gesetzlich vorgeschriebenen Mindestrücklage sicherstellt. Die wesentlichen Determinanten dieses Gleichgewichtsbeitragssatzes sind auf der Ausgabenseite Zahl und Struktur der laufenden Renten und auf der Einnahmenseite die Zahl der Versicherten sowie deren durchschnittliches Bruttoarbeitsentgelt. Letzteres ist insofern von Bedeutung, als hiervon nicht nur die Beitragseinnahmen, sondern über die sog. allgemeine Bemessungsgrundlage mit einem gewissen time-lag auch die Rentenausgaben abhängen. Das Modell liefert für jedes Untersuchungsjahr eine ganze Reihe von Einnahmen-, Ausgaben- und Vermögensgrössen, ferner die Rücklagen und den zur Aufrechterhaltung des finanziellen Gleichgewichts erforderlichen Beitragssatz.

Wesentliche Teile der Eingaben für dieses Finanzierungsmodell liefert ein entsprechendes demographisches Modell, welches die bevölkerungsstrukturellen Veränderungen im Zeitverlauf abbildet. Dieses Modell erzeugt bei Vorgabe spezifischer Fruchtbarkeits- und Sterblichkeitsziffern sowie von Wanderungssalden zunächst eine natürliche Bevölkerungsfortschreibung nach Alter, Geschlecht und Nationalität.

Auf dieser Basis werden dann die jährlichen Erwerbspersonen- und Arbeitnehmerzahlen sowie unter Berücksichtigung des sich im Zeitverlauf ändernden Versicherungsgrades die Zahl der laufenden Renten jeder Rentenart bestimmt. Die Entwicklung des Bruttoarbeitsentgelts wird über die Lohnzuwachsrate exogen vorgegeben.

Mit Hilfe dieses Modellsystems wurden die Konsequenzen alternativer ökonomisch-demographischer Rahmenbedingungen für den Beitragssatz der Rentenversicherung simuliert. Die Ergebnisse der Simulationsstudien vermitteln eine gewisse Vorstellung über die mögliche Höhe der zukünftigen Umlagebelastungen des erwerbstätigen Bevölkerungsteils. Je nach demographischer Variante und Höhe der Lohnzuwachsrate (hohe Lohnzuwächse wirken beitragssatzdämpfend und vice versa) ergeben sich ausgehend vom heutigen 18-Prozentniveau bis zum Jahr 2000 Beitragssätze zwischen 20 und 23 Prozent. Bis zum Jahr 2030 erweitert sich das Spektrum möglicher Beitragssatzhöhen auf 26 bis 41 Prozent. Dabei zeigt sich, dass auf lange Sicht der Beitragssatz etwa im selben Masse wie die Rentner/Beitragszahler-Relation wächst und dass die Lohnzuwachsrate auf den Zeitpfad der Beitragssatzentwicklung nur einen vergleichsweise geringen Einfluss hat. Dieses Ergebnis lässt ergänzend zu den kurzfristig notwendigen Sanierungsmassnahmen langfristige Ueberlegungen unter Berücksichtigung der absehbaren demographischen Entwicklung dringend erforderlich erscheinen.

Literatur

[1] Hautzinger, H. und Konanz, W.: Langfristige Perspektiven für die finanzielle Entwicklung der gesetzlichen Rentenversicherung unter Berücksichtigung des 20. Rentenanpassungsgesetzes, PROGNOS-Studie, Basel, 1977

Umweltschutz

OR Methoden im Umweltschutz – Grenzen und Möglichkeiten

W. Schenkel und H. Langer, Berlin

1. Einführung

Sie haben mich zu diesem Vortrag eingeladen, wohlwissend, daß ich allenfalls ein interessierter Laie auf dem Sie interessierenden Fachgebiet bin. Erwarten Sie daher keinen Beitrag, der sich mit fachlichen Details auseinandersetzt. Ich werde mich daher darauf beschränken, einige Fragen zu stellen:

1) Eignet sich der Umweltschutz besonders für die Anwendung von OR Methoden und gibt es dafür konkrete Beispiele?
2) Was zieht die Wissenschaft bei OR Methoden so an und was stößt die Verwaltungen so ab?
3) Welche zukünftige Entwicklung sehen wir für OR Methoden im Umweltschutz?

und die Antworten, die ich darauf gefunden habe, zur Diskussion zu stellen.

2. Eignet sich der Umweltschutz besonders für die Anwendung von OR Methoden und gibt es dafür konkrete Beispiele?

Wird OR als Ansatz zur Problemlösung "komplexer Systeme" verstanden, so scheint der Einsatz von OR auf den ersten Blick gerade im Umweltschutz als einem überaus komplexen Bereich besonders wichtig zu sein, denn:

- hier sind die Probleme meist so umfangreich, kompliziert, mehrfach rückgekoppelt und verzweigt, daß sie ohne ein modellhaftes Erfassen des gesamten Systems nur unvollständig durchdacht werden können,
- sind viele, oft Millionen von Menschen von den Entscheidungen

bei Problemen von gesamtgesellschaftlichem Interesse betroffen und

- binden diese Entscheidungen in der Regel enorme finanzielle Mittel, so daß Fehlentscheidungen nutzlose Aussagen zur Folge haben.

Dennoch werden Pläne erstellt, Entscheidungen getroffen, Gesetze verabschiedet und große Investitionen getätigt, ohne daß Zusammenhänge ausreichend gekennzeichnet, Konsequenzen vollständig durchdacht, zeitliche Veränderungen berücksichtigt oder mit Hilfe von Modellen alternative Entscheidungsgrundlagen erarbeitet werden.

Mit dem exponentiellen Anstieg unseres Wissens - gerade auch unseres technisches Wissens - wachsen auch die Lösungsmöglichkeiten bei einzelnen Systemkomponenten, im System Umweltschutz oder besser gesagt im ökologischen System. Daraus ergibt sich ein Bewertungs- und Entscheidungsproblem. Andererseits müssen wir uns immer wieder klar machen, daß unser konkretes, in Fakten darstellbares Wissen, gemessen an den beobachteten Phänomenen, immer hinter den Erfordernissen zurückgeblieben ist. D.h. sowohl die Systemstruktur, als auch die zur Ausfüllung benötigten Daten und Funktionen sind ständig ergänzungsbedürftig bzw. nicht vorhanden. Ein Aspekt, der allerdings neben den Schwierigkeiten auch Nutzen bringt, weil er dazu führt, daß die Darstellung in Systemen erkennen läßt, welche Wissens- und Datenlücken vorhanden sind und geschlossen werden sollten.

Kehren wir zurück und machen das Problem nicht noch komplizierter wie es eben ist. Im letzten Jahrzehnt hat der Einsatz von Methoden des OR besonders der Einsatz von Modellen rapide zugenommen. Neben fachspezifischen Modellen für bestimmte Umweltbereiche, die z.T. schon seit Jahren erfolgreich angewendet werden und nicht mehr weg zu denken sind, haben in der letzten Zeit besonders solche Modelle Bedeutung erlangt, die übergreifenden Probleme lösen sollen.

Daneben sind für die Umweltplanung besonders Modelle zur Beschreibung von Ökosystemen und Entscheidungsmechanismen bedeutsam. Diese

Modelle spiegeln das Verständnis für wechselseitige Abhängigkeit und das Ineinandergreifen auf höherem Aggregationsgrad der Teilsysteme wieder.

Zur Lösung der Planungsprobleme im Umweltschutz sind insbesondere Modelle entwickelt worden, die auf der Basis von Meßdaten eine quantitative, deterministische Erklärung in Form von Ursache - Wirkung - Mechanismen gehen, wie z.B. Bewässergütemodelle, Ausbreitungsmodelle von Luftverunreinigung und andere mehr, d.h. konkrete, überschaubare Probleme behandeln.

In einem weiteren Bereich sind Modelle sehr erfolgreich eingesetzt worden, ich erinnere an Forrester, Meadows und Pestel, Mesarovic, wo es sich darum handelt, Funktionszusammenhänge und gegenseitige Wirkungsmechanismen klar zu machen, ohne quantitative Präzision.

Die ständig wachsende und überschaubare Anzahl von Modellen und Modellansätzen mit Umweltbezug ist schwer zugänglich, sie ist nicht nur in den unterschiedlichsten Zeitschriften und Publikationsorganen der einzelnen Fachdisziplinen im In- und Ausland verstreut veröffentlicht, sondern eine Vielzahl ist nur in mühsam zugänglichen Berichten oder anderer grauer Literatur beschrieben. Zusammenfassungen, Überblicke, Synopsen oder vergleichende Sammlungen existieren kaum, allenfalls für bestimmte Aufgabenstellungen und Fachgebiete. Daher besteht prinzipiell die Aufgabe, vorhandene Modelle verfügbar zu machen, gegebenenfalls anzupassen, fehlende oder ungenügende zu indentifizieren oder zu entwickeln.

Diesen Aufgaben entsprechend hat das Umweltbundesamt im Februar 1978 ein Verzeichnis rechnergestützter Umweltmodelle herausgegeben. Dieses Verzeichnis enthält die Kurzbeschreibung von rund 800 Modellen mit Umweltbezug. Es werden vorhandene aber auch in der Entwicklung befindliche theoretische oder empirisch erprobte bzw. angewendete Modelle des In- und Auslandes mit Umweltbezug zusammengestellt.

Die dem Verzeichnis zugrundeliegenden Daten (Stand von Frühjahr 1977) sind in einer Datei rechnergestützter Umweltmodelle elektronisch gespeichert und damit auch für andere Fragestellungen im Dialog mit dem Computer vielfach flexibel nutzbar.

Diese Datei ist ein Teil des Informations- und Dokumentationssystems Umwelt (UMPLIS), das beim Umweltbundesamt aufgebaut wird.

Das vorliegende Verzeichnis soll insbesondere dazu dienen:
- Informationshilfen für die Koordinierung und Kooperation im Umweltbereich zu geben
- Planungshilfen und Informationsdienste im Umweltbereich bereitzustellen
- benutzerfreundliche, instrumentelle Hilfsmittel für die Praktiker in Planung und Verwaltung anzubieten
- den Überblick über den Bereich der umweltrelevanten Modellentwicklung zu geben
- umweltpolitische Entscheidungen durch Entwicklung und Anwendung geeigneter Modelle vozubereiten und zu verbessern
- Kosten durch Einsatz von mathematischen Modellen in Planung und Verwaltung einzusparen
- Lücken aufzudecken und Anregungen zur Entwicklung fehlender Modelle zu geben.

Hierzu weist das Verzeichnis die entsprechenden Modelle mit den dazugehörigen Literaturquellen mittels Sachbegriffen und Schlagworten aus und vermittelt die Namen der Modellhersteller und die Adressen der an der Modellentwicklung arbeitenden Institutionen. Dadurch kann der direkte Kontakt zwischen den Modellherstellern und den potentiellen Anwendern hergestellt werden.

Und damit sind wir bei unserer Frage zwei. Was zieht die Wissenschaft bei OR Methoden an und was stößt die Verwaltung so ab? Oder anders formuliert, werden die Modelle angewendet und beeinflussen sie konkrete Entscheidungen?

3. Skeptische und optimistische Überlegungen zum Einsatz von OR Methoden, besonders von Modellen im Umweltschutz

> "Die Konstruktion eines streng zweckrationalen Handelns dient..., seiner evidenten Verständlichkeit und seiner.... Eindeutigkeit wegen, als Typus, um das reale, durch Irrationalitäten aller Art beeinflußte Handeln als in "Abweichung" von dem bei rein rationalen Verhalten zum gegenwärtigen Verlauf zu verstehen."
> Max Weber, Soziologische Grundbegriffe 1921.

Dieses Zitat charakterisiert den Wissenschaftler, den, wenn er erst sein Modell aufgestellt und den zugehörigen Algoritmus entwickelt hat, die Wirklichkeit nicht mehr anficht. Wenn das Modell funktioniert, dann hat sich die Realität gefälligst danach zu richten. Die Wissenschaft wähnt sich im Besitz der Wahrheit.

Modellmüdigkeit und Modelloptimismus kennzeichnen gleichermaßen die gegenwärtige Situation im Umweltschutz und spiegeln die Einstellung der Umweltschützer gegenüber dem "Systemansatz" als Abkömmling des "streng zweckrationalen Handelns", das angewendet werden soll, auf den Umweltschutz wieder. Zwar haben gegenwärtige Anpassungen zwischen Modellbauern und Anwendern stattgefunden, dennoch wird nicht geleugnet, daß hier ein gespanntes Verhältnis herrscht.

Ich erinnere mich noch gut, als Ende der sechziger Jahre die Aquisiteure der bis dahin weitgehend für militärische Bereiche oder für die Luft- und Raumfahrt arbeitenden Systemfirmen in die Amtsstuben einzogen und den ungläubig Staunenden versprachen:
- alternative Lösungsmöglichkeiten
- objektivierbare Beurteilungsverfahren
- nachvollziehbare Entscheidungsfindung
- Einbeziehung quantitativ nicht erfaßbarer Größen und weiteres mehr.

Da der Erfolg für diese Methoden sprach, denn mit ihnen war man sogar auf den Mond gekommen, war man richtig dankbar und harrte in großer Erwartung der Ergebnisse auf dem Umweltschutzgebiet. Nachdem nun die Träger der Umweltplanung ihre Erfahrungen mit dem einen oder anderen Produkt des Systemansatzes gemacht haben: Planungsinformationssysteme, Planungssimulationsmodelle, Prognosemodelle, Optimierung, Projektbewertung etc.; ist teilweise Ernüchterung, Skepsis und Verdrossenheit in die Amtsstuben eingezogen. Die Erwartungen hatten sich meist nicht erfüllt. Welche Gründe werden nun am häufigsten für diese enttäuschende Situation genannt:

- im Vordergrund stehen die Vorbehalte gegen jene algorithmisierten-mathematischen Modelle und Techniken, die besonders zu Anfang der siebziger Jahre die Diskussion beherrschten.
- Kaum weniger Skepsis herrscht gegenüber jenen systemorientierten Organisations- und Reorganisationsbemühungen, die auf eine zentrale koordinierte und möglichst weitgehende integrierte Planung abzielen.
- Dem gegenüber ist der breite Bereich heuristischer Techniken und Hilfsmittel - angefangen von Brainstorming und Morphologie bis hin zur systematischen Problemstrukturierung mit geringeren Zweifeln belegt; wohl deshalb, weil er ohne vertiefte mathematische Kenntnisse, ohne ständige Hinzuziehung von Systemspezialisten und ohne laufenden Computereinsatz gehandhabt werden kann.
- Ein weiterer wichtiger Grund für die oft festzustellende Zurückhaltung beim Einsatz von Modellen ist für den Benutzer geringe Transparenz der dem Modell zugrundeliegenden funktionalen Beziehungen (Black Box Problem).

Um die Akzeptanz der Modelle zu erhöhen, müssen Modelle konsequent problembezogen entwickelt werden, d.h., in Kenntnis des Anforderungsprofils der späteren Benutzer. Erstrebenswert ist deshalb eine Modellerstellung in enger Zusammenarbeit mit den Benutzern. Die Akzeptanz hängt aber auch von Voraussetzungen bei den Benutzern ab, so z.B. von der fachlichen Kompetenz und organisatorischen Zuständigkeit für fachübergreifende Planungen und dem Erlernen des Umgangs mit Modellen.

Besonders anschaulich ist die Diskrepanz auf dem klassischen Gebiet der Wasserwirtschaft. Trotz der Entwicklung mathematischer Modelle hat der Einsatz hydraulischer Modelle eher zugenommen. Das liegt natürlich in erster Linie daran, daß sie so unvergleichlich anschaulich sind. Laien und Fachleute haben einfach ein höheres Vertrauen in das, was sie sehen und es gibt kein Modell, bei dem einem die Wirksamkeit einer wasserbaulichen Maßnahme unmittelbarer, deutlicher und klarer vorgeführt werden kann als am hydraulischen Modell. Dieser große Vorteil wiegt noch immer die entscheidenden Nachteile auf, die in dem verhältnismäßig hohen Zeitaufwand für die Erstellung und Eichung von Modellen in der mühsamen und zeitraubenden Datenauswertung liegen.

Ein sehr wichtiger Grund für die vorherrschende Systemmüdigkeit sind auch die Schwierigkeiten bei der Anwendung von Modellen, hervorgerufen durch die Diskrepanzen zwischen den realen Problemen und den weitgehend idealisierten, typisierten und mathematisierten Problembeschreibungen, die die angewandten Methoden insbesondere des OR voraussetzen. Hervorzuheben ist außerdem die Bewältigung dieser Schwierigkeiten bei der Interpretation der Ergebnisse, deren Brauchbarkeit und Signifikanz.

Trivial, aber häufig völlig übersehen, ist der Bedarf an geeignetem Datenmaterial. War dies nicht vorhanden oder mußte es erst für die rechentechnischen Operationen aufbereitet werden, dann war das Projekt mit einem kosten- und zeitintensiven Handicap versehen und der Erfolg in Frage gestellt bzw. die für die politische Entscheidung kurzfristig nötige Hilfe wird wie bisher mit Bordmitteln erarbeitet.

Auch die vielbeschworene Nachvollziehbarkeit setzt immer voraus, daß jemand den Entscheidungsprozeß auch nachvollziehen will und kann. Er unterwirft sich dabei im Zweifel den Zwängen, Bewertungen und Lösungen des Modells, weil sie systemimanent sind, obwohl er das Ergebnis der Modellrechnung ablehnt. (Der Lösungsansatz bestimmt das Ergebnis). Im Zusammenhang mit den Prognosen der Bundesregierung zum Energiebedarf gibt es dafür bemerkenswerte Beispiele. Es spielt dabei, wie mir immer stärker auffällt, die Denkstruktur des Nachvollziehenden eine Rolle. Ein Jurist, der in Ursachen und Wirkungen zu denken gewohnt ist, wird solch komplizierten Modellstrukturen sicher weniger zugänglich sein wie z.B. ein Biologe. Er wird auch ihre Nützlichkeit, da für ihn unbrauchbar und nicht nachvollziehbar, generell in Frage stellen.

Was von objektivierbaren Bewertungen subjektiver Sachverhalte zu halten ist, hat sehr deutlich die Auseinandersetzung um den baden-württembergischen Staatssekretär Teufel im letzten Jahr gezeigt. Bei der Bewertung von unterschiedlichen Deponiestandorten wurden Gewichtungen eingesetzt, um zu einer Reihenfolge der geeignetesten Standorte zu kommen. Ein ursprünglich vorgesehener, aber durch neue Gewichtung wesentlich geeigneter Platz stellte sich später als im Wahlkreis des Staatssekretärs liegend heraus und hat dem Staatssekretär den Ruf der Manupulation eingebracht.

Ich verkenne nicht, daß die Systemmöglichkeit heute dazu geführt hat, daß praktische Anwender nur noch ungern in Systemforschungsvorhaben investieren. Kaum noch ein Träger der Planung ist bereit, sich für Experimente, deren Ausgang unsicher und zudem durch die bisherigen Erfahrungen mit dem Systemansatz vorbelastet ist, zur Verfügung zu stellen. Die prekäre Finanzlage der öffentlichen Hand trägt ihren Teil dazu bei, alles was nicht im Kalkül eines engen Nützlichkeitsdenkens sicheren Erfolg verspricht, zurückzuweisen oder zumindest auf bessere Tage zurückzustellen.

Auch sehr naive Beobachtungen mögen eine Rolle spielen. Wenn z.B. im publikumsträchtigen Sachverständigengutachten der 5 Wirtschaftsweisen Vorhersagen über Wirtschaftswachstum und Arbeitslosenzahlen gemacht werden, die später von der Realität bis zu 50% abweichen, und den Bundeskanzler zu entsprechenden Äußerungen über die Bonität der Arbeit anregen, dann hat das Auswirkungen auf das Ansehen auch der OR Methoden.

Ohne weiteres Material zusammenzutragen, können wir festhalten, daß es die "Systemoptimisten" gegenwärtig schwer haben.

Der Systemoptimismus ist heute bei den Trägern der Umweltplanung nur selten noch anzutreffen - am wenigstens wohl bei den Gemeinden, am ehesten bei den Ministerialbürokratien der Länder und des Bundes.

Beim Systemoptimismus ist zwischen fünf verschiedenen Einstellungen zu unterscheiden:

- Die Verteidigung alter Rationalitätspostulate verbunden mit der Hoffnung, eines Tages irgendwie dem Systemansatz im Bereich der Umweltplanung doch noch zum Durchbruch verhelfen zu können, sprich: die Irrationalität von Politik durch rationale und immer besser ausgetüftelte Modelle überwinden und Transparenz und logische Klarheit zur Grundlage einer rationalen Planung machen zu können.
- Die Bereitschaft zur Anpassung, Verbesserung und Weiterentwicklung der vorhandenen Systemtechniken für spezielle Fachsektoren, Entwicklungsebenen und Planungsphasen der Umweltplanung, die aufgrund ihrer eher technischen Natur, für die Bewältigung mittels Systemansatz im besonderen Maße zugänglich sind, d.h. die Hoffnung, Teilbereiche der Umweltplanung im Systemansatz erschließen zu können.
- Die Orientierung an den tagtäglichen Schwierigkeiten des Umweltplaners, der sich im Rahmen begrenzter fachlicher, zeitlicher und finanzieller Ressourcen schnell ein Bild von der problematischen Situation verscheffen, Probleme rasch strukturieren und Lösungen systematisch entwickeln muß; diese Einstellung erfordert Bereitstellung von Techniken und Hilfen und die Entwicklung und Förderung "systemorientierter Denk- und Arbeitsweisen" beim einzelnen Planer, der allein oder in einer Gruppe seine

tagtäglichen Aufgaben erfüllt.

- Die bewußte Polotikorientierung seitens des Systemforschers, der von der alten Position angeblicher Werturteilsfreiheit abrückt und stattdessen den Systemansatz bewußt und "parteilich" einsetzt. Die Auswahl bestimmter Systemtechniken erfolgt dann unter dem Kriterium der strategischen Nützlichkeit für bestimmte Zielsetzungen.
- Die Suche nach neuen Ansätzen von Planungs- und Entscheidungstheorien, die den spezifischen Problemen einer überwiegenden politisch verstandenen Umweltplanung angemessener sind.

Anlaß für Systemoptimismus aus allgemeiner Sicht ist ohne Zweifel die weitverbreitete Sprache: "Ziele, Randbedingung, Systemgrenzen, Implementation, Rückkoppelung, Variable, Schnittstellen etc." sind Worte aus dem Sprachschatz der Systemtheorie, die in den letzten Jahren bis in die hinterste Amtsstube gedrungen ist.

Für den Systemoptimismus wird weiterhin als weitere tragende Säule die zunehmend verwirrende und komplexe Problemsituation bei der Umweltplanung genannt, der die Umweltplaner angeblich ohne Systemansatz und die vielfältigen systemtechnischen Hilfsmittel nicht mehr Herr zu werden in der Lage sein. In der Tendenz ist dies zumindestens nicht falsch - nur werden einerseits auf dem Markt der Problemsituation die Techniken und Hilfsmittel nach ihrem Gebrauchswert behandelt und andererseits widersprüchliche gesellschaftliche Probleme nicht schon dadurch einer Lösung zugeführt, daß man über brauchbare Techniken und Hilfsmittel verfügt.

Von hieraus gelangt man zu einem Ansatz, der sowohl der Systemmüdigkeit als auch einigen Einstellungen des Systemoptimismus als gemeinsame Wurzel plausibel zugrunde zu liegen scheint: Nämlich zur Überstrapazierung vor allem des Ansatzes algorithmesierter Systemtechniken; so wurden bei Planern und bei Systemforschern Hoffnungen geweckt, die sich nicht erfüllen ließen: Den Planern wurde vorgegaukelt, daß mit Hilfe z.B. von globalen Gesamtmodellen in der Abfallbeseitigung, Simulationen und Optimierung der Ergebnisse ihrer Planung - weil auf Konsequenzen hin überprüfbar oder an Kriterien des bestmöglichen orientiert besser würden. Den Systemforschern wurde vorgegaukelt, die umweltplanerische Wirklichkeit sei so widerspruchsfrei, daß sie sich mit Hilfe einiger formalisierender Tricks in mathematische Modelle fassen ließe.

Hinter den algorithmesierten Systemtechniken nun stand der Computer, mit dessen Hilfe erste Modelle aufgestellt und gerechnet werden konnten und der als das geeignete Hilfsmittel ausgegeben wurde, Licht in das Datengestrüpp zu bringen. Neben dem Computer aber stand die Computerindustrie, die den Gemeinden und anderen Planungsträgern ihre Produkte verkaufen wollte.

Die algorithmesierten Systemansätze wurden von vielen Trägern der Umweltplanung angesichts der drängenden Probleme gern ergriffen, zumal sie von höchster Stelle in der Hoffnung auf höchsten Erfolg mitfinanziert wurden. Nun aber waren die Modelle nicht länger eine akademische Übung, sondern sie mußten aus den Instituten hinaus in die Nähe der Planungspraxis verlegt werden - genau dorthin, wo sich dann die Hilfslosigkeit der Systemforscher gegenüber der widerspruchvollen Wirklichkeit ebenso erwies wie die Ratlosigkeit der Umweltplaner gegenüber der auf Formel gebrachten, widerspruchsfreien Wiederspiegelung der Wirklichkeit in den Modellen.

Systemoptimismus, der z.B. die relativen Automien der auf jeder Entscheidungsebene mitverantwortlichen Planungsträger ebenso ignoriert wie die Wiederholung einer solchen mehrstufigen Struktur verschiedener Entscheidungsebenen auf den einzelnen Zuständigkeitsebenen (Bund, Länder und Gemeinden) führt zu dem Trugschluß, daß eine vom Abstrakten zum Konkreten hin verlaufende Planung für einzig denkbar sei, ihr nahtloser Übergang durch die Wahl eines entsprechenden Organisationssystems sichergestellt werden könne.

Mit dem überzogenen Anspruch war der Keim für die allseits enttäuschte Hoffnung gelegt. Nur: die einen folgerten daraus, daß mit dem überstrapazierten algorithmesierten Systemtechniken auch der Rest des Systemansatzes keiner weiteren Bemühung wert, zumindest aber auf diesem Weg kein weiterer Lorbeer mehr zu ernten sei. Die anderen folgerten daraus, daß deutlich erkennbar unterhalb der Ebene der überzogenen Ansprüche einiges an für die Umweltplanung nützlichen Systemansätzen geblieben war, das dazu ermutigte, den Systemansatz für die Umweltplanung auf nüchterner Grundlage weiter zu entwickeln - vor allem im Hinblick auf der Suche nach angemesseneren Entscheidungs- und Planungstheorien und die Entwicklung und Bereitstellung von anspruchslosen im täglichen Planungsgeschäft hilfreichen Techniken systematischens Arbeitens, wozu auch sicher im begrenzten Umfang der Einsatz des Computers gehört.

Und damit wären wir bei Frage drei:

Welche zukünftigen Entwicklungen sehen wir für OR Methoden im Umweltschutz?

4. Zukünftige Entwicklungen für OR Methoden im Umweltschutz

Die Folgerung aus dem oben Dargelegten ergibt die Antwort auf die gestellte Frage.

1. Es besteht zweifelsfrei ein immenser Bedarf an OR Methoden in den mit Umweltschutzaufgaben beschäftigten öffentlichen Verwaltungen. Dort gilt es in erster Linie durch Überzeugungsarbeit und Aus- und Fortbildung,den Bedarf zu wecken und die Vorbehalte zu vermindern. Dieses Problem ist nicht zuletzt ein Problem der gegenwärtigen Führungsebene.

2. Entscheidend für die Anwendung in der Verwaltung ist, daß die Modelle mit statistisch erfaßten, einfach zur Verfügung stellbaren und fortschreibbaren Daten konzipiert werden. Jede Datensondererhebung verzögert und verteuert und macht die Fortschreibung sehr kompliziert. Die Entwicklung der Modelle auf ihre Benutzerfreundlichkeit und ihre Praxisorientiertheit, besonders

ders in den Bereichen Luftreinhaltung und Wasserwirtschaft, wird zu einer stetigeren Anwendung führen. Wobei sich auch dort das Phänomen bewahrheiten dürfte: "nichts bringt besser Erfolg als Erfolg". Da sich komplexe Planungs- und Entscheidungsprobleme nicht letztlich in einigen wenigen Zahlen ausdrücken lassen, sollten keine falschen Erwartungen in dieses Imstrumentarium mehr genährt werden.

Der Vorteil und die Leistungsfähigkeit liegen vielmehr darin, komplexe Probleme durch Zerlegung in überschaubare Teile ganzzeitlich zu durchdringen, die Vor- und Nachteile, die Chancen und Risiken von Handlungsalternativen aufzeigen und dadurch Entscheidungen systematisch vorbereiten zu können.

3. Ein weiterer wichtiger Punkt ist die Verbesserung der Darstellung der Ergebnisse und Zusammenhänge. Insofern stellt die Durchführung einer Systemanalyse nicht zuletzt auch eine didaktische Aufgabe dar. Was nützt die fundierteste Untersuchung, wenn ihre Ergebnisse vom Adressaten nicht nachvollzogen werden können, der ihnen daher mit Skepsis begegnet und der damit auch nicht bereit ist, sie zu vertreten.

4. In zunehmendem Maße werden Daten aus Meßstellen direkt einem Auswerte- und Modellrechnungsverfahren übermittelt und als integriertes System betrachtet. (Beispiel: Gewässerüberwachung und Alarmprogramm).

Alles in allem, neige ich nach dem Gesagten durchaus den Systemoptimisten zu und glaube, daß die Anwendung von OR Methoden im Umweltschutz nach Überwindung des augenblicklichen Tiefs eine stetige Entwicklung vor sich hat.

Ein umweltpolitisches Simulationsmodell

J. Pinter und C. Seeger, Berlin

Entscheidungen im Umweltbereich haben neben den erwünschten Primärwirkungen (die Verminderung von Umweltbelastungen) auch eine Anzahl von Sekundärwirkungen (z.B. konjunkturelle und strukturelle Auswirkungen) zur Folge. Beide Wirkungstypen sind in ihrer Intensität und Zusammensetzung durch die gewählte umweltpolitische Strategie mitbestimmt. Da dem Umweltpolitiker meist mehrere Alternativstrategien zur Wahl stehen, ist dieser zur Selektion, d.h. zur Wahl der optimalen Strategie gezwungen. Als notwendige Voraussetzung zur Lösung dieses Wahlproblems kann die Quantifizierung der Primär- und Sekundärwirkungen angesehen werden.

Ziel dieses Papers ist es, eine Möglichkeit der Quantifizierung mittels eines für den Behälterabfall entwickelten Simulationsmodells darzustellen. Dabei wurde ein rekursiver Modellansatz gewählt, der es ermöglicht, die wichtigsten Wirkungen einer simulierten Umweltpolitik im Prognosezeitraum zu betrachten. Die Methode des System-Dynamics kommt hier zur Anwendung, da zwischen den einzelnen Teilmodellen Feedback-Beziehungen bestehen.

Dieses Modell soll dem Umweltpolitiker als Entscheidungsgrundlage dienen können. Dazu ist es erforderlich, daß das Modell zwei unterschiedliche Anspruchsniveaus erfüllt.
Es muß dem Umweltpolitiker entscheidungsrelevante Informationen liefern mittels derer er einerseits eine Entscheidung darüber treffen kann ob eine aktive Umweltpolitik (z.B. ein Verbot von Einwegpackungen nach §14AbfG) erforderlich wird und andererseits auf der Informationsgrundlage in der Lage sein, aus mehreren Alternativmaßnahmen eine geeignete Strategie auszuwählen.

In dem Modell werden wechselseitige Abhängigkeiten quantitativ bestimmt. Dadurch werden entscheidungsrelevante Informationen gewonnen und Simulationen alternativer Umweltstrategien ermöglicht.

Das gesamte Modell besteht aus einem Basismodell und 7 Submodellen zwischen denen Feedback-Beziehungen bestehen, und deren Zielsetzungen und Leistungsfähigkeiten im folgenden dargestellt werden.

Das Basismodell erklärt und prognostiziert die wichtigsten Leitgrößen wie die Bevölkerungs- und Altersstrukturentwicklung, das privat verfügbare Einkommen, die aggregierte Nachfrage nach Produkten des Fahrungs- und Genußmittelbereichs und die Nachfrage

nach Verpackungsmittelnaus Glas.
Produktions- und Abfallseite des Verpackungsmaterials Glas sind gekoppelt und direkte Recyclingbeziehungen integriert.
Das Basismodell gliedert sich in die Teilmodelle

Bevölkerung : Die Entwicklung der Gesamtbevölkerung als auch die Altersstruktur, eingeteilt in 5 Altersklassen, wird abgebildet.

Konsum : Die makroökonomische Nachfrage nach Produkten des Nahrungs- und Genußmittelbereichs wird ermittelt. Sättigungsgrenzen für den Pro-Kopf-Verbrauch einzelner Produktgruppen wird Rechnung getragen.
Aufteilung der Nachfrage nach Getränken sowie sonstigen Nahrungs- und Genußmitteln.

Nachfrage nach dem Verpackungsmaterial Glas :
Die mengenmäßige Nachfrage nach dem Verpackungsmittel Glas wird ermittelt, differenziert nach Einwegflaschen, Mehrwegflaschen, Konserven- und Verpackungsglas.
Überlebensfunktionen für den Bereich Mehrwegflaschen sind integriert, mittels derer der Restbestand im Umlaufsystem bestimmt wird.

Beschäftigung : Die Beschäftigungswirkungen in der Behälterglasindustrie sind in diesem Teilmodell abgebildet.

Stoffbilanz : Der dynamisierte Stoffbilanzansatz bildet die Input-Output-Relationen der Produktion mengenmäßig ab.

Recycling : In der Basisstufe stellt das Recycling-Modell das Altglas zur Wiedereinschmelzung in den Glashütten bereit.

Abfall : Der Abfall wird als Residualgröße ermittelt, die i.d.R. die Zielgröße der für das Modell relevanten Umweltpolitik ist.

Die in der Basisstufe nicht enthaltenen Wirkungszusammenhänge werden in Ausbaustufen durch koppelbare Submodelle abgebildet, die sich wie folgt darstellen lassen.

- Ausbaustufe 1 -

Die Konsumnachfrage nach einzelnen Produktgruppen (Bier, Wein, Sekt, Spirituosen, Softdrinks, Mineralwasser und Fruchtsäfte) wird abgebildet.

- Ausbaustufe 2 -

Berücksichtigung von Substitutionsbeziehungen zwischen den Verpackungsmaterialien Glas, Kunststoff, Aluminium, Weißblech und Papierverbundmaterial. Abbildung der Größensubstitution innerhalb der Verpackungsgruppen.

- Ausbaustufe 3 -

Abbildung von Wirkungen in der Abfüllstufe.

- Ausbaustufe 4 -

Berücksichtigung von Wirkungen in der Handelsstufe.

- Ausbaustufen 5, 6 und 7 -
Abbildung der Wirkungen von umweltpolitischen Maßnahmen im Konsumenten- u. Recyclingbereich sowie Regionalisierung des Modells.

Ein Modell zur Abfallsammel- und Transportoptimierung (ASTRO)

J. Lichtenberg, München

1. Einführung

Eine Millionenstadt gibt derzeit jährlich rund 50 Mio DM für die Abfallentsorgung aus, bei steigender Tendenz. Die Kommunalpolitiker - ob in kleinen oder großen Gemeinden - stehen nahezu jedes Jahr vor der undankbaren Aufgabe, die steigenden Ausgaben durch unpopuläre Gebührenerhöhungen aufzufangen.

Etwa 60 - 80 % der gesamten Entsorgungskosten - in der Großstadt also um 35 Mio DM - entfallen auf Sammlung und Transport des Abfalls. Durch Fuhrpark und Einsatzoptimierung könnte dieser Kostenanteil wesentlich gesenkt werden. Es ist daher von der Fa. Messerschmitt-Bölkow-Blohm (MBB) im Auftrag des Siedlungsverbandes Ruhrkohlenbezirk (SVR) eine EDV-gestützte Planungshilfe für die Abfallsammel- und Transport-Optimierung (ASTRO) zur Handhabung durch Kommunalverwaltungen entwickelt worden.

2. Modellziel

Als Ergebnis des erstellten Rechnermodells werden Aussagen über

- Größe und Zusammensetzung des Fuhrparks
- zeit- und kapazitätsoptimale Auslastung der Sammelsysteme
- Sammel- und Transportrouten
- wöchentliche Einsatzpläne für die Sammelsysteme

geliefert.

Die Grundlage des Modells besteht in der simultanen Verarbeitung der Fuhrpark- und Sammelsystemparameter mit den Müllstruktur- und Verkehrsnetzdaten.

Es können sowohl die ländliche als auch speziell die innerstädtische Abfallentsorgung behandelt werden. Besonderer Bedeutung kommt dabei der Abfallsammlung in komplexen realen Straßennetzen mit ihren Einschränkungen, wie Einbahnstraßen, Abbiegeverboten und -geboten, Sackgassen, Engstellen etc. zu. Ferner können organisatorische Formen, wie Abfuhrturnus (ein- und zweimal wöchentliche Entsorgung), spezielle Gefäßbereitstellungen, ein- und beidseitiges Sammeln, Sammelzeitgrenzen, spezielle Sammeltaktiken etc. Berücksichtigung finden.

3. Modellkonzept

3.1 Modellgrößen

Werden alle mülltechnischen Parameter den Fuhrpark-Variablen, alle siedlungstechnischen der Siedlungsstruktur zugeschlagen, so ergibt sich grob folgende Klassifizierung:

A. Fuhrpark-Variable

a) Sammelsystem

- Fahrzeug (Typ, Nutzlast, Geschwindigkeit, Kosten)
- Schüttung/Gefäß (Art, Anzahl, Größe)
- Bedienung (Personalstärke, Ladezeit, Kosten)
- Organisation (Lade"taktik", Einsatzrestriktion, Abfuhrturnus)

b) Depot

c) Entladestelle

- Deponie, Verbrennungsanlage, Kompostierungsanlage, Umladeplatz

B. Siedlungsstruktur

a) Müllstruktur

- Anzahl und Lage der Entsorgungsorte
- Gefäß
- Müllmenge
- Gefäßstandplatz

b) Verkehrsstruktur

- Netzstruktur
- Entfernungen
- Richtungsrestriktionen

Alle Parameter, die die Fuhrparkzusammensetzung und den Routenplan beeinflussen, müssen in quantitativer Form als Mengen, Entfernungen, Zeiten oder Kosten vorliegen.

3.2 Müllstruktur

Die Anzahl und Lage aller Entsorgungsorte (Müllquellen) einschließlich ihrer

Müllmengen müssen eindeutig vorliegen. Art und Anzahl der Müllgefäße, ihre Entfernung vom Fahrzeug und die Standplatzbeschreibung bestimmen weitgehend den Aufwand für die Bereitstellung der Müllgefäße am Fahrzeug. In Verbindung mit der Stärke der Lademannschaft, der speziellen Entsorgungstaktik und der Art und Anzahl der Schüttvorrichtungen am Fahrzeug werden die Ladezeiten abgeschätzt oder analytisch bestimmt.

3.3 Sammelsysteme

In Verbindung mit fahrzeugspezifischen Parametern wie Nutzlast, Schüttvorrichtungen, Fahrzeit, Ladezeit, Personal, Kostenstundensätze etc., wird jedes Entsorgungsfahrzeug als "Sammelsystem" bezeichnet.

Es können beliebig viele Sammelsystemtypen vorgegeben werden. Die Anzahl der Fahrzeuge vom gleichen Systemtyp (d.h. mit gleicher Nutzlast) kann als begrenzt oder unbegrenzt angenommen werden, je nachdem, ob der Fuhrpark die Einsätze einer bestehenden oder einer fiktiven Fahrzeugflotte analysieren will.

Die Sammelsystemtypen werden nach wachsender Nutzlast geordnet. Am Ende der Systemreihe steht immer das Fahrzeug mit maximaler Kapazität. Beim Routenaufbau wird, falls erforderlich, in eine nächsthöhere Typenklasse gesprungen, deren Fahrzeuge geringere spezifische Einsatzkosten bedingen.

Ist der Einsatz eines Sammelsystemtyps erforderlich, wird unter den Fahrzeugen eines Typs, d.h. unter allen Fahrzeugen mit gleicher Nutzlast, dasjenige mit geringsten Einsatzkosten bestimmt.

Die dafür notwendigen Leistungsdaten werden mittels Umrechnung aus den auf ein Normfahrzeug bezogenenen Leistungsfaktoren festgelegt. Durch diese Festlegung eines Normfahrzeuges wird programmtechnisch für Suboptimierungen relativ schnell ein Vergleich der Leistungsparameter für verschiedene Fahrzeuge untereinander ermöglicht. Berechnete Gesamtzeiten für Sammeln, Transport und Entladen bestimmen über den Kostenstundensatz der einzelnen Sammelsysteme die effektiven Einsatzkosten.

Das Modell orientiert sich an der wöchentlichen Abfallentsorgung des vorgegebenen Sammelgebietes. Der Abfuhrturnus ist für 1 - bzw. 2-mal wöchentliche Abfuhr an einem Entsorgungsort ausgelegt. Entsorgungsorte können innerhalb der wöchentlichen Abfuhr auf verschiedenen Entsorgungsrouten liegen und von verschiedenen Sammelsystemen und Mannschaften angefahren werden.

3.4 Entsorgungsorte

Innerstädtische Netze werden straßenzugsweise aufgelöst. Sämtliche Informationen der Müll- und Verkehrsstruktur auf dem Straßenabschnitt (z.B. Häuserblock) wird einem

"Straßenabschnitts-Bebauungsschwerpunkt"(STABS)

zugeordnet.

Gegenüberliegende Schwerpunkte eines Straßenzuges, auf dem gleichzeitig auf beiden Seiten gesammelt werden kann, sind zu einem Schwerpunkt zusammenzuziehen.

Bei Straßen mit beidseitiger Sammlung ist es notwendig, die STABS in gleichrangige und mit gleichem Informationsgehalt versehene Zwangspunkte an den Endpunkten der jeweiligen Straßenabschnitte aufzulösen. Diese Auflösung gewährleistet eine realitätsgetreue Bedienung des Straßenabschnitts im Modell dadurch, daß durch den untrennbaren Zusammenhalt der beiden Zwangspunkte ein Umkehren in der Mitte des Straßenabschnitts verhindert wird.

Zur Orientierung innerhalb des STABS-Netzes werden sog. Nachbar-STABS definiert:

- Ein Nachbar-STABS ist für einen vorgegebenen STABS ein solcher Punkt, der unter Berücksichtigung der Richtungsrestriktionen und der speziellen Verkehrssituationen auf direktem Weg erreicht werden kann.

STABS, die einander gegenüberliegen, gelten dann als benachbart, falls sie durch Wenden an der nächsten Kreuzung erreicht werden können.

Ist das Gebiet in vorgesehener Weise STABS-mäßig beschrieben, werden anschliessend die "STABS" - Nachbar-STABS"-Entfernungen, eventuell einschließlich der auf diesen Strecken fahrbaren Geschwindigkeiten, aufgenommen.

Werden verschiedene Zuordnungen der STABS zu bestimmten Entladestellen vorgenommen, ist es möglich, Teilgebiete zu erfassen und getrennte Optimierungen durchzuführen.

4. Lösungsmethode

Bei der Komplexität des Problems ist es notwendig, ein Modell zu benutzen, das äußerst flexibel ist und Lösungen schnell und mit relativ geringem Aufwand, eventuell auf Kosten der Genauigkeit, liefert. Analytische Modelle sind hierfür nicht geeignet. Der daher in Form eines heuristischen Modells entwickelte Lösungsweg orientiert sich an der Analyse und Verknüpfung dreier Teilsysteme: Müllsammelsystem (Fahrzeug, Personal), Müllstruktur und innerstädtisches Verkehrsnetz.

Diese Verknüpfung geschieht simultan während des Routenaufbaus:

Nach der Bestimmung der Entfernungen zwischen den Nachbar-STABS werden mittels des Moore'schen Algorithmus die Entfernungen zwischen beliebigen STABS bestimmt.

Nachdem so alle entfernungsmäßigen und/oder zeitlichen Abstände zwischen zwei STABS festliegen, werden Anfangsrouten, d.h. Direktentsorgungen von der Entladestelle zum STABS hin,aufgestellt.

Werden zwei STABS auf einer einzigen Route statt auf zwei getrennten Anfangsrouten entsorgt, so sind Einsparungen (savings) an Entfernung bzw. Zeit zu verzeichnen. Dieser Einsparungswert (SAV)(I,J) an z.B. Fahrzeit wird in Abhängigkeit von der Richtung zwischen den zu verknüpfenden Orten I, J bestimmt. Es ist festzustellen, daß die Saving-Formeln die Ladezeiten der STABS nicht mehr enthalten und der angegebene Betrag unabhängig vom Umfang der Routen ist (d.h. nicht auf Anfangsrouten beschränkt ist).

Nach der Bestimmung aller theoretisch möglichen Saving-Kombinationen SAV(I,J) werden diese Werte der Größe nach geordnet und in einer Liste zusammengefaßt. Eine solche Liste ist in guter Näherung unabhängig vom Sammelsystemtyp.

Bei der iterativen Aufstellung eines Tourenplanes werden dann diejenigen Orte verbunden, deren Verknüpfung unter allen noch möglichen die größte "Einsparung" an Fahrzeit liefert.

Die Savings sind dort am größten, wo zwei Orte nah beeinander und weit von der Entladestelle entfernt sind. Es werden daher die Routen in ihrem Aufbau von "außen" nach "innen" wachsen.

In den ersten Routen (Anfangsrouten) werden die Entsorgungen der STABS getrennt vorgenommen. Entsprechend der SAVING-Liste werden dann Routenkombinationen betrachtet und Routen, falls überhaupt möglich, an ihren Endpunkten zusammengelegt.

Der sukzessive Abbau der SAVING-Liste führt zu einer Vielzahl von vorerst Teilrouten, die später zu Gesamtrouten zusammengelegt werden können. Jeder Route wird der ihr kapazitiv bestmögliche Sammelsystemtyp zugeordnet. Beim Routenaufbau wird dann notfalls die Kapazität der vorhandenen Fahrzeugtypen immer so erhöht, daß günstigste Auslastung vorliegt.

Die Routenzusammenlegung wird nicht vorgenommen und/oder der Routenaufbau gilt als beendet bei

- Überschreitung der maximalen Ladekapazität der Sammelsysteme
- Überschreitung der täglichen Arbeitszeit
- Nichtverträglichkeit des Abfuhrturnus verschiedener Entsorgungsorte
- Nichtverträglichkeit der Fahrtrichtungsorientierung innerhalb des Verkehrsnetzes.

5. Einsatzpläne

Jede Route kann STABS mit ein- bzw. zweimaliger Abfuhr pro Woche enthalten. Entsorgungsorte mit einmal wöchentlicher Abfuhr können an jedem beliebigen Tag der Woche angefahren werden. Entsorgungsorte mit zweimal wöchentlicher Abfuhr werden in zwei Klassen geteilt:

- Montag- und Donnerstag-Klasse
- Dienstag- und Freitag-Klasse

STABS mit einmal wöchentlicher Abfuhr werden, falls notwendig, mit den STABS der zwei definierten Klassen vernüpft. Übrigbleibende Entsorgungsorte mit keiner Klassenzuweisung werden am Mittwoch entsorgt.

In internen Programmroutinen werden Routen bestimmter Sammelsysteme, falls zeitlich möglich, unter Anschluß des Depots zu Tagesrouten zusammengefaßt. Mit diesen Tagesrouten könnte jeder Fuhrpark prinzipiell selbst unter Berücksichtigung lokaler Gegebenheiten den wöchentlichen Einsatz der Fahrzeuge zusammenstellen. Im Modell ist als Entscheidungshilfe ein Vorschlag für einen derartigen Einsatzplan vorgesehen, bei dem jedem Sammelsystem für jeden Tag der Woche ein vorgegebener Tourenplan zugeordnet ist.

6. Modellhandhabung

Das Modell kann überall dort Anwendung finden, wo Fahrzeugeinsätze von einem zentralen Depot aus optimiert werden sollen, wie z.B. bei Brauereibetrieben, Zigarettenfabriken, Post, Milchbetrieben, im Werkbusverkehr etc.
Bisherige Modellrechnungen lieferten hierfür zufriedenstellende Resultate. So konnte mit dem Modell der Werkbusverkehr einer Industriefirma neu organisiert werden; 20 % der bisherigen Werkbusse konnten eingespart werden.

Bei Abfallentsorgungseinsätzen in engen innerstädtischen Netzen mit vielen Einbahnstraßen zeigen gerechnete Beispiele teilweise die relativ gute Routenauswahl erfahrener Müllwerker; hier kann das Modell nur Dispositionshilfe sein. Das Modell findet uneingeschränkte Anwendung dann, wenn der Abfuhrbetrieb insgesamt oder in Teilen zu reorganisieren ist, man sich auf neue Verkehrs- oder Abfallaufkommenssituationen einzustellen hat, Sammelbezirke geändert, neue Behältertypen eingeführt, neue Fahrzeuge benötigt werden, etc. In diesem Sinne wird ASTRO vom SVR im Ruhrgebiet eingesetzt.

Das für die Rechenanlage IBM 370/168 programmierte Modell benötigt bei einem Netz von 250 Entsorgungsorten etwa 14 sec., bei 500-1000 STABS unter 2 min. CPU-Rechenzeit. Die Programmkapazität beträgt 130 K.

Vereinfachendes Rechenverfahren zur Ermittlung der durch den Straßenverkehr auf Schnellstraßen erzeugten Abgasbelastung

M. Birr, W.F. Dabberdt und **U. Liebermeister**, Ottobrunn

Abgase können bei Schnellstraßen unter ungünstigen Verkehrs- und Wetterbedingungen zu Grenzwertüberschreitungen und damit zu Beeinträchtigungen des Wohlbefindens der Anlieger führen. Ein Rechnermodell wurde entwickelt, das erlaubt, die 1-Stundenmittelwerte für die Stickoxidimmission im leeseitigen Nahbereich der Straße zu berechnen. Die jeweiligen Emissionen werden aus Emissionsfaktoren der gängigen Fahrzeugtypen, der Verkehrsdichte und der Fahrgeschwindigkeit auf den einzelnen Fahrspuren ermittelt. Durch die vom Verkehr erzeugten Luftturbulenzen werden die Schadstoffe über eine größere Zelle verteilt. Sie werden vom Wind fortgetragen und weiter verdünnt. Die Dauer Δt von der Emission bis zur Ankunft und Messung in den Rezeptoren wird berechnet unter Umrechnung des ungestörten Referenzwindes in denjenigen mittleren Wind, der auf die zur Messung gelangenden Schadstoffpakete effektiv wirkt, sowie unter Berücksichtigung der Ausdehnung der Abgasfahnen und der Windrichtungsschwankungen. Die Ausbreitung der Abgasfahne wird in Abhängigkeit von dieser Dauer Δt durch eine Gaußverteilung für die Abgasfahne einer Linienquelle beschrieben. Topographie und Wetterbedingungen beeinflussen die hierbei anzusetzenden Dispersionsparameter insbesondere auch die vertikale Versetzung der Abgasfahne gegenüber dem Umgebungsniveau.
Für eine ebenerdige Autobahn und eine Autobahn im Einschnitt stellte der Auftraggeber, die Bundesanstalt für Straßenwesen, Meßdaten zur Verfügung. Aus einem Teil dieser Daten wurden einige nur experimentell zu bestimmende Parameter festgelegt. Ein anderer Teil der Daten dient der Genauigkeit der Vorhersagen. Für die ver-

Proceedings in Operations Research 8, ©Physica-Verlag, Würzburg–Wien, 1979

wendeten Rezeptoren der ebenerdigen Autobahn (17,5 m und 66 m vom Straßenrand) wurde bisher ein Prognosefehler von im Mittel 16 bzw. 26 % des Meßwerts erreicht. Bei dem Rezeptor der Autobahn im Einschnitt (12 m von der Einschnittschulter) beträgt der Prognosefehler bisher 28 %.

Die Umwandlung des emittierten Stickstoffmonoxid in Stickstoffdioxid wird mittels der Reaktion

$$NO + O_3 \longrightarrow NO_2 + O_2$$

abgebildet. Nur für die Autobahn im Einschnitt lagen Meßwerte vor. Mit Hilfe von verfügbaren Ozon-Konzentrationswerten von einer Meßstelle, die 5 km östlich der Autobahn liegt, konnten die Anteile des NO_2 am gesamten NO_x in 3 m, 13 m und 25 m vom Straßenrand mit einem mittleren Prognosefehler von etwa 40 % modellmäßig berechnet werden.
Ein ausführlicherer Bericht wurde von den Autoren zusammengestellt. Vom Auftraggeber geplante Messungen an weiteren Autobahnen, in anderen Wertebereichen des Windvektors und für andere Schadstoffkomponenten versprechen weitere Verbesserungen und Modellverfeinerungen

Auswertung mehrkomponentiger Kohlenwasserstoff-Immissionsmessungen zur Bestimmung von Immissionstypen und -strukturen

J.-Ch. Frohne und **P. Kappe**, Gelsenkirchen–Buer

Bei der Überwachung von Immissionen und der Überprüfung der Einhaltung von Grenzwerten in bestimmten Gebieten interessieren für die einzelnen betrachteten Substanzen die Durchschnitts- und die Spitzenbelastungen der Immissionen. Sie werden ausgedrückt durch die Immissionskenngrößen I1 und I2. Dabei ist die Herkunft der Immissionen und die Zuordnung zu bestimmten Emissionsquellen entweder bekannt, zu vermuten oder sie interessiert in diesem Zusammenhang nicht.

Um Umweltschutz- und Sanierungsmaßnahmen durchführen zu können, ist jedoch eine möglichst genaue Zuordnung der Gesamtimmissionen oder einzelner Anteile zu Emittenten notwendig. Diese Zuordnung wird um so eindeutiger, je mehr Bestimmungsgrößen zur simultanen Auswertung herangezogen werden können. Hierfür eignen sich besonders Konzentrationsverhältnisse verschiedener Komponenten oder Komponentengruppen, d.h. der Typ der Immissionen, weil derartige Relationen nicht oder nur in geringem Maße von der Entfernung zum Emittenten abhängen. Eine Vielzahl von Bestimmungsgrößen erleichtert zwar die Zuordnung, erfordert aber gleichzeitig ein praktikables und mathematisch effizientes Auswerteverfahren.

Die simultane Betrachtung mehrerer Immissionskomponenten, die eine weitergehende Informationsausschöpfung der Meßdaten gestattet, wird bisher üblicherweise nicht durchgeführt. In der vorliegenden Arbeit wird zur Auswertung mehrkomponentiger Kohlenwasserstoff-Immissionsmessungen ein Verfahren vorgestellt, das mit einfachen mathematischen Mitteln den Typ von Immissionsbelastungen definiert und Verwandtschaften zwischen verschiedenen Immissionstypen zu ermitteln gestattet.

Um die Immissionsbelastung zeitlich oder nach anderen Gesichtspunkten strukturieren zu können, werden bei der Probenahme klassifizierende Parameter wie z.B. Ort, Zeit, Windrichtung, Windgeschwindigkeit, Wetter etc. notiert. Diese klassifizierenden Parameter werden den eigentlichen Meßdaten, den im Labor ermittelten Immissionskonzentrationen, zugeordnet. Damit umfaßt jede Messung einen Datensatz, der aus den eigentlichen Meßdaten (Immissionskonzentrationen) und den klassifizierenden Parametern besteht. Mit Hilfe der klassifizierenden Parameter können über eine Filtertechnik Subkollektive von Messungen ausgewählt werden, die bestimmten Immissionssituationen zugeordnet sind (z.B. bestimmte geographische Subkollektive bei bestimmten Windrichtungen).

Die mehrere Komponenten umfassenden Kohlenwasserstoff-Immissionsmessungen werden als Vektoren im n-dimensionalen Komponentenraum aufgefaßt. Die "Richtungen" dieser Vektoren repräsentieren dabei die Immissionstypen. Die zu einer bestimmten Immissionssituation gehörenden Immissionsvektoren bilden ein Meßwertsubkollektiv. Um eine komprimierte Beschreibung der zu einem Meßwertsubkollektiv gehörenden Belastungssituation zu ermöglichen, werden der normierte Schwerpunktsvektor aus allen Immissionsvektoren und die "Richtungsstreuung" um diesen Schwerpunktsvektor (als Maß für die Homogenität des Belastungstyps) ermittelt. Der n-dimensionale euklidische Abstand der normierten Schwerpunktsvektoren je zweier zu bestimmten Belastungssituationen gehörenden Meßwertsubkollektive wird als Maß für die Ähnlichkeit der zugehörigen Immissionstypen herangezogen.

Das vorgestellte Verfahren wurde auf die Auswertung einer Vielzahl (einige tausend) mehrkomponentiger Kohlenwasserstoff-Immissionsmessungen aus verschiedenen Gebieten in NRW angewendet. Als Subkollektive werden nicht nur lokal definierte Teilmengen, sondern auch andere, durch klassifizierende Parameter wie z.B. die Windrichtung gekennzeichnete Teilmengen betrachtet oder auch gebietsmäßig übergreifende Kollektive, die man typischen Emittenten zuordnen kann wie z.B. Kraftfahrzeugverkehr. Dabei konnten Ähnlichkeiten und Unähnlichkeiten zwischen verschiedenen Immissionssituationen erkannt und mögliche Verursacher der Immissionsbelastungen sowie deren Einflußbereich ermittelt werden.

In dem Vortrag werden das Verfahren und die ihm zugrundeliegenden theoretischen Überlegungen erläutert; die erfolgreiche Anwendung des Verfahrens wird mit einigen Beispielen belegt. Eine ausführliche Darstellung von Theorie und Anwendungen ist in einer Abhandlung enthalten, die zur Veröffentlichung in der Zeitschrift ERDÖL & KOHLE eingereicht ist.

Dynamische Simulation der Gewässergüte

K.H. Germann, München

1. Übersicht:

Mit diesem Vortrag wird ein kurzer Überblick über die Anwendung eines modernen Gewässergütemodells gegeben, das Ende 1977 im bayerischen Landesamt für Umweltschutz implementiert worden ist und seither für wasserwirtschaftliche Rahmenplanungen eingesetzt wird (1).

Nicht nur auf die technische Seite des Modells mit seiner explizit zeitabhängigen Behandlung der Gewässergütekomponenten wird eingegangen, sondern auch auf Probleme, die in der Praxis der Modellanwendung auftreten.

Dementsprechend werden zwei Hauptabschnitte behandelt; wie es in Abb.1 dargestellt ist:
Nach dieser Übersicht wird zunächst das Modell charakterisiert durch Aufgabenstellung, Aufbau, Grundgleichungen, Algorithmen und ein Beispiel. Danach folgen einige möglichst typischen Anwendungsprobleme, aufgeteilt nach Problemen mit der Technik und Realisierung des Modells, mit der Datenbasis und schließlich mit der Modellhandhabung.

Abb.1

2. Modell:

Das Modell mit der Bezeichnung QSIM für Quality Simulation ist die direkte Weiterentwicklung der amerikanischen Modelle QUAL-I und QUAL-II (2,3). QUAL-I wurde bereits in der Karlsruher Studie über Mengen- und Güte-Modelle von 1976 beschrieben (2). Seine Nachfolger gehen allerdings weit über diese Version hinaus. Mit QSIM wurde dabei nicht nur das Spektrum der Gütekonstituenten erweitert, sondern vor allem die explizite Zeitabhängigkeit, eine automatische Parameterkalibrierung und eine integrierte Sensitivitätsanalyse eingeführt.

2.1 Aufgabenstellungen:

Abb.2 zeigt Aufgabenstellungen, die mit QSIM bearbeitet werden. Die dabei nur in Klammern aufgeführten fachübergreifenden ökologischen Simulationen gehören in gewissem Umfang auch zu den Aufgabenstellungen (z.B. Kopplungen von Luft- und Wassergüteeigenschaften), doch kommen sie derzeit noch nicht zum Tragen.

Abb.2

Proceedings in Operations Research 8, ©Physica-Verlag, Würzburg–Wien, 1979

Diese Aufgaben werden durch Simulationen gelöst, bei denen eine explizite Zeitabhängigkeit sowohl hinsichtlich der Gütekomponenten, also Einleitung und Konzentrationsverlauf, als auch hinsichtlich des Abflusses im Gewässersystem möglich ist.

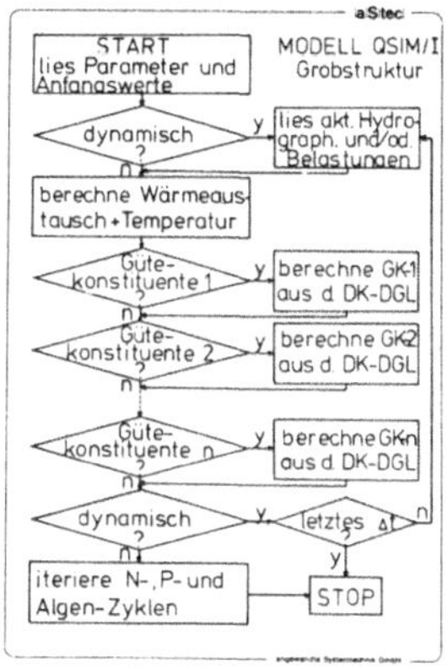

Abb.3

2.2 Aufbau des Modells:

Die Grobstruktur in Abb.3 verdeutlicht, daß nach einigen Startvorbereitungen alle Gütekonstituenten wie Sauerstoffgehalt oder BSB in einer Art Schubkastensystem berechnet werden. Mit Hilfe des Steuerprogramms ist es möglich, eine beliebige Untermenge aller Güteparameter zur Simulation auszuwählen und andere auszuschließen bzw. konstant zu halten. Damit wird die Anpassung an eine Aufgabenstellung und an die vorgegebene Datenbasis erleichtert.

Die insgesamt zur Verfügung stehenden Gütekonstituenten sind in Abb.4 aufgelistet.

Gütekonstituenten	
1. Temperatur	(T)
2. Sauerstoffgehalt	(O)
3. biochem. Sauerstoffbedarf	(BSB)
4. Phosphat-Phosphor	(PO4)
5. Ammoniak-Stickstoff	(NH3)
6. Nitrit-Stickstoff	(NO2)
7. Nitrat-Stickstoff	(NO3)
8. organischer Stickstoff	(ON)
9. organischer Bodenschlamm	(ORG)
10. Algen	(A)
11. Zooplankton	(Z)
12. Fische	(F)
13. pathogene Keime	(COL)
14. konservative Substanz	(K)
15. radioaktives Material	(RAD)

Abb.4

Offensichtlich bestehen zwischen einer Reihe dieser Komponenten Kopplungen und Rückkopplungen. Die davon im Modell explizit enthaltenen sind in Abb.5 skizziert. Man sieht den Stickstoffzyklus, die biologische Kette und die Ankopplung des Sauerstoffs an Atmosphäre, chemische und biologische Ebene. Sauerstoff ist die dominierende Gütekonstituente des Modells; dies äußert sich so, daß insbesondere komplexere Komponenten wie Zooplankton und Fische hauptsächlich im Hinblick auf ihre Beeinflussung des Sauerstoffgehalts abgebildet sind und nicht als eigenständige Systeme.

2.3 Grundgleichungen:

Grundgleichung des Modells ist die eindimensionale, explizit zeitabhängige Diffusions-Konvektions-Differentialgleichung, wie sie in Abb.6 dargestellt ist. Die Massenänderung $dM/dt = d(A\,dx\,c)/dt$ bei Konzentration $c(x,t)$ im Volumenelement Fläche A mal Länge dx hängt dabei ab von der longitudinalen Diffusion mit Diffusionskoeffizient D, der Konvektion durch die Strömungsgeschwindigkeit u, von externen Quellen und Senken s, sowie von Reaktionen und Wechselwirkungen innerhalb des Volumenelements, die 0.Ordnung (Reaktionskonstanten β) und 1.Ordnung (α) sein können.

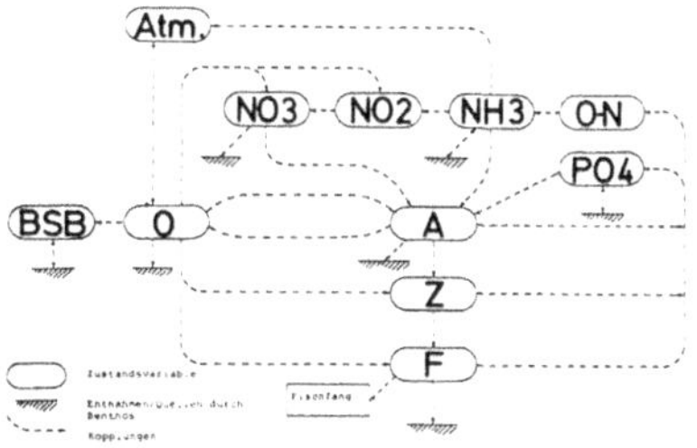

Abb.5

Die Reaktionen physikalischer, chemischer oder biologischer Art können sehr unterschiedlich komplex sein. Wie Abb. 7 zeigt, tritt ein sehr einfaches Beispiel beim Kohlenstoff-BSB auf. Da der Stickstoff-BSB explizit durch die Stickstoffkette simuliert wird, verwendet QSIM für den BSB-c nur zwei einfache Abklingraten K1 für den Abbau und K3 für die Ablagerung. Es gibt

Diffussion-Konvektion-Grundgleichung

$$\left(A\frac{\partial c}{\partial t} + c\frac{\partial A}{\partial t}\right) dx = \qquad \frac{dM}{dt} = \frac{d(Adxc)}{dt}$$

$$\frac{\partial\left(AD_L\frac{\partial c}{\partial x}\right)}{\partial x} dx - \frac{\partial(Auc)}{\partial x} dx + \qquad \text{longit. Diffus. und Konvekt.}$$

$$A\,dx\,\alpha c + A\,dx\,\beta + s \qquad \text{dyn. Reakt.-Raten und ext. Quellen}$$

Abb.6

dynamische Reaktionsraten (Beispiele)

"einfach":
BSB^c : $R(x,t) = -K_1L_1 - K_3L_1$

"komplex":
O_2 : $R(x,t) = K_2(\bar{O} - O) + (\alpha_3\mu - \alpha_4\varrho)A - K_1L_1 - K_4/h - \alpha_5\beta_1N_1 - \alpha_6\beta_2N_2 - \alpha_{11}\varrho_zZ - \alpha_{12}\varrho_fF$

"pauschaliert":
Algen : $R(x,t) = \mu_{max}\frac{I}{K_I + I}\min\left(\frac{N_1 + N_3}{K_N + N_1 + N_3}, \frac{P}{K_P + P}\right)A - \frac{\sigma}{h}A - \mu_z^{max}\cdot\frac{A}{K_z + A}\cdot\frac{Z}{\varepsilon_z} - \varrho A$

Abb.7

jedoch auch sehr viel komplexere Ratengleichungen wie die des Sauerstoffs. Hier gehen physikalische Parameter wie die Rückbelüftungsrate K2, biologische Parameter wie Wachstums- und Respirationsraten (z.B. $\alpha_3\mu$, $\alpha_4\varrho$) und chemische Reaktionsraten (z.B. $\alpha_5\beta_1$) ein.& Werden die Wechselwirkungen zu komplex, oder sind sie naturwissenschaftlich noch nicht vollständig aufgeklärt, so verwendet das Modell pauschalierte Raten, wie das Beispiel der Algen zeigt. Eine simple maximale Wachstumsrate μ-max vor Michaelis-Menton-Faktoren und eine Respirationsrate ϱ beinhalten beispielsweise hochkomplizierte, noch nicht standardisierte und damit nicht abbildbare Prozeße. Durch diese Pauschalierung wird jedoch eine Kalibrierung ermöglicht. Außerdem erlaubt es die Modellstruktur, derartige Abbildungen leicht zu korrigieren, sobald neue, gesicherte Ergebnisse vorliegen. Dies wurde bereits mehrfach erfolgreich durchgeführt.

2.4 Lösungsmethoden:

Als erstes muß das Gewässersystem abgebildet werden. Dazu zerlegt man alle Flußarme in Segmente der Länge dx, die als Berechnungselemente dienen.

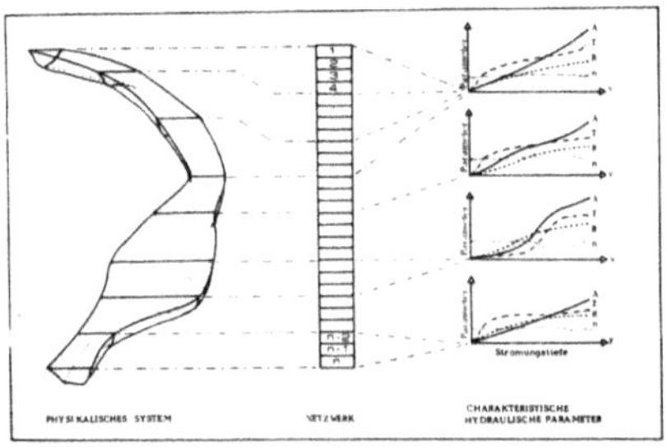

Abb.8

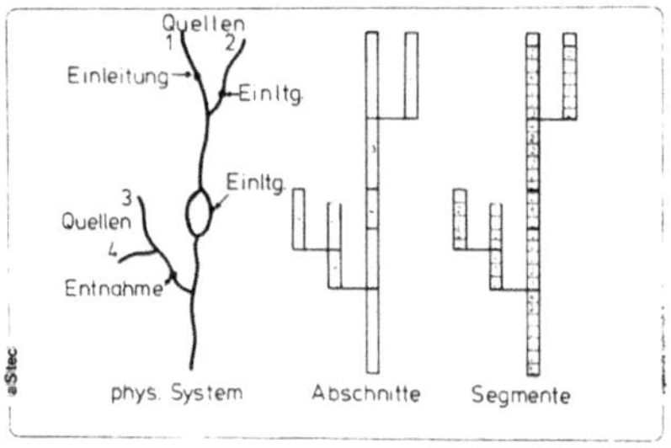

Abb.9

Dies ist in Abb.8 skizziert. Man geht dabei in zwei Stufen vor (siehe Abb.9):

&: Eine detaillierte Erläuterung aller Parameter ist hier aus Platzgründen nicht möglich, kann jedoch u.a. vom Autor bezogen werden.

Zunächst wird das Physikalische System in größere Abschnitte unterteilt, die sich durch in etwa konstante hydraulische Eigenschaften auszeichnen. Dann unterteilt man diese in Berechnungselemente der Länge dx. Sie werden linear angeordnet, indem man an jeder Nebenflußeinmündung mit dem Quellensegment des Nebenflusses beim Durchzählen fortfährt. Die Segmente dx erhalten dabei Typmarkierungen, aus denen hervorgeht, ob es sich um eine Quelle, eine Nebenflußeinmündung, eine Zuleitung oder eine Entnahmestelle handelt.

Mit diesen Segmenten der Schrittlänge dx (etwa 100m bis 10 km) wird die Diffusions-Konvektions-Gleichung für jedes Segment i berechnet. Dies ist in Abb. 10 dargestellt. Die Koeffizienten a,b und c erhält man direkt aus der Grundglei-

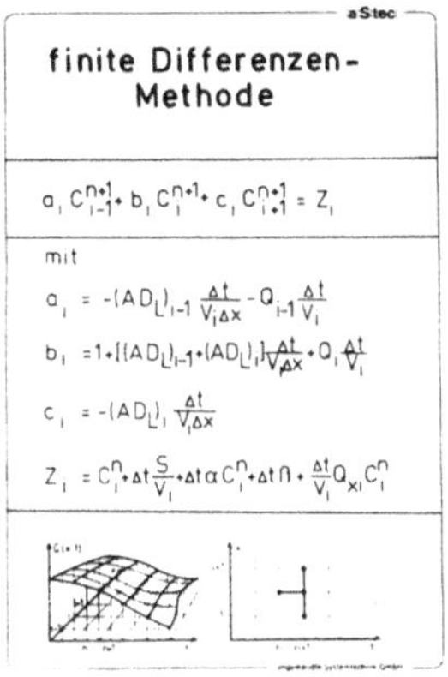

Abb. 10

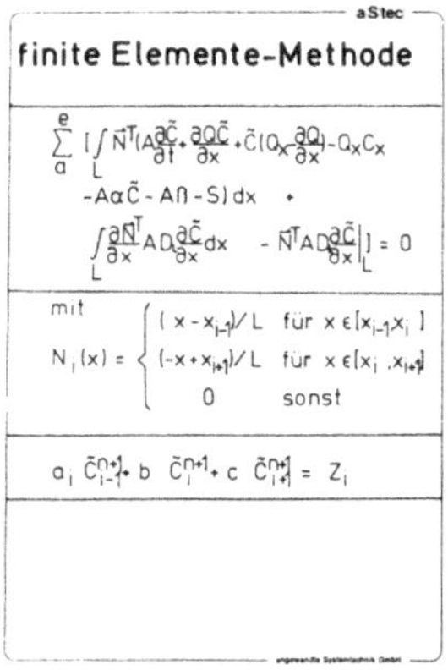

Abb. 11

chung von Abb. 6, indem man die Differentialquotienten durch Differenzenquotienten ersetzt.

Als alternative Methode wird in einer zusätzlichen QSIM-Version die finite-Elemente-Methode eingesetzt. Die entsprechende Umwandlung der Diffusions-Konvektions-Grundgleichung ist in Abb. 11 dargestellt. $\tilde{C}$ ist dabei der angenäherte Konzentrationsverlauf c(x,t), N^T die Transponierte der linearen Formfunktion N(x), Qx der laterale Zufluß bzw. laterale Versickerung, und a und e sind Anfang und Ende der gesamten linearisierten Fließstrecke.

Bei der Lösung mit jeder der beiden Methoden muß wegen der Rückkopplungen und unterschiedlicher Sensitivitäten eine gewisse Reihenfolge der simulierten Größen eingehalten werden. QSIM verwendet die in Abb. 12 skizzierte Abfolge: Zunächst werden Strahlungsbilanz und Wärmeaustausch an der Luft-Wasser-Grenzfläche bestimmt, sowie die hydraulischen Daten des Gewässersystems. Daraus wird nach den beliebig einzuordnenden konservativen Materialien die Wassertemperatur bestimmt. Es folgen BSB-C , Keime und Radioaktiva. Nun wird eine Freßkette berechnet, die Phosphat, den gesamten Stickstoffzyklus und schließlich die biologische Ebene enthält. Erst am Schluß folgt die Hauptkomponente Sau-

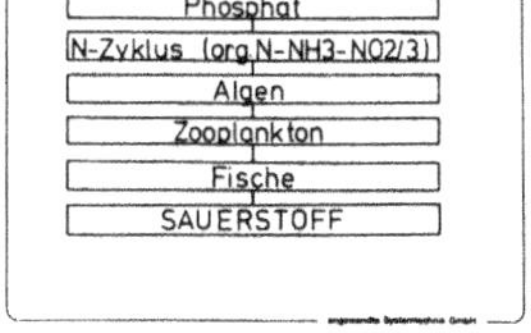

Abb. 12

erstoff.

Will man einen Gleichgewichtszustand untersuchen, so muß man iterativ vorgehen. Wie in Abb. 13 gezeigt, muß die Nährstoff-Verbraucher-Schleife solange

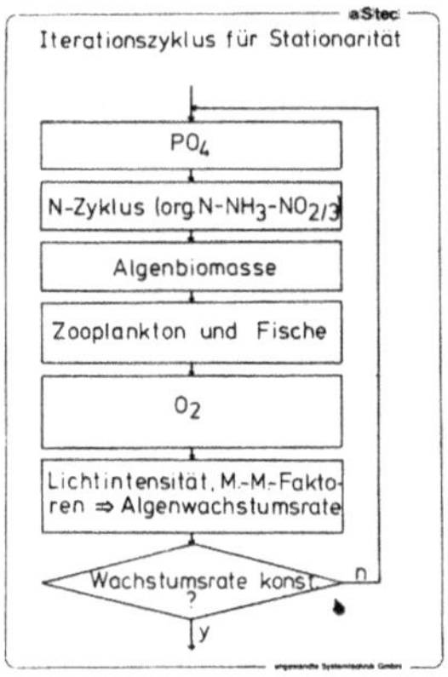

Abb. 13

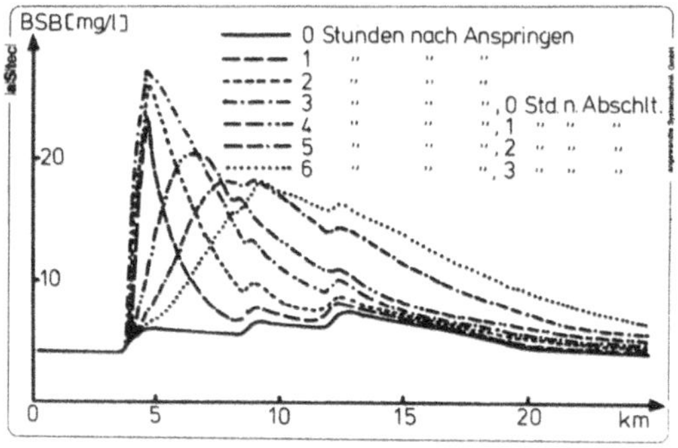

Abb. 14

durchlaufen werden, bis eine konstante Wachstumsrate erreicht wird. Hier wird die der Algen als sensitivstes Maß verwendet.

2.5 Beispiel:

Abschließend zum technischen Modellüberblick ist in Abb. 14 ein Simulationsbeispiel dargestellt. Der BSB-c wird entlang einer 25 km langen Fließstrecke mit mehreren Einleitern (Kläranlagen) aufgetragen. Dabei wird das Anspringen des Notauslasses einer Großkläranlage für genau 3 Stunden simuliert. Die Kurven zeigen den BSB-Peak und seine Ausläufer bei jeweils 0, 1, 2 und 3 Stunden nach dem Anspringen, sowie nach dem Wiederabschalten des Notauslasses.

3. Anwendungsprobleme:

Das in Abb. 15 skizzierte Gebiet der ersten Anwendungen ist das der Isar nördlich von München bis hin zur Donau-Einmündung und der Mittlere-Isar-Kanal mit dem Speichersee- und Fischteich-Bereich und der im Kippbetrieb arbeitenden Flußkraftwerkskette. Eine weitere Wasserkraftwerkskette liegt im Bereich der unteren Isar und arbeitet im Schwellbetrieb. Beide Kraftwerksbetriebsarten stellen besondere Anforderungen an die Hydraulik des Modells, die bereits gelöst sind. Daneben besteht eine Vielzahl weiterer Probleme bei praktischen Anwendungen des Modells:

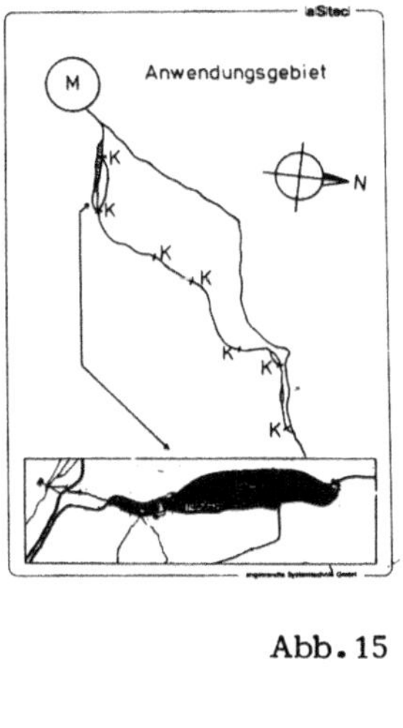

Abb. 15

3.1 Modellierungstechnik:

Abb. 16 zeigt eine Reihe von Problemen zur Modellierungstechnik. Derartigen Problemen wird zumeist die größte Aufmerksamkeit geschenkt, wenn Weiterentwicklungen geplant werden, obgleich die später zu erörternden Schwierigkeiten mit der Datenbasis und sogar die mit der Modellhandhabung einen mindestens ebensogroßen Einfluß haben können.

Man kann bei den in Abb. 16 bereits als Anforderungen an eine Weiterentwicklung formulierten Beispielen sehr unterschiedliche Tragweiten und Lösungsmöglichkeiten sehen. Es gibt relativ simple Punkte wie die zur Abbildung des physikalischen Gewässersystems, etwa die erste Anforderung, die im wesentlichen nur zu einer Performance-Verbesserung führt. Wie die skizzierten Lösungsansätze andeuten, ist eine solche DV-technische Erweiterung mit dem bisherigen Know-how bereits möglich. Zusätzlich kann das Problem bereits mit dem jetzigen Modell umgangen werden. Das gleiche gilt für die Forderung einer Netzstruktur für das Gewässersystem. Auch dies kann bereits jetzt fehlerfrei bearbeitet werden. Abb. 15 zeigt ohnehin, daß komplexe Netzstrukturen vor allem im Speicherseebereich mit diversen Abzweigungen und Wiederzuführungen behandelt worden sind.
Die mehrdimensionale Behandlung von Seen und Schmutzfahnen ist dagegen zwar technisch möglich, nicht aber mit dem vorhandenen Modell.

Von anderer Qualität sind Probleme mit den physikalisch-chemisch-biologischen Mechanismen. Auch hier gibt es zwar umgehbare oder durch Kalibrierung lokal lösbare Anforderungen, aber wie durch F für "grundlegende Untersuchung, also Forschung notwendig" angedeutet, bleibt eine Reihe noch nicht lösbarer Punkte. Dazu gehört eine geschlossene Behandlung der Bodenschlammrückkopplung und der Algenblüten ebenso wie der Ersatz grober Pauschalierungen in bereits implementierten Mechanismen.

Zu jedem einzelnen Beispiel dieser keineswegs kompletten Liste könnte und müßte man sehr viel mehr sagen, was jedoch offensichtlich hier nicht möglich ist. Es sollen jedoch noch kurz auch die weniger augenfälligen Problemkreise angesprochen werden, die besonders in der Praxis von Bedeutung sind:

3.2 Datenbasis:

Das Problem "Datenbasis" sollte jeder kennen, dar auch nur ein wenig versucht hat, eine konkrete Gewässersimulationsaufgabe zu lösen. Wie in Abb. 17 skizziert, findet

asitec

Probleme der "Modellierungstechnik"

Abbildung des phys. Gewässersystems	Ansatz
o variable Element-Länge	DV, U
o Netz- statt Baumstruktur	DV, U
o mehrdimensional bei Seen und Fahnen	DV
Abb. der phys-chem-biol. Mechanismen	
o verschied. BSB-Abklingraten überlagern	U, K, DV
o Nitrifikation-Denitrifikations-Übergang	F, U
o Synchronisierung der Rückkopplungen	DV
o Resuspension durch Strömungsdynamik	DV, K
o geschlossene Bodenschlammrückkopplung	F
o Algenblüten (bisher nur T-N-P-I-getrieben)	F
o grobe Pauschalierung generell	F, K, DV
o ggfls. Koppl. wie Hemmung, Vergiftung, etc	F
o Standardisierung als Vergleichsbasis	F

Lösungsansätze (Legende)

DV unmittelbare Weiterentw. des DV-Modells mögl.
U Problem umgehbar (schon jetzt)
K Kalibrierung als Lösungsmöglichkeit
F grundlegende Untersuchungen (Forschung) notwendig

(Hilfsmittel: Modularisierung zur kontinuierl. Aktualisierung)

angewandte Systemtechnik GmbH

Abb. 16

asitec

Problem "Datenbasis"

allg. Probleme
o Daten nicht vorhanden/verfügbar/übertragbar
o Synchronisierung der Probenahmen
o Probenahmestellen instabil
o Probenauswertung (Genauigkeit, (indirekte) Verfahren, Standardisierung)
o Kosten
o fehlende Verfahren

Beispiel einer umfangreichen Datenerhebung
"WATER QUALITY SURVEY DURING SUMMER LOW FLOW 1976" (Miss. Auth., USA)

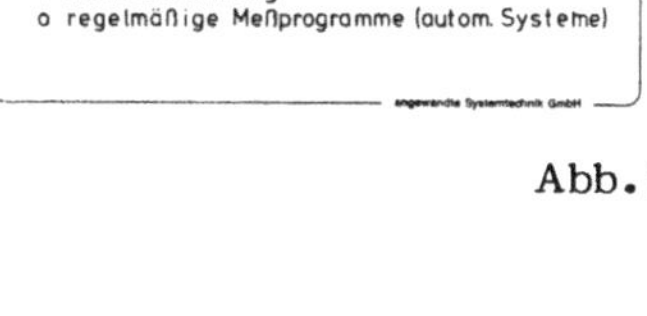

$\Delta t = 6h$, $T = 15$ d, 25 Meßstellen, 19 Gütekonstituenten → > 20 000 Meßwerte

Anforderungen und Lösungsansätze
o Sensitivitätsanalyse und Kalibrierung
o Standardisierung
o regelmäßige Meßprogramme (autom. Systeme)

angewandte Systemtechnik GmbH

Abb. 17

man, daß Daten entweder gar nicht existieren oder nicht verfügbar/übertragbar sind, daß eine synchrone Probenahme nicht vorliegt, daß man von ein und derselben Probenahmestelle zur gleichen Zeit unterschiedliche Meßwerte erhalten kann. Daneben bestehen Schwierigkeiten mit der Auswertung, den Kosten und der Organisation, sowie mit der grundsätzlichen Meßbarkeit einiger Prozeßkonstanten. Es gibt nur wenige "umfassende" Meßprogramme wie das in Abb.17 aufgeführte und für die Entwicklung von QSIM mit herangezogene:

Entlang eines knapp 100 km langen Mississippi-Abschnitts wurden an 15 aufeinanderfolgenden Tagen alle 6 Stunden bei 25 Meßstellen bis zu 19 Gütekonstituenten synchron gemessen bzw. ausgewertet. Das ergab mehr als 20 000 Meßwerte und eine Vielzahl sekundärer Informationen.

Von einem derartigen Datenmaterial kann man in der Regel nicht einmal träumen, wenn man sich konkreten Anwendungen gegenübersieht. Trotz dieser Probleme mit dem meist unzureichenden Datenmaterial bieten sich jedoch Möglichkeiten einer sinnvollen Modellanwendung: Vor allem kann man eine Kombination von Sensitivitätsanalysen und Kalibrierungen einsetzen. Fehlen Daten ganz oder sind Prozeßparameter unbekannt, so bestimmt man zunächst mit Sensitivitätsanalysen, welche Größen überhaupt einen Einfluß haben, bzw. welche den größten hat. Dabei wird man als Zielgröße nur die betrachten, die für die bevorstehende Anwendung benötigt wird (meist der Sauerstoffgehalt). Dann kalibriert man die dominierenden Einflußgrößen, indem man Meßwerte mit Simulationswerten vergleicht und durch Variation der zu kalibrierenden Werte Gleichheit erzeugt.

Dieses Vorgehen setzt jedoch eine genaue Kenntnis der z.T. recht komplizierten Kalibrieralgorithmen voraus, d.h.eine vollkommene Beherrschung des Modells. Darüber hinaus muß der Kalibrierprozeß bei der Interpretation der Simulationsergebnisse stets explizit berücksichtigt werden.

3.3 Modellhandhabung:

Werden Modelle mit der Komplexität von QSIM eingesetzt, so steht nicht immer ein derart erfahrenes und mit den Grenzen der Modelle vertrautes Team wie am Landesamt für Umweltschutz zur Verfügung. In Diskussionen mit anderen Interessenten hört man daher oft und zurecht den Vorwurf "Nur der Entwickler kennt das Modell". Der Anwender ist aber meist ein Fachmann der Wasserwirtschaft und nicht der EDV-Programmentwicklung, sodaß sich spezifische Probleme ergeben: Überinterpretation der Ergebnisse und der Genauigkeit und damit verbunden zu hohe Erwartungen und tiefe Enttäuschung; unvollständige Nutzung der Modellressourcen, wozu auch die Bevorzugung absoluter statt relativer Gütesimulationen gehört; eine Anpassung an vorhandenes Datenmaterial wird erschwert, da nicht ohne weiteres erkennbar ist, welche Daten und Genauigkeitsbereiche von Bedeutung sind und wie die Lösungsalgorithmen reagieren.

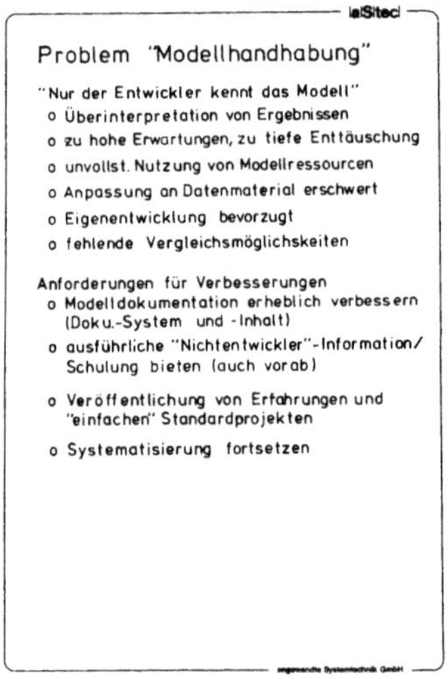

Abb.18

Es folgt auch, daß oft relativ schwache Eigenentwicklungen bevorzugt werden, da man diese wenigstens kennt. Und schließlich fehlen Vergleichsmöglichkeiten, da man gleiche oder unterschiedliche Algorithmen von Modellen nicht erkennen kann.

Als gegenüber anderen Problemen bisher sehr vernachlässigte Anforderung sollte man daher versuchen, die Modelldokumentationen erheblich zu verbessern und vor allem auch zugänglich zu machen. Ferner müßten problemorientierte Modellinformationen auch für potentielle und nicht nur tatsächliche Anwender zur Verfügung stehen, um eine gezielte Modellauswahl betreiben zu können. Dies wurde bereits begonnen, etwa durch die Karlsruher Studie (2) und sollte fortgesetzt werden (4). Schließlich sollten konkrete Erfahrungen auch von "einfachen" Projekten ohne absolutes wissenschaftliches Neuland veröffentlicht werden, selbst wenn die durch ihr Datenmaterial dazu prädestinierten Institutionen oft mit erheblichen Organisations- und Kompetenzschwierigkeiten zu kämpfen haben.

4. Ausblick:

Die schon heute zur Verfügung stehenden Simulationsmodelle für die Gewässergüte können sehr effektiv und kostengünstig für eine Vielzahl wasserwirtschaftlicher Aufgabenstellungen eingesetzt werden. Weiterentwicklungen sind selbstverständlich notwendig und werden bereits durchgeführt. Im Vordergrund steht dabei noch immer die modelltechnische Seite mit neuen oder verbesserten Algorithmen und Prozessen. Im zunehmendem Maße muß jedoch auf den Umgang mit der Datenbasis und auf die Modellhandhabung eingegangen werden, um die Nutzung aller Modellressourcen und die Kenntnis ihrer Grenzen zu gewährleisten.

Literatur:

(1): K.H.Germann, E.Rechner, C.Thieme, "Gewässergüte-Simulationsmodell QMS12", Dokumentation Band 1-4 (Bayerisches Landesamt für Umweltschutz, München) 1977

(2): "Studie über bestehende Flußgebietsmodelle", Institut Wasserbau III und Institut für Siedlungswasserwirtschaft, Universität Karlsruhe, 1974

(3): Water Resources Engineers Inc., "Computer Program Documentation for the Stream Quality Model QUAL-II" (Walnut Creek, California) 1974

(4): "DV-unterstützte Arbeitsmittel und Problemlösungen für die Wasserwirtschaft", Teildokumentation des Geschäftsbereichs Umwelt (aStec-angewandte Systemtechnik-GmbH, München) 1978

Gesundheitswesen

Operational research in the health and social services of the United Kingdom

R.N. Curnow, Reading

Summary

The history of Operational Research in the Health and Social Services of the United Kingdom is briefly reviewed. Reasons for its successes and failures are suggested. Some of the projects undertaken by the Operational Research (Health and Social Services) Unit in the Department of Applied Statistics of the University of Reading are used to illustrate opportunities for applying O.R. in the Health and Social Services and some of the difficulties of work in this field. The emphasis is on work at the local rather than the national level. The implications for the training of health and social service personnel and O.R. scientists is considered.

1. Introduction

The structure of the Health and Social Services in the United Kingdom must first be described. There is only time to do this in outline and very approximately.

The Health Service in the United Kingdom is in some respects highly centralized but in others highly decentralized. At the peak of the administrative structure in England is the Department of Health and Social Security (DHSS) - arrangements in the rest of the United Kingdom differ in detail but not in essentials. The Secretary of State, advised by the DHSS, is responsible to Parliament for formulating policies for health, monitoring the performance of the National Health Service (NHS) and allocating to the various Regions of the country the financial resources granted to it by Parliament.

The next level of administration consists of fourteen Regional Health Authorities (RHA). The Chairman of each Authority is appointed by the Secretary of State and the other members are lay or professional people nominated by various bodies. These Authorities are the agents of the Secretary of State and are accountable to him for the translation of national policies into objectives and the construction of strategies to achieve these objectives in the Region of the country for which each of them is responsible. The RHAs allocate the capital and revenue resources made available to them by the DHSS to the Area Health Authorities (see later) which comprise each Region. The RHAs monitor the performance of these Area Health Authorities. They also assist the DHSS in their formulation of national policies and priorities by collecting data about health needs and keeping them informed about potential developments in their Region. Some services and highly specialised hospital units, such as the blood transfusion service and renal dialysis units, are provided directly by the RHAs.

There are ninety Area Health Authorities (AHA), each part of one and only one RHA. These Area Authorities are similar in structure and composition to the RHAs and have a statutory responsibility to their RHA for the health services within their Area.

Finally, each Area may be divided into Districts. A District is generally centred on a single large hospital or a group of hospitals and provides the full range of general hospital and community health services. The population served by the facilities of a District varies considerably but averages about 250,000. Officers at District level are responsible to the AHA for the day-to-day management of the health services within their geographical boundaries. Officers and committees at the District level are also responsible for the construction, consideration and development of policies and plans for their District

Thus, at least in theory, the NHS has four administrative levels with all levels having their own delegated authority for which they are responsible to the level above. All levels are involved in policy formulation and planning. There are Operational Research groups working in some of the Regional Health Authorities.

The objectives of the Social Services can be summarized in broad terms as the achievement by as many people as possible of normal social functioning and the assistance of those who cannot achieve normal social functioning. Among the services provided are the advice and assistance of social workers, occupational therapy, adoption and fostering services, and day care and residential care for the mentally handicapped and the elderly. These services are provided at Local Authority level. There are 109 Local Authorities in England, each of whom has a Social Services Department with a Director who is responsible to the elected Councillors of the Authority. Some of the Social Services are provided as a statutory duty but there is considerable flexibility in the quantity and quality of the various services provided by each County. They are financed partly by grants from Central Government and partly from Local Authority funds raised by the 'rates', a form of local taxation. Policies on non-statutory obligations are determined by the elected County Councils and their sub-committees. There are small Operational Research groups in some of the Local Authorities who may work on problems arising in the work of the Social Services Departments.

Some of the operational research (O.R.) problems arising in the Health and Social Services, such as manpower planning, the location of stores, the planning of job sequences and the organisation of transport, will be familiar to O.R. workers in many other fields of application. In this paper I shall concentrate on problems unique to the Health and Social Services in that they are directly concerned with the cure or care of patients or, in the case of the Social Services, the support of clients. The benefits to patients or clients of an improved service or the losses to them from a reduced level of service cannot be measured on the same monetary scale as the costs of that service. Hence there is no single objective function to be optimized as in more traditional O.R. problems. Also, we are often dealing with decisions made by highly trained professional people whose views on what is best for an individual may vary considerably. In other words, there is often no agreed best 'treatment' for an individual patient or client. Patients and clients cannot, therefore, be categorised according to the treatment they should receive. The views expressed by the individual specialists or by groups of professionals should always be challenged, often by referring, for example, to practice in other wards or hospitals, and they also need, whenever possible, to be tested by appropriate studies. However, these views must, if sustained, ultimately be accepted by the O.R. worker as a constraint on any solution likely to be implemented. An additional problem to which we shall return later is the lack in the Health and Social Services of a defined hierarchy of authority to see that beneficial changes are implemented and, having been implemented, are monitored and maintained.

2. Historical Review

In this review I have relied heavily on the "Review of O.R. in the Health Service (1971)" prepared by G.M. Luck as one of the Selected Papers on Operational Research in the Health Service published in 1978 by the Health and Welfare Study Group of the O.R. Society in the United Kingdom. This review should be consulted for a list of publications.

The first application of O.R. to hospitals followed closely on the inception of the National Health Service in 1948. Bailey, of Oxford University and supported by the Nuffield Provincial Hospitals' Trust, developed and applied queueing theory to the organisation of out-patient clinics in hospitals. He showed that existing appointment systems protected the consultant from having no patients to see by imposing very lengthy waiting times on the patients. Bailey showed how appointment systems could be devised to achieve varying balances between the 'idle-time' of the consultant and the waiting times of the patients. Despite the practical emphasis of this work and its wide dissemination in various publications, the implementation of its recommendations has been very slow. Work on appointment systems has since been extended, using both theory and simulation, to other areas, including the clinics of General Practitioners, that is the doctors providing primary care in the community.

Flagle and his colleagues at the John Hopkins' Hospital in the United States, were probably the first to study the flow of patients through a hospital ward. In the U.K., from the early 1960's onwards, various workers, including Barr at the Oxford Regional Hospital Board, Hindle at Lancaster University, Newell at Newcastle University, and various workers at the Institute for Operational Research in London, have used queueing theory, including Markov chain Models, and simulation to study the organisation of operating theatres, maternity wards, intensive care wards, surgical departments, with their particular problems of a mixture of planned and emergency admissions, and pre-discharge wards. Some of this work was financed by the Department of Health and Social Security (DHSS) in London who were now supplementing the earlier pioneering support given to O.R. workers by the Nuffield Provincial Hospitals' Trust. Other applications of O.R. included a mathematically sophisticated study, by Barber of the London Hospital, of the number of anaesthetists required to cover emergency work; various studies of outpatient and in-patient waiting lists; studies, particularly by Barr, of the demand for nurses in wards using care group classifications of patients; and studies of studentnurse scheduling, where the training needs of the nurses have to be reconciled with the needs of the wards for staff. The Institute for O.R. investigated the use of very large wards, really organisational units, of one hundred beds or more. They persuaded certain hospitals to establish Information Rooms to improve the management of these wards. Barber, at the London Hospital, attempted, with the aid of a computer system, to improve various aspects of organisation at that hospital including admission and discharge policies, bed usage, drug administration and productivity schemes. Barber attempted by consultation and discussion to gain the confidence of the staff, an aspect of good O.R. that is often neglected. Markov chain models and simulation have been used to study the number of renal dialysis machines required to cater for patients suffering from kidney failure. Studies, again using queueing theory and simulation, to calculate the optimal numbers, types and location of ambulances have been undertaken by many O.R. groups. Ambulance studies differ from other transport studies in that the benefits are to patients and are measured in terms of time, either time getting to an accident or time spent travelling by patients when the ambulance is being used as a bus to transport patients to and from outpatient clinics. With dual-purpose ambulances these two aims can sometimes be in conflict and therefore require resolution.

There is insufficient time for me to refer to more recent work carried out at many Universities, by various Consultancies and, since 1974, by an implementation group, also in Reading, established by the DHSS, to help local Health Authorities apply O.R. techniques to their problems.

A new range of work was started when the DHSS established its own Central O.R. Group in 1970. This Group has been concerned with strategic problems mainly at the level of national planning. All the work previously described, with the exception of manpower planning, could be described as tactical rather than strategic, working generally within fairly well specified constraints of available facilities and personnel. Major changes in the provision of services were not considered. The DHSS Central Group has investigated the optimal size and location of hospitals. The economies of scale, accentuated by the random variations in demand for certain services, and some advantages in staff recruitment have to be balanced against the difficulties of access for in-patients, outpatients and visitors and possible problems with the recruitment of certain types of staff if the hospitals are too heavily centralized. The DHSS Group has also developed, with the assistance of various other O.R. Groups, Balance of Care Models. These models allow the investigation of alternative methods of providing services to meet competing demands for these services. As an oversimplified example, home-visits by nurses can be used to reduce the length of stay in hospital of surgical patients and to reduce the number of home visits by general practitioners. How should their time be allocated between these two activities? In their simplest form, the models assume that different categories of patient compete for various packages of services and that all packages of care appropriate for a particular type of patient are equally effective. Given the level of patient demand, the cost of resources, and the restricted total level of each resource involved in the various packages, the problem can be solved using standard linear programming techniques. This work has been made more sophisticated using utility theory and the ideas of "inferred worth". One particular area of study has been the Care of the Elderly. Estimates are made of the number of old people in various categories defined by certain measurable characteristics of dependence such as mobility and ability to cook meals. Experts then decide, for each category of patient, which services are appropriate for all the patients in that category. Some of the models are dynamic in that simulation is used to follow the progress of the patients through the various categories of dependency depending on the packages of care they receive. We shall return to the Care of the Elderly in the next section when describing the work of the O.R. Unit at Reading.

3. The Operational Research Unit (Health and Social Services) at Reading University

The Unit, an integral part of the Department of Applied Statistics, was established by a grant from the Nuffield Provincial Hospitals' Trust in 1967. The funding was taken over by the DHSS in 1971 and this continued until 1977. We are now funded on individual projects by the Social Science Research Council and, through joint staff appointments, by the Local Authority and the Local Health Authority. At its maximum size, the Unit consisted of five research fellows and supporting staff, in addition to the two senior members of the Unit who held University posts. Prior to the establishment of the Unit in 1967, three Ph.D. students worked on hospital O.R. problems. We found that there were difficulties with Ph.D. students because of the time-scale involved and also the understandable motivation of the students towards their degree rather than helping those who had brought the problem to us.

Our aim has always been to work closely with the local health and social services. Most of our projects have been at their request. Since there is no single objective function to be optimized, we generally attempt to predict the quantifiable effects of change corresponding to a variety of possible solutions. These solutions may include options that are not, at the start, acceptable to those concerned. The consequences of the rejection of these options are often worth calculating since they may be sufficient to persuade the people involved to reconsider the constraints they are thereby imposing on possible solutions. In addition to the quantifiable consequences, there are in the health and social services generally unquantifiable but partially predictable consequences of change. These unquantifiable consequences will often be crucial in deciding between the various options that we present.

It is not the responsibility of the O.R. worker to make these decisions and present only one possible solution.

Our work has perhaps been more based on data than that of other O.R. groups. The projects have sometimes been concerned more with the careful collection, analysis and interpretation of data than with the stochastic modelling of processes or the applications of advanced O.R. techniques. The more statistical projects have included measuring the type and amount of work done by social workers with various groups of clients; describing the work done in hospital accident departments; studying the consequences to patients of being kept waiting for outpatient appointments and for in-patient admission; predicting future manpower requirements of certain specialties of the National Health Service and describing the performance of the local maternity services.

In total, we have undertaken nearly fifty projects. These have included most of the topics already mentioned - ambulances; admission and discharge policies; appointment systems; nursing management; the organisation of hospital departments and specialties; operating theatre studies; renal dialysis units; stores; supplies; and transport. Work on the bed requirements of different specialties, assuming different admission and discharge policies, involved the use of queueing theory and simulation but mainly careful data collection and analysis. These studies led on to statistical studies of the total requirements for hospital facilities in each of three Districts. At a time of great financial stringency we presented various ways in which money could be saved by hospital closures and reorganisation without damaging too much possible future development of the service. This work, in its turn, has led to a current research project that uses network flow methods to produce a range of solutions for consideration by the local decision-makers when allocating specialties to hospitals. This has been our most mathematically sophisticated project so far. The solutions have to satisfy a variety of constraints determined by patient demand; total bed numbers; complex inter-relations between specialties; the availability of operating theatres and the meeting of training requirements.

There has not been a great deal of O.R. work done on the Social Services. The work associated with our joint appointment with the local Social Services Department has, in addition to the work on the elderly to be described later and the studies of the work-load of social workers referred to earlier, included an evaluation of the provision for the adult mentally handicapped, an attempt to computerise the calculation for individuals of their entitlement to welfare benefits; and policies on the use of publicly owned housing for the homeless.

Our interest in the Care of the Elderly started with the establishment of a visiting scheme in Reading aimed at locating and keeping in contact with all the elderly living in the community. Apart from its monitoring aspects, we hoped that the scheme would provide information on how the services were being used and, more important, the deficiencies in the provision of these services. Due largely to changes in personnel and insufficient input of resources, the visiting scheme has virtually ceased. We have since become interested in the general planning and improvement of the provision of services to the elderly. This area of study is extremely complex because of the range of problems affecting the individual old person; the variety of services provided, often by different service agencies; and the varying views of the elderly as well as those providing the services of whether a service would be beneficial and, if so, which one should be provided. There are clearly problems in obtaining useful aggregated data about the elderly and the care they receive. In disagreement with many other workers in this field, we believe that O.R. studies should start from the decisions made about individuals by those in direct contact with them. We have serious doubts about the use of aggregated statistics on the measurable characteristics of the elderly followed by an 'expert' translation of the consequent categorisation of the elderly into needs for services. This is the approach underlying the DHSS Balance of Care work referred to previously. We maintain that the needs of the elderly are not highly correlated with their measurable characteristics and this, together with the differing views among professionals about the best services to be provided, means that the information about individuals to use in O.R should be the assessments of what should be done for them rather than the assessments of their "dependency states". Our plan is to ask those responsible for a service to list in priority order the kinds of client for whom the service is intended. The description of the kinds of client does not have to be restricted to measurable characteristics. We should then ask all those making decisions about individual old people to state, in priority order, those services that they would recommend be provided. These two sets of information will then form the basis of an assessment of existing services and of plans for future services. It is too early to evaluate our work on the elderly. I have described it at some length because it does illustrate one of our basic beliefs that, in relatively decentralised and professional organisations, planning should be based on an understanding and analysis of many widely differing local situations. The aggregation at national level should be of possible solutions of these local problems and not the aggregation of descriptions of those local problems followed by "global" solutions. We also advocate experimentation at local level with different methods of providing services. This is difficult if policy is decided precipitately at the national level.

4. Conclusions concerning O.R. in the Health and Social Services

There is insufficient time to discuss, in detail, the role of O.R. in the Health and Social Services but a few specific points are worth making.

The borderline between O.R. on the one hand and Organisation and Methods and Work Study on the other is imprecise and artificial barriers between these subjects should not be allowed to reduce their joint contribution to better organisation.

The time taken to complete studies can be seriously underestimated and this can lead to frustration when deadlines for reports are not met.

Despite the elaborate data systems that exist in the National Health Service, most of our studies have required their own data collection exercise. This raises questions about the considerable investment of time and money in the existing data systems. Appropriate financial data is particularly difficult to obtain. Cost data is generally collected for purposes of accounting for expenditure to central authorities and is often not in the best form for local management to use in decision-making or in planning.

The methods used in O.R. studies in the Health and Social Services have ranged from applications of advanced queueing theory through simulation to the use of fairly simple descriptive statistical methods.

Where recommendations have been implemented, there has generally been an improvement but the extent of that improvement and its duration have been disappointing. We are dealing with human behaviour, and human reactions to change are complex and generally such as to limit that change. As an example of this feed-back mechanism, reduced lengths of stay in hospital do not always lead to reduced waiting lists for hospital admissions. The threshold for acceptance on to a waiting list is lowered as the waiting list reduces in size. The use of thresholds in both the Health and Social Services needs further study.

The most important conclusion must, unfortunately, be the lack of implementation of so much of the work that has been done. The reasons for this vary from project to project but include a lack of close working relationships with those responsible for the service being studied. This may lead to an unrealistic appraisal of the situation and hence an irrelevant set of recommendations. Also it fails to gain the confidence and respect of those who will have to decide what is to be done and to see that it is done. Problems also arise from the lack of a defined authoritative structure to make sure that professional interests or rivalries do not block change and, sometimes, more basically from a lack of concern or defined individual responsibility for improvements. As an example of the latter, there is no clear line of responsibility in our hospitals for the organisation of outpatient clinics.

For services as much under pressure as the Health and Social Services, questions of incentive and motivation for change become very important. However, we should also ask ourselves whether our inability to communicate well, orally and through written reports, with people unfamiliar, and often frightened by, mathematics is not one of the causes of the lack of implementation of our proposals. Certainly, our few successes at Reading have involved a great deal of time in discussion before, during and after the studies have been completed. The fact that our most influential work has often involved fairly simple but carefully applied statistical methods is perhaps not a coincidence. As examples, I would quote the work on bed requirements for specialties and our work on district planning.

5. The Role of the Universities - A Personal View

Clearly the Universities have made considerable contributions to the applications of O.R. to the Health and Social Services in the United Kingdom. Given the time taken by projects, the elementary nature of some of the work, and the constraints that have to be accepted on possible solutions, should Universities be engaged in this activity? My answer is an unequivocal 'Yes'.

The intellectual challenge of understanding a real problem, formulating possible solutions and then assessing those solutions is sufficient justification for our involvement whether high-powered mathematics is involved or not. In many projects, a knowledge of the underlying mathematical structure of the problem is important even if the advanced theory cannot, because of the complexity of the problem, be of direct use. The University department gains from involvement in the world of pressures and real decision-making. This involvement should improve the relevance of its teaching as well as provide an outlet for members of staff wishing to contribute to human welfare. The University as a whole also gains whenever it is seen to be a real part of the local community, contributing to its day-to-day activities and to its development. In these terms and in terms of close involvement and liaison, our two joint appointments with the local government authority and the local health authority have been very successful.

The Health and Social Services have developed, to a limited extent, their own internal O.R. activities. The advantages of outside contributions, such as those from the Universities, are that problems can be chosen for study because they are those most likely to lead to improvements. The studies can be pursued at appropriate depth bringing in specialist skills not often available within the services. Establishment views can be challenged and an objective view, not too much influenced by personal and political considerations, presented. The essential liaison between the University and the Services has to be established. This can often depend on a strong link with just one or two people in the organisation concerned who can bring problems to the notice of the University group, establish the necessary working parties and bring about the proper consideration of any recommendations that are made.

In addition to providing courses to their own students on problem formulation, problem solution and, much neglected, report writing, I believe that Mathematics and Statistics Departments should provide undergraduate and postgraduate courses on O.R. for future administrators, managers and planners. There should also be post-experience courses on O.R. With our particular interests, we should provide courses for doctors and social workers. We have provided a postgraduate M.Sc. course for mathematics graduates on O.R. in the Health and Social Services but have only been involved in appreciation and post-experience courses with a week long course for doctors studying for a postgraduate qualification in Community Medicine.

In summary, there is a need for O.R. at the national level in policy formulation but the main contribution from O.R. will continue to come from work at a local level taking proper account of local situations. Because of the difficulties of this work being carried out within the Health and Social Services, there are no institutions better placed in local communities to do this work than the Universities. Universities gain from this involvement themselves and, despite difficulties over implementation, have a great deal to contribute to better organisation and planning in services vital to the nation, namely the Health and Social Services.

Anforderungen an die Planung im Gesundheitswesen aus der Sicht der Praxis

R. Hildebrand, Berlin

1. Ziel des Vortrags

"Planung im Gesundheitswesen" ist ein Thema ohne feste Konturen. "Planung" wird unter vielen Gesichtswinkeln und für viele Teilaspekte seit Jahren diskutiert und - in sehr viel geringerem Umfang - auch betrieben. In diesem Referat sollen einige Ansätze zur Planung aufgezeigt werden, die über den heutigen Stand der Diskussion im Gesundheitswesen hinausweisen.

2. Die Ausgangssituation für eine Planung im Gesundheitswesen

Entkleidet man die Planungsdiskussion ihrer ideologischen Verzerrungen - für die einen ist jede Planung "im Interesse des Menschen" des Teufels und für die anderen aus eben demselben Grunde so etwas wie ein Allheilmittel - verbleibt bemerkenswert wenig an Planungs-Realität. Und das, was man heute als Planung bezeichnet wird selbst von den Akteuren als "normative" Planung bezeichnet:

Das Ergebnis liegt fest (z.B. ein "Soll" von einer bestimmten Zahl von Krankenhausbetten pro tausend Einwohner oder ein bestimmter Betrag an "Fördermitteln" für Krankenhausinvestitionen oder ein fester prozentualer Zuschlag zu den Krankenhaus-Pflegesätzen des Vorjahres) und muß nur noch "wissenschaftlich" untermauert werden, damit es die (im Wortsinne) Betroffenen auch hinnehmen. Es liegt auf der Hand, daß eine Fortsetzung einer solchen Vorgehensweise irgendwann einmal am Zielkonflikt "bedarfsgerechte Patientenversorgung" versus "Finanzierbarkeit" scheitern muß.

3. Der Gegenstand aller Planung im Gesundheitswesen

Der Gegenstand der Planung im Gesundheitswesen ist die Sicherstellung einer zukünftigen "bedarfsgerechten" Versorgung der Bevölkerung mit Gesundheitsleistungen

- der jeweils notwendigen Art,
- in der rechten Menge und Qualität,
- zur rechten Zeit am rechten Ort und
- zu minimalen Kosten.

4. Anmerkungen zur Planbarkeit der Materie

Grundsätzlich können wir zwischen der Strukturplanung,d.h. der Planung "vorzuhaltender" Kapazitäten und der Maßnahmenplanung unterscheiden. Daß die Strukturen des Gesundheitswesens vorab planbar sind, ist wohl unumstritten.Die Planbarkeit von Maßnahmen wird häufig unter Verweis auf die Nicht-Planbarkeit von Krankheiten bestritten. Doch nur für einen - relativ kleinen - Anteil aller Maßnahmen gilt es in der Praxis, auf akute Tatbestände zu reagieren (z.B. Erste-Hilfe-Fälle). Viele Maßnahmen der Patientenversorgung sind nicht zeitkritisch und damit vorab planbar.

Doch nicht nur für diese, sondern im Grunde für alle Leistungen des Gesundheitswesens (einschließlich der Erste-Hilfe-Maßnahmen) gibt es aus der Vergangenheit in großer Zahl Erfahrungswerte, oder es könnte sie zumindest geben, wenn man entsprechende Aufzeichnungen führte und zielgerecht auswertete. Planung ist also auch hier möglich. Hier wird es darauf ankommen, die dem Geschehen jeweils zugrundeliegenden Gesetzmäßigkeiten zu ermitteln und die richtigen Planungsgrößen herauszufinden. Es reicht nicht, "Bedarf" einfach als "frühere Inanspruchnahme" oder gar als "vorhandene Kapazitäten" zu interpretieren!

5. Die Etappen der Planung

Für die weitere Behandlung des Themas wollen wir den Planungsbegriff in verschiedene Teilaspekte auflösen:

(1) Die Zielplanung,
(2) die Planung von Aktionsprogrammen,
(3) die Budgetierung,
(4) die Planung der Ressourcen-Bereitstellung.

Da Teilplanungen des jeweiligen Typs in der Regel nacheinander durchgeführt werden, sollen die vier Planungsbereiche "Etappen der Planung" genannt werden.

6. Die Zielplanung

Ziele in dem hier verstandenen Sinne sind etwas anderes als z.B. die "Ziele" des Krankenhausfinanzierungsgesetzes (KHG): "Zweck dieses Gesetzes ist die wirtschaftliche Sicherung der Krankenhäuser, um eine bedarfsgerechte Versorgung der Bevölkerung mit leistungsfähigen Krankenhäusern zu gewährleisten und zu sozial tragbaren Pflegesätzen beizutragen". Ziele müssen vielmehr so formuliert werden, daß eine Messung des Zielerreichungsgrades möglich ist. Die Ziele aller Institutionen des Gesundheitswesens sind - bis zu einem gewissen Grade - Unterziele der Globalziele der Gesundheitspolitik.

7. Die Planung von Aktionsprogrammen

Während Ziele zweckmäßigerweise als geplante Ergebnisse definiert werden sollten, ist unter Aktionsprogrammen die Summe der Maßnahmen zu verstehen, die der Zielerreichung dienen sollen. So könnten sich z.B. Fördermittel - Planungen für Investitionsmaßnahmen im Krankenhaus auf bedarfsorientierte Aktionsprogramme stützen und nicht - kameral orientiert - auf verfügbare Geldtöpfe.

Auch für die einzelnen Anbieter von Gesundheitsleistungen sind solche - am Bedarf orientierte - Aktionsprogramme zu erarbeiten. Denn die heutige Vorgehensweise gewährleistet weder einen akzeptablen quantitativen oder qualitativen Standard für das Angebot an Dienstleistungen im Gesundheitswesen, noch gar eine wirtschaftliche Erbringung solcher Leistungen. (Nebenbei: Es wäre sicher sehr verdienstvoll, wenn in den kommenden Jahren ein Teil des für Forschungs- und Entwicklungsmaßnahmen im Gesundheitswesen verfügbaren Geldes für die Erarbeitung und Erprobung solcher Standards bereitgestellt werden könnte!).

8. Die Budegiertung

Die sicherlich zur Zeit häufigsten Pläne im Gesundheitswesen sind "Haushaltspläne". Solche Pläne sollten - im Intresse der Patienten, der Beitrags- und Steuerzahler - möglichst schnell durch geeignetere Budgetierungsmethoden ersetzt werden. Inwieweit dabei z.B. das aus den USA stammende Verfahren des Zero Base Budgetin und/oder die Plankostenrechnung helfen können, sollte erforscht und in der Praxis erprobt werden.

9. Die Planung der Ressourcen-Bereitstellung

Während die Planung eines der Elementarfaktoren
(1) menschliche Arbeitsleistung,
(2) Betriebsmittel und
(3) Sachgüter,
nämlich der Betriebsmittel als Bau- und Betriebsplanung heute in der Praxis schon sehr weit fortgeschritten ist, werden die Produktionsfaktoren Personal und Sachgüter bisher eher rein gefühlsmäßig dimensioniert. Praktisch nur im Krankenhaus-Bereich gibt es für Planungszwecke sogenannte "Personalschlüsselzahlen", die aber nicht auf Arbeitsuntersuchungen, sondern auf einer Umfrage beruhen. Auch im Bereich der Beschaffung und der Lagerhaltung sind wohl noch viele Verbesserungen möglich. Auch auf dem Gebiet Planung und Überwachung quantitativer, qualitativer (Risk Management) und (nicht nur geld-) wertmäßiger Standards gibt es noch einen großen Nachholbedarf an praxiserprobten Verfahren. Entsprechendes gilt für das große Gebiet der Information und Kommunikation innerhalb und zwischen den Institutionen des Gesundheitswesens.

10. Strategische und operative Planung

Die strategische Planung soll langfristig eine Bedarfsdekkung zu minimalen Kosten sicherstellen, während die kürzerfristige quantifizierte Ressourcen-Planung als operative Planung bezeichnet wird. Die Zielplanung und - in gewissem Umfang auch die Planung von Aktionsprogrammen - sind Bestandteile strategischer Planungen. Die von Jahr zu Jahr fortzuschreibenden Aktionsprogramme und die dazugehörigen Budgets gehören, ebenso wie die verschiedenen Planungen der Ressourcenbereitstellung, zur operativen Planung.

Während die operativen Planungen ausschließlich Aufgabe der die Leistungen erstellenden Institutionen des Gesundheitswesens sein sollten, ist die strategische Planung Aufgabe sowohl der zuständigen Ressorts der Bundes- und Landesregierungen als auch aller anderen Institutionen. Insbesondere letztere müßten aktiv in den Planungsprozeß eingreifen, wenn sie - auch im Interesse der Patienten! - eine sonst mit Sicherheit wachsende Fremdsteuerung durch ferne Zentralen verhindern wollen.

11. Die Bezugsreiche strategischer Planung im Gesundheitswesen

Es ist an sich naheliegend, einer strategischen Planung - ebenso wie der operativen Planung - deren Realorganisation, d.h. die "Säulen" des Gesundheitswesens zugrunde zu legen. Doch davon sollte schon allein deshalb abgegangen werden, weil sich ein großer Teil der heutigen Kritik am Gesundheitssystem auf die heutige Arbeitsteilung konzentriert.

Als geeignete Bezugsbereiche für eine strategische Planung kämen im günstigsten Falle Versorgungsfunktionen (z.B. die Langzeitversorgung), gegliedert nach Krankheiten (Diagnosen) oder zusammengehörigen Krankheitsgruppen (Diagnosegruppen) in Betracht. Für diese wären (innerhalb der Institutionen des Gesundheitswesens oder arbeitsteilig zwischen ihnen) Funktionsbereiche (z.B. Facharztdisziplinen) zu definieren, die die erforderlichen Leistungen erbringen. Man könnte noch einen Schritt weitergehen und - ähnlich wie in immer mehr diversifizierten Großunternehmen - eine Segmentierung des gesamten "Marktes" vornehmen und statt der Funktionsbereiche "Aktivitäts-Markt-Segmente" definieren. In diesem Falle würden angebotsseitig alle Aktivitäten (im Krankenhaus z.B. also nicht nur die jeweiligen Facharztdisziplinen, sondern auch die anteilige Infrastruktur in das Segment einbezogen. Auf der Nachfrageseite wären alle das Nachfrageverhalten im Dreiecksverhältnis Arzt-Patient-Krankenkasse beeinflussenden Faktoren in die Betrachtung einzubeziehen.

Da man Gesundheitsleistungen nicht lagern oder transportieren kann, spielen Standortfragen von Angebot und Nachfrage für die strategische Planung im Gesundheitswesen eine besondere Rolle ("Regionalisierung").

12. Die Informationsbasis der Planung

Welche Informationen entsprechen dem jeweiligen Planungszweck (und welche benötigt man nicht)? Wie genau, wie differenziert, wie aktuell, wie vollständig müssen sie sein? - Solche Fragen stehen vor einer Prüfung des Ist-Zustandes. Für die Nachfrageseite sind z.B. folgende "Marktdaten" von Interesse:

- Art, Umfang und zeitlicher Verlauf der Nachfrage,
- Art, Umfang und zeitlicher Verlauf der Inanspruchnahme,
- Art, Umfang und zeitlicher Verlauf der Abweisungen,
- demographische Daten zur Bevölkerungsstruktur,
- Wanderungsdaten (Verkehrsströme, Einzugsbereiche),
- Informationen über die Anbieter gleichartiger Leistungen ("Konkurrenz").

Hinzu kommen genauere Informationen über die Art der versorgten Krankheiten (Diagnosen), die Art ihrer Versorgung (Therapien), und - soweit möglich - das Resultat der entsprechenden Bemühungen. (In dieser Richtung müßte die Morbiditätsstatistik weiterentwickelt werden). Dabei ist zumindest ein Fall-Bezug, besser aber - nach Klärung der entsprechenden Datenschutzprobleme - ein Bezug zum Individuum herzustellen ("Patientenkarrieren"). Auf der Angebotsseite sind u.a. Informationen über

- das quantitative und qualitative vorgehaltene Leistungsangebot (Kapazitäten),
- die Stärken und Schwächen des jeweiligen Bereiches,
- die aktuell tatsächlich verfügbaren Ressourcen,
- etwaige Substitutionsmöglichkeiten

für die strategische Planung notwendig. Nicht alle Informationen werden kontinuierlich benötigt. Schon aus Kostengründen sollte man sich daher, wo immer dies für den zu erreichenden Zweck möglich ist, auf Stichprobenverfahren beschränken.

13. Behindern zuviele Informationen eher eine erfolgreiche Planung?

Es ist bekannt, daß "man bei zu vielen Bäumen den Wald nicht mehr sieht". Doch noch aus einem weiteren Grunde sollte man eine gesunde Skepsis vor der Suggestivkraft von langem Computerausdrucken bewahren: Die Routine-Produktion eines kontinuierlichen Datenstromes macht die Benutzer leicht blind für entscheidende Veränderungen, die von den bestehenden Programmen nicht erfaßt werden. Daten können also auch die Kreativität behindern und damit leicht zu eher schlechteren als besseren Planungen führen. Eine gehörige Portion "lateralen Denkens" (Edward de Bono) sollte daher das selbstverständliche Hantieren mit vielen Routine-Daten ergänzen!

14. Arbeitsschwerpunkte einer zukünftigen Planung im Gesundheitswesen

Auch wenn nicht geleugnet werden kann, daß angesichts einer allgemeinen Lethargie die Entwicklung und Erprobung von Planungsinstrumenten im Gesundheitswesen vorerst "auf Vorrat" erfolgen kann, sollten - unter EDV-Einsatz - folgende Fragen genauer untersucht werden:

(1) Wieviele Gesundheitsleistungen in welchen Versorgungsstrukturen werden benötigt (Art, Menge, Qualität, Zeitpunkt, Ort)?

(2) Wie sollte man sie so organisieren, daß eine ständige An-

passung an den sich verändernden Bedarf bei gleichzeitiger rascher medizinisch-technischer Innovation möglich ist (u.a. auch zur Kostenminimierung)?

(3) Welche Informationen und Kennzahlen benötigt man dafür? - Wie kann man sie bereitstellen? - Welche strukturellen Veränderungen sind hierfür erforderlich?

(4) Lassen sich daraus Modelle bauen und Alternativen berechnen? - Wie lassen sich Alternativen bewerten und Prioritäten begründen?

(5) Wie lassen sich quantitative, qualitative, wertmäßige Standards für das vorzuhaltende Leistungspotential und für die im Einzelfall zu erbringenden Leistungen entwickeln?

15. Das Prinzip der Partizipation

Jede Planung ist nur dann tragfähig, wenn die "Beplanten" sich mit ihren Inhalten identifizieren können. Daher ist eine Planung durch die Spitzen der Hierarchie, durch ferne Zentralen und deren "Planer" nur wenig sinnvoll. Es sind vielmehr die Betroffenen in die Planungsprozesse einzubeziehen.

16. Schlußbemerkungen

Ein "Mehr" an Planung wird in Zukunft unvermeidbar sein. Denn die Grenzen für Beitragssteigerungen durch die Kassen und Steuererhöhungen durch die öffentliche Hand sind wohl bald erreicht. Damit die Planung nicht zum Selbstzweck gerät, zum Abschluß noch einige Forderungen:

- Die Planung soll der Leistungsverbesserung und Kostensenkung im Gesundheitswesen dienen.
- Die Planung soll zweck- und praxisorientiert sein.
- Die Planung selbst soll selbst wirtschaftlich sein.
- Die Planung soll ideologiefrei und selbstkritisch sein.
- Die Planung soll als lernendes System angelegt sein.
- Die Planung soll zum Abbau des "Management by surprise" beitragen.
- Die Planung soll für mehr Transparenz für alle Beteiligten, insbesondere auch für die (potentiellen) Nutzer des Gesundheitswesens über dessen Leistungen, Kosten und Erfolgschancen beitragen.

BASAR – Ein Blutkonserven-Administrations- und Informationssystem auf Rechnerbasis

F. Unger, Erlangen

1. Problemstellung

Die kontinuierliche Zunahme der Transfusionsfrequenz in medizinischen Kliniken infolge der Nutzung neuer operativ-technischer Möglichkeiten sowie die zunehmend differenziertere Bereitstellung von Blutkonserven und Blutderivaten bedingt durch neue therapeutische Erkenntnisse stellen eine Krankenhausblutbank in steigendem Maße vor Managementprobleme hinsichtlich der Erfüllung ihres medizin-ökonomischen Zielsystems. Da die gestellten Anforderungen mit den bisher praktizierten Organisations- und Planungsmitteln oft nicht mehr bewältigt werden können, müssen die notwendigen Qualitäts- und Leistungssteigerungen sowohl durch eine effizientere Ausnutzung der vorhandenen Mittel als auch durch die Einführung neuer organisatorischer Konzepte erzielt werden. An diesen Kontext knüpft die Entwicklung und der Praxiseinsatz eines Blutkonserven-Administrations- und Informationssystem auf Rechnerbasis (BASAR) an. Durch die Realisierung als On-line-Anwendung wird eine Integration von BASAR als benutzernahes Arbeitsmittel in die tägliche Routine erreicht. Die DV-Unterstützung bezieht sich dabei auf eine Reduzierung des administrativen und dokumentatorischen Aufwandes sowie auf die Herstellung der für eine zieladäquate Disposition notwendigen Transparenz.
Das Pilotprojekt wurde in enger Zusammenarbeit mit dem Serologischen Institut des Klinikums Nürnberg und mit Unterstützung von Digital Equipment, München, durchgeführt.

2. Systemanalyse

Eine Krankenhausblutbank ist für die Sicherstellung der Versorgung aller Patienten der medizinischen Abteilungen eines Krankenhauses

Proceedings in Operations Research 8, ©Physica-Verlag, Würzburg–Wien, 1979

oder eines nach transfusionsmedizinischen Gesichtspunkten organisierten Klinikverbundes verantwortlich.
Hinsichtlich der Konservendisposition und der Lagerhaltung ist eine Blutbank infolge der begrenzten Lagerfähigkeit (max. 35 Tage) sowie der stochastisch bestimmten Zu- und Abgänge vor eine komplexe Entscheidungssituation gestellt, die sowohl mit der medizinischen als auch mit der ökonomischen Zielsetzung zu beurteilen ist.
Die medizinische, qualitative Zielsetzung ist bestimmt durch die Minimierung des durchschnittlichen Konservenalters bei der Transfusion, da die intendierte therapeutische Wirksamkeit mit zunehmendem Alter einer Konserve sinkt. Indessen beinhaltet die ökonomische Zielsetzung das operationale Kriterium der Minimierung der Verfallrate. Dieses Kriterium wird allerdings durch die Forderung relativiert, daß im Gegensatz zur industriellen Lagerhaltung ein Fehlmengenbestand aus medizinischen Sicherheitsgründen nicht zugelassen werden kann. Verfallrate und Mangelrate sind dabei negativ korreliert, so daß eine konsequente Richtbestandspolitik an den beiden gegenläufigen Kostenkomponenten des Verfalls und der Notlieferungen beurteilt werden kann.
Jede Krankenhausblutbank kann hinsichtlich des Konservenflusses prinzipiell folgendermaßen strukturiert werden:

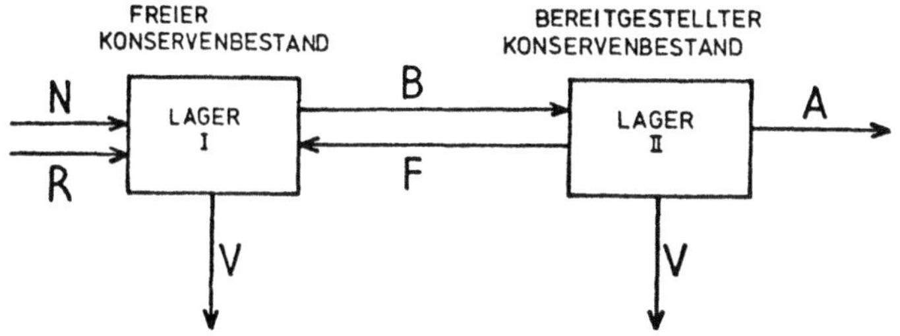

Abb. 1: Konservenflußorientierte Systemstruktur

Dabei bedeuten die Symbole:

N : Neueinstellung in den freien Bestand durch eigene Spender

R : Fremdlieferungen durch das DRK

B : Bereitstellung für einen Patienten nach erfolgter Kreuzprobe

F : Freigabe der Bereitstellung nach Ablauf der Kreuzprobenfrist (3 Tage) oder bei Nichtverwendung

A : Abholung der Konserve zur Transfusion

V : Verfall wegen Überalterung oder sonstiger positiver Befundung

Die in der Abbildung 1 angedeuteten fünf Schnittstellen der Konservenströme definieren indessen auch die möglichen zweckrelevanten Zustände der Konserven, die diese in ihrem Verbleibezeitraum annehmen können.
Die Konservenverwaltung erfordert neben der Führung eines sog. Konservenhauptbuches sowie eines Kreuzprobenheftes erhebliche Karteiarbeiten und diverse Eintragungen auf den Konservenlaufzetteln. Bei ca. 380 Konservenbewegungen täglich ist der administrative Aufwand bei einer manuellen Führung beträchtlich. Hinsichtlich der Konservenbestandsführung ist die Erstellung eines blutgruppendifferenzierenden, aktuellen Konservenbestandes, der das jeweilige Alter der Konserven berücksichtigt, nur schwerlich zu erbringen, da sowohl der freie Bestand infolge der Neueinstellungen und Freigaben als auch der bereitgestellte Bestand durch die kontinuierlich auftretenden Bereitstellungen und Ausgaben im Tagesablauf starken Veränderungen unterworfen ist. In der Praxis werden infolgedessen konservenalterorientierte Bestandsübersichten, wenn überhaupt, nur einmal täglich erstellt. Mit den traditionellen Dokumentationskonzepten kann demzufolge nicht die erforderliche Transparenz hergestellt werden, die eine Zielerreichungskontrolle und eine flexible, situationsadäquate Steuerung der Bestandsgrößen erlaubt.
Als ein in die tägliche Routine integriertes Arbeitsinstrument verfolgt BASAR daher den Zweck, alle Konservenbewegungen zu erfassen und diese Datenelemente in Dateien aufzunehmen, die dann die Ausgangsbasis für die Verarbeitung zu benutzergerechten Informationen bilden und deren statistische Auswertung als Grundlage für die Unterstützung der Dispositionsentscheidungen dient.

3. Realisierung als On-Line-System

Die konservenflußorientierte Systemstruktur einer Blutbank be-

stimmt im wesentlichen die Konfiguration des Systems, deren Kern eine PDP-11/40 mit 24 KB Hauptspeicher sowie zwei Plattenspeicher einem Speichervolumen von jeweils 4800x512 byte bilden.
Aufgrund der üblichen räumlichen Trennung des Konservenbestandes sind zwei Videoterminals zur laufenden Datenaufnahmen erforderlich, die den beiden Lägern zugeordnet sind. Als dritte I/O-Einheit ergänzt ein Matrixdrucker die Konfiguration, der dem leitenden Arzt zur Abfrage des aktuellen Bestandes, zur Ausgabe des Konservenverbrauchs sowie zur Listenausgabe statistischer Übersichten dient. Da bei einem etwaigen Rechnerausfall aus medizinischen Sicherheitsgründen jederzeit auf ein konventionelles Verfahren zurückgegriffen werden muß, wird das EDV-System als Monitorsystem konzipiert, d.h. die bisherige Organisation bleibt unverändert und bei einem Systemausfall unvermindert funktionsfähig.

Das zur Realisierung verwendete System MUMPS-11 ist eine interpretative, höhere Programmiersprache, die speziell für interaktive, stringorientierte Datenverarbeitung entwickelt wurde. Das System wird durch ein Stand-Alone-Operating-System unterstützt, erlaubt einen Mehrbenutzer-Timesharing Betrieb und ist deshalb für eine On-Line-Anwendung mit mehreren Terminals besonders geeignet.

4. Funktionsumfang und Leistungsvermögen

Von zentraler Bedeutung in der On-Line-Konzeption von BASAR ist die Realisierung der Aktualität des Datenbestandes, welche die Voraussetzung für die situationsadäquate und benutzergerechte Informationsbereitstellung ist. Da die Verarbeitung der Terminalnachrichten zu einer sofortigen Änderung des Datenbestandes führt, sind neben einer Realtime-Fehlerkontrolle auch Vorkehrungen getroffen, um sachlich falsche Daten zu eliminieren. Die organisatorische Eingliederung der Datenerfassung in den Arbeitsablauf erfolgt an den beiden Kühlschränken, wo die Belege bearbeitet und die Konserven physisch bewegt werden. Dadurch wird eine möglichst sichere Datenerfassung erreicht, da das Terminal integraler Bestandteil des Arbeitsplatzes ist.
Zur Erfassung der Konservenbewegungen stehen die Kommandos N, R,

B, A, F und V zur Verfügung, nach deren Eingabe der betreffende Erfassungsdialog ausgelöst wird. Während bei der Neuaufnahme von Konserven neben der Blutgruppe und der Konservenart die Konservennummer sowie bei Fremdlieferungen das Abnahmedatum erfragt wird, beschränkt sich der Dialog bei den Vorgängen F, A und V nur auf die Anforderung der Konservennummer. Bei der Bereitstellung ist neben der Konservennummer noch der Empfängername und die Station einzugeben. Bei jedem Dialogschritt wird nur eine Eingabe gefordert, die Antwortzeit liegt unter drei Sekunden.

```
VORGANG?: R

BLUTGRUPPE?: ABP   SPEZ.KONS.?: E

KONS.NR.?: 90000    ABN.?: 8.9  RICHTIG?: J  WEITERE?   ABP E
KONS.NR.?: 90001    ABN.?: 8.9  RICHTIG?: J  WEITERE?   ABP E


VORGANG?: B

EMPFAENGER: UNGER                         STAT.: 14/EW

KONS.NR.: 90000      AB+  E   ABN.: 08.09   1 TG. ALT

                     WEITERE  B  FUER: UNGER  14/EW

KONS.NR.: 90001      AB+  E   ABN.: 08.09   1 TG. ALT

                     WEITERE  B  FUER: UNGER  14/EW


VORGANG?: A    VOM:  09.09

KONS.NR.: 90000      AB+  E   ABN.: 08.09   1 TG. ALT
                     UNGER  14/EW
WEITERE  A ?


VORGANG?: F

KONS.NR.: 90001      AB+  E   ABN.: 08.09   1 TG. ALT
                     WEITERE  F
```

Abb. 2: Dialogorientierte Datenerfassung

Neben der Erfassung aller Konservenbewegungen übernimmt das Administrationssystem noch die Erfassung der Herstellung von Spezialkonserven sowie die Überwachung der für die Transfusion bereitgestellten Konserven. Infolge von nicht selten überhöhten Konservenbereitstellungen und der mangelnden Eigeninitiative der Stationen, nicht mehr zu reservierende Konserven telephonisch freizugeben, anstatt die Drei-Tages-Frist zu beanspruchen, wird der bereitgestellte Bestand unnötig belastet. Anhand einer Liste (Abb. 3) wird nun täglich bei allen Stationen, die Reservierungen durchführen ließen, nachgefragt, ob Freigaben in den freien

Bestand möglich sind. Dadurch konnte der bereitgestellte Bestand um ca. 15% reduziert werden, so daß unter dem gleichen Risiko des Verfalls und des Mangels der Gesamtbestand gesenkt werden kann.

STATION: 2/U TELEPHON: 2370

EMPFAENGER	STATION	BLUTGR.	KR.DAT.	ALT.	KONS.NR.	ALT.
[redacted]	2/U	B+	07.08	2	215077	30
[redacted]	2/U	B-	07.08	2	364229	16
[redacted]	2/U	B-	07.08	2	364231	16
[redacted]	2/U	B-	07.08	2	364241	16

STATION: 2/I TELEPHON: 2371

EMPFAENGER	STATION	BLUTGR.	KR.DAT.	ALT.	KONS.NR.	ALT.
[redacted]	2/I	0+ H	07.08	2	81578	21
[redacted]	2/I	0+ H	07.08	2	81584	21

STATION: 3/II TELEPHON: 2508

EMPFAENGER	STATION	BLUTGR.	KR.DAT.	ALT.	KONS.NR.	ALT.
[redacted]	3/II	A+	07.08	2	81673	16
[redacted]	3/II	A+	07.08	2	81702	16
[redacted]	3/II	A+	07.08	2	81735	15

Abb. 3: Bereitgestellter Bestand, geordnet nach Stationen

Das Informationssystem hat einerseits die Aufgabe hinsichtlich der momentanen Situation der Blutbank hinreichende Transparenz herzustellen, andererseits soll es über Konservenanforderungen und Verbrauch Auskunft geben, sowie Überwachungsaufgaben wahrnehmen. Die einzelnen Funktionen werden anhand der Leistungsanforderungen, die an sie gestellt werden, kurz skizziert:

- Ausgabe von Informationen einzelner Konserven
- Kontrolle der vom Verfall bedrohten Konserven
- Kontrolle des Kreuzprobenalters der bereitgestellten Konserven
- Übersicht des bereitgestellten Bestandes nach Blutgruppen
- Konservenbestandsübersichten in verschiedener Gliederungstiefe
- Statistische Auswertung der Konservenbewegungen
- Stationsbezogene Auskünfte über Anforderungen und Verbrauch

Das Dispositionssystem dokumentiert in einer ersten Stufe den Konservenbestandsverlauf in verschiedener Gliederungstiefe, den Altersaufbau der Bestände sowie die statistische Verteilung des Alters der DRK-Lieferungen und deren Kenngrößen. Die Ermittlung der in einer Zeitperiode erzielten Verfallrate und des durchschnittlichen Transfusionsalters für sämtliche Blutgruppen ermöglicht die Beurteilung der in der Vergangenheit verfolgten Richtbestandspolitik, so daß durch das Lernen aus der Erfahrung eine verbesserte Bestandsführung zu erwarten ist. Da dieser Trial and-Error-Prozeß jedoch nur über einen längeren Zeitraum den bezweckten Erfolg verspricht, soll das Dispositionssystem in einer zweiten Stufe diesen Prozeß abkürzen, indem auf der Grundlage der historischen Daten Bedarfsprognosen und Bestandshochrechnungen durchgeführt werden, die eine Beurteilung des angestrebten Richtbestandes hinsichtlich der beiden Risiken, Verfall und Mangel, zulassen.
Mittels eines in FORTRAN verfaßten Simulationsmodells, das mit den in MUMPS aufbereiteten statistischen Daten versorgt wird, werden die beiden divergierenden Größen, Verfall- und Mangelrate, bei alternativen Richtbeständen für alle Blutgruppen ermittelt. Die Ergebnisse werden dann dem Dispositionssystem zur Informationsverarbeitung zur Verfügung gestellt. Wegen der großen Anzahl von durchzuführender Simulationsläufe und des manuellen Datentransfers zwischen MUMPS-System und Simulationsmodell ist das Verfahren relativ aufwendig. Falls Trenduntersuchungen ergeben, daß signifikante Veränderungen der Transfusions-,Bereitstellungs- und Freigabecharakteristik stattgefunden haben, muß das Verfahren wiederholt werden.

Die Praxisprobleme des Blutbankmanagements lassen sich in Hinblick auf steigende Personalkosten längerfristig nur durch den Einsatz von EDV bewältigen, wobei eine größtmögliche Verbesserung gleichwohl nur dann erzielt werden kann, wenn man den Übergang von einem rechnergestützten Monitorsystem zur rechnergesteuerten Blutbank vollzieht.

Simulationsmodell eines Krankenhauses – Das Planspiel KLIMA-1-PLUS

R. Meyer, Kulmbach

In den letzten Jahren wurden Planspiele in großem Ausmaß als Methode zur Aus- und Weiterbildung in der Wirtschaft verwendet. Im Bereich der öffentlichen Verwaltung ist dieses Instrument jedoch nur sehr gering verbreitet. Während im privatwirtschaftlichen Bereich Planspiele für die verschiedensten Wirtschaftszweige entwickelt wurden, findet sich noch kein Modell für das Krankenhauswesen - und dies erstaunlicherweise, obwohl in der letzten Zeit gerade dieser Sektor wegen der überaus starken Kostenexplosion viel diskutiert wird.

Wenn man nach den Gründen dieser Kostenentwicklung sucht, so ist sicherlich ein wesentlicher Punkt das mangelnde Kostenbewußtsein der meisten am Arbeitsprozeß im Krankenhaus beteiligten Personen. Speziell im medizinischen Bereich werden Kostengesichtspunkte nicht im erforderlichen Maße berücksichtigt.

Aus diesem Grunde wurde das Planspiel KLIMA entwickelt. Ziel ist es, den teilnehmenden Spielern im Laufe des Spielprozesses Erfahrungen zu vermitteln, welche komplexen Auswirkungen (v. a. auf dem Kostensektor) die verschiedensten Entscheidungen im Krankenhaus haben.

Dem Planspiel liegt ein Simulationsmodell zugrunde, das ein idealtypisches Krankenhaus abbildet. Viele der Modellparameter sind stochastisch und unterliegen bestimmten Wahrscheinlichkeitsverteilungen. Es wird jeder Aufenthaltstag eines jeden aufgenommenen Patienten an jedem Tag der Periode für alle spielenden Gruppen und dies für jede Spielperiode simuliert.

Es handelt sich um ein mehrperiodiges, nicht-interaktives, computergestütztes off-line-Planspiel. Die Spielerentscheidungen werden abgelocht, das Simulationsmodell damit durchgerechnet, und die Ausgabe erfolgt über EDV-Listen, wobei umfangreiche Ergebnisse für die einzelnen Gruppen als auch vergleichende Übersichten zum Gruppenvergleich produziert werden.

Die Entscheidungsvariablen der Spieler betreffen folgende Bereiche: Pflegesätze, Notfallkapazität, Verweildauerzuschläge, Wochenendentlassungen, Zuschläge für Sonderleistungen, variable Kosten pro Pflegetag, Investitionen zur Reduzierung der medizinischen Verweildauer, Personalmanagement, Sachmittel, Forschung und Entwicklung, Überstunden und Einführung eines klassenlosen Krankenhauses.

Der Spielleiter kann durch verschiedene Parameter auf die Anfangssituation Einfluß nehmen. Hierzu gehören: Bettenkapazität, Ankunftsverteilung, Notfallwahrscheinlichkeit, Krankheitshäufigkeiten, Zuordnung Krankheit-Abteilung, Investitionsmöglichkeiten und deren Wirkung auf die medizinische Verweildauer, Personal- und Sachmittelanfangsausstattung, Personalkosten, Stärke der Wirkung der Variablen untereinander, Grenzwerte nach oben und unten, fallfixer Kostenanteil und absolute Untergrenze des medizinischen Verweildauerdurchschnittes. Außerdem kann der Spielleiter während des Spieles Veränderungen hervorrufen durch: Art der Pflegesatzfunktion, Verteilung der Ankünfte, Lohn- und Preissteigerungen.

Die wesentlichen Ergebnisvariablen sind: Belegungsgrad, Abweisungsrate, Abfertigungsrate, Notbetten, Bettenverschwendung, Gewinn/Verlust/Kostendeckung, Benutzungskosten pro Patient, Verweildauerdurchschnitt und Leistungsniveau (Qualität). Aus diesen Ergebnisvariablen sind auch die möglichen Zielvariablen ersichtlich, die von den Spielern selbst gewählt werden können.

Seit 1976 wurden mehrere Testspiele sowohl an der Universität als auch außeruniversitär durchgeführt, die von den Teilnehmern überwiegend positiv bewertet wurden; weitere Einsätze sind geplant, so zum Beispiel im Rahmen des Ausbildungsprogrammes des Deutschen Krankenhausinstitutes, Düsseldorf.

Literatur: Meyer, R.: Entwicklung und Testeinsätze eines Planspiels "Klinik-Management (KLIMA)", Diss. Nürnberg 1978.

Ein simulativer Ansatz in der psychatrischen Bedarfsplanung

H. Krallmann und J. Klug, Mannheim

"Zuverlässige Schätzungen des Bedarfs", so der Bericht über die Lage der Psychiatrie in der Bundesrepublik Deutschland (1975), "setzen ein Wissen über die Art, die Anzahl und die Verteilung der in der Bevölkerung vorhandenen Bedürfnisse nach sachverständiger Hilfe voraus." Die damit angesprochenen Probleme und interdependenten Wirkmechanismen sind komplexer Natur. Auf Intuition gegründete Entscheidungsstrategien können demnach nicht die Methode der Wahl sein, wenn man von der Prämisse ausgeht, daß Planungsvorlagen rational, d. h. empirisch begründbar und nachvollziehbar sein müssen.

Folgt man den Empfehlungen der Expertenkommission der WHO (1971), so läßt sich der Planungsvorgang an sich in fünf Stufen gliedern:

- Analyse der aktuellen Gegebenheiten
- Formulierung von Handlungsalternativen zur Lösung des Problems
- Entscheidung
- Realisierung und Erprobung der Lösungsstrategie
- Evaluation der erzielten Ergebnisse

Als grobe Indikatoren eines unabgedeckten Bedarfs gelten Wartelisten, wie sie beispielsweise aus Erziehungsberatungsstellen, Einrichtungen für geistig behinderte Kinder oder Praxen niedergelassener Psychoanalytiker berichtet werden.

Das Phänomen des "Wartens" auf eine psychiatrische Versorgungsleistung unterscheidet sich zunächst nicht grundsätzlich von dem Phänomen "Warten" in anderen Dienstleistungssektoren. Mit Hilfe der Warteschlangentheorie (KLEINROCK, 1975) lassen sich die auftretenden Gegebenheiten hinreichend beschreiben und analysieren.

Auf der Datenbasis eines realen Systems wird die oben beschriebene Problematik dargestellt und analysiert.

Die psychotherapeutische Ambulanz einer Poliklinik ist damit konfrontiert, daß jeder ankommende Patient versorgt, d.h., von einem Arzt gesehen werden muß. Es handelt sich nicht um einbestellte Patienten, sondern die Patienten erscheinen nach eigenem Ermessen zwischen 8.30 und 12.00 Uhr. Die verschiedenen Wochentage sind unterschiedlich ausgelastet. Die minimale Zahl der Inanspruchnahmen liegt bei 12 Patienten pro Tag, die maximale bei 30 Patienten pro Tag.

Nach dem Durchgang einer zentralen Aufnahme- und Verteilungsstelle wird jedem Patienten ein Therapeut zugewiesen. Drei Therapeuten sind gleichzeitig tätig. Der Patient wartet vor dem Zimmer seines

Therapeuten, bis dieser frei ist.

Nach dem ersten Kontakt verlassen ca. 48 % ± 6 % der Patienten das ambulante Versorgungssystem, d. h. sie kommen zu keiner weiteren Behandlung. Für die verbleibenden Patienten wird eine Entscheidung getroffen, ob die weitere Behandlung in einer Einzel- oder Gruppentherapie erfolgen soll. Ca. 18 % ± 5 % der Patienten werden in der Gruppe behandelt, der Rest in der Einzeltherapie.

Alle drei Therapeuten weisen ihre Patienten einer gemeinsamen Gruppe zu. Die Einzeltherapien übernimmt jener Arzt, welcher auch das Eingangsgespräch führte. Die Einzeltherapie ist im allgemeinen nach 6 ± 4 Sitzungen, die Gruppentherapie nach 12 ± 2 Sitzungen beendet. Die "Belegzeit" pro Kontakt ist in der Einzeltherapie 15 ± 10 Minuten, in der Gruppentherapie 50 ± 10 Minuten.

Die Ärzte der Ambulanz sind mit dem derzeitigen Arbeitsanfall in der Einzeltherapie nicht zufrieden. Es sollen durch die Abbildung des realen Systems in ein Simulationsmodell u. a. folgende Fragen geklärt werden:

- Wie hoch muß die Überweisungsrate in die Gruppentherapie sein, so daß diese ausgelastet ist?
  Bei einer derzeitigen Überweisungsrate von 18 % ist die Gruppe nicht ausgelastet.
- Wie wirkt sich eine höhere Überweisungsrate auf die Wartezeit bei den einzelnen Therapeuten aus?

Die oben dargelegte Grundstruktur des realen Systems wird mit der Simulationssprache GPSS in ein rechnergestütztes Modell abgebildet. Die auftretenden Engpässe werden analysiert, entsprechende organisatorische und kapazitive Modifikationen vorgeschlagen und ihre Konsequenzen auf das Gesamtsystem dargestellt.

Die Ergebnisse werden ausführlicher in einer Langfassung mit dem gleichen Thema diskutiert.

Literatur:

DEUTSCHER BUNDESTAG:

Bericht über die Lage der Psychiatrie in der Bundesrepublik Deutschland - Drucksache 7/4200

Bonner Universitätsbuchdruckerei, Bonn, 1975

KLEINROCK, L.

Queueing Systems, Vol.1: Theory

John Wiley and Sons, New York, 1975

WHO:
Statistical indicators for the planning and evaluation of public health programs.

WHO Technical Report Series, 472

Autorenverzeichnis

Alscher, J., Dipl.-Kfm., FU Berlin, FB 10, WE 1, Operations Research, Thielallee 66, 1000 Berlin 33
Altrogge, G., Prof. Dr., Universität Hamburg, Seminar für Allgemeine Betriebswirtschaftslehre, Von-Melle-Park 5, 2000 Hamburg 13
Ammon, P., Gudenauer Weg 134–136, 5300 Bonn–Ippendorf
Armonat, R., Dipl.-Ing., Dr., Industrieanlagenbetriebsgesellschaft mbH., SZP, Einsteinstr. 20, 8012 Ottobrunn
Assfalg, H., Dr., Scientific Control Systems GmbH, Breitwiesenstr. 27, 7000 Stuttgart
Bartmann, D., Dr., TU München, Institut für Unternehmensforschung und Statistik, Arcisstr. 21, 8000 München
Bauhardt, P., Dipl.-Ing., Industrieanlagenbetriebsgesellschaft mbH., SZP, Einsteinstr. 20, 8012 Ottobrunn
Birr, M., Dr., Industrieanlagenbetriebsgesellschaft mbH., Postabholfach, 8012 Ottobrunn
Bock, H.H., Prof. Dr., RWTH Aachen, Institut für Statistik und Wirtschaftsmathematik, Pontstr. 51, 5100 Aachen
Bosch, K., Prof. Dr., Universität Hohenheim, Institut für Angewandte Mathematik und Statistik, Schloß, Westhof-Süd, 7000 Stuttgart 70
Braun, H., Dipl.-Math., Gropiusweg 11, 4630 Bochum
Brückner, F.O., Siemens AG, Zentralbereich Technik, FWO 11, Schertlinstr. 8, 8000 München 70
Bühler, G., Dr., FU Berlin, FB 10, WE 1, Operations Research, Thielallee 66, 1000 Berlin 33
Bullinger, H.J., Dr.-Ing., Fraunhofer-Gesellschaft, Institut für Produktionstechnik und Automatisierung, Postfach 951, 7000 Stuttgart 1
Collani, E.v., Institut für Angewandte Mathematik und Statistik, Sanderring 2, 8700 Würzburg
Curnow, R.N., Prof. Head of Department of Applied Statistics, University of Reading, Reading, England
Czap, H., Dr., Universität Göttingen, Mathematische Verfahrensforschung und Datenverarbeitung, Nikolausberger Weg 9b, 3400 Göttingen
Dabberdt, W.F., Dr., Industrieanlagenbetriebsgesellschaft mbH., Postabholfach, 8012 Ottobrunn
Dathe, J.M., Dr. Ing., Geschäftsführer der Industrieanlagenbetriebsgesellschaft mbH., Einsteinstr. 20, 8012 Ottobrunn
Dehnert, G., Dr., Hochschule der Bundeswehr, FB WOW, Holstenhofweg 85, 2000 Hamburg 70
Dienst, H., Dipl.-Ing., Lehrstuhl und Institut für Verkehr, Eisenbahnwesen und Verkehrssicherung der TU Braunschweig, Postfach 3329, 3300 Braunschweig
Dieter, U., Prof. Dr., Lehrkanzel und Institut für Mathematische Statistik, Techn. Hochschule Graz, Hamerlinggasse 6, A–8012 Graz
Elsässer, E., Dipl.-Math., Geschäftsführer der SCS GmbH, Hamburg, Oehleckerring 40, 2000 Hamburg
Esser, E., Dipl.-Math., Ardennenstr. 107, 5160 Düren
Fandel, G., Prof. Dr., Fernuniversität, Postfach 940, 5800 Hagen
Fischer, J., Dipl.-Kfm., TU Berlin, FB Wirtschaftswissenschaften, Institut für Betriebswirtschaftslehre, Uhlandstr. 4–5, 1000 Berlin 12
Fitzner, D., FU Berlin, FB 10, WE 1, Garystr. 21, 1000 Berlin 33
Fleischmann, B., Dr., Universität Hamburg, Von-Melle-Park 9, 2000 Hamburg 13
Franke, G., Prof. Dr., Justus-Liebig-Universität Gießen, FB Wirtschaftswissenschaft, Licher Str. 74, 6300 Gießen
Frey, M., Battelle-Institut e.V., Postfach 900 160, 6000 Frankfurt
Frohne, H.-Ch., Dr., VEBA-Chemie AG, Abt. 674, Postfach 45, 4660 Gelsenkirchen-Buer
Gabriel, R., Dipl.-Kfm., M.O.R., Gesamthochschule Duisburg, FB 5, Postfach 101 629, 4100 Duisburg 1
Gal, T., Prof. Dr. Dr., Fernuniversität, Postfach 940, 5800 Hagen

Gallisch, E., Dr., Universität Bonn, Institut für Angewandte Mathematik und Informatik, Wegeler Str. 6, 5300 Bonn
Gehring, H., Dr., Fernuniversität, FB Wirtschaftswissenschaften, Postfach 940, 5800 Hagen
Germann, K.H., astec-GmbH., Maillinger Str. 22, 8000 München 19
Grünwald, H., Dipl.-Ing., N.V. Philips' Gloeilampenfabrieken, ISA-Research, HSM-406, NL-Eindhoven
Habenicht, W., Dr., Betriebswirtschaftliches Institut der Universität Stuttgart, Abt. IV, Herdweg 23, 7000 Stuttgart 1
Hackbarth, K.-D., Dipl.-Ing., Forschungsinstitut der Deutschen Bundespost beim Fernmeldetechnischen Zentralamt, Postfach 800, 6100 Darmstadt
Hamacher, H., Institut für Wirtschaftswissenschaften, Techn. Hochschule Aachen, Templergraben 64, 5100 Aachen
Hansmann, K.-W., Prof. Dr., Universität Hamburg, Seminar für Allgemeine Betriebswirtschaftslehre, Von-Melle-Park 5, 2000 Hamburg 13
Hautzinger, H., Dr., Prognos, Europäisches Zentrum für angewandte Wirtschaftsforschung, CH–4011 Basel
Hax, H., Prof. Dr., Universität Köln, Allgemeine Betriebswirtschaft und Betriebsw. Finanzierungslehre, Gyrhofstr. 8c, 5000 Köln 41
Hildebrand, R., Dr., Senat von Berlin, Gesundheit und Umweltschutz, Wilmersdorfer Str. 62, 1000 Berlin 12
Hofmann, H.W., Dr., Hochschule der Bundeswehr, FB Informatik, 8014 Neubiburg
Hoßfeld, B., Dr., Industrieanlagenbetriebsgesellschaft mbH., Hauptabteilung, ZO Trier, 5500 Trier
Inderfurth, K., Dr., FU Berlin, FB 10, WE 1, Operations Research, Thielallee 66, 1000 Berlin 33
Jensen, U., Dipl.-Math., Universität Hohenheim, 01100-Institut für Angewandte Mathematik, Schloß, Westhof-Süd, 7000 Stuttgart 70
Jongen, G., N.V. Philips' Gloeilampenfabrieken, ISA-Research, HSM-406, NL-Eindhoven
Kappe, P., Dr., VEBA-Chemie AG, Abt. 674, Postfach 45, 4660 Gelsenkirchen-Buer
Karrenberg, R., Prof. Dr., Universität Hamburg, Institut für Unternehmensforschung, Von-Melle-Park 9, 2000 Hamburg 13
Keméný, P., Dr., Bundesarbeitsgemeinschaft der Unfallversicherungsträger der öffentlichen Hand e.V., Postfach 20 01 24, 8000 München 2
Kistner, K.-P., Prof. Dr., Institut für Mathematische Wirtschaftswissenschaften der Universität Bielefeld, Universitätsstr., 4800 Bielefeld 1
Klemt, W.-D., Dr., TU Berlin, FB 20, Operations Research, Sekr. VSH 18, Otto-Suhr-Allee 18–20, 1000 Berlin 12
Klug, J., Dipl.-Psych., Sonderforschungsbereich 116, Zentralinstitut für Seelische Gesundheit, Postfach 5970, 6800 Mannheim 1
Knoop, P., Dipl.-Kfm., Pfingstberg 19, 2050 Hamburg 80
Knüppel, L., Dr., Universität Bielefeld, Wirtschaftswissenschaften, Postfach 3640, 4800 Bielefeld 1
Kofler, E., Dr., Universität Zürich
Komarnicki, J., Dipl.-Vw. Dr., Reimannsweg 22, 4390 Gladbeck
Konanz, W., Dr. Prognos, Europäisches Zentrum für angewandte Wirtschaftsforschung, CH–4011 Basel
Krallmann, H., Dr., Industrieseminar der Universität Mannheim (WH), Schloß, 6800 Mannheim
Kruschwitz, L., Prof. Dr., TU Berlin, FB 18, Sekr. WW 11, Uhlandstr. 4–5, 1000 Berlin 12
Kühlmeyer, M., Dr., Friedr. Krupp Hüttenwerke AG, Postfach 101270, 4630 Bochum 1
Küsters, L., Prof. Dr., Universität Mannheim, Lehrstuhl für Mathematik V, A 5, 6800 Mannheim
Lambrecht, M., Dr., Katholieke Universiteit Leuven, Dep. voor Toegepast, Economische Wetenschappen, Dekenstraat 2, B–3000 Leuven
Langer, H., Dipl.-Kfm., Wissenschaftlicher Rat beim Bundesamt für Umweltschutz, Bismarckplatz 1, 1000 Berlin 33

Leeflang, P.S.H., Prof. Dr., Faculty of Groningen, WSN-Hoogbouw, Postbus 8000, NL-Groningen
Lenz, H.-J., Dr., FU Berlin, FB 10, WE 1, Statistik und Versicherungsmathematik, Garystr. 21, 1000 Berlin 33
Lepping, R., Dipl.-Ing., Industrieanlagenbetriebsgesellschaft mbH., Einsteinstr. 20, 8012 Ottobrunn
Lichtenberg, J., Dipl.-Math., MBB, Betriebsbereich Ottobrunn, Postfach 801220, 8000 München 80
Liebermeister, U., Dr., Industrieanlagenbetriebsgesellschaft mbH., Postabholfach, 8012 Ottobrunn
Liesegang, D.G., Dr. Abt. Operations Research, Industrieseminar der Universität Köln, Albertus-Magnus-Platz 1, 5000 Köln 41
Linden, P. van der, N.V. Philips' Gloeilampenfabrieken, ISA Research, HSM-407, NL-Eindhoven
Littger, W., Dr. Ing., Industrieanlagenbetriebsgesellschaft mbH., Einsteinstr. 20, 8012 Ottobrunn
Loistl, O., Prof. Dr., Gesamthochschule Paderborn, FB 5, Postfach 1621, 4790 Paderborn
Maaser, H., Dipl.-Math., Posttechnisches Zentralamt, A 101 a, Postfach 1180, 6100 Darmstadt
Matzinger, B., N.V. Philips' Gloeilampenfabrieken, ISA Research, HSM-407, NL-Eindhoven
Menges, G., Prof. Dr., Universität Heidelberg, Institut für Statistik, Bergheimer Str. 147, 6900 Heidelberg
Meyer, R., Dr., Kreiskrankenhaus Kulmbach, 8650 Kulmbach
Niemeyer, G., Prof. Dr., Universität Regensburg, FB Wirtschaftswissenschaft, Universitätsstr. 31, 8400 Regensburg
Oesterer, D., AEG-Telefunken N1, Postfach 1730, 7900 Ulm
Peemöller, W., Lutherstr. 7, 1000 Berlin 49
Pinter, J., Dipl.-Vw., Institut für Statistik, Ökonometrie und OR, TU Berlin, Otto-Suhr-Allee 18–20, 1000 Berlin 10
Rabus, G., Dipl.-Ing., Fraunhofer-Gesellschaft, Institut für Produktionstechnik und Automatisierung, Postfach 951, 7000 Stuttgart
Reinhardt, W., Dipl.-Ing., Lehrstuhl und Institut für Verkehr, Eisenbahnwesen und Verkehrssicherung der TU Braunschweig, Postfach 3329, 3300 Braunschweig
Reining, H.J., Dipl.-Math. Technische Hochschule Darmstadt, FB Mathematik, Schloßgartenstr. 7, 6100 Darmstadt
Röck, H., Dr. TU Berlin, FB Informatik (20), Operations Research, Sekr. VSH 18, Otto-Suhr-Allee 18–20, 1000 Berlin 12
Rödder, W., Dr., Institut für Wirtschaftswissenschaften und OR, RWTH Aachen, Templergraben 64, 5100 Aachen
Rohde, M., FU Berlin, FB 10, WE 6, Garystr. 21, 1000 Berlin 33
Rosenberg, O., Dr., Universität des Saarlandes, FB 2, Unternehmensforschung, 6600 Saarbrücken 11
Rosenthal, H., Dipl.-Math., Gesamthochschule Paderborn, Postfach 1621, 4790 Paderborn
Ruff, A., Dr., Wirtschaftswissenschaftliches Seminar der Universität Tübingen, Abt. Ökonometrie und Statistik, Mohlstr. 36, 7400 Tübingen
Sadowski, D., Dr., Institut für Gesellschafts- und Wirtschaftswissenschaften der Universität Bonn, Adenauerallee 24–42, 5300 Bonn
Schellhaas, H., Prof. Dr., Technische Hochschule Darmstadt, FB Mathematik, Schloßgartenstr. 7, 6100 Darmstadt
Schenkel, W., Prof. Dr., Umweltbundesamt, Bismarckplatz 1, 1000 Berlin 33
Schmidt, H.-J., VEBA-Chemie AG, Abt. 721, Postfach 45, 4660 Gelsenkirchen–Buer
Schneeweiß, Ch., Prof. Dr., FU Berlin, FB 10, WE 1, Operations Research, Thielallee 66, 1000 Berlin 13
Schneider, H., Dipl.-Math., FU Berlin, FB 10, WE 1, Operations Research, Thielallee 66, 1000 Berlin 33
Schütt, K.-P., Dipl.-Vw., Institut für Betriebswirtschaftslehre, Universität Kiel, Olshausenstr. 40–60, 2300 Kiel
Schwarze, J., Prof. Dr., TU Braunschweig, Lehrstuhl für Statistik und Ökonometrie, Postfach 3329, 3300 Braunschweig

Seeger, C., Dipl.-Ing., Institut für Statistik, Ökonometrie und OR, TU Berlin, Otto-Suhr-Allee 18–20, 1000 Berlin 10
Simon, H., Dr., Institut für Gesellschafts- und Wirtschaftswissenschaften der Universität Bonn, Betriebswirtschaftliche Abteilung, Adenauerallee 24–42, 5300 Bonn 1
Steckhan, H., Prof. Dr., Universität Regensburg, Universitätsstr. 31, 8400 Regensburg
Steinecke, V., Prof. Dr., Hoesch AG, Eberhardstr. 12, 4600 Dortmund
Strauch, R. von, Dipl.-Ing., Siemens AG, Zentralbereich Technik, FWO 12, Postfach 70 00 76, 8000 München
Stroom, van der A., N.V. Philips' Gloeilampenfabrieken, ISA-Research, HSM-406, NL-Eindhoven
Sturhahn, J., Dr. Ing., Bornhohl, 6374 Steinbach/Ts.
Suhl, U., Dr., IBM, Watson Research Center, P.O. Box 218, Yorktown Heights, New York 10598, USA
Thiel, M., Institut für Gesellschafts- und Wirtschaftswissenschaften der Universität Bonn, Betriebswirtschaftliche Abteilung, Adenauerallee 24–42, 5300 Bonn
Thyregod, P., Prof. Dr., Danmarks Tekniske Høgskole, IMSOR, DK–2800 Lyngby
Uebe, G., Dr., TU München, Institut für Statistik und Unternehmensforschung, Arcisstr. 21, 8000 München 2
Unger, F., Dipl.-Kfm., Betriebswirtschaftl. Institut der Universität Erlangen–Nürnberg, 8520 Erlangen
Vander Eecken, J.M., Prof. Dr., Katholieke Universiteit Leuven, Dep. voor Toegepast, Economische Wetenschappen, Dekenstraat 2, B–3000 Leuven
Vanderveken, H., Mr., Katholieke Universiteit Leuven, Dep. voor Toegepast, Economische Wetenschappen, Dekenstraat 2, B–3000 Leuven
Verhoeven, C.J., Eindhoven University of Technology, Dep. of Mathematics, P.O. Box 513, NL-Eindhoven
Waldmann, K.-H., Dr., Techn. Hochschule Darmstadt, FB Mathematik, Schloßgartenstr. 7, 6100 Darmstadt
Warnecke, H.J., Prof. Dr., Fraunhofer-Gesellschaft, Institut für Produktionstechnik und Automatisierung, Postfach 951, 7000 Stuttgart 1
Weinmann, J., Dr., Hessischer Rundfunk, Hauptabteilung Personal, Bertramstr. 8, 6000 Frankfurt
Wetherill, G.B., Prof. Dr., Mathematical Institute, Department of Statistics, University of Kent, Canterbury, England
White, D.J., Prof. Dr., Faculty of Economics and Social Studies, University of Manchester, Dept. of Decision Theory, Manchester, M13, 9PL, England
Wiebking, R., Dr., Kastanienallee 40, 2071 Hoisdorf
Wiedey, G., Dipl.-Ing., Abt. Wirtschafts- und Sozialwissenschaften, Universität Dortmund, Postfach 500 500, 4600 Dortmund 50
Wiegand, K.-D., Dr. Ing., Lehrstuhl und Institut für Verkehr, Eisenbahnwesen und Verkehrssicherung der TU Braunschweig, Postfach 3329, 3300 Braunschweig
Wienhold, P., cand. statist., Graudenzer Str. 36, 4600 Dortmund 30
Willett, R., Dr.-Ing., Bundesamt für Wehrtechnik und Beschaffung, AT I 3, Postfach 7360, 5400 Koblenz 1
Winkels, H.-M., Dr., Ruhr-Universität Bochum, Seminar für Theoretische Wirtschaftslehre, Postfach 2148, 4630 Bochum-Querenburg
Wolff, M.-R., Dr., Wissenschaftliches Zentrum IBM, Tiergartenstr. 15, 6900 Heidelberg
Zahn, E.M., Dipl.-Ing., Rapistan-Technics GmbH., Hanauer Landstr. 208–216, 6000 Frankfurt/M.